2023年度版 春期 秋期

ニュースペックテキスト

応用情報技術者

TAC情報処理講座

はじめに

IT技術者はスペシャリストでありながらも，根っこの部分でゼネラリストでなければなりません。マネジメントや企業戦略を含め，幅広い知識をもつことこそ，現代のIT技術者にふさわしいスキルなのです。応用情報技術者試験は，ゼネラリストであることを問う最上位の試験であり，若手の技術者にとって一つの到達点といえるでしょう。

このような資格試験に向けて，「1冊で効率よく学習し，合格を勝ち取る」ためのテキストが，本書のコンセプトです。

1冊ですませるために，本書では解説テーマを「試験に出るところ」に絞りました。試験に出るところとは「過去に出題されたところ」と「これから出題されるであろうところ」とし，前者は過去問題を精査，後者はシラバス改訂における追加用語をできるだけ網羅しました。

効率よく学習するため，内容面で濃淡をつけました。理解していなければならないところは，図解を用いてわかりやすい説明を心がけ，知っていればすむところは，思い切って表にまとめました。午後試験レベルで理解すべきポイントは，別に「午後対策　重点テーマ解説」頁を設け，詳述しましたので，選択するかどうかに応じて学習してください。

これらに加え，「試験に出るところ」の要点を，側注に切り出しました。側注は参考程度に目を通すのではなく，出題ポイントをまとめた本書のエッセンスです。側注に切り出された部分について，改めて本文で確認するようにすれば，要点の見落としがなくなります。また，試験の直前に側注を重点的に読み返せば，効率よく復習することができるでしょう。

応用情報技術者試験は，第一種とよばれた時代から数十年を経た今でも，依然として難関です。これを突破することは，技術者としてのキャリアに必ずプラスになります。本書を通して，そのお手伝いができれば幸いです。

2022年12月
TAC情報処理講座

はじめての応用情報技術者試験 スタートアップ講座

総合ガイダンス

これから皆さんが目指すのは「**開発のプロフェッショナル**」でありながらも「**マネージャとして後輩を指導でき**」，同時に「**経営的な視点で仕事を進められる**」人材です。

このような人材は，コンピュータに限らずさまざまな分野で求められています。**応用情報処理技術者試験**のいいところは，**マルチな人材像**をカリキュラムのベースにしていることです。受験者の**平均年齢は30歳**，足下を固めつつ将来を見据えるには頃合いなのではないでしょうか。

はじめての応用情報技術者試験
スタートアップ講座

学習map

第1章 コンピュータ科学基礎

- 2進数
- 集合と論理
- プログラム理論
  BNF, オートマトン
- 確率や統計

START

第2章 アルゴリズムとデータ構造

- データ構造
  スタック, キュー, 木構造 など
- プログラムの仕組み
  プログラムの呼出しや返却, 使用するメモリ領域 など
- 基本的な探索や整列アルゴリズム

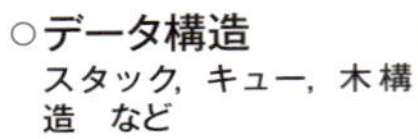

どの
タイミングで
開始しても OK

開発のプロフェッショナル
「テクノロジ」
平原

第3章 ハードウェア

- 基本的な知識
- 高速化および大容量化の技法
  プロセッサ, メモリ, 組込システム

第4章 ソフトウェア

OS

- プロセスの状態遷移とスケジューリング
- 排他制限
- 記憶管理
- プログラムの実行制御

第5章 システム構成技術

- システムの性能向上
- 信頼性向上

第6章 データベース

- データベースの設計技法
- SQL
- トランザクション管理

関連性高し!

第7章 ネットワーク

- TCP/IPの階層
- データリンク層
- ネットワーク層
- トランスポート層
- アプリケーション層

応用情報技術者試験の
各科目のつながりを
一覧すると、こんなイメージです。

経営的視点
「ストラテジ」
山

第11章
ストラテジ1
システム戦略と経営戦略
○システム戦略
○経営戦略

どのタイミングで
開始してもOK

第12章
ストラテジ2
企業活動と法務
○OR
○IE
○企業会計
○法務

法規以外はどの
タイミングで
開始してもOK

関連性高し!

第9章
システム開発
○システムの設計技法
○テスト
○レビュー
○開発手法

第10章
マネジメント
プロジェクトマネジメント
○プロジェクトのスコープ
○プロジェクトの時間
○プロジェクトのコスト

第10章
マネジメント
サービスマネジメント
○サービスレベル管理
○インシデント管理
○問題管理

第10章
マネジメント
システム監査
○システム監査

午後試験
唯一の
必須解答分野

第8章
セキュリティ
○公開鍵基盤
暗号化
○脅威と対策
○セキュリティマネジメント

「関連性高し!」の枠内は、お互いの学習内容を参照しながら、同時期に間を置かず学習したほうが効率的!

「マネジメント」
高原

学習のしかたと
ポイントがわかる！
目次

第1章

コンピュータ科学基礎

この章では，プロフェッショナルに必要な数学的基盤を学びます。お馴染みの**2進数**から始まり，**論理**と**集合**，**BNF**や**オートマトン**などの**プログラム理論**，**確率**や**統計**と進みます。

特に論理と集合については，回路図も含めて読解できるようにしてください。

学習アドバイス

得意／苦手がハッキリする，クセのある分野です。苦手な人は無理せず後回しにしてください。本当に苦手なら，思い切って捨ててしまうのも一手です。

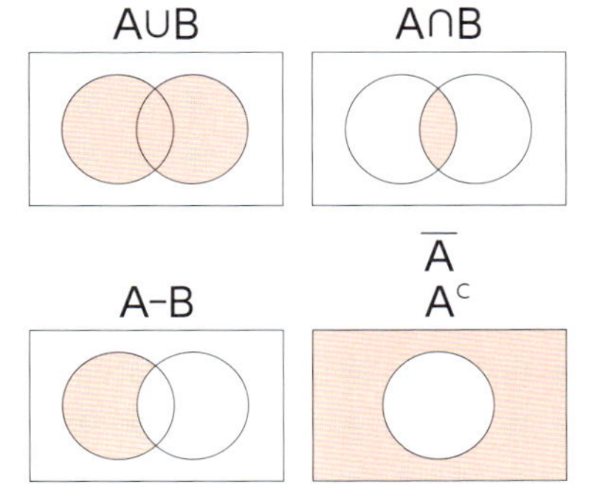

第2章

アルゴリズムとデータ構造

この章では**スタック**，**キュー**，**木構造**などの**データ構造**，**プログラムの呼出し**や**返却**，使用する**メモリ領域**などの**プログラムの仕組み**，基本的な**探索**や**整列アルゴリズム**を学びます。

コード読解

```
x←3
y←5
Func (x,y)
```

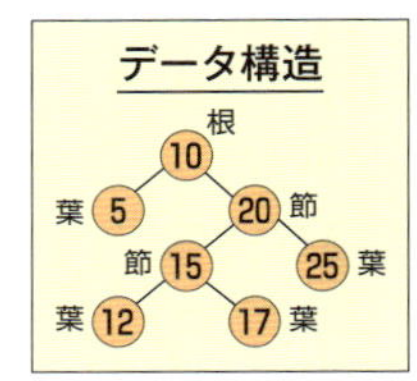

午後試験・
選択のなやみ　その1

プログラムをとるか、
データ構造をとるか、
それが問題だ！

これらの知識は，効率が高くセンスのよいプログラム作成につながります。

学習アドバイス

午後試験でプログラミングの問題を選択するかどうかによって，学習法がかわります。選択するのであれば，掲載したコードを読解しながらじっくり進めてください。そうでなければ，コード部分はとばして仕組みを中心に理解すれば十分です。

「仕事でプログラムを作っているので学習は不要」という考え方は危険です。改めて学習してください。

第3章

ハードウェア

ハードウェアについて正しい知識をもつことは，技術のプロフェッショナルとして当然のことです。ここでは，プロセッサ，メモリ，組込システムを中心に，ハードウェアの基本的な知識，高速化および大容量化の技法について学びます。

学習アドバイス

馴染みのない知識が多いだけに，ここでの正解は大きなアドバンテージとなります。幸いにも，それほど複雑な問題は出題されません。基本的な事項を中心に理解してください。

組込は特殊な分野と思われがちですが，意外にもハードウェアに関する出題のほぼ半数を占めています。

第4章

ソフトウェア

ここで学ぶソフトウェアは，アプリケーションではなくOSです。「ハードウェア資源をより効率的に使用し，プログラムの実行を助ける」機能について学んでください。

ここに注目!

中心となるテーマは，プロセスの状態遷移とスケジューリング，排他制御，記憶管理，プログラムの実行制御です。

学習アドバイス

「資源の有効利用」がこの章を貫く最大のテーマです。これを軸に
プロセッサ資源の有効利用
→ スケジューリング
メモリ資源の有効利用 → 記憶管理，動的リンクなどと整理すると理解が進みます。

第5章

システム構成技術

ハードウェアやOSといった個々の要素ではなく，**システム全体**を見るのがこの章の目的です。**高速化**や**高信頼化**についても，プロセッサやメモリといったレベルではなく，コンピュータを**多重化**したり**仮想化**することで達成します。

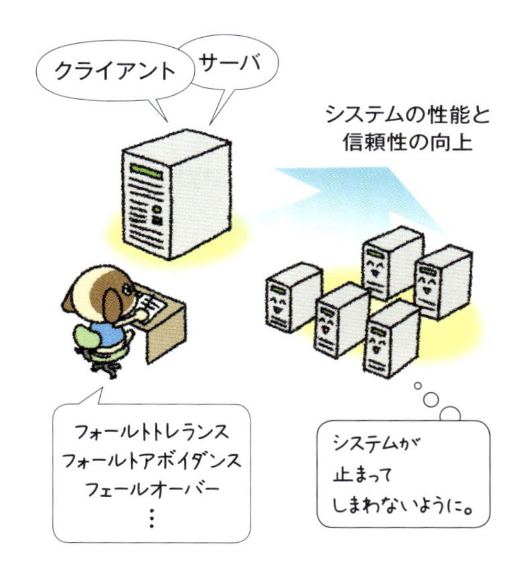

ここに注目！ 中心となるテーマは，システムの性能向上と信頼性向上です。それらの計測指標と共に学んでください。

学習アドバイス

フォール○○やフェール○○など，よく似た紛らわしい言葉が多く登場します。字面で覚えただけでは混乱してしまうので，良く理解して整理しましょう。クラウド化の流れを意識しているのか，クラスタリングやスケールアウト，仮想化などといったサーバ関連の用語も出題されます。注意が必要でしょう。

第6章

データベース

❖午後対策　重点テーマ解説

システム開発において，データベースは非常に大きなウェイトを占めます。ここでは，そのようなデータベース開発に必要な，データベースの設計技法，SQL，トランザクション管理について学びます。

データベースを先に構築し，それをもとにシステムを開発することもあるくらいデータベースは重要です。

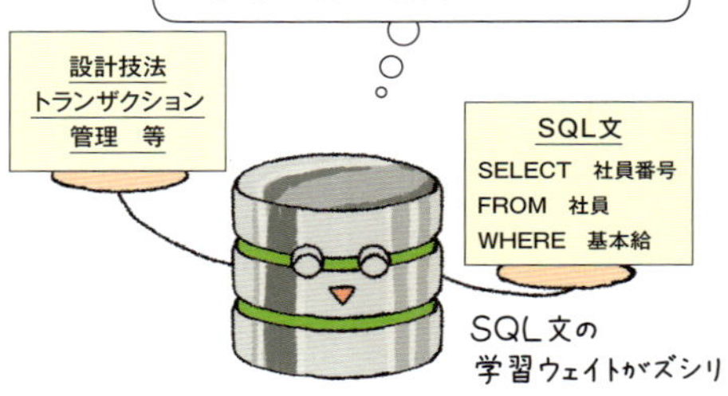

学習アドバイス

データベースの学習にどれだけ力を入れるかは，結局のところ「午後に選択するかどうか」によります。午後問題を選択しないにもかかわらず，SQLを一から勉強するのは正直コストに見合いません。選択するかどうか，まずそれを決めてから学習に臨んだ方がよいかもしれません。

第7章

ネットワーク

ネットワークもまたシステム開発に不可欠な要素です。ここでは，インターネットプロトコルであるTCP/IPの階層に沿って，データリンク層(LAN)，ネットワーク層(IPアドレス)，トランスポート層，アプリケーション層という順序でネットワーク技術を学びます。

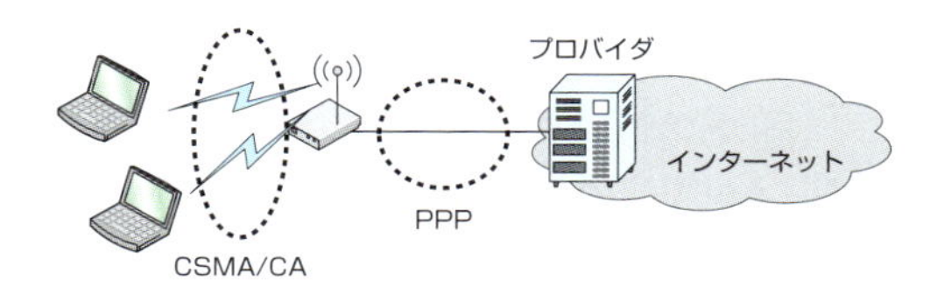

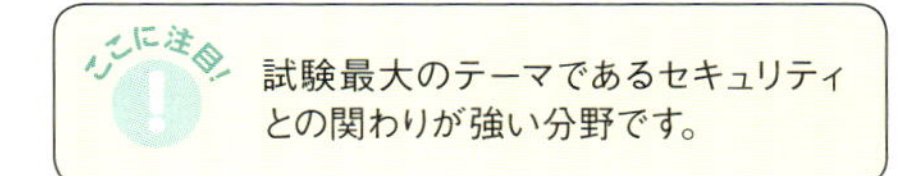

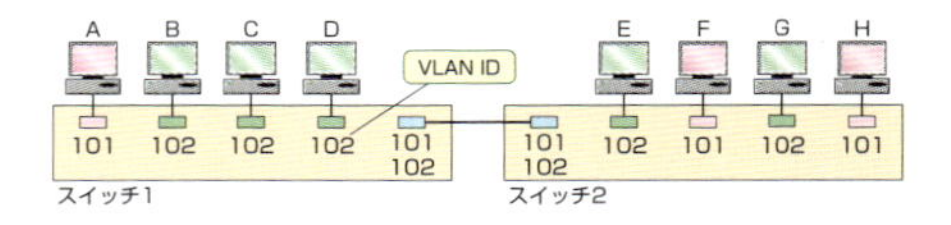

学習アドバイス

知識量が多い割に出題数が少なく，あまりお得な分野とはいえませんが，セキュリティとの関わり上，省略はお勧めできません。学習のコツは「プロトコル階層」を最初に理解してしまうことです。

第8章

セキュリティ

情報システムはさまざまな脅威やリスクにさらされています。ここでは，それらから情報資産を守るための技術や仕組みを学びます。中心となるテーマは，**暗号化**をはじめとする**公開鍵基盤**，**脅威**と**対策**，**セキュリティマネジメント**です。セキュリティ関連法規については第12章でまとめています。

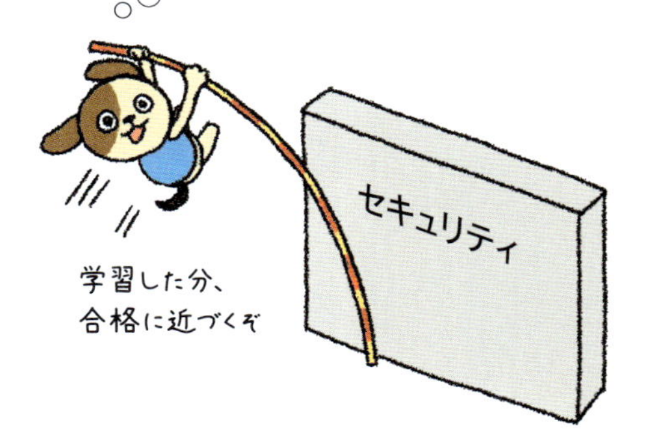

セキュリティ重視の方針どおり，午前問題は他区分の倍の問題数が出題され，

学習アドバイス

出題数が多く、学習効果の高い分野なので，テキストの隅々まで見逃すことなく学習してください。特に脅威や攻撃の種類は，覚えておくと必ず得点できるお得なテーマです。

午後問題は選択ではなく唯一の必須問題として出題されます。

第9章

システム開発

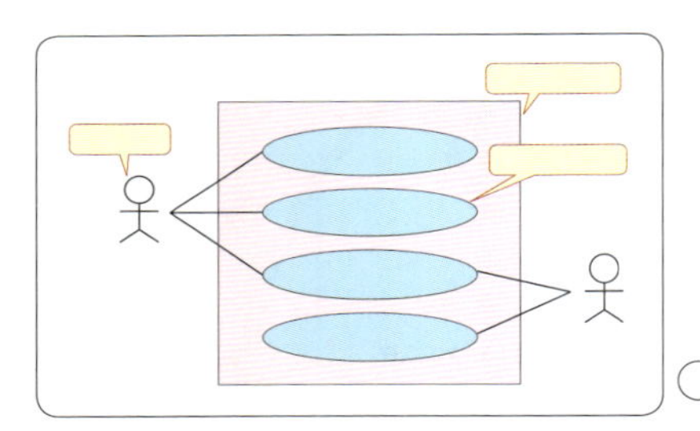

プログラムは，その作成の前にしっかり設計されていなければなりません。設計の良否がプログラムの品質を決めてしまうからです。ここではそのような**システムの設計技法**を中心に，**システム開発**の流れを学びます。

シラバスVer.6.2改訂で，「システム開発」で問われる知識のどこが，何が変わったのかが端的にわかる特別ページを設けました。

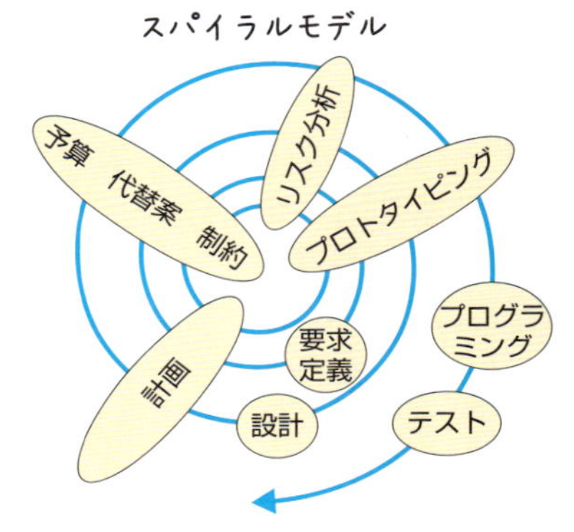

UMLによるシステム設計は楽しい♪

設計技法以外にもテスト，レビュー，開発手法などが重要です。

学習アドバイス

システム開発業務と最も相性のよい分野です。午後問題も選択することをお勧めします。午後問題を選択するならば，UMLはキッチリ理解した方がよいでしょう。本書でも午後対策で過去問をベースに解説しているので，しっかりと取り組んでください。

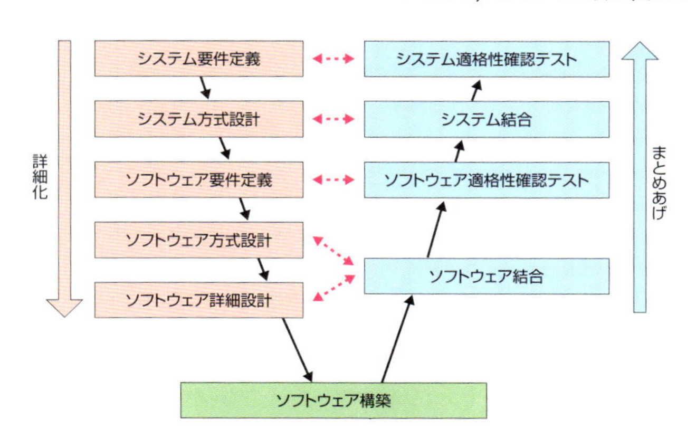

第10章

マネジメント

今はいち作業者であっても，いずれはリーダとしてチームを率いるときがやってきます。ここでは，そのための準備として，**プロジェクトマネジメント**，**サービスマネジメント**，**システム監査**の基礎を学びます。

プロジェクトマネジメント

プロジェクトマネジメントの中心テーマは，“**スコープ**”，“**時間**”，“**コスト**”です。これらを理解すれば，今あなたの目の前で頭を抱えるマネージャの苦悩が理解できるかも知れません。

つまり，開発業務の規模を見積り，スケジュールと予算を管理するのです。

サービスマネジメント

サービスマネジメントは古くは**運用管理**とよばれていた分野です。運用管理をサービス提供と定義し，利用部門に品質の高いサービスを提供することが目的です。

中心テーマは（強いてあげれば）サービスレベル管理，インシデント管理，問題管理です。

システム監査

システム監査は，情報システムが適切に運用されているかどうかをチェックする活動です。その意味で，システム監査はシステム開発やマネジメントの総合問題といえるかも知れません。

もちろん監査特有の知識も必要なので，怠りなく学習してください。

学習アドバイス

業務に携わっていれば，常識的に解ける問題も少なくありません。特に午後問題について，技術系の分野が苦手であればマネジメント系の問題を積極的に選択してください。テキストの分量は少ないので，全体像をつかむのにぴったりです。きちんと読み込んでください。

第11章

ストラテジ1 システム戦略と経営戦略

情報システムを構築する最終的な目的は「より多くの**利益**をあげること」です。ここでは，その目的に向かってどのようにシステムを企画するか，また会社は利益をあげるためにどのような**戦略**を取るのかについて，**経営的な視点**から学びます。

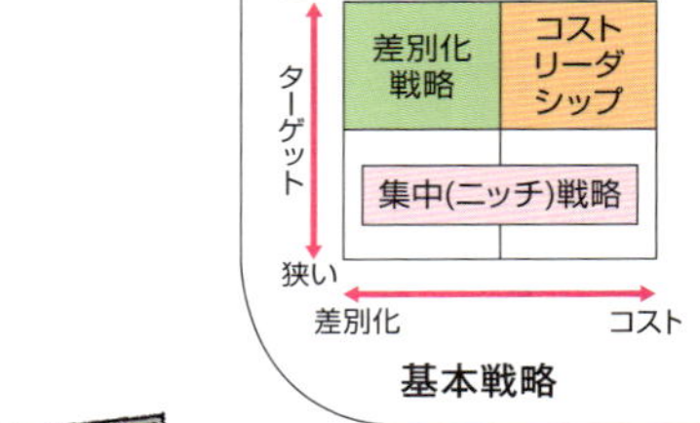

基本戦略

経営的な意識を持つことで仕事への取り組みが変わるかもしれません。

学習アドバイス

それほど深い問題は出題されないので，体系的な学習をしなくても結構です。興味のあるところからつまみ食いしてもよいですし，演習を先行して分からないところだけ調べるような学習法も悪くありません。技術分野に疲れたとき，気分を変えるために学習するのもアリ。

第12章

ストラテジ2 企業活動と法務

中心テーマはOR，IE，企業会計，法務です。OR，IEでは，経営課題を科学的に解決する技法を学びます。日本お得意の「カイゼン」も含まれます。企業会計では「お金の流れ」を学びます。「あれだけがんばったのに赤字??」その理由を学んでください。

第1章がコンピュータの科学であるならば，第12章の内容は「仕事の科学」です。

学習アドバイス

見かけよりもはるかに理屈っぽい分野です。覚えるよりも理解することを心がけて取り組んでください。範囲も広いので，側注を手がかりにメリハリをつけて学習するとよいでしょう。

本書の特徴と利用法

本書の特徴―全体構成

本書は,

・出題実績を最優先にシラバスを再構成

・試験に出るところを,

・オールカラー刷り＋新学習機能をもつデザイン（レイアウト）

により，最も効率よく習得できるように工夫をこらした基本テキストです。

①スタートアップ講座で初めて学習する人を道案内

学習する**順番**・**関連性**などを示した**学習map**や，各章の**ポイント**を示し**合格学習のおくの手のアドバイス**付きの**目次**で，**広い試験範囲**をどのように学習すればよいか，**ビジュアル**にご案内します。

②午前試験と午後試験で，解説方法を分けました

午前知識レベル：午前から午後までの**実戦知識全般**を，基礎から**わかりやすく**，かつ，**スピーディーにマスターできる量**にまとめています。

午後知識レベル：午後試験で問われる知識レベルまで**解説を掘り下げ**，**記述試験対策用**に，**論点の着眼点や解答プロセスを中心**にまとめています。

③学習ナビになる側注

側注は，本文より**頻出ポイントを**，**出題形式に則って**，切り出しました。

重要ポイント，用語，テクニックの**アイテムごと**に**色分け**・**ランク付け**をしています。

④確認問題・本試験問題

各章末に過去問題による確認問題，巻末に本試験問題（令和３年度春期試験）を設けています。アウトプット力を着実に高めることができます。

スタートアップ講座

本論に入る前に全体を大づかみしましょう

午前試験レベル

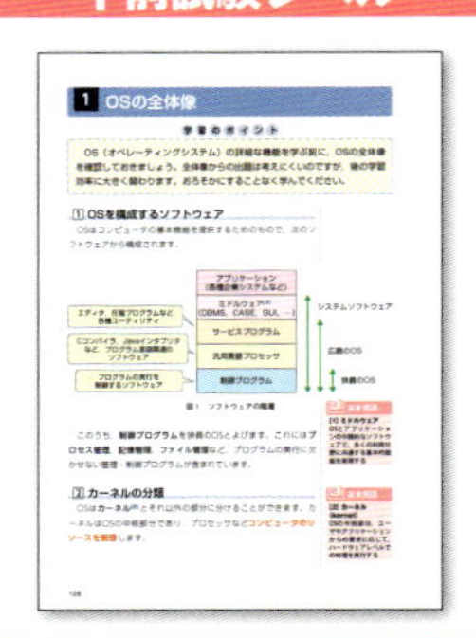

側注つきのレイアウトのページです

午後試験レベル

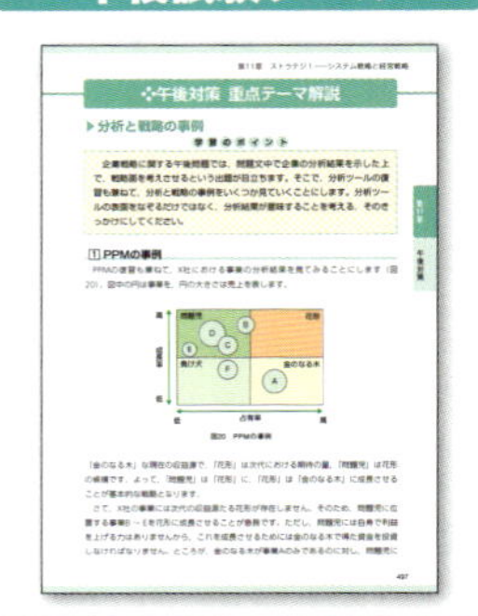

一段組レイアウトのページです。上下の色帯が目印です

紙面構成と利用法

❖午前問題対策 ― 本文

出題実績のある論点から，今後ねらわれるであろう最新のテクノロジスキルまでをカバーしています。ですので，幅広い出題範囲をもつ本試験に対しても，本書の範囲を学習すれば，安心して臨むことができます。

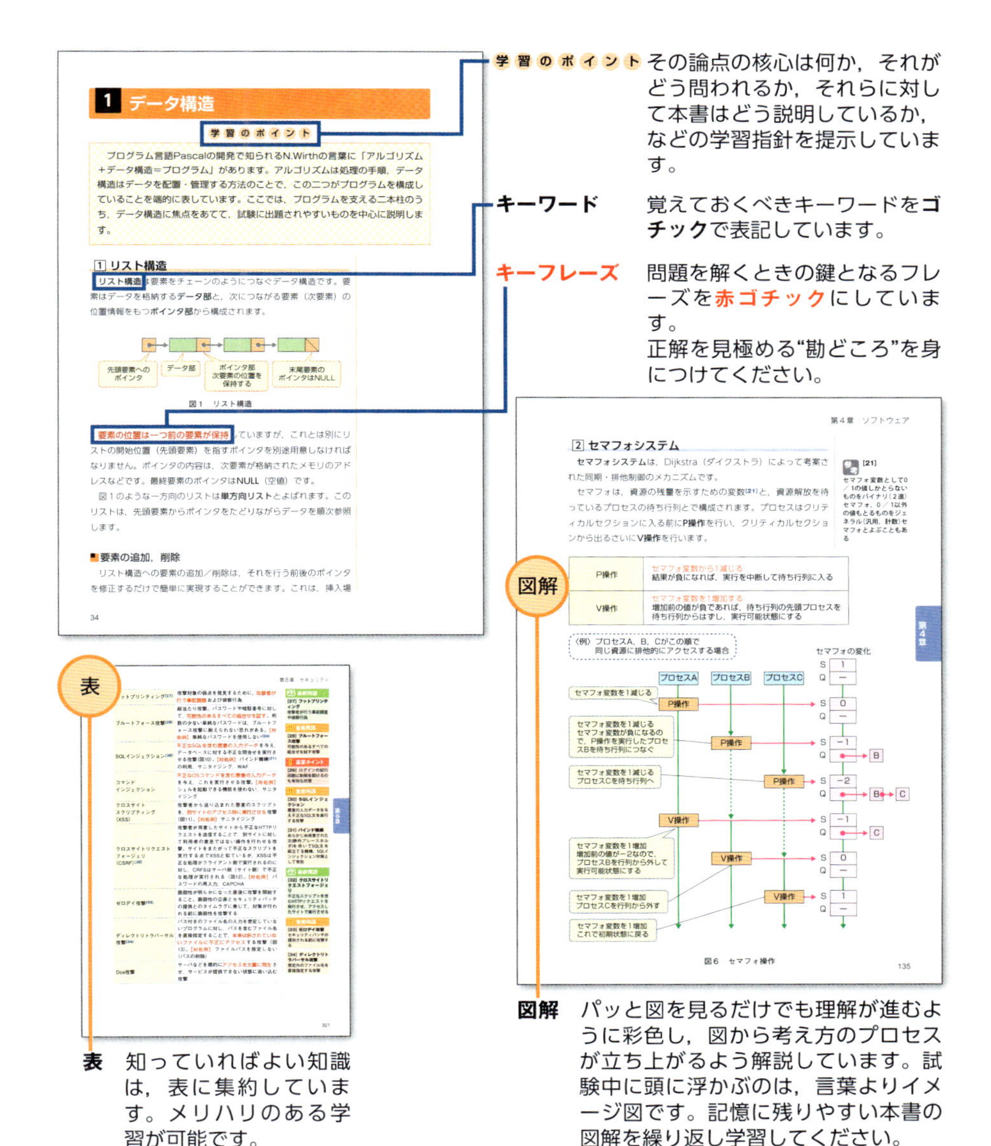

学習のポイント その論点の核心は何か，それがどう問われるか，それらに対して本書はどう説明しているか，などの学習指針を提示しています。

キーワード 覚えておくべきキーワードを**ゴチック**で表記しています。

キーフレーズ 問題を解くときの鍵となるフレーズを**赤ゴチック**にしています。
正解を見極める“勘どころ”を身につけてください。

表 知っていればよい知識は，表に集約しています。メリハリのある学習が可能です。

図解 パッと図を見るだけでも理解が進むように彩色し，図から考え方のプロセスが立ち上がるよう解説しています。試験中に頭に浮かぶのは，言葉よりイメージ図です。記憶に残りやすい本書の図解を繰り返し学習してください。

❖午前試験対策――側注

本書の**側注**は，本文と同じ学習機能を持っています。

この側注を使って，**目的**，**時期**に応じた学習が可能です。

側注アイテム

●**基本ポイント**
基本情報技術者レベルの知識です。

[2] ２の補数は正数と負数を相互に変換する。

●**基本用語**
基本情報技術者レベルの用語です。

基本用語

[1] **計算量**
「データ数nに対してどれだけの処理が必要

●**午後頻出テーマ**

午後頻出テーマ

[12] 午後対策重点テーマ解説へGo ！

●**重要ポイント**
合格点のために必須なポイントです。

[3] 負数に２の補数を用いる理由は「減算を加算で処理できる」か

●**重要用語**
合格点のためにマスターすべき用語です。

重要用語

[20] **ハッシュインデックス**
ハッシュ値を使った索

●**テクニック**
試験に直結する解法テクニックです。

テクニック

[25] **期待値**
これも宝くじで覚える！
期待値＝

重要度に応じて ！～!!!（高）としています

←参考にしてほしい情報群です。

※上記はいずれもサンプルです。

側注の活用法

●**通常の学習法**

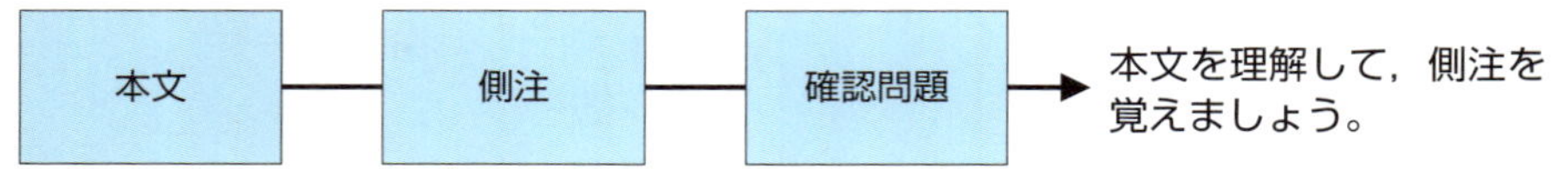

本文を理解して，側注を覚えましょう。

●**復習／直前期**

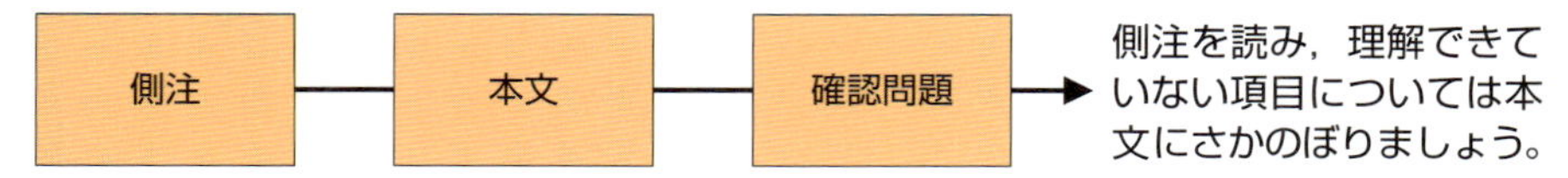

側注を読み，理解できていない項目については本文にさかのぼりましょう。

●**試験3日前～当日**

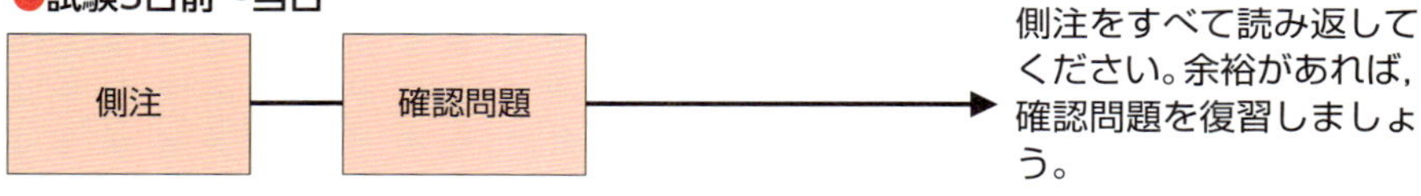

側注をすべて読み返してください。余裕があれば，確認問題を復習しましょう。

❖午後試験対策――午後対策重点テーマ

午後問題は，問題文・図表から課題を読み取り，知識を組み合わせて解決策を練り，それを解答という形に表現・記述する必要があります。これら**読解力**，**課題発見力**，**解答力**が身につくよう，**午後問題に必要な知識**，**解法テクニック**，**解法プロセス**をじっくり解説しています。午後問題重点解説も**出題実績をもとにしています**。本書を，腰を据えて学習すれば，午後対策もばっちりです。

図解もプロセス重視です

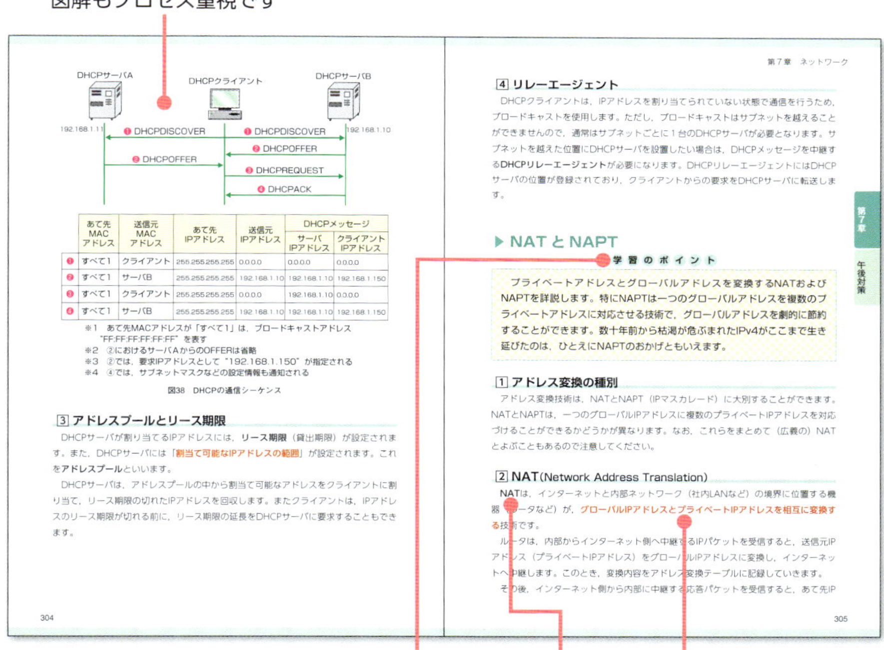

	あて先MACアドレス	送信元MACアドレス	あて先IPアドレス	送信元IPアドレス	DHCPメッセージ サーバIPアドレス	DHCPメッセージ クライアントIPアドレス
❶	すべて1	クライアント	255.255.255.255	0.0.0.0	0.0.0.0	0.0.0.0
❷	すべて1	サーバB	255.255.255.255	192.168.1.10	192.168.1.10	192.168.1.150
❸	すべて1	クライアント	255.255.255.255	0.0.0.0	192.168.1.10	0.0.0.0
❹	すべて1	サーバB	255.255.255.255	192.168.1.10	192.168.1.10	192.168.1.150

※1　あて先MACアドレスが「すべて1」は，ブロードキャストアドレス"FF:FF:FF:FF:FF:FF"を表す
※2　②におけるサーバAからのOFFERは省略
※3　②では，要求IPアドレスとして"192.168.1.150"が指定される
※4　④では，サブネットマスクなどの設定情報も通知される

図38　DHCPの通信シーケンス

3 アドレスプールとリース期限

DHCPサーバが割り当てるIPアドレスには，**リース期限**（貸出期限）が設定されます。また，DHCPサーバには「**割当て可能なIPアドレスの範囲**」が設定されます。これを**アドレスプール**といいます。

DHCPサーバは，アドレスプールの中から割当て可能なアドレスをクライアントに割り当て，リース期限の切れたIPアドレスを回収します。またクライアントは，IPアドレスのリース期限が切れる前に，リース期限の延長をDHCPサーバに要求することもできます。

304

第7章　ネットワーク

4 リレーエージェント

DHCPクライアントは，IPアドレスを割り当てられていない状態で通信を行うため，ブロードキャストを使用します。ただし，ブロードキャストはサブネットを越えることができませんので，通常はサブネットごとに1台のDHCPサーバが必要となります。サブネットを越えた位置にDHCPサーバを設置したい場合は，DHCPメッセージを中継する**DHCPリレーエージェント**が必要になります。DHCPリレーエージェントにはDHCPサーバの位置が登録されており，クライアントからの要求をDHCPサーバに転送します。

第7章　午後対策

▶ NAT と NAPT

学習のポイント

プライベートアドレスとグローバルアドレスを変換するNATおよびNAPTを詳説します。特にNAPTは一つのグローバルアドレスを複数のプライベートアドレスに対応させる技術で，グローバルアドレスを劇的に節約することができます。数十年前から枯渇が危ぶまれたIPv4がここまで生き延びたのは，ひとえにNAPTのおかげともいえます。

1 アドレス変換の種別

アドレス変換技術は，NATとNAPT（IPマスカレード）に大別することができます。NATとNAPTは，一つのグローバルIPアドレスに複数のプライベートIPアドレスを対応づけることができるかどうかが異なります。なお，これらをまとめて（広義の）NATとよぶこともあるので注意してください。

2 NAT(Network Address Translation)

NATは，インターネットと内部ネットワーク（社内LANなど）の境界に位置する機器（ルータなど）が，**グローバルIPアドレスとプライベートIPアドレスを相互に変換する**技術です。

ルータは，内部からインターネット側へ中継するIPパケットを受信すると，送信元IPアドレス（プライベートIPアドレス）をグローバルIPアドレスに変換し，インターネットへ中継します。このとき，変換内容をアドレス変換テーブルに記録していきます。

その後，インターネット側から内部に中継する応答パケットを受信すると，あて先IP

305

午後対策重点テーマにおいても，**学習のポイント**，ゴチック・**赤ゴチック**表記によって効率よく，学習を進めることができます。

❖確認問題・本試験問題

各章末に過去問題（平成26年春期～令和4年秋期）による確認問題を，巻末には本試験問題（令和4年度春期試験）を設けています。それぞれ，的を射た簡潔な解説によって，正解／不正解のポイントが，即，理解できます。

受験ガイド

❖試験の概要

応用情報技術者試験は，試験体系のレベル３に位置づけられる試験です。レベル４がスペシャリスト試験なので，レベル３のこの試験はゼネラリストとしての最後の試験となります。

応用情報技術者試験は午前試験と午後試験に分かれます。午前・午後とも「テクノロジ」「マネジメント」「ストラテジ」の分野から出題されます。

午前試験は，四肢択一形式の問題が80出題され，そのすべてに答えなければなりません。上記３分野のすべてについて幅広い知識を持つことが，午前試験突破のカギとなります。

午後試験は長文を読解して設問に答える形式です。全11問のうち，「情報セキュリティ」**１問**は**必須解答問題**で，残り10問中から**４問を選択**し合計**５問**について**解答**する形式となっています（右ページ：「午後試験問題分野」参照）。選択する分野に対して，より深く理解していることが求められます。

※「受験ガイド」の試験情報は本書刊行時点（2022年12月）のものです。受験する際には必ず情報処理技術者試験センター HPでご確認下さい。

❖試験体系

国家試験			国家資格
ITを利活用する者	情報処理技術者		サイバーセキュリティを推進する人材
ITの安全な利活用を推進する者 基本的知識・技能	情報セキュリティマネジメント試験（SG）		
	高度な知識・技能（高度試験）	ITストラテジスト試験（ST） システムアーキテクト試験（SA） プロジェクトマネージャ試験（PM） ネットワークスペシャリスト試験（NW） データベーススペシャリスト試験（DB） エンベデッドシステムスペシャリスト試験（ES） ITサービスマネージャ試験（SM） システム監査技術者試験（AU） 情報処理安全確保支援士試験（SC） → 合格後申請	情報処理安全確保支援士（登録セキスペ）
全ての社会人 共通的知識	ITパスポート試験（IP）		
	応用的知識・技能	応用情報技術者試験（AP）	
	基本的知識・技能	基本情報技術者試験（FE）	

❖試験時間・出題形式・出題数・解答数

試験区分	午前		午後	
	9：30〜12：00（150分）		13：00〜15：30（150分）	
	出題形式	出題数 解答数	出題形式	出題数 解答数
応用情報技術者	多岐選択式 （四肢択一）	80問 80問	記述式	11問 5問

❖午後試験問題分野（11問出題5問解答）

分　野	問1	問2〜11
経営戦略		○
情報戦略		
戦略立案・コンサルティング技法		
システムアーキテクチャ		○
ネットワーク		○
データベース		○
組込みシステム開発		○
情報システム開発		○
プログラミング（アルゴリズム）		○
情報セキュリティ	◎	
プロジェクトマネジメント		○
サービスマネジメント		○
システム監査		○
出題数	1	10
解答数	1	4

◎：必須解答問題　　○：選択解答問題

情報処理技術者試験センター「試験要綱ver.5.0」による
https://www.jitec.ipa.go.jp/1_13download/youkou_ver4_8.pdf

❖合格基準

各試験（午前・午後試験）の得点がすべて基準点以上の場合に合格とする。
午前基準点：60点以上（100点満点中）
午後基準点：60点以上（100点満点中）

❖試験日・合格発表・受験資格・受験手数料

	試験日	合格発表	受験資格	受験手数料
春期	4月 第3日曜日	6月下旬頃	特になし	7,500円 （消費税込）
秋期	10月 第3日曜日	12月下旬頃		

第1章

コンピュータ科学基礎

1 情報の表現

学習のポイント

コンピュータ内部では，情報はすべて２進数で表されます。つまり，２進数を知るということは，コンピュータの根本を理解するということにほかなりません。ここでは，２進数の性質や情報の枠組みについて説明します。

1 基数変換

数値の各けたは「けたの重み」をもちます。たとえば10進数３けた目（100の位）は100という重みをもちます。ここに指定された５という数字は，5×100＝500という値を表します。

けたの重みを考えれば，10進数123.45という値は，

$$123.45 = 1\times100+2\times10+3\times1+4\times0.1+5\times0.01$$
$$= 1\times10^{2}+2\times10^{1}+3\times10^{0}+4\times10^{-1}+5\times10^{-2}$$

と表すことができます。一般にn進数においては，**整数部のmけた目はn^{m-1}の重み**をもち，**小数第m位のけたはn^{-m}の重み**をもちます。

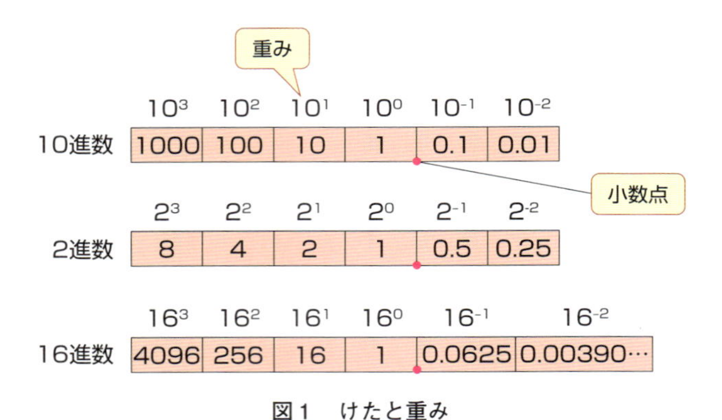

図１　けたと重み

けたと重みを考えれば，n進数のどんな値であっても10進数に直すことができます。

$$(1011.01)_2 = 1\times8+0\times4+1\times2+1\times1+0\times0.5+1\times0.25 = 11.25$$

$(4B.C)_{16}$[1] $= 4\times16+11\times1+12\times0.0625 = 75.75$

 [1]
16進数では０～９，A～Fを用いる

重要ポイント
[2] A～Zを0～25に対応させた26進数の問題が出題されたことがある

10進数→n進数（整数部）

10進数からn進数へは，nで除しながら変換します[2]。たとえば10進数158は，次のように２進数に変換します。

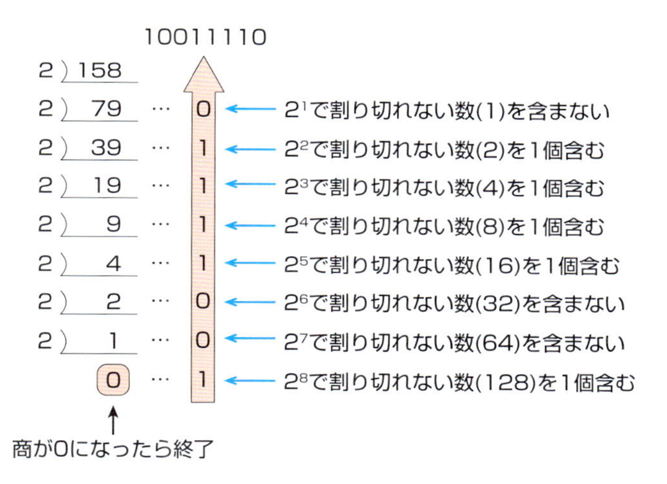

図２　２進数の場合

商79は２で１回割っているので2^1の重みを持ちます（158＝79×2）。これをさらに２で割った商39は2^2の重みをもちますが，剰余１の重みは2^1です（$158=39\times2^2+1\times2^1$）。

このように除算を進め，**剰余をけたの重み（逆順）に並べれば**変換が完了します。

10進数→n進数（小数部）

小数部の変換は，nを乗じながら進めます。たとえば10進数0.625は，次のように２進数に変換します。

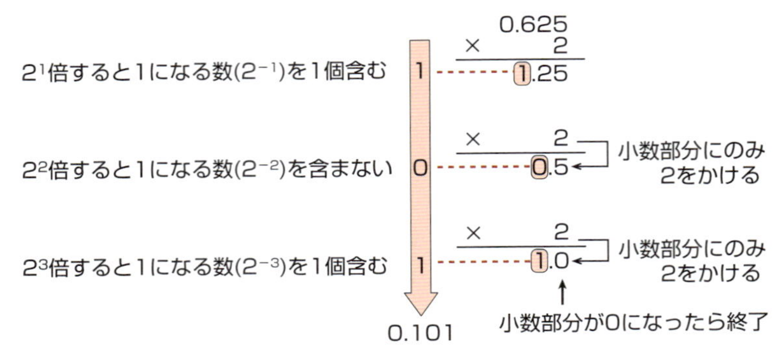

図３　10進数から２進数への変換

２進数小数第３けたの重みは2^{-3}です。これに２を３回乗じれば１となります。逆にいえば，２を３回乗じて出てきた１は，2^{-3}のけたに位置するのです。

■無限小数

2を乗じ続けても小数部分が0にならない数もあります。このような数は，2進数に変換すると無限小数となります[3]。10進数の0.45や0.1などは，2進数では**無限小数**となります。

> テクニック！
> [3] 無限小数と有限小数は「２をかけ続けて小数部が０になるかどうか」で見分ける

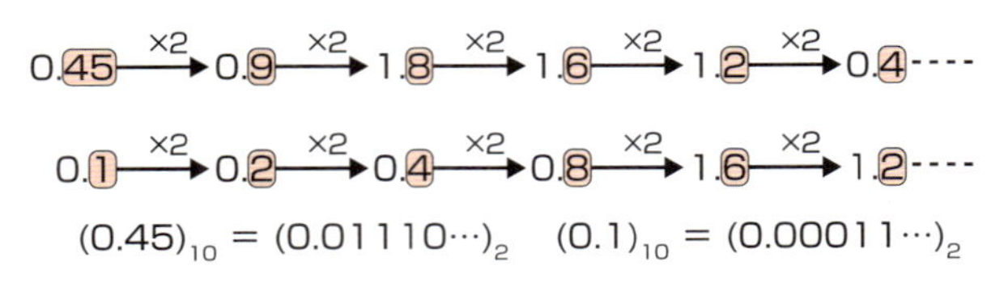

図４　無限小数

2 負数表現

コンピュータは数値を２進数で表現し，負数は**２の補数**で表すことがほとんどです。２の補数は，数値を表現するビット数が定まっているときに定まる値で，具体的には「**全ビット反転＋1**」となります。たとえば，８ビットの値 $(00110101)_2$ の２の補数は $(11001011)_2$ です。

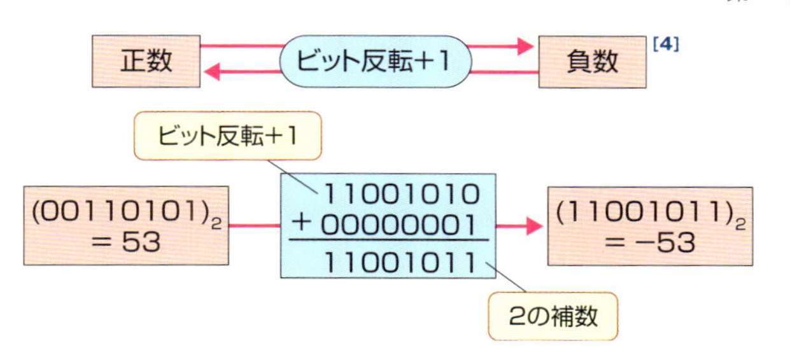

図５　２の補数[5]

負数に２の補数を用いたとき，3−5は3＋(−5)に置き換えられて計算されます。

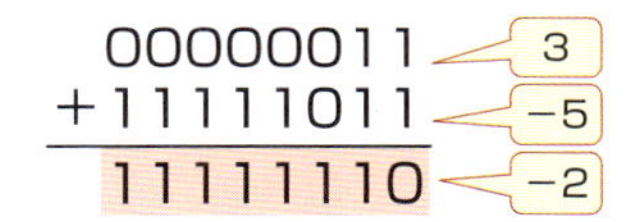

図６　２の補数を用いた減算

この結果は $(11111110)_2$＝$(-2)_{10}$ なので，3−5の計算と一致します。このように，２の補数を用いた場合は加算装置と補数器があれば減算処理を実現できるため，複雑な減算回路を設計する必要がありません[6]。

■符号ビット

負数に２の補数を用いたとき，**値の正負は最上位ビットの値で見分ける**ことができます。その意味で，最上位ビットを**符号ビット**とよびます。

- 符号（最上位）ビットが０ → 正または０
- 符号（最上位）ビットが１ → 負

たとえば $(11111110)_2$ は，符号ビットが１なので負数です。これを正数に直すためには，２の補数をとればよいので，

$(11111110)_2$ → $(00000010)_2$＝$(2)_{10}$

となります。よって $(11111110)_2$ は「２の負数」，すなわち−2を表します。

基本ポイント

[4] ２の補数は正数と負数を相互に変換する。
- 正数の２の補数 → 負数
- 負数の２の補数 → 正数

重要ポイント

[5] ８ビットの2進数では，２の補数で−128～127を表現できる

重要ポイント

[6] 負数に２の補数を用いる理由は「減算を加算で処理できる」から

第１章

1の補数

２進数において，全ビット反転した値を**1の補数**とよびます[7]。

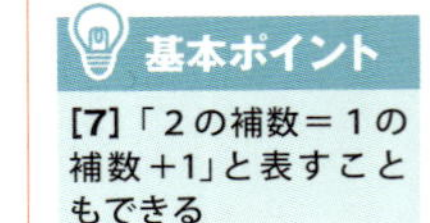
基本ポイント
[7]「２の補数＝１の補数＋1」と表すこともできる

負数に１の補数を用いる方法も，理論上は存在します。ただし，０の表現に，次の２種類を許すことになり，その分，**表現できる数が少なく**なります。

+0 ＝ 000…000

−0 ＝ +0のビット反転 ＝ 111…111

現実的には，負数は２の補数で表します。

符号と絶対値

2進数の最上位ビットを符号，残りのビットで数値を表すことで負数を表す方式もあります。考え方は単純ですが，コンピュータでは扱い難いため実際には用いられません。

−　　3
(1 0000011)$_2$＝(−3)$_{10}$
└→ 符号　0：+　1：−

図７　符号と絶対値

3 浮動小数点数

実数Xを，

X ＝ 符号×2^{指数}×仮数　　※符号は１または−１

で表す方式を**浮動小数点数**とよびます。ビット列の一部を指数として用いるため，**通常の数値表現よりも大きな範囲の数を表現**できます。

浮動小数点は，IEEE[8]などの団体が形式を定めています。IEEE形式では，符号，指数，仮数を以下のように表現します。

参考
[8]
IEEE
米国電気電子学会

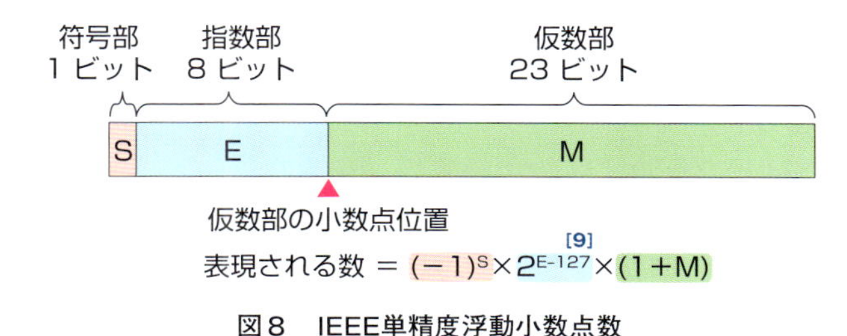

図８　IEEE単精度浮動小数点数

この形式に従えば，実数10.5は次のように表せます。

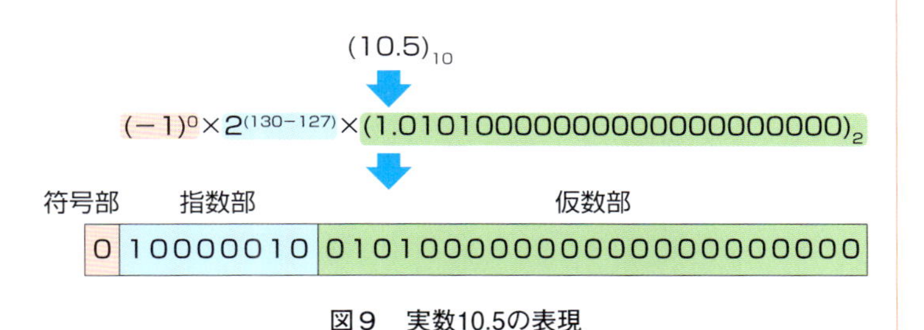

図９　実数10.5の表現

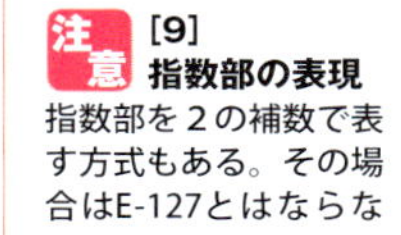

[9]
指数部の表現
指数部を２の補数で表す方式もある。その場合はE-127とはならない

正規化

浮動小数点数は，同じ値をいくつもの表現で表すことができます。たとえば，10.5は，

1010.1×2^0，101.01×2^1，10.101×2^2，…

などで表せます。このような混乱は，**仮数に制限を設け，それに合わせて数値を表現する**ことで避けることができます。これを，**正規化**とよびます。

IEEEでは，仮数を「1≦仮数＜2」と定めています[10]。これに従えば，10.5の表現は $(1.0101)_2\times2^3$ に限定されます。

注意 **[10]**
仮数の範囲
「0≦仮数＜1」と定める方式もある。くれぐれも問題文の条件を見逃さないこと！

誤差

浮動小数点数は実数に適した表現ですが，有効数字のけた数が限られている以上，次のような誤差が生じます。

表１　誤差の種類

丸め誤差	小数点以下のけた数が長い値を，限られたけた数で近似することによって生じる誤差
情報落ち	**絶対値の大きな数と絶対値の小さな数との演算**で，絶対値の小さな数が切り捨てられることによって生じる誤差
けた落ち	**絶対値のほぼ等しい数同士の演算**において，有効数字のけた数が減少する誤差[11]

4 文字コード

コンピュータ上で文字を扱う場合，数値を文字に対応させることによって表現します。たとえば，ASCIIコードであれば，“A”は65が，“ｊ”は106が対応します。この数値が**文字コード**です。

文字コードにはさまざまな種類があります。主なコードを次に挙げます。

表２　文字コード

ASCII	アルファベット，数字，特殊文字を表す７ビットコード
Shift_JIS	漢字や仮名を含めた日本語を表す16ビットコードで，主にPCで利用されている
EUC-JP	UNIXで日本語を表すための16ビットコード
Unicode	世界各国の文字を統一して扱うための16ビットコード，後に21ビットコードに拡張された
UTF-8	Unicodeを８ビット単位で符号化するための文字符号化形式

UTF-8はASCII文字と互換性を持たせるために定められました[12]。UTF-8では，ASCII文字は０から始まる１バイト文字で，それ以外の多バイト文字は，

先頭バイト：11から始まる１バイト

先頭以外のバイト：10から始まる１バイト[13]

で符号化します。たとえば，日本語の“あ”は，UTF-8では３バイトのコードで表されます。

重要ポイント

[11] けた落ちの“けた”は有効数字のけた数のこと。これが落ちる（＝減少する）

重要ポイント

[12] UTF-8はASCIIと上位互換性がある

テクニック

[13] UTF-8では，
→ ８～Bは中間バイト
→ それ以外は先頭バイト

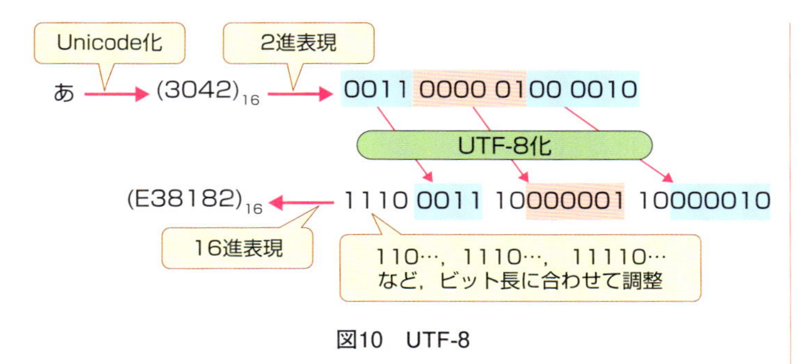

図10　UTF-8

5 誤り制御

コンピュータでは情報はビット列で扱われますが，データ伝送における電気的な状態によってビット誤りが生じることがあります。その誤りを検出し，場合によっては訂正することを**誤り制御**とよびます。

誤り制御のため，データには**誤り制御用の情報を付与**して扱います。次に述べる方式があります。

■パリティ方式

ビット列中の１の数をあらかじめ奇数または偶数に揃えておくことで，誤りを検出する方式です。奇偶を揃えるため，１ビットの**パリティビット**を付与します。図11は奇数パリティの例です。１の数がもともと奇数であれば０を，偶数であれば１を付加することで奇数に統一しています。

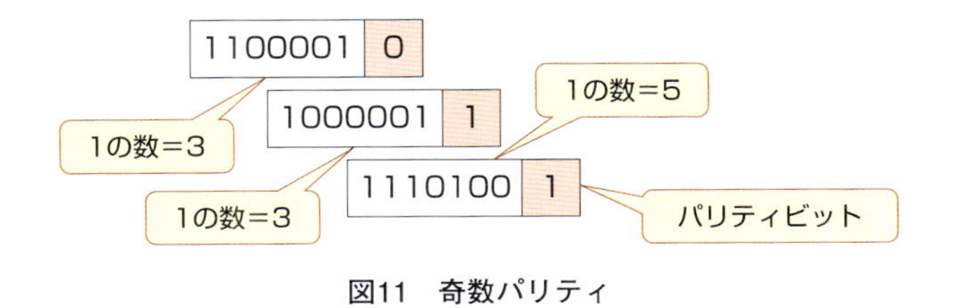

図11　奇数パリティ

1ビットの誤りが発生するとあらかじめ揃えた奇偶が崩れてしまうので，これを捉えて誤りを検出します。ただし，2ビットの誤りが生じると，奇偶が元に戻ってしまうため，**2ビット以上の誤りは正しく検出できません。**

■水平垂直パリティ方式[14]

データを並べ，行方向と列方向にそれぞれパリティビットを付与する方式です。1ビットの誤りは，誤りの位置を確定できるためこれを訂正できます。図12は水平垂直方向に偶数パリティを付与した例です。

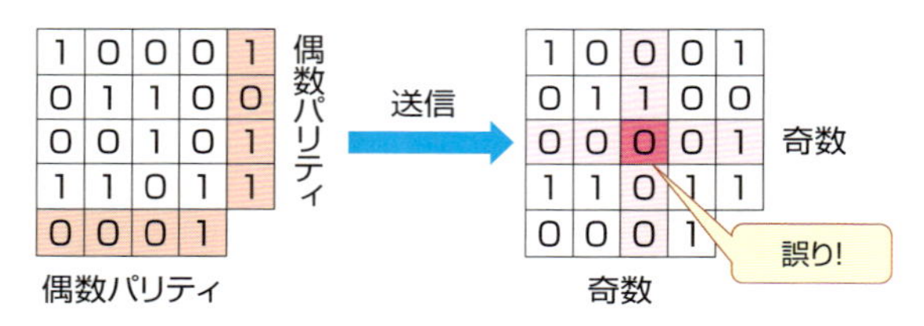

図12　水平垂直パリティ

■ハミング符号[15]

誤り訂正符号としては最も古い方式で，4ビットのデータに対して3ビットの検査符号を，定められた計算ルールに則って付与します。**1ビットの誤りを訂正でき，2ビットの誤りを検出**できます。

■CRC方式[16]

ビット列を多項式と見なし，これをあらかじめ定めた**生成多項式**で除すことで，誤りを検出する方式です。誤り検出符号は，除算で余りが出ないようにあらかじめ付与されます。**除算結果が割り切れない場合は誤りが発生**したと判断します。

複数ビットの誤り，特に連続する誤り（**バースト誤り**）を高い確率で検出できるので，通信をはじめ多くの分野で採用されています。

重要ポイント

[14] 通常のパリティ
→ 1ビットの誤り検出
水平垂直パリティ
→ 1ビットの誤り訂正

重要ポイント

[15] ハミング → 1ビットの誤りを訂正，2ビットの誤りを検出

重要ポイント

[16] CRC方式のキーワードは「生成多項式」「剰余」

2 論理と集合

学習のポイント

コンピュータやプログラムを極限まで分解すると，論理素子や論理演算にたどり着きます。その意味で，コンピュータは論理で構築されているといってもよいでしょう。ここでは，論理に関する基本的な約束事を取り上げて説明します。

1 論理

プログラムで用いる「a<10」などの条件式は，成立した場合には真（true），成立しなかった場合には偽（false）と評価されます。また条件式は，かつ（AND）やまたは（OR），否定（NOT）などを用いて組み合わされます。そのような複雑に入り組んだ条件式の真偽を，単純化して考えることが論理です。

■論理演算

論理には次の演算が用いられます。

名称	表記	真理値表	ベン図での表記
論理積[17]	A かつ B A ∧ B A and B A ・ B	A B A∧B 1 1 1 1 0 0 0 1 0 0 0 0	
論理和	A または B A ∨ B A or B A ＋ B	A B A∨B 1 1 1 1 0 1 0 1 1 0 0 0	
排他的[18]論理和	A ⊕ B A xor B	A B A⊕B 1 1 0 1 0 1 0 1 1 0 0 0	

1：真である　0：偽である

図13　論理演算

重要ポイント

[17] Aの下位８ビットは
・A and $(FF)_{16}$
・A and $(255)_{10}$
などで抽出できる

重要ポイント

[18] 排他的論理和は次のように表すこともできる。
A⊕B
＝(A∧¬B)∨(¬A∧B)

重要ポイント

[18] 否定関係にある演算を相補演算とよぶ。
排他的論理和の相補演算は等価演算
等価演算
両方の真偽が等しい場合に真をとる

A	B	排他的論理和	等価演算
1	1	0	1
1	0	1	0
0	1	1	0
0	0	0	1

重要ポイント

[18] A，Bの排他的論理和は次の手順でCに作成できる
[1] A ∨ B → X
[2] ¬(A ∧ B) → Y
[3] X ∧ Y → C

表中のAやBは条件式を，１は真，０は偽を表します。「A∧B」は，AとBの両方が成立したときのみ成立する（真となる）ことを表しています。

排他的論理和は条件式の「**二者択一**」を表します。二者択一なので両方が成立したときには，偽になってしまう点に注意してください。

これらのほかにも，否定（¬，not，上線）が用いられます。¬Aは「Aではない」ことを表し，Aの真偽の逆をとります。

■論理で成立する法則

論理では，次の法則が成立します。

表３　論理で成立する法則

交換則	$A \land B = B \land A$，$A \lor B = B \lor A$
結合則	$(A \land B) \land C = A \land (B \land C)$ [19]
	$(A \lor B) \lor C = A \lor (B \lor C)$
分配則	$A \land (B \lor C) = (A \land B) \lor (A \land C)$
	$A \lor (B \land C) = (A \lor B) \land (A \lor C)$
ド・モルガン則	$\neg (A \land B) = \neg A \lor \neg B$
	$\neg (A \lor B) = \neg A \land \neg B$

※∧：かつ　∨：または　¬：否定

重要ポイント

[19] 排他的論理和（⊕）については交換則，結合則が成立する。
分配則は次のみ成立
$A \land (B \oplus C) = (A \land B) \oplus (A \land C)$

2 論理回路

論理はプログラムの条件だけではなく，回路設計にも用いられます。回路設計では次の**MIL記号**[20]を用います。

[20] MIL記号
米国防総省が制定するMIL標準が定める論理記号

論理積（ANDゲート）	否定論理積（NANDゲート）	否定（NOTゲート）
A, B → $A \cdot B$	A, B → $\overline{A \cdot B}$	A → $\overline{A}$
論理和（ORゲート）	**否定論理和（NORゲート）**	**排他的論理和（XORゲート）**
A, B → $A + B$	A, B → $\overline{A + B}$	A, B → $A \oplus B$

図14　MIL記号

ベースとなる回路を組み合わせて，別の回路を作成することもできます。たとえば，XORゲートはNOT，AND，ORゲートを用いて次のように作成できます。

$A \oplus B = \overline{A} \cdot B + A \cdot \overline{B}$ なので……

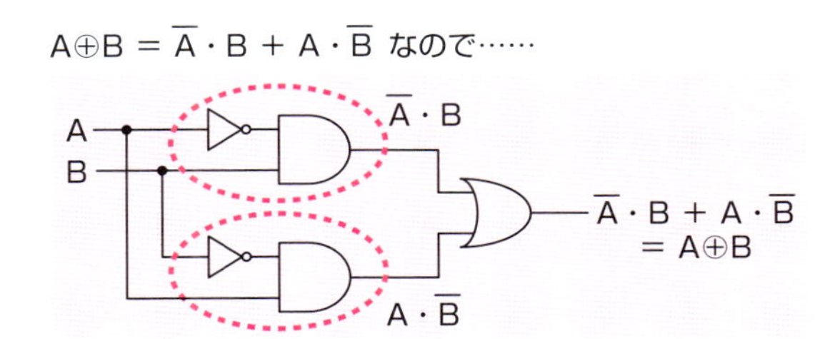

図15　XOR回路

NANDゲートによる構築

図14に挙げた回路のうち，半導体の性質上最も安定した回路が否定論理積（NANDゲート）です。そのため，さまざまな回路をNANDゲートのみを用いて表すことも少なくありません。論理演算の練習も兼ねて紹介しましょう。

①NOTゲートを作る

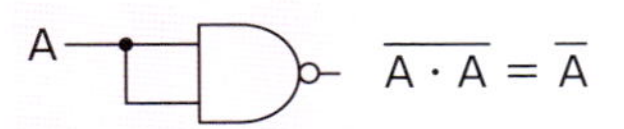

図16　NOTゲート（NANDバージョン）

これは簡単です。A∧AはAなので，¬(A∧A)＝¬Aです。

②ORゲートを作る

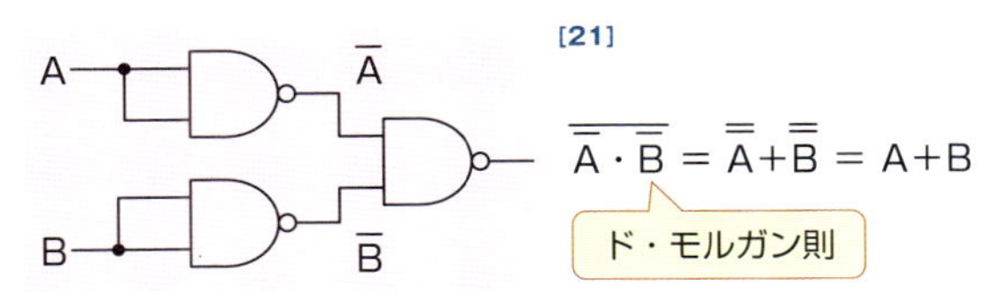

図17　ORゲート（NANDバージョン）

①のNOTゲートを用いて，¬Aと¬BをNANDゲートで結びます。ド・モルガン則で否定が分配され，二重否定になるところがポイントです。否定の否定は元に戻るので，A＋Bが得られます。

③XORゲートを作る

平成22年秋にXORゲートが出題されました。かなりテクニカルな回路です。

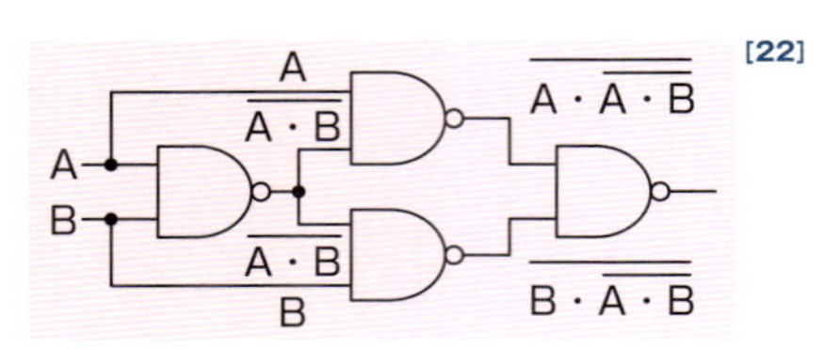

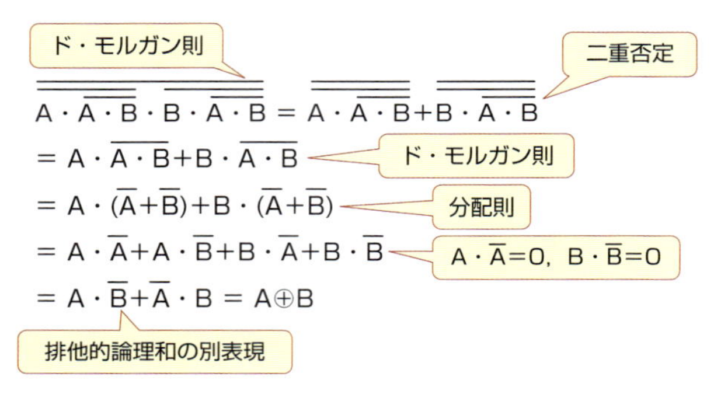

図18　XORゲート(NANDバージョン)

実際には式の変形ではなく，A，Bの0／1を変えながら図18の回路をトレースした方がよいかもしれません。

■多数決回路

平成27年春に多数決回路が出題されました。これは，A～Cが入力する1／0のうち「より多く入力された方」をYに出力します。ちょっと複雑ですが，読解にチャレンジしてください。

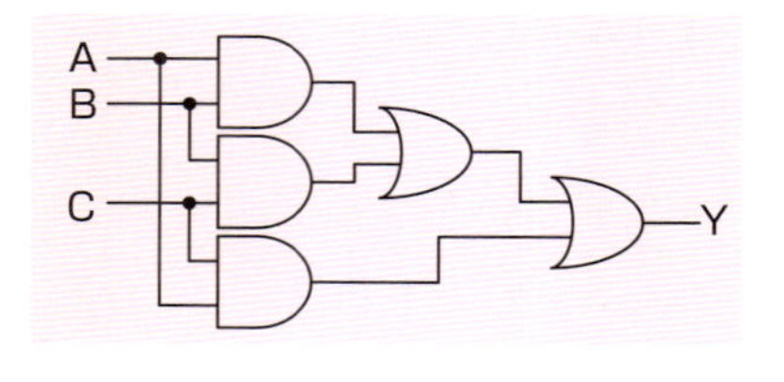

図19　多数決回路

> **テクニック!!**
> **[22]** 大体の形でかまわないので，この回路はXORと覚えてしまおう

■フリップフロップ

フリップフロップは**ビット情報を保持する回路**で，キャッシュメモリの基本回路に用いられます。フリップフロップはNANDゲートの出力を入力にフィードバックすることで構築できます。

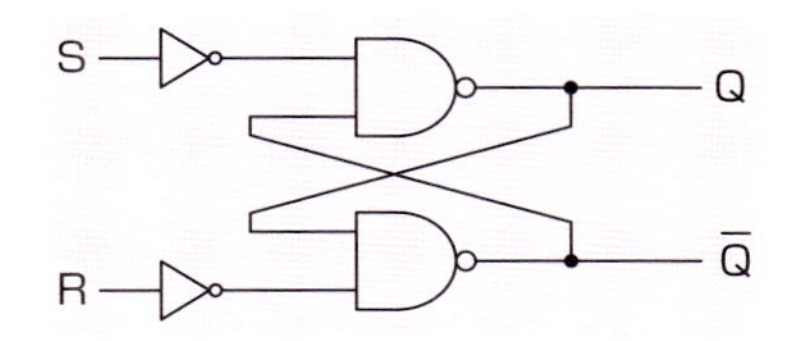

図20　フリップフロップ

SはSet，RはResetの略で，Qは保持する情報です。SとRは次の組合せでQの状態を指示します。

(S，R)＝(1，0) → Qに１をセットする（Set）[23]

(S，R)＝(0，1) → Qを０に戻す（Reset）

(S，R)＝(0，0) → Qの値を保持する

(S，R)＝(1，1) → 禁止。Qの値は不定

(S，R)＝(0，0）の状態からSに１を送ると，Qの値が１にセットされます。Sはすぐに０に戻りますが，Qの値は１のまま保たれます。Qを０に戻したければ，Rに１を送ります。

!! 重要ポイント

[23] 本試験ではS，RにNOTゲートをつなげていない例が出題されたことがある。この場合は，Set／Resetの指示が通常とは逆になる。
(S，R)＝(1，1)：保持
(S，R)＝(0，1)：Set
(S，R)＝(1，0)：Reset

■ビット反転回路

平成29年秋に出題された回路です。単純にビットを反転させるのではなく，入力Gの値によって反転させるかどうかを決定できます。具体的にはG＝0のとき，X，YにはA，Bの値がそのまま出力され，G＝1のときにはX，YにはA，Bの否定（ビット反転）が出力されます。

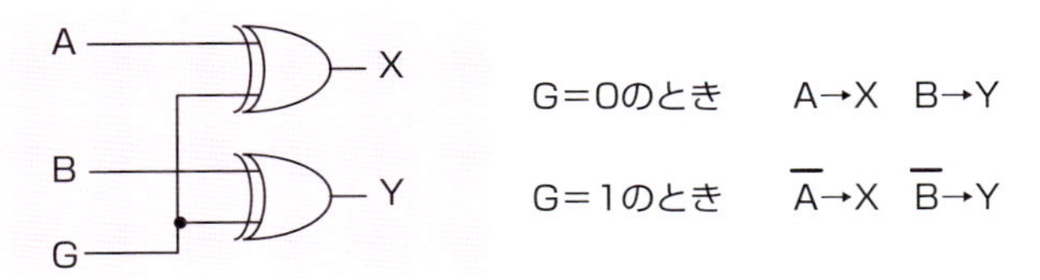

図21　ビット反転回路

3 集合

データファイルやデータベースの表などは，データの集合と捉えることができます。これらの集まりから共通部分の抽出や併合をとることが，**集合演算**です。集合演算と基本法則のみ言及します。

名称	表記	意味	ベン図での表記
和集合	A∪B	AまたはBに含まれる要素の集まり	
積集合	A∩B	AとB双方に含まれる要素の集まり	
差集合	A−B	Aには含まれるがBには含まれない要素の集まり	
補集合	$\overline{A}$ A^c	Aに含まれない要素の集まり	

図22　集合演算

■集合で成立する法則

集合でも論理と同様の法則が成立します。

表4　集合で成立する法則

交換則	A∩B＝B∩A，A∪B＝B∪A
結合則	(A∩B) ∩C＝A∩ (B∩C)
	(A∪B) ∪C＝A∪ (B∪C)
分配則	A∩ (B∪C)＝(A∩B) ∪ (A∩C)
	A∪ (B∩C)＝(A∪B) ∩ (A∪C)
ド・モルガン則	$(A \cap B)^c = A^c \cup B^c$
	$(A \cup B)^c = A^c \cap B^c$

3 プログラムの基礎理論

学習のポイント

コンピュータの誕生・普及とともに，プログラムそのものに関する研究も深まりました。その成果は，今日では，プログラム理論として体系化されています。ここでは，それらプログラム理論の中で，出題実績のあるものを取り上げて説明します。

1 オートマトン

プログラムそのものの振る舞いをモデル化したものが**オートマトン**です。代表的なオートマトンに，入力に対して有限個の状態を遷移する有限オートマトンがあります。有限オートマトンの記述には状態遷移図や状態遷移表が多く用いられます。

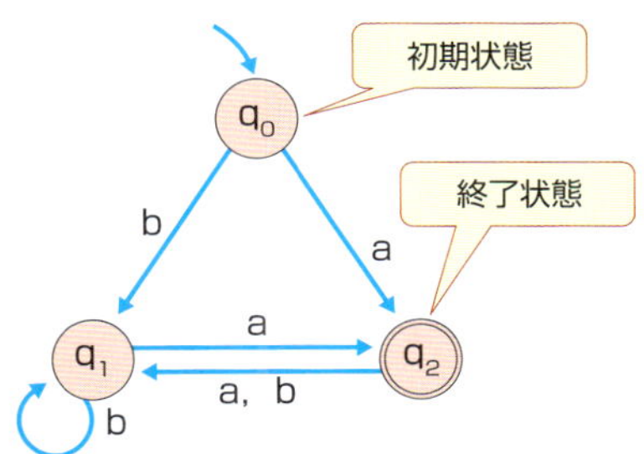

状態遷移図の例

状態＼入力	a	b
q_0	q_2	q_1
q_1	q_2	q_1
q_2	q_1	q_1

状態遷移表の例

図23　オートマトンの例

図23はaまたはbを受け取り，状態q_0～q_2を遷移する有限オートマトンです。初期状態はプログラム開始時の状態，終了状態は処理を正しく完了させた状態を表します。

■オートマトンを用いた検査

有限オートマトンは入力の検査に用いることができます。初期状態から入力に沿って状態を遷移させ，**終了状態で終われば検査に成功した**（入力を受理した）と見なします。

図23のオートマトンに文字列aabaを左から与えると，状態は，

$$q_0 \xrightarrow{a} q_2 \xrightarrow{a} q_1 \xrightarrow{b} q_1 \xrightarrow{a} q_2$$

と変化し，終了状態q_2で終了します。よって，文字列aabaはオートマトンによって受理されます[24]。

> **重要ポイント**
> **[24]**
> ・条件がなければ，入力は「左から順に」行う
> ・終了状態で停止すれば「受理」する

これに対し文字列ababbは，

$$q_0 \xrightarrow{a} q_2 \xrightarrow{b} q_1 \xrightarrow{a} q_2 \xrightarrow{b} q_1 \xrightarrow{b} q_1$$

と変化するので受理されません。

■偶数個の1を受理するオートマトン

平成25年春に，「偶数個の1を含むビット列」を受理するオートマトンが出題されました。理屈は簡単です。初期状態を受理状態に位置づけた後，1が入力されると受理しない状態へ，さらに1が与えられると受理状態に戻すようにオートマトンを作成します。0が入力された場合には状態は変化させません。

このオートマトンに対してビット列を左から順番に与えると，偶数個の1が含まれていた場合には最終的に受理状態で停止します。図24では受理状態に“偶”，受理しない状態に“奇”という名前を付けています。

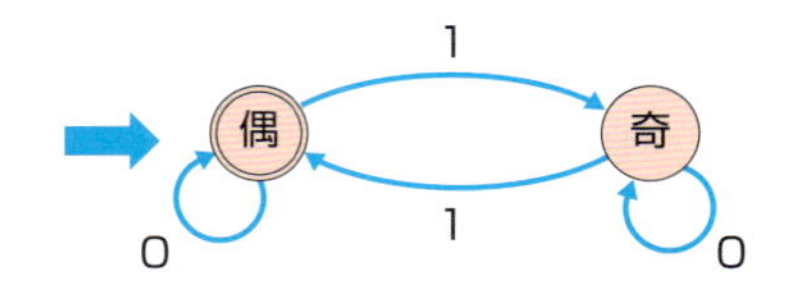

図24　偶数個の１を受理するオートマトン

2 BNF(Backus-Naur Form)

BNFは，プログラム言語の文法を定義するための記述法です。BNFでは，以下の三つの記号及び文字列を用います。

表５　BNF記法で用いる記号

<>	非終端記号	：：＝	定義			または

いくつか例を示します。

<数字>：：＝０｜１｜２｜…｜９

<文字>：：＝Ａ｜Ｂ｜Ｃ｜…｜Ｚ｜ａ｜…｜ｚ

BNFは再帰的な表現を許しています。

<識別子>：：＝<文字>｜<識別子><文字>
｜<識別子><数字>[25]

この定義は

- １個の文字は識別子である
- 識別子の後に文字が付いたものは識別子である
- 識別子の後に数字が付いたものは識別子である

ことを表します。これは，識別子が「１文字目は文字，その後は数字／文字が混在してもよい」ことを表します。

この定義に沿えば，“ab1”は次の過程で識別子であると評価されます。

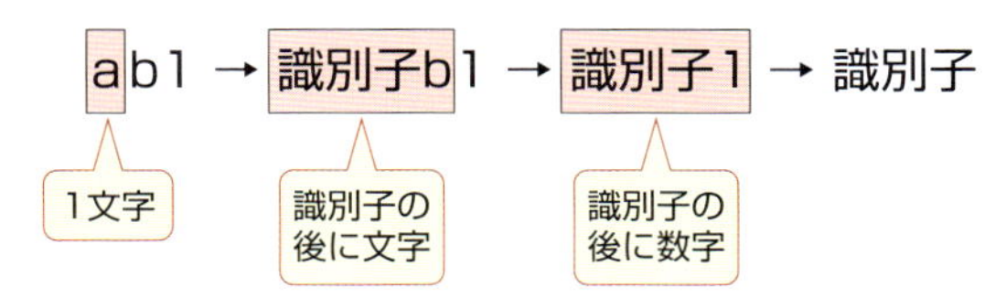

図25　評価の過程

重要ポイント
[25] BNFの例としてよく出る形なので覚えておこう

③ コンパイルの手順

これまで述べた事柄は，プログラムのコンパイル時に用いられます。一般にコンパイルは次の手順で行います。

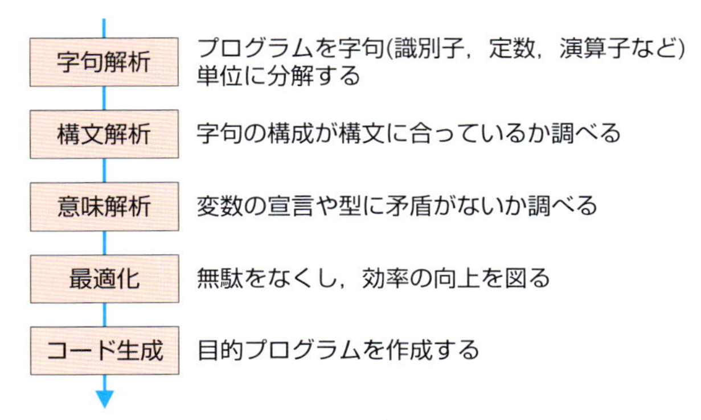

図26　コンパイルの手順

字句解析では，BNFで定義された字句に合致するかを，字句を受理するオートマトンで確かめます。

構文解析では，構文木[26]や逆ポーランド記法[27]を用いて，構文どおりに式やプログラムが記述されているかを確かめます。

意味解析では，例えばプログラム中で使用している**変数が事前に宣言されているかどうか**，変数が扱うデータに沿った**型宣言が行われているか**などを確かめます[28]。

最適化

最適化は，プログラムの効率を向上するため，プログラム自体を修正します。代表的な最適化法を挙げます。

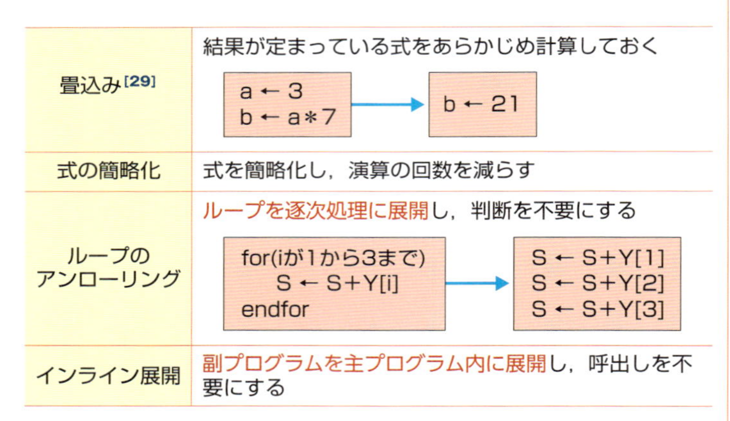

畳込み[29]	結果が定まっている式をあらかじめ計算しておく a ← 3 b ← a*7 → b ← 21
式の簡略化	式を簡略化し，演算の回数を減らす

ループのアンローリング	ループを逐次処理に展開し，判断を不要にする
	for(iが1から3まで)
	S ← S+Y[i]
	endfor
	→ S ← S+Y[1]
	S ← S+Y[2]
	S ← S+Y[3]

インライン展開	副プログラムを主プログラム内に展開し，呼出しを不要にする

図27　最適化の方法

4 人工知能(AI：Artificial Intelligence)

人工知能とは，知能を使って行うことを人間に代わって実行する機械や技術のことです。

人工知能は，多くのデータからその規則性や判断基準を学習し，それに基づいて未知のものを予測，判断します。人工知能が行うこのような学習を，**機械学習**とよびます。機械学習は，次の三つに分類することができます。

基本用語

[26] 構文木
式を表す木構造

A×(B+C)

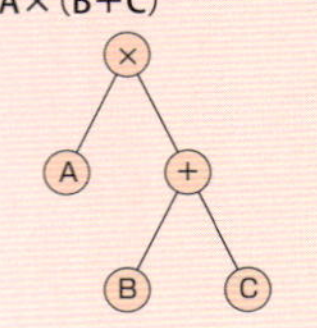

基本用語

[27] 逆ポーランド記法
演算子を項の後に置く記法。
カッコを用いずに式を表すことができる

中間記法
A×(B+C)
逆ポーランド記法
ABC+×

重要ポイント

[28] 意味解析では変数宣言や型のチェックが行われる

重要ポイント

[29] 畳込みは次の手順を実施する
[1] 変数の変化を追跡する
[2] 途中で変わらないことを確認する
[3] 変数を定数に置き換える

表6　機械学習の分類

	入力に関するデータ［質問］	出力に関するデータ（教師データ）［正しい答え］		主な活用事例
教師あり学習	与えられる	○	与えられる	出力に関する回帰、分類
教師なし学習	与えられる	×	与えられない	入力に関するグループ分け、情報の要約
強化学習	与えられる（試行する）	△（間接的）	正しい答え自体は与えられないが、報酬（評価）が与えられる	将棋、囲碁、ロボットの歩行学習

※総務省 ICTスキル総合習得教材より

教師あり学習は，解答（**教師データ**）の付いたデータを学習します。例えば「猫」という解答の付いた大量の画像を学習することで，解答のない（猫の）画像に対して「これは猫」と答えることができます。

教師なし学習は，解答のないデータを学習します。大量のデータを，様々な特徴によって人工知能自らが分類し要約します。このようなAI自らによる分類を，**クラスタリング**とよびます。

強化学習は，様々な試行錯誤を通じて，評価（報酬）の高い行動や選択を学習します。例えば二足歩行ロボットでは，様々な歩行法を試行錯誤しながら歩行距離の長い（評価の高い）歩行法を学習します。

ニューラルネットワーク

ニューラルネットワークは脳の神経回路の仕組みを模した分析モデルで，**入力層**，**中間層（隠れ層）**，**出力層**の3層から構成されます。図28は，入力で与えられた画像が「顔の画像」かどうかを判断するモデルです。

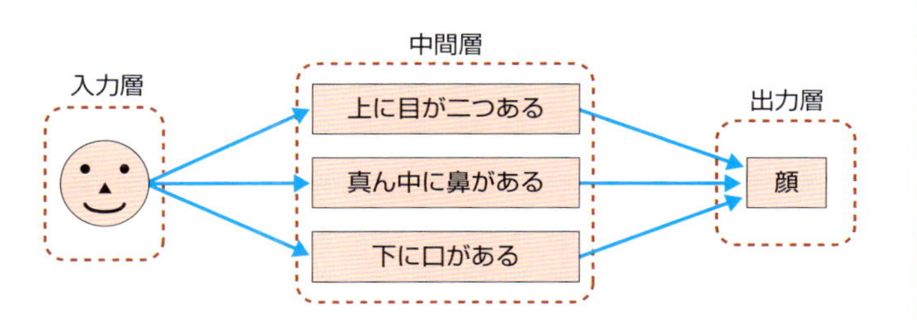

図28　顔画像を判断する例

中間層は，一つ前の層から受け取ったデータに対し，重み付けや変換を施します。例えば顔画像について目と口を重視するのであれば，該当する中間層で重み付けします。

ニューラルネットワークを教師あり学習に応用する場合は，出力層（人工知能の回答）と教師データを照合し，より正答率が高くなるよう重みを調整します。

ニューラルネットワークには，**CNN**（**畳み込みニューラルネットワーク**）や**RNN**（**再帰型ニューラルネットワーク**）などの種類があります。**CNNは画像や動画認識に広く用いられ，RNNは自然言語処理に用いられて**います。

■ディープラーニング（深層学習）

ニューラルネットワークを改善したモデルがディープラーニングです。ディープラーニングは，**2層以上の中間層をもつ**ことで，より精度の高い出力を得ることができます。

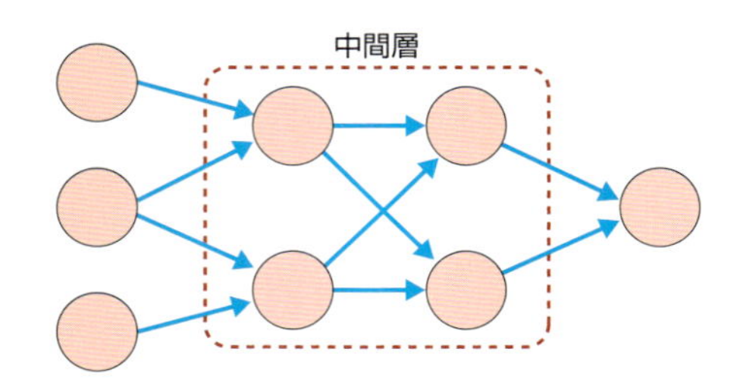

図29　ディープラーニング

4 数理応用

学習のポイント

　コンピュータを学ぶ上では，ある程度の数理的な知識も必要です。たとえば，コンピュータの性能は確率的に評価され，運用や品質管理は統計的な知見に基づいて実施されます。ここではそれらの知識から，出題実績のあるものを中心に取り上げます。

1 対数

　対数はlogを用いて表現する数で，

$$a^x = b$$

における乗数xを，

$$x = \log_a b$$

で表します。たとえば，$2^x = 8$に対して$x = \log_2 8$と表します。ちなみに$\log_2 8$の値は３です。

　対数の代表的な公式[30]を挙げます。

$$\log_a a = 1$$

$$\log_a 1 = 0$$

$$\log_a b^c = c \times \log_a b$$

$$\log_a bc = \log_a b + \log_a c$$

$$\log_a \frac{b}{c} = \log_a b - \log_a c$$

$$\log_a b = \frac{\log_x b}{\log_x a} \quad \text{(底の変換公式)}$$

重要ポイント

[30] 10進表示の桁数Dと2進表示の桁数Bには，
D≒Blog<->10<->2
という関係が成立する

2 順列と組合せ

　順列と**組合せ**は，n個の異なるものの中から，r個を取り出すときの場合の数のことです。順列と組合せの違いは，並び順を考えるか否かにあります。たとえばAとBを選んだとき，順列は「AB」と「BA」の２通りと数え，組合せは「AとB」の１通りと数えます。

　順列と組合せは次の式で求めることができます。

表７　順列と組合せ

名称	違い	表記	計算式
順列	並び順を考える	${}_nP_r$	$\frac{n!}{(n-r)!}$ [31]
組合せ	考えない	${}_nC_r$	$\frac{n!}{(n-r)!r!}$

5つの中から3つ選ぶことを考えます。

順列：5！÷2！＝5×4×3×2×1／(2×1)＝60［通り］

組合せ：5！÷(2！×3！)＝5×4×3×2×1／((2×1)(3×2×1))

＝10［通り］

となります。

[31] 階乗
n!＝n×(n−1)×…×2×1

3 確率

ある現象（事象）が発生する割合のことを**確率**とよび，P（事象）で表します。たとえば，サイコロを振って1の目が出る確率は，

P(1の目が出る)＝1／6

と表します。

事象A，Bについて，両者のいずれかが発生する確率をP(A∪B)，両者が共に発生する確率をP(A∩B) で表し，それぞれ次のように求めます。

表８　事象と確率

P(A∪B)	A，Bは同時に発生しない → P(A)＋P(B) 同時に起きることもある → P(A)＋P(B)－P(A∩B)
P(A∩B)	P(A)×P(B)

たとえば，サイコロを1回振って1または2が出る確率は，

P(1が出る∪2が出る)＝P(1が出る)＋P(2が出る)

＝2／6

で，サイコロを2回振って両方1が出る確率は，

P(1が出る∩1が出る)＝P(1が出る)×P(1が出る)

＝1／36

です。

■確率変数[32]

ある事象について何らかの値が定まるとき，その値を**確率変数**と

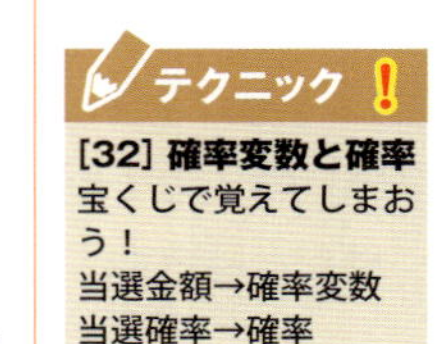

[32] 確率変数と確率
宝くじで覚えてしまおう！
当選金額→確率変数
当選確率→確率

よびます。たとえば10本のくじの中に，１等100円が１本，２等50円が２本が含まれ，残りが外れのとき，事象と確率変数と確率は次の関係になります。

表９　確率変数と確率

事象	確率変数	確率
１等	100	0.1
２等	50	0.2
ハズレ	0	0.7

■期待値（確率平均）[33]

ある試行における確率変数の見込み値を**期待値**とよびます。期待値は，**（確率変数×確率）の総和**で計算できます。

たとえば表９の例では，

　期待値 ＝ 100×0.1＋50×0.2＋0×0.7 ＝ 20［円］

と計算できます。これは，確率を考慮した当選金額の平均値で，文字どおりくじ１本あたりに期待できる値です。

期待値は，キャッシュメモリの計算やリスクの評価など，多くの場面で用います。

テクニック！
[33] 期待値
これも宝くじで覚える！
期待値＝
Σ（当選金額×当選確率）

4 確率分布

確率変数と確率の対応関係を**確率分布**とよびます。確率変数を横軸に，確率を縦軸にとったグラフで表します。

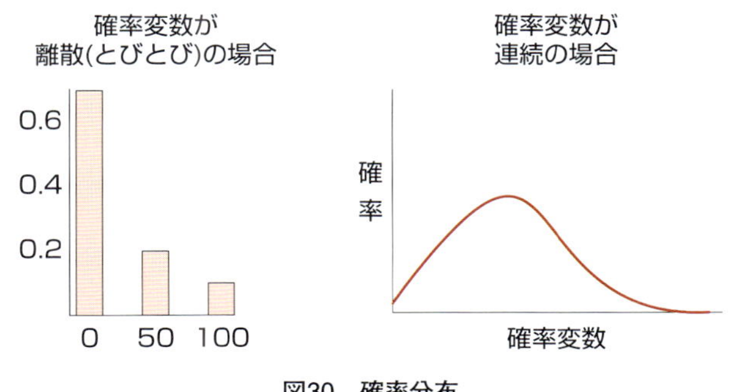

図30　確率分布

確率分布の形状を表す代表的な値が，**分散**および**標準偏差**です。

共に「**データ（x_1～x_n）の散らばり具合**」を表す値で，この値が小さければ全体が平均に寄った形状になり，大きければ全体に散らばった形状になります。

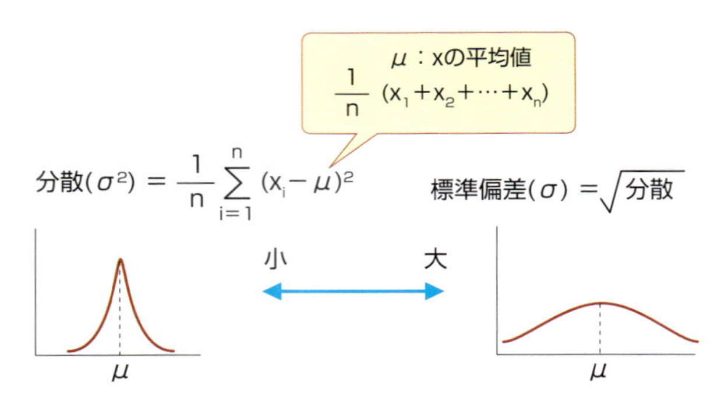

図31　分散と標準偏差

■正規分布

確率分布の中で最も有名なものが**正規分布**です。さまざまな事象が正規分布で近似できると考えられるため，多くの場面で用いられています。

正規分布N（μ，σ^2）の分布曲線は次図のように平均値μを中心に**左右対称の釣鐘型**の曲線となり，$\mu\pm\sigma$，$\mu\pm2\sigma$，$\mu\pm3\sigma$の範囲にそれぞれ全体の約68%，約95%，約99.7%が含まれることが知られています。

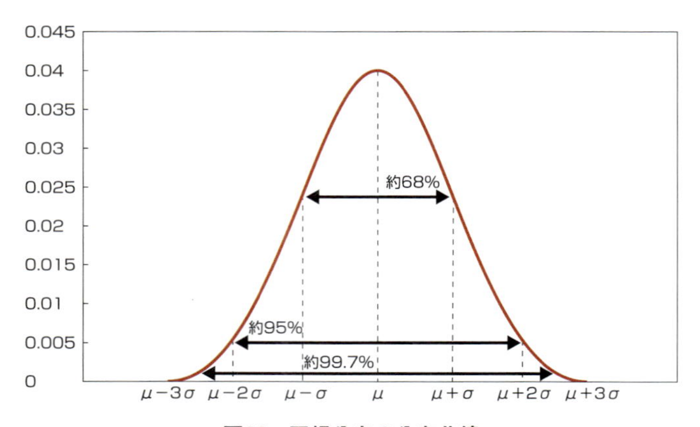

図32　正規分布の分布曲線

❖確認問題

※問題出典　H：平成　R：令和，S：春期　F：秋期　（基は基本情報技術者試験）

問題 1

桁落ちによる誤差の説明として，適切なものはどれか。

R３S・問２　H31S・問２　H25F・問２　基H27S・問２

ア　値がほぼ等しい二つの数値の差を求めたとき，有効桁数が減ることによって発生する誤差

イ　指定された有効桁数で演算結果を表すために，切捨て，切上げ，四捨五入などで下位の桁を削除することによって発生する誤差

ウ　絶対値の非常に大きな数値と小さな数値の加算や減算を行ったとき，小さい数値が計算結果に反映されないことによって発生する誤差

エ　無限級数で表される数値の計算処理を有限項で打ち切ったことによって発生する誤差

問題 2

XMLにおいて，XML宣言中で符号化宣言を省略できる文字コードはどれか。

R４F・問７

ア　EUC-JP　　イ　ISO-2022-JP　　ウ　Shift-JIS　　エ　UTF-16

問題 3

図のように16ビットのデータを４×４の正方形状に並べ，行と列にパリティビットを付加することによって何ビットまでの誤りを訂正できるか。ここで，図の網掛け部分はパリティビットを表す。

R３F・問４　H27F・問４

1	0	0	0	1
0	1	1	0	0
0	0	1	0	1
1	1	0	1	1
0	0	0	1	

ア　1　　イ　2　　ウ　3　　エ　4

問題 4

論理和（∨），論理積（∧），排他的論理和（⊕）の結合法則の成立に関する記述として，適切な組合せはどれか。

H29S・問 1

	$(A \vee B) \vee C$ $= A \vee (B \vee C)$	$(A \wedge B) \wedge C$ $= A \wedge (B \wedge C)$	$(A \oplus B) \oplus C$ $= A \oplus (B \oplus C)$
ア	必ずしも成立しない	成立する	成立する
イ	成立する	必ずしも成立しない	成立する
ウ	成立する	成立する	必ずしも成立しない
エ	成立する	成立する	成立する

問題 5

任意のオペランドに対するブール演算Aの結果とブール演算Bの結果が互いに否定の関係にあるとき，AはBの（又は，BはAの）相補演算であるという。排他的論理和の相補演算はどれか。

R3S・問 1　H30F・問 1

ア　等価演算（ 　）　　イ　否定論理和（ 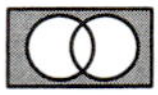　）

ウ　論理積（ 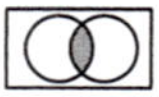　）　　エ　論理和（ 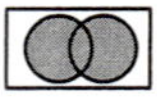　）

問題 6

nビットの値L_1，L_2がある。次の操作によって得られる値L_3は，L_1とL_2に対するどの論理演算の結果と同じか。

H28S・問 1

〔操作〕

(1)　L_1とL_2のビットごとの論理和をとって，変数Xに記憶する。

(2)　L_1とL_2のビットごとの論理積をとって更に否定をとり，変数Yに記憶する。

(3)　XとYのビットごとの論理積をとって，結果L_3とする

ア　排他的論理和　　イ　排他的論理和の否定

ウ　論理積の否定　　エ　論理和の否定

問題 7

図の論理回路において，$S=1$，$R=1$，$X=0$，$Y=1$のとき，Sを一旦0にした後，再び１に戻した。この操作を行った後のX，Yの値はどれか。 R3S・問25

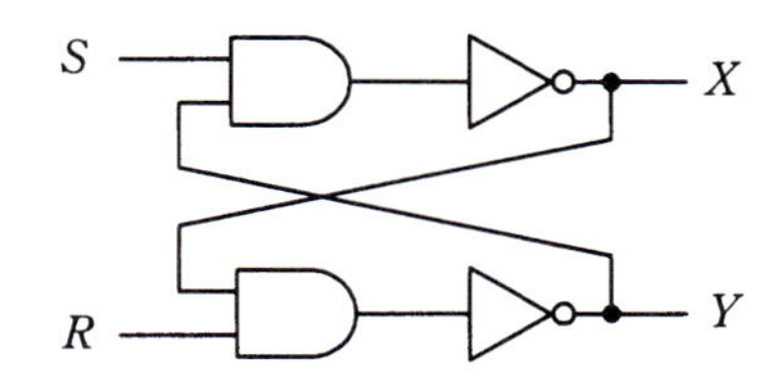

ア　$X=0$，$Y=0$　　イ　$X=0$，$Y=1$
ウ　$X=1$，$Y=0$　　エ　$X=1$，$Y=1$

問題 8

AIの機械学習における教師なし学習で用いられる手法として，最も適切なものはどれか。 R元F・問４

ア　幾つかのグループに分かれている既存データ間に分離境界を定め，新たなデータがどのグループに属するかはその分離境界によって判別するパターン認識手法
イ　数式で解を求めることが難しい場合に，乱数を使って疑似データを作り，数値計算をすることによって解を推定するモンテカルロ法
ウ　データ同士の類似度を定義し，その定義した類似度に従って似たもの同士は同じグループに入るようにデータをグループ化するクラスタリング
エ　プロットされた時系列データに対して，曲線の当てはめを行い，得られた近似曲線によってデータの補完や未来予測を行う回帰分析

問題 9

あるプログラム言語において，識別子（identifier）は，先頭が英字で始まり，それ以降に任意個の英数字が続く文字列である。これをBNFで定義したとき，ａに入るものはどれか。 H29S・問４

<digit> ::= 0 | 1 | 2 | 3 | 4 | 5 | 6 | 7 | 8 | 9

<letter> ::= A | B | C | … | X | Y | Z | a | b | c | … | x | y | z

<identifier> ::= [a]

ア　<letter> | <digit> | <identifier><letter> | <identifier><digit>

イ　<letter> | <digit> | <letter><identifier> | <identifier><digit>

ウ　<letter> | <identifier><digit>

エ　<letter> | <identifier><digit> | <identifier><letter>

問題 10

製品100個を１ロットとして生産する。一つのロットからサンプルを３個抽出して検査し，３個とも良品であればロット全体を合格とする。100個中に10個の不良品を含むロットが合格と判定される確率は幾らか。 R4F・問3

ア $\frac{178}{245}$　イ $\frac{405}{539}$　ウ $\frac{89}{110}$　エ $\frac{87}{97}$

解答・解説

問題1　ア

けた落ちは，絶対値がほぼ等しい数同士の演算で発生する。

イ　丸め誤差に関する記述である。

ウ　情報落ちに関する記述である。

エ　打切り誤差に関する記述である。

問題2　エ

XMLは，文書のXML宣言部分で符号化宣言(文字コードの宣言)を行う。符号化宣言は省略可能であり，省略したときXML文書はUTF-8またはUTF-16で記述されたと見なされる。

問題3　ア

図は水平垂直パリティ方式を表している。この方式は1ビットの誤りの位置を特定し，その誤りを訂正できる。

問題4　エ

演算に関する法則には，交換則，結合則，分配則などが存在する。このうち，結合則と交換則は，論理積，論理和，排他的論理和のすべてについて成立する。

なお，分配則は論理積と論理和で成立するが，排他的論理和では成立しないこともある。

問題5　ア

２変数の排他的論理和は「一方が真で他方が偽」の場合のみ真となる。その相補演算は「双方が偽」または「双方が真」の場合に真をとればよい。これらを集合で表すと，次のようになる。

問題 6　ア

L_1＝1010，L_2＝1100として(1)～(3)の処理を実行する。

(1)　1010 OR 1100 ＝ 1110 → X

(2)　NOT（1010 AND 1100）＝ NOT（1000）＝ 0111 → Y

(3)　X AND Y ＝ 0110 → L_3

L_3に代入された結果は，L_1とL_2の排他的論理和に他ならない。

問題 7　ウ

図はフリップフロップ回路で，SがSet，RがReset，Xが保持する値でYがその否定を表す（本文**2** 2 ■「フリップフロップ」および重点ポイント**[23]**参照）。なお，SとRの値は，左記のテキスト本文ではなく，重点ポイントに記したパターンとなる。

（S，R）＝（1，1）：前の状態を保持

（S，R）＝（0，1）：Xを1にSet（Yは0）

（S，R）＝（1，0）：Xを0にReset（Yは1）

問題文は，Xを1にセットした後それを保持する操作を表す。

問題 8　ウ

機械学習には，解答付きのデータを学習する教師付学習と解答のないデータを学習する教師なし学習がある。教師なし学習では，AI自らがデータの特徴をもとに，データを「類似性の高いグループ（クラスタ）」に分類する。これをクラスタリングとよぶ。

問題 9　エ

BNFで記号“｜”は「または」を表す。選択肢エは「先頭文字は英字，その後は数字や英字が任意に続く」という定義になる。

ア・イ　1桁の数字も識別子と解釈される。

ウ　この定義では，識別子の2文字目以降は数字しか使用できない。

問題 10　ア

ロットからサンプルを３回抽出したとき，３回とも良品を抽出する確率を求めればよい。この確率は，次のように計算できる。

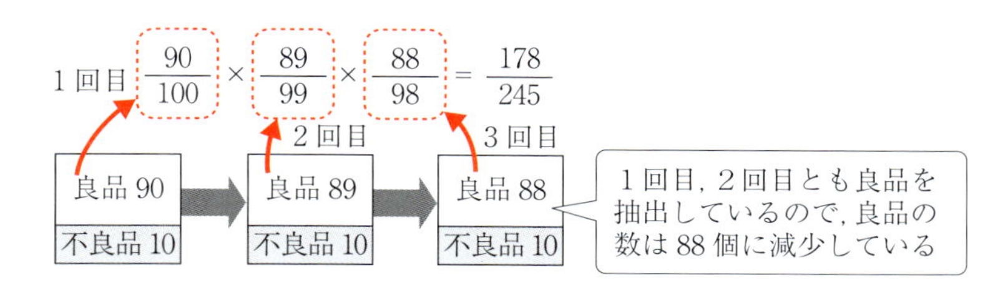

第2章

アルゴリズムとデータ構造

1 データ構造

学習のポイント

プログラム言語Pascalの開発で知られるN.Wirthの言葉に「アルゴリズム＋データ構造＝プログラム」があります。アルゴリズムは処理の手順，データ構造はデータを配置・管理する方法のことで，この二つがプログラムを構成していることを端的に表しています。ここでは，プログラムを支える二本柱のうち，データ構造に焦点をあてて，試験に出題されやすいものを中心に説明します。

1 リスト構造

リスト構造は要素をチェーンのようにつなぐデータ構造です。要素はデータを格納する**データ部**と，次につながる要素（次要素）の位置情報をもつ**ポインタ部**から構成されます。

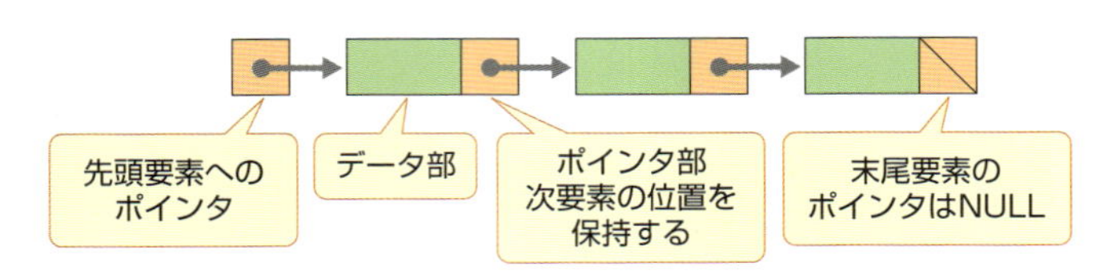

図１　リスト構造

要素の位置は一つ前の要素が保持していますが，これとは別にリストの開始位置（先頭要素）を指すポインタを別途用意しなければなりません。ポインタの内容は，次要素が格納されたメモリのアドレスなどです。最終要素のポインタは**NULL**（空値）です。

図１のような一方向のリストは**単方向リスト**とよばれます。このリストは，先頭要素からポインタをたどりながらデータを順次参照します。

要素の追加，削除

リスト構造への要素の追加／削除は，それを行う前後のポインタを修正するだけで簡単に実現することができます。これは，挿入場所を確保しなければならない“配列”に比べると，非常に優れた性質です。図２は，要素の挿入手順を配列と比較したものです。

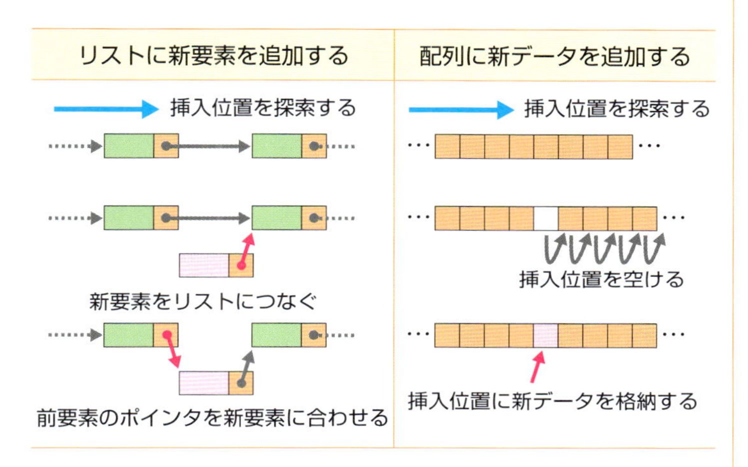

図２　要素の挿入手順

リストへの挿入は，

[1]挿入位置の探索
[2]新要素のポインタを挿入位置の次要素に合わせる
[3]挿入位置の前要素のポインタを新要素に合わせる

という手順で行います。データの削除は，

[1]削除要素の探索
[2]削除要素の前要素を，削除要素の次要素へつなぐ

という手順になります。

リスト構造に対する処理を，**計算量**[1]で評価しましょう。挿入／削除位置の探索はO(n)[2]の処理ですが，それ以外はO(1)です。先頭への追加／削除であれば，探索自体が不要になるためO(1)の計算量で処理が可能です。逆に末尾に対する追加／削除は最も時間を要します[3]。

[1] 計算量
「データ数nに対してどれだけの処理が必要か」を表すもの。処理量がデータ数nに比例する場合にはO(n)と表記する

 [2]

計算量は処理の繰返し(ループ)回数で評価する。
O(1)…データ数に応じた繰返しを行わない
O(n)…データ数nに比例した回数だけ処理を繰り返す
O(n^2)…n^2に比例した回数だけ処理を繰り返す

 [3]

O記法では，2n回の繰返しやn/2回の繰返しはすべてO(n)と評価する

2 スタック

スタックは「**後入れ先出し**（**LIFO**：Last In First Out）」[4]の性質をもつデータ構造です。一方だけ空いた管にデータを格納するようなイメージをもつとよいでしょう。

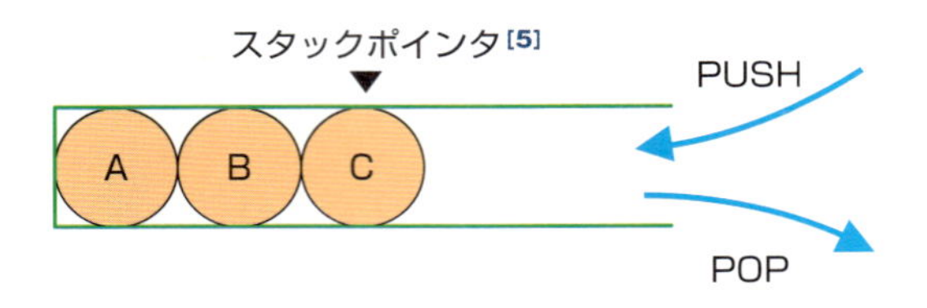

図3　スタック

スタックへデータを格納する操作を**PUSH**，取り出す操作を**POP**とよびます。スタックは「一方だけ空いた」管なので，PUSH／POPは同じ口から行われます。結果として，**後に格納したデータほど先に取り出されます。**

図３はA，B，Cの順にデータをPUSHした状態を表します。最初のPOPでデータC，次のPOPでB，最後のPOPでAが取り出されます。

スタックの利用法

スタックは，さまざまな場面で利用されます。二つ紹介します。

① プログラム呼出し時の戻り番地の管理

関数や**サブルーチン**[6]が処理を終えたとき，それを呼び出した場所に正しく戻る必要があります。そのため，**戻り番地をスタックに格納**してから関数やサブルーチンを呼び出すようにします[7]。関数やサブルーチンが処理を終えると，スタックから戻り番地をPOPして呼出し元に戻ります。

基本用語

[4] 後入れ先出し
後から格納したデータが先に取り出されること

基本ポイント

[5] スタックポインタは，スタック中の「最後にPUSHしたデータ＝最初にPOPするデータ」を指す

基本用語

[6] サブルーチン
主処理（メイン）から呼び出される処理

[7]
より正確には，戻り先アドレスやレジスタの内容を退避領域に格納し，スタックには退避領域のアドレスを格納する

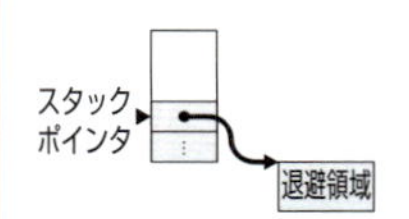

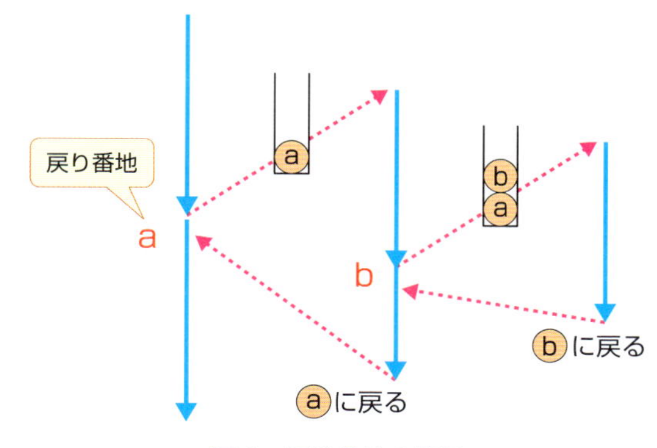

図４　戻り番地の管理

② 逆ポーランド記法の演算

逆ポーランド記法で記述された演算式は，一つのスタックだけで計算できるのが特徴です。具体的には，演算式を左から順に見ながら，次の手順を繰り返します。最終的には，計算式の解がスタックに格納された状態で終了します。

- 数値であればスタックに格納する
- 演算子であればスタックから数値を２つPOPして計算し，計算結果をスタックに格納する

図５は，スタックを利用した逆ポーランド記法の演算手順を説明したものです。

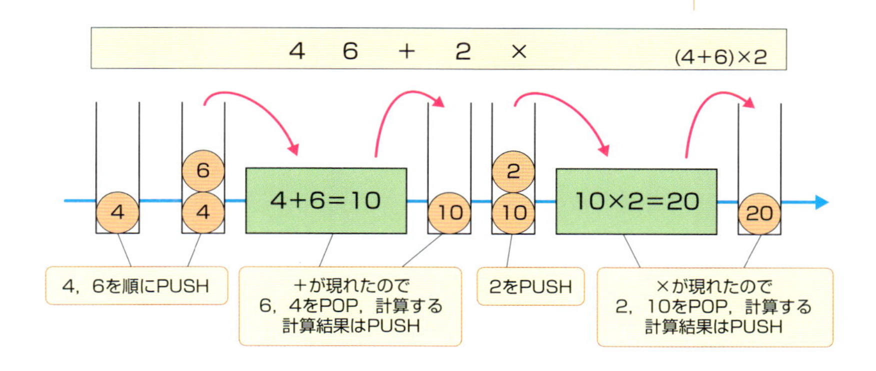

図５　逆ポーランド記法の演算

■スタックの実現法

配列でスタックを実現する場合は，末尾方向に向けてデータをPUSHし，先頭方向に向けてデータをPOPするようにします。

リストでスタックを実現する場合には，**リストの先頭に対してPUSH／POPを行います。**

〈配列で実現〉

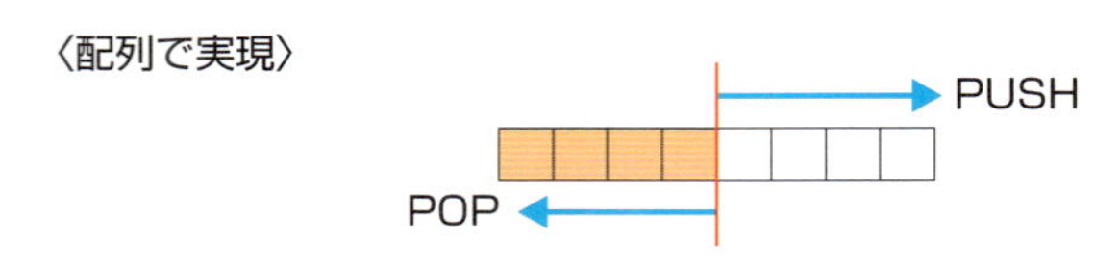

〈リストで実現〉

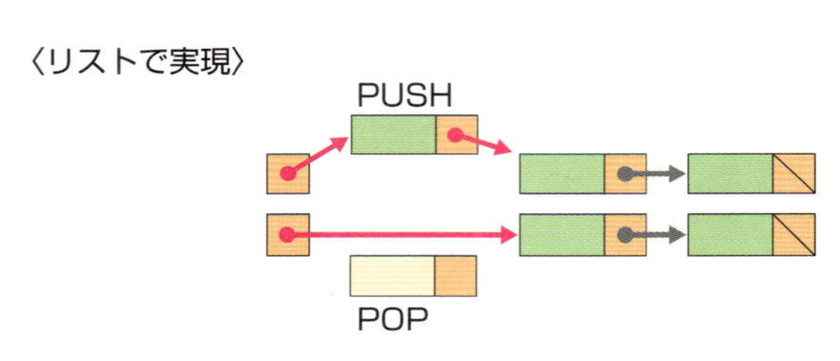

図6　スタックの実現法

3 キュー

キューは「**先入れ先出し**（**FIFO**：First In First Out）」[8][9]の性質をもつデータ構造です。両端（入口と出口）が空いた管にデータを格納するようなイメージです。

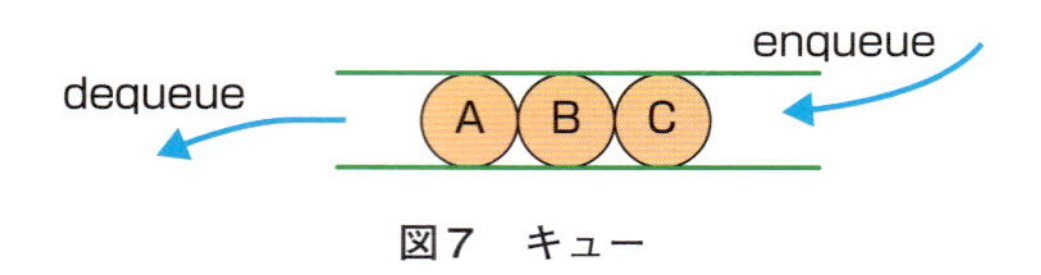

図7　キュー

キューへデータを格納する操作を**エンキュー**（enqueue），取り出す操作を**デキュー**（dequeue）とよびます。入口と出口が異なるので，**格納した順にデータが取り出されます。**

キューは行列など，順番をもつ要素の管理に向いています。生成したタスクの管理や，到着したジョブの管理などはキューの代表的な利用例です。

基本用語

[8] 先入れ先出し
先に格納したデータが先に取り出されること

重要ポイント

[9] スタックがLIFO，キューがFIFOという対応関係は必ず覚えておこう。これだけで解ける問題もある！

キューの実現法

キューを配列で実現する場合は，エンキューとデキューをともに末尾方向に向けて行います。データの位置は徐々に後方に移動するので，配列の末尾を超えたら先頭に戻るような工夫が必要です。

リストで実現する場合には，**リストの末尾に対して要素をエンキューし，先頭要素をデキューします。**線形リストに末尾ポインタを追加すると，末尾への追加を効率化できます。

〈配列で実現〉

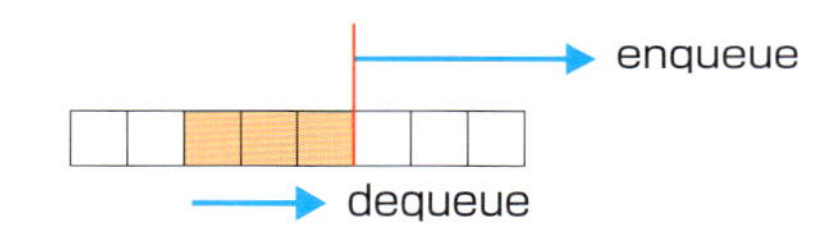

〈リストで実現〉

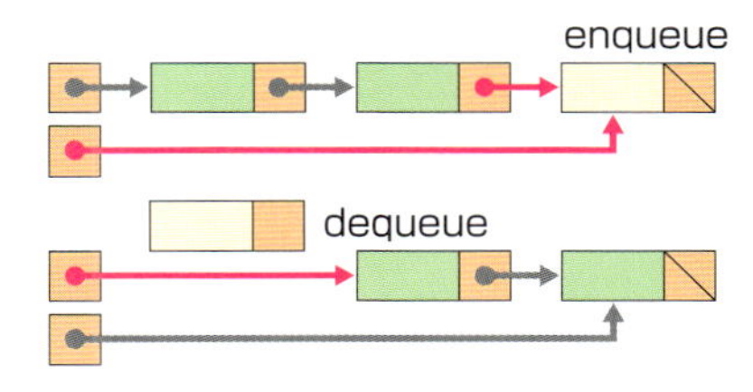

図８　キューの実現法

4 木構造

木構造は親子関係で**階層構造**を表すデータ構造です。親は複数の子をもつことができますが，子は一つの親しかもてません。

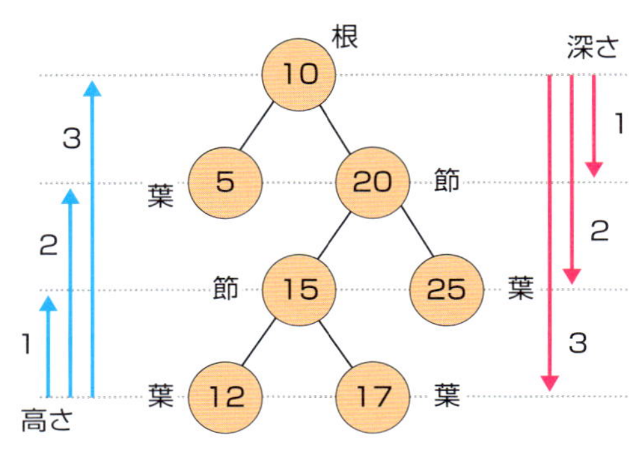

図９　木構造

木の構成要素を**節**（node）とよびます。特に最上位の節を**根**（root），子をもたない節を**葉**（leaf）とよぶことがあります。

根から数えた階層数を深さ，最下位層の葉から数えた階層数を**高さ**とよびます。根の高さは木全体の高さになります。

二分木

各節が最大二つの子をもてる木を，**二分木**とよびます。図９は，高さ３の二分木の例です。

高さがnの二分木は，最大$2^{n+1}-1$個の節をもつことができます。**節の数がnである二分木の高さは，およそ$\log_2 n$**となります[10]。

重要ポイント

[10] ある高さの二分木に，最大限の節を詰め込んだとき，
葉の数 ＝葉以外の節の数＋1
葉の数 ＝ $2^{高さ}$
が成立する

２分探索木

２分探索木（binary search tree）とは，次の二つの条件がすべての節に成り立つ二分木で，探索に向いたデータ構造です。

- **ある節の左部分木（左の子につながる部分木）に属する節の値は，その節の値より小さい**
- **ある節の右部分木に属する節の値は，その節の値より大きい**

図９は２分探索木の条件を満たしています。

２分探索木は根から枝を降りるように探索を進めます。具体的には，探索値が節の値よりも小さければ左に降り，そうでなければ右に降ります。これを探索に成功するか，降りる枝がなくなるまで繰り返します[11]。

重要ポイント

[11] ２分探索木の節数がnのとき，探索の計算量は$O(\log_2 n)$となる

ヒープ

根から深さの浅い順に，節を左詰めにした木を**完全二分木**とよびます。完全二分木の中で，どの親子についても一定の大小関係が成立する木が**ヒープ**（heap）です。

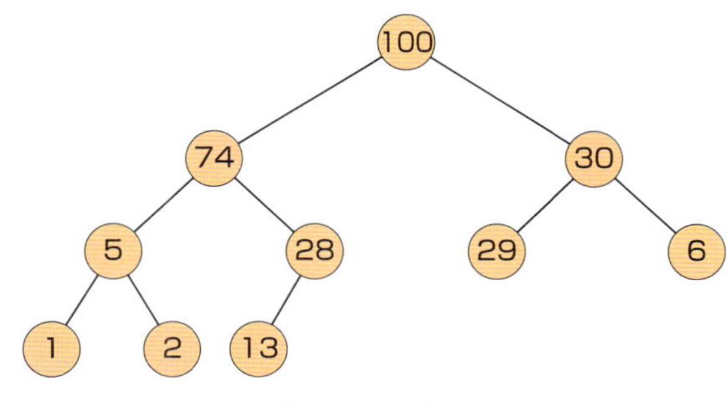

図10　ヒープの例

図10は「親≧子」が成立するヒープの例です。「親≧子」が成立するとき，根の値は最大値になります。逆に「親≦子」が成立するとき，根は最小値になります。ヒープは**最大値や最小値を効率よく取り出す**ことのできるデータ構造です。

木の巡回

木に含まれるすべてのデータを処理することもあります。このような処理では，木のすべての節をもれなく巡回する必要があります。この方法には大きく**深さ優先順**と**幅優先順**があります。

- 深さ優先順……子があれば子を優先して巡回する
- 幅優先順……兄弟を優先して巡回する

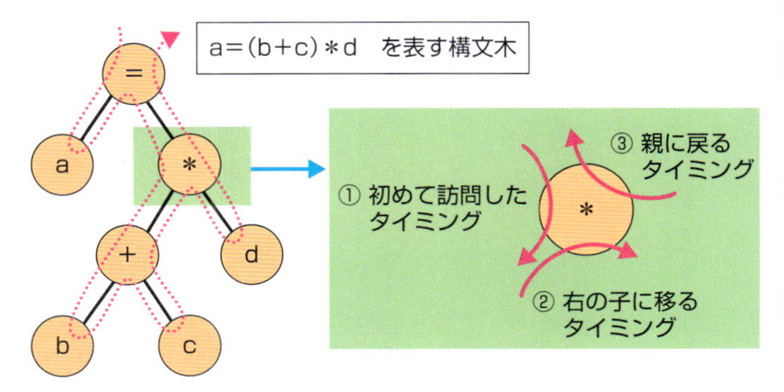

図11　深さ優先順巡回

図11左の二分木は数式「a＝(b＋c)＊d」を表す構文木です。破線は，構文木を深さ優先順で巡回した経路です。

木の巡回においては「どのタイミングで節を処理するか」によって，節の訪問順序は大きく変わります。図11右に示したとおり，節の巡回タイミングには①～③があります。どれを選ぶかによって，節の訪問順序は表１のように変化します。

表１　節の訪問順序[12]

処理タイミング	節の訪問順
先行順（①のタイミング）	＝a＊＋bcd
中間順（②のタイミング）	a＝b＋c＊d
後行順（③のタイミング）	abc＋d＊＝

式を表す構文木を後行順で巡回すると，節は逆ポーランド記法に並びます。先行順で巡回した場合の並びをポーランド記法とよびます。また，中間順で巡回すると，カッコが欠けてはいるものの，通常の式の並びとなります。

幅優先順の巡回は，横方向へのスキャンを上から順番に実施するようなイメージを持つとよいでしょう。木と配列を図12のように対応させたとき，木を幅優先順で巡回すると配列を先頭要素から順に参照できます。

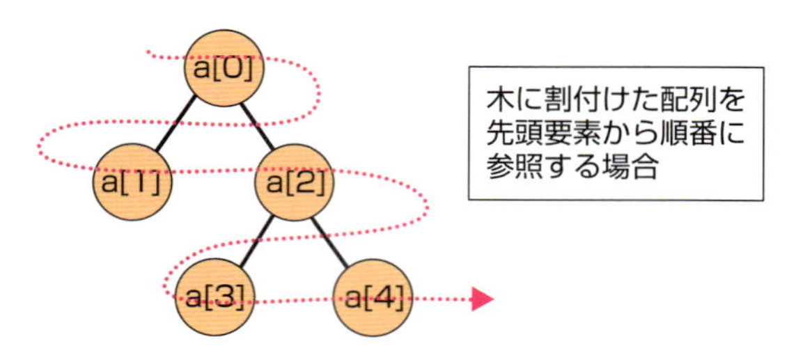

図12　幅優先巡回と配列参照

B木

B木は多分木を表すためのデータ構造の一つです。親はキー値の他に子を指し示すポインタを保持します。図13のB木では，親は最大4つの子を持つことができます。

注意 [12]

- 左の子をもたない場合は，①②が同じタイミング
- 右の子をもたない場合は，②③が同じタイミング
- 左右の子をもたない場合は，すべて同じタイミング

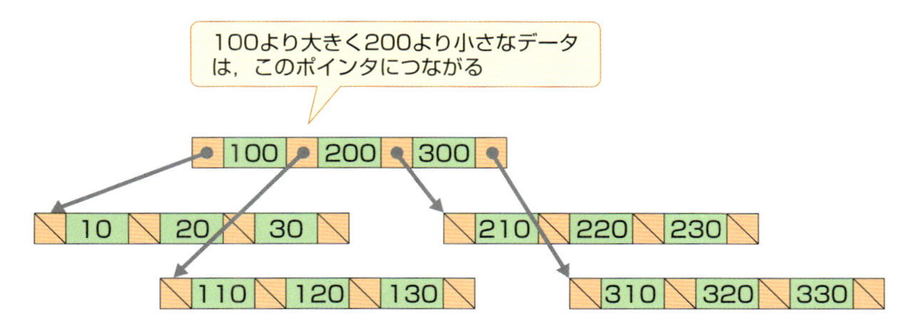

図13　B木

B木やこれを改良した**B+木**は，**データベースのインデックスなどに用いられます**。このとき，基本的にはキー値の左側のポインタは「キー値よりも小さな値をもつ子」を指し，右側のポインタは「キー値よりも大きな値をもつ子」を指すよう，データが割り付けられます。これにより，2分探索木と同様に，枝の一つを降りてゆくような探索が可能です[13]。

[13] データ総数Nに対するB木探索の計算量は，O(logN)となる

5 グラフ

グラフは**頂点**が**辺**で結ばれたデータ構造です[14]。頂点同士には，木のような親子関係はありません。また，辺で結ばれない頂点同士もあります。辺に重みを付けることもできます（図14右）。

注意 **[14]**
頂点をノード，辺をエッジとよぶこともある

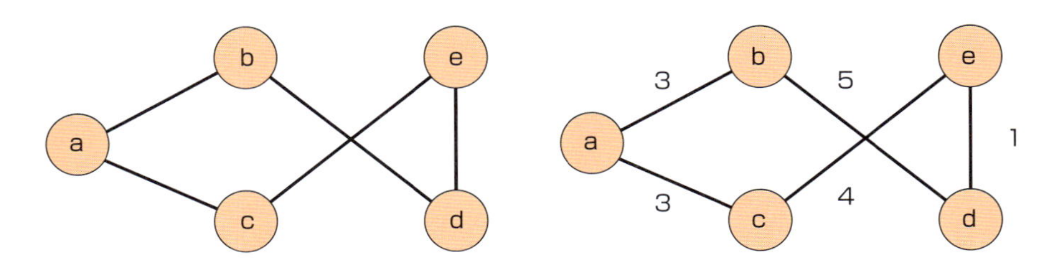

図14　グラフ

グラフを用いれば，いくつかの地点がどのように結ばれているかなどの**経路情報を表すことができます**。例えば図14のグラフは，地点aとbを結ぶ経路は存在する（道路で直接結ばれている）が，地点

b，cを結ぶ経路は存在しない（道路で直接結ばれていない）ことを表します。辺に付けた重みは距離や時間に対応します。図14右は，地点a，b間の距離が3（km）であることを表します。

■隣接行列

グラフは，頂点同士を対応させた**隣接行列**で表すことができます。辺に重みがない場合は，経路の有無を1／0で，距離で重み付けされている場合は，距離／∞を設定します[15]。

[15]
同じ頂点同士は"−"としているが，問題によっては0や∞などが入る

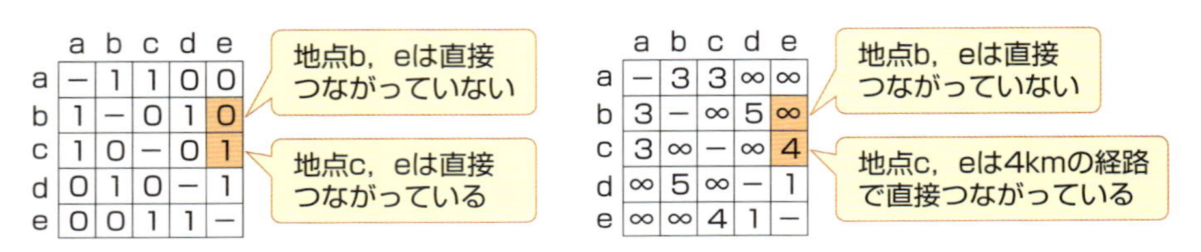

	a	b	c	d	e
a	−	1	1	0	0
b	1	−	0	1	0
c	1	0	−	0	1
d	0	1	0	−	1
e	0	0	1	1	−

	a	b	c	d	e
a	−	3	3	∞	∞
b	3	−	∞	5	∞
c	3	∞	−	∞	4
d	∞	5	∞	−	1
e	∞	∞	4	1	−

図15　隣接行列

2 プログラムの基礎知識

学習のポイント

アルゴリズムは処理の手順で，これをプログラム言語で記述したものがプログラムです。記述にあたっては，プログラム特有のルールに従わなければなりません。そこで，アルゴリズムに入る前に，プログラムの記述に特有の事項をいくつか説明します。

説明の都合上，プログラムの記述例をいくつか示していますが，記述形式を見るための参考程度と考えてください。

1 引数と返却値

プログラムから別のプログラムを呼び出すとき，処理に必要なデータを**引数**を用いて引き渡し，処理結果を**返却値**で受け取ります。

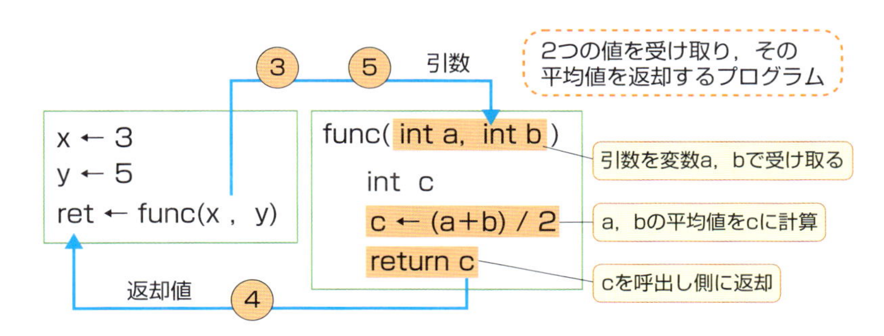

図16　引数と返却値

2 値渡しと参照渡し

変数を引数したデータの引渡し方法には，**値渡し**と**参照渡し**があります。

値渡しは「変数の内容」を引き渡す方式で，図16は値渡しのイメージを表します。受取り側で**仮引数**[16]をどのように更新しても，呼出し側の変数には影響を与えません。

参照渡しは「変数の参照情報」を引き渡す方式です。受取り側は参照情報を用いて，呼出し側の変数を直接参照します。そのため，

基本用語

[16] 仮引数
引数の受取りに用いた変数。図16，17では受取り側の変数a，bが仮引数

受取り側の更新は，呼出し側の変数の内容を更新します。

図17は，変数xを参照渡し，yを値渡しで関数funcを呼び出した例です。

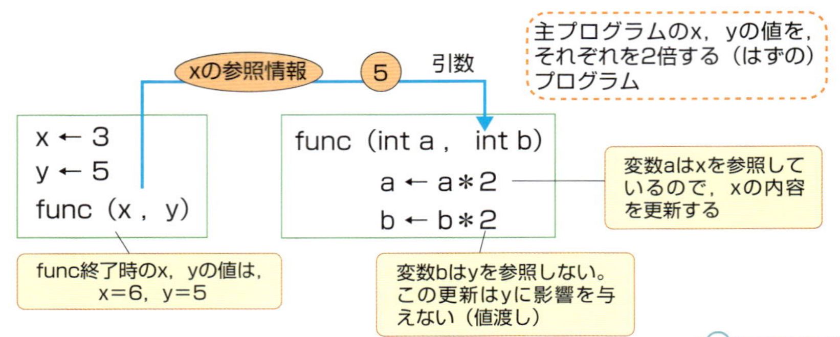

図17　値の変化[17]

3 再帰呼出し

プログラムが自分自身を呼び出すことを**再帰呼出し**といいます。一般的には，処理対象領域をより小さなものに分割しながら同じ処理を適用する場合に，再帰呼出しを用います。

以下に，再帰呼出しの代表的な例を見ることにします。

■階乗の計算

f(3)＝3×2×1を計算するのが階乗です。一般にf(n)は次のように定義できます。

$$f(n) = \begin{cases} 1 & (n=0\text{のとき}) \\ n \times f(n-1) & (n \geqq 1\text{のとき}) \end{cases}$$

図18　階乗計算の関数定義

これをプログラムしたものが図19左で，図19右のような呼出しが行われ，階乗が計算されます。

基本ポイント

[17] 値渡し…変数の内容をコピーして引き渡す
参照渡し…変数そのものを引き渡す

重要ポイント

[17] 関数内の更新がメインに反映されるかどうかを確実に覚えておこう！

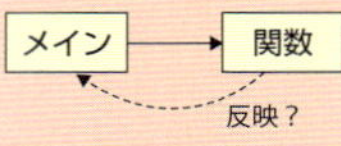

値渡し：反映されない
参照渡し：反映される

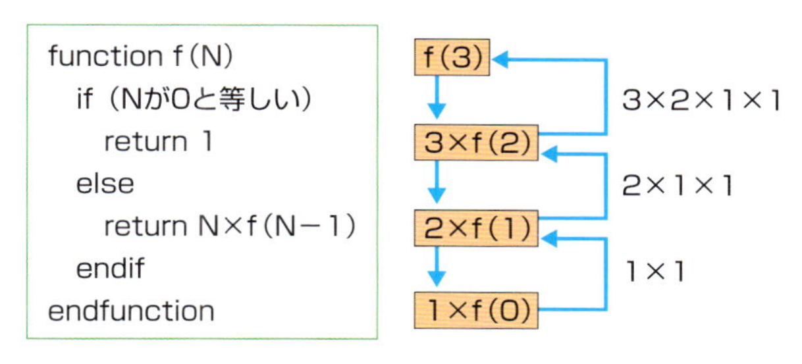

図19　階乗計算のプログラム[18]

■最大公約数

２数を共に割り切る数の中で，最も大きい値が**最大公約数**です。この計算法では，**ユークリッドの互除法**とよばれるアルゴリズムが知られています。

$$\mathrm{gcd}\ (m,\ n) = \begin{cases} m & (n=0\text{のとき}) \\ \mathrm{gcd}\ (n,\ m \bmod n) & (n>0\text{のとき}) \end{cases}$$

図20　ユークリッド互除法の関数定義

プログラムは以下のとおりですが，詳しく読解する必要はありません。引数の変化のみに着目してください。最終的には５が呼出し元に戻されます。

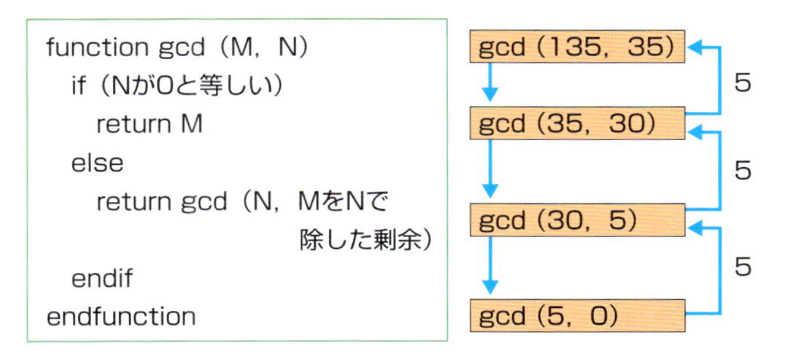

図21　ユークリッド互除法のプログラム[19]

第2章

テクニック！

[18] 式が複雑な場合は，
$f(n)=f(n-1)$
を用いた式，または
$f(n+1)=f(n)$
を用いた式に整理するとわかりやすい

！重要ポイント

[19] 引数が定義どおりに変化していることが理解できればよい

3 探索アルゴリズム

学習のポイント

多くのデータの中から目的のものを見つけ出すことが探索で，それに用いるアルゴリズムが探索アルゴリズムです。探索アルゴリズムは比較的単純なので，プログラムレベルで出題されることも少なくありません。そこで，各アルゴリズムを実装するプログラムを併記しますので，プログラムの練習も兼ねて読解してください。

1 線形探索

線形探索は，配列の先頭の要素から順に１要素ずつ，目的の要素を探していく**探索アルゴリズム**です。データ構造を選ばない，汎用性の高いアルゴリズムです。

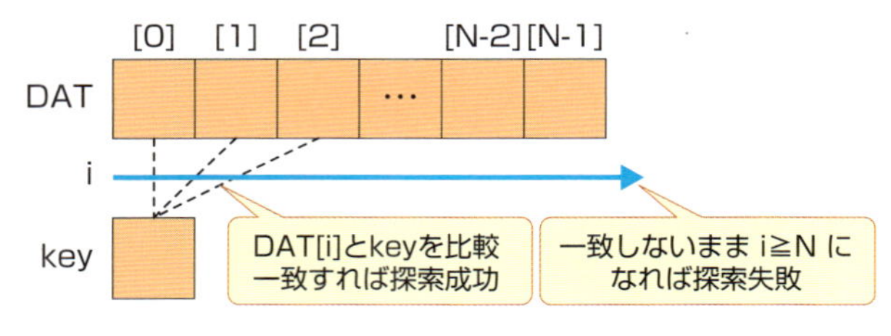

図22　探索アルゴリズム

図22は配列DATの線形探索を表します。添字を１ずつ増加させながら，keyと等しい配列要素を探索します。

■プログラム

配列DATからkeyと同じ値をもつ要素を線形探索します。探索に成功した場合は１を，失敗した場合には０を返却します。なお，DATはあらかじめ共通の領域に宣言され，keyは引数で受け取るものとします。

```
function linear_search(key)
   int i
   i←0
   while(iがNより小さいかつ DAT[i]がkeyに等しくない)
      i←i+1
   endwhile
   if(iがNに等しい)
      return 0
   else
      return 1
   endif
endfunction
```

まだ探索していない要素が残っている

探索に成功していない

探索に成功しないままループを終えた

■評価

配列要素数をNとして評価します。

線形探索のループ回数は，

　最小：1　← 先頭で探索成功

　最大：N　← 末尾で探索成功，または探索失敗

です。探索データが必ず配列に含まれていると仮定したとき，

　平均：(N+1)／2[20]

となります。

このようなアルゴリズムの処理時間は，**データ数Nに比例**するので，**O(N)**（オーダーエヌ）と評価できます。

> **重要ポイント**
> **[20]** データが表に存在しない場合も考えることがある。データが表に存在しない確率をaとすると，平均探索回数は，
> $$\frac{(1-a)(N+1)}{2}+aN$$
> となる。

２　２分探索

２分探索は，要素がキー値の昇順または降順に並んでいる配列において，**探索範囲を２分しながら指定されたキー値をもつ要素を探し出す**アルゴリズムです[21]。

> **重要ポイント**
> **[21]** 整列済みデータの探索には２分探索が効果的

図23は昇順に整列された配列DATから，key値44を探索する例です。添字low，middle，highはそれぞれ，

　low：探索範囲の先頭

　high：探索範囲の末尾

　middle：探索範囲の中央 ＝ (low+high)／2

を表します。

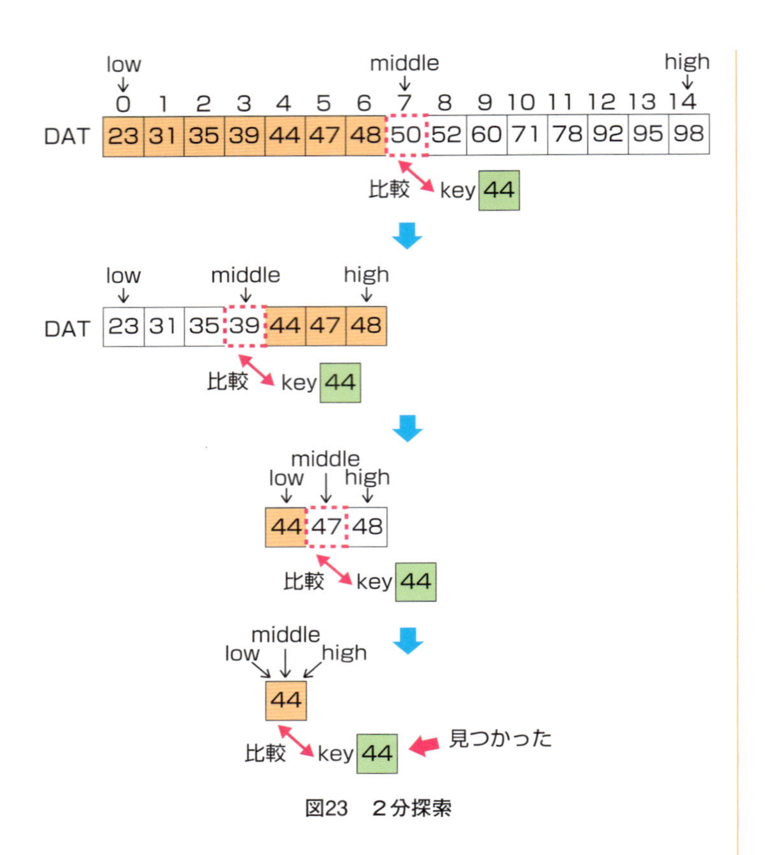

図23　２分探索

比較は探索範囲の中央要素（DAT[middle]）に対して行います。最初はDAT[7]＝50との比較です。key値44はDAT[7]より小さな値なので，DAT[7]以降には格納されていないことが明らかになります。そこで，探索範囲をDAT[0]～[6]に絞って同じ処理を繰り返します。

DAT[middle]とkeyが等しければ探索成功です[22]。探索に失敗すると，lowとhighの関係が逆転（low＞high）します。

重要ポイント
[22] 探索失敗時はlowとhighが逆転する

■プログラム

昇順に整列された配列DATからkeyと同じ値をもつ要素を２分探索します。探索に成功した場合は１を，失敗した場合には０を返却します。なお，DATは大域変数として定義され，keyは引数で受け取ります。

```
function binary_search (key)
  int low, high, middle
  low ← 0                                  探索範囲の初期設定
  high ← N-1
  middle ← (low+high) ／2 [23]
  while (lowがhigh以下かつDAT[middle]がkeyに等しくない)
    if (DAT[middle]>key)                   まだ探索していない範囲が残っている
      high ← middle-1                      探索範囲を前半に絞る
    else
      low ← middle+1                       探索範囲を後半に絞る
    endif
    middle ← (low+high) ／2                新たな中央位置の計算
  endwhile
  if (lowがhigh以下)                       探索成功でループを終えた
    return 1
  else
    return 0
  endif
endfunction
```

重要ポイント

[23] ２分探索の継続条件には「low≦high」が含まれる

■評価

配列要素数がNのとき，

最小比較回数：１

最大比較回数：$(\log_2 N)+1$

平均比較回数：$\log_2 N$

となります。**計算量はO(logN)** です。

3 ハッシュ探索

ハッシュ探索はハッシュ表を利用した探索です。そこで，まずハッシュ表について説明し，その後でプログラムを紹介します。

■ハッシュ表

ハッシュ表は，データの格納位置を「キーのハッシュ値」とするデータ構造です。実現には配列が用いられることが多く，ハッシュ値を配列の添字に関連づけて格納します。

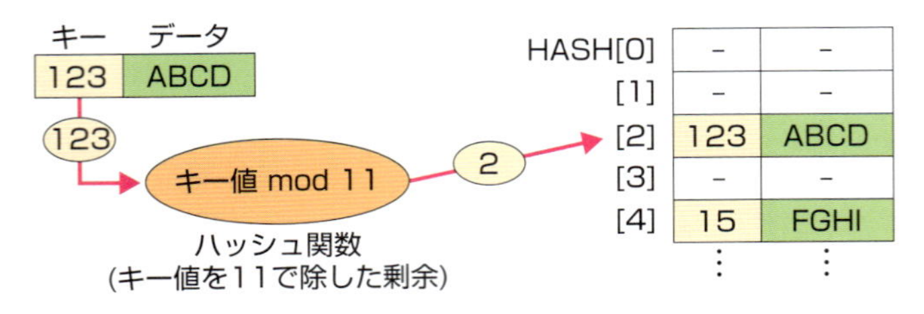

図24　ハッシュ表

ハッシュ値からの探索は，キー値と計算のみで行うことができます。たとえば，図24におけるキー値15（FGHI）の探索は，

15 mod 11 ＝ 4

なので，HASH[4]を直接参照します[24]。

■衝突(collision)

キー値が異なるにもかかわらず，既存データと同じハッシュ値が計算されてしまうことがあります。これを**衝突**（**コリジョン**）とよびます[25]。たとえば，ハッシュ関数が「キー値を11で除した剰余」であるとき，キー値121，11，22のハッシュ値はすべて0になり，衝突が発生します。このとき，衝突を起こしたデータを**シノニム**とよびます。

シノニムは，次のいずれかの方法を用いて格納します。

表2　シノニムの格納法

オープンアドレス法	新たな格納位置を計算する（再ハッシュ）
チェーン法	本来の格納位置を先頭とするリスト構造に追加する

オープンアドレス法において，再ハッシュの値に「前回のハッシュ値＋1」を用いることがあります。このとき，シノニムは本来の格納位置に後続する最初の空き領域に格納されます。たとえばキーのハッシュ値が0でハッシュ表[0]が使用中であった場合，データは，ハッシュ表[1]，ハッシュ表[2]，……の中で最初に見つかる空き要素に格納されます。末尾まで空きがなければ先頭に戻って探すようにすれば，ハッシュ表が満杯でない限りどこかに格納されます。

重要用語

[24] ハッシュインデックス
ハッシュ値を使った索引。衝突の可能性がある

テクニック!!

[25] mod Nでハッシュするとき，a−bがNの倍数であればaとbは衝突する
たとえば文字A～Zをmod 10でハッシュするとき，10文字離れた「AとK」や20文字離れた「DとX」などが衝突する

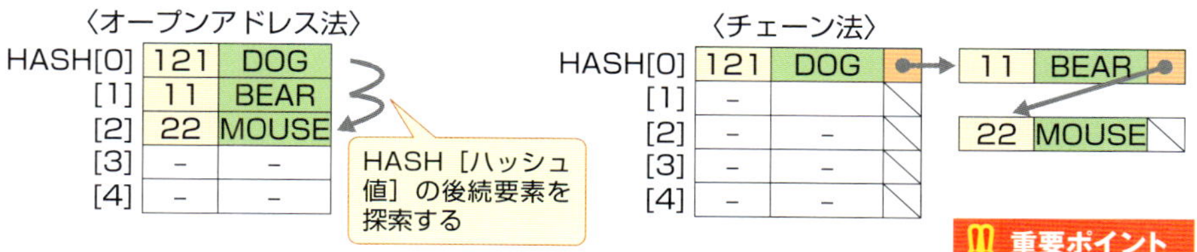

〈オープンアドレス法〉

HASH[0]	121	DOG
[1]	11	BEAR
[2]	22	MOUSE
[3]	–	–
[4]	–	–

HASH［ハッシュ値］の後続要素を探索する

〈チェーン法〉

HASH[0]	121	DOG
[1]	–	
[2]	–	–
[3]	–	–
[4]	–	–

11 BEAR

22 MOUSE

図25　オープンアドレス法とチェーン法[26]

■プログラム

シノニムをオープンアドレス法で記録するハッシュ表HASHを探索します。ハッシュ表は，キー領域をHASH[添字].keyで，データ領域をHASH[添字].dataで参照できます。

探索に成功した場合はデータ領域の値を，失敗した場合はNULLを返却します。なお，ハッシュ関数hashのプログラムは省略します。またハッシュ表には少なくとも一つの空き領域があるものとします。

```
function open_address (key)
  int h
  h ← hash (key)                 探索位置をハッシュ関数で求める
  while (HASH[h]が空いていないかつHASH[h].keyとkeyが等しくない)
    h ← re_hash (h)              探索対象以外のデータが格納されている
  endwhile
  if (HASH[h].keyが keyと等しい)
    return HASH[h].data          探索成功：データを返却
  else
    return NULL
  endif
endfunction

function re_hash (key)
  return mod (key+1,N)           再ハッシュ値は，key+1（末尾なら先頭）
endfunction
```

探索対象が衝突を起こしていた場合は，hashで求めた位置hには格納されていません。そこで，whileループに入り，hを再ハッシュで更新しながら探索を続けています。

重要ポイント

[26] ハッシュ関数がmod nであるとき，「キー値の差がnの倍数」であれば衝突が発生する

重要ポイント

[26] １の位をハッシュ値とする場合，ハッシュ関数をmod 10とすればよい

評価

ハッシュ探索の効率はシノニムの有無により変わります。ハッシュ表のサイズに余裕があり，ハッシュ関数が偏りなくハッシュ値を生成するとき，衝突はまれにしか起こり得ません。このとき，**ハッシュ探索の計算量はO(1)**です[27]。

まとめ

線形探索，二分探索，ハッシュ探索の特徴について整理しておきましょう。

表3　各探索アルゴリズムの特徴

	線形探索	二分探索	ハッシュ探索
特徴	先頭要素から順番に探索	探索範囲を2分してゆく	格納領域をハッシュ値で計算
計算量	O(N)	O(log N) ※対数の底は2	O(1) ※衝突が生じない場合
探索時間の変化	探索時間 データ数	探索時間 データ数	探索時間 データ数

重要ポイント

[27] ハッシュ探索の計算量はO(1)。データの個数が多くなっても探索時間は一定

4 整列アルゴリズム

学習のポイント

整列とは，データをキー値の昇順あるいは降順に並べ替えることです。ここでは，代表的な整列アルゴリズムを取り上げて説明します。プログラムは示していませんが，いくつかは午後対策で取り上げています。参考にしてください。

1 選択法

選択法は未整列領域の最小値または最大値を選び，整列済み領域に追加することで，配列を徐々に整列状態に近づけます。

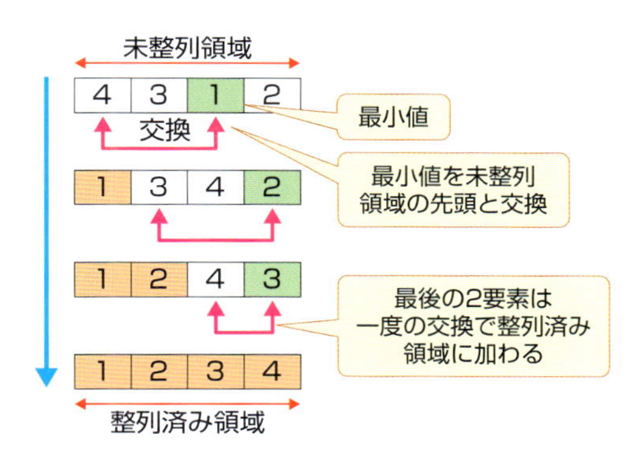

図26　選択法

2 バブルソート

バブルソートは，整列対象の**隣接要素を比較し，逆順であれば交換**することを繰り返します[28]。

重要ポイント

[28] 入替えの回数が出題されたこともある。図をよく理解しておこう

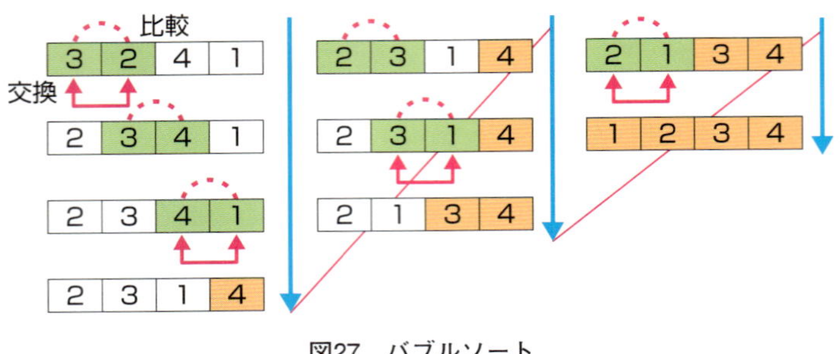

図27　バブルソート

隣接要素の比較・交換を未整列要素の先頭から末尾に向けて行うことで，最後尾の要素が整列済み領域に加わります。これを，全要素が整列済みになるまで繰り返します。

3 挿入法

挿入法は，未整列領域から要素を一つ取り出し，取り出した要素を**整列済みの連の適切な位置に挿入**します。これを繰り返すことで，整列済みの連が徐々に大きくなります。

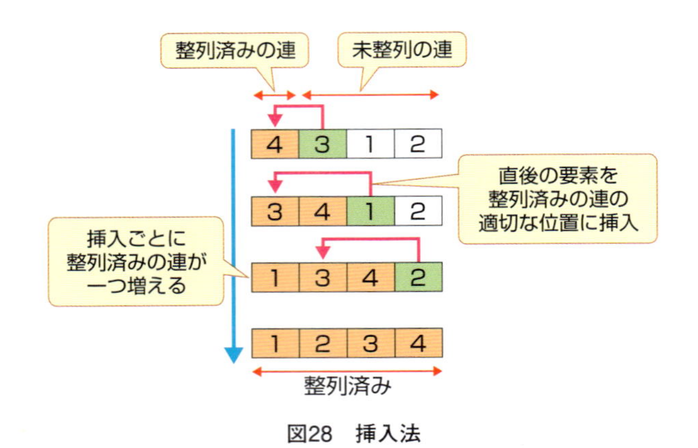

図28　挿入法

4 シェルソート[29]

シェルソートは挿入ソートの改良です。

挿入法には，配列が整列済みに近い状態であれば，効率がよくなるという特徴があります。そこで，シェルソートは配列から一定間

重要ポイント

[29] シェルソートのキーワードは「間隔」「部分列」「間隔を詰める」

隔hごとに要素を抜き取り，抜き取った要素間で挿入法と同様の処理を行います。まず，大まかな整列状態を作るのです。

同様の整列処理を，**間隔hを徐々に小さくしながら繰り返します。**最終的に間隔hを１にすれば，挿入法と同じ処理を行うものの，効率よく整列を行うことが可能です。

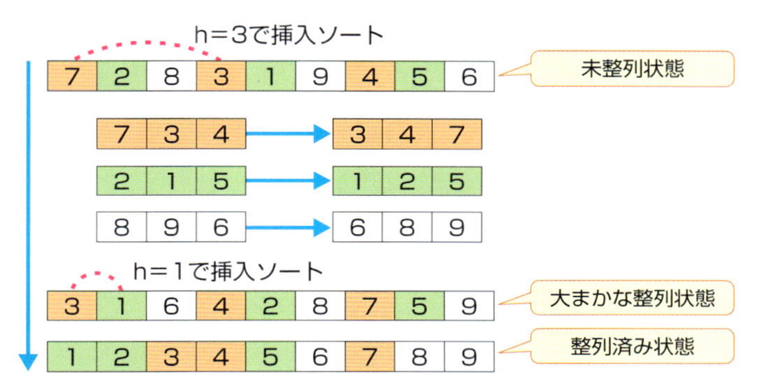

図29　シェルソート

5 クイックソート[30]

クイックソートは，整列対象となる配列を分割する操作を繰り返して整列を行います。

まず基準値を選択し，配列を基準値よりも小さな要素の部分列Lと基準値よりも大きな要素の部分列Rに分割します。部分列RとLに対して，同様の分割処理を繰り返せば，最終的に配列全体を整列できます。

通常，**クイックソートは配列の分割処理を再帰的に繰り返します。**

重要ポイント

[30] クイックソートのキーワードは「基準値」「分割(分割統治)」「再帰的」

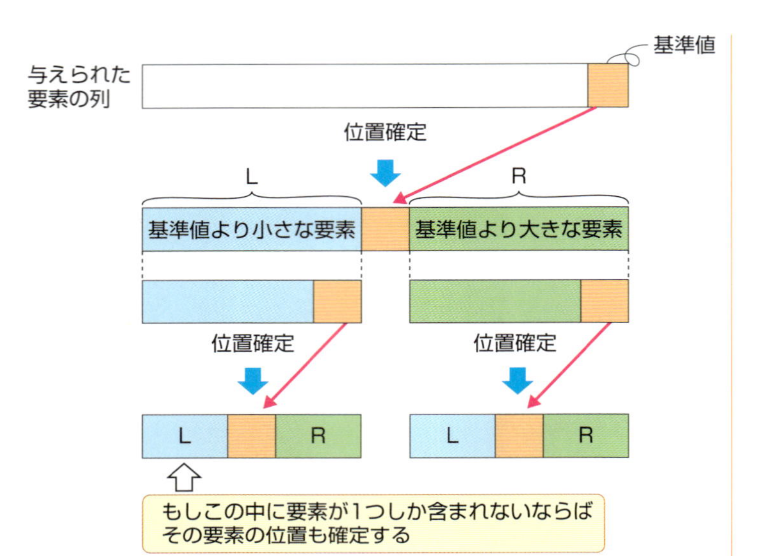

図30　クイックソートの概念

> **重要ポイント**
> **[31]** ヒープソートのキーワードは「順序木」「最大値」または「最小値」

6 ヒープソート[31]

ヒープ（heap）は最大値（または最小値）を効率よく取り出すことのできるデータ構造で，**ヒープソート**（heap sort）はこの性質を利用します。

まず，配列の未成列領域からヒープを作成します。次に，ヒープから最大値を取り出し，確定領域に加えます。最大値を取り出した後のヒープは再構成し，次の取出しに備えます。

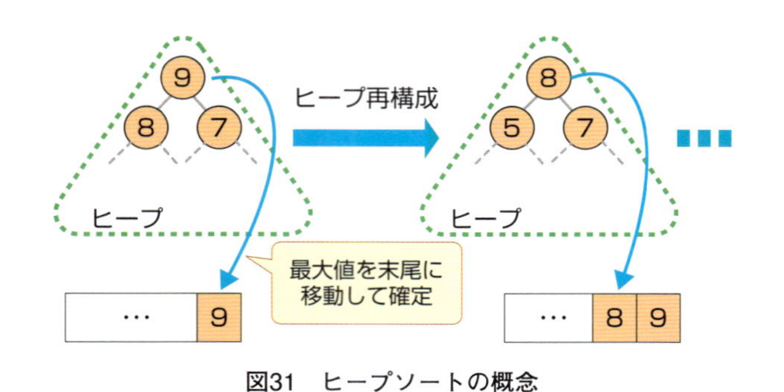

図31　ヒープソートの概念

7 マージソート[32]

マージソートは，**整列した二つの配列を整列順を保って併合(merge)**することで，整列を行います。

> **重要ポイント**
> [32] マージソートのキーワードは「分割」「併合」

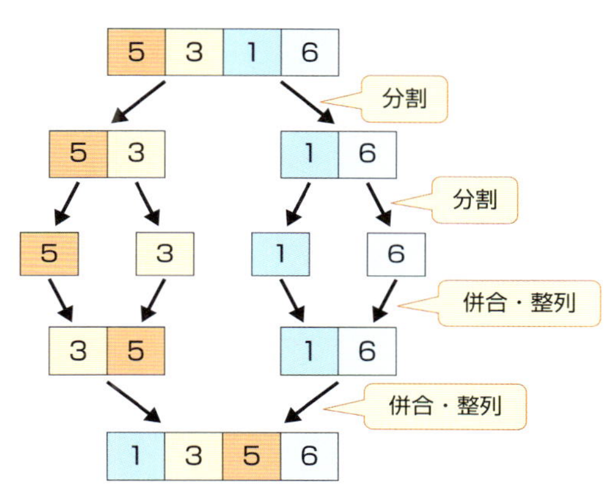

図32　マージソート[33]

> **重要ポイント**
> [33] 整列の様子が出題されたことがある。図をよく理解しておこう

マージソートはクイックソートとよく似ていますが，クイックソートが分割時に整列を行うのに対し，マージソートは分割した列を併合しながら整列させます。

8 整列アルゴリズムの計算量

各種整列アルゴリズムの計算量をまとめておきます。なお“**安定**”とは，同じキー値をもつデータの順序関係が，整列後も保たれていることで，×を付けたアルゴリズムにはこの保証がありません。

表４　整列アルゴリズムのまとめ

整列法	計算量	安定
選択法	$O(N^2)$	×
バブルソート	$O(N^2)$	○
挿入法	$O(N^2)$	○
シェルソート	$O(N^{1.2}) \sim O(N^{1.5})$	×
クイックソート	O(NlogN)	×
ヒープソート	O(NlogN)	×
マージソート	O(NlogN)	○

5 その他のアルゴリズム

学習のポイント

探索や整列以外にも学ぶべきアルゴリズムは数多くありますが，なかでも試験で比較的多く取り上げられる文字列探索および圧縮・伸張アルゴリズムについて説明します。

1 文字列探索

文字列探索とは，対象とする文字列の中に指定したパターンが含まれているかどうかを調べることです。エディタなど文書を作成するソフトウェアには，必ずこの機能が含まれています。

ここでは文字列探索を行うアルゴリズムのうち，初歩的なものを一つ紹介します。

■文字列探索

対象文字列とパターン文字列を，先頭文字から順に比較します。もし不一致が検出された場合は，比較対象の部分列を一つ後方にずらして同じ処理を繰り返します。

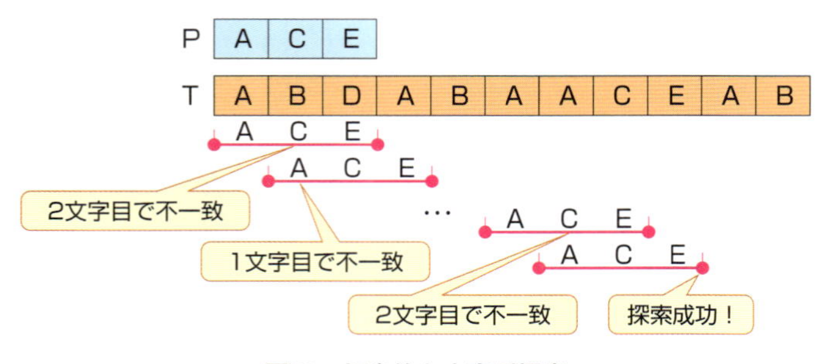

図33　初歩的な文字列探索

Pが探索パターンを，Tが対象文字列を格納する配列です。

最初はPとTの先頭３文字を比較しますが，２文字目で不一致が生じます。そこで，今度はPとTの次の３文字を比較します。

不一致が検出されないままPとの比較を終えると探索成功です。

2 データ圧縮

データ圧縮とは，データの形を変えて元のデータよりも少ない容量で収まるように変換することで，圧縮されたデータを元の大きさに戻すことを**伸長**または**解凍**とよびます。

データ圧縮は，圧縮されたデータを完全に復元できる**可逆圧縮**と，完全には圧縮前の状態に戻らない**不可逆圧縮**[34]があります。ここでは，可逆圧縮のアルゴリズムを紹介します。

[34] 不可逆圧縮は音声や動画，画像などの圧縮に用いられることが多い

ランレングス圧縮

同じ情報が連続している場合に，連の長さと情報の内容を用いて圧縮を実現します。圧縮部分は，他の部分と区別できるよう制御文字を用いて，

制御文字，情報，連長

と表します。

圧縮部分に３文字分が必要なので，圧縮効果を得るためには，連続長が４文字以上の場合のみ圧縮します。以下の例では，制御文字に“$”を用いています。

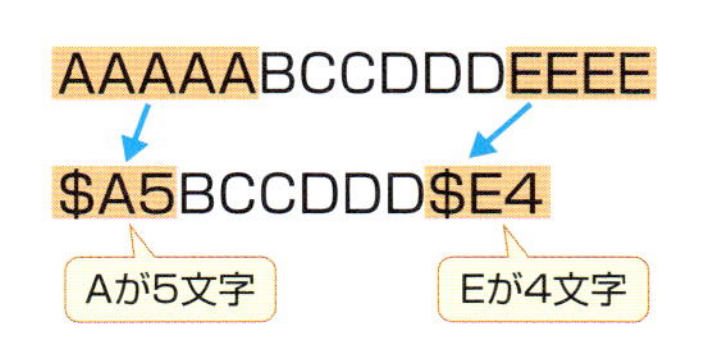

図34　ランレングス圧縮の例

ハフマン符号

ハフマン符号化は，**データの出現頻度に着目した圧縮法**で，出現頻度の高いデータには短いビット列を割り当て，出現頻度の低いデータに長いビット列を割り当てることで，全体を確率的に圧縮します。符号化にあたっては，**ハフマン木**とよばれる木構造を作成します。

たとえば，文字A～Dを用いるデータを符号化します。各文字の出現確率を，

A：0.5　　B：0.3　　C：0.1　　D：0.1

とします。

ハフマン木の作成および符号化は次の手順で行います。

[1]各文字を独立した部分木と見なして，出現確率の降順に並べる
[2]出現確率の少ない部分木を二つ選んで統合する。親には出現確率の和を与える
[3]木が一つに統合されるまで，[2]を繰り返す
[4]枝に0／1を付与し，親から各文字に降りてゆくパターンで符号化する

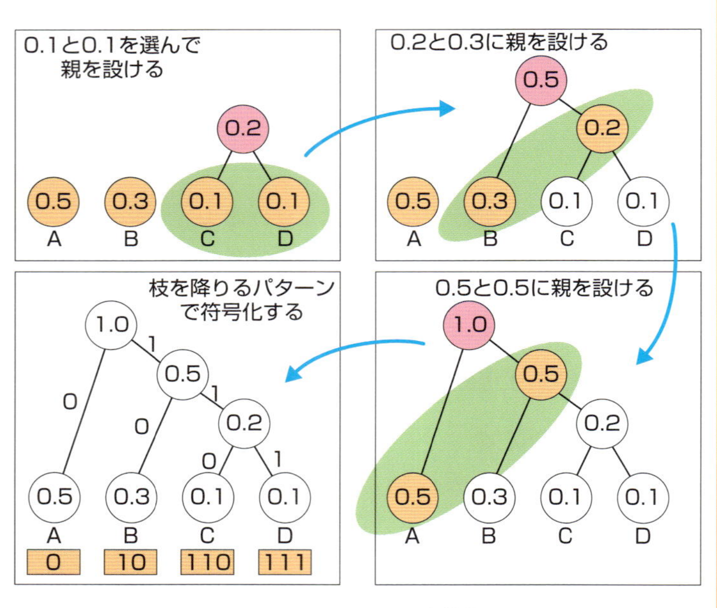

図35　ハフマン符号化[35]

文字列“AAAAABBBCD”を符号化します。通常であれば，

A：00　B：01　C：10　D：11

などのように，各文字に2ビット割り当てるので，20ビットで符号化できます。

これに対し，図35のハフマン符号を用いれば，

$1\times5+2\times3+3\times1+3\times1 = 17$（ビット）

で符号化できます。

重要ポイント

[35] ハフマン木の作り方を覚えておけばどんな問題でも対応できる。
ポイントは「小さいものを二つ選んで親を作る」こと

3 モンテカルロ法

モンテカルロ法は，乱数を用いたシミュレーションを行います。例えば，円周率 π の近似値は，モンテカルロ法を用いて次のように求めることができます。

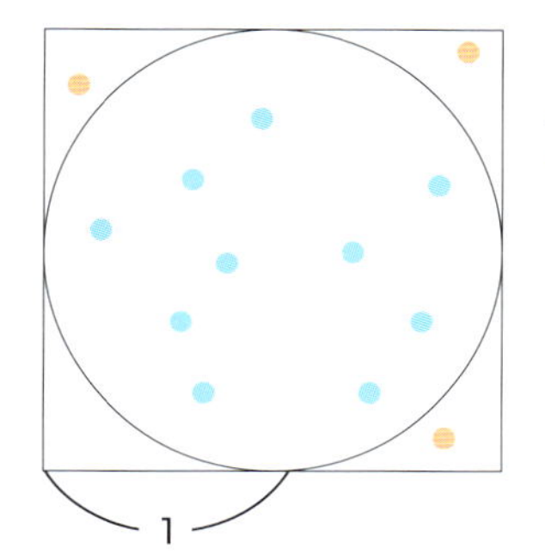

点の総数：内接円に入った点
≒正方形の面積：円の面積＝4：π

$$\pi \fallingdotseq \frac{4\times ●の数}{点の総数}$$

図36　円周率の計算

❖午後対策 重点テーマ解説

アルゴリズム系の午後問題では，疑似言語を用いたプログラムを読解して設問に答えるタイプの問題が出題されます。対策としては「プログラムの読解スキルを向上させる」ことに尽きます。そこで，代表的なアルゴリズムのいくつかを，プログラム形式で紹介します。読解に挑んでみましょう。

▶ 2分探索木

学習のポイント

本試験では，リスト構造を用いたプログラムが出題されることがあります。そこで登場するのが「リストをたどる」処理です。さらに，リストが出題されたとき，リストをたどる処理が空欄で問われることが少なくありません。

ここでは2分探索木を例に，リストをたどるプログラムを紹介します。

1 2分探索木を用いた探索

2分探索木は，任意の節について，その左側の子およびその子孫の値はすべてその節の値よりも小さく，その右側の子およびその子孫の値はすべてその節の値よりも大きいという関係が成り立つ木です。したがって，2分探索木の探索においては，節の値と探索キー値との大小関係によって次のように探索を行います。

探索キー値＝節の値…探索成功
探索キー値＞節の値…左部分木には探索データが存在しない
→右の枝をたどって探索を継続する
探索キー値＜節の値…右部分木には探索データが存在しない
→左の枝をたどって探索を継続する

2 プログラム

受け取った探索キー（key）と一致する要素を，2分探索木から探索します。2分探索木を構築するリスト構造は，次のような配列で実現します。

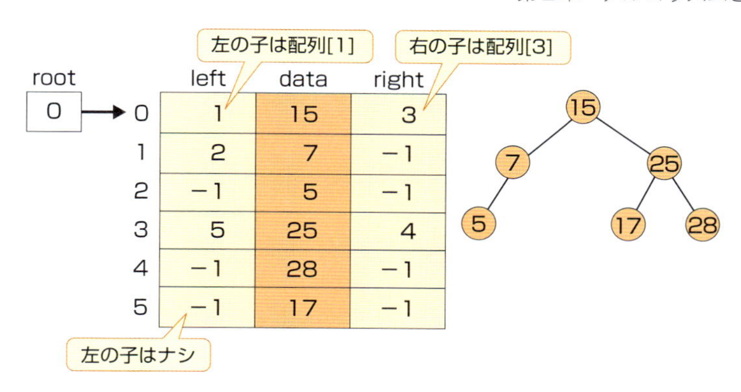

図37　２分探索木

２分探索木treeは大域変数として定義されており，cur番目の要素はtree[cur]で参照され，左の子，データ，右の子はそれぞれtree[cur].left，tree[cur].data，tree[cur].rightで参照できるものとします。

Program

```
function binary_search(root,key)    // 根へのポインタrootと探索キーkeyは値渡し
    int cur
    cur ← root                                              // curを根とする
    while(curが−1でない かつ tree[cur].dataがkeyに等しくない)
        if(tree[cur].dataがkeyより大きい)
            cur ← tree[cur].left                            // 左の子をたどる
        else
            cur ← tree[cur].right                           // 右の子をたどる
        endif
    endwhile
    if(curが−1に等しい)
        return 0                                            // 探索失敗
    else
        return 1                                            // 探索成功
    endif
endfunction
```

リスト構造は，変数curでたどっています。curの指すデータ（tree[cur].data）がkeyより大きければ，curを左の子に移します。左の子の添字は，tree[cur].leftに格納されているので，その値をcurに代入します。右の子をたどる場合には，curにtree[cur].rightを代入します。

▶クイックソートのプログラム

学習のポイント

クイックソートのプログラムを紹介します。クイックソートは，高速な整列法の中では比較的やさしいアルゴリズムです。ただし，再帰呼出しを理解していなければ，プログラムは読解できません。再帰呼出しでつまずいた場合には「プログラムの基礎知識」を復習してください。

クイックソートは基準値を選択し，基準値よりも小さな要素の部分列L，基準値，基準値よりも大きな要素の部分列Rに分割します。部分列L，部分列Rの要素数が２個以上であれば，それぞれの部分列について，基準値の選択と分割を再帰的に繰り返します。

クイックソートによる整列を行う関数qsortを以下に示します。qsortの引数は，第１引数から，

DAT：整列する配列
left：分割対象の先頭添字
right：分割対象の末尾添字

です。すなわち，DAT[left] ～ DAT[right]が分割対象です。

最初は配列全体が分割対象なので，qsort（DAT，0，N−1）として関数qsortを呼び出します。なお，プログラム中の関数

swap（配列，添字１，添字２）

は，配列[添字１]と配列[添字２]を交換します。

Program

```
function qsort (DAT, left, right)    // 配列DATは参照渡し，左端leftと右端rightは値渡し
    int pivot, lb, rb
    pivot ← DAT[right]                          // 右端の値を基準値pivotとする
    lb ← left
    rb ← right
    while(lbがrbに等しくない)
        while(DAT[lb]がpivotより小さい)         // pivot以上のデータが現れるまで
            lb ← lb+1                                   // 添字lbを右に進める
        endwhile
        while(lbがrbより小さい かつ DAT[rb−1]がpivot以上)
                        // pivot未満のデータが現れるかlbとrbの位置が入れ替わるまで
            rb ← rb−1                                   //添字rbは左に進める
        endwhile
```

```
        if(lbがrbより小さい)                         //分割が完了していない
            swap(DAT, lb, rb−1)                      //それらの要素を入れ替える
        endif
    endwhile
    //この時点でlb=rbかつDAT[lb]は部分列Rの左端
    swap(DAT, lb, right)                             //この時点でブロック分割完了
    if(lb−1がleftより大きい)                         //部分列Lの要素数が2個以上
        qsort(DAT, left, lb−1)
    endif
    if(rb+1がrightより小さい)                        //部分列Rの要素数が2個以上
        qsort(DAT, rb+1, right)
    endif
endfunction
```


このプログラムによってデータがどのように整列されるかを以下に示します。トレースで確認してください。

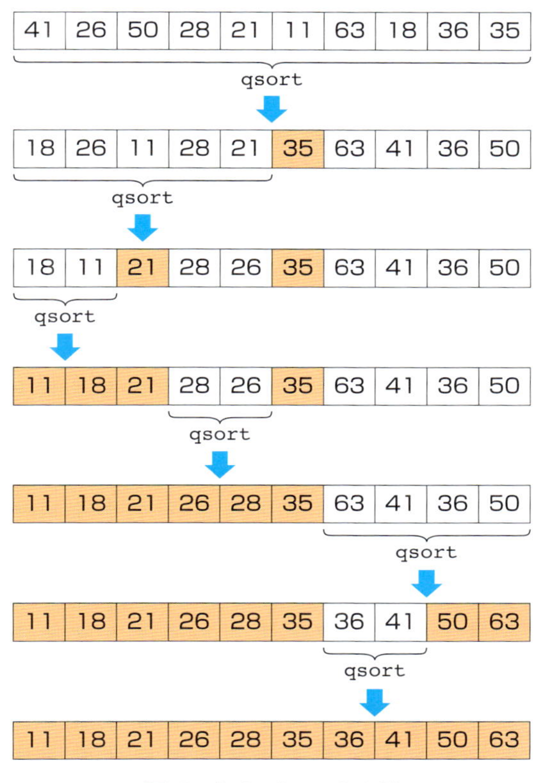

図38　クイックソートの例

▶ヒープソートのプログラム

学習のポイント

難解な整列アルゴリズムの代表例がヒープソートです。

ヒープソートの難解さは，配列とヒープを対応づける部分にあります。まずそこを理解してから，ヒープの再構成，ヒープソートと順序よく理解してください。

ヒープソートのプログラムを読解できれば，本番でどんなプログラムが出題されても，恐れることはないでしょう。逆にいえば，それくらいの読解スキルが要求されるプログラムなので，最初のうちは後回しにしてもかまいません。

1 ヒープと配列

ヒープソートは，ヒープを利用した整列アルゴリズムです。ヒープは完全２分木なので，配列に対応させることが容易です。具体的には，配列の要素を先頭から幅優先順巡回で各節に対応づけます。

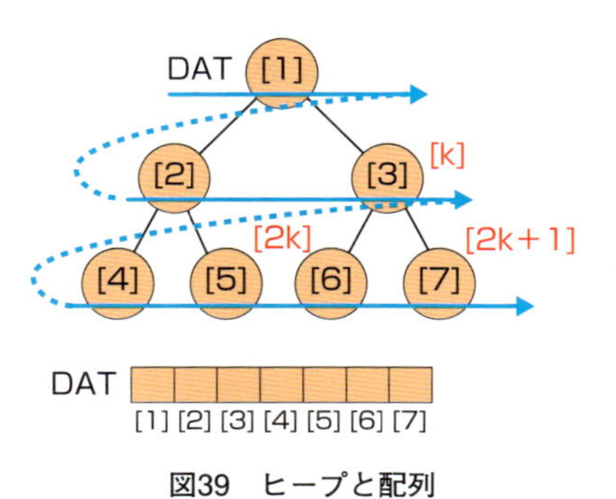

図39　ヒープと配列

このような対応を行うと，添字が１から始まるとき，任意の節DAT[k]において，**左の子を示す添字は2k**，**右の子を示す添字は2k＋1**，**親を示す添字はk ／ 2**で求めることができます。このため，実際の添字が０から始まる場合でも，添字１から利用することが一般的です。なお，ヒープソートでは配列の下限を１，配列の上限を要素数Nとして説明します。

2 ヒープソートの考え方

ヒープでは，すべての親子間に一定の大小関係が成立しています。そのため，ヒープの任意の部分木は，常にヒープの条件を満たします。

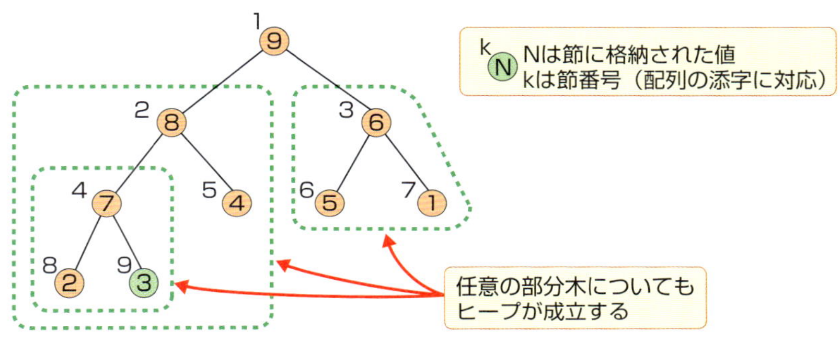

図40　任意の部分木とヒープの関係

ここでは「親＞子」が成立するヒープを考えます。

「親＞子」が成立するとき，根は常に最大値です。そこで，これを**ヒープの末端と交換し，ヒープから切り離します。**つまり，最大値が整列済み領域に加えられたのです。

交換により「根だけが条件を満たさない」ヒープができあがりました。この不完全なヒープは，根を適当な位置まで「落とす」ことでヒープに再構成できます。

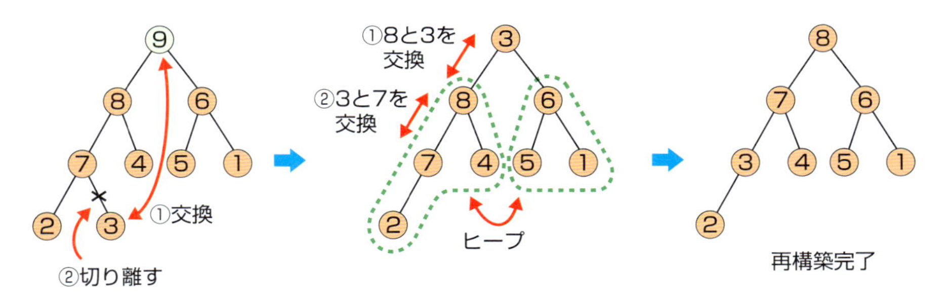

図41　再構築

このような手順を，すべての要素が整列済みになるまで繰り返せば，整列が完了します。

3 プログラム

ヒープソートによって配列DATを整列する関数heap_sortのプログラムを示します。配列DATの添字が１～Nです。関数heap_sortは根と末尾要素を交換した後，関数down_heapを用いてヒープを再構築します。関数down_heapは添字rootを根とした完全２分木をヒープに再構築します。

なお，関数construction_heapは，最初にヒープを構築する関数です。内容は後述します。

Program

```
function heap_sort(DAT)                    //配列DATは参照渡し
      int i

      construction_heap(DAT)               //ヒープを構築(後述)する関数

      i ← N                                //添字iは整列対象の末尾を表す
      while(iが1より大きい)                //未整列要素数が1個になるまで続ける
            swap(DAT,1,i)                  //根と末尾要素を交換
            i ← i−1                        //交換した要素をヒープから切り離す
            down_heap(DAT,1,i)             //ヒープを再構築
      endwhile
endfunction

function down_heap(DAT,root,tail)
                              //配列DATは参照渡し，根rootと末尾要素tailは値渡し
      int j, work
      work ← DAT[root]                     //根の値を退避

      //左右の子のうち，大きな方を選択
      j ← root×2                           //左の子を仮の候補に
      if(j+1がtail以下 かつ DAT[j+1]がDAT[j]より大きい)
                                           //右の子が存在し，かつ左の子より大きければ
            j ← j+1                        //右の子に変更
      endif

      while(jがtail以下 かつ workがDAT[j]より小さい)
                                           //子が存在し，かつ子の方が大きい間
            DAT[root] ← DAT[j]             //子を上に上げる
```

```
            root ← j                    //1段下がる

            j ← root×2                  //大きな子を選択
            if(j+1がtail以下 かつ DAT[j+1]がDAT[j]より大きい)
                j ← j+1
            endif
        endwhile
        DAT[root] ← work                //退避した根の値を格納
    endfunction
```


4 ヒープの構築

3のプログラムにおけるconstruction_heapを考えます。

23で述べたとおり「根だけが条件を満たさない」ヒープは，関数down_heapを用いてヒープに再構築できます。この性質を使うことでヒープを作成します。

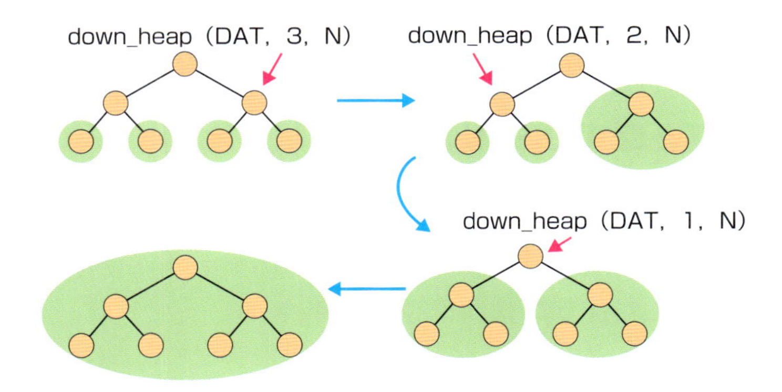

図42　ヒープの構築

葉は要素が一つしかないヒープと考えられます。そこで，まずDAT[3]を根としてヒープを再構成します。次にDAT[2]を根とした再構成，最後にDAT[1]を根とした再構成と続けることで，ヒープを満たす範囲が徐々に増加し，最終的には全体がヒープになります。

Program

```
function construction_heap(DAT)      //配列DATは参照渡し
   int i
   for(iがN/2から1まで)
      down_heap(DAT, i, N)
   endfor
endfunction
```

▶最短経路探索

学習のポイント

最短経路を求めるダイクストラ（Dijkstra）のアルゴリズムを紹介します。

最短経路を求めるにあたっては，経路自体を定義しなければなりません。プログラムは，２次元配列を用いて経路を定義します。経路の定義法を含めて理解してください。

1 ダイクストラのアルゴリズム

ダイクストラのアルゴリズムは，重み付きグラフで表された経路について，**最短経路を求めるアルゴリズム**です。カーナビの経路探索などに用いられています。ここでは，図43左のような経路が与えられ，それが図43右のような隣接行列で表現されている場合を例にとり，ダイクストラのアルゴリズムを説明します。

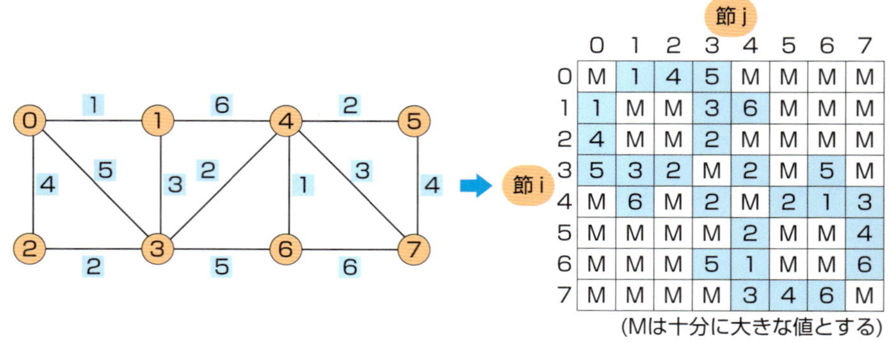

節i＼節j	0	1	2	3	4	5	6	7
0	M	1	4	5	M	M	M	M
1	1	M	M	3	6	M	M	M
2	4	M	M	2	M	M	M	M
3	5	3	2	M	2	M	5	M
4	M	6	M	2	M	2	1	3
5	M	M	M	M	2	M	M	4
6	M	M	M	5	1	M	M	6
7	M	M	M	M	3	4	6	M

図43　重み付きグラフと隣接行列

隣接行列の要素には節間の距離が入ります。具体的には，節i→節jへの経路があれば要素[i][j]には節間の距離を，そうでなければ十分大きな値Mを設定します。Mは概念的には∞を表します。

2 最短経路探索のアルゴリズム

最短経路探索は，重み付きグラフと始点startが与えられたとき，始点startから任意の節までの辺の重みの総和が最小となる経路を探索するアルゴリズムです。Dijkstraのアルゴリズムは，最短経路が確定した領域に隣接する辺のうち，「始点startからの距離が最小」となるものを選んで確定領域に追加します。具体的な手順は次のとおりです。

[1] すべての節は，確定されていない（未確定）とする
[2] すべての節について，距離を記入する。このとき，始点（start）と隣接していない節までの距離はM（無限）とする
[3] 始点までの距離を0として，始点に印を付ける。ここで，印を付けた節は，その節までの最短経路が確定済みであることを表す
[4] 未確定の節のうち，距離がもっとも短い節を選び，確定する
[5] [4]で印を付けた節に隣接する節までの距離を求め，より短い経路があれば更新する
[6] すべての節に印が付くまで[4]と[5]を繰り返すと，各節の始点からの最短経路と距離が得られる

図44は節３を始点としてDijkstraのアルゴリズムによる最短経路探索を行った例です。図中の三角形は「始点からの距離」を表し，確定した部分は線で囲んで示します。

① 始点からすべての節までの距離を記入し，始点を確定する

② 始点からの距離が最小の節2を確定する

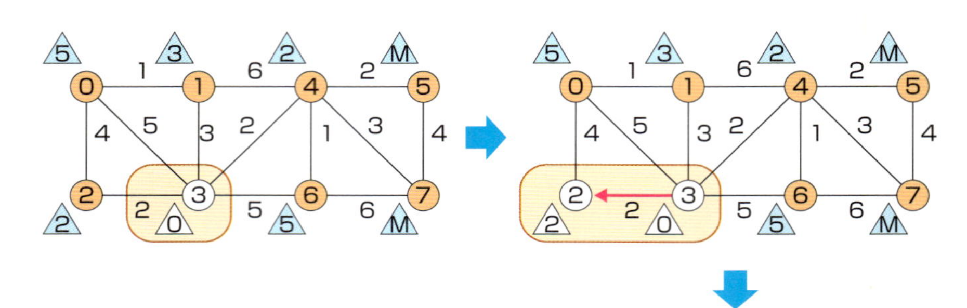

④ 未確定の節のうち，始点からの距離が最小の節1を確定する。節1に隣接する節0の距離が更新できる

③ 未確定の節のうち，始点からの距離が最小の節4を確定する。節4に隣接する節5，6，7のまでの距離が更新できる

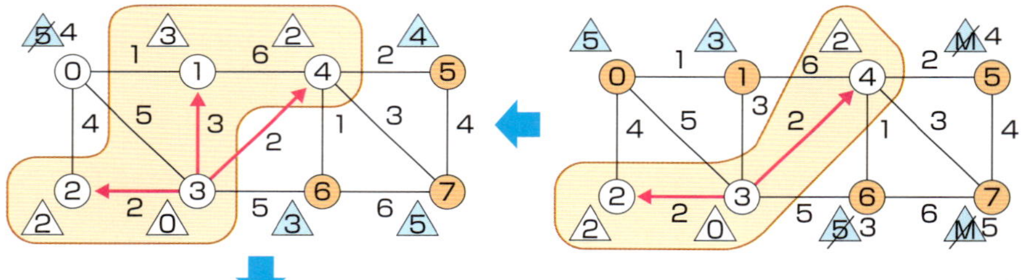

⑤ 未確定の節のうち，始点からの距離が最小の節6を確定する

⑥ 未確定の節のうち，始点からの距離が最小の節0を確定する

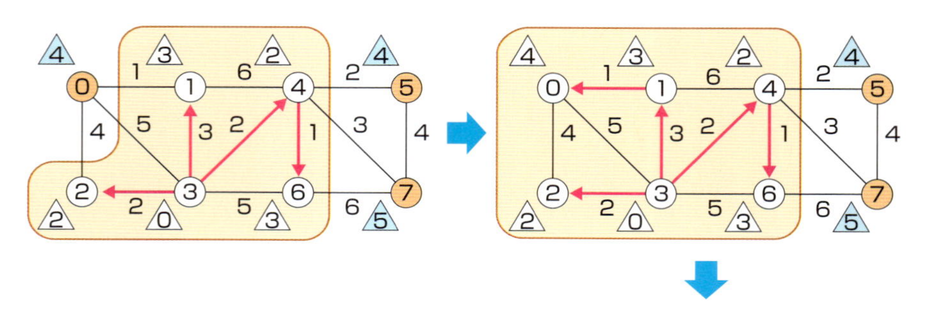

この後は，節5，7の順に最短経路を確定していく

図44 Dijkstraのアルゴリズムによる最短経路探索

3 プログラム

Dijkstraのアルゴリズムを用いた最短経路探索を行う関数shortest_pathのプログラムを示します。なお，次の配列は大域変数として定義されているものとします。

route [N] [N]：隣接行列
visit [N]：節の確定状況（確定済：１，未確定：０）
path [N]：最短経路を記録する配列
distance [N]：startからの最短距離を記録する配列

Program

```
function shortest_path(start)                    //始点startは値渡し
    int i, min, v, x, size

    //初期処理
    for(iが0からN－1まで)                         //すべての節について
        distance[i] ← route[start][i]           //節iまでの距離を設定
        visit[i] ← 0                            //すべての節は未確定
        path[i] ← start                         // 始点から直接行くと仮定
    endfor
    visit[start] ← 1                            // 始点を確定済みとする
    size ← 1                                    // 確定した節数を1とする

    distance[start] ← 0                         // 始点までの距離は考えない
    path[start] ← － 1                          // 始点までの経路は考えない
    while(sizeがNより小さい)                      //すべての節が確定するまで続ける
        min ← M                                 //最短の枝の長さをMと仮定する
        for(iが0からN－1まで)
            if(visit[i]が0に等しい かつ distance[i]がminより小さい)
                                    //未確定の節iのうち，始点からの距離が最短の節iを求める
                min ← distance[i]
                v ← i
            endif
        endfor
        //この時点で未確定の節のうち，節vまでの距離distabce[v]が最短
        visit[v] ← 1                            //節vに印を付け，確定する
        size ← size＋1                          //確定済みの節数(size)を1増やす

        //以下は，印を付けた節に隣接する節までの距離を更新する処理
        for(xが0からN－1まで)
            if(route[v][x]がMに等しくない かつ visit[x]が0に等しい)
            //未確定の節xは節vと隣接している
```

```
            if(distance[x]がdistance[v]+route[v][x]より大きい)
                                          //節v経由で節xに到達した方が距離が短ければ
                distance[x] ← distance[v]+route[v][x]        //距離を更新
                path[x] ← v                                   //節xまでは節v経由とする
            endif
          endif
      endfor
  endwhile
endfunction
```

上記[2][3]の経路をもとにプログラムを実行すると，配列distance，pathには次の値が格納されます。

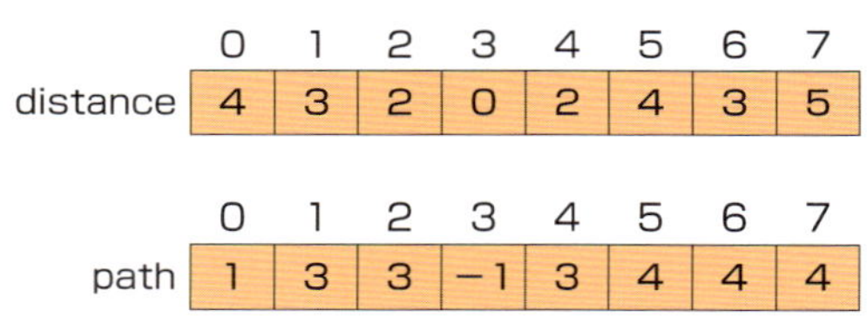

	0	1	2	3	4	5	6	7
distance	4	3	2	0	2	4	3	5

	0	1	2	3	4	5	6	7
path	1	3	3	−1	3	4	4	4

図45　プログラム実行終了時における各配列の状態

path[i]には，最短経路をたどったときに「節iの直前に経由する節の番号」を格納します。

たとえば節6の最短経路は，

path[6]＝4　　：節4を経由して節6

path[4]＝3　　：節3を経由して節4

path[3]＝−1　：節3が出発点

なので，

節3 → 節4 → 節6

であることがわかります。また，節6への最短距離はdistance[6]＝3です。

❖確認問題

※問題出典 H：平成　R：令和，S：春期　F：秋期（基は基本情報技術者試験）

問題 1

リストには，配列で実現する場合とポインタで実現する場合とがある。リストを配列で実現した場合の特徴として，適切なものはどれか。ここで，配列を用いたリストは配列に要素を連続して格納することによってリストを構成し，ポインタを用いたリストは要素と次の要素へのポインタを用いることによってリストを構成するものとする。

R4S・問5　基 H25F・問6

ア　リストにある実際の要素数にかかわらず，リストに入れられる要素の最大個数に対応した領域を確保し，実際には使用されない領域が発生する可能性がある。

イ　リストの中間要素を参照するには，リストの先頭から順番に要素をたどっていくことから，要素数に比例した時間が必要となる。

ウ　リストの要素を格納する領域の他に，次の要素を指し示すための領域が別途必要となる。

エ　リストへの挿入位置が分かる場合には，リストにある実際の要素数にかかわらず，要素の挿入を一定時間で行うことができる。

問題 2

A，B，Cの順序で入力されるデータがある。各データについてスタックへの挿入と取出しを1回ずつ行うことができる場合，データの出力順序は何通りあるか。

R3S・問5　H28S・問5

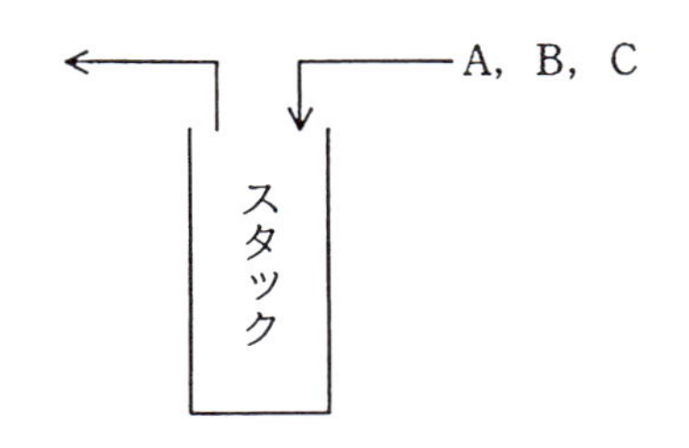

ア　3　　イ　4　　ウ　5　　エ　6

問題 3

配列A[1]，A[2]，…，A[n]で，A[1]を根とし，A[i]の左側の子をA[$2i$]，右側の子をA[$2i+1$]とみなすことによって，２分木を表現する。このとき，配列を先頭から順に調べていくことは，２分木の探索のどれに当たるか。 R3S・問6 H29F・問5 H26F・問4

ア　行きがけ順（先行順）深さ優先探索
イ　帰りがけ順（後行順）深さ優先探索
ウ　通りがけ順（中間順）深さ優先探索
エ　幅優先探索

問題 4

メインプログラムを実行した後，メインプログラムの変数X，Yの値は幾つになるか。ここで，仮引数Xは値呼出し（call by value），仮引数Yは参照呼出し（call by reference）であるとする。 H28S・問20

メインプログラム

```
X=2;
Y=2;
add(X,Y);
```

手続 add(X,Y)

```
X=X+Y;
Y=X+Y;
return;
```

	X	Y
ア	2	4
イ	2	6
ウ	4	2
エ	4	6

問題 5

次の数式は，ある細菌の第n世代の個数f（n）が１世代後にどのように変化するかを表現したものである。この漸化式の解釈として，１世代後の細菌の個数が，第n世代と比較してどのようになるかを適切に説明しているものはどれか。 H29S・問5

$$f(n+1)+0.2\times f(n)=2\times f(n)$$

ア　1世代後の個数は，第n世代の個数の1.8倍に増える。
イ　1世代後の個数は，第n世代の個数の2.2倍に増える。
ウ　1世代後の個数は，第n世代の個数の2倍になり，更に増殖後の20%が増える。
エ　1世代後の個数は，第n世代の個数の2倍になるが，増殖後の20%が死ぬ。

問題 6

次の流れ図の処理で，終了時のxに格納されているものはどれか。ここで，与えられたa，bは正の整数であり，mod（x,y）はxをyで割った余りを返す。 H29S・問6

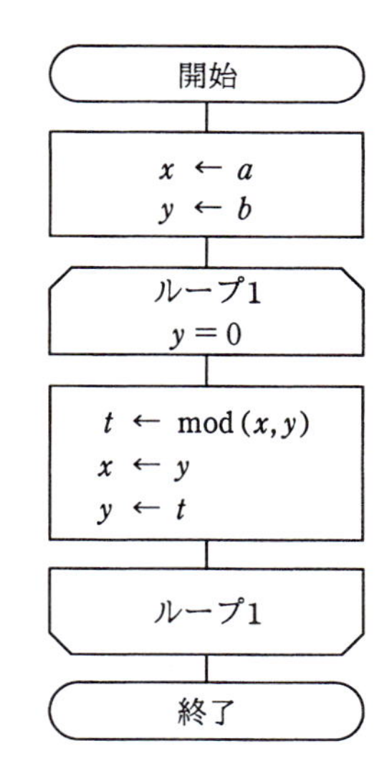

ア　aとbの最小公倍数　　イ　aとbの最大公約数
ウ　aとbの小さい方に最も近い素数　　エ　aをbで割った商

問題 7

自然数をキーとするデータを，ハッシュ表を用いて管理する。キーxのハッシュ関数h(x)を

$$\mathrm{h}(x)=x \bmod n$$

とすると，任意のキーaとbが衝突する条件はどれか。ここで，nはハッシュ表の大きさであり，x mod nはxをnで割った余りを表す。 R4F・問5　R1F・問7　H27S・問5

ア　$a+b$がnの倍数　　イ　$a-b$がnの倍数
ウ　nが$a+b$の倍数　　エ　nが$a-b$の倍数

問題 8

ヒープソートの説明として，適切なものはどれか。　H28F・問6

ア　ある間隔おきに取り出した要素から成る部分列をそれぞれ整列し，更に間隔を詰めて同様の操作を行い，間隔が1になるまでこれを繰り返す。
イ　中間的な基準値を決めて，それよりも大きな値を集めた区分と，小さな値を集めた区分に要素を振り分ける。次に，それぞれの区分の中で同様な処理を繰り返す。
ウ　隣り合う要素を比較して，大小の順が逆であれば，それらの要素を入れ替えるという操作を繰り返す。
エ　未整列の部分を順序木にし，そこから最小値を取り出して整列済の部分に移す。この操作を繰り返して，未整列の部分を縮めていく。

問題 9

次の手順はシェルソートによる整列を示している。データ列7，2，8，3，1，9，4，5，6を手順（1）～（4）に従って整列するとき，手順（3）を何回繰り返して完了するか。ここで，[　] は小数点以下を切り捨てた結果を表す。

H31S・問6

〔手順〕
（1）　"H← [データ数÷3]"とする。
（2）　データ列を，互いにH要素分だけ離れた要素の集まりから成る部分列とし，それぞれの部分列を，挿入法を用いて整列する。
（3）　"H← [H÷3]"とする。
（4）　Hが0であればデータ列の整列は完了し，0でなければ（2）に戻る。

ア　2　　イ　3　　ウ　4　　エ　5

問題 10

a，b，c，dの４文字からなるメッセージを符号化してビット列にする方法として表のア～エの４通りを考えた。この表はa，b，c，dの各１文字を符号化するときのビット列を表している。メッセージ中でのa，b，c，dの出現頻度は，それぞれ50％，30％，10％，10％であることが分かっている。符号化されたビット列から元のメッセージが一意に復号可能であって，ビット列の長さが最も短くなるものはどれか。

R2F・問４　H28S・問４

	a	b	c	d
ア	0	1	00	11
イ	0	01	10	11
ウ	0	10	110	111
エ	00	01	10	11

解答・解説

問題１　ア

配列は宣言時に領域を確保する。そのため，リストを配列で実現するときには，あらかじめ最大要素数分の領域を確保しなければならず，実際には使用されない領域が発生する可能性がある。

イウエ　ポインタで実現したリストの特徴である。

問題２　ウ

A，B，Cの出力順序のうち，C→A→Bは出力できない。なぜなら，Cを最初に出力するためには，その時点でA，Bがスタックに積まれていなければならず，A，Bをスタックから取り出す順序はB→Aのみに限られるからである。

A→B→C：push(A)→pop→push(B)→pop→push(C)→pop
A→C→B：push(A)→pop→push(B)→push(C)→pop→pop
B→A→C：push(A)→push(B)→pop→pop→push(C)→pop
B→C→A：push(A)→push(B)→pop→push(C)→pop→pop
C→B→A：push(A)→push(B)→push(C)→pop→pop→pop

問題３　エ

本文「1 4 ■木の巡回」を参照。問題文のように割り付けた2分木は，親から左の

子，右の子へ

a[1]，a[2]，a[3]，…

と並ぶ。これを幅優先順で探索すると，先頭要素から順番に調べることになる。

問題 4 イ

手続add内でXは4，Yは6に更新されるが，Xは値呼出しであるためこの更新はメインプログラムには反映されない。これに対し，Yは参照呼出しであるため更新はメインプログラムに反映される。以上より，メインプログラム実行後の変数の値は$(X, Y)=(2, 6)$となる。

問題 5 ア

漸化式は世代間の関係を明らかにするため，

ある世代の値 ＝ 1世代前の値を用いた式

と整理するとわかりやすい。問題文の式は，

$$f(n+1) = 2 \times f(n) - 0.2 \times f(n) = 1.8 \times f(n)$$

と整理できる。これは「第n世代の1.8倍が次の世代の個数」であることを表す。

問題 6 イ

$a=6$，$b=4$を入れて流れ図の処理を実行すると，

（1回目）　$t \leftarrow 2$，$x \leftarrow 4$，$y \leftarrow 2$

（2回目）　$t \leftarrow 0$，$x \leftarrow 2$，$y \leftarrow 0$

となって終了する。終了時の$x(=2)$は，6と4の最大公約数である。

問題 7 イ

a，bがともに「nで割った余りが等しい」とき，衝突が生じる。このことから，

$a = n \times \mathrm{i} + \mathrm{k}$，$b = n \times \mathrm{j} + \mathrm{k}$　　※i，j，kは整数，$0 \leqq \mathrm{k} < n$

と表すことができる。ここで，$a-b$を計算すると，

$$a - b = (n \times \mathrm{i} + \mathrm{k}) - (n \times \mathrm{j} + \mathrm{k}) = n \times (\mathrm{i} - \mathrm{j})$$

となる。よって，$a-b$はnの倍数であることがわかる。

問題 8 エ

「順序木」や「最大値／最小値」はヒープソートのキーワードである。

ア　シェルソートに関する記述である。
イ　クイックソートに関する記述である。
ウ　バブルソートに関する記述である。

問題 9　ア

以下に，整列の様子を示す。整列終了までに，手順[3]は2回実行されている。

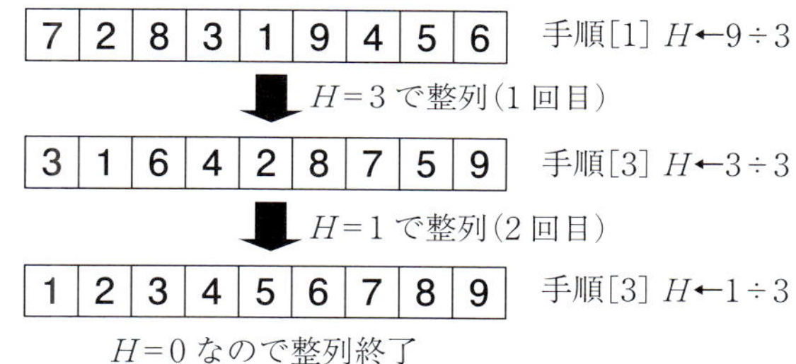

問題 10　ウ

本文「5 2 ■ハフマン符号」を参照。図35と同じ手順でハフマン木を作成して符号化すればよい。

第3章

ハードウェア

1 機械語命令の実行

学習のポイント

コンピュータ内部では，プログラムは機械語レベルで実行されます。その仕組みを知るためには，コンピュータ内部の基本的な構成と，機械語命令の構成を共に理解することが欠かせません。命令がプロセッサでどのように取り込まれ，処理されるか。まずそのイメージを作りましょう。

1 プロセッサの構成要素

プロセッサ（CPU）は，コンピュータにおいて制御と演算を担当する中核部分です。その構成要素は**アーキテクチャ**[1]（設計）によって異なりますが，基本的には図１のようになります。

基本用語

[1] アーキテクチャ
コンピュータ（主にハードウェア）の基本設計概念

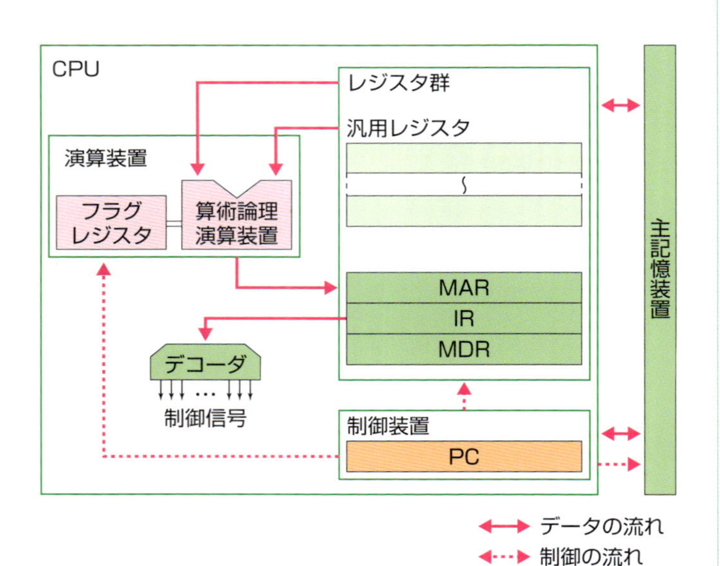

図１　プロセッサの構成

表1　プロセッサ構成要素の概要

名称	機能
ALU（Arithmetic Logic Unit） 算術論理演算装置	算術演算や論理演算などの演算を行う
PC（Program Counter） プログラムカウンタ[2] ／命令アドレスレジスタ	現在実行中の（もしくは次に実行する）命令の格納場所（アドレス）を格納する
GR（General purpose Register） 汎用レジスタ	演算対象やアドレス情報といったさまざまな情報を格納する
FR（Flag Register） フラグレジスタ	演算結果の正負に関する情報を格納する
IR（Instruction Register） 命令レジスタ	命令そのものを格納する
ID（Instruction Decoder） デコーダ	命令を解読し，命令に応じた制御信号を生成する
MAR（Memory Address Register） メモリアドレスレジスタ	アクセス対象となるメモリの位置（番地）情報を格納する
MDR（Memory Data Register） メモリデータレジスタ	メモリから読み込むデータまたはメモリに書き込むデータの内容を格納する

重要ポイント

[2] 本試験ではプログラムカウンタの保持内容を「次の命令が格納されたアドレス」と表現した

プログラムカウンタ（PC）と**命令レジスタ**（IR）は密接に関係しています。プログラムカウンタが指すメモリに格納された命令は，命令レジスタに取り込まれるからです。

同じような関係が，**メモリアドレスレジスタ**（MAR）と**メモリデータレジスタ**（MDR）の間にも見られます。メモリアドレスレジスタの指すメモリに格納されたデータが，メモリデータレジスタに取り込まれるからです。

なお，命令の取出しを**命令フェッチ**，処理対象となるデータの取出しを**オペランドフェッチ**とよびます。

2 命令の構成

一般に一つの命令は数バイトで構成されており，各命令の長さ（これを命令語長とよぶ）はプロセッサのアーキテクチャによって異なります。各命令語の内容は，

- **命令コード**部：命令の内容を表す
- **オペランド**[3]部：レジスタやメモリアドレスなど，演算対象の情報を表す

基本用語

[3] オペランド
演算の対象となる値や変数

の二つに大きく分けることができます。

〈32ビット(4バイト)命令の例〉

命令コード部	オペランド部		
8ビット	3ビット	5ビット	16ビット

〈レジスタ部〉
処理対象となる
レジスタを指定する

〈アドレス修飾部〉
アドレス修飾があれば
その種別を指定する

〈アドレス定数部〉
処理対象データの
格納されたアドレスを
指定する

図２　命令の構成例

3 命令の実行過程

主記憶に格納された命令やデータは，次の過程でプロセッサに取り込まれ，実行されます。

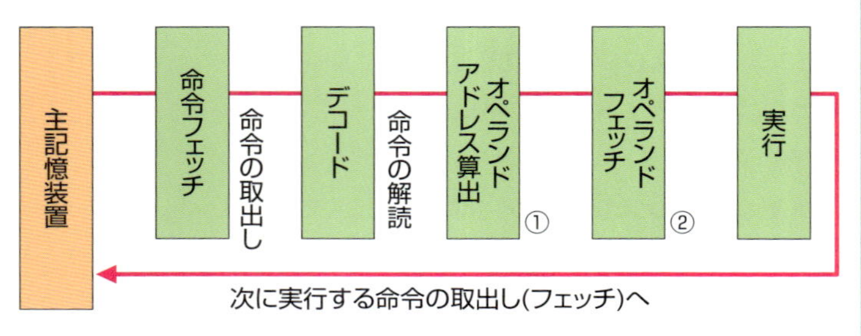

図３　命令の実行順序

4 オペランドアドレス算出

機械語命令のアドレス定数部で指定されたアドレスにデータが格納されているという保証はありません。アドレスが“**修飾**”[4]されている可能性があるからです。

そのような修飾を解決し，**データを格納する真のアドレス**（**有効アドレス**）**を求める段階**が，命令の実行過程におけるオペランドアドレス算出です（図３-①）。

なお，アドレス修飾には次の方法があります。

基本用語

[4]（アドレス）修飾
有効アドレスを求めるため，アドレス定数部の値に何らかの操作が必要であること

表２　アドレス修飾の方法[5]

名称		求められる有効アドレス
絶対	直接アドレス指定方式	アドレス定数部の値
	間接アドレス指定方式[6]	（アドレス定数部の値）番地に格納された値
相対	自己相対アドレス指定方式	アドレス定数部の値＋PCの値
	ベースアドレス指定方式（ディスプレースメント）	アドレス定数部の値＋ベースレジスタの値
	インデックスアドレス指定方式	アドレス定数部の値＋インデックスレジスタの値

[5]
各方式を組み合わせて用いることもできる。
（例）ベースアドレス指定＋インデックスアドレス指定

[6]
試験では間接アドレス方式を絶対アドレス方式には分類しないこともあるので注意する

たとえば次頁図４の上部に示したレジスタや主記憶の値から，各アドレス修飾方式を用いて得られる有効アドレスは，それぞれ図４下部のようになります。

【参考】相対アドレス指定とリロケータブル

アドレス定数部の値を100としたとき，自己相対アドレス指定は「今実行している命令（PCの値）から100番地だけ離れたメモリ」を，ベースアドレス指定は「プログラムの先頭（ベースレジスタの値）から100番地だけ離れたメモリ」を指定する方式です。このような面倒なアドレス指定をする理由は，プログラムの再配置性にあります。

プログラムは，制御上の理由で配置された位置がずれる場合があります。そのような場合であっても，自己相対アドレス指定やベースアドレス指定を行っている限り，プログラムを修正することなく実行できるのです。なぜなら，プログラムの配置変えに伴い，アドレス指定の基準となるPCやベースレジスタの値も変化するため，位置にかかわらず正しいメモリを指すことができるからです。

このような位置に関するプログラムの性質が，**リロケータブル（再配置可能性）**です。リロケータブルは，仮想記憶が一般化する以前は，プログラムに必須の性質でした。

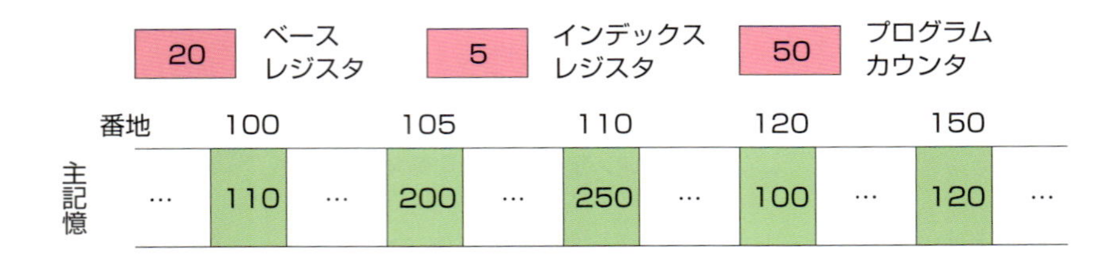

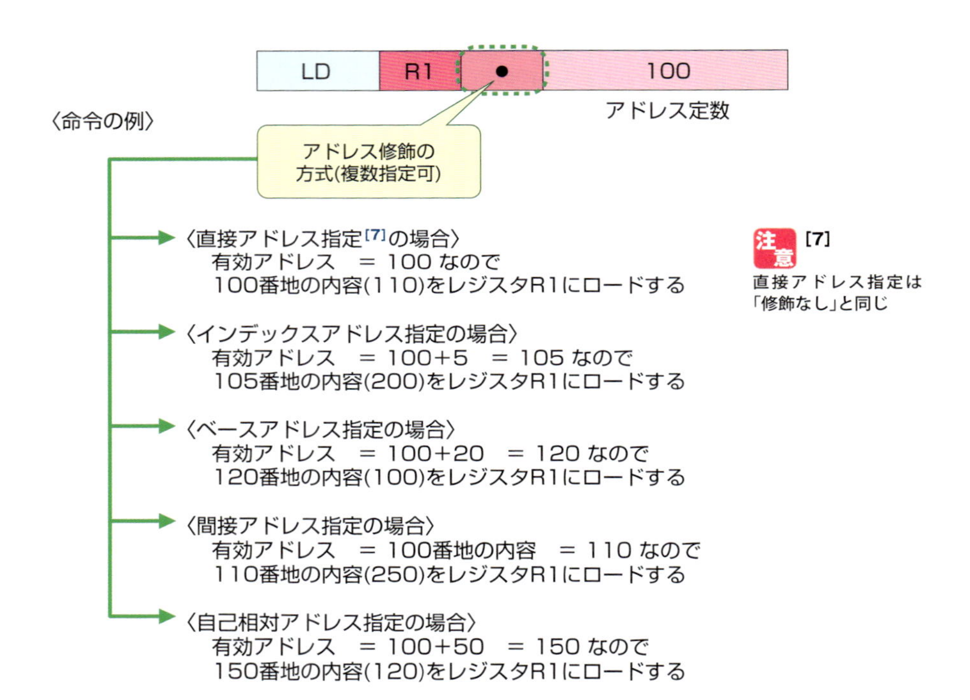

図4　有効アドレス計算の例

注意 [7]
直接アドレス指定は「修飾なし」と同じ

5 オペランドフェッチ

メモリの有効アドレスに格納されたデータを，プロセッサ（内のレジスタ）に取り込む段階が，**オペランドフェッチ**です（図3-②)。データが複数バイトにおよぶ場合は，その並び順（**エンディアン**）に従って取り込まれることになります。

エンディアンには次の方式があります。

表3　エンディアンの方式[8]

ビッグエンディアン	データの上位バイトから順にメモリに並べる方式
リトルエンディアン	データの下位バイトから順にメモリに並べる方式

重要ポイント
[8] ビッグエンディアンは上位バイトから，リトルエンディアンは下位バイトから並べる

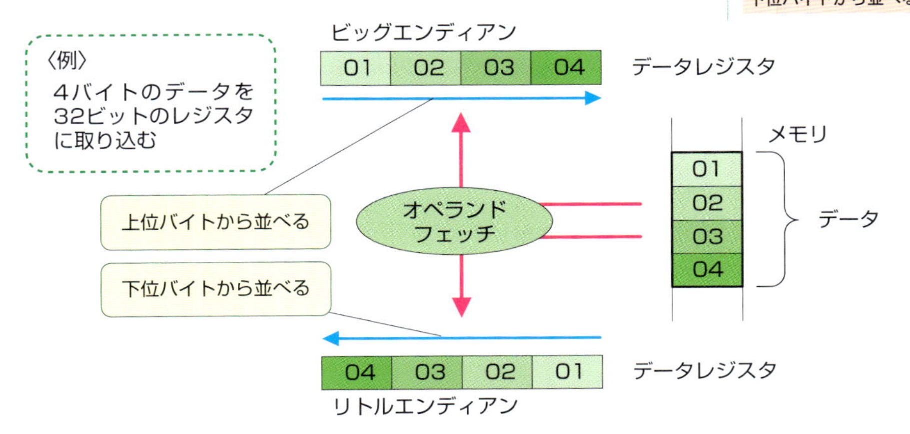

図5　ビッグエンディアン／リトルエンディアン

2 プロセッサの性能評価

学習のポイント

業務に使用するコンピュータを選定する際には，業務量に適した性能のものを選ぶ必要があります。ここでは，プロセッサの諸元をもとに，性能を評価する方法を説明します。

1 クロック周波数とCPI

プロセッサの命令実行は，一定間隔で発生する信号に同期して行われます。このときの同期信号を**クロック**といい，その発生頻度を**クロック周波数**とよびます（図6）。たとえばクロック周波数が800MHz（メガヘルツ）といったときには，1秒間に800×10^6回クロックが発生することになります。同一のアーキテクチャにおいては，**クロック周波数の高いプロセッサほど性能が高い**といえます。

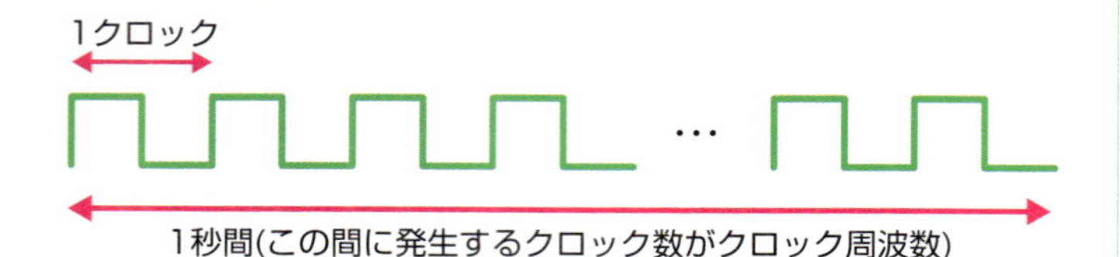

図6　クロックとクロック周波数

クロック周波数の逆数を求めれば，１クロックあたりの時間（**クロックサイクル**）を求めることができます[9]。たとえば，クロック周波数が800MHzであれば，１クロックあたりの時間は，

$1/(800\times10^{6}) = 1.25\times10^{-9}$ 秒
$= 1.25$ナノ秒

となります[10]。

CPI（**Cycles Per Instruction**）は，１命令を実行するために必要なクロック数を表します[11]。CPI＝5は，１命令を５サイクルで実行できることを表します。

クロック周波数とCPIをもとに，１命令あたりの実行時間を知ることができます。クロック周波数が800MHzでCPIの平均が５であるプロセッサがあるとき，このプロセッサにおける１命令あたりの平均実行時間は，次のようになります。

$1.25\times5 = 6.25$ ナノ秒

！重要ポイント
[9] クロックサイクル＝１／クロック周波数

テクニック！
[10] クロック周波数(GHz)の逆数がクロックサイクル(ナノ秒)となる。
(例)　800MHz=0.8GHz
クロック周波数
＝1／0.8
＝1.25ナノ秒

!!!重要ポイント
[11] CPI
１命令の実行に必要なクロック数

2 命令ミックス

実際のプロセッサでは，１命令の実行に必要なクロックサイクル数（CPI）は命令ごとに異なります。そのため，CPIの平均値は，**命令ごとの出現頻度をもとにした期待値**で計算しなければなりません。このとき用いる「命令の出現頻度表」が**命令ミックス**です。

たとえば，クロック周波数が800MHzのプロセッサで，次の命令ミックスで表されるプログラムを実行したとします。

表4　命令ミックスの例

命令の種類	所要クロックサイクル数	出現確率
浮動小数点数演算	6	0.2
メモリアクセス	3	0.4
分岐その他	2	0.4

このときCPIの平均値は，

Σ（各命令の所要クロックサイクル数×出現確率）[12]

＝ 6×0.2 ＋ 3×0.4 ＋ 2×0.4

＝ 1.2＋1.2＋0.8

＝ 3.2

となり，平均命令実行時間は，

平均命令実行時間

＝（1／(800×10^6)）× 3.2［秒］

＝ 4［ナノ秒］

と計算できます。

重要ポイント

[12] CPIの平均値は，（各命令の所要クロックサイクル数×出現確率）の合計で求める

３ MIPSとFLOPS

プロセッサの性能評価指標として，**MIPS**や**FLOPS**などが用いられます。

表５　MIPS／FLOPS

MIPS	Million Instructions Per Second **1秒間に実行できる命令数の平均値**を，100万（＝10^6）を単位として表したもの
FLOPS	**1秒間に実行できる浮動小数点数演算の回数。**主に科学技術計算分野で用いる

たとえば，前述のようにクロック周波数が800MHzで，CPIの平均値が５のプロセッサがあった場合，MIPS値は，

１秒間の命令実行数 ／ 10^6

＝（クロック周波数 ／ CPIの平均値）／ 10^6 [13]

＝（800×10^6 ／ 5）／ 10^6

＝ 160

となります。

[13] １命令の実行時間tをナノ秒で表し，MIPS＝1000 ／ tで計算してもよい。
（例）　１命令
＝6.25ナノ秒
MIPS
＝1000 ／ 6.25
＝160

3 プロセッサの高速化

学習のポイント

コンピュータは年々高性能化が進んでいますが，なかでもプロセッサの高性能化には目覚ましいものがあります。ここでは，プロセッサの高速化に関わる代表的な技術を取り上げます。

1 命令パイプライン

命令パイプラインは，**命令を並列に実行させる**ことで高速化を実現する技術です。具体的には，命令をいくつかの**ステージ**（段階）に分け，各ステージをオーバラップさせながら並列に実行させます。このとき，１ステージを処理するために必要な時間を**ピッチ**，同時に実行できる命令数をパイプラインの**深さ**ということもあります[14]。

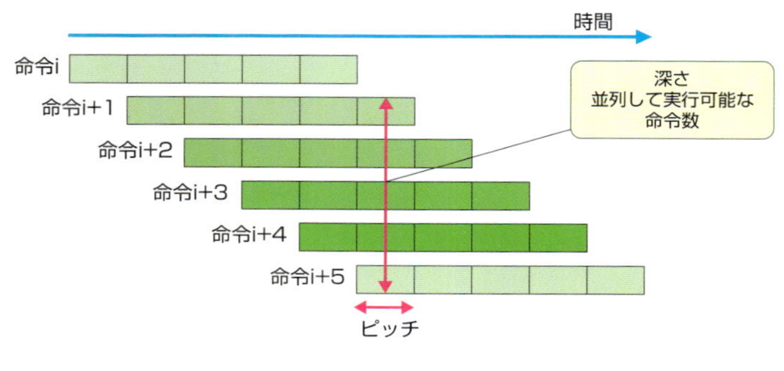

図7　命令パイプライン

図７のように１命令が５ステージに分割されて実行される場合を考えます。パイプラインを用いない場合はn個の命令実行には（5×n）サイクルが必要です。しかし，図７のパイプラインを使用することで，５命令が並列に実行されることになり，サイクル数は1／5（＝nサイクル）に減少します[15]。ただし，５命令が重なるまでに４ステージ分のオーバヘッドが生じるため，厳密には（n+4）サイクルになります。

重要用語

[14] ピッチ
１ステージの実行時間
深さ
パイプラインの重なり数→同時に実行できる命令数

重要ポイント

[15] I命令を深さD，ピッチPのパイプラインで実行すると，
命令実行時間＝(I+D−1)×P

■ハザード

命令パイプラインは次に実行する命令を「先取り」することによって高速化を実現します。そのため，分岐命令の実行により先取りした命令が無効になったり，メモリの競合による待ちが生じたりすることでパイプラインが乱れることがあります。このような乱れを**ハザード**とよびます。

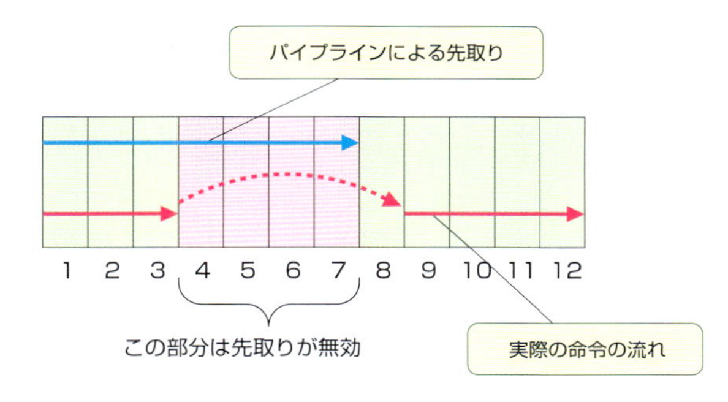

図8　(制御)ハザード[16]

図8は分岐命令でのハザード（**制御ハザード**）を示しています[17]。プロセッサが命令3を実行しているとき，パイプラインは命令7まで先取りしています。ここで命令3の内容が「命令9にジャンプする」ものであったとき，先取りした命令4～7は破棄しなければなりません。パイプラインはいったんリセットされ，命令9からやりなおします。

2 スーパパイプライン

スーパパイプラインは命令パイプラインを発展させた高速化技法で，命令の**ステージをより細分化**することでパイプラインの深さを増し，同時に実行できる命令数を上げる技術[18]です。

3 スーパスカラ[19]

スーパスカラはプロセッサ内に命令の実行ユニットを複数用意し，各ユニットで命令パイプラインを実行させる技術です。**命令パイプラインそのものが多重化**されることになります。

! 重要ポイント
[16] 制御ハザードは分岐先の命令取得によって発生する

!! 重要ポイント
[17] ハザードを抑制できれば，パイプラインが有効に機能する。
→分岐命令を少なくするようプログラムする
→分岐先を予測し，分岐先の命令を先取りする(投機実行)

! 重要ポイント
[18] スーパパイプラインはパイプラインの並列度を増加させる

!! 重要用語
[19] スーパスカラ
複数のパイプラインを同時に実行させる

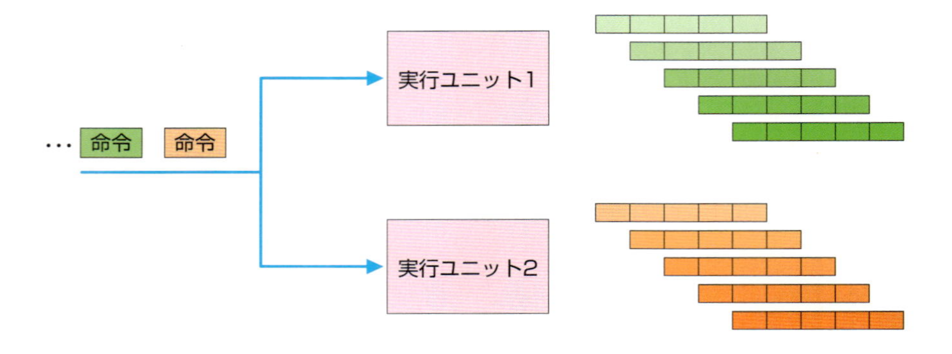

図9　スーパスカラ

4 VLIW(Very Long Instruction Word)[20]

同時に実行可能な複数の命令をまとめて一つの**長形式命令**（VLIW）**を作成**し，これを複数の演算ユニットで同時に実行することで高速化を実現する方式です。

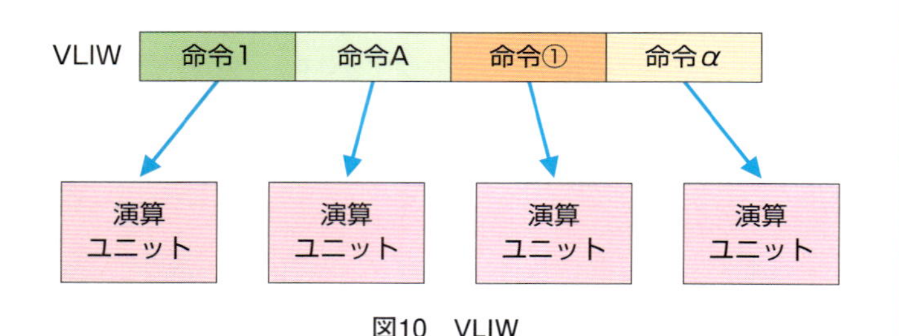

図10　VLIW

> **重要用語**
> **[20] VLIW**
> 同時に実行可能な命令を一つの長形式命令にまとめる。フルスペルが内容をそのまま表すのでフルスペルで覚えるとよい

5 マルチプロセッサ

マルチプロセッサは，プロセッサそのものを複数用意し，それらを並列に動作させる高速化技術です。プロセッサ単体の高速化技法ではありませんが，全体としての性能が引き上げられます。

■Flynnの分類

スタンフォード大学のフリン（M.J.Flynn）は，命令の流れとデータの流れが単一か複数かにより，プロセッサを次のように分類しました。

表6　Flynnの分類

名称	命令の流れ	データの流れ	構成イメージ
SISD (Single Instruction stream / Single Data stream)	単一	単一	プロセッサ ― データ
SIMD[21] (Single Instruction stream / Multiple Data stream)	単一	複数	制御装置 ― 実行ユニット ― データ1 実行ユニット ― データ2 ⋮ 実行ユニット ― データn
MIMD[22] (Multiple Instruction stream / Multiple Data stream)	複数	複数	プロセッサ1 ― データ1 プロセッサ2 ― データ2 ⋮ プロセッサn ― データn

スーパコンピュータに用いられた**アレイプロセッサ**はSIMDに該当します。一般的なマルチプロセッサはMIMDに該当します。

■マルチコアプロセッサ[23]

一つのプロセッサ内に演算を行う**コア**を複数もち，**コアを並列に動作させる**ことで高速化を実現する方式です。外見上は一つのプロセッサとして認識され，消費電力や発熱を抑えながら処理性能を向上させるように設計されています。

■GPU(Graphics Processing Unit)

GPU[24]は画像処理用のプロセッサで，画像処理を高速に行うために高い数値計算能力を持ちます。このような計算能力に注目して，GPUはAIのディープラーニングや科学シミュレーション，暗号資産のマイニングなどの用途にも用いられます。

重要ポイント
[21] SIMDは一つの命令で複数データを処理できるため，マルチメディア系の処理に適している

重要ポイント
[22] MIMDはプロセッサごとに異なる命令を並列実行する

基本用語
[23] マルチコアプロセッサ
プロセッサ内に複数のコアユニットをもつ

重要ポイント
[24] GPUは行列演算ユニットを搭載しており行列の計算に強い。同じ計算を大量に行うディープラーニングと相性がよい

4 メモリアーキテクチャ

学習のポイント

メモリの重要性もプロセッサに劣りません。メモリとプロセッサはコンピュータの中核なのです。ここでは，メモリをいくつかの切り口から分類します。

1 RAMの分類

RAM[25]は，DRAM[26]とSRAM[27]に分類することができます。

表7　DRAMとSRAMの比較

	DRAM	SRAM
メモリセルの構成	コンデンサと MOSトランジスタ	フリップフロップ
アクセス速度	遅い	速い
集積度	高い	低い
主な用途	主記憶	レジスタ／キャッシュメモリ
製造コスト	低い	高い

DRAMは内部構成が単純なのでビットあたりの面積が小さく，高集積化を実現することができます[28]。ただし，時間の経過と共に記憶内容を保持する電荷が失われるため，定期的に電荷を充たす**リフレッシュ**と呼ばれる動作が必要です。

SRAMはリフレッシュ動作が不要であり，DRAMに比べて高速に動作します。

2 ROMの分類

各種ROM[29]の特徴を次に示します。

表8　ROMの分類

名称		空き部分への追記	既存部分の消去／上書き	消去手段
マスクROM		×	×	
ユーザプログラマブルROM	PROM	○	×	
	EPROM	○	○	紫外線
	EEPROM（フラッシュメモリ）	○	○	高電圧

基本用語

[25] RAM（Random Access Memory）
主記憶の作業域を構築するメモリ。電源断で記憶内容を失う（揮発性）

[26] DRAM（Dynamic RAM）
RAMの一種で主記憶に用いる。内容の保持のためリフレッシュ動作が必要

[27] SRAM（Static RAM）
RAMの一種でキャッシュメモリに用いる。フリップフロップ回路で内容を保持するため，リフレッシュ動作が不要

重要ポイント

[28] DRAMのキーワードは
「単純」「高集積化」「安価」

基本用語

[29] ROM（Read Only Memory）
読出し専用に用いるメモリ。電源断でも記憶内容を保持する（不揮発性）

SDカードやUSBメモリなどでなじみ深い**フラッシュメモリ**は，EEPROMの一種です。フラッシュメモリは**ブロック単位でデータの消去を行います**。

3 誤り制御

メモリの誤り制御には**ハミング符号**を用います。これは，

2ビットの誤りを検出し，1ビットの誤りを訂正できる[30]

方式で，これを実装するメモリを**ECC**（**Error Check and Correct**）**メモリ**[31]とよびます。ECCメモリは，64ビットにつき8ビットのハミング符号を付与します。

重要ポイント

[30] ハミング符号
・2ビット誤り → 検出
・1ビット誤り → 訂正

重要ポイント

[31] ECCメモリはサーバなど影響の大きいシステムに用いる

第3章

5 メモリの高速化

学習のポイント

メモリの高速化や大容量化は，コンピュータの性能に直結します。それだけに，出題頻度の高いテーマです。キャッシュメモリやメモリインタリーブについて，方式の違いまで踏み込んで理解してください。

1 キャッシュメモリ

キャッシュメモリは主記憶とプロセッサの間に配置される高速小容量のメモリです。これに，利用頻度の高い（将来多くアクセスするであろう）プログラムやデータを配置すれば，高速なキャッシュメモリへのアクセスが増え，平均的なアクセス時間が減少するはずです（図11）。これが，キャッシュメモリを用いた高速化のアイデアです。

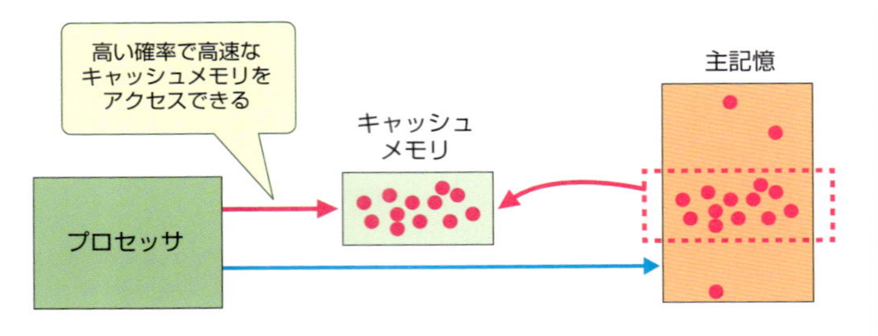

図11　キャッシュメモリのアイデア

プログラムの局所参照性

キャッシュメモリのアイデアはプログラムの**局所参照性**[32]という性質より導かれました。局所参照性とは，ある時間間隔で見たとき，**プログラムのごく一部を繰り返し参照する**という性質です。そこで，この部分をキャッシュメモリにもっていけば，キャッシュメモリの高速性を十分発揮することができるのです。

なお，局所参照性はプログラムの作り方に大きく左右されます。分岐やサブルーチン呼出しの多いプログラムは，プログラムを広範囲に参照するため，局所参照性は低下します。

[32] 局所参照性
近接部分を繰り返し参照する性質。ループなどの反復実行が多いほど局所参照性は高くなる

キャッシュメモリの動作

次にキャッシュメモリの動作を説明します。

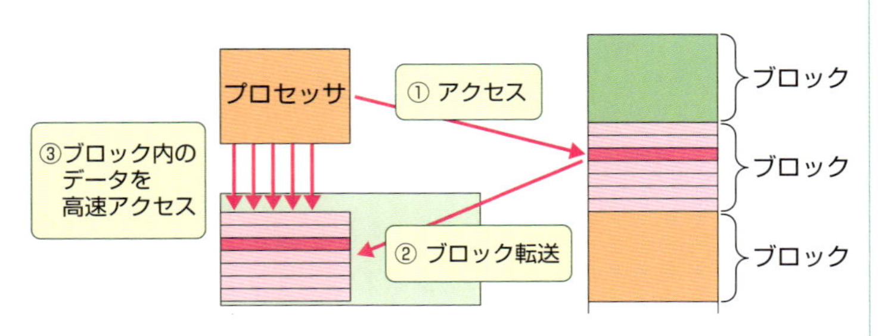

図12　キャッシュメモリの動作

主記憶およびキャッシュメモリはブロック単位で管理されています。プロセッサが主記憶上のあるアドレスをアクセスしたとき（図12-①），そのアドレスを含むブロックをまとめてキャッシュメモリに転送します（図12-②）。プログラムは局所参照性をもつため，次

にアクセスされるアドレスはブロックに含まれる確率が高いからです。

キャッシュメモリに**ヒット**[33]する間，プロセッサは高速にキャッシュメモリをアクセスし続けます（図12-③）。ヒットしなければ，改めてアクセスとブロック転送（①②）を行います[34]。このとき，キャッシュメモリ上に空きがなければ，いずれかのブロックを主記憶に書き戻して，空きブロックを確保します。

実効的なアクセス時間

あるプロセッサにおいて，主記憶装置へのアクセス時間をTm，キャッシュメモリのアクセス時間をTc，キャッシュメモリの**ヒット率**[35]をrとすると，実効アクセス時間（メモリへの平均アクセス時間）は，次の式で求められます。

実効アクセス時間[36] ＝ (1－r)×Tm＋r×Tc

〈例〉主記憶装置へのアクセス時間が100ナノ秒，キャッシュメモリへのアクセス時間が20ナノ秒，キャッシュメモリのヒット率が90％であった場合，平均（実効）アクセス時間は何ナノ秒か。

〈解答〉実効アクセス時間 ＝ (1－0.9)×100＋0.9×20
＝ 10＋18 ＝ 28［ナノ秒］

キャッシュの制御方式

キャッシュメモリに行った更新は，いずれかのタイミングで主記憶に反映されなければなりません。この方式には次の二つがあります。

表９　キャッシュの制御方式[37]

ライトスルー方式	キャッシュメモリの更新と同時に，主記憶の該当データも更新する
ライトバック方式	通常はキャッシュメモリのみ更新し，**ブロックが追い出されるタイミングで主記憶に反映する**

ライトバック方式は，更新と反映の間にタイムラグが生じます。そのため，両者の**コヒーレンシ**（同一性）を保つ特別な制御が必要となります[38]。しかし，普段はキャッシュメモリのみ更新するた

基本用語
[33] ヒット
アクセスするデータがキャッシュメモリ上に存在すること

重要ポイント
[34] キャッシュメモリにヒットしなければ，主記憶へのアクセスとキャッシュメモリへのブロック転送を行う

基本用語
[35] ヒット率
アクセスするデータがキャッシュメモリ上に存在する（ヒットする）確率
NFP
ヒット"しない"確率（＝1－ヒット率）

重要ポイント
[36] 実効アクセス時間はアクセス時間の期待値で計算する。
（NFP×主記憶のアクセス時間）＋（ヒット率×キャッシュのアクセス時間）

重要ポイント
[37] 更新の反映タイミング
ライトスルー
キャッシュ更新と同時
ライトバック
ブロック追出し時

重要ポイント
[38] コヒーレンシを保つ制御が必要なのは「ライトバック」

め，書き込み時にもキャッシュメモリの効果を得ることができます。これに対しライトスルー方式は，更新と反映のタイミングが同一であるため，コヒーレンシを保つ特別な制御は不要です。ただし，書き込み時にキャッシュメモリの効果を得ることはできません。

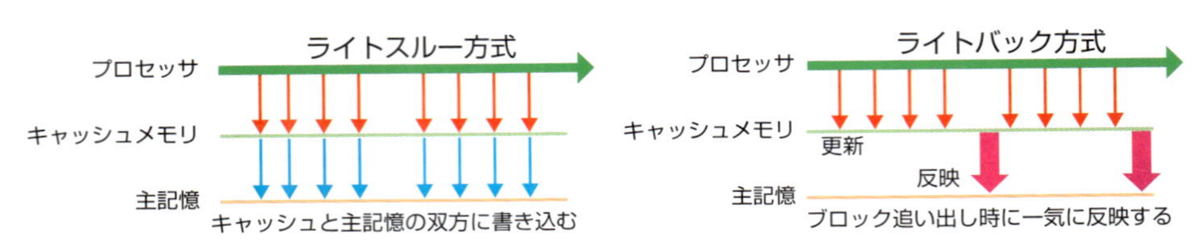

図13　ライトスルー方式とライトバック方式

■キャッシュの割付け方式

主記憶上のブロックをキャッシュメモリのどのロケーションに配置するかについて，次の三つの方式があります。

ダイレクトマッピング[39]

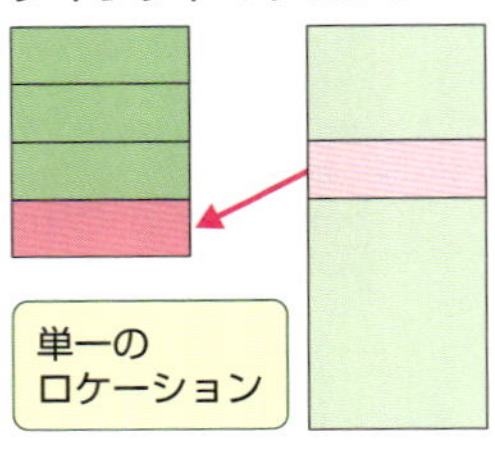

ブロック番号から一意に求まるロケーションに配置する

フルアソシエイティブ[40]

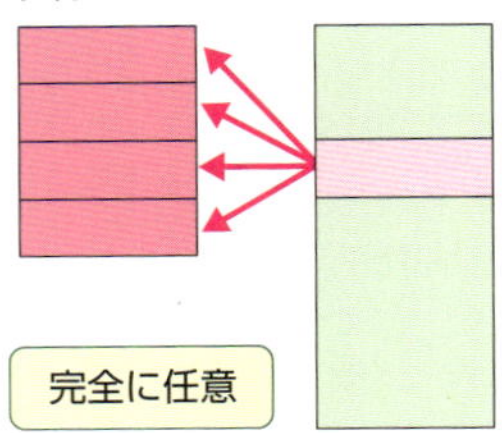

任意のロケーションに配置する。ブロック番号とロケーションとの対応は，連想メモリで管理する

セットアソシエイティブ[41]

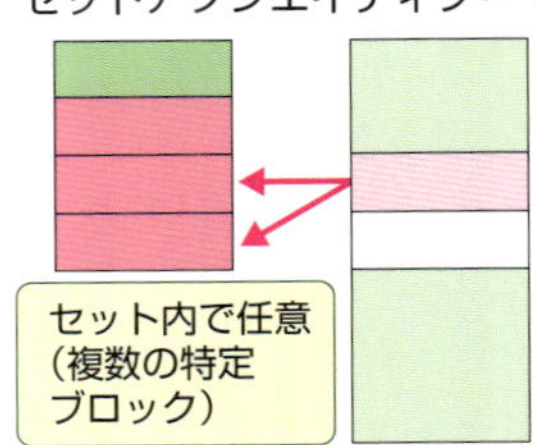

ブロックをいくつかまとめたセットで管理する。セットのロケーションは一意に定まるが，その中であればブロックをどこに配置してもよい

図14　各方式のイメージ

!!! 重要ポイント

[39] ダイレクトマッピング → 特定のロケーション

[40] フルアソシエイティブ → 任意のロケーション

[41] セットアソシエイティブ → 複数の特定ロケーション

2 メモリインタリーブ

メモリインタリーブはメモリを複数の独立した“**バンク**”とよばれる区画に分け，専用の制御機構によって，各**バンクに対して並列にアクセスする**ことによって高速化を行う方式です[42]。

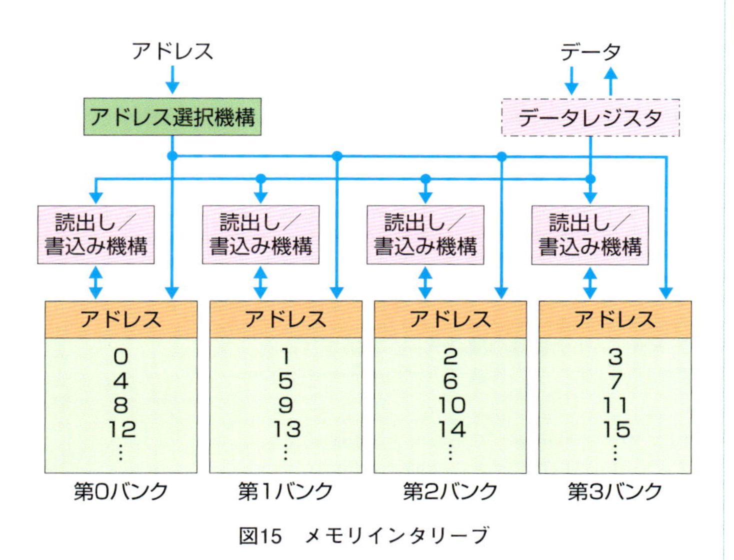

図15　メモリインタリーブ

図15の構成では，一度のアクセスで第０～３バンクの内容にアクセスすることができます。たとえば４～７番地に格納された４バイトのデータを１アクセスで取得できます。メモリインタリーブがなければ，４～７番地に対して１回ずつアクセスしなければなりません。

!! 重要用語

[42] メモリインタリーブ
主記憶を「バンク」に分け「並列アクセス」する

第３章

6 入出力アーキテクチャ

学習のポイント

「入出力」といえば，ディスプレイやプリンタなど個々の入出力機器を思い浮かべてしまいますが，本試験では入出力制御やインタフェースに重点が置かれます。ここでは，それらを中心に説明します。

1 入出力制御方式

入出力制御とは，プロセッサと主記憶および入出力機器との間のデータ転送を制御することです。これには，次の方式があります。

表10 入出力制御の方式

プログラム制御方式	主記憶装置と入出力装置の間のデータ転送をプロセッサが直接制御する。データ転送はプロセッサを介して行う
DMA制御方式	DMAコントローラ[43]がプロセッサとは独立して主記憶装置と入出力装置の間のデータ転送を制御する
チャネル制御方式	チャネルとよばれる入出力専用の処理装置を設ける方式。データ転送は専用のバス経由で行う

重要ポイント
[43] DMAコントローラは，入出力機器と主記憶間のデータ転送を制御する（DMA制御）

これらの方式の中では，**DMA制御方式**がよく試験で問われます。そこで，図16にDMA制御方式を示します。入出力装置と主記憶間のデータ転送が**DMA**の制御により「プロセッサを仲介することなく」行われている点に注目してください。

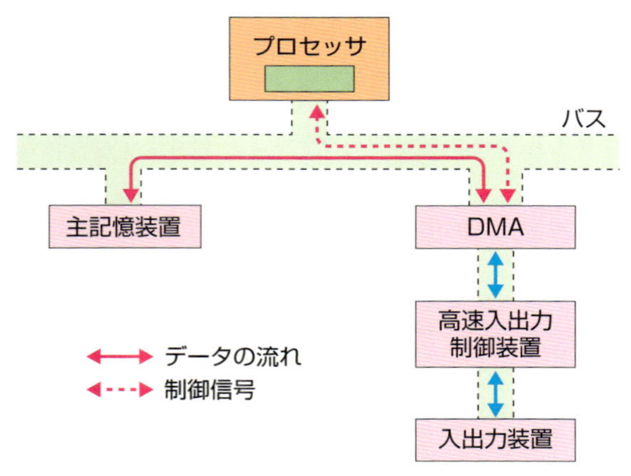

図16 DMA制御方式

2 入出力インタフェース

代表的な**入出力インタフェース**の規格を紹介します。

表11　代表的な入出力インタフェースの規格

名称	転送方式	転送速度	特徴
RS-232C	シリアル	115.2kビット/秒	・歴史的な規格
ATA-4	パラレル	33.3Mバイト/秒	・汎用的なパラレルインタフェース ・IDE ／ EIDEの拡張規格
シリアルATA	シリアル	1.5Gビット/秒	・ATAをシリアル化し，さらに高速化
SCSI	パラレル	5Mバイト/秒	・ハードディスクなどの接続に用いる ・最大８台までデイジーチェーンで接続可
USB[44]	シリアル	12M ～ 20Gビット/秒	・汎用的なシリアルインタフェース
IEEE1394	シリアル	100M ～ 3.2Gビット/秒	・ディジタルビデオなどのAV機器の接続に用いる
HDMI[45]	シリアル（３レーン）	10.2Gビット/秒	・もとはAV機器の映像・音声インタフェース ・ディスプレイの接続などに用いる
Display Port[46]	シリアル	数十Gビット/秒	・映像伝送用のインタフェース規格 ・マルチディスプレイに対応
IrDA	シリアル	115.2k ～ 4Mビット/秒	・赤外線を用いた無線通信規格 ・遮蔽物があると通信に支障をきたす
Bluetooth	シリアル	1 ～ 24Mビット/秒	・2.4GHz帯域の電波を用いた無線通信規格 ・遮蔽物があっても問題なく通信できる

※シリアル：直列転送方式　パラレル：並列転送方式

■USB(Universal Serial Bus)

シリアルバスの中でも代表的な規格がUSBです。USBは年々新たな規格が追加され，それに伴い転送速度も高速化しています。

第3章

重要ポイント

[44] USB3.0
スーパースピードモード（5Gビット/秒）が追加。2.0からピン数などが変更されたが物理的な後方互換性をもつ

重要用語

[45] HDMI
AV機器用のディジタル映像・音声入出力インタフェース規格。映像と音声を１本のケーブルで伝送できる。ディスプレイの接続用途としても用いる

重要ポイント

[46] DisplayPortは，映像と音声をパケット化してシリアル伝送する

表12　USBの転送モード

Low Speed Mode	1.5Mビット／秒	
Full Speed Mode	12Mビット／秒	
High Speed Mode	480Mビット／秒	◀USB2.0で追加
Super Speed Mode	5Gビット／秒	◀USB3.0で追加
Super Speed Plus Mode	10Gビット／秒	◀USB3.1 Gen2で追加
	20Gビット／秒	◀2レーン使用時：USB3.2で追加

コネクタから表裏を無くし，利便性と速度の向上を狙ったType-Cと呼ばれる形状もあります。

3 補助記憶装置

代表的な補助記憶装置に**磁気ディスク**と**SSD**（Solid State Drive）があります。機器によっては，SDメモリカードを補助記憶媒体に使用することもあります。

表13　補助記憶装置

磁気ディスク	磁気を塗布したディスクに磁気ヘッドでデータを読み書きする補助記憶装置。テラバイト単位の容量をもつものもある
SSD[47]	記憶媒体にフラッシュメモリを用いた補助記憶装置。数百ギガ単位の容量をもつものが多い
SDカード	PCやスマートフォンなどに採用される小型のメモリカード。SD，SDHC，SDXC[48]などの規格がある

磁気ディスクは，モータで回転させたディスク上を，磁気ヘッドが移動してデータをアクセスします。SSDのアクセスにはそのような機械的な動作が不要なので，高速にアクセスできます。ただし，SSDには書込み回数の上限があり，磁気ディスクに比べてビット単価が高いなど不利な点もあります。

4 入出力装置

出力装置の代表がディスプレイやプリンタです。特にディスプレイは技術的な発展が目覚ましく，さまざまな方式が混在しています。入力装置はキーボードなどが定番ですが，スマートフォンやタブレット型のコンピュータの登場で，今日ではディスプレイから直接入力するタッチパネルが一般的になりました。

重要用語

[47] SSD
フラッシュメモリを用いた補助記憶装置。磁気ディスクに比べ高速にアクセスできる

重要ポイント

[48] SDXCはファイルシステムにexFATを採用し，最大2Tバイトの容量に対応できる

■ディスプレイの方式

ディスプレイには次の方式があります。

表14　ディスプレイの方式

CRTディスプレイ	ブラウン管を用いたディスプレイ
液晶ディスプレイ	「電圧をかけると分子の向きが変化する」という液晶の性質を利用して表示を行う。光の透過を画素ごとに制御し，カラーフィルタを用いて色を表現する[49]
有機ELディスプレイ	電圧をかけると**自ら発光する**有機化合物を画素に用いたディスプレイ。バックライトなどの光源が不要，応答速度に優れている，視野角が広い，消費電力が少ない，といった特徴がある
電子ペーパー	電圧をかけることで，着色した帯電粒子を移動させて表示する

■表示装置の色数

ディスプレイは画素(ドット)ごとに色を変えて色彩や濃淡を表します。画素ごとの色の情報は**VRAM**(**Video RAM**)に記録され，表現できる色数は1画素に割り当てるビット数で定まります。例えば1画素に8ビット割り当てると256色，16ビット割り当てると65,536色の色を表現できます。

表現できる色数が少ない場合でも，画素に同系色のノイズを意図的に混ぜることによって中間色を表し，**見かけ上表示できる色数を増やす**こともできます。このような技術を**ディザリング**(**Dithering**)と呼びます。

■タッチパネルの方式

タッチパネルは指やペンで触れることで情報を入力するパネルです。タッチの検出方式により，次のように分類できます。

表15　タッチパネルの方式

静電式	タッチ時の微弱電流を検知する方式。複数箇所のタッチを検出できるため，ピンチイン／アウトなどの**マルチタッチ入力**が可能
感圧式	タッチ時の圧力を検知する方式

重要ポイント

[49] カラーの表現方法

- 3色の発光素子をもつ→有機EL
- カラーフィルタ→液晶

※カラーフィルタを採用する有機ELディスプレイもある

7 組込システムのハードウェア要素

学習のポイント

これまで述べてきたハードウェア要素は，パソコンなどの汎用的なコンピュータを前提にしたものですが，汎用的なものだけがコンピュータではありません。製品に組み込まれる機器など，ある目的に特化したコンピュータも多く，これらの分野ではさらに細かいハードウェア知識や回路レベルの読解能力が求められることになります。

1 LSI(Large Scale Integration)

ハードウェアは，目的に応じて複雑な機能を果たさなければなりません。その実現のため，多くの半導体素子を集積した集積回路（IC）が用いられています。ICの中でも集積度の高いものが**LSI**であり，組込システムの基本的な構成要素となっています。

なお，LSIを含むIC製品には**高電圧により素子が破壊**される(**ESD**)[50]ことがあります。そのため製造現場においてはさまざまな静電気対策を施しています。

> ! 重要用語
> **[50] ESD (Electrostatic Discharge)**
> 静電気により半導体素子が破壊される現象

> !!! 重要用語
> **[51] SoC**
> システムを1チップに集約したLSI

■SoC(System on a Chip)[51]

SoCは，従来はボード上で実装していた**一連の機能を1チップに集約**したLSIのことです。集約による小型化，高速化，低消費電力化に加え，量産効果による低価格化などさまざまな利点を得ることができます。

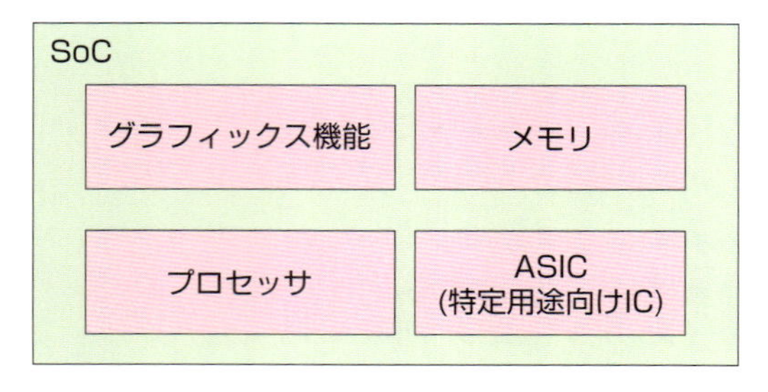

図17　SoCの構成

■SiP(System in Package)

SiPは複数のLSIチップを**一つのパッケージにまとめた**ものです。

> **重要ポイント**
> **[52]** システムLSIもSoCも「機能を１チップに集約」という点で同じ。本試験のレベルでは両者を厳密に使い分ける必要はない

■システムLSI[52]

複数の機能を１チップに集約した多機能LSIを**システムLSI**といいます。組込システムで用いるシステムLSIには，主要な回路がすべて１チップに集約されています。

SoCとほぼ同じ意味で用いられることも多いのですが，広義のシステムLSIにはSiPを含めることもあります。

> **重要ポイント**
> **[53]** DSPには積和演算の高速性が求められるため，高速乗算器を内蔵する

■DSP(Digital Signal Processor)[53]

DSPは**ディジタル信号をリアルタイムで処理**する専用のプロセッサです。動画や音声の再生では，圧縮ファイルをリアルタイムに展開し再生する必要があります。そのため，ディジタル信号を高速に処理する専用のDSPを用います。

DSPは積和演算などの機能を内蔵しており，**ディジタル的にノイズを除去**する**ディジタルフィルタ**の実現に適しています。

■FPGA(Field Programmable Gate Array)

FPGAは回路を**プログラムにより再構成できるIC**です。製造時に内容が固定される**ASIC**（**Application Specific IC**）に比べ，柔軟性に優れ，製品のアップデートにも対応しやすいことが特徴です。

2 入出力

組込システムは図18のような構成をとります。

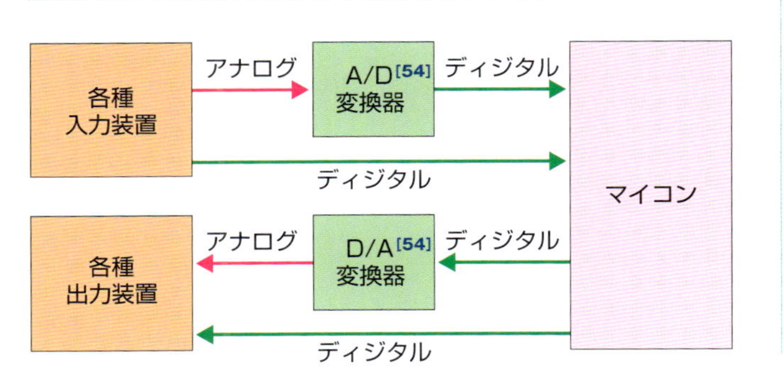

図18　組込システムの構成

> **重要ポイント**
> **[54] A/D変換器**
> アナログ信号(A)をディジタル信号(D)に変換する
> **D/A変換器**
> ディジタル信号(D)をアナログ信号(A)に変換する

入力は各種センサ類やスイッチ[55]で行います。センサ類には，**フォトダイオード**や**フォトトランジスタ**などの光センサ，**CCD**や**CMOSセンサ**などのイメージセンサ，エアコンの温度調節に用いる温度センサなどがあります。

センサの中にはアナログ信号が入力されるものもあります。アナログ信号は**A/D変換器**（ADC）でディジタル信号に変換し，マイコンに入力します。

出力はスピーカやディスプレイ，湯沸かしポットではヒータ，産業用の製造ロボットではアームを動かすための**アクチュエータ**[56]などがあります。音声などのアナログ信号を出力する場合は，ディジタル信号を**D/A変換器**を通してアナログ信号に変換し，スピーカなどから出力します。

> **重要用語**
> **[55] チャタリング**
> スイッチなどで，機械的振動によりON/OFFが短時間のうちに繰り返される現象

> **重要用語**
> **[56] アクチュエータ**
> モータなど，機械や機構を物理的に動かすための駆動装置
> 本試験では「コンピュータが出力した電気信号を力学的な運動に変える」という表現で出題された

A/D，D/A変換器と最大電圧

A/D，D/A変換器は，種類によってビット数（量子化ビット数）と最大電圧が定まっています。たとえば最大電圧が2.5Vでビット数が８ビットであれば，2.5Vの電圧を256刻みで分解できることを表します[57]。このとき，**分解能**（ビット１あたりのアナログ値）はおよそ10ミリVとなります。

A/D変換器の出力値は，計測値（アナログ値）と分解能，ビット数で定まります。たとえば分解能10ミリVの８ビットA/D変換器で1.2Vの電圧を計測したとき，

$$1.2 \div 0.01 = 120 = (78)_{16}$$

を出力します。逆に同じ仕様のD/A変換器を用いれば，ディジタル値120は，

$$120 \times 0.01 = 1.2\text{V}$$

の電圧を出力します[58]。

> **テクニック!!**
> **[57]**
> $分解能 = \frac{最大電圧}{2^{ビット数}}$

> **重要ポイント**
> **[58]**
> ・A/D変換の出力値
> 　＝アナログ値÷分解能
> ・D/A変換の出力値
> 　＝ディジタル値×分解能

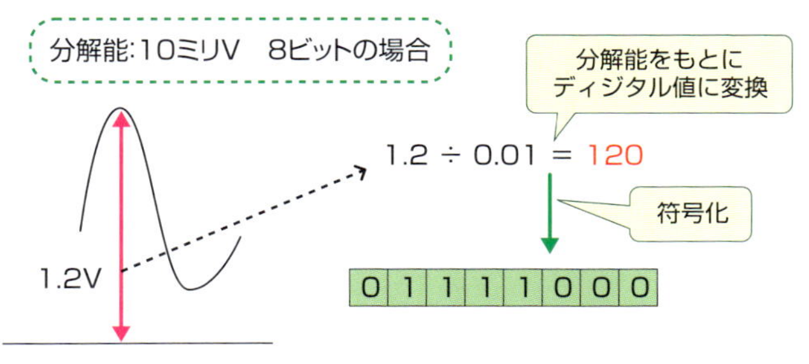

図19　分解能とディジタル値

■PCM(Pulse Code Modulation)

PCMは音声をディジタルデータに変換する方式の一つです。一定間隔で音声を**サンプリング**（**標本化**）[59]し，A/D変換器でディジタル値に変換します。1秒間に行うサンプリングの回数を，**サンプリング周波数**とよびます。たとえば，量子化ビット数が24，サンプリング周波数が48kHz，ステレオ（2系統）という条件でサンプリングしたとき，1秒間のディジタルデータ量は，

24×48000×2（ビット）＝2304（kビット）＝288（kバイト）

となります[60]。

■標本化定理[61]

原音の周波数の2倍のサンプリング周波数を用いてディジタル化すれば，ディジタルデータから原音を完全に復元できます。これを**標本化定理**とよびます。たとえば，最高で20kHzである原音を完全に復元するためには，40kHzのサンプリング周波数を用いてディジタル化すればよいことになります。

3 ワンチップマイコン

入出力インタフェースやプログラムメモリなどを一つのICチップの中に詰め込んだものを**ワンチップマイコン**といいます。

第3章

重要用語
[59] 標本化（サンプリング）
音の信号を一定の間隔で切り出すこと

重要ポイント
[60] 1秒間の音声のデータ量は，
量子化ビット数×サンプリング周波数［ビット］

重要ポイント
[61] サンプリング周波数＝原音の周波数×2

■クロックの供給

クロックは，ワンチップマイコンに内蔵された**クロックジェネレータ**が供給します。このとき，高速に動作するCPUには高い周波数を，低速な機器には低い周波数を供給するので，基準となるクロック周波数をPLLや分周器で調節する必要があります。

PLLは入力のN倍の周波数を，**分周器**は1／N倍の周波数のクロックを出力します[62]。

重要ポイント
[62] PLLは周波数をN倍し，分周器は1／N倍する

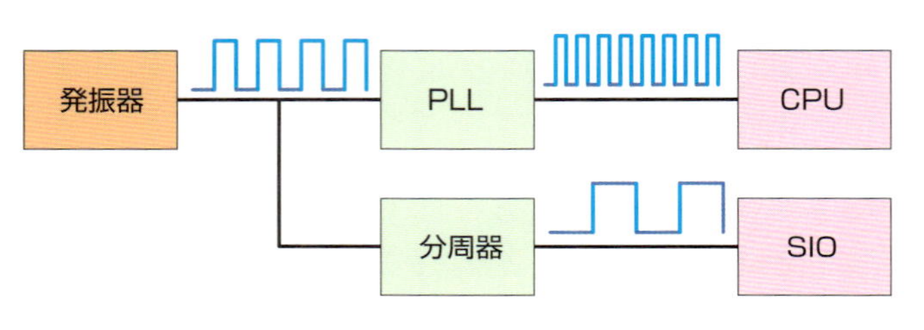

図20　PLLと分周器

■リーク電流

半導体の微細化が進むに伴い，本来電流が流れない回路に絶縁体越しに電流が流れる現象が生じました。これを**リーク電流**とよびます。リーク電流が流れると，回路の誤動作や消費電力の増加，発熱につながるため，対処が必要です。

■クロックゲーティング[63]

組込システムの中には，間欠的に動作すればよいものもあります。たとえばディジタル時計であれば，1秒間に1回動作すれば十分です。そのような場合は，動作するときのみクロックを供給し，**動作しない間はクロック供給を停止**することで，消費電力を節約します。そのような省電力技術を**クロックゲーティング**とよびます。

重要用語
[63] クロックゲーティング
スタンバイ中はクロック供給を停止する省電力技術。ボタン電池で長期間動作するような機器には，たいていこの機構が組み込まれている

■パワーゲーティング

組込システム内のすべてのブロックが常に動作しているわけではありません。パワーゲーティングは，**動作する必要がない回路ブロックへの電源供給を遮断**することによって，消費電力を減らします。パワーゲーティングはリーク電流対処として有効です[64]。

重要ポイント
[64] リーク電流対策として「使用しないブロックへの電源供給停止」が有効

タイマ／カウンタ

内部カウンタをクロックでカウントアップすることで，時間を計測できます。そのような機構を**タイマ／カウンタ**と総称しています。

RTC(Real Time Clock)

RTCは，組込システム内で時計機能を実装するために使用される機器です。**日付及び時刻を示すカレンダ情報をもつ**ため，カレンダクロックとよぶこともあります。

WDT(ウォッチドッグタイマ)

WDTは**プログラムの暴走を防ぐ**手段で，タイマの一種です。

WDTにはあらかじめ時間間隔を設定しておくと，プログラムが定期的にタイマをクリアします。

プログラムが暴走すると，定期的なタイマのクリア処理が実行されず，結果としてWDTに設定した時間を超えてしまうことになります。このとき，システムに異常が発生したと見なして，システムに通知します[65]。

重要ポイント

[65] WDTは一定時間内にタイマがクリアされないとき，システム異常と見なしてシステムに通知する

フラッシュメモリの採用

ワンチップマイコンの内蔵メモリとして**フラッシュメモリ**が採用されることが多くなっています。フラッシュメモリは電気的に内容を書き換えることができるため，その採用により出荷後であってもソフトウェアの書換えが可能になりました。

4 IoT(Internet of Things)

組込機器の高性能化やネットワーク技術の進歩により，パソコン以外にも様々な機器がインターネットに接続されるようになりました。これに伴い，機器同士が情報を交換して相互に制御するような仕組みも登場しました。このような「モノがインターネットにつながる」「どんなモノでも情報をやり取りできる」ような仕組みを，**IoT**(**モノのインターネット**)とよびます。

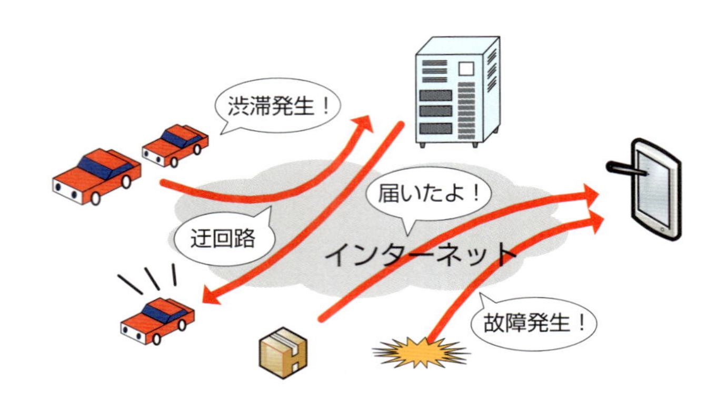

図21　IoT

■軽量プロトコル

IoTを実現するためには，送受できるデータ量は少なくても，**シンプルでオーバヘッドの小さなプロトコル**が望まれます。このような特徴をもつプロトコルを，**軽量プロトコル**とよびます。

軽量プロトコルには，次のものがあります。

表16　軽量プロトコル

CoAP（Constrained Application Protocol）	・M2M（Machine to Machine：機器間通信）型の通信プロトコル ・ヘッダサイズは4バイト ・UDP上で動作
MQTT（Message Queuing Telemetry Transport）	・publish/subscribe型の通信プロトコル ・ヘッダサイズは最小2バイト ・TCP上で動作

CoAP，**MQTT**のヘッダサイズは，HTTPの140バイトに比べると非常に小さいです。小さなヘッダは，通信量やプロトコル処理の削減につながります。

CoAPは機器間での**1：1の通信**を行いますが，MQTTは**publish（送信者）/subscribe（受信者）型の通信**を行います。これは，中央に配置したサーバ（Broker）を介した多：多の通信です。

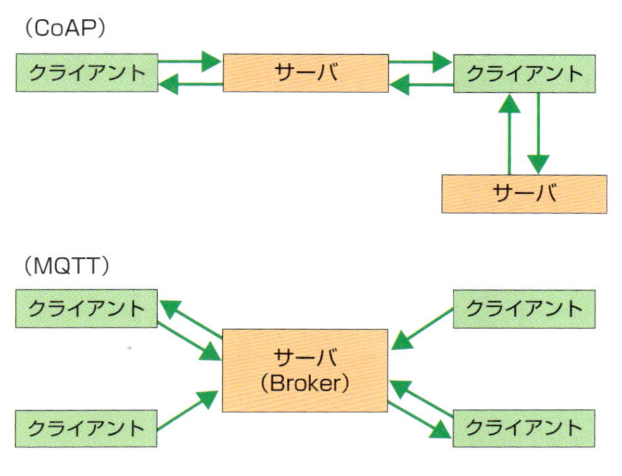

図22　CoAPとMQTT

LPWA(Low Power Wide Area)

様々なモノがインターネットに接続するためには，**低電力（Low Power）かつ広域（Wide Are）**をカバーする通信手段が欠かせません。このようなニーズを満たすネットワークを**LPWA**と総称します。総務省は平成29年度の情報通信白書の中で，LPWAを次のように説明しています。

> LPWAの通信速度は数kbpsから数百kbps程度と携帯電話システムと比較して低速なものの，一般的な電池で数年から数十年にわたって運用可能な省電力性や，数kmから数十kmもの通信が可能な広域性を有している。

IEEE802.11ah

IEEE802.11ahは，LPWAに対応した無線LANの規格です。通常の無線LANの規格である802.11acをダウングレードすることでIoTに対応しています。通信速度は150kビット／秒～ 4Mビット／秒と高くはありませんが，代わりに**最大1km程度の通信距離**が期待されています。

5 その他の要素

PWM(Pulse Width Modulation)

PWMは半導体を使った電力制御方法の一つで，オンとオフの間隔を変化させることで出力電力を制御します。**電圧が高いほどオンの間隔が長く**なります。

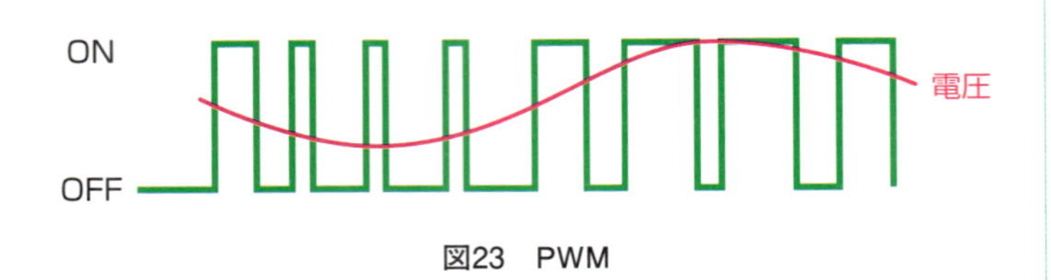

図23　PWM

各種センサ

センサは組込システムにおける入力装置で，対象の情報を収集し，組込システムが取り扱うことのできる信号に置き換えます。

代表的なセンサには，次のものがあります。

表17　代表的なセンサ

磁気センサ	磁場（磁界）の大きさや方向を計測するセンサ 用途：方位の測定，生体磁場の計測（医療分野）など
加速度センサ	物体に加わる加速度を計測するセンサ 用途：移動方向，傾きや振動の検知など
ジャイロセンサ	物体の角度や角速度，角加速度を検出するセンサ[66] 用途：傾きや振動の検知，ドローンの姿勢制御など
温度センサ	温度を計測するセンサ
湿度センサ	湿度を計測するセンサ
圧力センサ	物体に加わる圧力を計測するセンサ。圧力は隔膜の変形で検出するものや圧力による物体の変形を検出するものがある。 用途：小型の血圧計，タッチパネルの画面押下，荷重計測
生体センサ	心拍数や体温，姿勢，運動などの情報を計測するセンサの総称。各種センサを，時計やリストバンドといったウェアラブル型のデバイスに集約した製品も登場している 用途：医療や生活情報の計測

これらのセンサは，値の測定に次の素子や要素などを用います。たとえば，圧力センサや加速度センサは**ひずみゲージ**を，温度セン

[66]「角度」「角速度」「角加速度」が登場すればジャイロセンサと答えてよい

サは**サーミスタ**を，磁気センサは**ホール素子**を用います。

表18　センサに用いる要素

ひずみゲージ	物体のひずみよって電気抵抗を変化させる抵抗体
サーミスタ	物体の温度によって電気抵抗を変化させる抵抗体
ホール素子	磁界を電気信号に変換するIC

■各種モータ類

モータは組込システムにおける出力に位置し，アクチュエータなどの出力装置を動作させます。モータには次の種類があります。

表19　代表的なモータ

ブラシレスDCモータ	DCモータ（直流モータ）から，機械的な接触を伴うブラシと呼ばれる機構をなくしたモータ。ブラシ付きDCモータに比べ，効率が高く長寿命である
DCサーボモータ	回転量の制御を行いやすいDCモータ。正確な位置決めを必要とする機械制御分野に用いられる
ステッピングモータ	パルス電力に同期して動作するモータ。回転量は駆動パルスの量で制御する。簡単な機構で正確な位置決めを実現できる

■エネルギーハーベスティング

エネルギーハーベスティングとは，**周囲の環境から微小なエネルギーを採取して電力に変換**する仕組みや技術のことです。人が歩く振動で発電して位置を知らせるビーコン，スイッチを押す力で発電して動作するリモコンなどは，エネルギーハーベスティングの適用例です。エネルギーハーベスティングは，IoTの電力源としても注目されています。

❖確認問題

※問題出典 H：平成　R：令和，S：春期　F：秋期（基は基本情報技術者試験）

問題 1

16進数ABCD1234をリトルエンディアンで４バイトのメモリに配置したものはどれか。ここで，０～＋３はバイトアドレスのオフセット値である。

H29S・問21　H27S・問21

ア

0	+1	+2	+3
12	34	AB	CD

イ

0	+1	+2	+3
34	12	CD	AB

ウ

0	+1	+2	+3
43	21	DC	BA

エ

0	+1	+2	+3
AB	CD	12	34

問題 2

CPUのプログラムレジスタ（プログラムカウンタ）の役割はどれか。

R元F・問９　H29S・問８

ア　演算を行うために，メモリから読み出したデータを保持する。
イ　条件付き分岐命令を実行するために，演算結果の状態を保持する。
ウ　命令のデコードを行うために，メモリから読み出した命令を保持する。
エ　命令を読み出すために，次の命令が格納されたアドレスを保持する。

問題 3

CPUのパイプライン処理を有効に機能させるプログラミング方法はどれか。ここで，CPUは命令の読込みとデータのアクセスを分離したアーキテクチャとする。

H27F・問８

ア　CASE文を多くする。
イ　関数の個数をできるだけ多くする。
ウ　分岐命令を少なくする。
エ　メモリアクセス命令を少なくする。

問題 4

プロセッサの高速化技法の一つとして，同時に実行可能な複数の動作を，コンパイルの段階でまとめて一つの複合命令とし，高速化を図る方式はどれか。

R4S・問8　H30S・問9

ア　CISC　　イ　MIMD　　ウ　RISC　　エ　VLIW

問題 5

L1，L2と２段のキャッシュをもつプロセッサにおいて，あるプログラムを実行したとき，L1キャッシュのヒット率が0.95，L2キャッシュのヒット率が0.6であった。このキャッシュシステムのヒット率は幾らか。ここでL1キャッシュにあるデータは全てL2キャッシュにもあるものとする。

R4F・問10

ア　0.57　　イ　0.6　　ウ　0.95　　エ　0.98

問題 6

メモリインタリーブの説明はどれか。

R2F・問9　H29F・問9

ア　CPUと磁気ディスク装置との間に半導体メモリによるデータバッファを設けて，磁気ディスクアクセスの高速化を図る。
イ　主記憶のデータの一部をキャッシュメモリにコピーすることによって，CPUと主記憶とのアクセス速度のギャップを埋め，メモリアクセスの高速化を図る。
ウ　主記憶へのアクセスを高速化するために，アクセス要求，データの読み書き及び後処理が終わってから，次のメモリアクセスの処理に移る。
エ　主記憶を複数の独立したグループに分けて，各グループに交互にアクセスすることによって，主記憶へのアクセスの高速化を図る。

問題 7

PCとディスプレイの接続に用いられるインタフェースの一つであるDisplayPortの説明として，適切なものはどれか。

R3F・問9　R元F・問11

ア　DVIと同じサイズのコネクタで接続する。
イ　アナログ映像信号も伝送できる。

第3章　確認問題

ウ　映像と音声をパケット化して，シリアル伝送できる。
エ　著作権保護の機能をもたない。

問題 8

SoCの説明として，適切なものはどれか。　R3S・問22　H30F・問21　H27S・問20

ア　システムLSIに内蔵されたソフトウェア
イ　複数のMCUを搭載したボード
ウ　複数のチップで構成していたコンピュータシステムを，一つのチップで実現したLSI
エ　複数のチップを単一のパッケージに封入してシステム化したデバイス

問題 9

ワンチップマイコンにおける内部クロック発生器のブロック図を示す。15MHzの発振機と，内部のPLL1，PLL2及び分周器の組合せでCPUに240MHz，シリアル通信（SIO）に115kHzのクロック信号を供給する場合の分周器の値は幾らか。ここで，シリアル通信のクロック精度は±5%以内に収まればよいものとする。

H30S・問23　H27F・問23　H26S・問23

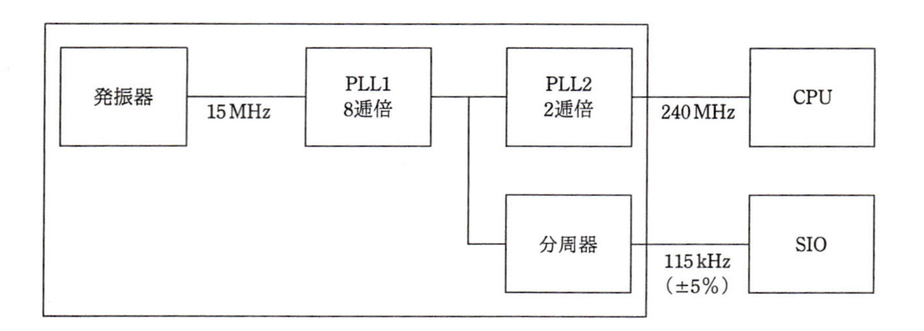

ア　$1/2^4$　　イ　$1/2^6$　　ウ　$1/2^8$　　エ　$1/2^{10}$

問題 10

アクチュエータの説明として，適切なものはどれか。　R4S・問22　基 H30S・問21

ア　与えられた目標量と，センサから得られた制御量を比較し，制御量を目標量に一致させるように操作量を出力する。
イ　位置，角度，速度，加速度，力，温度などを検出し，電気的な情報に変換する。
ウ　エネルギー源からのパワーを，回転，直進などの動きに変換する。
エ　マイクロフォン，センサなどが出力する微小な電気信号を増幅する。

解答・解説

問題 1　イ

値をメモリに格納するとき，リトルエンディアンは下位バイトから，ビッグエンディアンは上位バイトから順に格納する。

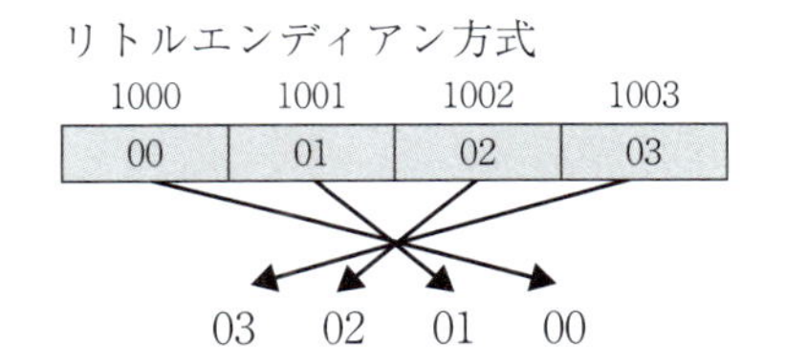

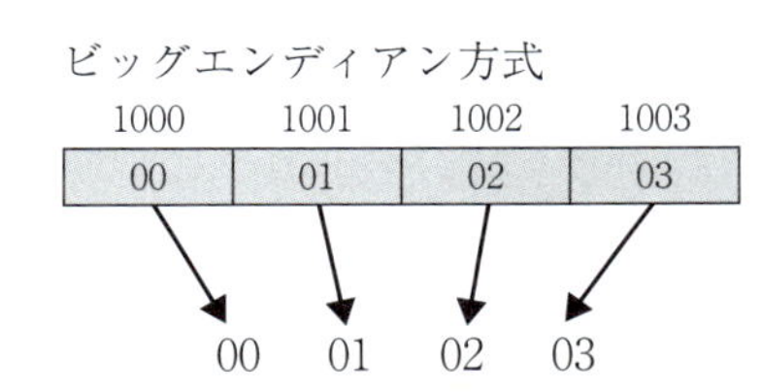

問題 2　エ

プログラムカウンタは，現在実行中の（もしくは次に実行する）命令の格納場所（アドレス）を保持する。
ア　データレジスタや汎用レジスタの役割である。
イ　フラグレジスタの役割である。
ウ　命令レジスタの役割である。

問題 3　ウ

命令パイプラインは「命令が実行順に主記憶に並んでいる」と仮定して命令を先取りする。この仮定を覆す分岐命令（IF，CASE，ループなど）や関数呼出しが多くなれば，パイプライン処理の効率が悪化する。パイプラインを有効に機能させるには，それらをできるだけ少なくするようにプログラミングする。

問題 4　エ

問題文のように，同時に実行可能な複数の命令をまとめて一つの複合命令(長形式命令)とし，これを複数の演算ユニットで同時に実行することで高速化を図る方式をVLIW（Very Long Instruction Word）とよぶ。
RISC：単純命令に絞り込んだアーキテクチャ
CISC：高機能な命令を実行できるアーキテクチャ
MIMD：Flynnによるプロセッサの分類の一つ。複数の命令流とそれに対応するデータ流を，複数のプロセッサに割り当てて並列に実行する

問題 5　エ

問題文のキャッシュシステムのヒット率は「目的のデータをキャッシュシステムからアクセスできる確率」として計算できる。キャッシュメモリは，L1→L2の順にアクセスするので，その確率は，次の①②の和（＝0.98）と計算できる。
①　L1でヒットした：0.95
②　L1では外れたがL2でヒットした：0.05×0.6 ＝ 0.03

問題 6　エ

メモリインタリーブにおいて，アドレスは各バンクをまたぐように付与され，アクセスは各バンクに対し交互に行われる。
ア　ディスクキャッシュを用いた高速化に関する記述である。
イ　キャッシュメモリを用いた高速化に関する記述である。
ウ　このような順次的なアクセスでは，主記憶へのアクセスは高速化できない。

問題 7　ウ

DisplayPortは映像伝送用のインタフェース規格でマルチディスプレイに対応している。
ア　DVIよりも小さいサイズのコネクタを用いる。
イ　アナログ映像信号は伝送できない。
ウ　暗号化を用いた著作権保護機能に対応している。

問題 8　ウ

SoC（System on a Chip）は，システムの動作に必要な機能を「一つのチップに搭載した」集積回路である。

問題 9　エ

PLLは入力のN倍の周波数を，分周器は1/N倍の周波数のクロックを出力する。

発信器が出力する15MHzのクロックは，PLL1で8倍され120MHzとなる。これが分周器で1/Nされて115kHzとなるので，

$$120\text{MHz} \div N = 115\text{kHz}$$

という関係が成立する。Nの値はおよそ1,043となる。これに最も近い値は2^{10}である。

問題 10　ウ

アクチュエータは，電気信号を回転や直進などの物理的な動作に変換する機構で，ロボットアームなどに利用される。

ア　フィードバック制御に関する説明である。

イ　各種センサに関する説明である。

エ　増幅器に関する説明である。

第4章

ソフトウェア

1 OSの全体像

学習のポイント

OS（オペレーティングシステム）の詳細な機能を学ぶ前に，OSの全体像を確認しておきましょう。全体像からの出題は考えにくいのですが，後の学習効率に大きく関わります。おろそかにすることなく学んでください。

1 OSを構成するソフトウェア

OSはコンピュータの基本機能を提供するためのもので，次のソフトウェアから構成されます。

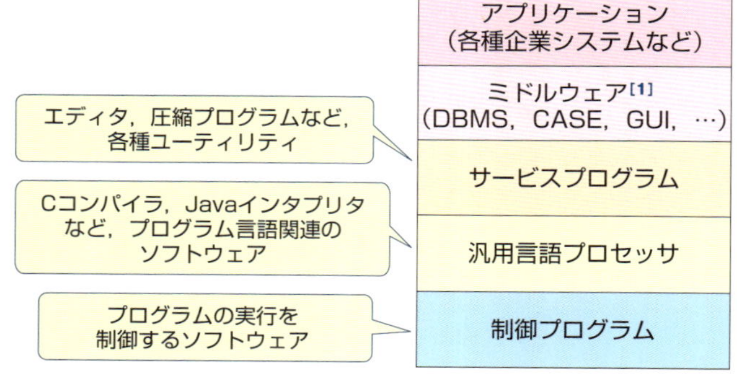

図1　ソフトウェアの階層

このうち，**制御プログラム**を狭義のOSとよびます。これには**プロセス管理**，**記憶管理**，**ファイル管理**など，プログラムの実行に欠かせない管理・制御プログラムが含まれています。

基本用語

[1] ミドルウェア
OSとアプリケーションの中間的なソフトウェアで，多くの利用分野に共通する基本的機能を実現する

2 カーネルの分類

OSは**カーネル**[2]とそれ以外の部分に分けることができます。カーネルはOSの中核部分であり，プロセッサなど**コンピュータのリソースを管理**します。

基本用語

[2] カーネル（kernel）
OSの中核部分。ユーザやアプリケーションからの要求に応じて，ハードウェアレベルでの処理を実行する

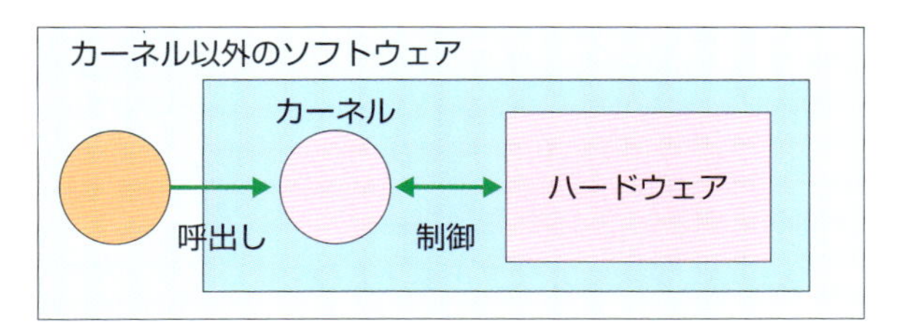

図2　カーネル

カーネルにどの程度の管理機能をもたせるかにより，カーネルは次の二つに分類することができます。

表1　カーネルの分類

モノリシックカーネル[3]	プロセス管理，記憶管理，ファイルシステム，デバイス管理などさまざまな機能をカーネルにもたせる方式。効率面で優れるが，複雑で保守が困難
マイクロカーネル	プロセス管理など最小限の機能のみカーネルにもたせる方式

3 OSの例

歴史的なものも含めて，いくつかのOSの特徴をまとめてみます。

■MVS

MVSは，IBM社のメインフレーム用に開発されたOSで，主な特徴は次のとおりです。

- **マルチユーザ[4]，マルチプロセス[5]**
- マルチプロセッサシステムをサポート
- VSAM[6]を用いたデータ管理に対応

■UNIX

UNIXは，マルチユーザ，マルチプロセスのOSで，主にワークステーションなどで用いられます。

- **ディレクトリ[7]**やプロセスをファイルと同様に扱える
- OS自体がC言語で記述されている

なお，UNIXに限らず，OSではさまざまなサービスを提供するプロセスがバックグラウンドで動作していますが，UNIXではそのよ

重要ポイント
[3] カーネルの役割は，アプリケーションが動作するための基本機能の提供

重要用語
[3] モノリシックカーネル
OSの全サービスをカーネルに取り込んだ構造

基本用語
[4] マルチユーザ
同時に複数のユーザが利用できる

[5] マルチプロセス
同時に複数のプロセスを起動・実行できる

[6] VSAM
媒体や編成を抽象化したデータ管理

重要用語
[7] ディレクトリ
ファイルを管理するための登録簿。ファイル名とファイルの実体を対応付けている

うなバックグラウンドプロセス群を“**デーモン**”[8]とよびます。

■リアルタイムOS

組込システムでは，制限時間内に応答を返さなければならないことも少なくありません[9]。そのような場合には**リアルタイムOS**が用いられます。

- 仮想記憶やファイル管理などの一般機能は必須ではない
- **イベントドリブン**[10]な制御を行う
- 処理に必要なプロセス（タスク）は，起動時にあらかじめ生成しておくことが多い[11]

重要用語

[8] **デーモン**
バックグラウンドプロセスを指すUNIX流の呼称

重要ポイント

[9] リアルタイムOSは制限時間内に応答を返す

基本用語

[10] **イベントドリブン**
何らかの契機（トリガ）に反応して処理を実行すること

重要ポイント

[11] 必要になった時点でタスク生成を行う動的なタスク生成は，タスク生成の時間がリアルタイム性を損ねてしまうことがある。そのため，リアルタイムOSは「起動時」に「静的」にタスクを生成する

2 プロセスの状態遷移

学習のポイント

プロセス（タスク）はプログラムの実行実体で，OSはその実行を制御します。OSのもつプロセスの制御機能は，OSの機能の中でも中核に位置します。ここでは，プロセス制御の第一歩として，プロセスの状態遷移について説明します。

1 プロセスの状態遷移

プロセスはプログラムの実行実体で，プログラムの実行時に作成されます。たとえば，同じプログラムを５人の利用者が同時に実行したとき，５個のプロセスが作成され，それぞれが実行されることになります。OSは，プロセッサやメモリ，入出力装置といった**各種リソース（資源）を個々のプロセスに割り当て，その実行を制御します。**

各プロセスは，次の三つの状態を遷移しながら処理を進めます。

表２　プロセスの３状態

実行状態	実行に必要な資源を割り当てられ，実行している状態
実行可能状態	資源の割当てがあれば，すぐに実行を開始できる状態
待ち状態	入出力完了など，何らかの事象発生を待っている状態

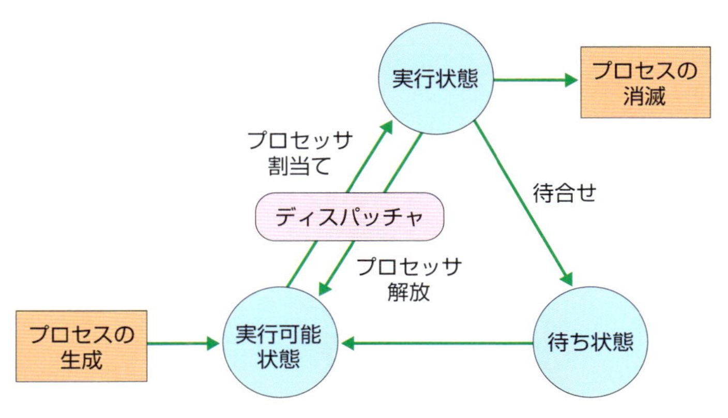

図３　プロセスの状態遷移

■ディスパッチャ[12]

実行可能状態のプロセスに資源を割り当て，**実行権を渡して実行状態に移す**ことを**ディスパッチング（ディスパッチ）**とよび，これを行う機構を**ディスパッチャ**とよびます。

> **重要用語**
> **[12] ディスパッチ**
> 他のプロセスに実行権を渡す（切り替える）こと

2 コンテキスト切替え

あるプロセスから別のプロセスに，プロセッサの割当てを変更することを**コンテキスト切替え**とよびます。これには次の２方式があります。

〈プリエンプティブ〉　割込みを発生させ，実行中のプロセスから強制的にプロセッサの使用権を取り上げ，別のプロセスに与える [13] [14]

① 割込み発生
・より優先度の高いプロセスが実行可能状態になった
・タイムクォンタムを消費した　など
実行状態
A
② Aから実行権を取り上げ，実行可能状態に戻す
実行可能状態
③ 次のプロセスに実行権を与える
B

〈ノンプリエンプティブ〉　強制的な切替えを行わない。プロセスが自主的に解放したプロセッサの使用権を，別のプロセスに与える

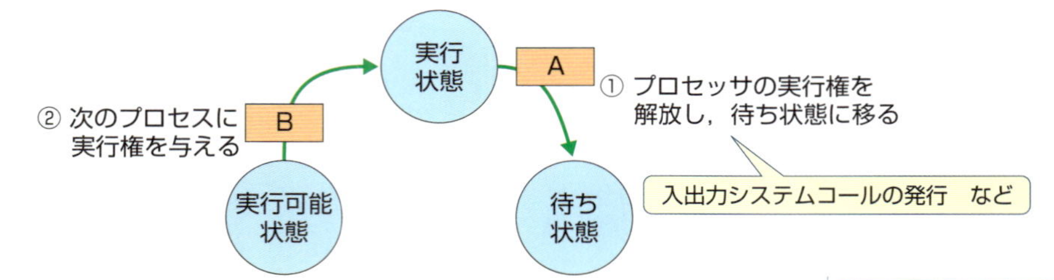

図４　コンテキスト切替え

> **重要ポイント**
> **[13]** プリエンプティブな切替えが発生したとき，実行状態のプロセスは実行可能状態に移る

複数のプロセスを同時並行的に実行する**マルチプログラミング（マルチタスク）では，プリエンプティブ方式が望ましい**といえます。強制的な切替えのないノンプリエンプティブ方式では，プロセッサ使用時間の長いプロセスがCPUを保持し続け，他のプロセスに順番が回らないといったことがあり得るからです。

重要ポイント
[14] より優先度の高いプロセスが"実行可能"状態になったとき，プリエンプティブな切替えが発生する

3 スケジューリング

実行可能状態プロセスの待ち行列[15]をどのように形成し，どのようにディスパッチするかを**スケジューリング**とよびます。これには次の方式があります。

基本用語
[15] **待ち行列**
サービスを受けるために並ぶ行列。詳細は「第5章システム構成技術」を参照

表3　スケジューリング方式

到着順方式[16]	各プロセスを到着順で待ち行列に並べ，先頭から順にプロセッサを割り当てる
SJF（Shortest Job First）方式	より短い時間で終了するプロセスを優先的に処理する。応答時間の短縮には理想的であるが，完全な実装は困難
ラウンドロビン方式	各プロセスに一定のCPU使用時間（タイムクォンタム）を与え，これを使い切った場合は待ち行列の最後尾に回す[17]
優先度順方式	各プロセスにあらかじめ「優先度」を設定しておき，優先度ごとに待ち行列を設定する
多重待ち行列方式	優先度順方式と，ラウンドロビン方式を組み合わせた方式。各優先度ごとに待ち行列を用意し，それぞれはラウンドロビン方式で制御する
フィードバック待ち行列方式	優先度順方式と，ラウンドロビン方式を組み合わせた方式。タイムクォンタムを使い切ったプロセスの優先度を動的に下げてゆくことで，擬似的なSJFを実現する

重要ポイント
[16] 到着順は，ノンプリエンプティブだけを行うスケジューリング

テクニック
[17]「待ち行列の最後につなぐ」「タイムシェアリングに適している」ときたら，ラウンドロビンと答えてよい

ラウンドロビン方式は，プロセッサ資源を時分割して共用する**タイムシェアリングシステムのスケジューリング**に適しています。また，タイムクォンタムを長くすれば**到着順方式**に近づき，タイムクォンタムを短くすれば**SJF**に近づくことになります。

優先度順方式では，**優先度の低いプロセスが長時間処理されない**という状況が起こり得ることになります[18]。これを防ぐため，一定時間のあいだ待ち状態であったプロセスの優先度を引き上げる方式（**動的優先順方式**）もあります。

重要ポイント
[18] 優先度方式では，優先度の低いプロセスにCPUが割り当てられず，応答時間が極端に長くなることがある

3 プロセスの排他／同期制御

学習のポイント

プロセスを同時並行的に実行する環境は，そうでない場合に比べるとはるかに制御が複雑です。ある局面ではプロセス同士の干渉を防いだり，別の局面ではプロセスを協調させる必要があるからです。ここではそのような排他制御，同期制御について説明します。

1 プロセスの排他制御

マルチプログラミング環境では複数のプロセスが同時並行的に実行されるため，資源の競合を解決する**排他制御**[19]が必要です。

資源Xの値を参照し，これに１を加えるプロセスAと，２を加えるプロセスBを例に，排他制御をする場合としない場合について，それぞれの実行過程を図５で見てみましょう。

[19] 排他制御
あるプロセスが資源を利用している間，他のプロセスによるアクセスを許さないような仕組み

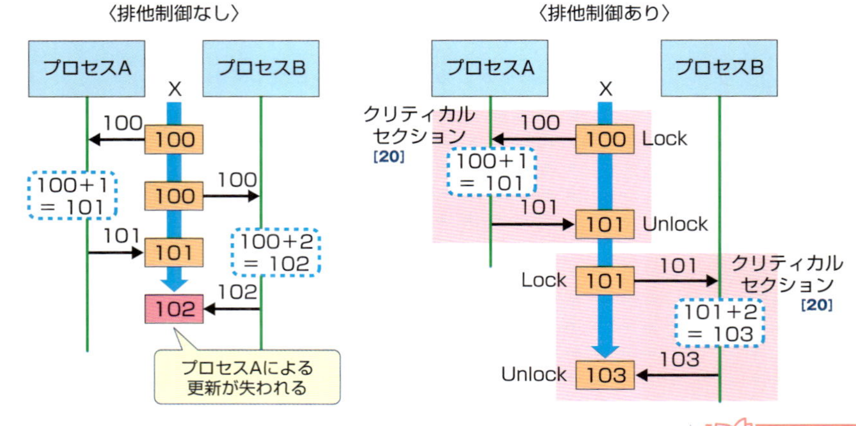

図５　排他制御の有無

基本用語

[20] クリティカルセクション
他のプロセスのアクセスを許すと，正しい処理が行えなくなる部分。図５ではXの参照から更新までがクリティカルセクション

図５左のように，排他制御を行わなければ，実行の順序によっては更新の結果が失われる恐れがあります。そこで，図５右のようにXの参照から更新までを排他制御します。具体的には，Xの参照前にXに**ロック**をかけて占有し，更新後に占有状態を解除（**アンロック**）します。これにより，資源Xは「一方の参照・更新→他方の参照・更新」の順でアクセスされ，矛盾なく実行されます。

■共有ロックと占有ロック

ロック動作には**共有(参照)ロック**と**占有(更新)ロック**があります。**共有ロック同士は並立できます**。つまり，あるプロセスが共有ロックをかけた資源に対し，別のプロセスがさらに共有ロックをかけることができます。

表４　ロックの並立

	共有ロック	占有ロック
共有ロック	○（並立可）	×
占有ロック	×	×

データ参照のみを行うのであれば，対象データに共有ロックをかけて他のプロセスからの参照を許可します。ただし，図5のプロセスA，Bのように「更新を前提に参照する」のであれば，参照の段階から占有ロックをかけます。

2 セマフォシステム

セマフォシステムは，Dijkstra（ダイクストラ）によって考案された同期・排他制御のメカニズムです。

セマフォは，資源の残量を示すための変数[21]と，資源解放を待っているプロセスの待ち行列とで構成されます。プロセスはクリティカルセクションに入る前に**P操作**を行い，クリティカルセクションから出るさいに**V操作**を行います。

[21]
セマフォ変数として0／1の値しかとらないものをバイナリ（2進）セマフォ，0／1以外の値もとるものをジェネラル（汎用，計数）セマフォとよぶこともある

P操作	セマフォ変数から1減じる 結果が負になれば，実行を中断して待ち行列に入る
V操作	セマフォ変数を1増加する 増加前の値が負であれば，待ち行列の先頭プロセスを待ち行列からはずし，実行可能状態にする

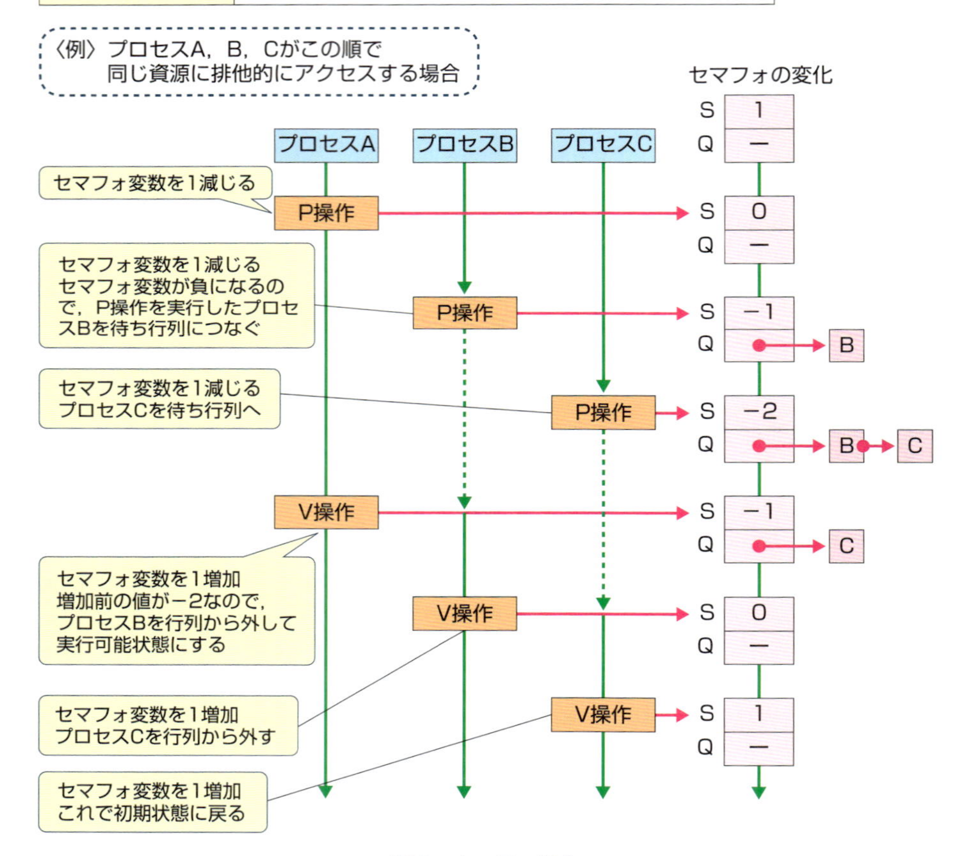

図6　セマフォ操作

3 デッドロック

プロセスが無秩序に資源のロック／アンロックを行うと，**デッドロック**[22]が生じる恐れがあります（図7上）。

基本用語

[22] デッドロック
複数のプロセスが互いの資源解放を待ち合ってしまい，先に進めなくなる膠着状態

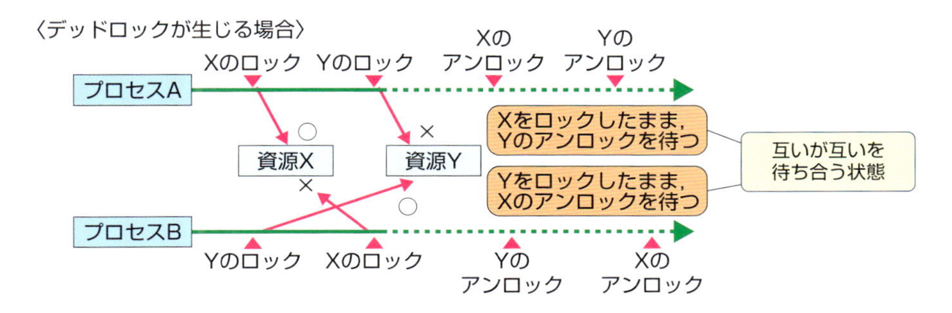

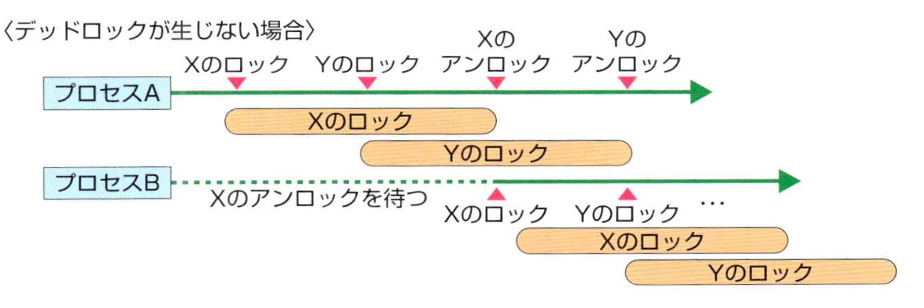

図7　デッドロック

図7上では，プロセスAが「X→Y」，プロセスBが「Y→X」という順序で資源のロックを試みたことで，デッドロックが発生しました。これを防ぐためには，**資源のロック順序を一意に揃える**ようにします[23]。たとえば図7下のように，プロセスA，Bのロック順序を「X→Y」に揃えると，デッドロックは発生しません。なおデッドロックを検知した場合には，原因となっているプロセスを強制終了させて回復します（**検知と回復**）。

重要ポイント
[23] 資源のロック順序が等しいプロセス間ではデッドロックは生じない

■デッドロックの検知

デッドロックの発生は，**待ちグラフ**をもとに検知することができます。待ちグラフは，プロセス間に生じるアンロック待ちの関係を表すグラフで，**待ちグラフ中にループがあればデッドロックが発生**していることになります。

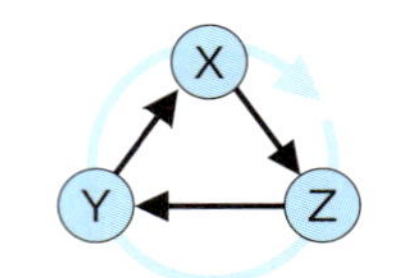

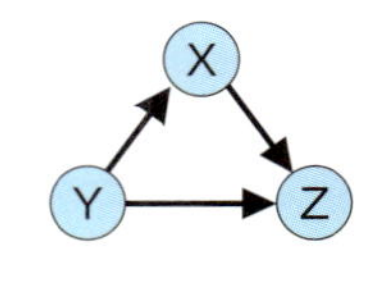

図8　待ちグラフ

図９は，平成29年秋に出題された待ちグラフです。

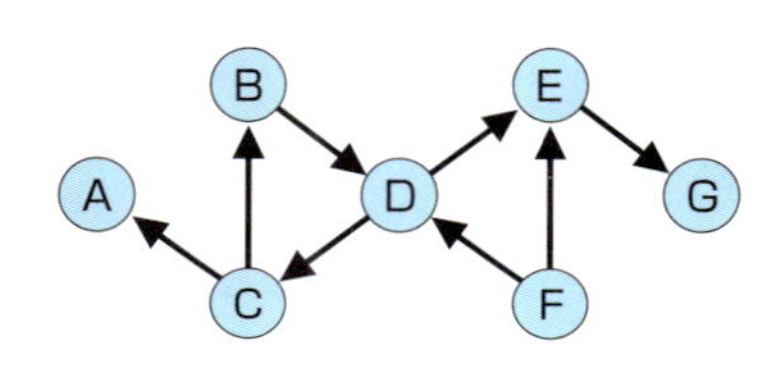

図９　待ちグラフ（平成29年秋問29）

この待ちグラフにはB，C，Dにループがあるのでデッドロックが発生しています。B，C，Dはデッドロックにより永久待ちの状態になっているので，これを待つFも永久待ちの状態です。これを抜け出すためには，B，C，Dのいずれかを強制終了させる必要があります。

4 プロセスの同期制御

マルチプログラミング環境では，あるプロセスの結果を別のプロセスが利用する，といったように，複数のプロセスが協調しながら処理を行うことがあります。そのために，プロセス間の**同期制御**[24]が必要となります。

> **基本用語**
> **[24] 同期制御**
> 各プロセス間で相互に連絡をとり，実行タイミングを合わせるための制御

■イベントフラグ方式

イベントフラグ方式は，各種の状態情報を表すビット列（**イベントフラグ**）を設ける方式です。たとえば「プロセス１の処理Aの後でプロセス２の処理Bを実行する」という場合，プロセスA，Bの間で同期が必要です。このため，プロセスA，B間で同期用のフラグ

をイベントフラグから選び，これをOFFにした上で，

- プロセス１は，処理Aが終わった時点でフラグをONにする
- プロセス２は処理Bの直前でフラグを調べ，OFFであればONになるのを待ってから実行する

とプログラミングします。

4 割込み制御

学習のポイント

OSはプロセスを制御するため，常にイベントの発生を監視しています。そのイベントは，割込みを契機として発生します。つまり，割込みはプロセス制御の出発点でもあるのです。ここでは，そのような割込みを分類し，優先度とマスクについて説明します。

1 割込み制御

割込み制御の基本は，割込みが発生した場合に，

- 割込みの種類に応じた正しい**割込みルーチン**を実行する
- 割込みルーチン終了後，元のプログラムを再開する

ことです。これを実現するため，割込みが発生した場合に次の手順を実行します。

[1] 割込みを受けたプロセスのPSW[25]の内容を退避する
[2] 割込みルーチンのPSWを取り出し，PSWレジスタに設定する
[3] 新しいPSWレジスタの内容に従って，割込みルーチンを実行する
[4] 割込みルーチンの終了後，退避していたPSWの内容をPSWレジスタに戻す
[5] 復旧したPSWレジスタの内容に従って，元プロセスの実行を再開する

基本用語

[25] PSW (Program Status Word)
プログラムの状態を記録している領域。この内容を入れ替えることで，実行するプログラムを切り替えることができる

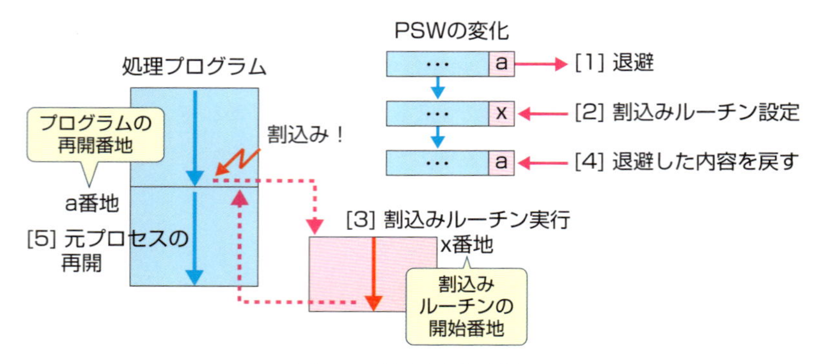

図10　割込み処理の概念

2 割込みの分類

割込みはその発生要因によって，外部割込みと内部割込みの二つに大別することができます。

■外部割込み

プロセッサ以外のハードウェア（入出力装置やメモリのECC，ハードウェアタイマなど）によって生じる割込みが**外部割込み**です[26]。

重要ポイント
[26]「ハードウェア異常」では「外部割込み」が発生する

表５　外部割込みの分類

名称	発生要因
入出力割込み	入出力動作の完了，入出力装置の状態変化など
タイマ割込み	タイマ（計時機構）に設定された所定の時間が経過
外部信号割込み	コンソールからの入力，他の処理装置からの連絡など
異常割込み	電源異常，処理装置／主記憶装置の障害など。機械チェック割込みともいう

■内部割込み

プロセッサ内部の要因によって生じる割込みが**内部割込み**[27]です。

[27] 内部割込みを「プログラムが原因で発生する割込み」と覚えておくとよい

表６　内部割込みの分類

名称	発生要因
演算例外	オーバフロー／アンダフローの発生，0による除算
不正な命令コードの実行	存在しない命令や形式が一致しない命令を実行
モード違反	特権モードの命令をユーザモードで実行
ページフォールト	仮想記憶において存在しないページを指定
割出し	SVC命令の実行，トラップ処理など

■割込み優先度と割込みマスク

割込みは，どのタスクよりも優先して実行されますが[28]，割込みの中にも優先度があります。ある割込み処理中に，より高い優先度の割込みが生じた場合は「割込み処理がさらに割り込まれる」といった**多重割込み**が発生することになります。

重要ポイント
[28] 割込み処理ルーチンは，最も優先度の高いタスクよりも優先して実行される

表７　割込みの優先度設定例

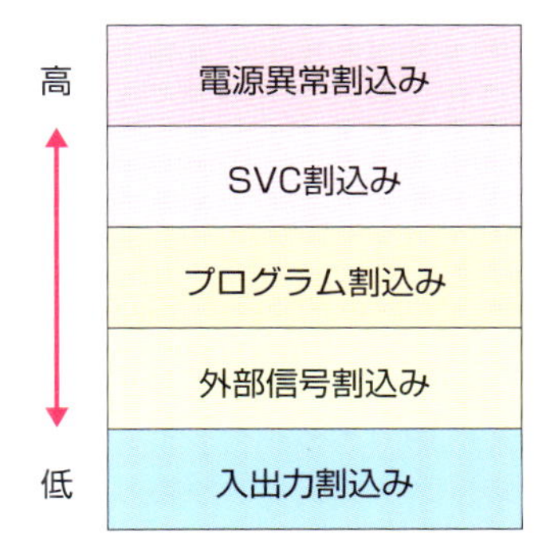

割込みは必要に応じて禁止することもできます。割込みを禁止するには，**割込みマスク**を用いて対応する割込みフラグを０にします。なお，禁止できない割込み（**ノンマスカブル割込み**）もあります。

5 記憶管理

学習のポイント

多くのプログラムが同時並行に動くためには，それらが主記憶を同時に利用できなければなりません。そのための制御が記憶管理です。ここでは，実記憶管理から仮想記憶管理までを説明します。

1 実記憶管理

限られた主記憶領域を多くのプログラムで利用するためには，「無駄なく」かつ「コンパクトに」使用することが求められます。これを目的に，さまざまな管理・制御が行われることになります。

■ガーベジコレクション／コンパクション

OSの記憶管理は，主記憶上の空き領域を「空き領域リスト」で管理しています。プログラムが解放した領域は，記憶管理がこのリストに戻します。これを**ガーベジコレクション**[29]とよびます。

ガーベジコレクションだけでは，空き領域の管理は十分とはいえません。というのも，プログラムの実行や終了が繰り返されると「空きリスト上には十分な空き領域が管理されているにもかかわらず，一つひとつは微細なため利用できない」という現象が生じる恐れがあるからです[30]。これを主記憶の**断片化**（**フラグメンテーション**）[31]とよびます（図11左）。**フラグメンテーションが生じると主記憶の利用効率は低下**します。そこで記憶管理は，適切なタイミングでプログラムを再配置し，微細な空き領域を一つの利用可能な領域にまとめます（図11右）。この処理を**コンパクション**とよびます。

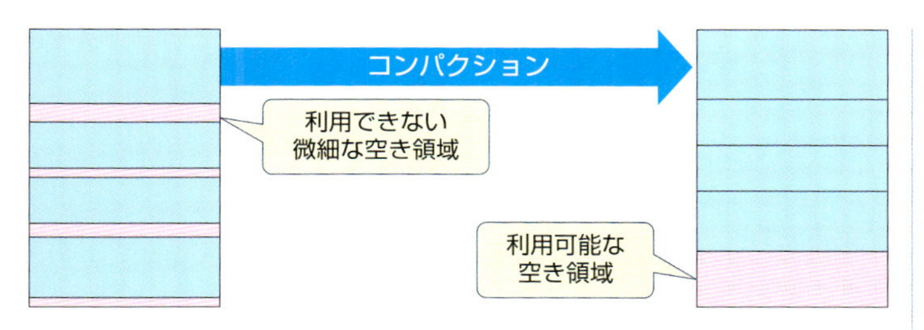

図11　フラグメンテーションとコンパクション

メモリ確保のアルゴリズム

主プログラムを実行する上で新たに主記憶領域が必要になったとき，OSの記憶管理は空き領域リストを検索して必要十分な領域を確保します。この方式には，次の二つのアルゴリズムがあります。

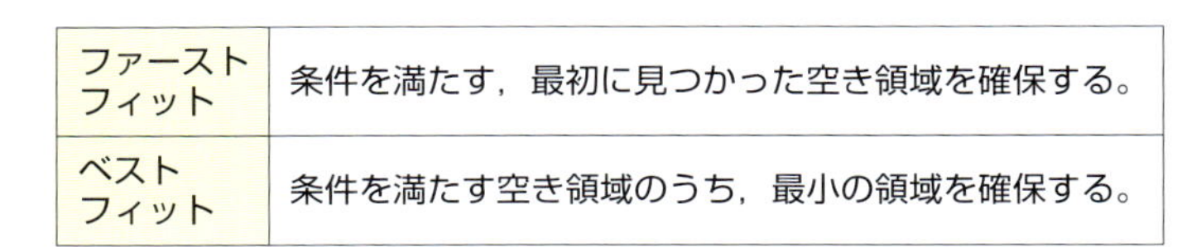

ファーストフィット	条件を満たす，最初に見つかった空き領域を確保する。
ベストフィット	条件を満たす空き領域のうち，最小の領域を確保する。

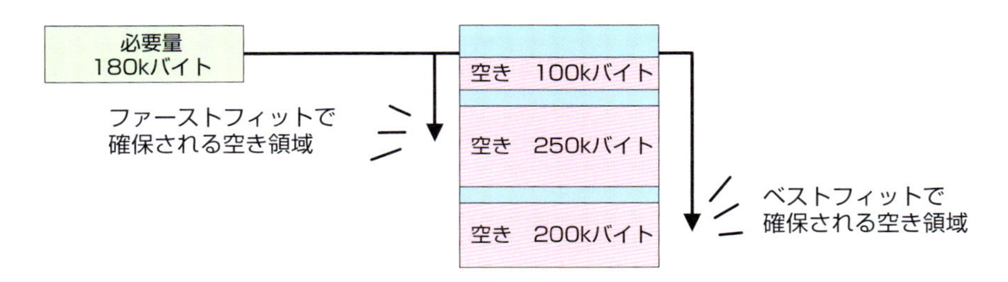

図12　ファーストフィットとベストフィット

図12に示した主記憶の状態で，新たに180kバイトの領域が必要になったとき，**ファーストフィット方式**では，180kバイト以上の空き領域のうち「最初に見つかった領域」が確保されます。これに対し**ベストフィット方式**では，180kバイト以上の空き領域(250k，200k)のうち，「より小さな空き領域」が確保されます。

オーバレイ

プログラムをいくつかの**セグメント**に分け，**実行に必要なセグメントのみ組み合わせてロード**すれば，プログラムが占有する主記憶領域を節約することができます。このような節約法を，**オーバレイ**とよびます。

ただし，セグメントの分割や組合せはアプリケーションがOSに指示するため，アプリケーションの作成時にプログラマに大きな負担をかけることになります。

2 仮想記憶管理の概要

長大なプログラムであっても，実際に実行している部分はほんの一部にすぎません。よって，プログラムのうち「実行に必要な部分」のみを抜き出してロードすれば，主記憶領域を大幅に節約できます。このための仕組みが**仮想記憶**であり，その管理機能を**仮想記憶管理**とよびます。

仮想記憶は，補助記憶上のプログラムを固定長の**ページ**[32]に分割し，**実行に必要なページのみ主記憶にロード（ページイン）する**ことで実現します。

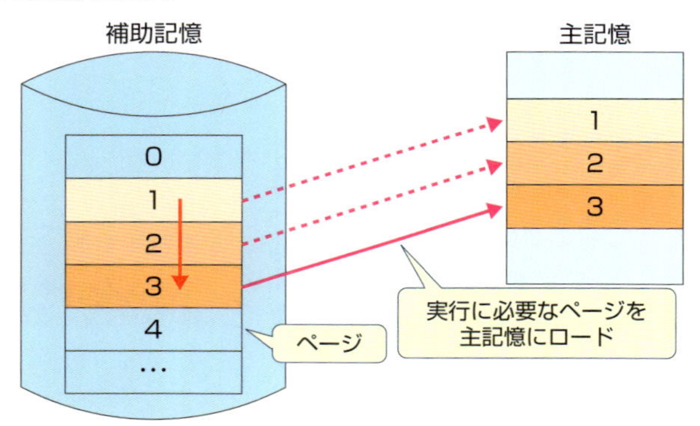

図13　仮想記憶

■仮想アドレス

補助記憶上のプログラムは**仮想アドレス**で構築されています。これは（ページ番号，ページ内オフセット）で表されるアドレスで，命令の実行時に実アドレスに変換されます[33]。この変換を行うユニットがMMU[34]です。

基本ポイント

[32] プログラムは一定の大きさ（固定長）のページに分割される。ページ＝固定長と覚えておけばよい

重要ポイント

[33] 主記憶にロードされた段階では，まだ仮想アドレスは実アドレスに変換されない。変換されるのは命令実行のとき（＝主記憶上のページ内容をアクセスするとき）

重要用語

[34] MMU
MMUはCPUが指定した仮想アドレスを物理アドレスに対応させる

3 ページサイズと効率

　ページサイズは仮想記憶の効率に大きく影響します。ページサイズがプログラムのサイズを超えれば，剰余部分が未使用領域（内部フラグメンテーション[35]）となり，主記憶の利用効率が低下することになります（図14左）[36]。反対にページサイズを小さくしすぎると，ページの入替え頻度が高くなり，実行効率を低下させることになるのです（図14右）。

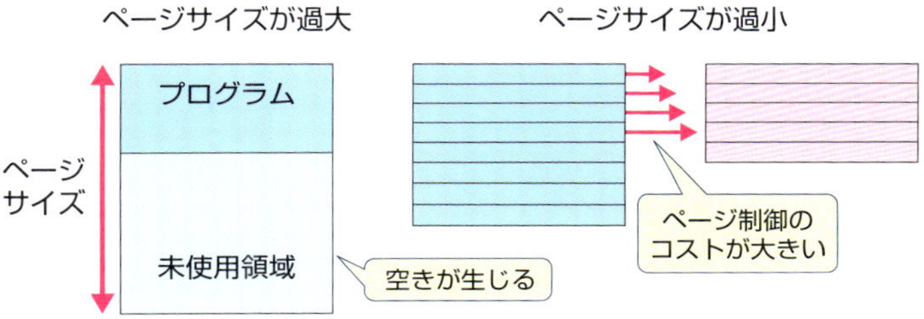

ページサイズが過大
ページサイズが過小
プログラム
ページサイズ
未使用領域
空きが生じる
ページ制御のコストが大きい

図14　ページサイズと効率

　なお，ページサイズはあらかじめハードウェアレベルで設定されているため，これをプログラム実行中に変えることはできません。

4 ページ置換え(ページリプレースメント)

　仮想記憶を用いてプログラムを実行するとき，実行に必要なページが主記憶に存在しないときは**ページフォールト**[37]が生じます。これを受けて仮想記憶管理は必要なページを**ページイン**[38]します。そのさい主記憶に空きページ領域がなければ，主記憶上のいずれかのページを**ページアウト**[39]して空き領域を確保してからページインを行います。このようなページの置換えを，**ページリプレースメント**とよびます。

基本用語

[35] 内部フラグメンテーション
区画内に生じる未使用領域

重要ポイント

[36] ページサイズが過大なとき，適切に設定しなおすことで主記憶不足を緩和できる

基本用語

[37] ページフォールト
実行に必要なページが主記憶に存在しないときに生じる例外

[38] ページイン
実行に必要なページを主記憶にロードすること

[39] ページアウト
主記憶上のページを補助記憶に戻すこと

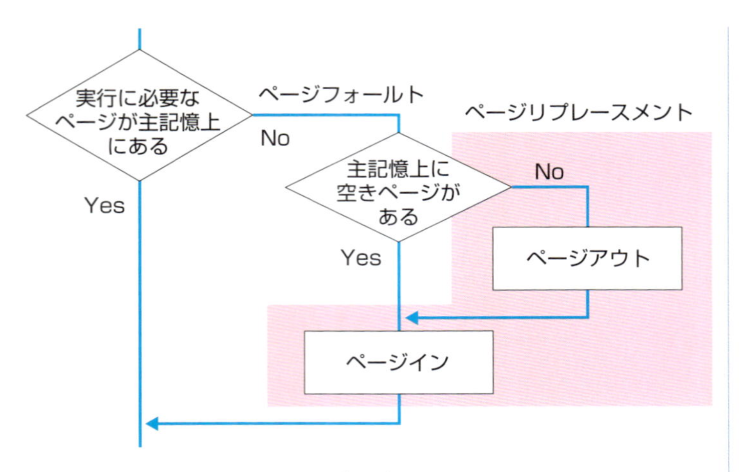

図15　ページリプレースメント

■ページインの方式

ページインの方式には，デマンドページングとプリページング[40]があります。**デマンドページング**は，**ページフォールトを契機として該当ページのページインを行う**方式で，これまで説明に用いた方式はデマンドページングに該当します。

デマンドページングに対して，あらかじめ必要とされそうなページを予測し，そのページを**ページフォールト発生よりも先にページインしておく**方式が**プリページング**です。予測が正確ならば，ページフォールトの発生を抑えることができます。

> **重要ポイント**
> **[40] デマンドページング**
> ページフォールト「後」にページイン
> **プリページング**
> ページフォールト「前」にページイン

■ページ置換えアルゴリズム

ページリプレースメントが生じるとき，仮想記憶管理は主記憶上のページを選んでページアウトさせます。このとき選ぶページは「実行に当面不要なページ」であるべきです。実行に必要なページを選んでしまうと，すぐにページフォールトが生じるからです。

ページリプレースメントにおいて，ページアウトするページを選ぶアルゴリズムを，**ページ置換えアルゴリズム**とよびます。

主なページ置換えアルゴリズムは次のとおりです。

表8　ページ置換えアルゴリズムの主な方式

名称	ページアウト対象
FIFO（First-In First-Out）	もっとも長く主記憶に存在する（＝もっとも先に読み込んだ）ページ
LRU（Least Recently Used）	最後に参照されてからの**経過時間がもっとも長い**ページ[41]
LFU（Least Frequency Used）	もっとも使用頻度が少ないページ

重要ポイント
[41] LRUアルゴリズムは，使用後の経過時間が最長のページを置換対象とする

図16は，3ページ分の領域で構成される主記憶に対して，ページ番号を，

1 → 3 → 2 → 1 → 4 → 1 → 3 → 4 → 5 → 4

という順で参照する場合について，FIFO方式とLRU方式の動作を比較したものです。

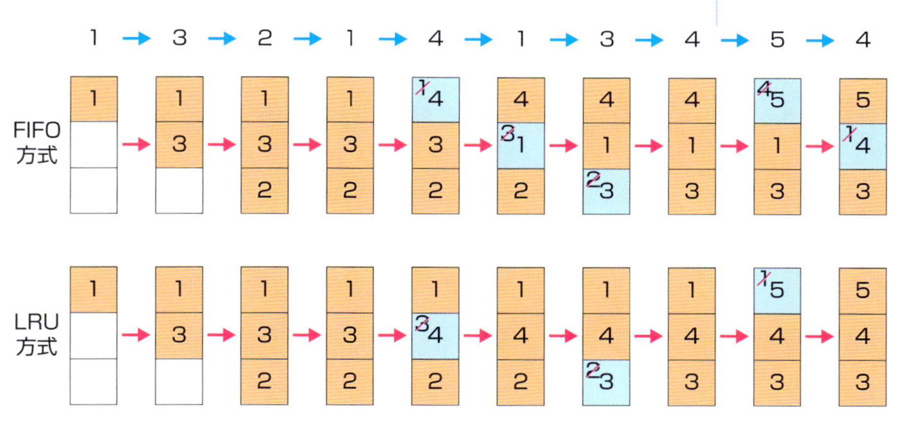

図16　FIFOとLRU[42]

注意 [42]
ページアウトの発生回数≠ページイン，ページフォールトの発生回数であることに注意！
図16のFIFOの例では，
ページフォールト：8回
ページイン：8回
ページアウト：5回

図16で，ページ置換えがFIFO方式では5回，LRU方式では3回発生しています。一般にLRU方式の方が平均的なページ置換えの回数が少なく，実行効率の面で有利です。

■スラッシング

同時並行的に実行するプロセスが多くなり，主記憶の利用頻度が高くなってくると，ページ置換えが多発し，そのオーバヘッドによって**システムの処理効率が急激に低下**します。そのような現象を**スラッシング**[43]とよびます。

重要用語
[43] **スラッシング**
ページ置換えが頻発し性能が急激に低下する現象

6 プログラムの実行制御

学習のポイント

ここでは，プログラムの種類や性質をまとめて説明します。まず初めに，プログラムの実行に必要なソフトウェアやライブラリを説明します。次に，再利用の観点からプログラムを分類します。

1 プログラム実行の流れ

プログラムは，一般に以下のような流れで実行されます。

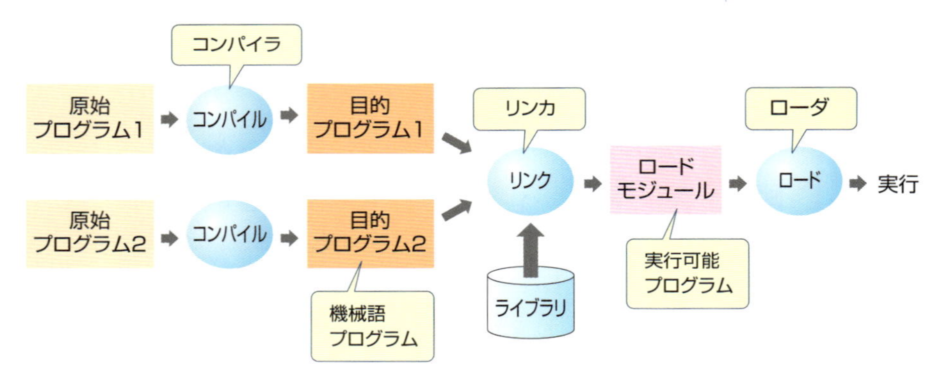

図17　プログラム実行の流れ

表9　モジュールの形態

ソースモジュール（原始プログラム）	アセンブラ言語やC言語，COBOLといった高水準言語で記述されたプログラムコード
オブジェクトモジュール（目的プログラム）	ソースモジュールをコンパイラやアセンブラによって翻訳して得られる，実行プラットフォーム（ハードウェア）が理解できるコード
ロードモジュール	すぐに主記憶にロードし，実行できる形式のモジュール

表10　プログラム実行制御に用いるソフトウェア

コンパイラ	高水準言語で記述されたソースからオブジェクトモジュールを作成する
アセンブラ	アセンブラ言語で記述されたソースからオブジェクトモジュールを作成する
リンカ	オブジェクトモジュールおよびライブラリを連係（リンク）し，ロードモジュールを作成する
ローダ	ロードモジュールを主記憶にロードし，実行する

2 静的リンクと動的リンク

リンクは，これを行うタイミングによって**静的（スタティック）リンク**と**動的（ダイナミック）リンク**に分類することができます。

表11　リンクの分類

静的リンク	実行に先立ってリンクを済ませておく
動的リンク	実行後に**ライブラリが必要になった時点**でリンクを行う

静的リンクは個々のプログラムに**ライブラリ**を結合するため，プログラムのサイズが大きくなってしまいます。また，ライブラリがバージョンアップしたとき，プログラムの再リンクが必要です。

動的リンクは，**ライブラリを複数のプログラムで共有できる**ため，主記憶の利用効率は向上します（図18）。ただし，ライブラリ側のプログラムは複数のプログラムで共有されるので，同時に呼び出されても正しく処理を行うような性質（再入可能性）をもたなければなりません。

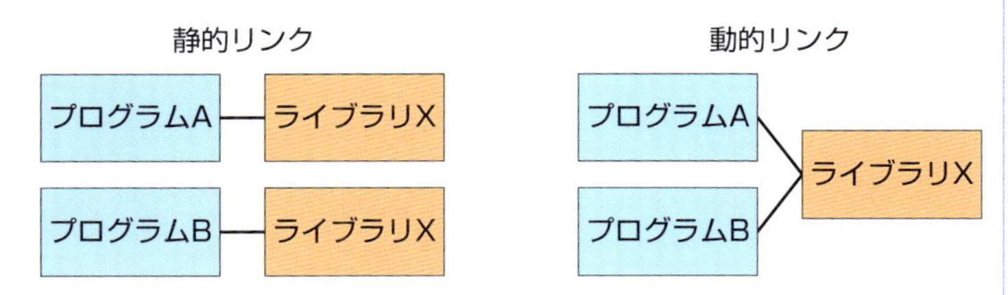

図18　静的リンクと動的リンク

動的リンクに用いられるライブラリを**ダイナミックリンクライブラリ（DLL）**または**共有ライブラリ**[44]とよびます。

重要ポイント

[44] 静的ライブラリに比べ，共有ライブラリは実行時のメモリの使用効率が高い

第4章

3 プログラムの再利用性

ライブラリ側のプログラムは何度も繰り返し使われるため，再利用性をもたなければなりません。一般にプログラムのもつ再利用性は，次のように分類できます。

表12　プログラムの性質

逐次再利用可能性	主記憶にロードされたプログラムを再びロードすることなく実行できる性質。ただし，同時には実行できない
再入可能性（リエントラント）	複数のプロセスから**同時に呼び出されても，正しい結果を返す**ことができる[45]
リカーシブ（再帰）性	**自分自身を呼び出す**ことができる

重要ポイント
[45] 共用ライブラリはリエントラントでなければならない

4 プログラムが利用するデータ領域

プログラムが使用するデータ領域にはスタックとヒープがあります。

表13　スタックとヒープ[46]

スタック領域	LIFOで管理するメモリ領域。**プログラム内部で宣言した変数（局所変数）の割当て**や**戻り番地の格納**などに用いる
ヒープ領域	リストで管理されたメモリ領域。割当てと解放の順序に関連のないデータの格納に用いる

重要ポイント
[46]「戻り番地の待避」ときたら「スタック領域」と覚えておいてよい

スタック領域はアプリケーションを起動するごとに割り当てられる領域です。プログラムが宣言した局所変数は，それを呼び出したアプリケーションのスタックに確保されます。そのため，プログラムが局所変数のみを使用する限り，その再入可能性は保証されることになります[47]。

重要ポイント
[47] 再入可能プログラムは，呼出し元ごとに確保された記憶領域に局所変数が割り当てられる

7 オープンソースソフトウェア

学習のポイント

オープンソースソフトウェアをうまく使えば，システムのコストを劇的に下げることも可能です。ただし，それらにはさまざまなライセンスがあり，注意深く利用しなければなりません。

1 オープンソースソフトウェアとは

オープンソースソフトウェア（Open Source Software：OSS）は，言葉どおりソースコードが開示されたソフトウェアのことで，主な特徴には次のものがあります。

- 自由に再頒布できる
- ソースコードが入手できる
- 派生物に同じライセンスを適用できる
- 利用者や適用領域を差別（制限）しない

自由な再頒布は，「**有料で再頒布してもライセンスには違反しない**」ということです。実際にさまざまなOSSをパッケージ化したり，自社のソフトウェアを組み合わせて販売することも少なくありません[48]。なお，このようなパッケージを提供・販売する者を，**ディストリビュータ**とよびます。

重要ポイント

[48] OSSのポイント
- 自由な再頒布 → パッケージや他ソフトと組み合わせて販売できる
- 派生物を禁止しない → 一定の条件下でソースコードを改変できる
- 利用者や適用領域を制限しない → 営利や研究目的でも利用できる

■OSI(Open Source Initiative)

OSSを促進することを目的とした組織で，OSSの定義（**OSD**）を提唱しています。

2 主なオープンソースソフトウェア

主なOSSには次のものがあります。

表14　主なOSS

OS	Linux，各種BSD系OS
Webサーバ	Apache
メールサーバ	Postfix

DNSサーバ	BIND
プロキシサーバ	Squid
アプリケーションサーバ	Tomcat

3 主なオープンソースソフトウェアのライセンス

主なOSSのライセンスを簡単に紹介します。

■GPL（GNU General Public License）

GNUプロジェクト[49]の一環として定められたライセンス。無保証，著作権表示の保持，**同一ライセンスの適用を条件**に，改変や再頒布が認められています。派生物に同一ライセンスが適用されるということは，GPLライセンスの下では派生物を含むすべてのソフトウェアがOSSであることを表しています[50]。

■BSDライセンス

BSD[51]系のOSで採用されるライセンス。無保証，著作権およびライセンス条文の表示を条件に，改変や再頒布を認めています。**改変後の派生物はソースコードを非公開で再頒布することができます**[52]。

■Apacheライセンス

Apacheソフトウェア財団が定めたライセンス。再頒布にあたってはApacheライセンスのコードが使われていることを明示する必要があります。また，**改変した場合にはその告知文を追加**しなければなりません[53]。

■デュアル（マルチ）ライセンス[54]

一つのソフトウェアを２種類以上のライセンスの下で頒布する方法。たとえば無料のOSSとその商用版（有料ライセンス）を組み合わせるなど，OSSやフリーソフトをビジネスに利用する場合に用いられることが多いライセンスです。

基本用語

[49] GNUプロジェクト
UNIX互換のソフトウェアを，すべてフリーソフトで実装することを目標としたプロジェクト

重要ポイント

[50] GPLが適用されたOSSを改変して再頒布したとき，請求があれば改変部分も含めてソースコードを開示する

基本用語

[51] BSD（Berkeley Software Distribution）
カリフォルニア大学バークレイ校が開発・配布したUNIX関連のソフトウェア

テクニック

[52] GPL → ソース公開　BSD → ソース非公開　と覚えよう

重要ポイント

[53] Apacheライセンスのossを改変したとき，改変の通知文を挿入して再頒布する

重要ポイント

[54] デュアルライセンスの利用にあたっては，利用者は用意されたライセンスのうちどれか一つを選択する

■LGPL(GNU Lesser GPL)

OSSライブラリの商用利用を促進するため，GPLの公開要件を緩めたライセンス。具体的には，**LGPL**ライセンスのプログラムを動的リンクするようなプログラムについては，ソースコードを非公開のまま再頒布することができます。

■MPL(Mozilla Public License)

Mozillaプロジェクトのために用意されたライセンスで，LGPLよりもさらに公開要件が緩められています。具体的には，MPLライセンスのプログラムを別ファイルとして利用するようなプログラムについては，ソースコードを非公開のまま再頒布することができます。

■まとめ

ここまで述べたライセンスは，ソースコードの公開要件の厳しい順に，

GPL ＞ LGPL ＞ MPL ＞ BSD

と並びます。平成25年秋に，これに関するわかりやすい表が出題されていたので，掲載します。

表15　OSSライセンス(平成25年秋問23)

	GPL	LGPL	MPL	BSD
OSSのソースコードを修正して作ったプログラム	○	○	○	×
OSSに静的にリンクしたプログラム	○	○	×	×
OSSに動的にリンクしたプログラム	○	×	×	×

○：公開しなければならない　　×：公開しなくてもよい

❖確認問題

※問題出典 H：平成　R：令和，S：春期　F：秋期（基は基本情報技術者試験）

問題 1

組込みシステムにおけるリアルタイムシステムにおいて，システムへの入力に対する応答のうち，最も適切なものはどれか。　R元F・問5

ア　OSを使用しないで応答する。
イ　定められた制限時間内に応答する。
ウ　入力された順序を守って応答する。
エ　入力時刻を記録して応答する。

問題 2

リアルタイムOSにおいて，実行中のタスクがプリエンプションによって遷移する状態はどれか。　R3S・問17　H29F・問16

ア　休止状態　　イ　実行可能状態　　ウ　終了状態　　エ　待ち状態

問題 3

三つのタスクA～Cの優先度と各タスクを単独で実行した場合のCPUと入出力（I/O）装置の動作順序と処理時間は，表のとおりである。優先順位方式のタスクスケジューリングを行うOSの下で，三つのタスクが同時に実行可能状態になってから，タスクCが終了するまでに，タスクCが実行可能状態にある時間は延べ何ミリ秒か。ここで，I/Oは競合せず，OSのオーバヘッドは考慮しないものとする。また，表中の（　）内の数字は処理時間を示すものとする。　H30S・問17

タスク	優先度	単独実行時の動作順序と処理時間（ミリ秒）
A	高	CPU(2) → I/O(6) → CPU(4)
B	中	CPU(2) → I/O(4) → CPU(2)
C	低	CPU(2) → I/O(2) → CPU(3)

ア　6　　イ　8　　ウ　10　　エ　12

問題 4

二つのタスクが共用する二つの資源を排他的に使用するとき，デッドロックが発生するおそれがある。このデッドロックの発生を防ぐ方法はどれか。R4F・問16 H31S・問18

ア　一方のタスクの優先度を高くする。
イ　資源獲得の順序を両方のタスクで同じにする。
ウ　資源獲得の順序を両方のタスクで逆にする。
エ　両方のタスクの優先度を同じにする。

問題 5

優先度に基づくプリエンプティブなスケジューリングを行うリアルタイムOSにおける割込み処理の説明のうち，適切なものはどれか。ここで，割込み禁止状態は考慮しないものとし，割込み処理を行うプログラムを割込み処理ルーチン，割込み処理以外のプログラムをタスクと呼ぶ。R4F・問18

ア　タスクの切替えを禁止すると，割込みが発生しても割込み処理ルーチンは呼び出されない。
イ　割込み処理ルーチンの処理時間の長さは，システムの応答性に影響を与えない。
ウ　割込み処理ルーチンは，最も優先度の高いタスクよりも優先して実行される
エ　割込み処理ルーチンは，割り込まれたタスクと同一のコンテキストで実行される。

問題 6

ページング方式の仮想記憶において，ページ置換えの発生頻度が高くなり，システムの処理能力が急激に低下することがある。このような現象を何と呼ぶか。

R3F・問16 H29F・問17

ア　スラッシング　　　イ　スワップアウト
ウ　フラグメンテーション　　　エ　ページフォールト

問題 7

仮想記憶方式で，デマンドページングと比較したときのプリページングの特徴として，適切なものはどれか。ここで，主記憶には十分な余裕があるものとする。

R2F・問18

ア　将来必要と想定されるページを主記憶にロードしておくので，実際に必要となったときの補助記憶へのアクセスによる遅れを減少できる。

イ　将来必要と想定されるページを主記憶にロードしておくので，ページフォールトが多く発生し，OSのオーバーヘッドが増加する。

ウ　プログラムがアクセスするページだけをその都度主記憶にロードするので，主記憶への不必要なページのロードを避けることができる。

エ　プログラムがアクセスするページだけをその都度主記憶にロードするので，将来必要となるページの予想が不要である。

問題 8

プログラム特性に関する記述のうち，適切なものはどれか。

R3F・問6

ア　再帰的プログラムは，再入可能な特性をもち,呼び出されたプログラムの全てがデータを共有する。

イ　再使用可能プログラムは，実行の始めに変数を初期化する，又は変数を初期状態に戻した後にプログラムを終了する。

ウ　再入可能プログラムは，データとコードの領域を明確に分離して，両方を各タスクで共用する。

エ　再配置可能プログラムは，実行の都度，主記憶装置上の定まった領域で実行される。

問題 9

プログラムの実行時に利用される記憶領域にスタック領域とヒープ領域がある。それらの領域に関する記述のうち，適切なものはどれか。

H31S・問17　H26F・問15

ア　サブルーチンからの戻り番地の退避にはスタック領域が使用され，割当てと解放の順序に関連がないデータの格納にはヒープ領域が使用される。

イ　スタック領域には未使用領域が存在するが，ヒープ領域には未使用領域は存在しない。

ウ　ヒープ領域はスタック領域の予備領域であり，スタック領域が一杯になった場合にヒープ領域が動的に使用される。

エ　ヒープ領域も構造的にはスタックと同じプッシュとポップの操作によって，データの格納と取出しを行う。

問題 10

オープンソースライセンスの GNU GPL（GNU General Public License）の説明のうち，適切なものはどれか。　H29S・問19

ア　GPLであるソースコードの実現する機能を利用する，別のプログラムのソースコードを作成すると，GPLが適用される。
イ　GPLであるソースコードの全てを使って派生物を作った場合に限って，GPLが適用される。
ウ　GPLであるソースコードの派生物のライセンスは，無条件にGPLとなる。
エ　GPLであるソースコードを組み込んだ派生物をGPLにするか否かは，派生物の開発者が決める。

解答・解説

問題 1　イ

リアルタイムシステムには，入力に対して非常に短い制限時間内に応答することが求められる。組込みシステムに用いられるリアルタイムOSも，この即時応答性をもつ。

問題 2　イ

プリエンプションにより中断されたタスクは，実行が継続できる状態にあるにも関わらず，OSにプロセッサ資源が取り上げられた（他のタスクに与えられた）状況にある。このようなタスクは「プロセッサ資源さえ与えられれば再び実行を継続できる状態」，すなわち実行可能状態に遷移する。

問題 3　ウ

I/Oは競合しないので，A，B，C専用のI/Oがあるものとして，実行をトレースする。矢印で示した期間，タスクCは実行可能状態にある。

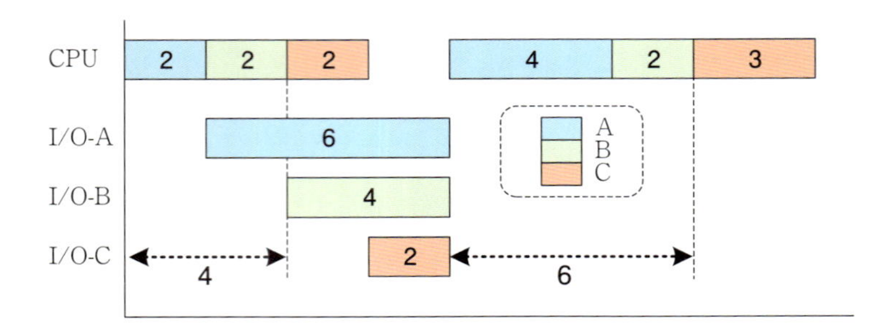

問題 4 イ

デッドロックは，複数のタスクが互いに資源の解放を待ち合い，処理が進まなくなる現象である。デッドロックは，各タスクが無秩序に資源をロックすることで発生する。これを防ぐためには，資源のロック順序を一意に揃えるようにすればよい。例えば，資源のロック順序を「A→B」と定めた場合，B→Aの順序で資源を利用するタスクであっても「Aのロックに成功してからBをロックし，B→Aの順序で利用する」よう処理を行う。

問題 5 ウ

割込みはイベントの発生を契機に処理を切り替える仕組みであり，割込みが起きたときは，実行中のタスクに優先して割込み処理ルーチンが実行される。

ア　「タスクの切替え禁止」ではなく「割込みの禁止」である。

イ　割込み処理の時間が長ければ，システムの応答は悪化する。

エ　割込み処理は新たなコンテキストで実行される。

問題 6 ア

このような現象を，スラッシングとよぶ。

スワップアウト：優先順位の低いジョブを補助記憶に退避させること

フラグメンテーション：メモリ上に細かな未使用領域が発生した状態

ページフォールト：実行に必要なページがメモリ上に存在しない状態

問題 7 ア

プリページングは，ページフォールト発生よりも先に必要なページを予測してページインする方式である。予測が正確ならば，ページフォルトの発生を抑えることができるため，補助記憶へのアクセスによる遅れを減少できる。

ウ　プリページングでは，予測が外れた場合に不要なページのロードが生じる。
エ　デマンドページングに関する記述である。

問題 8　イ

再使用可能なプログラムは，プログラムのデータ部も共用するため，データが未使用の状態で処理を開始しなければならない。そのためには，プログラムの実行の始めに変数を初期化する（＝きれいにしてから始める）か，変数を初期状態に戻した後に終了する（＝使い終えたらきれいにする）ことが必要である。

なお，再帰的プログラムや再入可能プログラムは，プログラムのコードのみを共用し，データは呼出し側が個別に用意する。

問題 9　ア

スタック領域はLIFOで管理するメモリ領域で，戻り番地の格納領域や局所変数の格納領域として用いられる。
イ　スタック，ヒープ領域には共に未使用領域は存在する。
ウ　スタック，ヒープ領域は使用目的が異なるため，互いの予備領域にはならない。
エ　ヒープ領域はLIFOで管理されておらず，プッシュやポップ操作は用いない。

問題 10　ウ

GPLは同一ライセンスの適用を条件に，ソースコードの改変や再頒布を認めている。そのため，GPLであるソースコードの派生物のライセンスは，無条件にGPLとなる。

第5章

システム構成技術

1 システムの構成

学習のポイント

システム全体に視野を広げると，これまでとは違った光景が見えてきます。システムはクライアントサーバで構成され，サーバは二重化されています。磁気ディスクも，サーバ側はRAID構成が普通です。ここでは，それらシステムの構成に関わる事項を説明します。

1 クライアント／サーバ

クライアントサーバシステムとは，処理を，

- **クライアントプロセス**：処理を依頼するプロセス
- **サーバプロセス**：依頼された処理を実行し，結果を返すプロセス

という２種類に分け，クライアントとサーバが協調しながら処理を進める形態をいいます。

ただし，クライアントやサーバはプロセスを指す概念であり，マシンを指すものではありません。したがって，１台のコンピュータがクライアントとサーバを兼ねることもできますし，複数サーバの機能を１台のコンピュータ上に実現することも可能となります[1]。

■仮想化[2]

仮想化は，１台のコンピュータ上でOSを含めた複数の実行環境を提供する技術です。仮想化によって，**１台のサーバマシン上で「OSの異なる複数のサーバプロセス」を実行する**ことができるようになります。見かけ上は，複数のサーバマシンが稼働しているように見えます。仮想化によって，サーバの統合・整理を行うことを，**サーバコンソリデーション**とよぶこともあります。

仮想化は，コスト削減の他にも，既存システムに影響を与えることなく新システムを導入できるなどの利点があります。

! 重要ポイント

[1] クライアントはサーバの遠近を意識せずにサーバを利用できる。この性質を「アクセス透過性」とよぶことがある

[2] 仮想化
１台のコンピュータ上で複数の実行環境を提供する技術

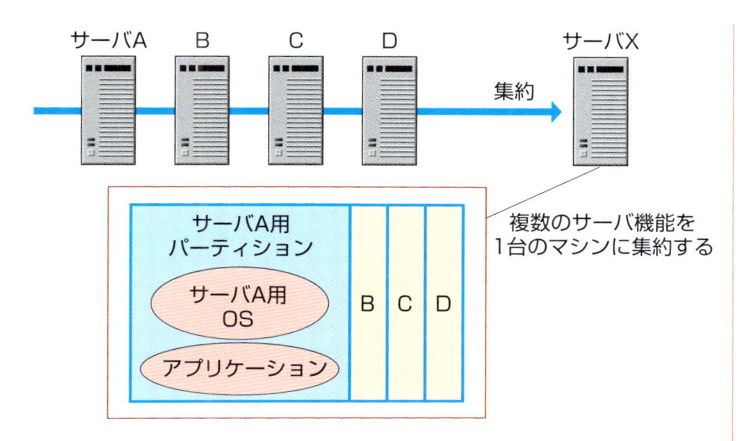

図１　仮想化

仮想化は，複数サーバでの運用に比べ，次の特徴をとります。

- 物理的な資源の運用管理：簡易になる[3]
- 物理的な資源の利用率：高くなる
- オーバヘッドによる負荷：高くなる[4]

重要ポイント

[3] 例えば，仮想サーバを停止することなく，OSやアプリケーションを他の物理サーバへ移動できる。これをライブマイグレーションとよぶ

重要ポイント

[4] 仮想化の特徴
- 運用管理→簡易
- 資源の利用率→高い
- オーバヘッド→大きい

ホスト型／ハイパバイザ型

1台のコンピュータで複数の仮想マシン環境を構築する方式に，**ホスト型**や**ハイパバイザ型**があります。

（ホスト型）

仮想マシン

アプリケーション			
ゲストOS			
仮想化ソフトウェア			
ホストOS			
ハードウェア			

（ハイパバイザ型）

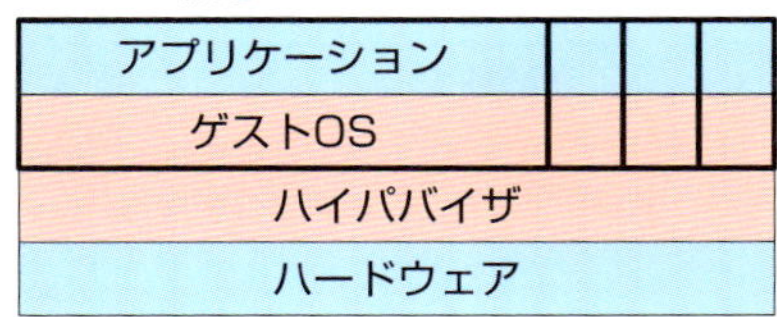

図２　ホスト型とハイパバイザ型

ホスト型は，単一のOS（ホストOS）の上に仮想化ソフトウェアをインストールし，その上で各仮想マシンのOS（ゲストOS）を稼働させます。既存のサーバ上に仮想マシン環境を構築できる簡便な方式ですが，ホストOSを経由する分のオーバヘッドが生じます。

ハイパバイザ型は，ハードウェア上に仮想マシンを実現する制御プログラムであるハイパバイザを直接インストールし，その上でゲストOSを稼働させます。オーバヘッドの少ない効率のよい方式です。

■コンテナ型

コンテナ型は，**ゲストOSを起動せずにゲストOS対応のアプリケーションを実行する**仕組みです。ホストOS（カーネル）上にアプリケーションの起動に必要なライブラリなどを含めた**コンテナ**を動作させ，その上でアプリケーションを実行します。

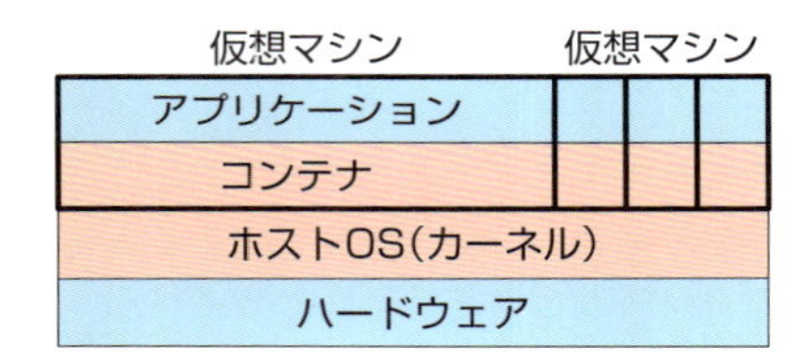

図3　コンテナ型

■VDI(Virtual Desktop Infrastructure)[5]

VDIは，PCなどを仮想PCとしてサーバ上で稼働させる技術です。**PCとしての処理はサーバ側で行われ**るため，物理的な端末側では画面表示やキーボード操作のみを行えば十分です。そのため，非力なマシンでも動作可能です。

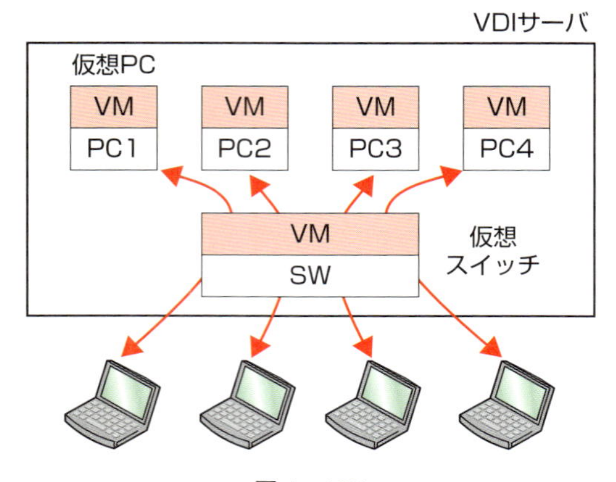

図4　VDI

重要ポイント

[5] VDIサーバからPCには，デスクトップ画面の画像データのみが送られる。そのため「未知のマルウェアがPCにダウンロードされない」というセキュリティ上の効果も期待できる

シンプロビジョニング

シンプロビジョニングは，利用者に提供する仮想ボリュームのうち，**実際に使用されている容量を物理ディスクに割り当てる**ことで，物理ディスクを効率的に利用する技術です。

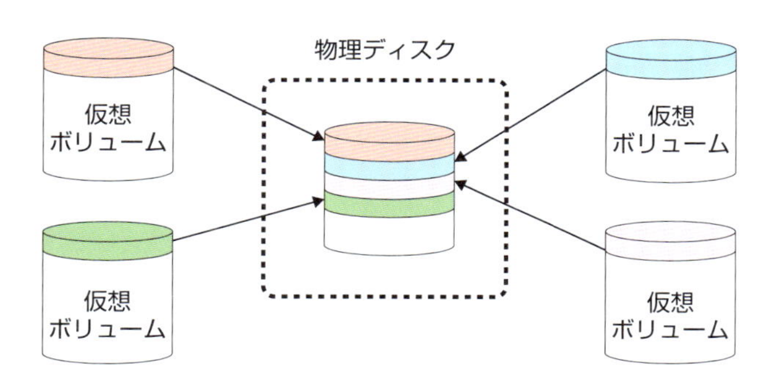

図５　シンプロビジョニング

もちろん，利用者の使用容量が増加すれば，それに応じて物理ディスクの割当て容量も増やします。物理ディスクの容量が限界に近づけば，物理ディスクを増設します。

ライブマイグレーション

ライブマイグレーションは，仮想サーバで稼働しているOSやソフトウェアを停止することなく，他の物理サーバへ移し替える技術です。これを用いることで，**仮想サーバを稼働したまま，物理サーバの保守・点検を実施**することができます。

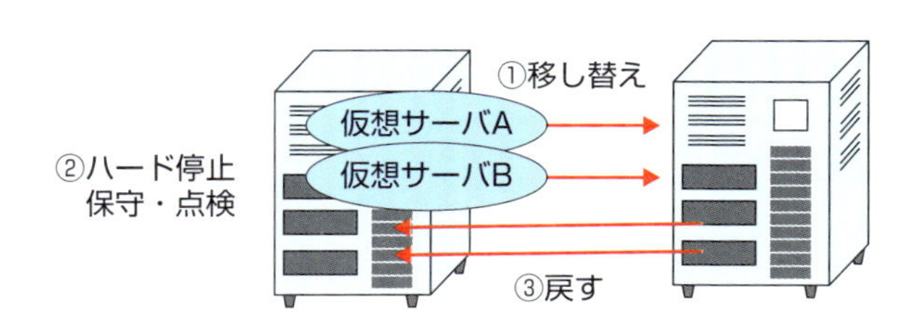

図６　ライブマイグレーション

シンクライアント／リッチクライアント

クライアントは大きく次の二つに分類することができます。

表1　クライアントの分類

シンクライアント[6]	Webブラウザなどの**最小限の機能のみ搭載したクライアント形態**。主な処理やデータ管理はサーバ側で実行する
リッチクライアント[7]	**アプリケーションの実行環境を持たせたクライアント形態**。必要に応じてアプリケーションをダウンロードする

ストアドプロシージャ

アプリケーションをクライアントで実行するとき，クライアントとサーバ間で「SQL文の送信」と「実行結果の受信」が何度も繰り返されることになります。その結果，クライアントとサーバ間の通信量が増大し処理効率も低下してしまいます（図7左）。

これを避けるため，データベースにアクセスする定型的な処理をサーバ側に移動し，必要に応じてクライアントが呼び出すようにします（図7右）[8]。

基本用語
[6] シンクライアント
最小限の機能のみ実装したクライアント

基本用語
[7] リッチクライアント
各種アプリケーションを実装したクライアント

重要ポイント
[8] ストアドプロシージャは手続きの呼出し回数を削減し，通信負荷を軽減する

重要ポイント
[8] 細かい単位でプロシージャ化しすぎると，性能が低下するので注意する

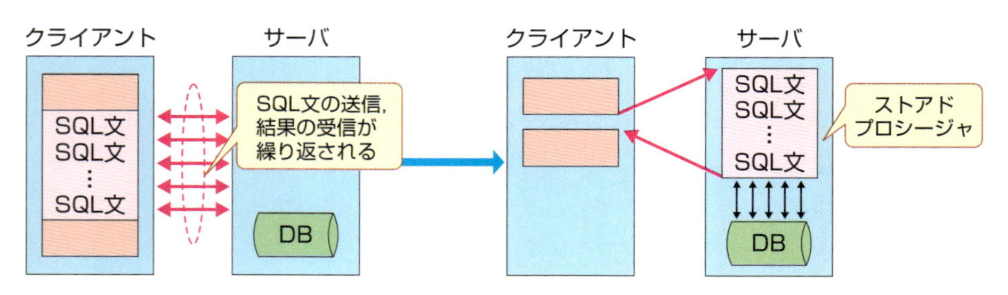

図7　ストアドプロシージャ

このとき，サーバ側に移した定型処理を**ストアドプロシージャ**とよびます。また，ストアドプロシージャの呼出しにあたっては，クライアントから遠隔サーバ内の手続きを呼び出すRPC（Remote Procedure Call）という仕組みを用います[9]。

ストアドプロシージャを使えば，**複数のSQL文からなる手続きを１回の呼出しで実行**でき，クライアントとサーバ間の通信の負荷を軽減することができるのです。

重要ポイント
[9] RPC
遠隔サーバ内の手続きを呼び出す機能のことで，他のコンピュータ上の手続きを同一のコンピュータ内の手続きのように呼び出すことができる

３層クライアント／サーバ

３層クライアント／サーバは，従来はクライアント側にインストールされていたアプリケーションをサーバ側に移した構成です。処理機能は，次の３層に分けられます。

表２　３層クライアント／サーバ[10]

プレゼンテーション層	ユーザインタフェース（GUI）の提供
ファンクション層	アプリケーション機能（データ処理）の提供[11]
データ層[12]	DBへのアクセス

重要ポイント
[10] 各層のOSは異なってもよい

重要ポイント
[11]「データ処理条件の組立て」「データの加工」はファンクション層の機能

注意 [12]
データベースアクセス層とよぶこともある

たとえば，Webショッピングを行うシステムは，典型的な３層クライアント／サーバ構成となっています（図８）。

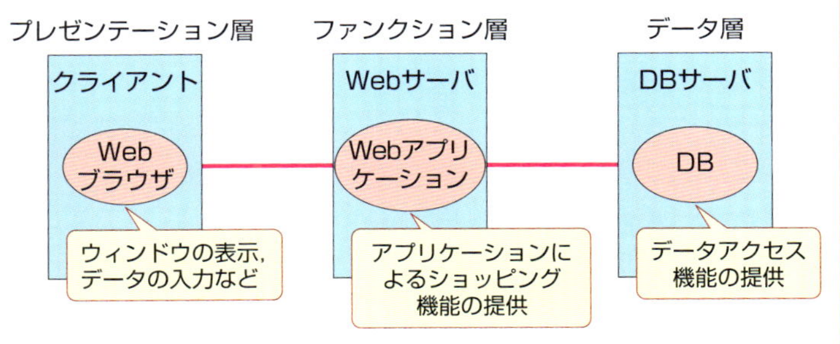

図８　Webショッピングシステム[13]

テクニック
[13] ３層クライアント／サーバ

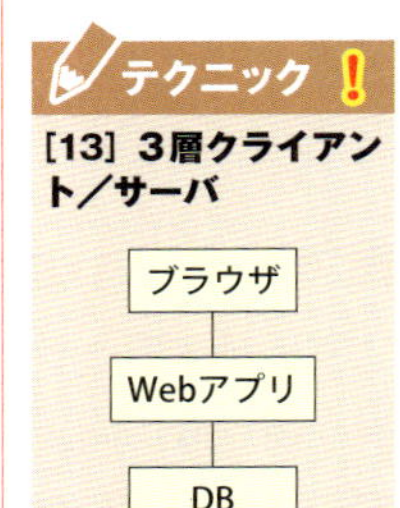

と覚えよう

３層クライアント／サーバに対して，アプリケーションをクライアント側に実装する従来型の構成を，**２層クライアント／サーバ**とよぶことがあります。２層クライアント／サーバと比較したとき，３層クライアント／サーバは次の利点をもちます。

- 各層の独立性が高く依存性も少ないので，**開発生産性の向上**

が期待できる

- クライアント側にはGUIを提供する機能のみが実装されるため，**ロジックの変更や追加に対応しやすい**

CAP定理

CAP定理は分散システムに成り立つ性質で，**一貫性(整合性)・可用性・分断耐性の三つの特性のうち同時には最大二つまでしか満たすことができない**ことをいいます。

表３　CAP[14]

一貫性（Consistency）	データの整合性を保つこと
可用性（Availability）	利用したいときに利用できること
分断耐性（Partition tolerance）	データを複数サーバに分散すること

２ 性能向上のためのシステム構成

システムの構成要素を**多重化**[15]し，並列に動作させることでシステム全体の性能を向上させることができます。多重化は，マルチプロセッサからクラスタリングやグリッドコンピューティングまで，広い範囲で用いられています。

マルチプロセッサシステム

マルチプロセッサシステムは，主記憶を共有するか否かにより，次の二つに分類することができます。

表４　マルチプロセッサシステムの分類

密結合型[16]	複数のプロセッサが**主記憶を共有する**マルチプロセッサシステム。単一のOSのもとで並列処理を行う
疎結合型[17]	**プロセッサごとに独立した主記憶とOSをもつ**マルチプロセッサシステム。各プロセッサは通信回線で結ばれる

アムダールの法則

マルチプロセッサシステムでプロセッサの題数を増やしても，性能が無制限に向上するわけではありません。**プログラムには並列処理できない部分があるので，高速化には限界がある**のです[18]。例えば，プログラムの95％が並列化できても残る５％が並列化できなければ，どれだけプロセッサを増やしても単一プロセッサと比べて

重要ポイント
[14]「AとPを満たすシステムの特徴」が問われたことがあった。CAPがそれぞれ何を表すのか，対応を覚えておこう

基本用語
[15] **多重化**
同一の要素を並列に接続することで，信頼性や性能を向上させること

重要ポイント
[16] 密結合マルチプロセッサは，主記憶へのアクセス競合が性能を低下させることがある

重要ポイント
[17] 疎結合型マルチプロセッサはプロセッサが個別に主記憶をもつ

重要ポイント
[18] 過去の出題では，性能向上には限界があることを「性能向上比はある水準に漸近的に近づく」と表現していた

性能は20倍以上には向上しないのです。

このような，性能向上比の限界を説明した法則を**アムダールの法則**とよびます。アムダールの法則では，マルチプロセッサの性能向上比は次のように計算されます。

$$性能向上比 = \frac{1}{(1 - 並列化可能部分の割合) + \frac{並列化可能部分の割合}{プロセッサ数}}$$

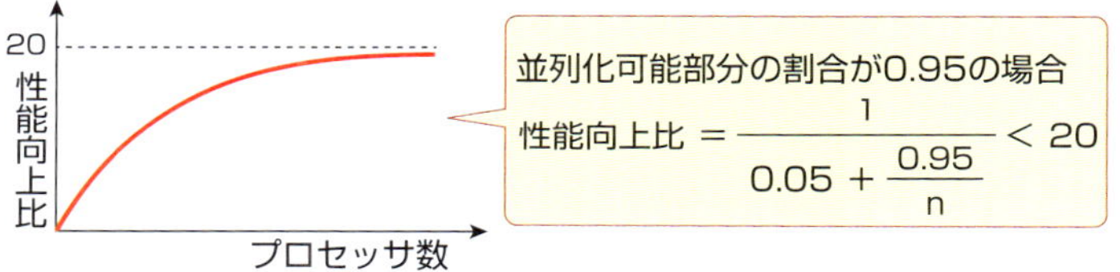

図９　アムダールの法則

クラスタリング

クラスタリングは，同一の機能をネットワークで結合した複数のコンピュータで提供することで，信頼性や性能の向上を図る技術です。スーパーコンピュータの構築から，Webサーバの負荷分散まで，さまざまな場面で利用されています。サーバを増やして処理能力を上げることを**スケールアウト**[19]とよびます。

重要ポイント

[19] スケールアウトは，参照系のトランザクションが多い場合などが適している

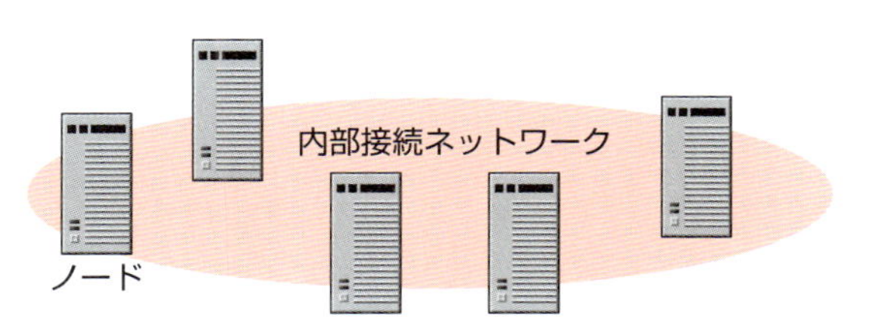

図10　クラスタリング

Hadoop(ハドゥープ)

クラスタに含まれるサーバ群を効果的に協調させるためには，処理の適切な割振りや処理状況の管理（モニタリング）が欠かせません。それらを実現するソフトウェアライブラリが**Hadoop**です。Hadoopは**大規模なデータ（ビッグデータ）を分散処理する**技術と

してGoogle社がバックボーンを公開し，多くの企業によって開発が続けられています[20]。

重要ポイント

[20] Hadoopのキーワードは「大規模データ」と「分散処理」

■グリッドコンピューティング

グリッドコンピューティングは，広い範囲に存在するコンピュータシステムを，インターネットなどの広域網を用いて接続し，大規模な処理を実行する方法です[21]。PCから大型コンピュータまで，複数のコンピュータを結ぶことで，単体では対応できない規模の計算を実行することができます。

参考 **[21]**

クラスタやグリッドコンピューティングなどの，並列化による高性能計算技術を，HPC（High Performance Computing）とよぶこともある

■エッジコンピューティング

サーバをインターネット上に分散配置し，**利用者に近いサーバで処理を行う**ような考え方を**エッジコンピューティング**とよびます。利用者と処理機能の距離が近づくため，遅延や通信トラフィックを最小限に抑えることができます。エッジコンピューティングはIoTの実現手段としても注目されています。

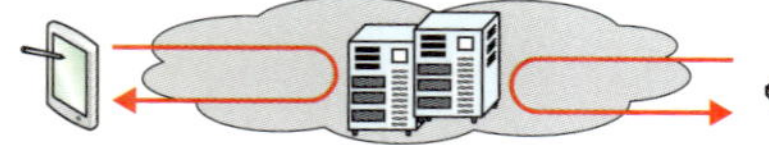

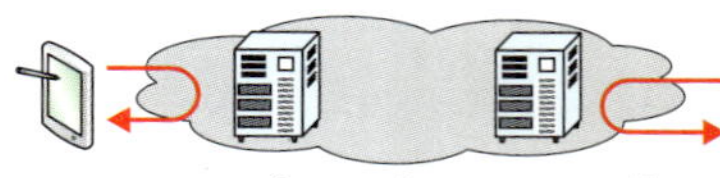

図11　クラウドコンピューティングとエッジコンピューティング

■CDN（Contents Delivery Network）

エッジコンピューティングの考え方を，Webサーバのコンテンツ配信に取り入れた仕組みがCDNです。動画や音声などの**大容量データを利用者に近いエッジサーバから配信する**ことで，インターネット回線の負荷軽減につながります。

3 信頼性向上のための技術要素

システムを安定的に稼働させるためには，システムの多重化や停電対策などの技術が欠かせません。ここでは，それら信頼性に関わる用語を整理します。

信頼性向上に関する用語

信頼性向上に関する用語には，語感のよく似たものが多く非常に紛らわしいので，試験に必須の用語を整理しておきましょう。

表５　信頼性向上に関する用語

フォールトトレランス	システムの構成要素に障害が生じても正常に稼働し続けること。主要な構成要素を多重化することで実現できる
フォールトアボイダンス[22]	障害の発生自体を抑えることで，信頼性を向上させること。品質管理などを通して，個々のシステム要素の信頼性を高めることで実現できる
フェールオーバー (fail over)[23]	多重化された要素の一方に障害が発生したとき，自動的に他方に切り替える機能
フェールバック (fail back)[24]	フェールオーバーにより切り替えられた要素を，障害復旧後に元の状態に戻すこと
フェールソフト (fail soft)	障害により機能が低下しても，完全に停止させずに処理を継続すること
フォールバック (fall back)	フェールソフトにより，機能を縮小した状態で運転すること（縮退運転）
フェールセーフ (fail safe)[25]	障害が発生したとき，あらかじめ指定された安全な状態に誘導すること

フォールトトレランスは信頼性向上の根幹をなす考え方で，多重化による高信頼性システムを**フォールトトレラントシステム**とよびます。フォールトトレラントシステムにおいて障害が発生した場合は**フェールオーバー**が行われ，切り離された機器は復旧後に**フェールバック**されます。

フェールソフトと**フォールバック**は停止させると危険なシステムに採用されます。

フェールセーフは，障害時にシステムの状態を安全側へ誘導し，その状態を保ちます。たとえば交通信号であれば，障害時に「赤が点滅する状態」に誘導します。

重要ポイント

[22] フォールトアボイダンスは品質管理を通して実現する

[23] フェールオーバーは処理やデータを自動的に引き継ぐため，切替え処理を意識させない

重要ポイント

[23] クラスタリングシステムのノード障害時には，フェールオーバ機能が働く

重要用語

[24] フェールバック
障害で切り離した要素を，障害復旧後に元に戻して処理を引き継ぐこと

[25] フェールセーフ
障害発生時に安全側に制御する

予備系の待機方法

予備系の待機方法には次の三つがあります。

表6　予備系の待機方法

ホットスタンバイ[26]	あらかじめ主処理用のOSおよび業務システムをロードし，**すぐに切り替えられる状態で待機**する
コールドスタンバイ	準備が整っていない，あるいは現用系とは異なる処理を実行している状態で待機する。現用系に障害が発生してから，OSの立上げや各種設定，業務システムの起動を行う
ウォームスタンバイ	ホットスタンバイとコールドスタンバイの中間。現用系と同じ状態で立ち上がっているが，業務システムは起動されていない状態で待機する

重要ポイント

[26] ホットスタンバイは，現用系と同じ業務システムを予備系でも起動しておく

Spark(Apache Spark)

Sparkは，クラスタリングされたコンピュータを対象に，プログラムを作成するためのフレームワークです。Sparkのインタフェースを用いることで，**複数マシンにデータを分散した耐障害性の高いシステム**を構築できます。

バスタブ曲線

バスタブ曲線は，時間の経過と共にハードウェアの故障率がどのように推移するかを表すグラフです。

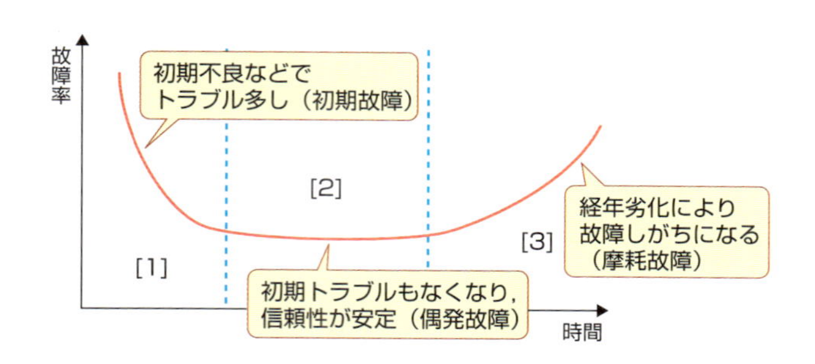

図12　バスタブ曲線

UPS(無停電電源装置)

UPSは，非常用発電に切り替わるまでの電力を蓄電池から供給す

る装置です。また，非常用発電装置を備えない場合は，停電を検出してからシステムがシャットダウンを完了するまでの数分間の電力を供給します。瞬断対策にも有効です。

4 RAID(ディスクアレイ)

磁気ディスクはシステムの主要な要素です。そのため，システムの性能や信頼性を向上させるためには，磁気ディスクの並列化や多重化が欠かせません。磁気ディスクにおけるそれらの技術を**RAID**と総称します。

RAIDには次のレベルがあります。

> **重要ポイント**
> **[27]** RAIDは，データと冗長情報の記録方法と記録位置で分類される

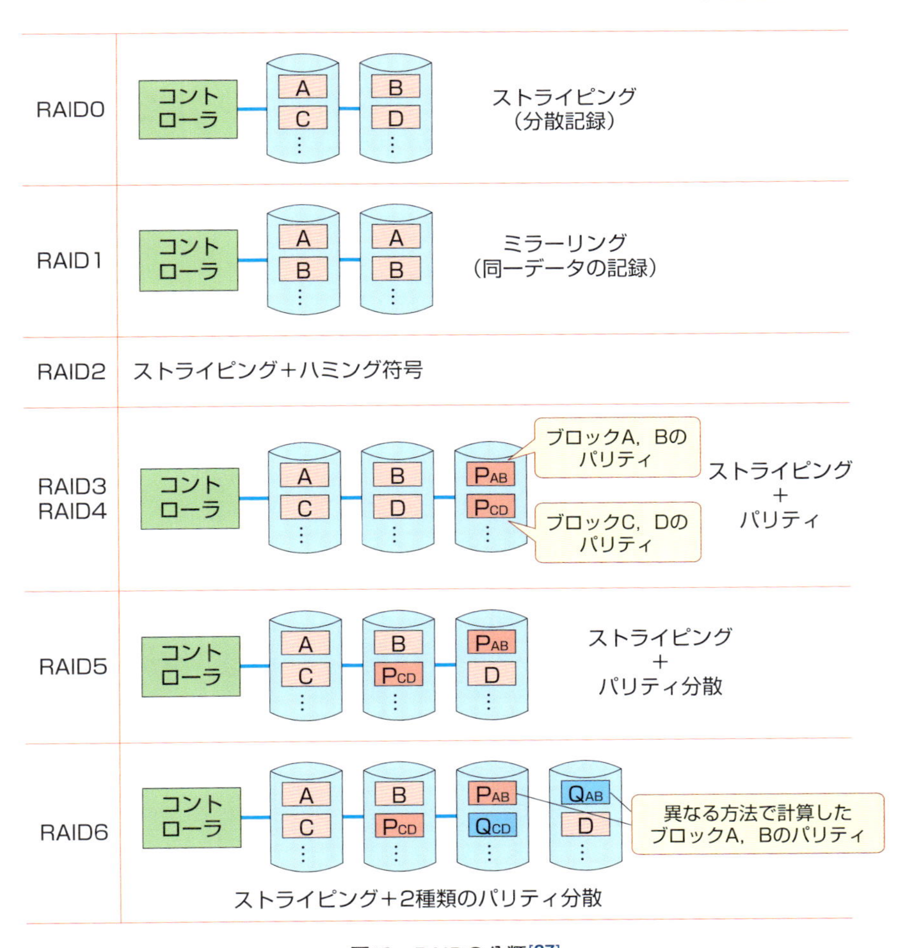

図13　RAIDの分類[27]

RAID0は連続するデータブロックを，複数のディスクに分散して記録する（**ストライピング**）方式です。並列アクセスによる高速化が期待できますが，信頼性は向上しません。

RAID1[28]はデータブロックのコピーを副ディスクに記録する（**ミラーリング**）方式です。RAID0とは逆に信頼性は向上しますが，高速化は望めません。

RAID2はストライピングに加えて，誤り訂正のためのハミング符号を記録する方式です。

RAID3および4は，ストライピングに加えて，誤り訂正のための**パリティ**を記録するので，**ディスク１台の故障であれば，その内容を他のディスク内容から復旧できます。**RAID3とRAID4の違いはストライピング単位にあります。ビット単位のRAID3に比べ，RAID4はブロック単位でストライピングするので，その分，並列してアクセスできる範囲が大きくなり，さらなる高速化が期待できます[29]。

RAID3，4では**パリティディスク**[30]にアクセスが集中します。これを避けるため，**RAID5**はパリティブロックを分散して記録しています。

RAID6は，異なる計算で求めた２種類のパリティを分散記録する方式です。**同時に２台のディスクが故障した場合でも，その内容を復旧できます。**

重要ポイント

[28]
- RAID1はミラーリングで信頼性を高めている
- RAID1は，ディスクの実行データ容量を半減させる

重要ポイント

[29]
- ストライピング単位はRAID3がビット，RAID4～6はブロック
- 冗長ディスクはRAID3，4が固定，RAID5，6は分散

基本用語

[30] パリティディスク
パリティのみを記録したディスク

5 NAS／SAN

ネットワークの進歩に伴い，補助記憶装置もまたネットワークに接続され共有されるようになりました。

表７　NAS／SAN

NAS（Network Attached Storage）	**LANに接続**され，複数のコンピュータからアクセスされる補助記憶装置[31]
SAN（Storage Area Network）	補助記憶装置を接続する専用の高速ネットワーク。ファイバチャネルを用いて構築する

通常のLANに接続される**NAS**に比べ，**SAN**を用いたファイル共有はLANに与える負荷を少なくできます。

重要ポイント

[31] NASを使うことで，システム全体で磁気ディスク群を効率的に利用できる

2 キャパシティプランニングと性能評価

学習のポイント

いくら高機能なシステムであっても，性能が要求水準に達していなければユーザには受け入れられません。システムを構築する上では，性能面の設計も機能に劣らず重要なのです。ここでは，性能の設計・評価について説明します。

1 キャパシティプランニング

キャパシティプランニングとは，システムの開発や既存システムの改修において，

「**需要（ユーザ要求）を満足させ，負荷のピーク時にも耐え得るシステム構成**」

を設計することです[32]。具体的には，各アプリケーションごとに想定される必要な資源を算出し，システムの各構成要素について，その機能要素，量，配置場所などを決定することを指します。

キャパシティプランニングの活動は，次のサイクルで表されます。

> **重要用語**
> **[32] キャパシティプランニング**
> 性能，経済性及び拡張性を考えてシステム構成を決定する，と出題されることもある

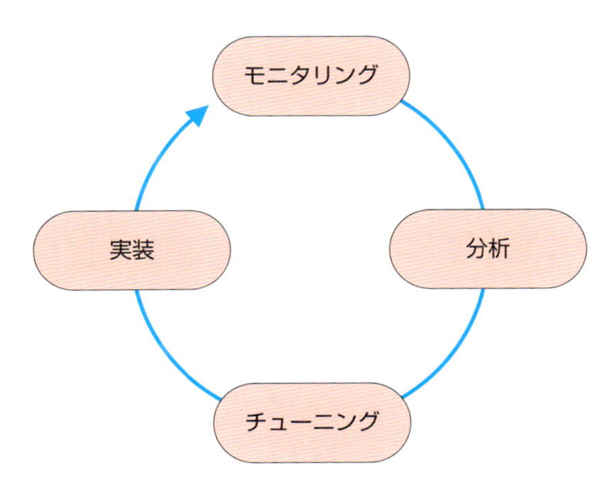

図14　キャパシティプランニングのサイクル

表８　各サイクルで行う活動

モニタリング[33]	プログラムの実行状態や資源の利用状況などを測定し，改善のためのデータを収集する。測定周期や報告時期の計画も含まれる
分析	モニタリングで収集したデータをもとに，傾向や最大負荷などを分析する
チューニング	現状システムの性能を最適化するための変更箇所の検討や変更策を決定する[34]
実装	現状システムを起点とし，将来的な予測に基づいて必要となるリソース調達やシステム増強などを計画する

■主な性能評価指標

システム性能を測る基本的な指標としては，次のものがあります。

表９　基本的な評価指標

レスポンスタイム	要求入力完了の直後から，結果の出力開始までに要する時間
ターンアラウンドタイム[35]	ジョブを提出してから，結果が戻るまでの時間
スループット[36][37]	単位時間内に実行できるジョブの量
TPS	１秒間に処理できるトランザクション数

■ベンチマーク

ベンチマークは，システムに標準的なプログラムを実行させ，その結果をもとに性能を測定する方法です。主なベンチマークには次のものがあります。

表10　主なベンチマーク

SPECint	整数演算能力を測るベンチマーク
SPECfp	浮動小数点数演算能力を測るベンチマーク
TPC-C	受発注業務システム（OLTP）をモデルとし，トランザクション処理能力を測るベンチマーク

2 トランザクション処理時間の算出

スループットやTPSの算出にあたっては，トランザクションの処理時間を算出することが求められます。これは，MIPS値とトランザクションの命令数を用いて，次のように求めることができます。

重要用語
[33] モニタリング
プログラムの実行状態や資源の利用状況などを測定し，改善のためのデータを収集する

重要ポイント
[34] チューニングは現状システムのパフォーマンスを最適化する

重要ポイント
[35] 端末とコンピュータが通信回線で結ばれているとき，ターンアラウンドタイムは送受信の時間を含めて計算する

重要用語
[36] スループット
単位時間内に実行できるジョブの量

重要ポイント
[37] スプーリングはスループットの向上に役立つ

$$\text{トランザクションの処理時間} = \frac{\text{トランザクションの命令数}}{\text{MIPS値} \times 10^6}$$ [38]

単位を秒としたとき

※10^6は，単位を秒に合わせるための調整で，
単位がミリ秒であれば10^3となる

式で求めた値の逆数が，１秒間に実行できるトランザクション数となります。

③ 待ち時間を考慮した応答時間の算出

ターンアラウンドタイムやレスポンスタイムの算出にあたっては，時間をジョブやトランザクションの到着を含めて計算しなければなりません。たとえば，図14のタイミングでジョブBがシステムに到着したとき，ジョブBは実行中であるジョブAの終了を待たなければなりません。ただし，それも含めて“応答”なので，待ち時間を計算に含める必要があるのです[39]。

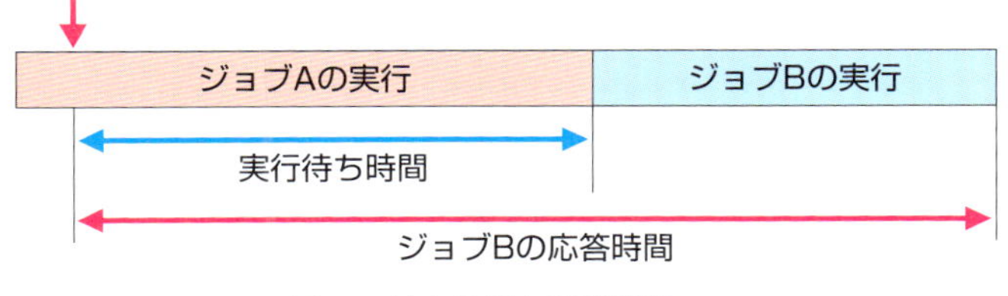

図15　待ち時間と応答時間

④ スループットの算出

スループットは単位時間に実行できるジョブやトランザクションの数を表します。この算出にあたっては，待ち時間は計算に含めません。たとえば，図15で待ち時間が３秒で実行時間が１秒のジョブについて，１時間あたりのスループットを考えてみましょう[40]。

重要ポイント
[38] 処理時間の算出式はそのまま暗記しよう

重要ポイント
[39] ターンアラウンドタイムやレスポンスタイムには，ジョブの待ち時間を含める

重要ポイント
[40] スループットは待ち時間を計算しない

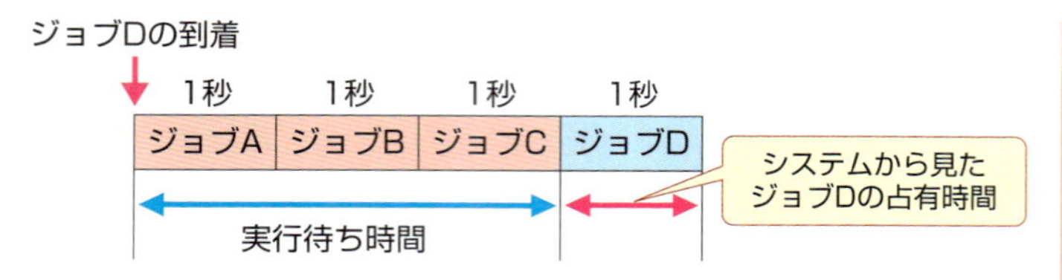

図16　スループットと待ち時間

ジョブDから見ると，到着から実行までに４秒必要となりますが，待ち時間の間にもシステムではジョブA～Cが実行されているため，ジョブがシステムを占有する時間は１秒となります。よって，スループットは，

3600÷1 ＝ 3600（件/時）

と計算することができます。

5 伝送時間

ネットワークを介してトランザクションや実行結果をやりとりするとき，伝送時間がボトルネックになることがあります。スループットの算出において，伝送時間を考慮するべきか否かを，次の例で検討してみましょう。

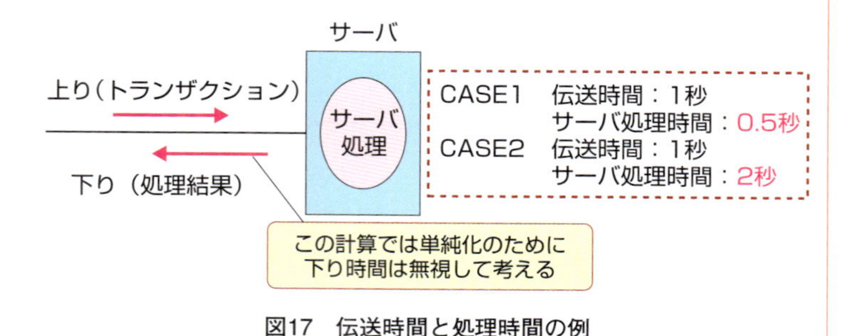

図17　伝送時間と処理時間の例

CASE1では，トランザクションは図17のスケジュールで実行されます。

…トランザクションの伝送　サーバ処理
トランザクションの伝送　サーバ処理
トランザクションの伝送　サーバ処理…

図18　CASE1の実行スケジュール

伝送と実行は並列に行えるため，サーバがあるトランザクションを実行している間，ネットワークからは次のトランザクションが伝送されます。ここで，

　ネットワークの伝送時間 ＞ サーバ処理時間

であるので，伝送時間がボトルネックとなりサーバ処理を連続して実行できないことになります。結果としてスループットは，

　1÷伝送時間 ＝ 1（件/秒）

となります。

一方，CASE2の実行スケジュールは図18のようになります。

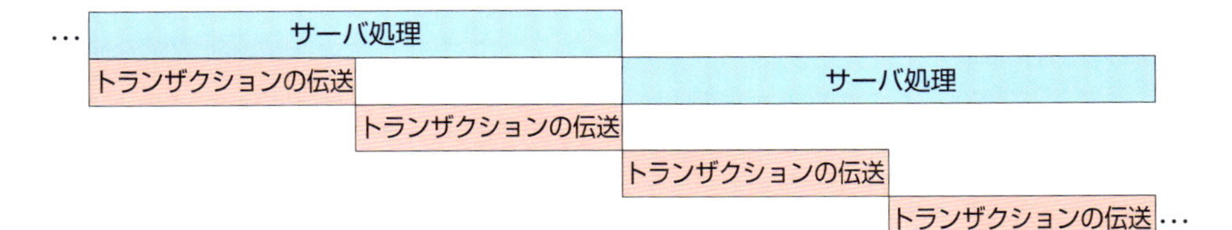

図19　CASE2の実行スケジュール

CASE1とは逆に，トランザクションは次々と伝送されてくるものの，サーバ処理が追いつかない状況です。スループットはサーバ処理時間を用いて，

　1÷サーバ処理時間 ＝ 0.5（件/秒）

と計算することができます[41]。

重要ポイント

[41] 伝送時間を考慮したスループットは，
・伝送時間＞サーバ処理時間
→１／伝送時間
・伝送時間＜サーバ処理時間
→１／サーバ処理時間

6 利用率と待ち時間の関係

サーバにトランザクションが集中すると，それだけサーバの待ち時間が長くなります。このとき，待ち時間および応答時間はサーバの利用率ρを用いて，次のように計算することができます。

$$待ち時間^{[42]} = \frac{\rho}{1-\rho} \times サーバ処理時間$$

$$応答時間^{[42]} = \frac{1}{1-\rho} \times サーバ処理時間$$

たとえば，１秒間に３件のトランザクションが到着し，１トランザクションあたり0.2秒のサーバ処理が発生するとき，サーバの利用率は，

　0.2×3／1 ＝ 0.6

となり，

　待ち時間 ＝ 0.6／0.4×0.2 ＝ 0.3（秒）

　応答時間 ＝ 1／0.4×0.2 ＝ 0.5（秒）

となります。

これらの時間は，図19のように**利用率の増加に伴い極端に変化**します。利用率が50％（＝0.5）であれば，待ち時間はサーバ処理時間と等しいのですが，利用率が99％になればサーバ処理時間の実に100倍近く（99倍）にまで悪化するのです[43]。

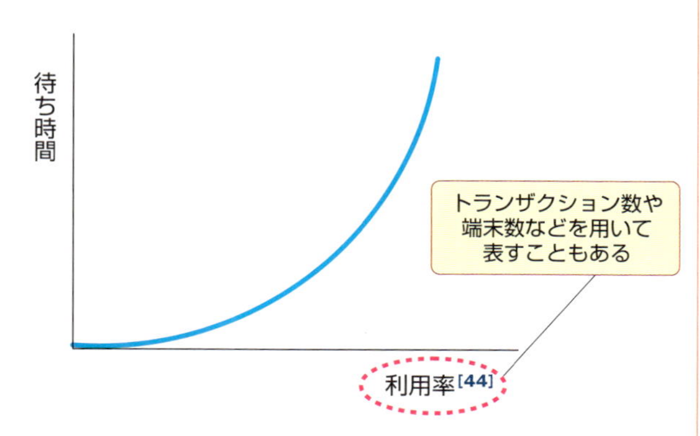

〈利用率＝0.5の場合〉

$$待ち時間 = \frac{0.5}{1-0.5} \times サーバ処理時間 = サーバ処理時間$$

〈利用率＝0.99の場合〉

$$待ち時間 = \frac{0.99}{1-0.99} \times サーバ処理時間 = 99 \times サーバ処理時間$$

図20　利用率と待ち時間

重要ポイント

[42] 待ち時間および応答時間の算出式は必ず覚える！

注意 [42]

公式が成立するためには，優先度や緊急度による行列順序の変更は行わない(トランザクションが到着順で処理される)ことが前提

重要ポイント

[43] 利用率が２倍になると（$\rho \rightarrow 2\rho$），待ち時間は

$\frac{2\rho}{1-2\rho}$×サーバ処理時間

と変化する

重要ポイント

[44] 利用率の増加に伴い，待ち時間や応答時間は極端に悪化する

7 ベンチマークを相乗平均で評価する

ベンチマークの結果を相乗平均で評価することもあります。たとえば，２本のベンチマークプログラムをコンピュータX，Yで実行したときの実行時間が次の値を示したとします。

表11　実行時間

	プログラム１	プログラム２
コンピュータX	50	200
コンピュータY	100	100

ベンチマークプログラムは実際に実行するプログラムとは異なるため，処理時間ではなく性能比の比較に用います。

性能比で見れば，プログラム１に関してはXが２倍高速で，プログラム２に関してはYが２倍高速です。プログラム１，２が同じ重みであれば，性能比は「引き分け」と評価することが妥当でしょう。ところが，算術平均で評価すると，

Xの評価 ＝（50＋200）÷2 ＝ 125

Yの評価 ＝（100＋100）÷2 ＝ 100

となり，Yの勝ちと判定することになります。

そこで，相乗平均で評価すると，

Xの評価 ＝ $\sqrt{50 \times 200}$ ＝ 100

Yの評価 ＝ $\sqrt{100 \times 100}$ ＝ 100

となり，性能比が評価値に反映されることになります[45]。

なお，ベンチマークではなくモニタリングなどの「実際の処理時間の計測値」であれば，算術平均でも妥当な評価が得られます。

重要ポイント

[45] X，Yの相乗平均 ＝ $\sqrt{X \times Y}$

3 システムの信頼性

学習のポイント

信頼性の低いシステムは二重化することで信頼性を向上させます。それでも信頼性が足りなければ，さらなる多重化が必要です。システムの信頼性は，システム構成そのものを左右するのです。ここでは，システムの信頼性を改めて定義し，稼働率に着目して計算のコツを紹介します。

1 信頼性評価指標

システムの信頼性を表す概念に**RASIS**があります。これは次の性質の頭文字をとったものです。

表12　RASIS

Reliability（狭義の信頼性）	**システムの故障のしにくさ**を表す → 評価指標としてMTBFを用いる
Availability（可用性）	**システムが使用できる可能性**を表す → 評価指標として稼働率を用いる
Serviceability（保守性）	**システム保守のしやすさ**を表す → 評価指標としてMTTRを用いる
Integrity[46]（一貫性，完全性）	不整合の起こりにくさを表す
Security（安全性）	障害や不正アクセスに対する耐性を表す

重要用語

[46] Integrity
矛盾のない状態を維持する能力 → 一貫性

MTBF(Mean Time Between Failures：平均故障間隔)

故障が回復してから，次の故障が発生するまでの平均時間を指します。すなわち，**故障なく稼働（連続稼働）する平均時間**を表します。この時間が長いほど信頼性に優れたシステムということができます。

MTTR(Mean Time To Repair：平均修理時間)[47]

故障発生から復旧までに要する平均時間を指します。この時間が短いほど，保守性に優れたシステムということができます。

重要ポイント

[47] エラーログの取得機能は，MTTRの短縮に役立つ

稼働率

稼働率は，故障も含めた時間に対する**「稼働時間」の割合**です。

次の式で表されます。この値が高いほど可用性に優れたシステムということができます。

$$稼働率^{[48]} = \frac{MTBF}{MTBF+MTTR}$$

上の式から，稼働率を高めるには，MTBFを相対的に長く，MTTRを相対的に短くすればよいことがわかります。仮に両者が同じ割合で変化した場合は，稼働率は変わりません[49]。

重要ポイント

[48] 稼働率
＝平均故障間隔／（平均故障間隔＋平均修理時間）
稼働率が0.5のとき，MTBFとMTTRは等しくなる

重要ポイント

[49] MTBFとMTTRが同じ割合で変化しても稼働率は変わらない

２ 稼働率の計算

稼働率を計算するためには，平均故障間隔および平均修理時間を求めなければなりません。次の例で見てみましょう。

〈例〉平均すると100時間に２回故障が発生し，その都度修理に２時間要する。

この例では，システムは次のスケジュールで稼働すると考えられます。

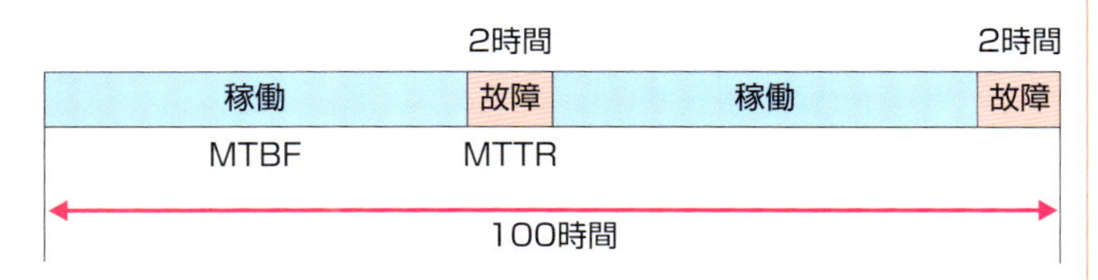

図21　実行スケジュール

MTTRは２時間で，これを２回挟んで連続稼働する時間（MTBF）は二つに分けられています。このとき，MTBFは，

(100－2×2)÷2 ＝ 48（時間）

と計算することができます。稼働率は，

MTBF ／(MTBF＋MTTR) ＝ 48 ／ 50 ＝ 0.96

となります。

３ 直／並列システムの稼働率

次に装置X，Yを直列あるいは並列に接続した場合のシステムの稼働率を，装置Xの稼働率をx，装置Yの稼働率をyとして計算してみ

ましょう。

■直列システムの稼働率

直列に接続された機器は，CPUとメモリのようにそれぞれがシステムにとって必須の機器であることを表します。機器X，Yが直列に接続されているとき，システムとして稼働するためにはX，Yが共に稼働しなければなりません。その確率は，**両装置の稼働率の積xy**で求めることができます。

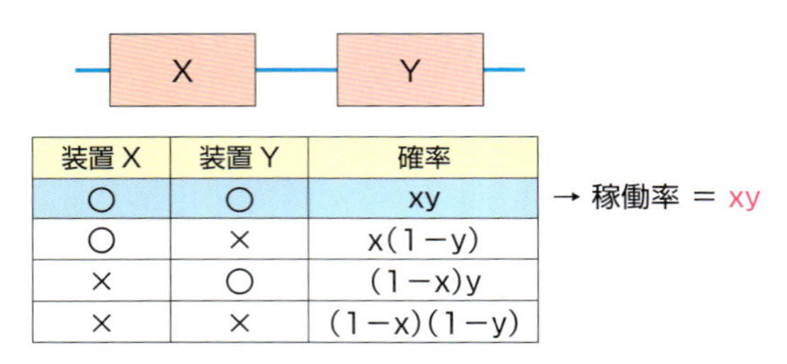

装置X	装置Y	確率
○	○	xy
○	×	x(1−y)
×	○	(1−x)y
×	×	(1−x)(1−y)

→ 稼働率 ＝ xy

図22　直列システムの場合[50]

■並列システムの稼働率

並列に接続された機器は，多重化された状態を表します。X，Yが並列に接続されたとき，どちらか一方の装置が稼働すればシステムとして稼働します。その確率は，**両装置が稼働する確率に，いずれか一方のみが稼働する確率を加えて**計算することができます。

装置X	装置Y	確率
○	○	xy
○	×	x(1−y)
×	○	(1−x)y
×	×	(1−x)(1−y)

稼働率はこれらの総和となる

→ xy＋x(1−y)＋(1−x)y
＝xy＋x−xy＋y−xy
＝x＋y−xy
＝1−(1−x)(1−y)

図23　並列システムの場合

図22に示したとおり，X，Yを並列させたシステムの稼働率は，

x＋y−xy ＝ 1−(1−x)(1−y)

となります。計算にあたっては，式の右辺，左辺のどちらでも，算出が簡単な方を用いればよいでしょう。なお，右辺の式は，確率の

総和が１であることを用いれば，

1－「X，Yが共に稼働しない確率」[51]

＝ 1－(1－x)(1－y)[52]

と導くこともできます。

4 複雑な構成をもつシステムの稼働率

単純な直／並列ではなく，直／並列を組み合わせた構成や三重に並列させたシステムもあります。以下に，いくつかの例で，稼働率を計算してみましょう。

三重化システムの稼働率

機器を三重に並列させた場合でも，稼働率の算出法自体は二重化システムの場合と変わりません。

一般に，稼働率xの機器をn重化したとき，その稼働率は，

$1-(1-x)^n$

で求めることができます。

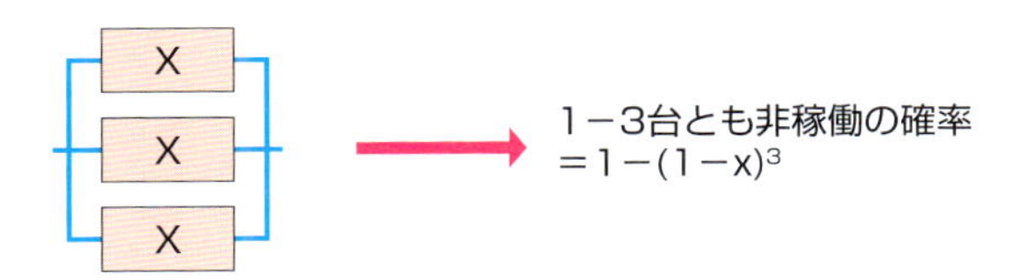

図24　三重化システムの場合

直／並列を組み合わせた構成の場合

図24のようなシステム構成を考えてみましょう。

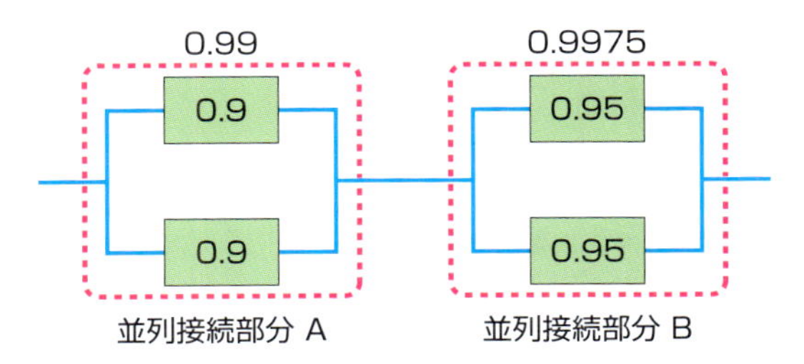

図25　並列接続システムを直列に接続した例

重要ポイント

[51] X，Yが並列に接続された場合の稼働率＝1－「X，Yが共に稼働しない確率」

テクニック

[52] 並列システムの稼働率は「1－全要素の"非"稼働率の積」で求める

第5章

このような場合，全体を「単純な直列接続システム」と見なせるように並列接続部分（図の点線部分）の稼働率をそれぞれ求めます。その後に，直列接続システムとしての稼働率を計算すればよいのです。したがって，計算式は以下のようになります。

並列接続部分Aの稼働率 ＝ $1-(1-0.9)^2$ ＝ 0.99

並列接続部分Bの稼働率 ＝ $1-(1-0.95)^2$ ＝ 0.9975

全体の稼働率 ＝ 0.99×0.9975 ≒ 0.988

次に，図25のようなシステム構成の場合には，まず直列接続部分の稼働率を求めた後，それらを「1つの機器」と見なし，並列接続システムとしての稼働率を求めます。

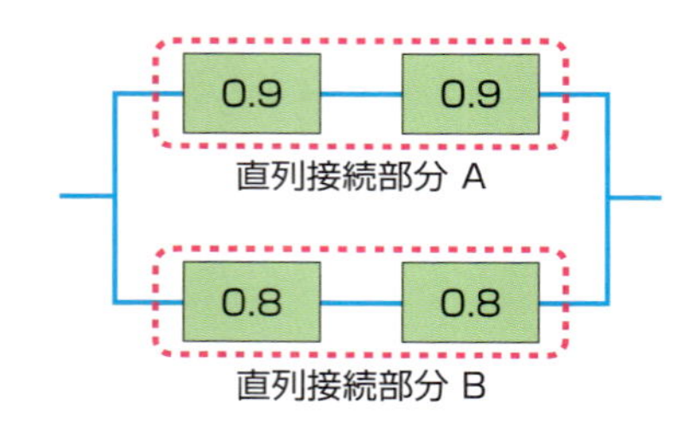

図26　直列接続システムを並列に接続した例

計算式は次のようになります。

直列接続部分Aの稼働率 ＝ 0.9×0.9 ＝ 0.81

直列接続部分Bの稼働率 ＝ 0.8×0.8 ＝ 0.64

全体の稼働率 ＝ 1－(1－0.81)×(1－0.64) ≒ 0.932

5 狭義の信頼性

狭義の信頼性とは「故障を起こさず連続稼働する」性質のことを指します。信頼性を表す指標には次のものがあります。

表13　狭義の信頼性

故障率 λ	単位時間内に故障が発生する割合 λ ＝ 1／MTBF
信頼性R(t)	t時間故障を起こさず連続稼働する確率 $R(t) = e^{-\lambda t}$

直／並列システムの場合，故障率と信頼性は次のように計算することができます。

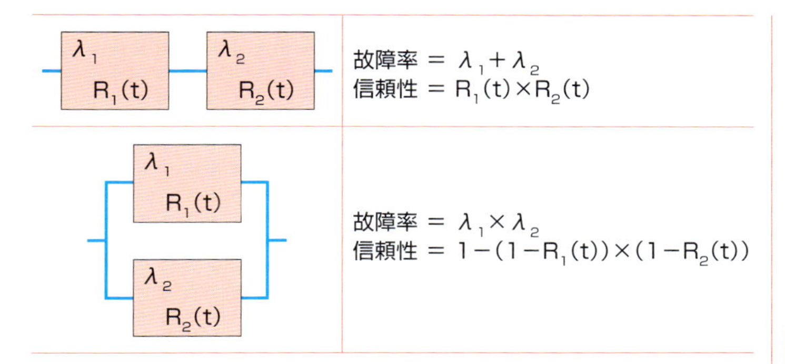

図27　故障率と信頼性[53]

信頼性については稼働率の式と変わりませんが，故障率は直列の場合はそれらの和，並列の場合はそれらの積となるので注意しましょう。

重要ポイント

[53] 直／並列システムの狭義の信頼性は，稼働率と同じ式で算出できる

▶待ち行列理論と適用例

学習のポイント

システム構成関係の午後問題では，待ち行列の問題は定番中の定番です。しかも，公式や計算に関わるため「練習していれば満点も狙える」という極端なテーマでもあるのです。ここでは，待ち行列を改めて取り上げ，詳細に説明します。覚える公式はキッチリ覚えて，得意分野に加えましょう。

1 待ち行列モデルの分類

待ち行列とは，用意された「窓口」でサービスを受けるために，複数の「客」が並んでいる状態を指します。コンピュータシステムでは，

- マルチプログラミングにおいて，プロセッサを巡って実行可能プロセスが競合する
  → プロセッサが窓口，プロセスが客
- OLTPにおけるトランザクション処理
  → 処理プログラムが窓口，各トランザクションが客

といったように，待ち行列でモデル化できる事象が多く存在します。これらについてはモデルを数学的に解析することで，所要時間などを予測することができます。

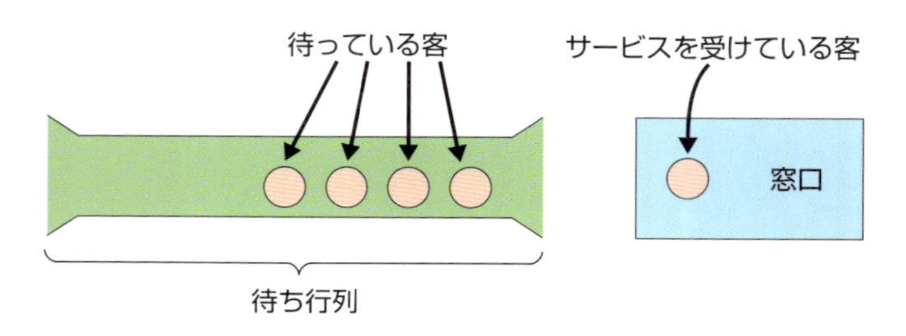

図28 待ち行列の例

待ち行列モデルは，窓口に到着する客の頻度分布，窓口の数などによって，いくつかに分類することができます。ここでよく用いられる表記法に，**ケンドール記法**があります。これはその待ち行列の性質を，

到着の分布／サービス時間の分布／窓口の数

の順で記す方法です。

到着およびサービス時間の分布を表す記号としては，主に以下のものが用いられます。

〈到着〉

M：**ポアソン分布**（到着がランダム）

G：一般分布（MとDの中間に該当する，何らかの係数に従った通常の分布）

D：一様分布（到着が一定）

〈サービス時間〉

M：**指数分布**（サービス時間がランダム）

G：一般分布（MとDの中間に該当する，何らかの係数に従った通常の分布）

D：一様分布（サービス時間が一定）

たとえば，到着がランダム（＝到着がポアソン分布に従う），サービス時間が一定で，窓口が１つの待ち行列は，ケンドール表記では，

M/D/1

と表記されます。

■窓口数の考え方

ケンドール記法において「窓口数が複数である」とは，複数窓口に対して１本の待ち行列ができることを表します。よって図28の(b)のように，窓口ごとに個別の待ち行列ができている場合は，複数窓口ではなく，単一窓口の待ち行列が複数存在する，と解釈されるのです。

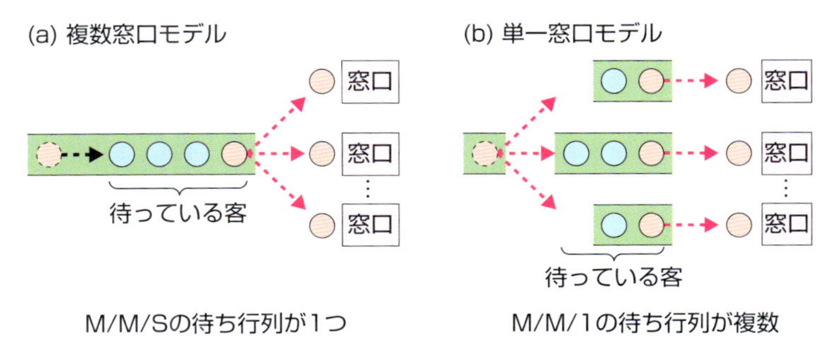

図29　複数窓口モデルと単一窓口モデル

② M/M/1モデル

M/M/1待ち行列モデルはスーパーのレジを想像すればよいでしょう。このモデルは次のことが前提となっています。

- 待ち行列の長さに制限はない
- 一度並んだ客がサービスを受ける前に立ち去ることはない
- 到着した客は必ず待ち行列に並ぶ
- 到着した客の順番が入れ替わることはない

M/M/1モデルは，最も基本的な待ち行列モデルです。このモデルでは，平均待ち時間などを，比較的単純な計算で得ることができます。このモデルにおいて，計算に用いる項目と手順を見ていきましょう。

■平均到着率　λ

系（窓口および待ち行列が置かれる領域）に対する，単位時間あたりの到着客数の平均をいい，λで表します。平均到着率λが直接与えられない場合は，平均到着間隔の逆数で求めることができます。

たとえば，平均して0.8秒ごとに１件のトランザクションが発生するような場合，平均到着率は，

$$1 / 0.8 = 1.25 \text{［件/秒］}$$

となります。

■平均サービス時間　$E(t_s)$

１人の客に対するサービスの平均所要時間です。

■窓口利用率　ρ

窓口がサービス中である割合を示します。窓口利用率ρは，平均到着率と平均サービス時間を用いて，

$$\rho = \lambda \times E(t_s)$$

で計算することができます。たとえば，平均到着率λ＝1.25，平均サービス時間$E(t_s)$＝0.6秒であれば，窓口利用率ρは，

$$\rho = 1.25 \times 0.6 = 0.75$$

となります。

平均待ち時間　$E(t_w)$

客が系に到着してから，サービスを開始されるまでの時間の平均です。これは上記の項目を用いて，

$$E(t_w) = \frac{\rho}{1-\rho} \times E(t_s)$$

で求められます。たとえば，上記のように$\lambda = 1.25$，$E(t_s) = 0.6$，$\rho = 0.75$の場合，

$$\begin{aligned} E(t_w) &= 0.75 / (1-0.75) \times 0.6 \\ &= 3 \times 0.6 \\ &= 1.8 \text{［秒］} \end{aligned}$$

となり，客は平均して1.8秒待つことになります。

平均応答時間　$E(t_q)$

客は待ち行列に並んで自分の順番が来るのを待ち，その後サービスを受けることになります。すなわち平均応答時間は，**平均待ち時間＋サービス時間に等しい**ことになります。したがって，

$$\begin{aligned} E(t_q) &= E(t_w) + E(t_s) \\ &= \frac{\rho}{1-\rho} \times E(t_s) + E(t_s) \\ &= \frac{\rho + 1 - \rho}{1-\rho} \times E(t_s) = \frac{1}{1-\rho} \times E(t_s) \end{aligned}$$

と計算することができます。

平均待ち客数（平均待ち行列長）　$E(L_w)$

待っている客の数（＝サービス中の客を除いた，待ち行列の長さ）の平均です。

$$\begin{aligned} E(L_w) &= \lambda \times E(t_w) \\ &= \lambda \times \frac{\rho}{1-\rho} \times E(t_s) \\ &= \frac{\rho^2}{1-\rho} \end{aligned}$$

■平均系内滞留客数(平均系長)　$E(L_q)$

サービス中の客も含めて，系内にいる客数の平均です。

$$E(L_q) = \lambda \times E(t_q)$$

$$= \lambda \times \frac{1}{1-\rho} \times E(t_s)$$

$$= \frac{\rho}{1-\rho}$$

常に窓口がサービス中とは限らないので，単純に$E(L_q) = E(L_w) + 1$とはならないことに注意してください。

3 複数窓口モデル

複数窓口モデルは，

- 到着間隔やサービス時間の分布はM/M/1と同じ
- 窓口が複数存在する
- 窓口ごとに並列に客を処理する

であるモデルで，**M/M/S**と表します。

窓口数が増えると解析が複雑になり，M/M/1のような単純な式で待ち時間を得ることはできません。一般には，あらかじめ用意した表やグラフを用いて待ち時間を求めます。

その中でも，平均サービス時間を１に正規化し，ρと窓口数が変化した場合の待ち時間をまとめた表がよく用いられます。この表から正規化された平均待ち時間を得た後，平均サービス時間を乗じることで，実際の平均待ち時間を求めることができるのです。

表14　正規化された待ち行列表

窓口利用率＼窓口数	1	2	3	4	5	6	7	8	9	10
0.05	0.053	0.003	0.000	0.000	0.000	0.000	0.000	0.000	0.000	0.000
0.10	0.111	0.010	0.001	0.000	0.000	0.000	0.000	0.000	0.000	0.000
0.15	0.176	0.023	0.004	0.001	0.000	0.000	0.000	0.000	0.000	0.000
0.20	0.250	0.042	0.010	0.003	0.001	0.000	0.000	0.000	0.000	0.000
0.25	0.333	0.067	0.020	0.007	0.003	0.001	0.001	0.000	0.000	0.000
0.30	0.429	0.099	0.033	0.013	0.006	0.003	0.001	0.001	0.000	0.000
0.35	0.538	0.140	0.053	0.023	0.011	0.006	0.003	0.002	0.001	0.001
0.40	0.667	0.190	0.078	0.038	0.020	0.011	0.006	0.004	0.002	0.001
0.45	0.818	0.254	0.113	0.058	0.033	0.020	0.012	0.008	0.004	0.003
0.50	1.000	0.333	0.158	0.087	0.052	0.033	0.022	0.015	0.010	0.007
0.55	1.222	0.434	0.217	0.126	0.079	0.053	0.037	0.026	0.019	0.014
0.60	1.500	0.563	0.296	0.179	0.118	0.082	0.059	0.044	0.033	0.025
0.65	1.857	0.732	0.401	0.253	0.173	0.124	0.093	0.071	0.055	0.044
0.70	2.333	0.961	0.547	0.357	0.252	0.187	0.143	0.113	0.091	0.074
0.75	3.000	1.286	0.757	0.509	0.369	0.281	0.221	0.178	0.147	0.123
0.80	4.000	1.778	1.079	0.746	0.554	0.431	0.347	0.286	0.240	0.205
0.85	5.667	2.604	1.623	1.149	0.873	0.693	0.569	0.477	0.408	0.353
0.90	9.000	4.263	2.724	1.969	1.525	1.234	1.029	0.877	0.761	0.669
0.95	19.000	9.256	6.047	4.457	3.511	2.885	2.441	2.110	1.855	1.651
0.98	49.000	24.253	16.041	11.950	9.503	7.877	6.718	5.851	5.178	4.641

〈計算例〉

窓口数＝5，平均到着率λ＝2.5件/秒，窓口一つあたりの平均サービス時間$E(t_s)$＝1秒とした場合，

窓口利用率ρ ＝ (2.5×1)／5 ＝ 0.5

※M/M/1のときのρを単純に窓口数で除す

表より，ρ＝0.5，窓口数＝5から得られる値→ 0.052

平均待ち時間 ＝ 0.052×1 ＝ 0.052秒 ＝ 52ミリ秒

▶さまざまな稼働率の計算

学習のポイント

待ち行列と並び，稼働率もまた定番中の定番です。ここでは，午後本試験に出題されたものを踏まえて，さまざまな構成における稼働率を考えます。構成ごとに稼働率の式を覚えるのではなく，構成から計算式を導くことを心がけてください。それができるようになれば，どんな構成が出題されても得点できます。

1 RAIDの稼働率

RAIDは複数の磁気ディスクを用いて補助記憶を構築する技術で，高速なアクセスや高い信頼性を得ることができます。ここでは，稼働率の観点からRAIDを検証してみます。なお，磁気ディスク単体の稼働率をRとし，RAIDは最小構成とします。

■RAID0（ストライピング）

RAID0はデータブロックを交互に記録する方式で，最小構成は２台になります。磁気ディスクに冗長性はないため，稼働率の構成としては直列接続と等しいことになります。

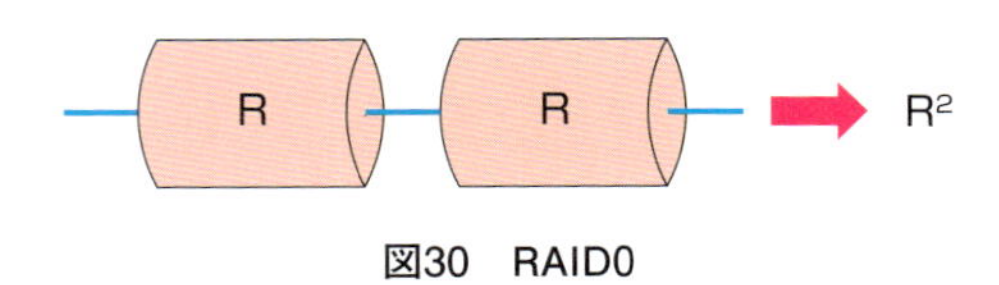

図30　RAID0

■RAID1（ミラーリング）

RAID1は正副の磁気ディスクをもつ方式で，最小構成は２台です。「副」は「正」の完全なコピーなので，正に障害が生じた場合は副に切り替えて処理を継続することができます。稼働率の構成としては並列接続と等しいものとなります。

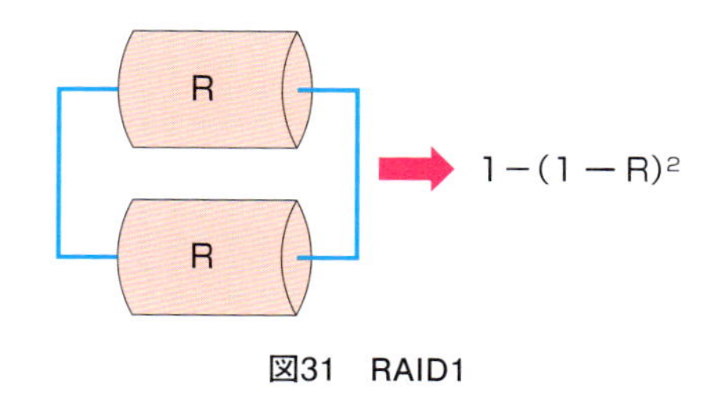

図31　RAID1

RAID3 ～ 5

RAID3 ～ 5はストライピングに加えて復旧のための冗長情報を記録する方式で，最小構成は３台です。１台に障害が生じた場合でも，他のディスクから内容を復元できるため，処理を継続することができます。ただし，同時に２台以上に障害が生じた場合には，処理は継続することはできません。

見かけ上は３台並列ですが，２台以上の稼働が条件となります。

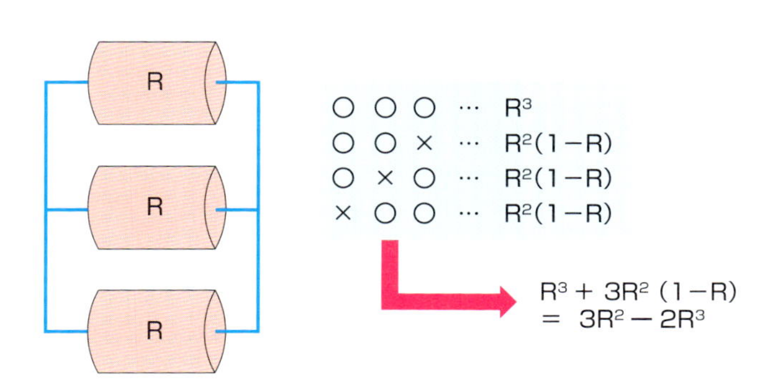

図32　RAID3 ～ 5

RAID6

RAID5を発展させた方式で，２種類の冗長情報を記録します。最小構成は４台で，同時に２台に障害が生じても処理を継続することができます。

見かけ上は４台並列していますが，２台以上の稼働が条件となります。逆にいえば，３台以上に障害が生じると全体が停止することになります。

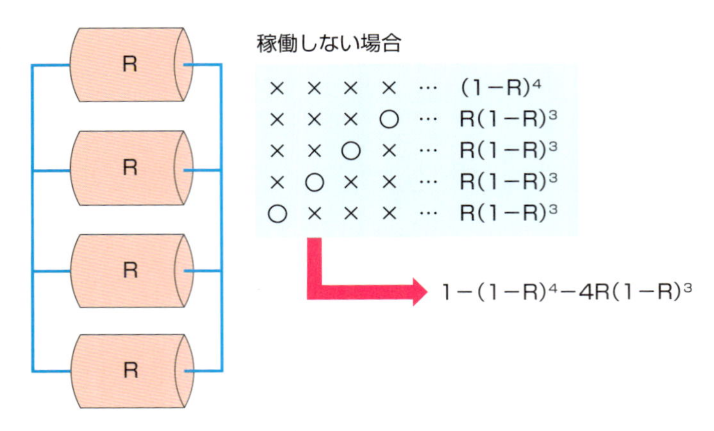

図33　RAID6

■RAID01（RAID0＋1）

RAID01は，RAID0を正副二重化した方式です。

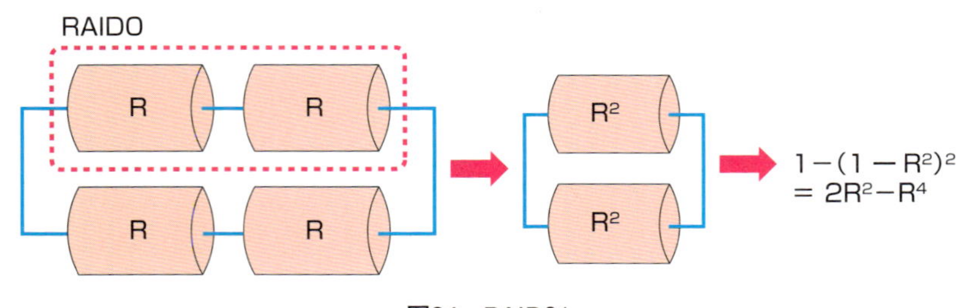

図34　RAID01

■RAID10（RAID1＋0）

RAID10は，RAID1を２構成直列化してストライピングした方式です。

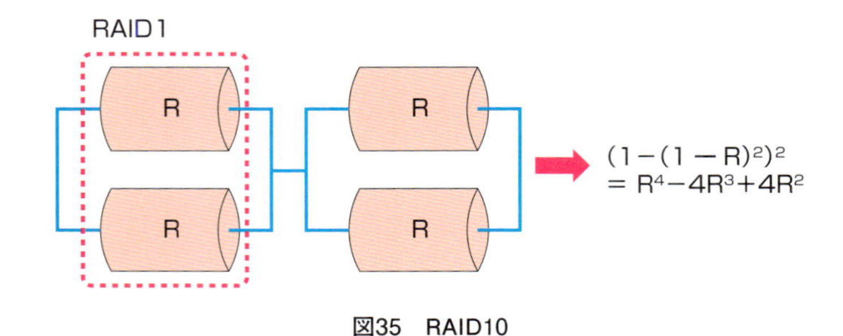

図35　RAID10

■RAID01とRAID10の比較

稼働率の観点から，RAID01とRAID10のうちどちらが有利なのかを考えてみましょう。

RAID10の稼働率－RAID01の稼働率

$$= 2R^4 - 4R^3 + 2R^2$$
$$= 2R^2(R^2 - 2R + 1)$$
$$= 2R^2(R-1)^2 \geqq 0$$

より，

RAID10の稼働率 ≧ RAID01の稼働率

となり，RAID10の方が有利となります。

RAID01とRAID10は，必要となるディスク台数も容量も等しいため，選択が可能であるならばRAID10を選択すべきでしょう。

[2] 仮想化を実施した場合の稼働率

サーバを仮想化することでリソースの利用状況を最適化し，コストダウンを図ることができます。ただし，その場合でも稼働率を下げないように留意する必要があります。

図36のようなサーバ構成を考えてみましょう。

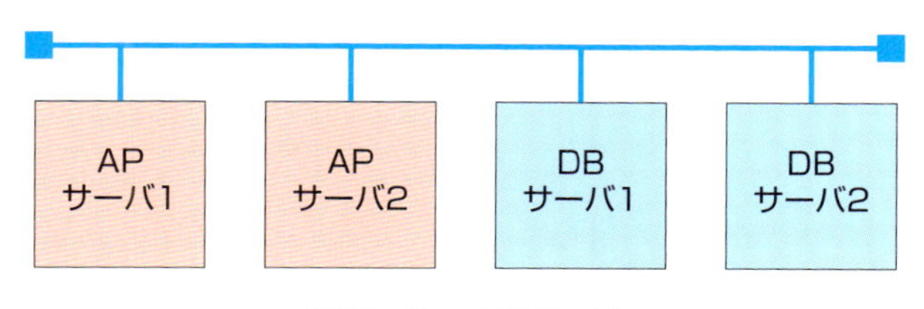

図36　サーバ構成の例

このサーバ構成においては，システムが稼働するためにはAPサーバとDBサーバが共に稼働しなければなりません。そこで，それぞれ二重化することで稼働率を高めています。

このとき，稼働率から見たシステム構成およびシステムの稼働率は図36のようになります（サーバ単体の稼働率をRとする）。

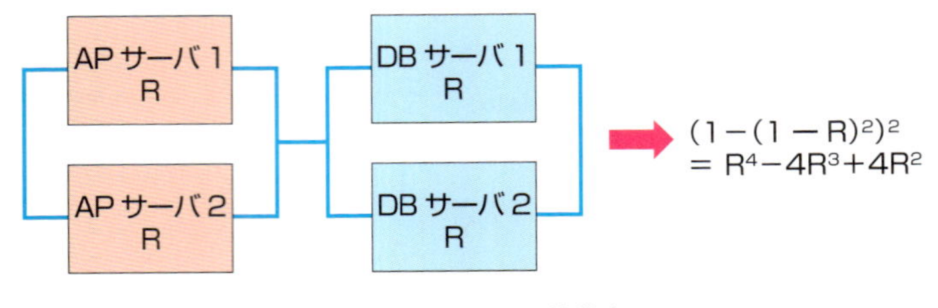

図37　システムの稼働率

この構成を仮想化してみましょう。稼働率を下げないためブレードサーバを用意し，2枚のブレードに次のように仮想化します。なお，ブレード1台の稼働率はサーバと同じRとします。

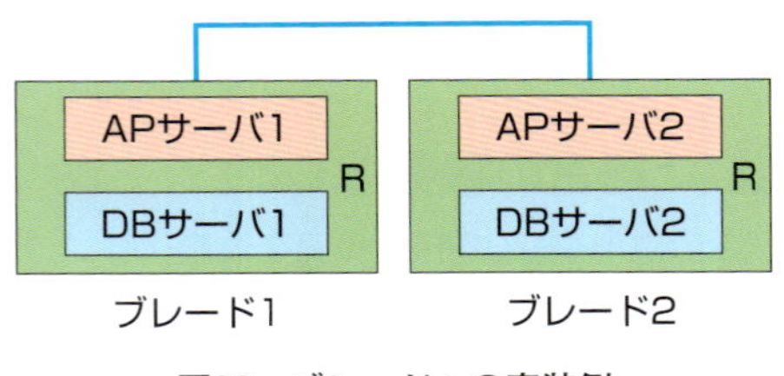

図38　ブレードへの実装例

システムが稼働するためには，いずれか1台のブレードが稼働していればよいことになります。ブレード単体の稼働率をRとすると，システムの稼働率は，

$$1-(1-R)^2$$

となり，この稼働率は仮想化しない場合の値よりも高いことがわかります。

予備のブレードをもう1枚用意し，予備ブレードをブレード1としてもブレード2としても機能するように準備しておくと，稼働率はさらに高まります。

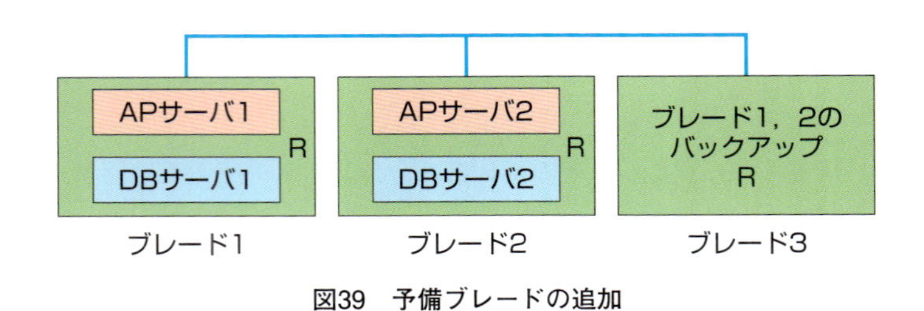

図39　予備ブレードの追加

このとき，少なくとも1枚のブレードが稼働すれば，システムが稼働することになります。逆にいえば，ブレードが3枚とも停止しない限りシステムは稼働します。その確

率は，

$$1-(1-R)^3$$

となります。

3 複雑な構成をもつシステムの稼働率

稼働率に関して，ちょっとびっくりするような構成で出題されることもあります。平成21年秋には，次のようなシステム構成が出題されました。

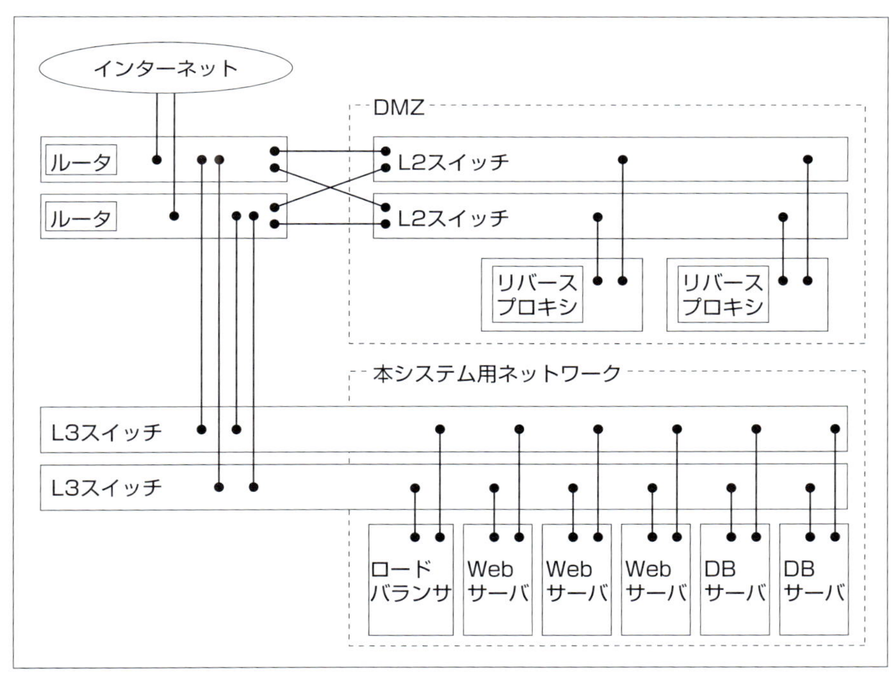

L2スイッチ：レイヤ2スイッチ
L3スイッチ：レイヤ3スイッチ

図40　システム構成図（平成21年秋）

試験問題は，ルータ，リバースプロキシ，L2スイッチ，L3スイッチ，ロードバランサ，Webサーバ，DBサーバの単体の稼働率をp[1]～p[7]，各機器の台数をn[1]～n[7]とした場合の全体の稼働率を式で表せ，というものでした。

ただし，びっくりするのは見かけだけで，

- 異なる機器は直列に
- 同じ機器は並列に

という原則に沿って考えれば簡単に導出できます。

原則どおり考えると，システムはn[1]台並列されたルータ，n[2]台並列されたリバースプロキシ，……，が直列に接続された構成に置き換えることができます。

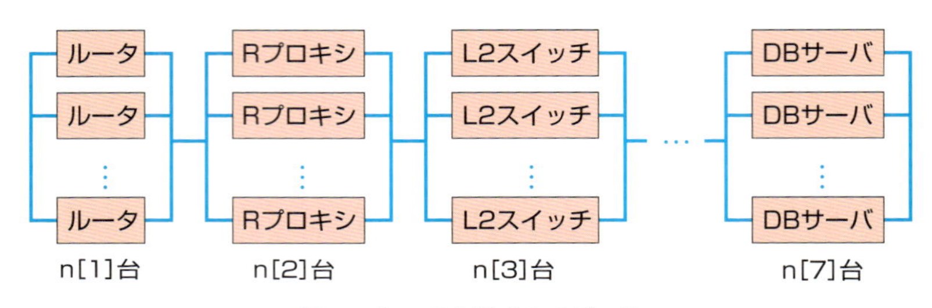

図41　システム構成のモデル化

並列部分の稼働率は，特に条件がなければ「1台でも稼働すれば全体が稼働する」と考えてよいので，その稼働率は，

1－すべてが停止する確率

で求めることができます。たとえばルータ部分の稼働率は，

$$1-(1-p[1])^{n[1]}$$

となります。

これらが直列に接続されているのですから，システム全体の稼働率は，

$$(1-(1-p[1])^{n[1]})\times(1-(1-p[2])^{n[2]})\times\cdots\times(1-(1-p[7])^{n[7]})$$

となります。

4 許容できるサービス中断時間

目標とする稼働率をもとに，許容できるサービス中断時間を求めるような出題もあります。この場合は**SLA**（**サービスレベル合意**）で定めた運用時間をベースに考えます。たとえば，運用時間が9：00～17：00であれば，その時間内での稼働／停止状況のみを考え，それ以外の時間帯での稼働状況は，稼働率にはまったく影響しないと考えてよいのです。

1日8時間，年間300日運転，目標稼働率99%以上

このとき，年間の稼働時間は8×300で，サービス停止時間はその１％以下に抑えることを考えます。よって，許容できるサービス中断時間は，

8×300×0.01 ＝ 24時間

となります。

年間365日，24時間連続運転，目標稼働率99.99％（フォーナイン）以上

このようなケースでも，上と同様に，

24×365×0.0001 ＝ 0.876時間 ＝ 52.56分

と求めることができます。

❖確認問題

※問題出典 H：平成　R：令和，S：春期　F：秋期（基は基本情報技術者試験）

問題 1

ストレージ技術におけるシンプロビジョニングの説明として，適切なものはどれか。

H30F・問11　H26F・問10

ア　同じデータを複数台のハードディスクに書き込み，冗長化する。
イ　一つのハードディスクを，OSをインストールする領域とデータを保存する領域とに分割する。
ウ　ファイバチャネルなどを用いてストレージをネットワーク化する。
エ　利用者の要求に対して仮想ボリュームを提供し，物理ディスクは実際の使用量に応じて割り当てる。

問題 2

コンテナ型仮想化の説明として，適切なものはどれか。

R4F・問12

ア　物理サーバと物理サーバの仮想環境とがOSを共有するので，物理サーバか物理サーバの仮想環境のどちらかにOSをもてばよい。
イ　物理サーバにホストOSをもたず，物理サーバにインストールした仮想化ソフトウェアによって，個別のゲストOSをもった仮想サーバを動作させる。
ウ　物理サーバのホストOSと仮想化ソフトウェアによって，プログラムの実行環境を仮想化するので，仮想サーバに個別のゲストOSをもたない。
エ　物理サーバのホストOSにインストールした仮想化ソフトウェアによって，個別のゲストOSをもった仮想サーバを動作させる。

問題 3

システムの信頼性設計に関する記述のうち，適切なものはどれか。

R4F・問13　R3S・問13　H27F・問14

ア　フェールセーフとは，利用者の誤操作によってシステムがダウンしてしまうことのないように，単純なミスを発生させないようにする設計方法である。
イ　フェールソフトとは，故障が発生した場合でも機能を縮退させることなく稼働を継続する概念である。

ウ　フォールトアボイダンスとは，システム構成要素の個々の品質を高めて故障が発生しないようにする概念である。

エ　フォールトトレランスとは，故障が生じてもシステムに重大な影響が出ないように，あらかじめ定められた安全状態にシステムを固定し，全体として安全が維持されるような設計方法である。

問題 4

８Ｔバイトの磁気ディスク装置6台を，予備ディスク（ホットスペアディスク）１台込みのRAID5構成にした場合，実効データ容量は何Ｔバイトになるか。　R4S・問11

ア　24　　イ　32　　ウ　40　　エ　48

問題 5

現状のHPC（High Performance Computing）マシンの構成を，次の条件で更新することにした。更新後の，ノード数と総理論ピーク演算性能はどれか。ここで，総理論ピーク演算性能は，コア数に比例するものとする。　R2F・問12　H28S・問13

〔現状の構成〕
(1)　一つのコアの理論ピーク演算性能は10GFLOPSである。
(2)　一つのノードのコア数は８である。
(3)　ノード数は1,000である。

〔更新条件〕
(1)　一つのコアの理論ピーク演算性能を現状の２倍にする。
(2)　一つのノードのコア数を現状の２倍にする。
(3)　総コア数を現状の４倍にする。

	ノード数	総理論ピーク演算性能（TFLOPS）
ア	2,000	320
イ	2,000	640
ウ	4,000	320
エ	4,000	640

問題 6

コンピュータシステムの性能評価法の一つであるモニタリングの説明として，適切なものはどれか。

H29S・問14

ア　各プログラムの実行状態や資源の利用状況を測定し，システムの構成や応答性能を改善するためのデータを得る。
イ　システムの各構成要素に関するカタログ性能データを収集し，それらのデータからシステム全体の性能を算出する。
ウ　典型的なプログラムを実行し，入出力や制御プログラムを含めたシステムの総合的な処理性能を測定する。
エ　命令を分類し，それぞれの使用頻度を重みとした加重平均によって全命令の平均実行速度を求める。

問題 7

あるクライアントサーバシステムにおいて，クライアントから要求された１件の検索を処理するために，サーバで平均100万命令が実行される。１件の検索につき，ネットワーク内で転送されるデータは平均2×10^5バイトである。このサーバの性能は100MIPSであり，ネットワークの転送速度は8×10^7ビット／秒である。このシステムにおいて，１秒間に処理できる検索要求は何件か。ここで，処理できる件数は，サーバとネットワークの処理能力だけで決まるものとする。また，１バイトは８ビットとする。

H31S・問15　H26S・問14

ア　50　　イ　100　　ウ　200　　エ　400

問題 8

ATM（現金自動預払機）が１台ずつ設置してある二つの支店を統合し，統合後の支店にはATMを１台設置する。統合後のATMの平均待ち時間を求める式はどれか。ここで，待ち時間はM/M/1の待ち行列モデルに従い，平均待ち時間にはサービス時間を含まず，ATMを１台に統合しても十分に処理できるものとする。

R3F・問2　H27S・問1

〔条件〕
(1)　平均サービス時間：Ts
(2)　統合前のシステムの利用率：両支店ともρ

第5章
確認問題

(3)　統合後の利用者数：統合前の両支店の利用者数の合計

ア　$\frac{\rho}{1-\rho}\times Ts$　　イ　$\frac{\rho}{1-2\rho}\times Ts$　　ウ　$\frac{2\rho}{1-\rho}\times Ts$　　エ　$\frac{2\rho}{1-2\rho}\times Ts$

問題 9

あるシステムにおいて，MTBFとMTTRがともに1.5倍になったとき，アベイラビリティ（稼働率）は何倍になるか。　R4F・問14　H28F・問14

ア　$\frac{2}{3}$　　イ　1.5　　ウ　2.25　　エ　変わらない

問題 10

図に示す二つの装置から構成される並列システムの稼働率は幾らか。ここで，どちらか一つの装置が稼働していればシステムとして稼働しているとみなし，装置A，Bとも，MTBFは450時間，MTTRは50時間とする。　H29S・問15

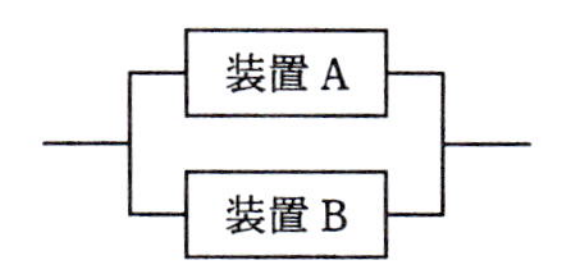

ア　0.81　　イ　0.90　　ウ　0.96　　エ　0.99

解答・解説

問題 1 エ

シンプロビジョニングは，利用者に提供する仮想ボリュームのうち，実際に使用されている容量を物理ディスクに割り当てることで，物理ディスクを効率的に利用する。

ア　ミラーリングに関する記述である。

イ　パーティションに関する記述である。

ウ　SANに関する記述である。

問題 2 ウ

コンテナ型は，ゲストOSを起動せずにゲストOS対応のアプリケーションを実行する仕組みで，ホストOS（カーネル）上で実行環境をまとめたコンテナを動作させ，その上で直接アプリケーションを実行する。

ア　コンテナ型ではOSは物理サーバがもつ。

イ　コンテナ型がもつOSはホストOSである。

エ　コンテナ型ではゲストOSは起動しない。

問題 3 ウ

フォールトアボイダンスは構成要素の個々の品質を高める方式である。

ア　フールプルーフに関する記述である。

イ　フォールトトレランスに関する記述である。

エ　フェールセーフに関する記述である。

問題 4 イ

RAID5は，複数のディスクにデータブロックとパリティブロックを分散記録することで，性能向上と大容量化，信頼性向上を実現させたディスクシステムである。n台のディスクを用いた場合，データを$n-1$ブロック記録するごとに，パリティを1ブロック記録する。そのため，実効データ容量はディスク$n-1$台分となる。

今，1台の予備ディスクを除く5台のディスクでRAID5を構築するため，実効データ容量はディスク4台分（$=8\times4=32$Tバイト）となる。

問題 5 イ

１ノードあたりのコア数が現状の２倍になった状態で，総コア数が現状の４倍になることから，ノード数は現状の２倍（＝2,000ノード）となる。

１コアあたりの演算性能が現状の２倍に増え，さらに総コア数が現状の４倍に増えるので，演算性能は現状の８倍となる。現状の演算性能が10×8×1,000GFLOPS＝80TFLOPSなので，更新後の演算性能は80×8＝640TFLOPSとなる。

問題 6 ア

モニタリングはキャパシティプランニングに含まれる活動で，プログラムの実行状態や資源の利用状況を測定し，改善のためのデータを収集する。

イ　カタログ性能評価に関する記述である。

ウ　ベンチマークに関する記述である。

エ　命令ミックスを用いた性能評価に関する記述である。

問題 7 ア

問題文の諸元をもとに，１検索に必要な時間を求める。

サーバ処理時間 ＝ 100万÷100（マイクロ秒）＝ 10（ミリ秒）

データ転送時間 ＝ $2 \times 10^5 \times 8 \div (8 \times 10^7)$

＝ 2÷100（秒）＝ 20（ミリ秒）

より時間の長いデータ転送がボトルネックとなるため，１秒間に処理できる検索件数は，

1,000 ÷ 20 ＝ 50（件）

となる。

問題 8 エ

規模が等しい両支店をATMを増やさず統合したため，統合後は統合前の２倍の利用客が１台のATMを利用することになる。よって，ATMの利用率は統合前の２倍（＝2ρ）となる。この利用率を，平均待ち時間の式，

$$平均待ち時間 = \frac{利用率}{(1-利用率)} \times 平均サービス時間$$

に当てはめればよい。

問題 9　エ

稼働率はMTBFとMTTRを用いて，次のように計算できる。ここで，MTBFとMTTRが共に1.5倍に変化しても，稼働率そのものは変わらない。

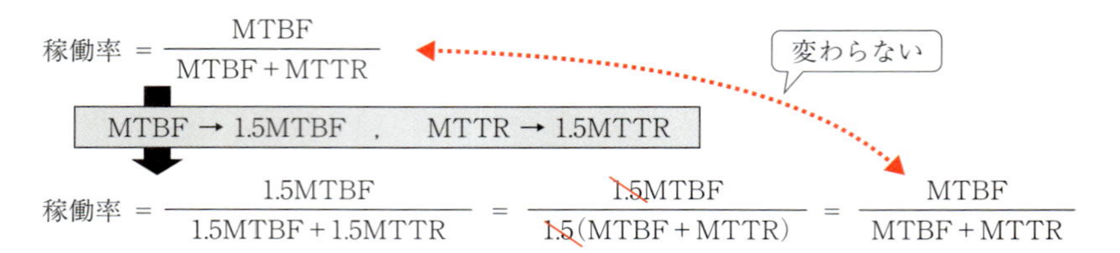

問題 10　エ

装置A，Bの稼働率は，

MTBF／(MTBF＋MTTR) ＝ 450／500 ＝ 0.9

である。これが並列に接続されたシステムの稼働率は，

1－「A，Bが共に不稼働である確率」

＝ 1－0.1×0.1 ＝ 1－0.01 ＝ 0.99

と計算できる。

第6章

データベース

1 データベースの設計手順

学習のポイント

データベース設計では，概念設計や論理設計，ERダイアグラム，スキーマ，論理モデルなどの言葉が飛び交います。それらは，設計段階に応じて登場する言葉で，手順と対応させることで比較的容易に理解できます。ここでは，そのような用語整理も兼ねて，データベースの性質や設計の概要を説明します。

1 データベースとは

データベースは，データをアプリケーションから切り離して集中管理する仕組みです。アプリケーションはデータベースから目的のデータを検索し，参照や更新などの処理を行います。

データベースの登場により，企業内のデータはデータベースに一元管理され，アプリケーションレベルで共用できるようになりました。その意味で，データベースはもはや企業のインフラといってもよいかもしれません。

2 データベースの設計手順

データベースの設計は，次の手順で行います。

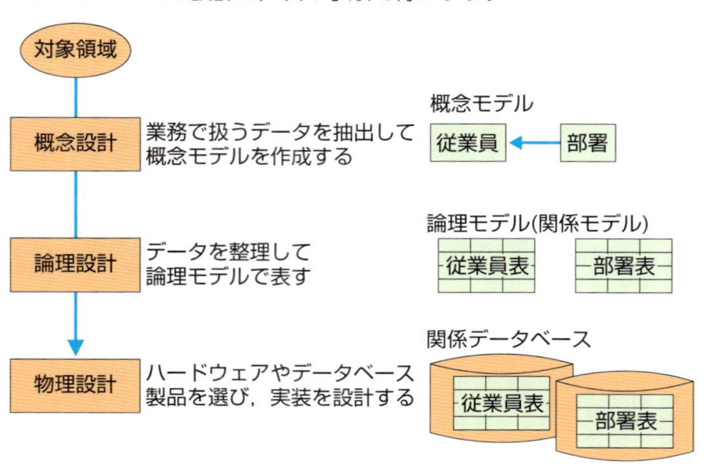

図1　データベースの設計手順

3 概念設計

概念設計では，データベース化の対象となる領域を分析し，どのようなデータが存在するかを洗い出します。データは，**実体（エンティティ）**ごとにまとめます。たとえば社員番号や氏名は，"従業員"という実体の属性としてまとめられます。関係の深い実体間には，**関連（リレーションシップ）**がつけられます。

分析の結果は，UMLのクラス図や**E-R図**（ERD：Entity-Relationship Diagram）[1]などを用いてモデル化します（**概念モデル**）。いずれの記法でも，実体[2]を四角形で，実体間に関連[3]が存在する場合にはそれらを線で結んで表します。設計の初期段階では，属性は省略することもあります。以下に，いくつか例を示します。

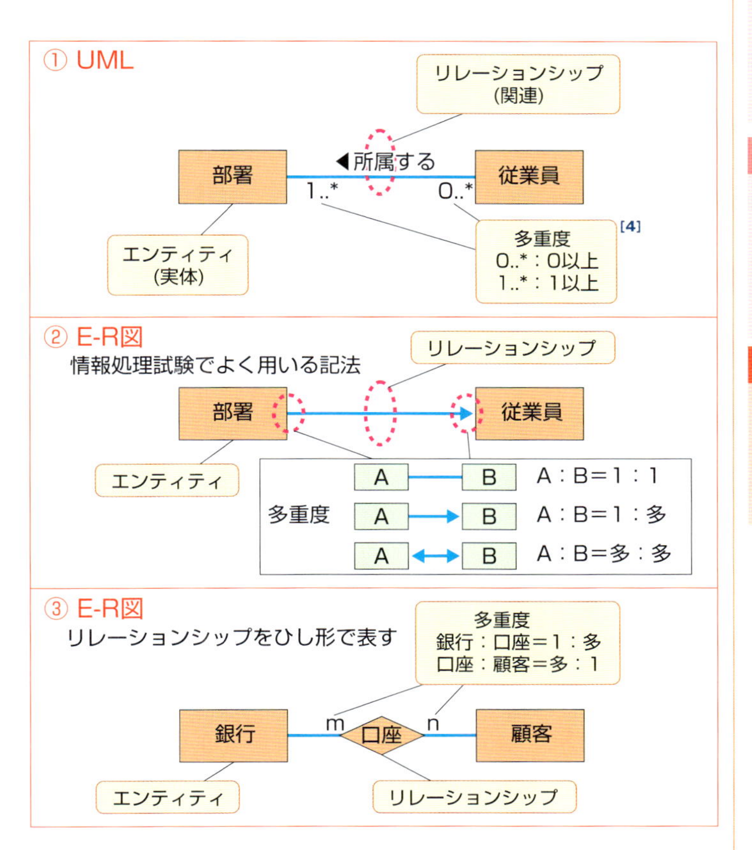

図2　概念モデル

第6章

重要ポイント

[1] E-R図は実体，関連，属性の3要素でデータ構造をモデル化する

基本用語

[2] 実体(Entity)
対象世界に「データのまとまり」として存在するもの。関係データベースでは表として定義される

基本用語

[3] 関連(Relationship)
実体間に関係があること。関係データベースでは外部キーを介して表同士が関係づけられていることを表す

重要ポイント

[4] 多重度の表し方
1：1つのみ
0..1：0または1
*：0以上
0..*：0以上
1..*：1以上

実体同士の数的な対応関係（**多重度**）も明らかにします。多重度は，数字や記号を用いて表します。図２の例では，①の記法が多重度を最も細かく表現できます。①の例では，

「従業員は一つ以上の部署に所属する」→ 複数の部署に所属してもよいが，最低でも一つには所属しなければならない

「部署には０人以上の従業員が所属する」→ まだ誰も所属していない部署が存在してもよい。

ことが表されています。

多重度とインスタンス

実体のとる**実現値**，たとえば実体“部署”に対する“営業部”や“システム部”を**インスタンス**とよびます。実体間の多重度は，正確には「**インスタンス間の数的な対応関係**」なのです[5]。

この対応関係は，業務要件によって大きく変わります。商品と在庫の関係を例にとって考えてみましょう（図３）。

重要ポイント

[5] 多重度は“インスタンス”の対応関係

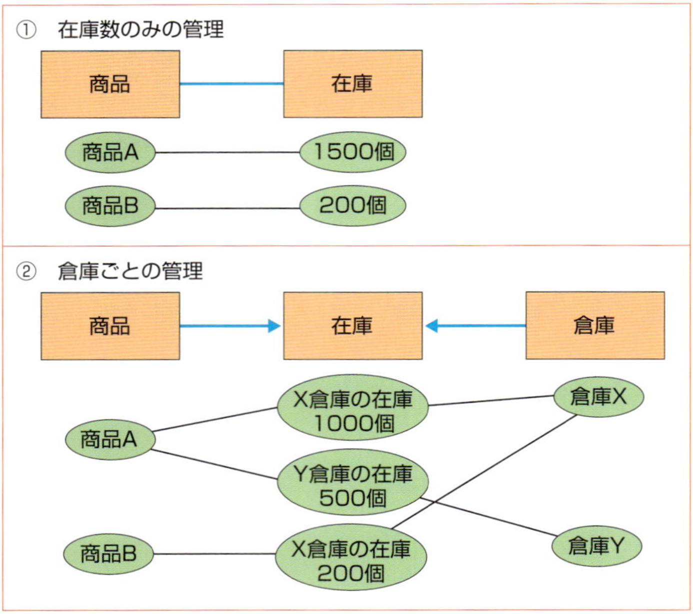

① 在庫数のみの管理

商品 ― 在庫

商品A ― 1500個

商品B ― 200個

② 倉庫ごとの管理

商品 → 在庫 ← 倉庫

商品A ― X倉庫の在庫 1000個 ― 倉庫X

商品A ― Y倉庫の在庫 500個 ― 倉庫Y

商品B ― X倉庫の在庫 200個 ― 倉庫X

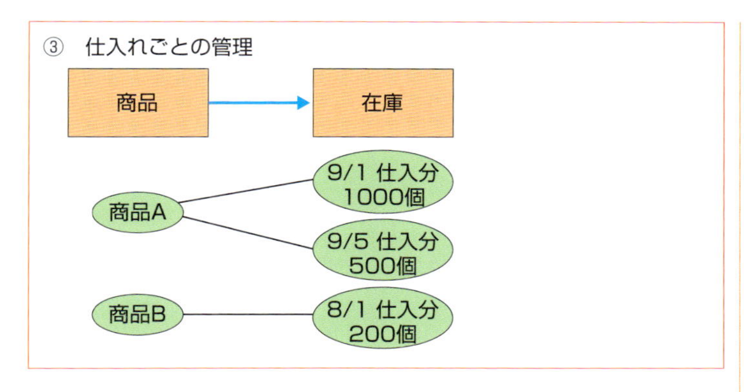

図3　多重度とインスタンスの対応

図３-①／在庫を商品ごとにまとめて管理するだけであれば，商品と在庫は１：１に対応します。

図３-②／倉庫をいくつか持ち，在庫を倉庫ごとに管理するのであれば，商品と在庫の関係は１：多になります。

図３-③／在庫を仕入れごと（時系列）に管理するような場合も考えられます。この場合も商品と在庫は１：多に対応します。

4 論理設計

論理設計では，概念設計の結果やシステムで用いる画面，帳票イメージをもとにデータの整理・追加を行い，設計内容を詳細化します。また，設計内容を論理モデルで表します。

論理モデルは，データをどのように管理するかを表すもので，関係モデルが広く用いられています。**関係モデル**は，関係データベースを前提としたモデルで，**データを２次元の表で管理**します。

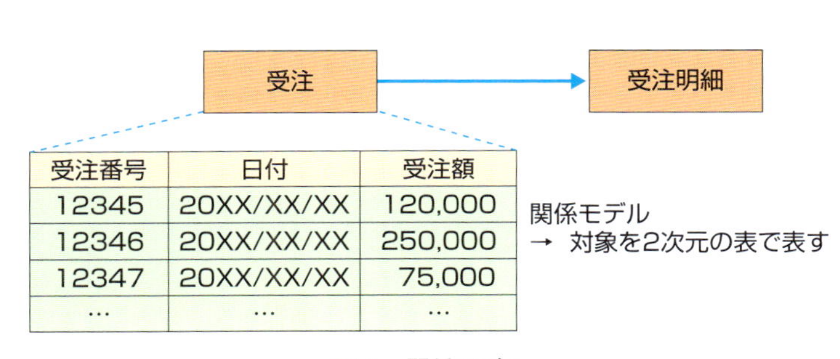

受注番号	日付	受注額
12345	20XX/XX/XX	120,000
12346	20XX/XX/XX	250,000
12347	20XX/XX/XX	75,000
…	…	…

図4　関係モデル

なお，論理モデルには，関係モデルの他にも**階層モデル**や**ネットワークモデル**がありますが，現在はほとんど用いられていません。

5 物理設計

物理設計では，最終的なシステム構成とデータベース製品を前提として，データベースを実装するための設計を行います。具体的には性能を確保するためのインデックス構成や，表の配置，耐障害性を高めるための多重化構造などを定めます。

6 データベースの3層スキーマ

データベースの設計にあたっては，データの**スキーマ**（枠組み，構造）を定めます。スキーマは，次の三つの階層に分けて考えます。

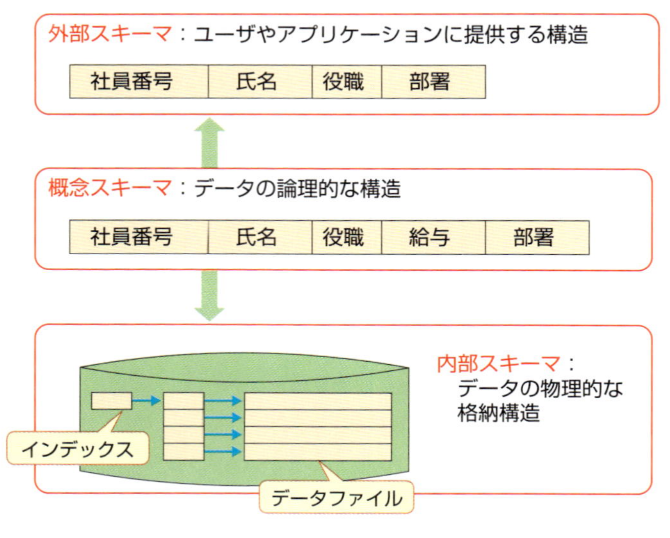

図5　3層スキーマ

概念設計や論理設計では，データベースの論理的な構造を設計します。これは，スキーマの階層では概念スキーマに相当します。

概念スキーマは，データベースの理想的な構造ですが，これをそのままユーザやアプリケーションに提供すると問題が生じる恐れがあります。たとえば，取引先に公開する従業員表からは，給与などの個人データは省かれているべきです。そこで，概念スキーマから「外部に提供する構造」を改めて作成します。これが，**外部スキーマ**です。

内部スキーマは，データファイルの構造やインデックスの構造など，データベースを実装する際の物理的な格納構造です。

３層スキーマの形をとることで，データベースは変更に対して強くなります。たとえばアプリケーションやハードウェアに変更が生じた場合でも，外部スキーマや内部スキーマの変更で対応できるため，影響が概念スキーマに及びにくくなるのです。

2 関係データベースの基礎

学習のポイント

テーマを具体的な製品であるデータベースに移しましょう。データベースの中でも実務で広く用いられている関係データベースが，本試験でも出題率の高い論点です。ここでは，関係データベースの基礎理論を説明します。特にキーと制約について，理解を深めてください。

1 候補キーと主キー

関係データベースは，データを２次元の表で表します。表を構成する列を“**列**”または“**属性**”，行を“**行**”または“**タプル**”とよびます。

関係表には「行を一意（ユニーク）に識別するための列の集まり（１列だけでもよい）」が存在します。そのような列の集まりのうち，必要最小限の列の組合せを**候補キー**[6]とよびます。

候補キーのうち，**意味的に最もふさわしいもの**を選んで**主キー**とします。

重要ポイント

[6] 候補キーや主キーは行を一意に識別する

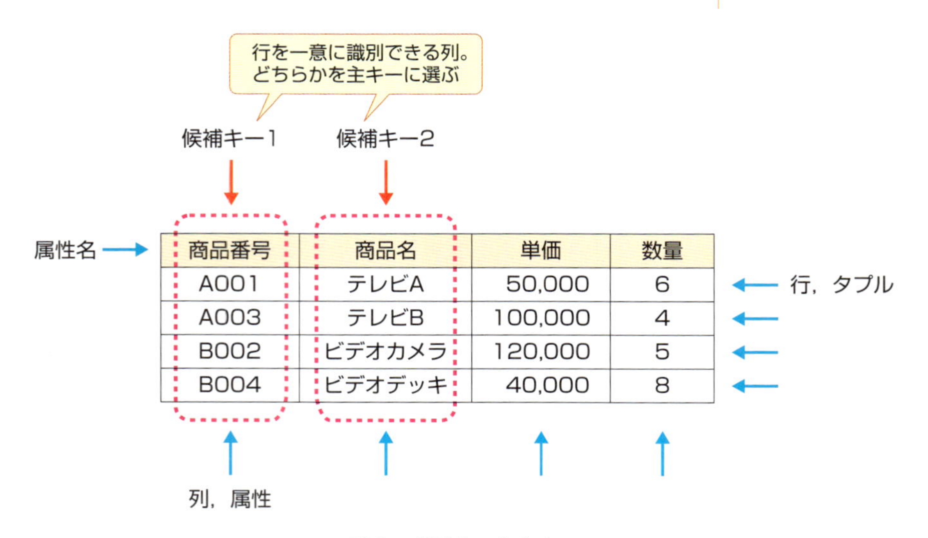

商品番号	商品名	単価	数量
A001	テレビA	50,000	6
A003	テレビB	100,000	4
B002	ビデオカメラ	120,000	5
B004	ビデオデッキ	40,000	8

図６　候補キーと主キー

■主キー制約

主キーに選ばれた列には，次の制約（**主キー制約**）が課せられます。

表１　主キー制約

一意性制約	主キーは必ず一意（ユニーク）であり，主キーが重複する（同じ値となる）行は存在しない
非ナル制約	主キーに含まれる列は，空値（ナル値，NULL）をとってはならない

たとえば，図７の受注明細表において，伝票番号と商品番号のそれぞれの値が既存の行と等しくなる行（図７-(a)）を追加することはできません。また，伝票番号と商品番号のいずれか一方でも空値をとるような行（図７-(b)）を追加することはできません。

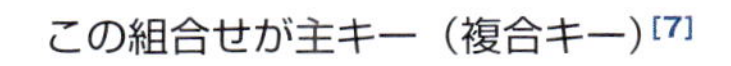

受注明細表

伝票番号	商品番号	受注数量	販売単価	…
0001	TV29	5	60,000	…
0001	PC08	10	200,000	…
0001	RD11	2	8,000	…
0002	TV29	3	60,000	…

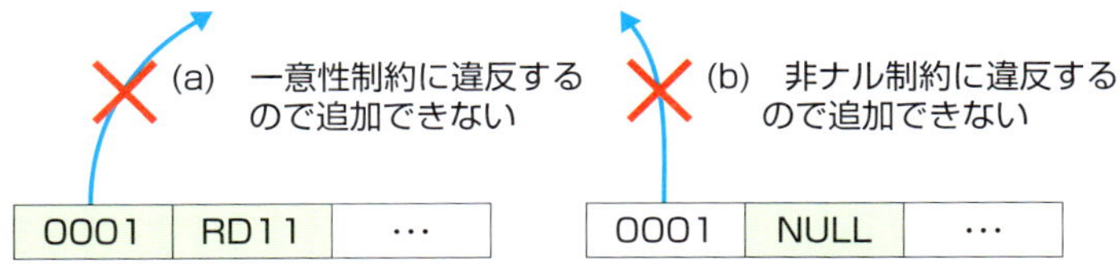

0001	RD11	…

0001	NULL	…

図７　主キー制約による制限

[7]
複合キーの場合：
- 一意性 → 全体で一意である
- 非ナル → １つでも空値を含んではならない

2 外部キー

図８のように，ある関係表Aの主キーを別の関係表Bがもつような場合，関係表Bの列を**外部キー**（foreign key）とよびます。外部キーは「他の表を参照する」ための列で，表の結合などに用いられます。

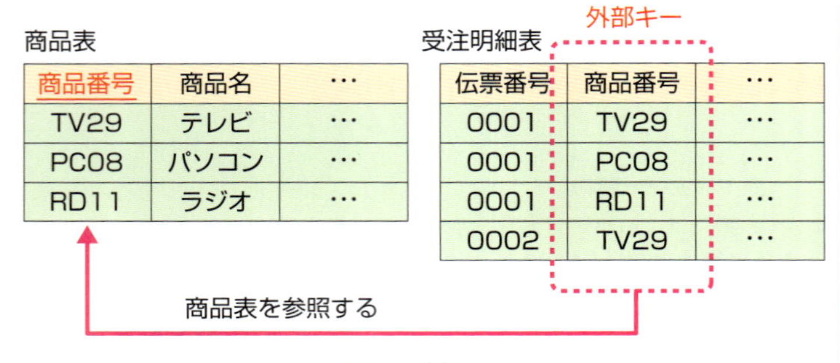

図８　外部キー

参照制約

外部キーにも次のような制約（参照制約）が課せられます。

> 外部キーの実現値が参照先（主キー側）の表に必ず存在すること。[8]

参照制約は，**外部キーによる参照を保証する**ための制約であり，**外部キー制約**ともよばれます。図８のように，受注明細表に登場する商品番号は，必ず参照先の商品表に登録されたものでなければならないのです。

重要ポイント
[8] 参照制約のキーワードは，対応するタプルや値が「参照先に」「存在する」こと

 **[8]**
外部キーには非ナルは求められない
→空値をとってもよい

参照制約に違反する操作

外部キーで参照関係を結んだ表に対する次の操作は，参照制約に違反します。

表２　参照制約

参照先（主キー側）の表	（参照先を失う）行の削除，更新
参照元（外部キー側）の表	（参照先のない）行の追加，更新

商品表

商品番号	商品名	…
TV29	テレビ	…
PC08	パソコン	…

受注明細表

伝票番号	商品番号	…
0001	TV29	…
0002	TV29	…

図９　参照の例

図９の例で，商品表からTV29の行を削除すると，受注明細表の

参照先が失われることになります。また，受注明細表にTV40をもつ行を追加しようとしても，商品表にTV40がありません。これらの操作は，参照関係を保証する参照制約に違反します。

参照制約を守る仕組み

関係データベースは，参照制約を守るための仕組みをもちます。最も基本的な仕組みは，参照制約に違反する操作を「拒否する」ことです。

拒否以外にも「**カスケード（CASCADE）**」とよばれる仕組みがあります。図10はカスケードを削除オプションに選んだ例で，受注表から0001行の削除と同時に，対応する受注明細表の0001行を削除することで，参照制約を守っています[9]。

拒否やカスケードは，業務やデータの性質によって使い分けます。

重要ポイント
[9] 削除や更新を対応する行にも及ぼすことで，参照制約を維持する仕組みもある

受注表

伝票番号	受注日	…
0001	20XX/XX/XX	…
0002	20XX/XX/XX	…

0001行の削除と同時に

受注明細表

伝票番号	商品番号	…
0001	TV29	…
0001	PC08	…
0002	TV29	…

伝票番号0001
に対応する行をすべて削除する

図10　参照制約の維持（カスケード）

3 関係データベースの演算

関係データベースのデータ操作は，集合演算および関係演算を用いて行われます。

集合演算には，**和**，**差**，**積**，**直積**があります。このうち，和，差，積では演算の対象となる表の形式が同一（属性数や属性の型が等しい）である必要があります。

表３　集合演算[10]

和	二つの表のいずれかに含まれる行を取り出す
差	一方には含まれ，他方には含まれない行を取り出す
積	双方に含まれる行を取り出す
直積	二つの表に含まれる行の「すべての組合せ」を得る

重要ポイント
[10] SQLでは和集合をUNION，積集合をINTERSECTで生成する

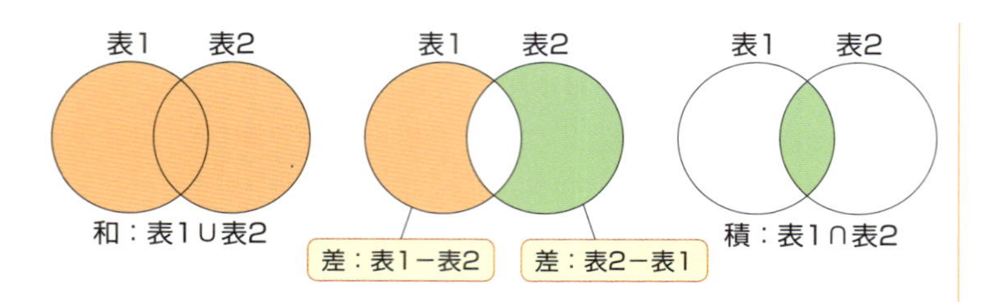

関係演算には，**選択**，**射影**，**結合**があります。

表４　関係演算[11]

選択	表から条件に合致する行を取り出す
射影	表から指定された列を取り出す
結合	複数の表を組み合わせて一つの表を導出する

社員表

社員番号	氏名	所属	年齢
0006	佐藤	営業	43
0023	鈴木	総務	32
0031	田中	営業	28

選択演算
年齢が30歳以上
かつ
所属が営業

選択結果

社員番号	氏名	所属	年齢
0006	佐藤	営業	43

射影演算
氏名と所属

射影結果

氏名	所属
佐藤	営業
鈴木	総務
田中	営業

基本ポイント

[11] 関係演算
・選択：行を取り出す
・射影：列を取り出す
・結合：行を連結する

4 関係データベースの正規化[12]

関係データベースにおける**正規化**とは，冗長なデータを排除して**関連の強いデータのみを一つの関係表にまとめ**，表の独立性を高めることです。これによって，矛盾（データの更新時異状）の発生を極力減らし，表の整合性を保ちます[13]。

正規形には第１から第５までの種類があり，数字が大きいものほど正規度が高くなります（図11参照）。なお，一般的なデータベースを扱う場合には，**第３正規形まで正規化されていれば十分**です。

午後頻出テーマ

[12] 午後対策重点テーマ解説へGo！

重要ポイント

[13] 正規化の目的
・冗長性の排除
・整合性の維持

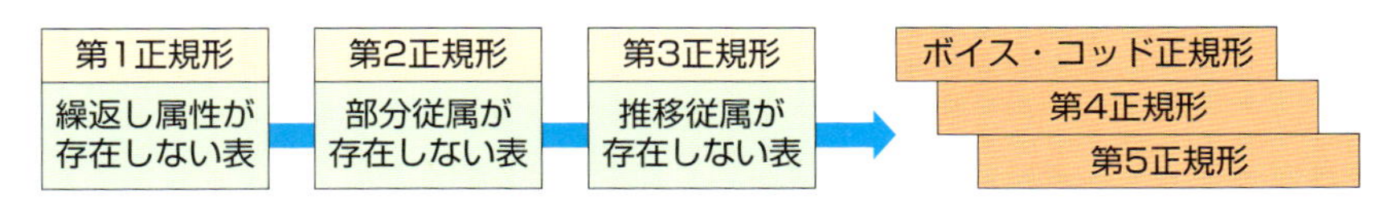

図11　正規度

■第１正規形

第１正規形は，表から**繰返し属性（項目）を排除**した形です。

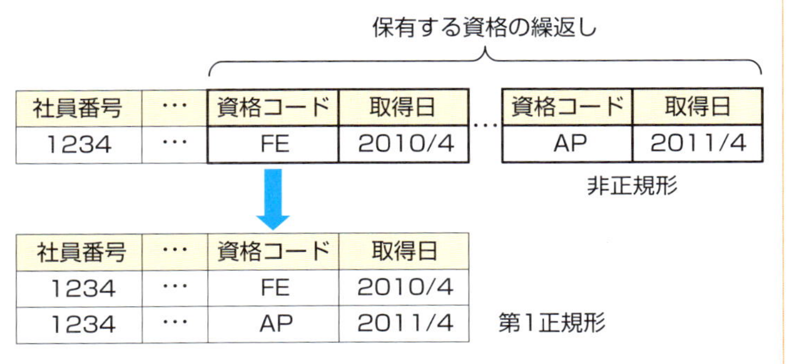

図12　第１正規形

第１正規形を満たさない表は**非正規形**とよばれ，関係データベースでは扱えません。

■第２正規形

第２正規形は，候補キーの一部分に従属するような関数従属[14]（**部分関数従属**）が存在しない形です。

図13の取得表（上）の“名称”は，候補キーの一部分である資格コードに従属しています。このような**部分従属を独立させるように表を分割**し，第２正規形を得ます。

基本用語

[14] 関数従属性
Xの値が定まればYの値が定まるという性質。
X→Yや「YはXに従属する」などと表す

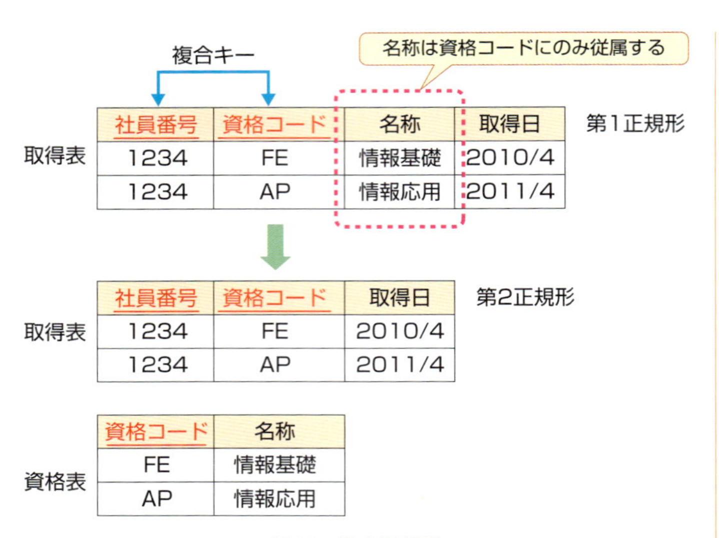

図13　第２正規形

■第３正規形

第３正規形は，候補キーから始まる**推移的関数従属**が存在しない形です。なお，「候補キーから始まる推移的関数従属」とは「**非キー同士の関数従属**」[15]と考えてください。

図14の資格表（上）には，

団体コード → 団体名称

という「非キー同士の関数従属」が存在しています。これを独立させるように表を分割し，第３正規形を得ます[16]。

基本用語

[15] 推移的関数従属性
X→Y→Zという連鎖的な従属関係

重要ポイント

[16] 候補キー以外の属性間の関数従属性を分解 → 第3正規形

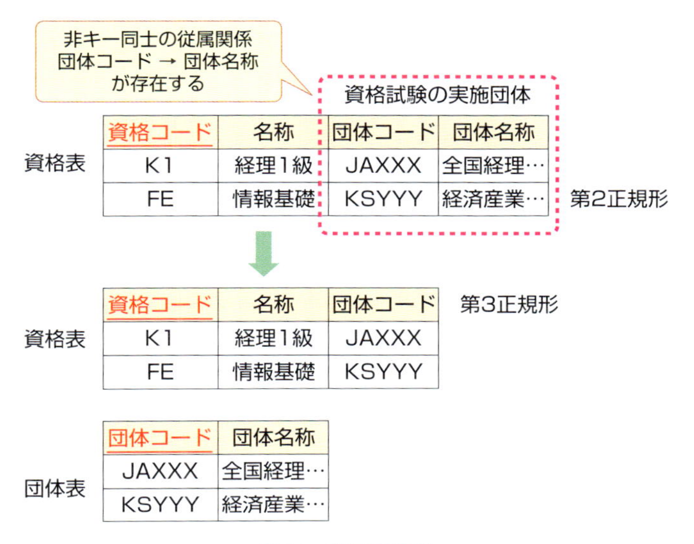

図14　第３正規形

以上の正規形の整理を兼ねて，表の正規度を判断する手順をまとめておきます。

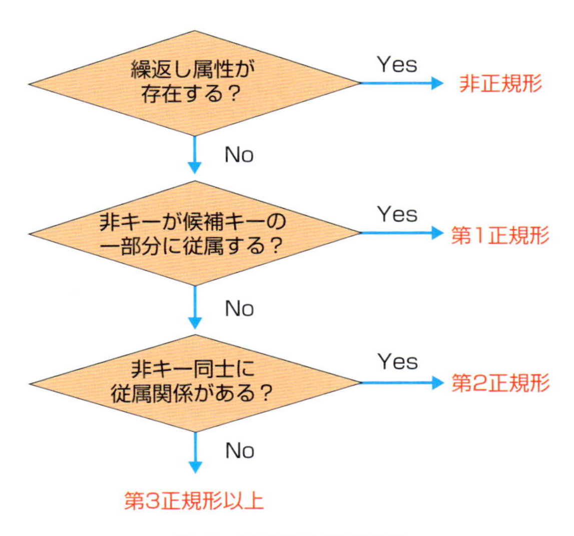

図15　正規度の判断手順

3 SQL

学習のポイント

SQLは関係データベースの定義・操作言語です。午前試験の出題が意外に少ない印象を受けますが，これは出題が午後に偏っているからです。実際，午後試験ではSQLが毎回のように出題されています。午後試験対策も含めて総復習しましょう。

1 SELECT文の基本文法

SELECT文はデータベースからデータを取り出す操作で，「**問合せ機能**（**クエリ**）」とよびます。基本的な構文は次のとおりです。

```
SELECT   DISTINCT  列名のリスト
FROM     表名のリスト
WHERE    行の選択条件
GROUP BY グループ化に用いる列名のリスト
HAVING   グループ化の条件
ORDER BY 整列に用いる列名，昇降順指定のリスト
```

※省略可

図16　SELECT文の基本

■DISTINCT句

DISTINCT句を指定すると，SELECT文で「内容が完全に一致する行」が抽出されたとき，**重複している行を１行にまとめます**[17]。

重要ポイント
[17] DISTINCT句は重複行を１行にまとめる

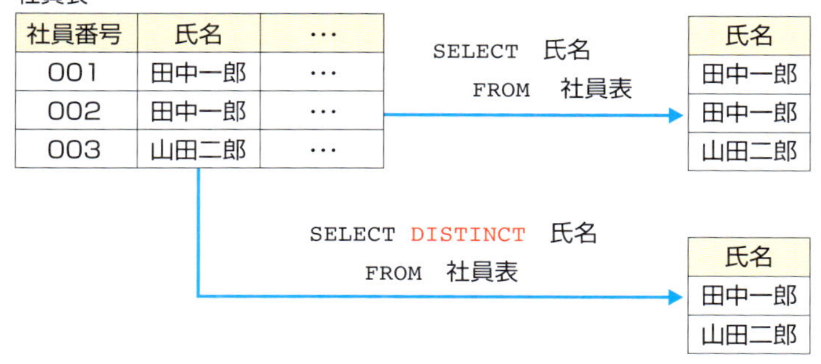

図17　DISTINCT指定

WHERE句

WHERE句では，行の選択条件や表の結合条件を指定します。条件指定では，複数の条件をANDやORを用いて結合することができます。

条件式には通常の等号や不等号の他にも，次のものを用いることができます。

表5　条件式の指定

構文	意味
列 BETWEEN 値1 AND 値2	列値が値１以上値２以下であれば真[18]
列 NOT BETWEEN 値1 AND 値2	列値が値１未満または値２を超えていれば真
列 IN（値リスト）	列値が値リストのいずれかに一致すれば真 （例） 列 IN（1, 2, 3）
列 NOT IN（値リスト）	列値が値リストのいずれにも一致しなければ真
列 LIKE パターン文字列	列値がパターン文字列に一致すれば真
列 NOT LIKE パターン文字列	列値がパターン文字列に一致しなければ真
列 IS NULL[19]	列値がNULLであれば真
列 IS NOT NULL	列値がNULLでなければ真

表５中のパターン文字列とは，次の**ワイルドカード**（任意の文字を表す特殊記号）を含んだ文字列のことをいいます。

基本用語

[18] 真
条件が成立すること
偽
条件が成立しないこと

重要ポイント

[19]「IS NULL」や「IS NOT NULL」以外を用いて列値をNULLと比較しても，結果は"不明"となり"真"または"偽"にはならない

表6　ワイルドカード

_	任意の１文字 （例）　'A_'：Aで始まる２文字
%	任意の０文字以上の文字列 （例）　'A%'：Aから始まる文字列

2 グループ化

グループ化とは，表に含まれる行をいくつかのグループに分けることです。グループ化を行えば，グループごとの合計や平均などの「行の集約値」を問い合わせることができます。

どのようにグループに分けるかは，**GROUP BY句**を用いて，

```
GROUP BY 列1, 列2, …
```

と指定します。このとき，GROUP BY句に指定した列の値がすべて同じ行は同一のグループとして扱われます。

グループ化する際は，出力する列は「グループで一つの値」をとるものに限られます。すなわち，**グループ化に用いた列と集合関数を用いたもの以外は指定できません**[20]。

重要ポイント
[20] グループ化したとき，SELECT句には「GROUP BY句で指定した列」と「集合関数」のみ指定できる

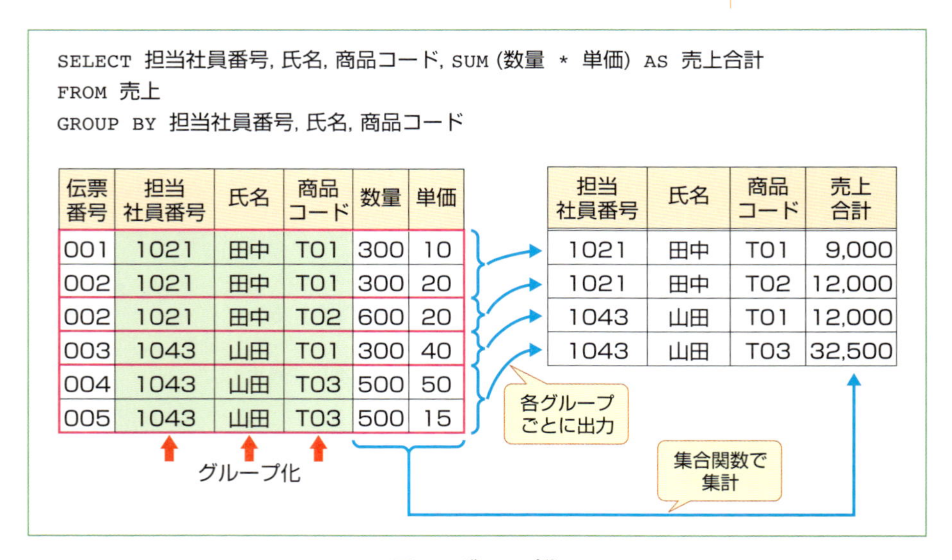

図18　グループ化

図18は，担当社員番号，氏名，商品コードでグループ化を行った例です。氏名はグループ化に不要であるようにも見えますが，

SELECT句で氏名を出力している限りこれもグループ化に加えなければなりません。また，グループ化列の一部でも異なる場合は，別グループと見なされます。

■集合関数

集合関数は，表7のとおり**グループごとの値を抽出・集計**する関数です。GROUP BY句がない場合は，表全体を1グループとして扱い，それぞれの値を求めます。

表7　集合関数

COUNT（式 または *）	行数を求める
SUM（式）	合計値を求める
AVG（式）	平均値を求める
MAX（式）	最大値を求める
MIN（式）	最小値を求める

■HAVING句

HAVING句は，グループに対して選択条件を課す場合に用います。HAVING句で条件を指定すると，**条件を満たすグループのみ**が問合せの対象となります。

条件式には集合関数を用いることができますが[21]，条件式に指定できる列はグループ化に用いた列のみとなります。

重要ポイント

[21] 集合関数を用いた条件式はHAVING句で指定する

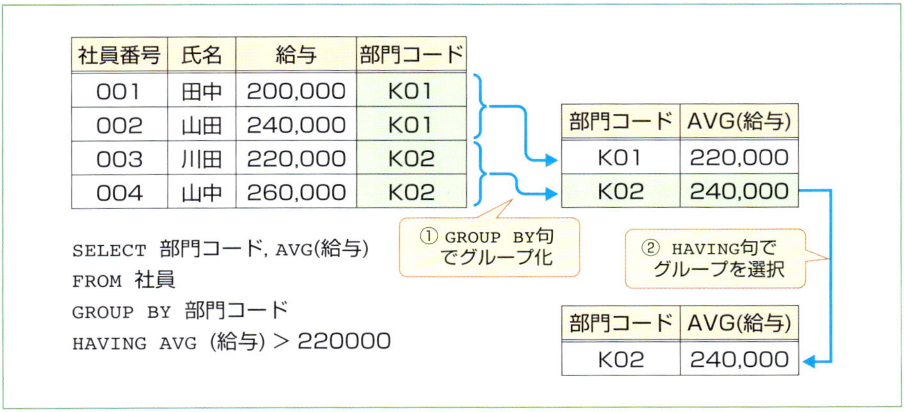

社員番号	氏名	給与	部門コード
001	田中	200,000	K01
002	山田	240,000	K01
003	川田	220,000	K02
004	山中	260,000	K02

① GROUP BY句でグループ化

部門コード	AVG(給与)
K01	220,000
K02	240,000

② HAVING句でグループを選択

部門コード	AVG(給与)
K02	240,000

```
SELECT 部門コード, AVG(給与)
FROM 社員
GROUP BY 部門コード
HAVING AVG（給与）> 220000
```

図19　グループの選択

3 整列

SELECT文が返す結果の順序は保証されていません。**特定の順序で整列する**場合には，**ORDER BY句**を用いて，

`ORDER BY 列名1 整列順, 列名2 整列順, …`

と指定します。

整列順には昇順（**ASC**）または降順（**DESC**）を指定します。これを省略すると，ASCが指定されたものと見なされます。

複数の列を指定すると，左から順に第一整列キー，第二整列キー，…と見なされて整列されます[22]。

重要ポイント

[22] まず第1キーで整列し，第1キーの等しい行が第2キーで整列される

4 副問合せ(IN／NOT IN)

SELECT文の結果を別のSELECT文の選択条件に使用することができます。これを副問合せとよびます。

IN／NOT INを用いた副問合せは，副問合せ部分を実行して値リストに展開してから主問合せを実行するという順序になります（図20）。

社員

社員番号	氏名	部門コード
001	田中	JI
002	山田	KE
003	山中	SO
004	吉川	JI

部門

部門コード	部門名	フロア
JI	人事	1F
KE	経理	1F
SO	総務	2F

副問合せ

```
SELECT *
  FROM 社員
  WHERE 社員.部門コード IN ( SELECT 部門コード
                             FROM 部門
                             WHERE フロア='1F')
```

↓

```
SELECT *
  FROM 社員
  WHERE 社員.部門コード IN
  (JI, KE)
```

⇒

社員番号	氏名	部門コード
001	田中	JI
002	山田	KE
004	吉川	JI

図20　IN／NOT IN[23]

[23]

IN／NOT IN以外にも，次の句を使うことがある

- 売上 ＞ ANY(副問合せ)
  利上げが副問合せ結果のいずれかよりも大きい
- 売上 ＞ ALL(副問合せ)
  売上が副問合せのどれよりも大きい

5 副問合せ(EXISTS／NOT EXISTS)

EXISTS／NOT EXISTSは，**副問合せの結果が空かどうか**で真偽を判断します。副問合せそのものが一つの条件式になっていると考えればよいでしょう。EXISTSは，副問合せの結果が1行以上でも存在すれば成立，そうでなければ不成立と見なします。NOT EXISTSはその逆で，副問合せの結果が空（0行）であれば真（成立），そうでなければ偽（不成立）と見なします。

副問合せそのものを条件と見なすので，主問合せに用いる表の各行に対して，副問合せを実行して条件の真偽を判定します。その様子を図21で見てみましょう。

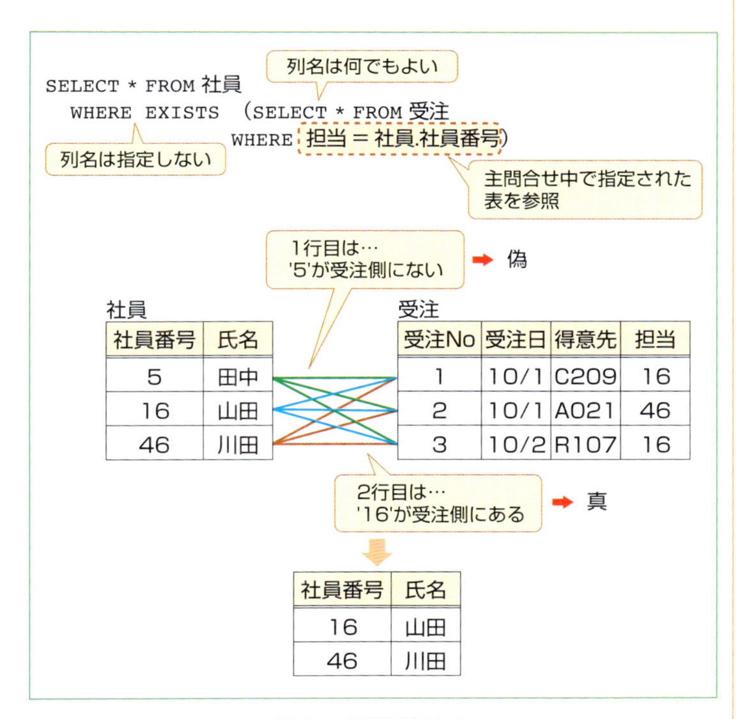

社員番号	氏名
5	田中
16	山田
46	川田

受注No	受注日	得意先	担当
1	10/1	C209	16
2	10/1	A021	46
3	10/2	R107	16

社員番号	氏名
16	山田
46	川田

図21　相関副問合せ

副問合せのWHERE句の中で「社員.社員番号」を参照しているところがポイントです。社員表は主問合せで用いる表なので，社員.社員番号は主問合せのどの行に対して副問合せを実行しているかによ

って5，16，46と異なる値をとります。具体的には，

社員表の第１行に対する副問合せ

```
SELECT * FROM 受注 WHERE 担当 = 5
```

→ 結果は0行

社員表の第２行に対する副問合せ

```
SELECT * FROM 受注 WHERE 担当 = 16
```

→ 結果は2行

社員表の第３行に対する副問合せ

```
SELECT * FROM 受注 WHERE 担当 = 46
```

→ 結果は１行

となり，社員表の第２，第３行に対してのみEXISTSは真をとります。図21のSELECT文は「受注を担当した（受注実績のある）社員を社員表から抽出」する問合せです。

6 行の挿入／削除／更新

行の挿入／削除／更新には，それぞれ**INSERT文**，**DELETE文**，**UPDATE文**を用います。

```
INSERT  INTO  挿入を行う表名（列名のリスト）
    VALUES  （値リスト）

DELETE  FROM    削除を行う表名
    WHERE    削除する行の条件

UPDATE  更新を行う表名
    SET  列名  =  値式
    WHERE    更新する行の条件
```

以下にいくつか例を示します。

社員番号“108”の“田中”という行を社員表に挿入する。部門IDは未配属のためNULLとする。

```
INSERT INTO 社員 (社員番号,氏名,部門ID)
    VALUES ('108','田中',NULL)
```

社員表から社員番号"046"の社員を削除する。

```
DELETE FROM 社員
    WHERE 社員番号 = '046'
```

社員番号"046"の社員の給与を，現状の1.1倍に更新する。

```
UPDATE 社員
    SET 給与 = 給与 * 1.1
    WHERE 社員番号 = '046'
```


7 テーブル定義

表（テーブル）を定義する場合，**CREATE TABLE文**を用います。CREATE TABLE文では，表名と表に含まれる列の名前，データ型，列制約を定義します（列定義）。また，表自体に制約を設ける場合は，表制約を定義することも可能です（表制約定義）[24]。

> **重要ポイント**
> **[24]** 例えば CHECK(学生番号 LIKE 'K%')は，「学生番号はKから始まること」という制約を表す

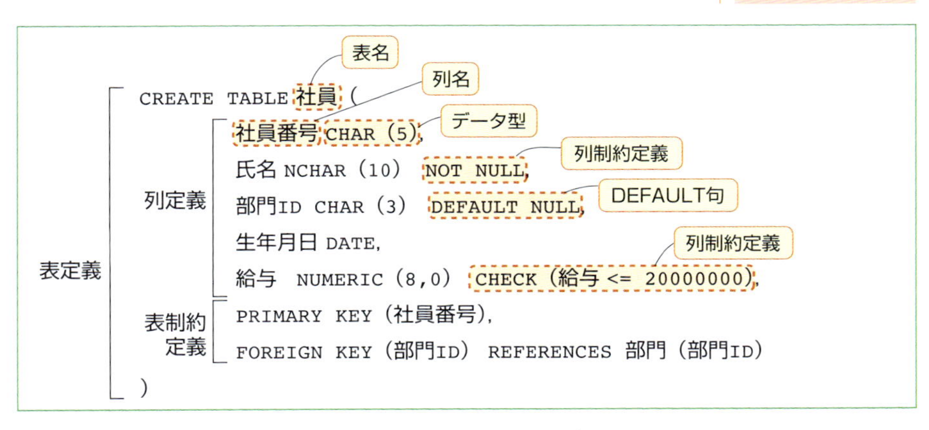

図22　CREATE TABLE文

■列制約定義

列制約定義は各列の値に対して制約を設け，整合性を損なう操作を防止します。

表８　列制約

書式	意味
PRIMARY KEY	主キー制約。列単体で主キーとなる
NOT NULL	非ナル制約。空値を禁止する
UNIQUE[25]	一意性制約。重複値を禁止する
CHECK 条件式	検査制約。条件式を満たさない列値を禁止する
REFERENCES 表名（列名）	参照制約。列値が指定した表を参照する

重要ポイント
[25] 列値の重複を禁止する場合にはUNIQUEを指定する

■表制約定義

各種の制約を，列の定義を終えた後に**表制約**として設定することもできます。特に**複数列にまたがる制約は，列ごとには設定できない**ので，**表制約定義**で設定しなければなりません。

受注番号と商品コードの組合せを主キーとする。

```
PRIMARY KEY（受注番号,商品コード）
```

受注番号と商品コードの組合せが，受注明細表を参照する外部キーである[26]。

```
FOREIGN KEY（受注番号,商品コード）
    REFERENCES 受注明細（受注番号,商品コード）
```

重要ポイント
[26] 参照制約（外部キー制約）はFOREIGN KEYとREFERENCESで指定する

8 権限定義

表に対するアクセス権限を与える場合には**GRANT文**[27]を，アクセス権限を剥奪する場合には**REVOKE文**[27]を用います。権限は，

```
SELECT（問合せ），UPDATE（更新），
INSERT（追加），DELETE（削除）
```

のほか，**ALL PRIVILEGES**（全権限）を指定することができます[28]。

重要ポイント
[27] GRANT → 権限付与
REVOKE → 権限取消

重要ポイント
[28] アクセス権限には問合せ，更新，追加，削除がある

利用者SUZUKI，TANAKAに，社員表への問合せ（SELECT），更新（UPDATE）権限を与える。

```
GRANT SELECT,UPDATE ON 社員 TO SUZUKI,
    TANAKA
```

利用者SATOUから，社員表に対するすべての権限を剥奪する。

```
REVOKE ALL PRIVILEGES ON 社員 FROM SATOU
```


9 ビュー定義

ビュー[29]表を作成する場合，**CREATE VIEW文**が用いられます。CREATE VIEW文の基本的な構文は，次のとおりです。

```
CREATE VIEW ビュー表名 AS 問合せ指定
```

「問合せ指定」では，SELECT文が指定されます。その結果導出された**導出表**がビュー表として定義されることになります。

社員表から性別が男性（M）である行を抽出し，ビュー男性表とする。

```
CREATE VIEW 男性 AS SELECT * FROM 社員
WHERE 性別 = 'M'
```

基本用語

[29] ビュー（VIEW）
実表から問合せを用いて導出する仮想的な表。導出表ともよぶ

重要ポイント

[29] ビューは3層スキーマにおける外部スキーマに相当する

■更新可能なビュー

ビューに対する更新が，そのもととなった実表に反映できるとき，そのビューを**更新可能なビュー**[30]とよびます。ビューが更新可能であるためには，ビューのデータから実表のデータを特定できる必要があります。そのためには，ビューは次の条件を満たさなければなりません。

- DISTINCTを使用しないこと
- 問合せ指定中の列は，実表の列を直接参照し，定数・算術演算子・関数を含まないこと
- FROM句に表は一つしか指定しないこと（例外あり）
- WHERE句に副問合せを含まないこと
- GROUP BY句やHAVING句を含まないこと

重要ポイント

[30] 集合関数やDISTINCT句，複数表を結合して作成したビューは，更新可能なビューではない

10 埋込みSQL

CやCOBOLなどのプログラム言語で記述されたプログラムの中で，SQL文を実行することもできます。このような利用法を，**埋込みSQL**とよびます。これを用いれば，プログラマはソースコードの中に直接SQL文を記述することができます。

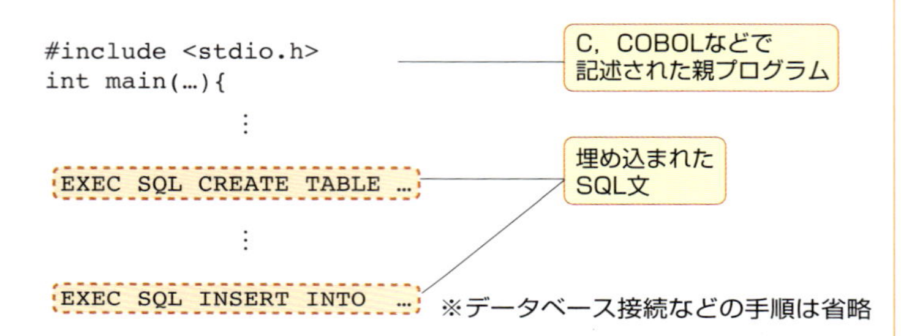

図23　埋込みSQL

■カーソル(CURSOR)

埋込みSQLを用いて複数行から成る表を操作するさいには，**カーソル**を用います。カーソルは行を指すポインタで**DECLARE文**を用いて宣言します。カーソルに対して**FETCH文**を繰り返すことで，親プログラムは表から1行ずつ順番に行データを取得することができます。

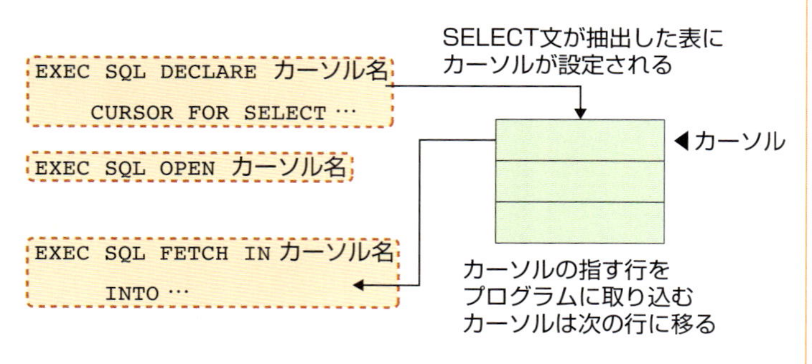

図24　カーソルの利用

4 データベースアクセスとインデックス

学習のポイント

視点をデータベースの構造からデータベースの制御や管理に移します。その第一歩として，データベースへのアクセスの仕組みを説明します。ここで述べる反映のタイミングやチェックポイントは，後のトランザクション管理や障害回復に大きく関わります。

1 データベースアクセスの仕組み

データベースのデータは補助記憶装置上に構築されていますが，データアクセスごとに補助記憶にアクセスするのは効率がよいとはいえません。一般的には主記憶上にバッファを用意し，補助記憶装置とはブロック（ページ）単位でデータを入れ替え，アプリケーションはバッファ上のデータをアクセスします。このような仕組みを用いることで，補助記憶装置への物理アクセスを減少することができます。

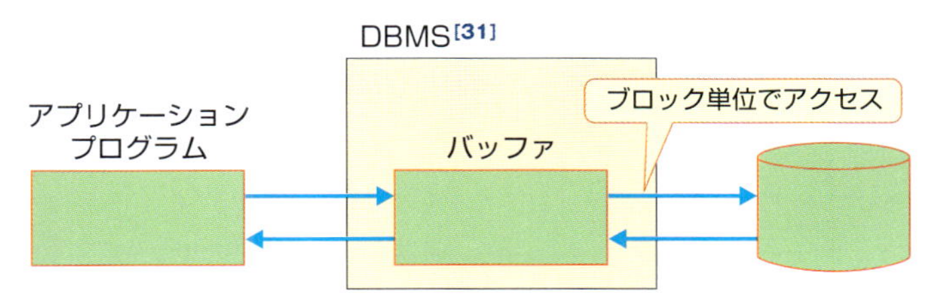

図25　データベースのアクセス

基本用語

[31] DBMS(Data-Base Management System)
データベースを管理し，データベースへのアクセス機能を提供するソフトウェア

2 データベースへの反映

データベースへの更新は，バッファ上のブロックに対して行われ，補助記憶装置には反映されません。補助記憶装置への反映は，次のいずれかのタイミングで行われることになります。

- ブロックがバッファから追い出される（補助記憶装置に戻される）
- チェックポイントを取得する

■チェックポイント

チェックポイントは，バッファ上のデータと補助記憶装置上のデータを同期させるイベントです。チェックポイントでは，バッファ上の全ブロックが補助記憶装置に書き戻されるため，**チェックポイントを取得した時点で両者の内容は完全に一致**します。

3 索引(インデックス)の利用

索引は索引キーと行データの格納位置を対応づけたもので，これを用いた**索引検索**（index scan）では，索引から目的の行データが格納された位置を得るため，**全件検索**（full scan）に比べ物理アクセス回数を減らすことができます[32]。

> **重要ポイント**
> **[32]**「1以上5以下」のような範囲検索にも効果が期待できる

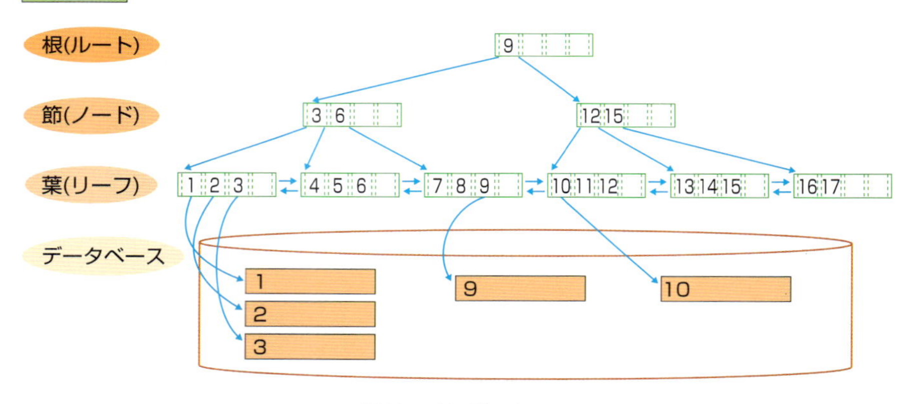

図26　インデックス

多くのDBMSでは，主キーに指定した列に自動的に索引が付けられます。また，これ以外の列にも任意の列に索引を指定できるので，検索によく利用する列には索引付けを検討します[33]。

> **重要ポイント**
> **[33]** 主キー以外の列にもインデックスを指定できる

■索引利用上の注意

索引を利用することで，データベースに対するすべての操作が速くなるわけではありません。索引利用上の注意点をいくつか紹介します。

●索引にも更新が行われること

テーブルの行データを挿入・更新・削除すると，索引も更新されます。このため，**むやみに索引を付与すると，行データの挿入・更新・削除時の応答性能が悪化する**恐れがあります。

●効果の低い利用は行わない

索引は，膨大なデータの中からごく少数の行を検索する場合に最高の効果を発揮します[34]。逆に，**データのほとんどが検索条件にあてはまるような場合には効果がありません**[35]。

●索引が利用されない検索もある

検索条件に用いる列に演算が行われていたり，**NOTを用いた検索では索引は利用されません**。

重要ポイント
[34] 検索条件にあう行が少数 → 索引が有効

重要ポイント
[35] 索引はテーブルのレコード数も考慮して設定する

オプティマイザ

オプティマイザは，SQL文によるデータベースへのアクセスを最適な方法で行うための機能です。例えば二つの表を結合するような場合，インデックスを用いた結合と，インデックスを用いずに全件スキャンに近い形で結合する方法が考えられます。オプティマイザは，これらの**方法(実行計画)を比較して，効率のよい方法を選択**します。

オプティマイザには，次の方式があります。

表9　オプティマイザの方式

コストベース[36]	DBMSが収拾した**統計情報をもとに実行計画を比較**する
ルールベース	所定のルールに基づいて実行計画を選択する

重要ポイント
[36] コストベースのキーワードは「統計情報」

第6章

5 トランザクション管理

学習のポイント

データベース分野において，関係データベースと並ぶ重要テーマがトランザクション管理です。データベースを守るため，トランザクションにどのような性質が必要で，それをどのように実現しているかを理解してください。

1 トランザクションとは

トランザクション（transaction）は，預金口座への入出金や電車の座席予約といった一連の不可分な処理単位のことで，データベースの参照や更新を伴うことが一般的です。

トランザクションは適切に管理されなければなりません。たとえばX氏の口座からY氏の口座に入金するトランザクションを考えてみましょう。

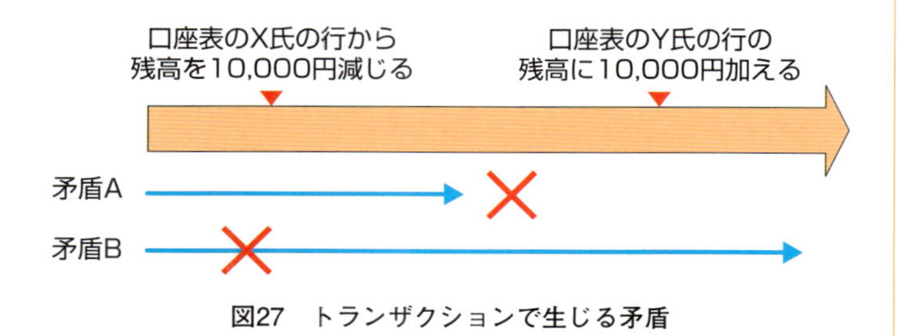

図27　トランザクションで生じる矛盾

X氏の口座から金額を減じた時点でトランザクションが異常終了すると，Y氏への振込みが実行されないため矛盾が生じます（図27矛盾A）。同じように，何らかの不具合によりX氏の残高を減じられないままY氏の残高だけ増えてしまった場合でも，残高に矛盾が生じます（図27矛盾B）。

このような矛盾を防ぐためには，トランザクションを正しく実行し，正しく終了させる管理が不可欠となります。

2 ACID特性

トランザクションが備えるべき四つの特性を，**ACID特性**といいます。**ACID特性を満たしている限り，トランザクションはデータベースを矛盾なく更新することができます。**

表10　ACID特性

特性	意味
Atomicity[37] (原子性)	トランザクションは「すべて実行される」か「まったく実行されない」かのいずれかの状態である
Consistency (一貫性)	トランザクションは，データベースの内容を矛盾させない
Isolation (独立性，隔離性)	トランザクションは他のトランザクションの影響を受けない
Durability (耐久性，永続性)	正常終了したトランザクションの実行結果が失われることはない

重要ポイント
[37] 原子性を満たすトランザクションは，完了状態として処理済みか未処理かのどちらかしかとらない

第6章

3 コミットメント制御

コミットメント制御は，トランザクションの原子性を保つための仕組みです。トランザクションが正しく実行された場合は，**コミット**（COMMIT）を行い更新内容をすべて確定します。一方，正しく完了しなかった場合は**ロールバック**（ROLLBACK）を行い，更新内容を破棄します。

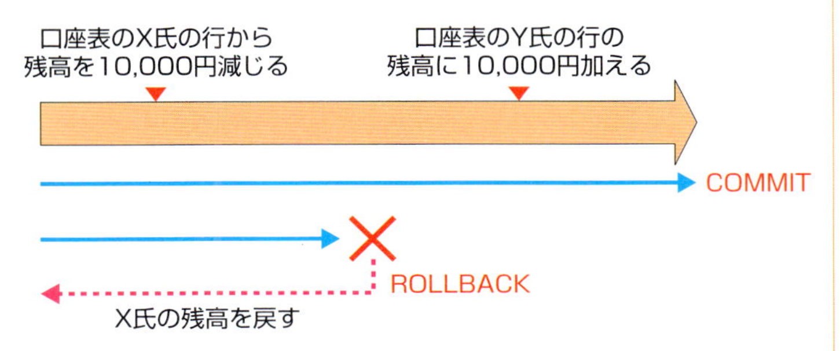

図28　コミットメント制御

2相コミットメント

データベースが複数のサイトに分散しているような環境では，複数サイトにまたがった制御を行わなければならず，より複雑なコミットメント制御が必要になります。その代表が**2相コミットメント**

です。

２相コミットメントは，コミットなどの指示を出す主サイト（**調停者**：Coordinator）と，指示に従ってコミットなどを行う従サイト（**参加者**：Participant）から構成されています。主サイトは，各従サイトをコミットもロールバックも可能な中間状態に設定（**セキュア**指示）し，**すべての従サイトがコミット可能であればコミットを指示**し，そうでなければ，ロールバックを指示します。

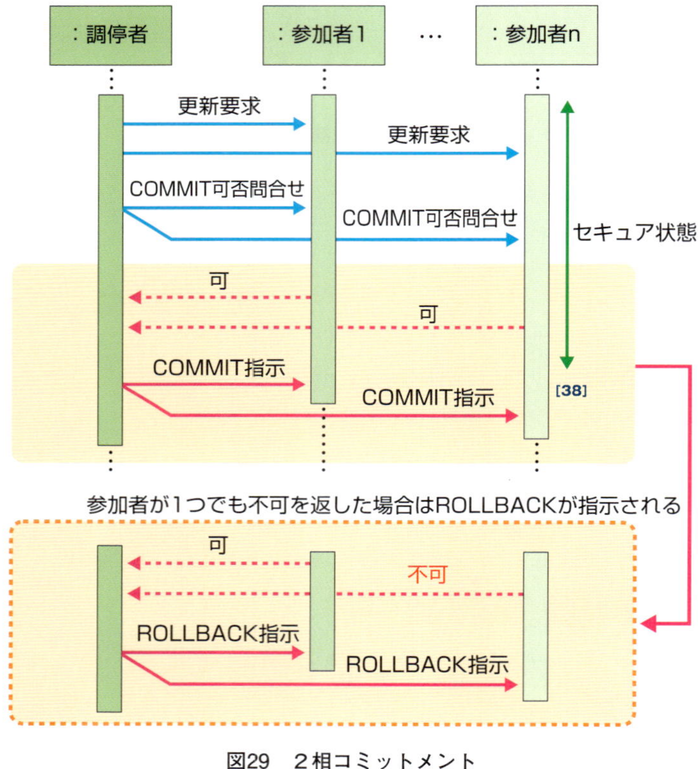

図29　２相コミットメント

重要ポイント
[38] 全サイトがコミット可 → 更新確定（コミット）
一つでもコミット不可 → ロールバック

２相コミットメントでは，COMMIT可否を問い合わせてからCOMMIT指示を出す前に調停者に障害が発生した場合，参加者は調停者の回復を待ち続けます[39]。これを避ける**３相コミットメント制御**もあります。

重要ポイント
[39] 調停者に障害が発生するタイミングによっては，参加者がコミットもロールバックもできない状態で待つこともある

4 障害回復制御

DBMSは，各種障害が発生しても，データに矛盾を発生させずに障害直前の状態に回復することが求められます。このために**障害回復制御**が必要となります。障害回復は，次の情報を用いて行います。

- バックアップデータ
- ログファイル（ジャーナルファイル）

ログファイル

実行中のトランザクションが行った操作の記録を**ログ**といい，これを格納したファイルを**ログファイル**といいます。ログファイルを構成するレコードには，トランザクションID，操作，データ情報などが含まれ，各トランザクションのログレコードは次のような順序で記録されます。

開始情報 → 更新前情報 → 更新後情報 → コミット情報 → 終了情報

ロールバック（undo）

ロールバックは，ログファイルの更新前情報を用いて，**トランザクションによる更新を取り消す**処理です[40]。コミット前に中断したトランザクションの更新を取り消す場合に行われます。

ロールフォワード（redo）

ロールフォワードは，ログファイルの更新後情報を用いて，**トランザクションによる更新をデータベースに反映する**処理です[40]。コミットしたにもかかわらず，データベースに記録されなかった場合の回復に用います。

重要ポイント

[40] ロールバック
更新前情報を用いる
ロールフォワード
更新後情報を用いる

undo/redo方式では更新前情報も更新後情報も必要

システム障害時の回復処理

システムダウンや電源断といったシステム障害が発生した場合，再起動したシステムは「バッファの情報は失われているがデータベースには一部の処理結果が反映された状態」となっています。そこで，データベースを最新のチェックポイントまで戻した上で，トランザクションのコミット状況によって次の回復処理を行います。

- チェックポイント以前にコミット済み
  → 回復の必要はない[41]
- チェックポイント以降にコミット済み
  → ロールフォワードでデータベースに反映する
- チェックポイント以前に開始されコミットしていない
  → ロールバックで更新を取り消す

重要ポイント
[41] チェックポイント以前に終了したトランザクションは，回復の必要はない

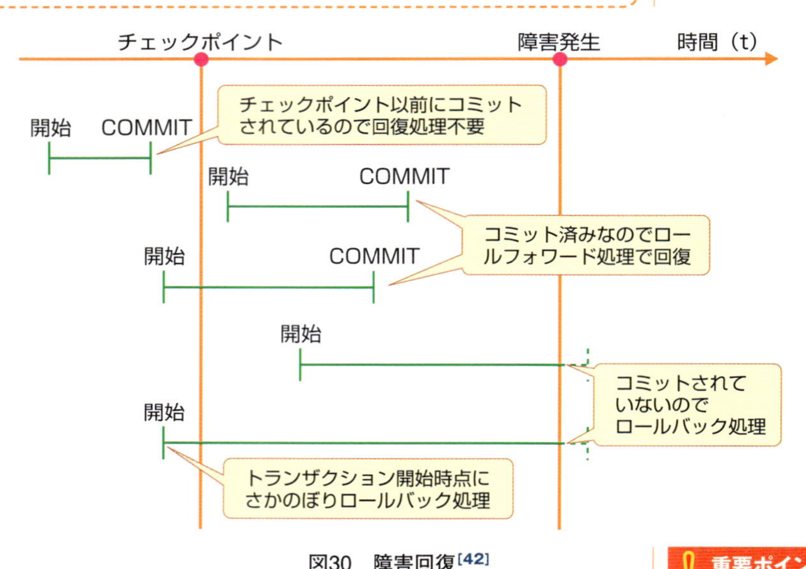

図30　障害回復[42]

重要ポイント
[42] チェックポイント以降でコミット済みであればロールフォワードで回復できる

■媒体障害時の回復処理

　ディスククラッシュなどの媒体障害（物理障害）が発生した場合，記憶媒体を交換してバックアップデータをロード（リストア）した後，トランザクションによる更新をロールフォワードしてデータベースを回復します[43]。

重要ポイント
[43] 媒体障害は，バックアップファイルとロールフォワードで回復する

6 運用とデータベース応用

学習のポイント

データベースの最後に，運用に関わる事項とデータベースの応用分野について言及します。データベースの応用分野では，データクレンジングやビッグデータなどのカリキュラム改訂に伴う新用語が登場するので要注意です。

1 データベースの運用

データベースの運用にあたっては，性能（アクセス効率）や信頼性を高めるためのさまざまな対策がとられます。

データベースの再編成

データベースに対してデータの挿入や削除が繰り返された結果，あふれ域[44]にデータが記録されたり，索引に偏りが生じるなどの原因により，データベースのアクセス効率が低下することがあります。そこで，定期的に**データを基本域に書き戻し索引を再設定する**作業を行います。このようなデータベースのメンテナンスを**再編成**[45]とよびます。

データの重複保持

応答性能の改善，通信量の削減，信頼性の向上などを目的に，論理的に一つのデータを，物理的には重複させて複数のサイトに分散させることがあります。このとき，**主サイトの更新に伴って別サイトのデータも自動的に更新する****レプリケーション**[46]という仕組みが必要になります。

2 データウェアハウス

日々発生する業務データを一元的に記録するデータベースをデータウェアハウスとよびます。**データウェアハウス**はいわばデータの倉庫であり，次のような特徴をもちます。

- すべての基幹系システムのデータを統合し，集積する
- データを時系列に蓄積する

基本用語

[44] あふれ域
基本領域に収まりきらないデータを記録するための領域。索引による検索ができないため，あふれ域に多くのデータが記録されると，アクセス効率が低下する

重要ポイント

[45] 追加，削除が繰り返され，アクセス性能が低下したデータベースには再編成を行う

重要用語

[46] レプリケーション
主サイトの更新を非同期に複製データベースに反映させる

● 一度蓄積されたデータは，通常更新されない

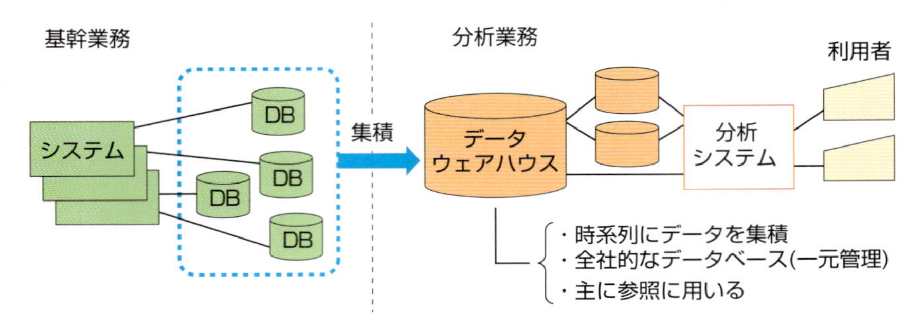

図31　データウェアハウス

データマイニング

データウェアハウスに蓄積された膨大なデータの中から，**未知の規則性や事実関係を得る**技法を**データマイニング**[47]といいます。データマイニングの手法には，次のようなものがあります。

> **重要ポイント**
> [47] 大規模データベースから，統計や推論の手法を使って，意味のある情報を見つけ出す，と表現されることもある

表11　データマイニングの手法

手法	説明
アソシエーションルール	データの中から相関関係を見つける手法。同時に購入される商品を分析するバスケット分析などが該当する
クラス分類	クラスを定義しておき，蓄積されたデータを各クラスに分類する手法
クラスタリング	異なる性質をもつデータから，類似した性質をもつクラスタ（データの塊）を見つける技法。クラスタはあらかじめ定義されていない点がクラス分類と異なる。セグメンテーションともいう
テキストマイニング	アンケートの回答やコールセンタに寄せられた質問，SNSの投稿などのテキストデータを分析し，商品の評価や業務の問題点などを抽出する手法

スタースキーマ

スタースキーマは，データウェアハウスの記録に用いられる構造です。**ファクトテーブル**を中心に**ディメンジョンテーブル**が放射状に関連づけられることから，この名称で呼ばれます。

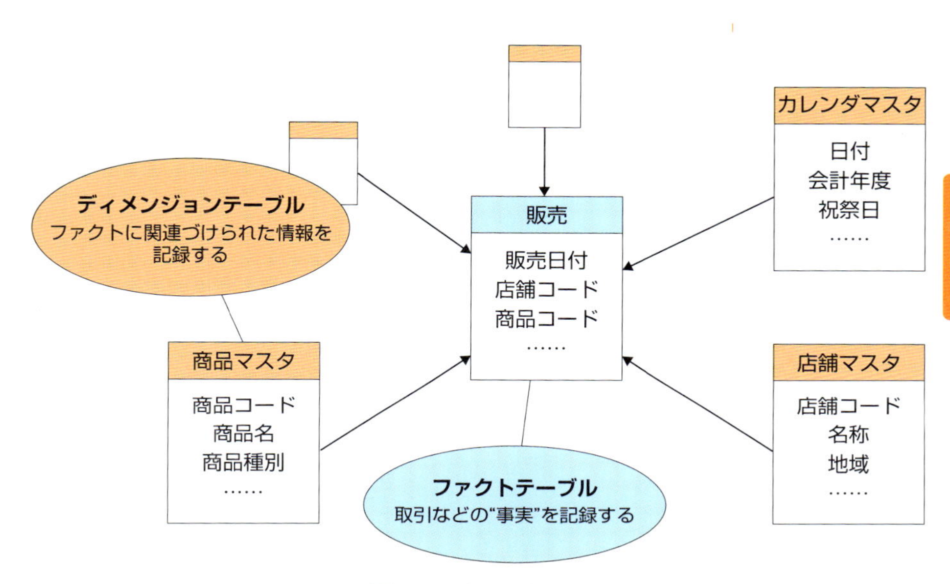

図32　スタースキーマ

ファクトテーブルは企業で日々発生する大量のデータを記録するテーブルです。ディメンジョンテーブルは，マスタデータなどを記録するテーブルで，**データマイニングの切り口**になります。例えば，売上を商品の種別で比較するのであれば，商品マスタと販売を結合して分析を実施します。

3 ビッグデータ[48]

インターネットの普及に伴い発生するようになった，**膨大なデータの集合**を**ビッグデータ**とよびます。有益な情報が含まれていると考えられますが，あまりに量が多すぎるため，標準的なリレーショナルデータベースやツールでは対応が困難です。クラウドコンピューティングや分散処理技術などを組み合わせた解析方法が考えられています。

基本用語

[48] ビッグデータ
インターネットが生み出した，構造をもたない膨大なデータ

表12　ビッグデータの分析手法

レポーティング分析	ビッグデータを分析し，あらかじめ定めた項目（経営指標）について定型的なレポートを作成する手法
アドホック分析	レポーティング分析の結果をもとに，ある項目についてさらに深く分析する手法

■経営ダッシュボード

経営ダッシュボードは，レポーティング分析などの結果を，画面に一覧するインタフェースです。これを用いることで，多様な経営指標を一目で把握することができます。

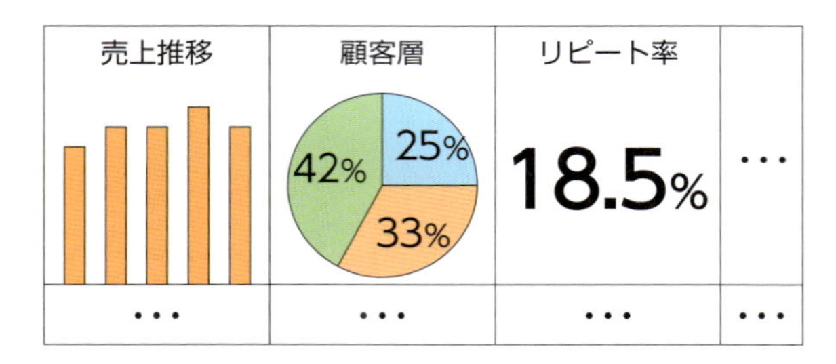

図33　経営ダッシュボードのイメージ

■パーソナルデータ

パーソナルデータとは，個人の行動や購買履歴，スマートフォンやウェアラブル機器などから収集される個人のデータのことです。個人情報はパーソナルデータに含まれます。また，スマートフォンから収集される移動情報など，厳密には個人情報とはいえない情報もパーソナルデータに該当します。

パーソナルデータは，個人の同意を得て企業が収集して利用します。必要であれば匿名加工が施されます。

パーソナルデータに対して，政府などの公的機関が保有する公開されたデータを，**オープンデータ**[49]とよびます。

重要ポイント

[49] オープンデータは営利・非営利を問わず2次利用が可能で，原則無料で利用できる

■データサイエンティスト

ビッグデータの登場は，**データサイエンティスト**と呼ばれる新たな職種を誕生させました。データサイエンティストは，ビッグデータからビジネスに活用する知見を引き出す職務で，大量データと収集およびフォーマットの変換，様々な手法やツールを用いた分析や評価を実施します。

4 ブロックチェーン

ブロックチェーンは，取引の記録をブロックと呼ぶ単位にまとめ，これを時系列に連結することでデータを保管する分散型のデータベースです。**暗号資産**の草分けであるビットコインの実装に用いられ，一躍有名になりました。

ブロックチェーンにおける取引を，**トランザクション**と呼びます。新たに発生したトランザクションは，**トランザクションプール**に置かれ，承認を待ちます。承認されたトランザクションはブロックにまとめられ，次々と新たなブロックとして追加されます。

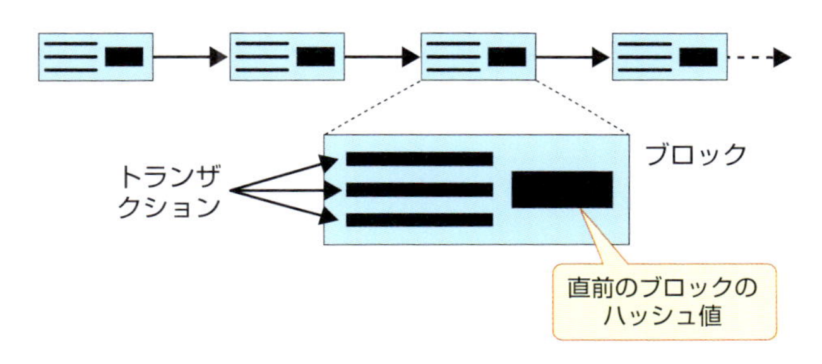

図34　ブロックチェーンのイメージ

あるブロックの内容は，その**ハッシュ値を直後につながるブロックに格納する**ことで保証しています。そのため，あるブロックの内容を改ざんするには，そのブロックに引き続く全てのブロックを改ざんしなければなりません。ブロックの作成には，膨大な計算処理が必要であるため，このような改ざんは現実的には不可能といわれています。

コンセンサスアルゴリズム

ブロックチェーンは分散データベース環境に構築されており，これらを統括して管理する役割は存在しません。そのため，トランザクションの承認において「**誰がどのように承認するか**」を明確に定めておかなければ，トラブルのもとになります。このような，ノード間の合意形成の仕組みを，**コンセンサスアルゴリズム**と呼びます。

ビットコインは，PoW（Proof of Work）と呼ばれるコンセンサスアルゴリズムが採用しています。これは，膨大な計算処理からなる承認を最初に完遂したノードが承認者となる仕組みです。

■ファイナリティ

ブロックチェーンにおいて，ブロックに含まれるトランザクション（取引）が確定することを**ファイナリティ**と呼びます。

先に述べたとおり，あるブロックを改ざんするためには，それに引き続く全てのブロックを改ざんしなければなりません。ということは，**ブロックから伸びるチェーンが長くなればなるほど，そのブロックの安全性が増す**（取引が覆らない）ことになります。

ビットコインでは，あるブロックの後に6つのブロックが追加された時点で，そのブロックが確定したと見なします。

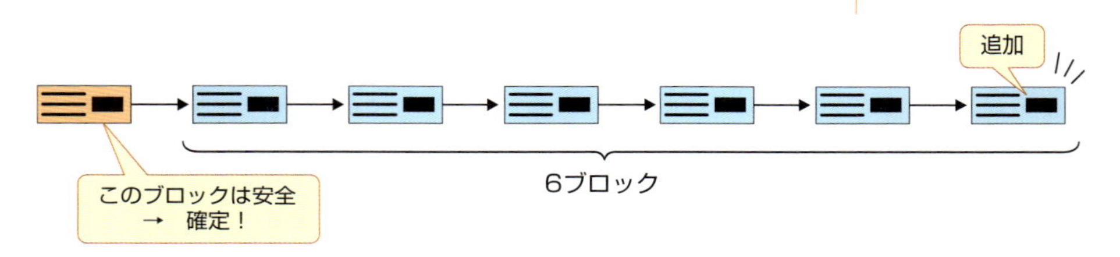

図35　ファイナリティ

5 NoSQL(Not only SQL)

NoSQL[50]は，関係データベース以外のデータベース管理システムを指す用語です。

データベースの世界では，長らく関係データベースが主流でしたが，近年のデータの多様化により様相が変わってきました。**ビッグデータのような大量のデータや非構造型のデータは，関係データベースと相性がよくありません**。また，大量のデータを分散環境に配置したとき，関係データベースでは拠点間の結合が発生するため，**アクセス性能に問題**が生じます。これらの理由から，関係データベース以外のNoSQLに注目が集まりました。

重要ポイント

[50] NoSQLは，関係データベースに比べスケールアウトしやすく，分散環境と相性がよい。その反面，関係データベースほど厳密に整合性を維持していないため，注意が必要である

表13　NoSQLの種類

ドキュメント指向データベース	・**自由な構造のデータを保存する**データベース ・データの構造を1件ごとに変えることもできる 【代表例】MongoDB，DynamoDBなど
列指向データベース	・大量データの集計など，**列処理に特化**したデータベース ・ビッグデータの集計や分析用途に用いられる ・行の追加や削除など，複数列を関連させる処理は不得意 【代表例】Cassandra，RedShiftなど
KVS (Key Value Store)	・キー（Key）と値（Value）のペアを管理する単純な構造のデータベース ・**スケールアウトしやすく**，分散環境と相性がよい 【代表例】memchaed，Redisなど
グラフ指向データベース	・データをグラフ構造で関連させたデータベース ・**大量データを高速に検索**することができる 【代表例】Neptune，Neo4jなど

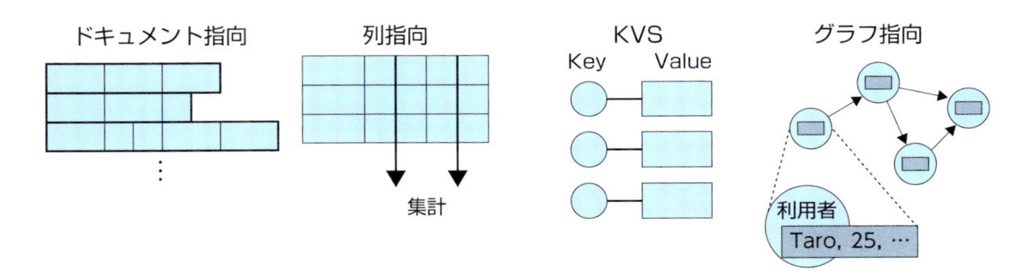

図36　NoSQL

❖午後対策 重点テーマ解説

▶データベースの概念設計

学習のポイント

データベースに関して，本試験では

E-R図を用いた概念設計 → SQLの記述

という流れで出題される例が非常に多く見られます。そのうち概念設計部分の出題は，いくつかのルールを覚えておけば簡単に空欄を埋めることが可能です。ここでは，概念設計上のルールを説明し，事例で確認していきます。

1 E-R図の表記

午後試験で用いるE-R図も，次の表記に従っています。

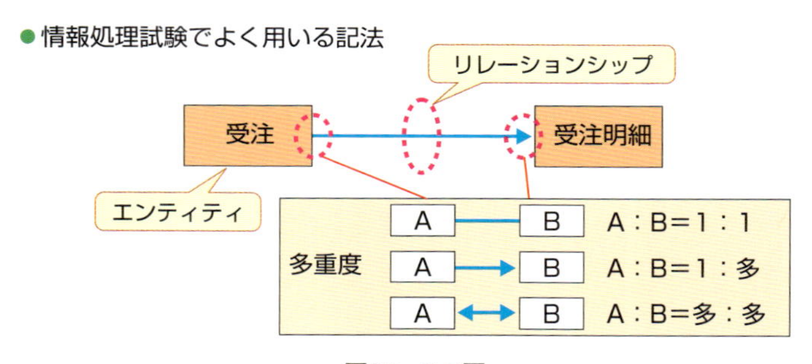

図37　E-R図

また多くの場合，本試験では表構造の設計に近いレベルでエンティティが記述されます。具体的には属性をエンティティ内に表記して，主キーを実線，外部キーを破線で表します。

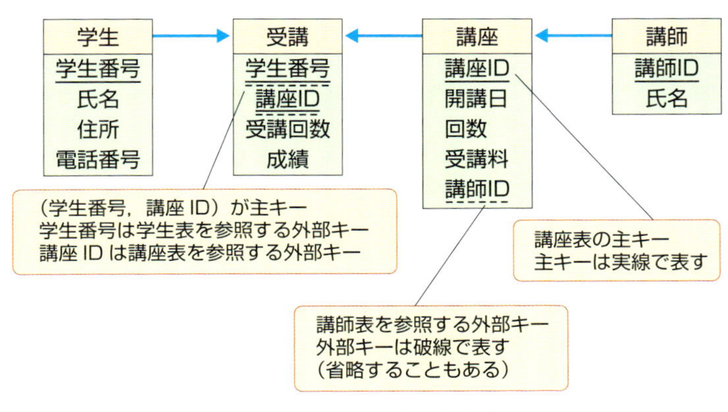

図38　エンティティの表記

2 E-R図のルール

E-R図記述に役立つと思われるルールを，二つ挙げておきましょう。

■外部キーの設定

エンティティ間の多重度は，関係データベースでは外部キーで表します。具体的には，外部キーを次のように設定します。

エンティティ間に１：多の多重度が存在するとき，**１に対応するエンティティの主キーを，多に対応する側に外部キーとして設定**する

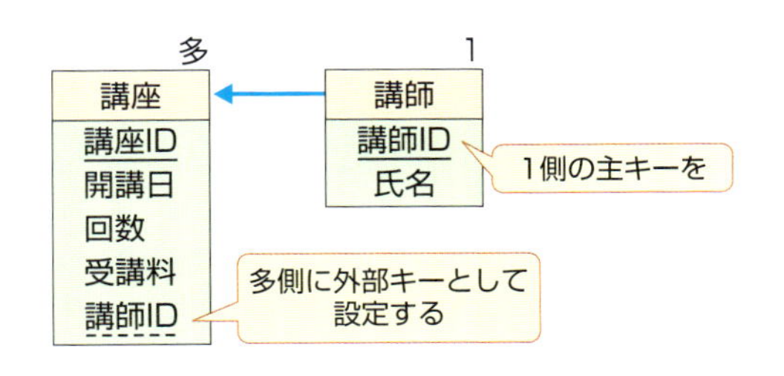

図39　E-R図の記述ルール

このルールを知っていれば，外部キーが空欄になっていたとき，解答をエンティティ間の多重度から簡単に導くことができます。逆に多重度（矢印）が空欄になっていても，外部キーの方向に矢印を引けばよいことになります。

■多：多の整理

分析の初期段階で，エンティティ間に多：多の多重関係が現れることがあります。しかし，**多：多の多重度は関係データベースに実装する上で好ましくない**ため，比較的早い段階で１：多の関連に整理されていきます。

エンティティ間の多：多の多重度は，両者の間に新たなエンティティを導入して１：多の多重度に整理する。整理後の多重度は，新たなエンティティに矢印が向かう形となる。

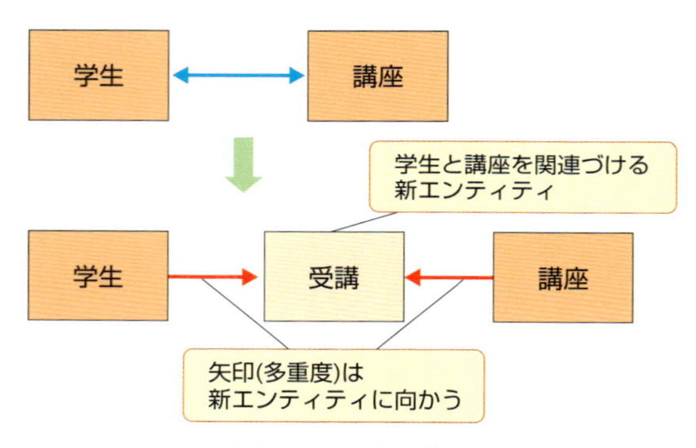

図40　多：多の整理

新エンティティには，両端のエンティティの対応関係が記録されることになります。上図の受講であれば「どの学生がどの講座を受講しているか」という対応をもちます。

既存エンティティと新エンティティは１：多の多重関係で結ばれ，「外部キーの設定」ルールで述べたとおり，新エンティティは既存エンティティの主キーを外部キーとして併せもちます。

新エンティティには新たに主キーを設定することもありますが，外部キーの組合せを主キーとすることもあります。

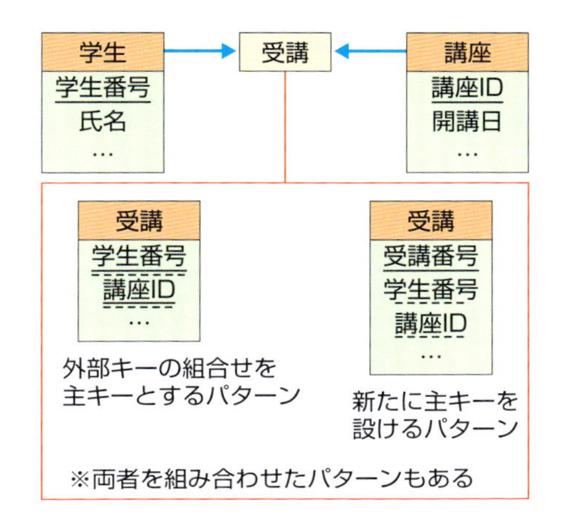

図41　対応関係を保持するエンティティ

3 事例

では，次の事例を考えてみましょう。

【事例】

A社は通常の部門型組織の他に，時限的に部門横断型のプロジェクトを適宜発足させている。A社は社員と部門の関係や，プロジェクトへの参加状況を関係データベースで管理している。

- 部門は部門コードで識別され，複数の社員が所属する。社員はいずれか一つの部門に所属しなければならない。
- プロジェクトは時限的（開始日～終了日）に発足する組織であり，プロジェクトIDで識別する。プロジェクトには複数の社員が参加する。社員は同時に複数のプロジェクトに参加することもできる。
- 社員は参加開始日と参加終了日を定めてプロジェクトに参加する（簡単化のため，参加実績は管理しない）。
- プロジェクトへの参加状況を部門ごとに一覧する資料（図42）を定期的に作成する。

プロジェクト参加状況一覧

部門コード：SYS01
部門名：システム管理課　　　　　　作成日：XXXX/XX/XX

プロジェクトID：XPRJxxx　　プロジェクト名：X社向け通信システム開発

社員番号	氏名	参加開始日	参加終了日
0123	田中一郎	XXXX/XX/XX	XXXX/XX/XX
0098	村田浩二	XXXX/XX/XX	XXXX/XX/XX

プロジェクトID：YPRJxxx　　プロジェクト名：Y社向け会議室予約システム開発

社員番号	氏名		
0123	田中一郎	XXXX/XX/XX	XXXX/XX/XX
0258	坂田三蔵	XXXX/XX/XX	XXXX/XX/XX
…	…	…	…

図42　事例

(E-R図の作成)

関係データベースの設計にあたり次のE-R図を作成した。E-R図中の空欄に正しい多重度を表す関連，属性を入れよ。

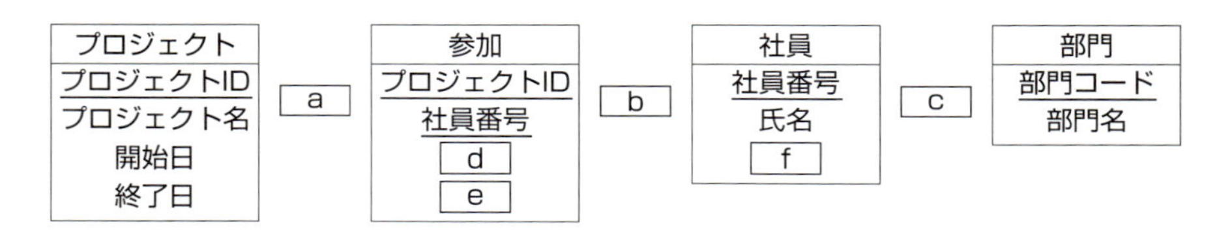

図43　E-R図　(外部キーは明示しない)

■a，bについて

参加の主キーは（プロジェクトID，社員番号）です。このうちプロジェクトIDはプロジェクトを参照する外部キーでもあります。つまり「プロジェクトの主キーを，参加が外部キーとしてもつ」という関係が成立します。多重度は主キー側が1，外部キー側が多なので，

　　　　プロジェクト：参加 ＝ 1：多

となります。同じ理由で，

　　　　社員：参加 ＝ 1：多

ともなります。

そもそも，参加がなければプロジェクトと社員は多：多に対応することになります。これは，そのような多：多の多重関係を“参加”を挟んで整理したパターンそのものといえます。

cについて

部門には複数の社員が所属し，社員は一つの部署に所属することから，

部門：社員 ＝ 1：多

に対応します。

fについて

部門と社員が1：多に対応するからには，1側（部門）の主キーを多側（社員）に外部キーとして設定しなければなりません。つまり，社員には外部キーとして部門コードが必要となります。

d，eについて

主キーや外部キー以外の属性は，問題文や図から探しましょう。問題文や図中に「名詞として登場する単語」が属性の候補です。

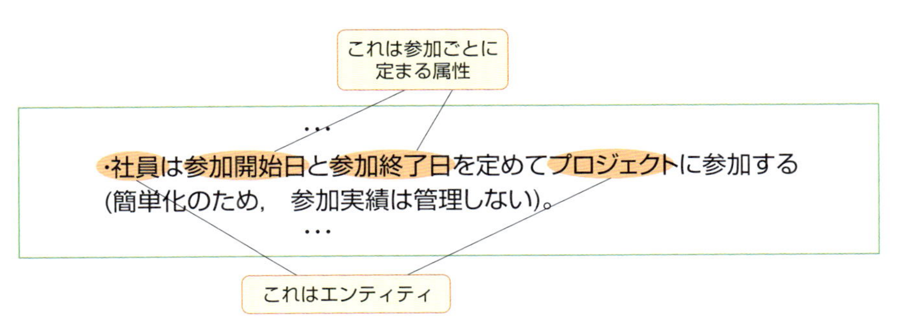

図44　属性は名詞から

（解答）

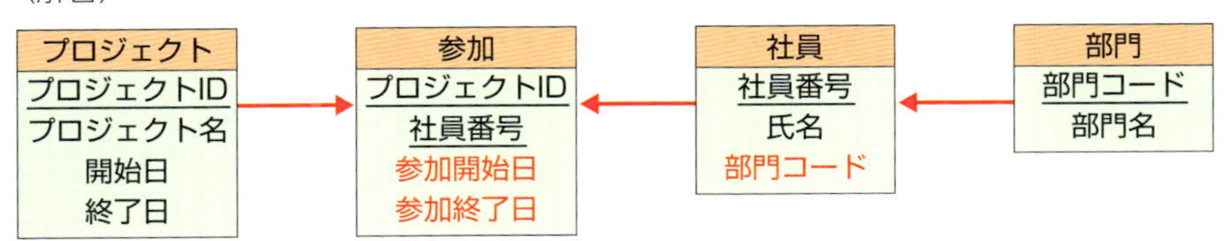

図45　E-R図　（解答）

▶結合や集合演算を用いたSELECT文

学習のポイント

関係データベースに対する問合せでは，自己結合や外部結合を行うことも少なくありません。また，SELECT文の結果に対して和集合や積集合をとることもあります。それらの（テクニカルな）SELECT文は慣れておかないと解答は難しいでしょう。ここではそのようなSELECT文を概説します。

1 自己結合

あるテーブルを，自分自身と結合する操作を「**自己結合**（self-join）」といいます。自己結合では，FROM句に同じテーブル名を指定しますが，異なる別名（相関名ともいう）を与えて両者を区別します。この場合，**一つの表が異なる用途で用いられる**ことになります。

社員(X)…社員表として用いる

社員番号	氏名	上司社員番号
001	田中	002
002	山田	NULL
003	川田	002

社員(Y)…上司の社員表として用いる

社員番号	氏名	上司社員番号
001	田中	002
002	山田	NULL
003	川田	002

```
SELECT *
FROM 社員 AS X,社員 AS Y
WHERE X.上司社員番号=Y.社員番号
```

社員(X)			社員(Y)		
社員番号	氏名	上司社員番号	社員番号	氏名	上司社員番号
001	田中	002	002	山田	NULL
003	川田	002	002	山田	NULL

図46　自己結合

■自己結合の読み取り方

（例）次の社員表から「上司よりも古い年度に入社した」社員の一覧（社員番号と氏名の一覧）を表示する。

社員番号	氏名	入社年度	上司社員番号
001	田中	1995	003
002	鈴木	2002	004
003	佐藤	1982	003
004	吉田	2005	004

```
SELECT [      a      ]
    FROM  社員表  X,  社員表  Y
    WHERE  X.社員番号 = Y.上司社員番号
       AND [      b      ]
```

図47　社員表とSQL

自己結合は一つの表を異なる用途で使用します。慣れないうちは二つの表構造を並べ，それぞれの用途をメモするとよいでしょう。

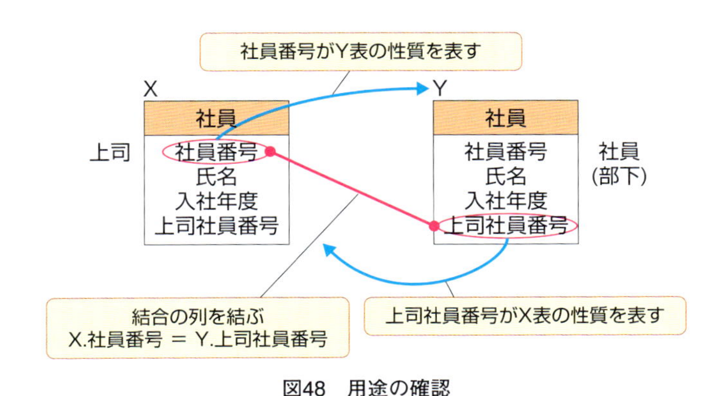

図48　用途の確認

まず，結合に用いられる列同士を結びます。このとき，**結合列の名称が結合相手の性質を表す**ことが多いので，用途の手がかりに利用してください。図48の例では，Y表の上司社員番号がX表の性質を表します。つまり，X表が上司の情報，Y表が社員（部下）の情報を表すことになります。

これを押さえておけば，空欄は簡単に導くことができます。

■aについて

社員（部下：Y表）の社員番号，氏名の一覧なので，

Y.社員番号, Y.氏名

となります。

■bについて

条件は「社員の入社年度（Y.入社年度）が，上司のそれ（X.入社年度）よりも古い」ことなので，

Y.入社年度 < X.入社年度

となります。

2 JOINを用いた結合

JOINを用いて結合を行う場合は，FROM句にテーブル名と結合方式，結合条件を指定します。JOINキーワードを用いたFROM句の構文は次のとおりです。

表14　JOINを用いた結合

結合方式	構文
内部結合	表1 INNER JOIN 表2 ON 結合条件
左外部結合	表1 LEFT OUTER JOIN 表2 ON 結合条件
右外部結合	表1 RIGHT OUTER JOIN 表2 ON 結合条件
完全外部結合	表1 FULL OUTER JOIN 表2 ON 結合条件

※INNER／OUTERは省略可

結合列が同じ名前であれば「ON 結合条件」に替えて「USING 結合列のリスト」を用いることもできます。このとき，結合列の値が等しいことを条件に結合します。

■内部結合

内部結合は，これまで用いた結合と同じです。二つの表を内部結合したとき，結合相手のない行は結果から省かれます。図49の例では，X月に販売実績のないポークカレーの行が結果から省かれることになります。

```
SELECT メニュー.商品ID, 名前, 数量
    FROM メニュー INNER JOIN X月販売実績
        ON メニュー.商品ID = X月販売実績.商品ID
```

メニュー

商品ID	名前
BF	ビーフカレー
PK	ポークカレー
CH	チキンカレー
KT	カツカレー

X月販売実績

商品ID	数量
BF	100
CH	80
KT	30

商品ID	名前	数量
BF	ビーフカレー	100
CH	チキンカレー	80
KT	カツカレー	30

図49　内部結合

■外部結合

「X月にポークカレーが全く売れなかった」という事実も販売の結果であり，結合結果に残したいとします。そのような場合には外部結合を用います。外部結合は，**結合相手のない行に「列値がNULLである行」を結合**した上で結果に残します。

```
SELECT メニュー.商品ID, 名前, 数量
    FROM メニュー LEFT OUTER JOIN X月販売実績
        ON メニュー.商品ID = X月販売実績.商品ID
```

メニュー

商品ID	名前
BF	ビーフカレー
PK	ポークカレー
CH	チキンカレー
KT	カツカレー

X月販売実績

商品ID	数量
BF	100
CH	80
KT	30
NULL	NULL

商品ID	名前	数量
BF	ビーフカレー	100
PK	ポークカレー	NULL
CH	チキンカレー	80
KT	カツカレー	30

図50　左外部結合

図50の例は，左表（左に指定したメニュー表）の各行に，右表の行を補いながら結合したものです。これを**左外部結合**（LEFT OUTER JOIN）とよびます。逆に右表を基準に左表の行を補う結合を**右外部結合**（RIGHT OUTER JOIN），双方の行を補う結合を**完全外部結合**（FULL OUTER JOIN）とよびます。

図51　外部結合

3 集合演算を用いたSELECT文

SQLでは，和，差，積といった集合演算が用意されています。集合演算を行うためには，

- 演算の対象となる二つの表の列数が等しい
- 対応する各列のデータ型が等しい（または変換可能）

という条件を満たしていなければなりません。

社員1

社員番号	氏名
001	木下
003	小山
004	中川

社員2

社員番号	氏名
001	木下
002	石井
003	小山

和（重複行を残す）

社員番号	氏名
001	木下
001	木下
002	石井
003	小山
003	小山
004	中川

```
SELECT * FROM 社員1
UNION ALL
SELECT * FROM 社員2
```

※UNION ALL演算子は重複行を結果に残す。
　結果から重複行を排除するには，次のUNION
　演算子を用いる。

和（重複行を排除）

社員番号	氏名
001	木下
002	石井
003	小山
004	中川

```
SELECT * FROM 社員1
UNION
SELECT * FROM 社員2
```

差

社員番号	氏名
004	中川

```
SELECT * FROM 社員1
EXCEPT
SELECT * FROM 社員2
```

積

社員番号	氏名
001	木下
003	小山

```
SELECT * FROM 社員1
INTERSECT
SELECT * FROM 社員2
```

図52　集合演算

❖確認問題

※問題出典 H：平成　R：令和，S：春期　F：秋期（基は基本情報技術者試験）

問題 1

社員と年の対応関係をUMLのクラス図で記述する。二つのクラス間の関連が次の条件を満たす場合，a，bに入れる多重度の適切な組合せはどれか。ここで，“年”クラスのインスタンスは毎年存在する。 H30F・問26 H27F・問27

〔条件〕
(1) 全ての社員は入社年を特定できる。
(2) 年によっては社員が入社しないこともある。

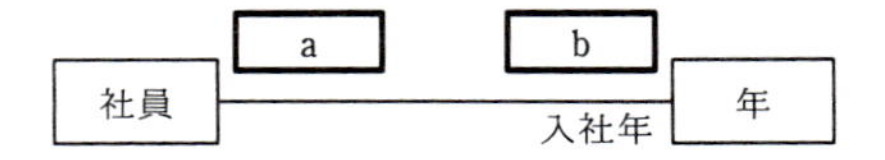

	a	b
ア	0..＊	0..1
イ	0..＊	1
ウ	1..＊	0..1
エ	1..＊	1

問題 2

関係R（A，B，C，D，E，F）において，次の関数従属が成立するとき，候補キーとなるのはどれか。 H27F・問28

〔関数従属〕
A→B，A→F，B→C，C→D，{B，C} →E，{C，F} →A

ア　B　　イ　{B，C}　　ウ　{B，F}　　エ　{B，D，E}

問題 3

次の表において，“在庫”表の製品番号に定義された参照制約によって拒否される可能性のある操作はどれか。ここで，実線の下線は主キーを，破線の下線は外部キーを表す。 H28S・問29

在庫（在庫管理番号，製品番号，在庫量）
製品（製品番号，製品名，型，単価）

ア　“在庫”表の行削除
イ　“在庫”表の表削除
ウ　“在庫”表への行追加
エ　“製品”表への行追加

問題 4

第１，第２，第３正規形とリレーションの特徴ａ，ｂ，ｃの組合せのうち，適切なものはどれか。
R4S・問28　H30F・問28

a：どの非キー属性も，主キーの真部分集合に対して関数従属しない。
b：どの非キー属性も，主キーに推移的に関数従属しない。
c：繰返し属性が存在しない。

	第１正規形	第２正規形	第３正規形
ア	a	b	c
イ	a	c	b
ウ	c	a	b
エ	c	b	a

問題 5

“商品”表に対して，次のSQL文を実行して得られる仕入先コード数は幾つか。
R4F・問28

〔SQL文〕
```
SELECT DISTINCT 仕入先コード FROM 商品
  WHERE（販売単価－仕入単価）＞
    （SELECT AVG（販売単価－仕入単価）FROM 商品）
```

商品

商品コード	商品名	販売単価	仕入先コード	仕入単価
A001	A	1,000	S1	800
B002	B	2,500	S2	2,300
C003	C	1,500	S2	1,400
D004	D	2,500	S1	1,600
E005	E	2,000	S1	1,600
F006	F	3,000	S3	2,800
G007	G	2,500	S3	2,200
H008	H	2,500	S4	2,000
I009	I	2,500	S5	2,000
J010	J	1,300	S6	1,000

ア　1　　イ　2　　ウ　3　　エ　4

問題 6

関係データベースにおける実表と導出表に関する記述のうち，適切なものはどれか。

H28F・問28

ア　実表に対する射影，結合などによって導出表が得られる。
イ　導出表は，データを参照する場合だけに用いる。
ウ　導出表は，複数の実表から得られる表である。
エ　導出表は，元の実表の列だけからなる。

問題 7

表に対するSQLのGRANT文の説明として，適切なものはどれか。

R2F・問26　H26F・問25

ア　パスワードを設定してデータベースへの接続を制限する。
イ　ビューを作成して，ビューの基となる表のアクセスできる行や列を制限する。
ウ　表のデータを暗号化して，第三者がアクセスしてもデータの内容が分からないようにする。
エ　表の利用者に対し，表への問合せ，更新，追加，削除などの操作制限を付与する。

問題 8

トランザクションのACID特性のうち，一貫性（consistency）の説明はどれか。

H31S・問30

ア　整合性の取れたデータベースに対して，トランザクション実行後も整合性が取れている性質である。
イ　同時実行される複数のトランザクションは互いに干渉しないという性質である。
ウ　トランザクションは，完全に実行が完了するか，全く実行されなかったかの状態しかとらない性質である。
エ　ひとたびコミットすれば，その後どのような障害が起こっても状態の変更が保たれるという性質である。

問題 9

データベースに媒体障害が発生したときのデータベースの回復法はどれか。

R元F・問29

ア　障害発生時，異常終了したトランザクションをロールバックする。
イ　障害発生時点でコミットしていたがデータベースの実更新がされていないトランザクションをロールフォワードする。
ウ　障害発生時点でまだコミットもアボートもしていなかった全てのトランザクションをロールバックする。
エ　バックアップコピーでデータベースを復元し，バックアップ取得以降にコミットした全てのトランザクションをロールフォワードする。

問題 10

コストベースのオプティマイザがSQLの実行計画を作成する際に必要なものはどれか。

R3S・問30

ア　ディメンジョンテーブル　　イ　統計情報
ウ　待ちグラフ　　エ　ログファイル

解答・解説

問題 1　イ

空欄 a には“年”から見た“社員”の多重度が入る。ある年度には複数の社員が入社するが，年によっては社員が入社しないこともある。よって，年から見た社員は「0 以上（0..*）」である。

同様に，空欄 b には“社員”から見た“年”の多重度が入る。全ての社員は入社年を特定できるので，社員から見た年度は「1」である。

問題 2　ウ

候補キーは，すべての属性を定めるために必要な最小限の属性の集まりである。

Bを定めることでCが定まり，Cが定まることでDも定まる。さらに，B，Cが定まればEも定まる。この時点でA, Fが不定であるが, Bに加えてFを定めることでAが定まる。よって {B，F} は候補キーである。

問題 3　ウ

参照制約により「在庫表の製品番号をもつ製品は，必ず製品表に登録されている」ことが保証される。この関係を崩すような，

- ・（在庫表が参照する製品に関する行を）製品表から削除する
- ・（製品表にない製品を参照する行を）在庫表に追加する

という操作は，拒否される可能性がある。

問題 4　ウ

関係データベースの正規化は，

第 1 正規形：繰返し属性を排除する（c）
第 2 正規形：部分従属を排除する（a）
第 3 正規形：推移的な従属を排除する（b）

という手順で進められる。

問題 5　ウ

SQLの副問合せ部分は，（販売単価－仕入単価）の平均値である360に置き換わる。よって，問題文のSQLは「（販売単価－仕入単価）が360を超える行の仕入先コードを，重複なく（DISTINCT）抽出する」処理を行う。条件に該当する行は，4，5，8，9行であ

り，それらの行の仕入先コードは，S1，S4，S5である。

問題 6　ア

導出表（ビュー）は，実表をもとに射影や結合などを実行して作成される。
イ　導出表のデータを更新することもできる。
ウ　一つの実表から作成される導出表もある。
エ　実表の行を抽出して作成される導出表もある。

問題 7　エ

GRANT文は，表に対するアクセス権限(操作権限)を与える場合に用いる。
ア・ウ　GRANT文にはパスワードの設定や暗号化の機能はない。
イ　CREATE VIEW文に関する記述である。

問題 8　ア

一貫性は，トランザクションが「データベースの内容を矛盾させない」，すなわち「整合性がとれた状態を保つ」という性質を表す。
イ　独立性（隔離性）に関する記述である。
ウ　原子性に関する記述である。
エ　耐久性（永続性）に関する記述である。

問題 9　エ

媒体障害が発生したとき，
　　　媒体交換 → バックアップで復元 → トランザクション反映
という手順で回復する。トランザクションの反映は，バックアップ取得以降に実行されてコミットしたトランザクションについて，その更新をロールフォワードで反映する。

問題 10　イ

コストベースのオプティマイザは，DBMSが収集した統計情報をもとに効率の良い実行計画を選択する。
ア　ディメンジョンテーブルは，ファクト（事実）に対して分析の切り口を与えるテーブルである。
ウ　待ちグラフは，デッドロックの検出に用いられる。

エ　ログファイルは，データベースの回復に用いられる。

第7章

ネットワーク

1 プロトコルの全体像

学習のポイント

ネットワークに接続するノード同士が通信するためには，それぞれが同じ約束事に従って処理を行わなければなりません。このような約束事をプロトコル（通信規約）とよびます。ここでは，プロトコルの意味と全体像を概観することにします。

1 通信規格とプロトコル

通信には“規格”が必要です。たとえば移動体（携帯）通信の世界には，LTEとよばれる高速通信規格や3Gと総称される規格群があり，それらに対応する携帯電話やスマートフォンに限り通信を行うことができます。これらの規格には「通信を行う上でのさまざまな約束事」が含まれています。それら個々の約束事や約束事の集まりを“**プロトコル（通信規約）**”とよびます[1]。

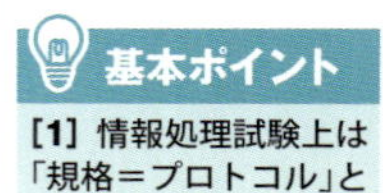

[1] 情報処理試験上は「規格＝プロトコル」と考えて差し支えない

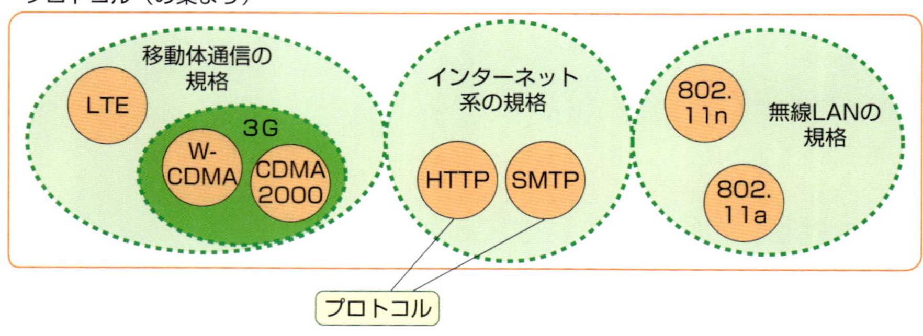

図1　プロトコル

2 プロトコルと階層

プロトコルは，その役割に応じていくつかのレベルに分けられます。これを，インターネット上の伝送を例に説明します。

まず，LAN上でデータを伝送するために，**LANレベルのプロトコル**が必要です（図2-①）。LANレベルのプロトコルは「同一LAN内の伝送」に限られるため，LANをまたぐ機能はありません。LANをまたいであて先に届けるためには，**LANを中継するプロトコル**が必要になります（図2-②）。

あて先のマシンに届いたデータは，電子メールのデータであれば電子メールプロセスに，HTMLデータであればWebプロセスに届けられます。そのためには，アプリケーションプロセスを識別し，**正しいプロセス**[2]**に配送するためのプロトコル**が必要です（図2-③）。さらに，電子メールやWebプロセスのデータ形式や伝送手順といった，**個々のアプリケーションプロセスに関するプロトコル**も必要です（図2-④）。

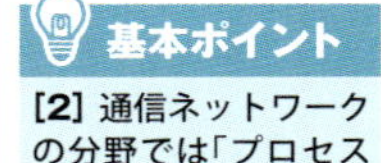

[2] 通信ネットワークの分野では「プロセス＝プログラム」

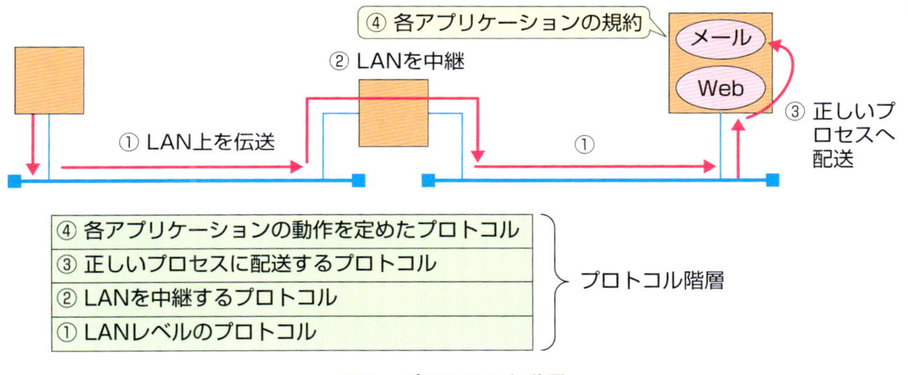

図2　プロトコルと階層

このように，インターネットではプロトコル群は四つのレベルに分けられます。各レベルのことを**層（レイヤ）**，複数レイヤからなるプロトコル構造を**プロトコル階層（プロトコルスタック）**とよびます。

3 TCP/IPの階層

TCP/IPはインターネットで利用されているプロトコル群の総称で，世界で最も普及しています。TCP/IPは前述の働きをもつ4階層から構成されます。

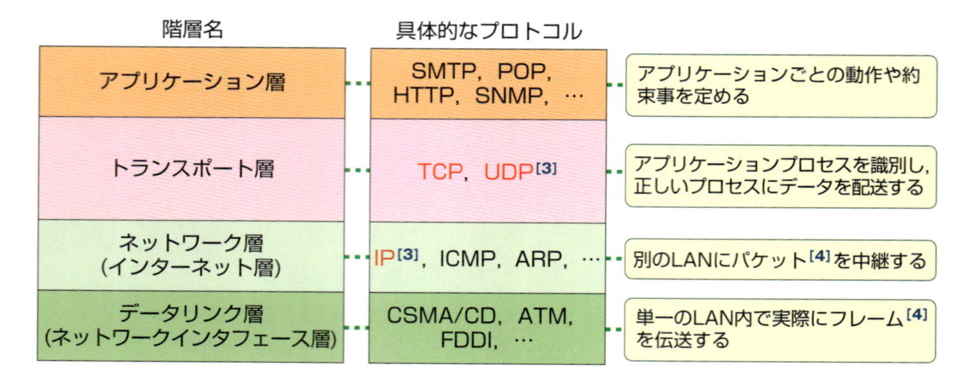

図３　TCP/IPの階層

④ TCP/IPの階層とヘッダ

階層化されたプロトコルでは，データは各層の適切なプロトコルを用いて処理されます。たとえば，有線LANで電子メールを送信するのであれば，

アプリケーション層：SMTP
トランスポート層：TCP
ネットワーク層：IP
データリンク層：CSMA/CD　など

が選ばれます。

ある層で処理されたデータには，その層の機能を利用するための**ヘッダ**[5]が付与され，下位層に引き継がれます。ヘッダにはさまざまな情報が設定されますが，中でも最も大切なものがアドレスなどの識別子です。たとえば，トランスポート層のヘッダには，アプリケーションの識別番号であるポート番号が設定されます。このように，アプリケーションが作成したデータは，最終的にはデータリンク層のフレームの形式で，LANに送出されます。

フレームを受信した側は，送信側とは逆に階層を上りながらヘッダを取り外し，もとのデータを復元します。

重要ポイント

[3] TCPとUDPはトランスポート層に含まれる。
IPはネットワーク層に含まれる

基本用語

[4] フレーム，パケット
データの伝送単位の呼び方。特にデータリンク層の伝送単位をフレームとよぶ

基本用語

[5] ヘッダ
伝送用の制御情報を格納する領域

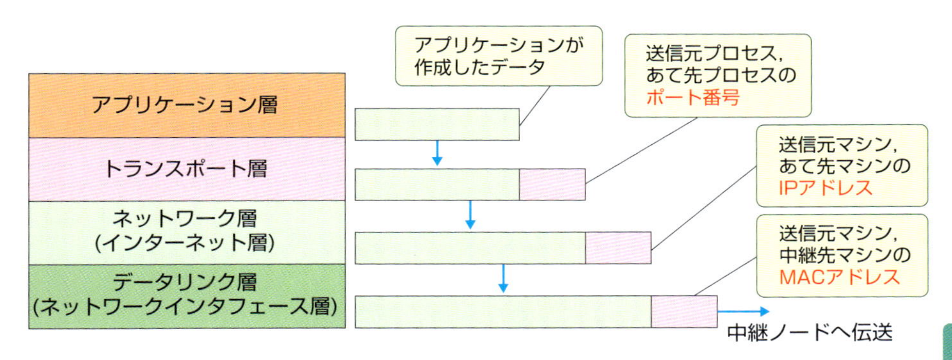

図４　階層とヘッダ

表１　TCP/IPで用いる識別子

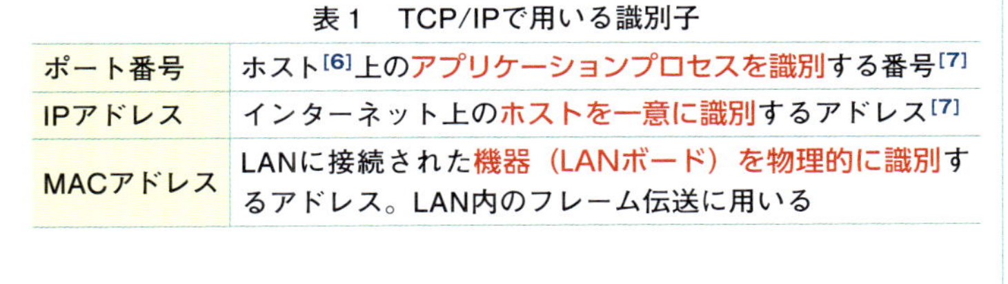

ポート番号	ホスト[6]上のアプリケーションプロセスを識別する番号[7]
IPアドレス	インターネット上のホストを一意に識別するアドレス[7]
MACアドレス	LANに接続された機器（LANボード）を物理的に識別するアドレス。LAN内のフレーム伝送に用いる

基本用語

[6] ホスト
サーバやクライアント，ルータなどデータの送受・中継を行う機器

基本ポイント

[7] ポート番号はプロセスを，IPアドレスはホストを識別する

5 データ伝送とアドレスの変化

アドレスについて理解を深めるため，データ伝送におけるアドレス情報の変化を観察してみましょう。

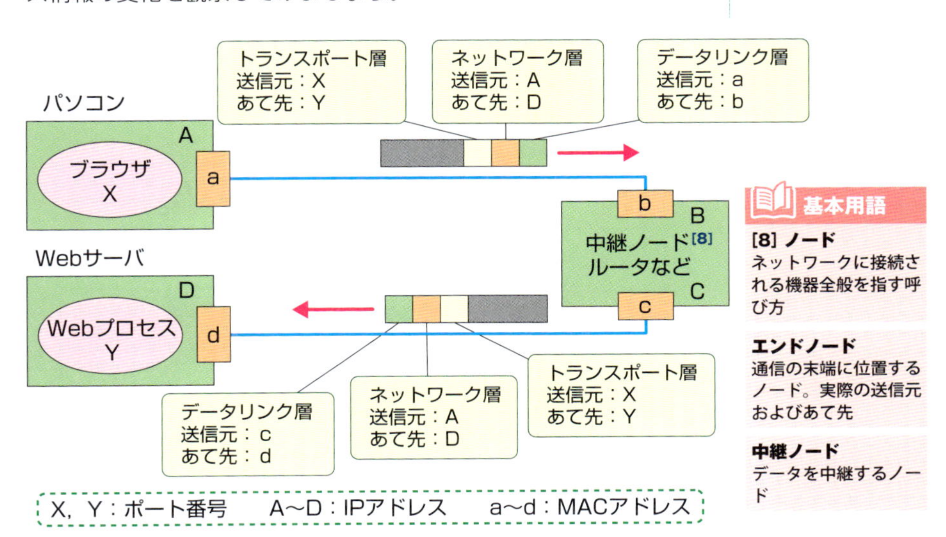

図５　データ伝送とアドレスの変化

基本用語

[8] ノード
ネットワークに接続される機器全般を指す呼び方

エンドノード
通信の末端に位置するノード。実際の送信元およびあて先

中継ノード
データを中継するノード

トランスポート層のヘッダには，プロセスを識別する**ポート番号**が設定されます。送信元はX（ブラウザ）で，あて先はY（サーバのWebプロセス）です。

ネットワーク層は，あて先ホストを識別してパケットを中継しなければなりません。そこで，ホストを一意に識別する**IPアドレス**が設定されます。送信元はA（パソコン）で，あて先はD（Webサーバ）です。

データリンク層は，LAN内での伝送を行います。そこで，LANの規格に沿った物理的な（変更できない）アドレスである**MACアドレス**が設定されます。LAN内の伝送は「パソコンと中継ノード間」と「中継ノードとWebサーバ間」の２回に分けて行われます。そのため，最初の伝送と２回目の伝送では，指定されるアドレスが異なっています。伝送の都度，LAN内のMACアドレスが指定し直されるからです。

IPアドレスはエンドノードを指定し，MACアドレスは中継ノードを指定することを覚えてください[9]。

> **重要ポイント**
> **[9]** IPアドレスはエンドノードをMACアドレスは中継元や中継先を指す

6 TCP/IPとOSI基本参照モデル

TCP/IPが事実上の標準となる前に，**ISO**が**OSI基本参照モデル**とよばれる７階層のモデルを提案しました。層の名称と機能の概要のみ覚えておいてください。

> **重要ポイント**
> **[10] セション層の機能**
> プロセス間での会話を構成し同期をとる

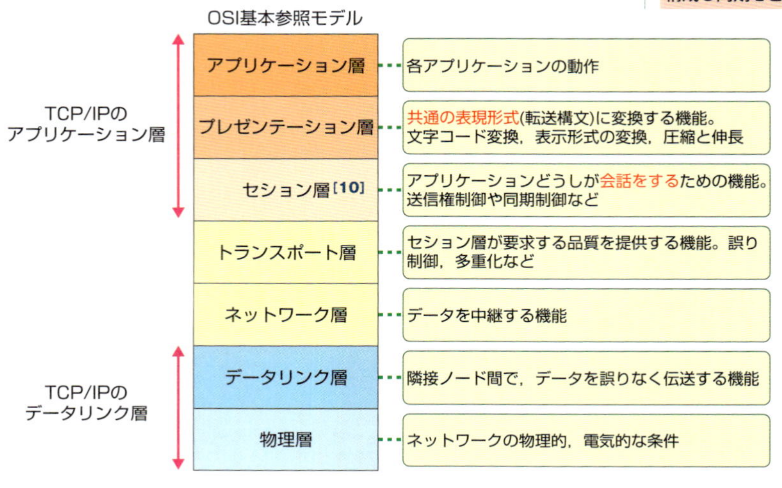

図６　OSI基本参照モデルの階層

2 データリンク層

学習のポイント

インターネットでやりとりされるデータは，最終的にはLANのフレームとして構築され，LANのプロトコルに従って伝送されます。その意味で，LANのプロトコルはTCP/IPを支えるベースということができます。

1 LANのプロトコル

TCP/IPの代表的なデータリンク層のプロトコルが「LANのプロトコル」です。図7に，主要なLANのプロトコルを示します。

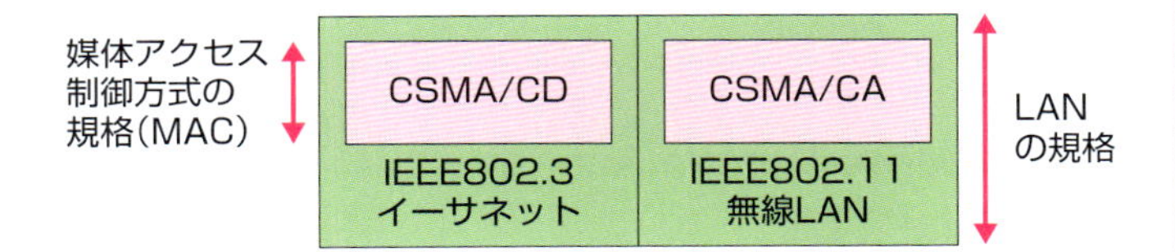

図7　主要なLANのプロトコル

LANのプロトコルは，**媒体アクセス制御方式**（Media Access Control：MAC）の規格と伝送に必要な電気的な規格を含んでいます。媒体アクセス制御方式には，一般的な有線LANで用いられてきたCSMA/CD，無線LANで用いられるCSMA/CAなどがあります。以降では，まず媒体アクセス制御の方式を説明し，次にそれらを含むLANの規格を説明します。

2 CSMA/CD(Carrier Sense Multiple Access with Collision Detection)方式

CSMA/CDは，各ノードがフレームの送出に先立って，**伝送路にフレームが流れていないことを確認し，フレームの送出を開始する**方式です。

複数ノードがほぼ同時にフレームを送出すると，フレームの**衝突**（collision）が発生します。これを検出したノードはフレームの送出を停止し，他のノードに衝突を知らせる信号（**ジャム信号**）を送出します。フレームは，任意の時間待機した後に再送されます[11]。

重要ポイント

[11] CSMA/CD方式は，衝突の頻度が増すと再送動作が増えてスループットが低下する

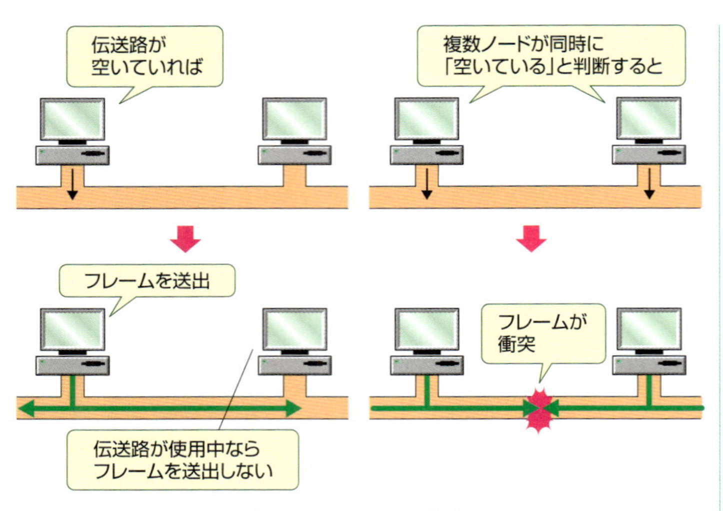

図８　CSMA/CD方式

③ CSMA/CA(Carrier Sense Multiple Access with Collision Avoidance)方式

CSMA/CAは無線LANで用いられる方式です。無線LANでは，フレームの衝突を検知できないので，**一定時間回線が空いていることを確認してからフレームを送出する**など，フレームの衝突をできるだけ**回避**（avoidance）するような制御を行います[12]。

受信側のノードは，フレームを正しく受信できた場合に**確認応答**（ACK）を返します。ACKが返ってこないとき，送信側のノードはフレームを再送出します。

[12] CSMA/CD
衝突検知機能をもつ
CSMA/CA
衝突検知機能をもたない

④ PPP(Point-to-Point Protocol)

PPPは，二つのノード間を結んだリンク上で，データを送受信するプロトコルです。パソコンをプロバイダに接続する場合に用いられます。

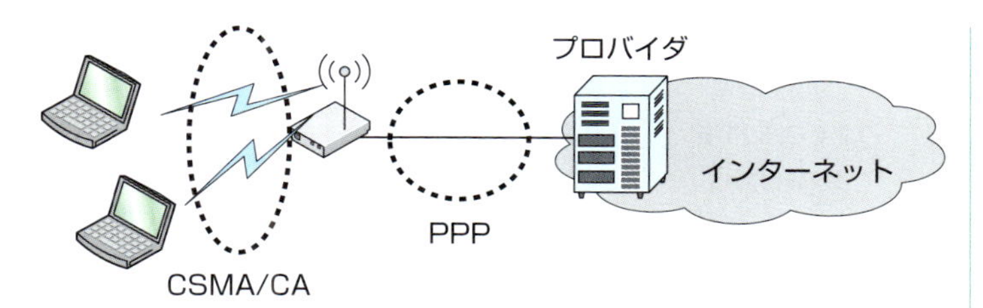

図9　PPP

PPPは**リンクの確立時にPAPやCHAPを用いた認証を行います**[13]。インターネットへの接続時に認証を義務づけるため，PPPを用いることもあります。

重要ポイント
[13] PAP，CHAP：共にユーザ名，パスワードで認証を行う認証用プロトコル

5 イーサネット(IEEE802.3)

イーサネット（Ethernet）は媒体アクセス制御にCSMA/CD方式を採用するLANで，これをもとに**IEEE802委員会**が**IEEE802.3**を規格化しました。主なイーサネット規格には次のものがあります。

表２　主なイーサネット規格

規格	トポロジ	伝送媒体	最大伝送距離	最大伝送速度
10BASE2	バス型	細芯同軸ケーブル	185m	10Mビット/秒
10BASE5	バス型	標準同軸ケーブル	500m	10Mビット/秒
10BASE-T	スター型	UTPケーブル	100m	10Mビット/秒
100BASE-TX	スター型	UTPケーブル	100m	100Mビット/秒
1000BASE-SX	スター型	光ファイバ	550m	1Gビット/秒
1000BASE-T[14]	スター型	UTPケーブル	100m	1Gビット/秒

重要ポイント
[14] 規格名称のT(TXを含む)は，ツイストペアケーブル(UTP)を表す

PPPoE(PPP over Ethernet)

PPPoEは，**イーサネット上でPPPを利用するプロトコル**です。LAN上で，PPPによるリンク確立時の認証やデータ転送を用いる際に利用します。

6 無線LAN(IEEE802.11)

IEEE802.11シリーズは，媒体アクセス制御に**CSMA/CA方式を用いた無線LANの規格群**です。

表3　主な無線LANの規格[15]

規格名称	周波数帯域	最大伝送速度
IEEE802.11	2.4 GHz帯域	2 Mビット/秒
IEEE802.11a	5 GHz帯域	54 Mビット/秒
IEEE802.11b	2.4 GHz帯域	11 Mビット/秒
IEEE802.11g	2.4 GHz帯域	54 Mビット/秒
IEEE802.11n	2.4 / 5 GHz帯域	600 Mビット/秒
IEEE802.11ac	5 GHz帯域	6.9 Gビット/秒

なお，無線LANは物理的な回線接続が不要である分，不正アクセスへの備えが必要になります。そこで，正規のMACアドレスをアクセスポイントに事前登録し，それ以外の端末からのアクセスを制限します。そのような仕組みを**MACアドレスフィルタリング**[16]とよびます。

■SSID(Service Set IDentifier)

SSIDはIEEE802.11におけるネットワーク識別子です。SSIDは最長32オクテット(英数字32文字)の文字列で，**無線LANのアクセスポイントに設定**します。利用者はSSIDを指定することで，接続するアクセスポイントを選択します。

7 PLC(Power Line Communication)

PLCは，**電力線を通信回線として利用する**技術で，屋内の電力線を用いて手軽にLANを構築することができます[17]。

屋外の電力線を利用したWANや，電柱からの引き込みにのみ屋外の電力線を利用することも考えられてはいますが，漏洩電磁波レベルが大きいことなどから実用には至っていません。

! 重要用語

[15] ISMバンド
無線LANが用いる2.4GHz帯域の名称。小出力であれば免許不要。産業(Industry)，科学(Science)，医療(Medical)用の機器が用いる

! 重要用語

[16] MACアドレスフィルタリング
「事前登録」した端末以外のアクセスを制限。「無線LAN」で使用する

! 重要ポイント

[17] PLCは「電力線」に情報を乗せる

3 ネットワーク層

学習のポイント

プロトコル階層に機能レベルの軽重はありませんが，あえてつけるとするならばネットワーク層こそがTCP/IPの主役といえます。IPアドレスやこれを用いたパケット転送，経路選択技術，IPアドレスの変換技術など，インターネットのエッセンスがネットワーク層に含まれているからです。

1 ネットワーク層のプロトコル

TCP/IPのネットワーク層には，ICMP，IP，ARP/RARPなどのプロトコルが含まれます。その中心はIPです。

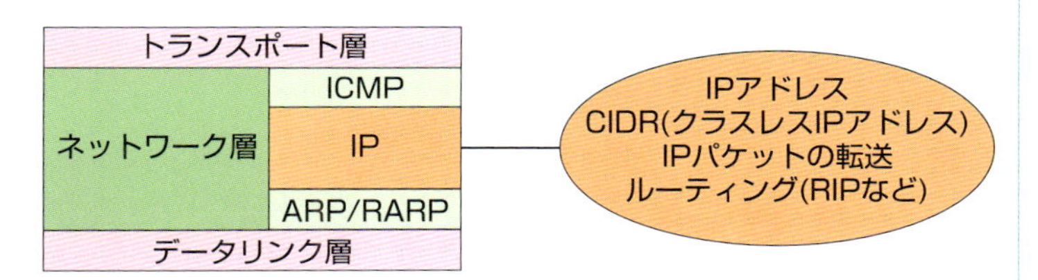

図10　ネットワーク層のプロトコル

2 IP(Internet Protocol)の役割

IPの役割は，パケットを中継してエンドノードに送り届けることにあります。これを行うため，IPパケットのヘッダには，送信元とあて先をエンドツーエンドで指定するIPアドレスが指定されます(図11)。

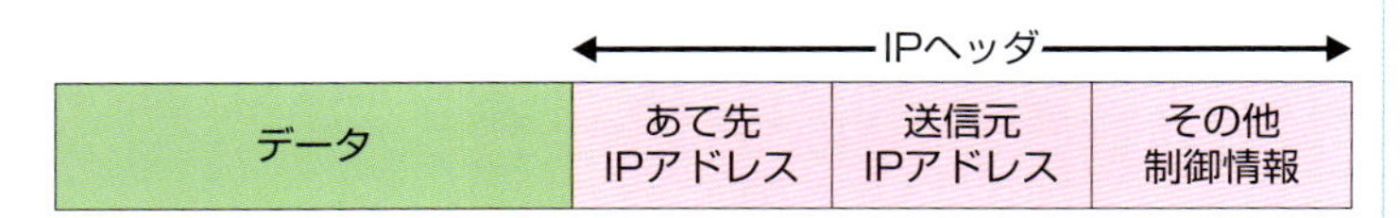

図11　IPパケットのヘッダ

IPアドレスは，各ノードとネットワークとの接点（**接続ポート**）ごとに付与されます[18]。ルータなど複数のネットワークを接続す

重要ポイント

[18] IPアドレスはLANへの接続ポートごとに付与する

る機器には，**接続ポートごとに異なるIPアドレスが付与される**ことになります。

3 IPアドレス

IPアドレスは32ビットのアドレスであり，８ビットごとにピリオド（.）で区切り，10進数で表記されます（図12）。

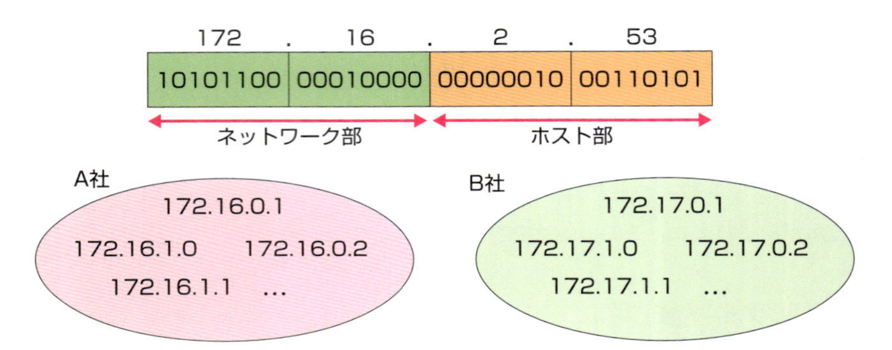

図12　IPアドレスの様式

IPアドレスは，大きく**ネットワーク部**[19]と**ホスト部**[20]に分かれます。ネットワーク部は**組織の識別**に用いられ，ホスト部は同一組織（同一ネットワーク）に接続する**ホストの識別**に用いられます。同じ組織に属するホストには，ネットワーク部が等しくホスト部が異なるアドレスが割り当てられます。

■特殊なIPアドレス

IPアドレスのうち，ホスト部の値が「すべて０」または「すべて１」のアドレスは，特別の用途に用いるため，ホストに割り当てることはできません。

ホスト部の値がすべて０のアドレスは，**ネットワークアドレス**とよばれ，特定のホストではなく「**ネットワークそのもの**」に付与されます。ホスト部がすべて１のアドレスは，ネットワークに属する「**すべてのホスト**」を表すアドレスで，全ホストを対象とする通信（**ブロードキャスト**[21]）のあて先として用いられます（図13）。

基本用語

[19] ネットワーク部
IPアドレスのうちネットワークを識別する部分

基本用語

[20] ホスト部
IPアドレスのうちホストを識別する部分

基本用語

[21] ブロードキャスト
ネットワーク上の全ホストに対する同報通信。あて先にブロードキャストアドレスを指定する
↑↓
ユニキャスト
指定したあて先にのみ送信する

重要ポイント

[21] ブロードキャストの特徴は「全てのノード」「一度の送信」

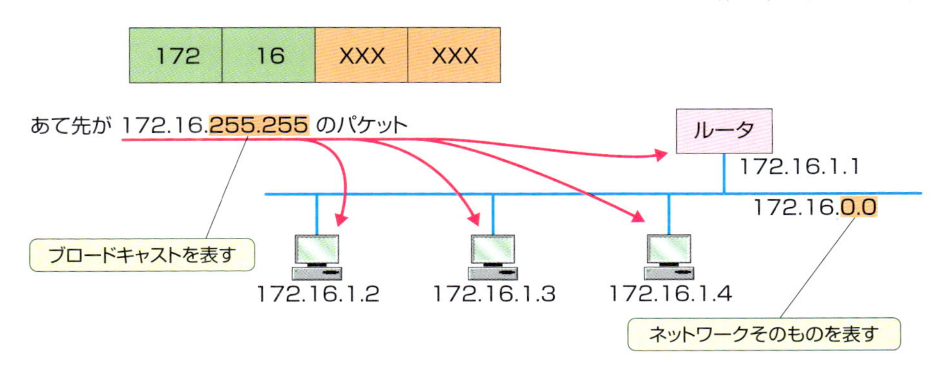

図13　特殊アドレスの利用場面

以上のことから，ホストに割り当てることができるIPアドレスの数は，ホスト部がnビットである場合，2^nから「すべて0」と「すべて1」を除いた，

$2^n - 2$ [種類][22]

で求められることになります。たとえばクラスCのIPアドレスであれば，ホスト部のビット数が8なので，最大$2^8 - 2 = 254$個のアドレスをホストに割り当てることが可能です。

重要ポイント
[22] 割当て可能なアドレス数は，全組合せ数から「2つ減らす」ことで計算する

■プライベートアドレス

IPアドレスのうち，特に次の範囲に含まれるアドレスを**プライベートアドレス**とよびます。

表4　プライベートアドレス[23]

クラスA	10.0.0.0 ～ 10.255.255.255
クラスB	172.16.0.0 ～ 172.31.255.255
クラスC	192.168.0.0 ～ 192.168.255.255

[23]
クラスA～Cは，ネットワークの規模による分類であったが，現在ではクラスそのものには意味はない

プライベートアドレスは，会社などの**組織内で自由に使えるアドレス**です。社内で一意であれば，他社との重複は気にせず利用できます。ただし，プライベートアドレスのままインターネットに接続することはできません[24]。

[24]
NAT，NAPTなどのアドレス変換機能を使えばインターネットに接続できる。午後対策テーマ参照。

プライベートアドレス以外のアドレスを**グローバルアドレス**とよびます。グローバルアドレスは，インターネット上で一意であることが保証されたアドレスです。グローバルアドレスは，プロバイダ

から割り当てを受けます。

■CIDR(Classless Inter Domain Routing)

CIDRは，IPアドレスからクラスの枠組みを取り払い，最適な規模のIPアドレスを割り当てる仕組みです。

CIDRでは，**ネットワーク部（およびサブネット識別子）の長さを自由に設定する**ことができます。これらの長さを**プレフィックス値**[25]とよび，IPアドレスの後にスラッシュとプレフィックス値を用いて表記します。

基本用語

[25] プレフィックス
IPアドレスのうちサブネットを識別する部分（ネットワーク部＋サブネット識別子）
プレフィックス値
プレフィックスのビット数

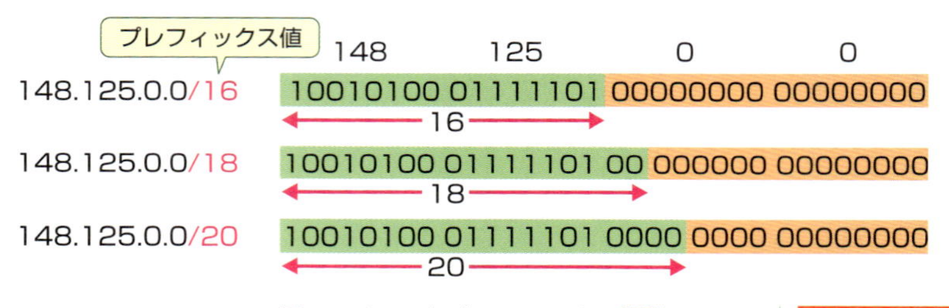

図14　CIDRとプレフィックス[26]

重要ポイント

[26] プレフィックス以外のビットが全て1ならブロードキャストアドレスになる

プレフィックス値が大きければ，相対的にホスト部のビット数は少なくなり，利用できるIPアドレス数も少なくなります。ネットワークの規模に見合ったプレフィックス値を用いることで，限られた資源であるIPアドレスを，有効に利用することができるのです。

■データ送信とサブネットマスク

ホストはデータの送信にさいして「あて先が自身と同じネットワークに存在するかどうか」を確かめます。もし同じネットワーク上にあればあて先に直接フレームを送信し，そうでなければルータなどの中継機器にフレームを送出します。

「送信元とあて先が同じネットワークにある」ことは，両者に付けられた**IPアドレスのネットワーク部およびサブネット識別子の値が等しいかどうか**で確かめることができます。

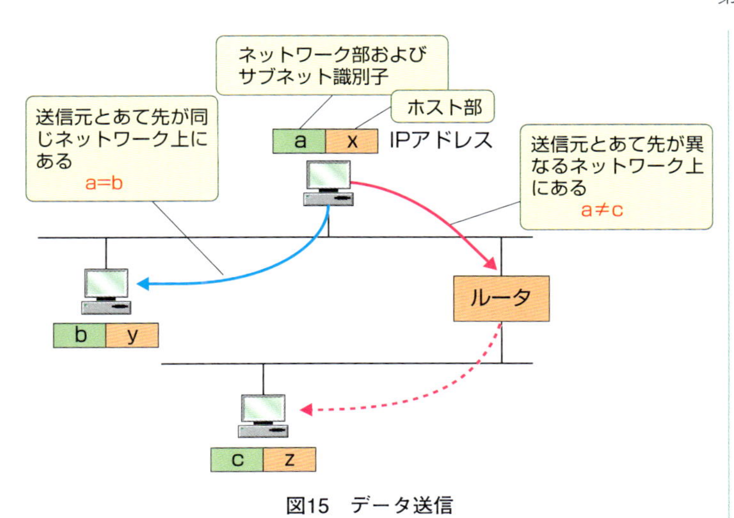

図15　データ送信

ネットワーク部およびサブネット識別子の比較は，実際にはIPアドレスから「ホスト部のビットを０にしたアドレス」を生成して行います。ホスト部のビットのみを０にするためには，

- ネットワーク部およびサブネット識別子のビットがすべて１
- ホスト部のビットがすべて０

というマスクパターンを用意して，これとIPアドレスとの論理積をとります。このとき用いるマスクパターンを**サブネットマスク**[27]とよびます。

テクニック

[27] サブネットマスクであるかどうかは，2進数に変換して「1の連続の後に0が連続する」かどうかで見分ければよい
(例)　255.255.255.64
→　…111101000000
→　サブネットマスクではない

重要ポイント

[28] IP1，IP2をIPアドレス，SMをサブネットマスクとすると，
IP1・SM＝IP2・SM
が成立すれば，IP1とIP2は同一ネットワークに属する
(・は論理積)

[28] ホスト部のアドレスは
IP・¬SM
で求められる
IP　：IPアドレス
¬　：否定
・　：論理積
SM：サブネットマスク

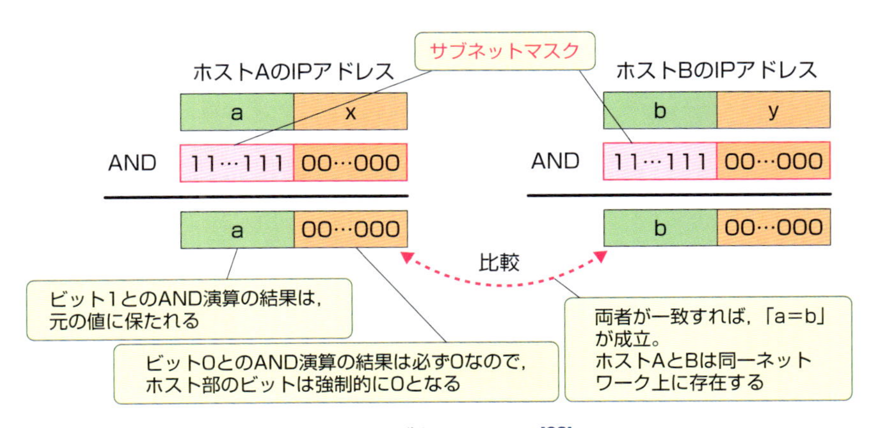

図16　サブネットマスク[28]

サブネットマスクのビット１の部分は，IPアドレスのネットワーク部およびサブネット識別子部分に対応します。この部分が大きくなればなるほど，分割の進んだ小さなネットワークを表します。

IPv6

現在，主流となっている**IPv4**で用いられるIPアドレスは32ビットであり，世界的なインターネットの普及に伴ってIPアドレスの数が枯渇しています。そこで**IPv6**とよばれる後継規格が策定されました。IPv6は，

- **IPアドレスの128ビット化**
- ルータから通知される情報と自身が生成する情報からアドレスを自動生成する，**プラグアンドプレイの実現**
- IPsecを標準機能とすることによる**暗号化機能の充実**[29]

といったIPv4の弱点を補う特徴をもっています。

> **重要ポイント**
> **[29]** IPv6のセキュリティ機能は，拡張ヘッダを用いたオプション機能である

IPv6のアドレス表記

IPv6アドレスは，128ビットを16ビットごとに8つのブロックに分けて“:”で区切り，それぞれの値を「0000」～「ffff」の16進数４桁で表記します。このとき，

- 各ブロックの先頭の“0”は省略，「0000」の場合は「0」
- 「0000」が二つ以上続く場合は「::」で省略[30]
- 「::」で省略できる部分が2つ以上あれば，長い方を省略

することが推奨されています。

> **重要ポイント**
> **[30]** IPv6アドレスの中で“::”は最大でも1つ。2つ以上登場する選択肢は誤り！

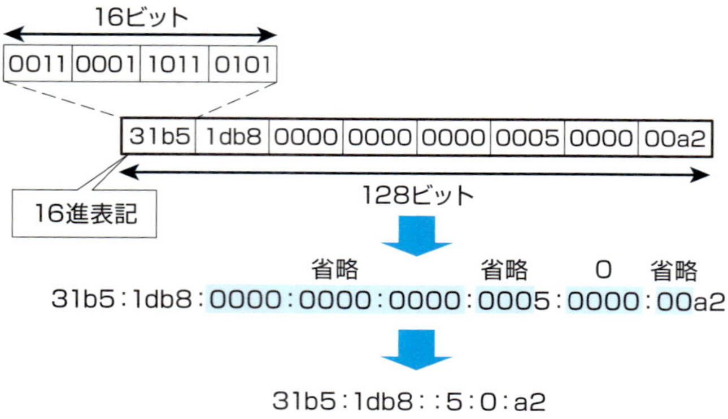

図17　IPv6アドレスと表記法

4 ルーティング

ルーティングは，パケットを送る最適な経路を選択することです。

ルーティングは，**ルーティングテーブル**に記録された**経路情報**に従って行われます。経路情報の設定・維持に用いるプロトコルを特に**ルーティングプロトコル**といい，次のものが代表的です。

表５　ルーティングプロトコルの種類

RIP	ホップ数（経由するルータ数）が最小となる経路を選択する距離ベクタ型のルーティングプロトコル 単純だが中継するリンクの状態を経路に反映できない
OSPF	中継するリンクの状態を加味して経路を選択するリンクステート型のルーティングプロトコル

RIPは古くから用いられてきたルーティングプロトコルで，あて先LANごとに「ホップ数の最も小さな経路」をルーティングテーブルに記録します（図18）。

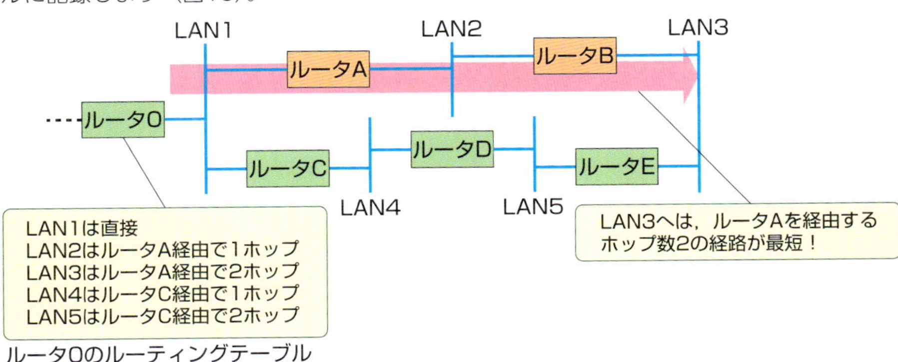

図18　RIP

5 ICMP（Internet Control Message Protocol）

ICMPとは，IPを利用した通信においてエラーメッセージや制御メッセージなどを転送するためのプロトコルです[31]。

重要ポイント
[31] ICMPはネットワーク層のプロトコル

表６　ICMPのメッセージ

TYPE	内容	意味
0	エコー応答	エコー要求に対する応答
3	あて先到達不能	送信元ホストにパケットが到達しない原因を通知する
5	リダイレクト	最適ルートが使用されていない場合に最適なルータを通知する

8	エコー要求	あて先ホストまでの到達確認
11	時間超過	TTL（Time To Live）値が0になったことを通知する

ICMPを利用したプログラムに**ping**があります。pingは，ICMPの**エコー要求**と**エコー応答**を利用してネットワークの到達確認を行います。

6 ARP/RARP(Address Resolution Protocol／Reverse ARP)

ホストがフレームを中継先に送出するためには，中継先のMACアドレスが必要となります。ところが，TCP/IPにはMACアドレスを一元管理する仕組みがなく，MACアドレスの記録や管理は個々のホストに任されています。そのため，ホストの起動直後などにおいて「中継先のIPアドレスは判明しているがMACアドレスがわからない」という状況が起こります。このような場合に，IPアドレスからMACアドレスを問い合わせる**ARP**[32]が用いられます。

ARPは，MACアドレスを問い合わせる**ARP要求**と，それに応える**ARP応答**からなっています。**ARP要求はネットワーク中の全ノードに対するブロードキャストで，ARP応答は要求したノードへのユニキャスト**です（図19）。

!! 重要用語
[32] ARP
IPアドレス → MACアドレス

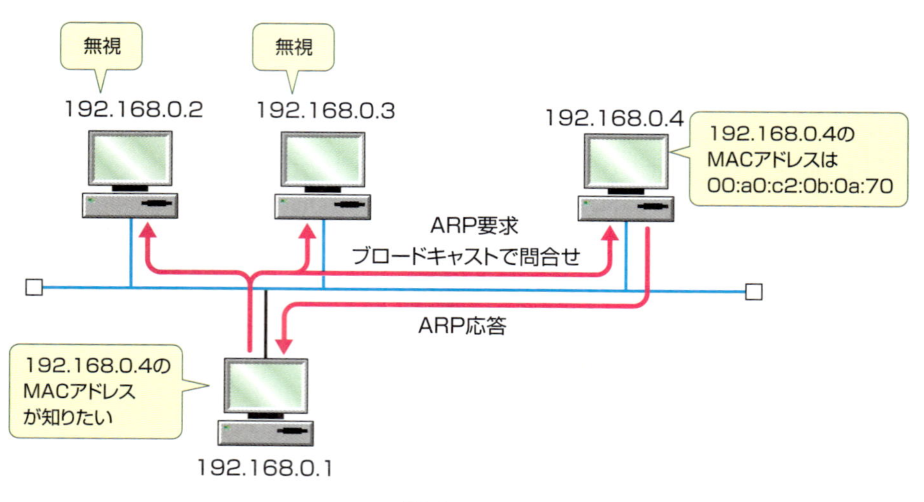

図19　ARP

ARPとは逆に，MACアドレスをもとにIPアドレスを問い合わせるプロトコルが**RARP**[33]です。RARPはディスクレスマシンなど，IPアドレスを記録できない機器が，自身のIPアドレスを問い合わせる場合に利用されます。

重要用語

[33] RARP
MACアドレス → IPアドレス
※RARPはReverse ARPの略なので「逆ARP」と覚えておけばよい

4 トランスポート層

学習のポイント

通信を，送信者が受信者に「次々とボールを投げる」ことにたとえてみましょう。送信者が慎重であれば，相手が捕球体勢に入ったことを確認してからボールを投げるでしょう。もちろんボールが届かなければ，もう一度投げ直します。一方で「相手のことなど知ったことか」とばかりに，次々とボールを投げる送信者もいるかもしれません。

乱暴なたとえですが，前者の通信方式をコネクション型，後者をコネクションレス型といい，トランスポート層では両方が提供されています。ここでは，まずコネクションについて説明し，次に具体的なプロトコルであるTCPとUDPに言及します。

1 コネクション／コネクションレス

TCP/IPのトランスポート層には，信頼性の高い**コネクション型**の通信方式と，簡素で高速な**コネクションレス型**の通信方式が用意されています。

コネクション型通信は，信頼性を高めるため，

- パケットの**順序制御**
- 誤りを検出したさいの**再送制御**
- 受信能力の範囲内でパケットを送信する**フロー制御**

などの各種制御を行います。

これに対し，コネクションレス型は「パケットを送ること」のみを目的とする方式で，各種制御を省いた高速な通信を実現します。

2 TCP[34]

TCPは，TCP/IPのトランスポート層のプロトコルの一つで，**信頼性の高いコネクション型の通信機能**を提供します。電子メールやファイル転送，HTTPなど信頼性の高い通信機能が必要なアプリケーションは，トランスポート層のプロトコルにTCPを選びます。

TCPは，通信に先立って**TCPコネクション**とよばれる論理的な通信路を確立し，通信終了時にそれを解放します。コネクション確立のため，**スリーウェイハンドシェイク**とよばれる手順を行います。

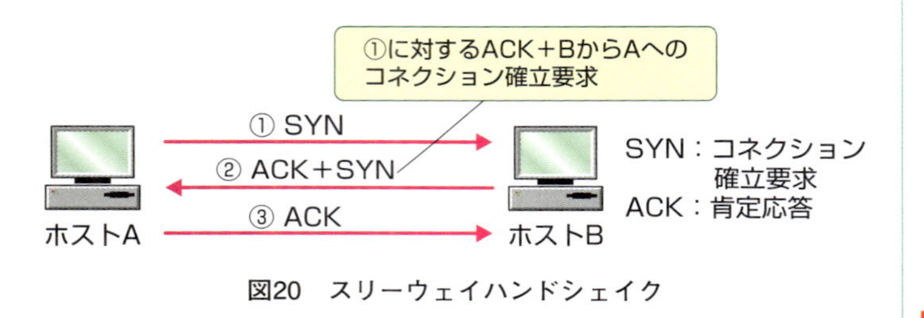

図20　スリーウェイハンドシェイク

3 UDP[35]

UDPは，TCP/IPのトランスポート層のプロトコルの一つで，**コネクションレス型の簡素な通信機能**を提供します。IP電話や動画の配信，SNMP（ネットワーク管理）など，（音声や画像上の）少々の乱れよりも高いリアルタイム性を重視するアプリケーションは，トランスポート層のプロトコルにUDPを用います。

4 フロー制御

フロー制御は通信相手の受信能力を超えないよう，**送信データの量を調整する制御**です。TCPでは**ウィンドウサイズ**（連続受信できるデータ量）を送信相手から適宜通知してもらい，ウィンドウサイズの範囲内でデータを連続送信します。

5 ポート番号

ポート番号は，16ビットからなる**プロセスの識別番号**です。ポート番号とホストを識別するIPアドレスを組み合わせれば「どのホストのどのプロセスか」を識別することができます。

重要ポイント
[34]「TCP」→「コネクション型」→「信頼性重視」

重要ポイント
[35]「UDP」→「コネクションレス型」→「信頼性の機能はもたないが，簡素で高速」

サーバなどの常駐プロセスには，あらかじめ定まったポート番号（**ウェルノンポート番号**）が与えられています（図21 サーバ側）。クライアントのプロセスには，起動ごとに空き番号が与えられます（図21 クライアント側）。

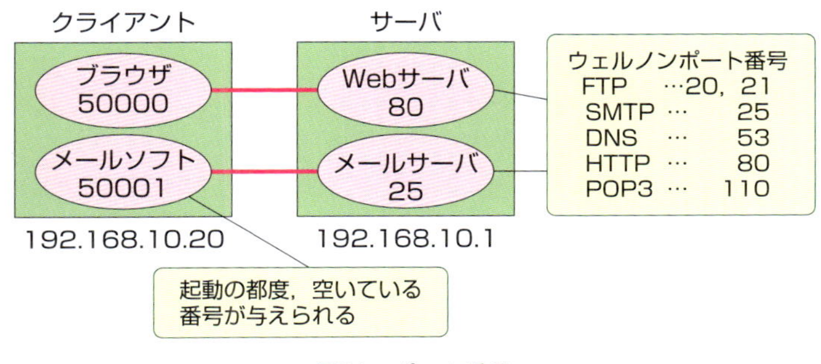

図21　ポート番号

5 アプリケーション層

学習のポイント

アプリケーション層のプロトコルは，インターネット上のサービスと深い関わりがあります。たとえばHTML文書のやりとりを規定するHTTPは，WWW（Web）と切り離して語ることはできません。そこで，ここではアプリケーション層の代表的なプロトコルを，インターネットのサービスと合わせて説明していきます。

1 WWW(World Wide Web)

WWWは，インターネットにおいて最も多く利用されるサービスの一つで，ブラウザとWWWサーバとの間でHTML文書をやりとりします。このやりとりに用いるプロトコルがHTTPです。

■URL(Uniform Resource Locator)

URLは，HTML文書を含め，**インターネット上のリソースを指定する書式**です。URLでは，リソースにアクセスするための**スキーム**（プロトコル），サーバ名（IPアドレスも可），ディレクトリ名，ファイル名，ポート番号などが指定されます（図22）。

http://www.tac-school.co.jp:80/shikaku/joho/index.html

スキーム（プロトコル）　サーバ名　ポート番号　パス

図22　URL

■HTTP(HyperText Transfer Protocol)

HTTPは，クライアントの要求に対して，WWWサーバが要求に基づいたリソースを送信するプロトコルです。リソースは，HTML文書のほか，画像ファイルや実行ファイル，音楽ファイルなどであってもかまいません[36]。

HTTPSは，**SSL**による暗号化通信を実装した「HTTPのセキュリティ強化版」です。

重要ポイント

[36] "http:"で始まるURLは，プロトコルとしてHTTPを使用することを示す

■CGI(Common Gateway Interface)

CGIは，WWWサーバがブラウザの要求に応じて**プログラムを起動するための仕組み**です。ブラウザがURLにCGIを指定してWWWサーバにアクセスすると，サーバ側ではアプリケーションプログラムが起動され，その処理結果がブラウザに返ってきます。

2 電子メール

電子メールは，WWWと並ぶインターネットの代表的なサービスです。電子メールサービスを実現するため，次のプロトコルが用いられます。

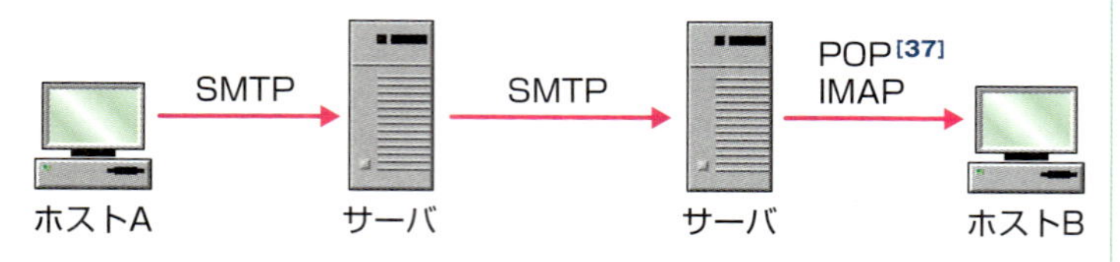

[37] メールの送信はSMTPを，受信はPOPを用いる

SMTP	電子メールの転送プロトコルで，メールサーバへの送信，サーバ間のメール転送に用いる
POP	電子メールの受信（メールサーバからの取出し）に用いるプロトコル。受信メールはクライアントにダウンロードされ，クライアント上で管理する。現行のバージョンはPOP3
IMAP	電子メールの受信に用いるプロトコル。POPとは異なり，メールはサーバ上で管理される。現行のバージョンはIMAP4

図23　SMTPとPOP/IMAP

3 DNS（Domain Name System）

URLにせよメールアドレスにせよ，ホストの指定には**ホスト名**（**ドメイン名**）を使います。これを，ホストを表すIPアドレスに変換する（名前を解決する）ことが**DNS**の役割です[38]。インターネットでは，ホストの指定にIPアドレスを用いることはまずありえないので，その意味で，DNSはインターネットを支える基盤といえます。

名前解決を行う場合，クライアントはまず「自ドメインのDNSサーバ」に対して問合せを行います。このとき，問合せの対象となるドメイン名が自ドメインのものであれば，自ドメインのDNSサーバが直接返答することになります。

一方，目的のドメイン名が他ドメインに属する場合，自ドメインのDNSサーバは**ルートドメイン**から下位のドメインに向かって順に検索を繰り返し，目的のIPアドレスを取得してクライアントに回答します（図24）。

重要ポイント

[38]「ドメイン名ではアクセスできないが，IPアドレスではアクセスできる」場合，DNSが故障している可能性がある

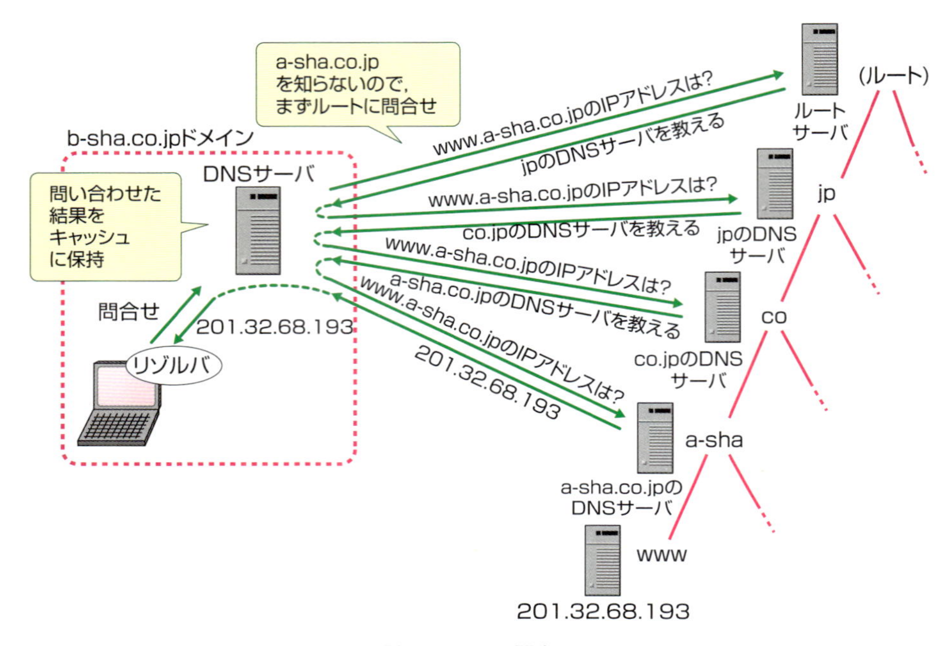

図24　DNSの問合せ

4 SNMP(Simple Network Management Protocol)[39]

SNMPはTCP/IPにおける**通信機器（ルータやコンピュータなど）を管理する**ためのプロトコルです。SNMPでは，管理する側を「**マネージャ**」，管理される側を「**エージェント**」といいます。

エージェントは**MIB**（Management Information Base）とよばれる，管理される項目の集合（一種のデータベース）をもち，マネージャの指示によって設定変更や情報の通知を行います。

SNMPに特有の**トラップ**（trap）という機能もあります。これは，エージェントに特定のイベントが発生した場合に，**自律的にマネージャに通知する**機能です（図25）[40]。

図25　トラップ

重要用語

[39] SNMP
構成機器や障害時の情報収集を行うネットワーク管理プロトコル。SMTP（メール送信／転送）と間違えやすいので注意！

重要ポイント

[40] プロセスの異常終了などはSNMPトラップで捉えるとよい

5 DHCP(Dynamic Host Configuration Protocol)

DHCPは，IPアドレス，サブネットマスク，デフォルトゲートウェイ，DNSサーバといったネットワーク接続に必要な設定を自動化するプロトコルです。DHCPを利用することにより，管理者の設定負荷の軽減や設定情報の一元管理などが可能となります[41]。

重要ポイント
[41] DHCPは最初にDHCPサーバを探す手順を実行する。そのため，PCにはDHCPサーバのIPアドレスを設定する必要はない。

6 その他のプロトコル

これらの他にも，次のようなプロトコルがあります。

表7　その他のアプリケーション層プロトコル

FTP	File Transfer Protocol	ファイル転送に用いるプロトコル
NTP	Network Time Protocol	時刻を同期するプロトコル
SIP	Session Initiation Protocol	セッションの確立に用いるプロトコル。IP電話に用いられることが多い

FTPは，データ転送用と制御用とに異なるポート番号を用いてデータ転送を実現します。FTPのアクティブモードでは，次図のようにポート20と21を用います。

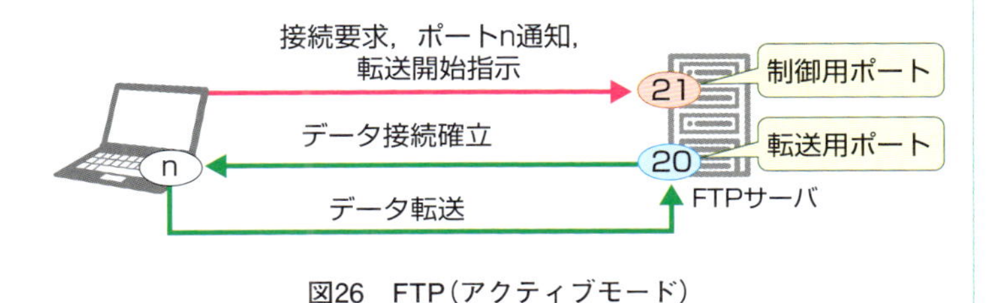

図26　FTP（アクティブモード）

6 LAN間接続

学習のポイント

社内ネットワークを構築するとき，通常はいくつもの小さなLANを相互に接続して会社全体のネットワークを作り上げます。このとき用いられる機器が，ルータをはじめとするLAN間接続機器です。ここでは，その種類と機能を見てゆきます。

1 LAN間接続機器とプロトコル階層

各種LAN間接続機器は，次の図26のとおり，サポートするプロトコル階層と対応づけて覚えておくとよいでしょう[42]。

> **重要ポイント**
> [42] LAN間接続装置の機能と階層はほぼ一致する。たとえばレイヤ２スイッチングハブは，ブリッジと同等の機能をもつ

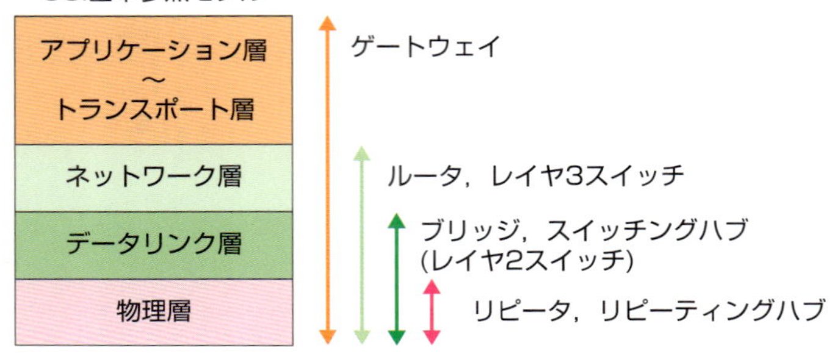

図27　LAN間接続機器とプロトコル階層

■リピータ，リピーティングハブ

リピータは，LAN同士を**物理層で接続する**装置で，複数ポートをもつリピータを特に**リピーティングハブ**とよびます。

リピータは電気信号の整形・増幅を行う機能をもち，LANを延長（伝送距離の延長）するさいに用いられます[43]。

> **重要ポイント**
> [43] リピータは伝送距離の延長に用いる

■ブリッジ，レイヤ２スイッチ

ブリッジは，LAN同士を**データリンク層で接続する**装置で，複数ポートをもつ機器を特に**スイッチングハブ（レイヤ２スイッチ）**とよびます。

ブリッジは，データリンク層のアドレスであるMACアドレスに従って，フレームを中継します[44]。ブリッジを用いると，必要なポートにのみフレームを流すため，不要なトラフィックを発生させません。

> **重要ポイント**
> [44] レイヤ２機器にはIPアドレスを判断する機能はない。MACアドレスに従って必要なLANポートにデータを流す

■ルータ，レイヤ３スイッチ

ルータは，LAN同士を**ネットワーク層で接続する**装置で，複数ポートをもつ機器を特に**レイヤ３スイッチ**とよびます。

ネットワーク層のアドレスであるIPアドレスに従い，最適な経路

でパケットを中継することができます。ルータは，ネットワーク層までのプロトコル変換機能をもつため，伝送媒体やアクセス制御方式の異なるLAN同士を接続することができます[45]。

重要ポイント
[45] ルータは，ネットワーク層で伝送する。伝送媒体やアクセス制御方式の異なるLAN同士を接続できる

■ゲートウェイ

ゲートウェイは，LAN同士を**アプリケーション層で接続する**装置です。

ゲートウェイは，アプリケーション層を含む全階層のプロトコルを解析・変換できるため，プロトコルが完全に異なるLANであっても接続することができます。

2 スパニングツリー

ブリッジやスイッチングハブは，受信したブロードキャストフレームをすべてのポートに送出します。そのため，通信経路上にループがあると，ループ中をブロードキャストフレームが循環し続けることになります（図28左）。これを，**ブロードキャストストーム**[46]とよびます。

重要ポイント
[46] ブロードキャストストームの因果関係を覚えておこう
スイッチにループができる
→ フレームが大量に複製
→ 通信状態が極端に悪化

これを防ぐためには，ポートの一部をブロックしてループを切断する必要があります（図28右）。これを行うプロトコルを**スパニングツリープロトコル**（STP）とよびます。

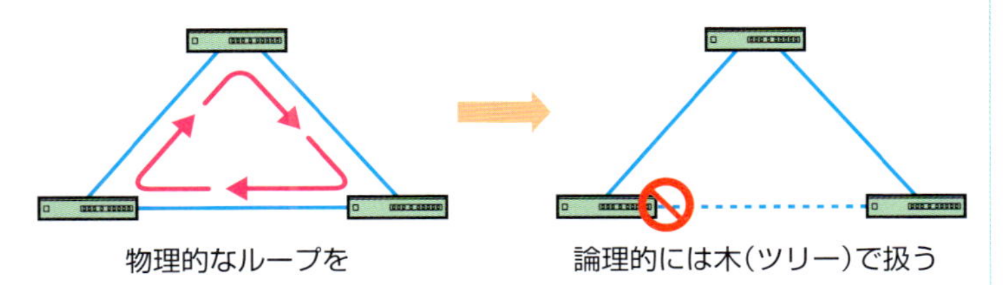

図28　スパニングツリー

3 ネットワークの仮想化

データ通信を最適化するためには，業務や通信量の変化に合わせてネットワーク構成を見直さなければなりません。しかしながら，ネットワークを物理的につなぎ替えるのはとても大変な作業です。そこで，ネットワークそのものを仮想化し，**物理的な構成に影響されることなくネットワークを構築する**技術が進んでいます。

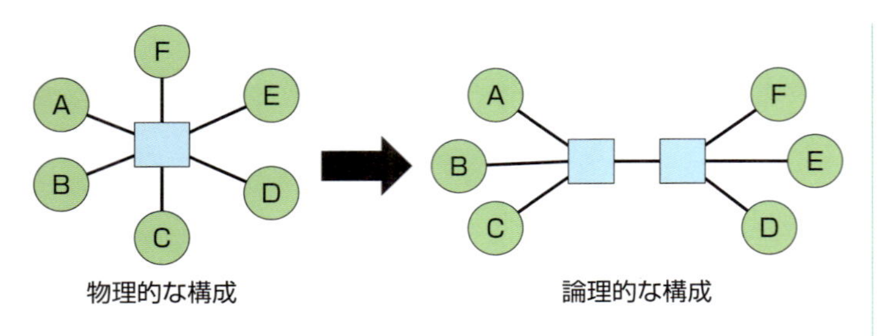

図29　ネットワークの仮想化

VLAN(Virtual LAN)

VLANとは，スイッチングハブのポートや接続される端末などをグループ化することで，**物理的な接続形態に依存しない論理的なネットワーク（仮想的なLAN）を構築する**技術です。

図29の接続例であれば，通常は，

　LAN1：A，B，C，D　　LAN2：E，F，G，H

というLANに分かれるところですが，これをスイッチ１，２のポートにID＝101と102を割り振ることで，

　LAN1：B，C，D，E，G　　LAN2：A，F，H

という二つのLANに「配置や接続するスイッチに関わりなく」分けています。

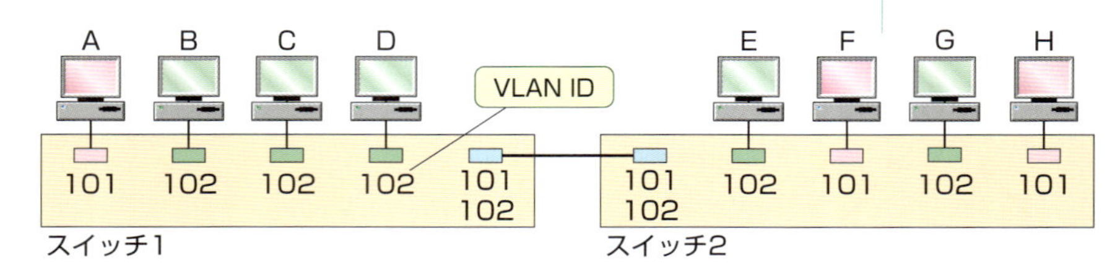

図30　VLAN設定例

なお，VLANを用いるとブロードキャストドメインも分割されるため，**通信量の削減**を図ることができます。

SDNとOpenFlow

VLANには，大規模なネットワークを仮想化しにくいという欠点があります。そこで，さらに仮想化を進め「**ネットワーク構成をソ**

フトウェアで定める」という考えが生まれました。これに基づくネットワークを，**SDN(Software-Defined Networking)**とよびます。**OpenFlow**は，SDNを実現するための標準の一つで，ONF(Open Networking Foundation)が標準化を進めています。

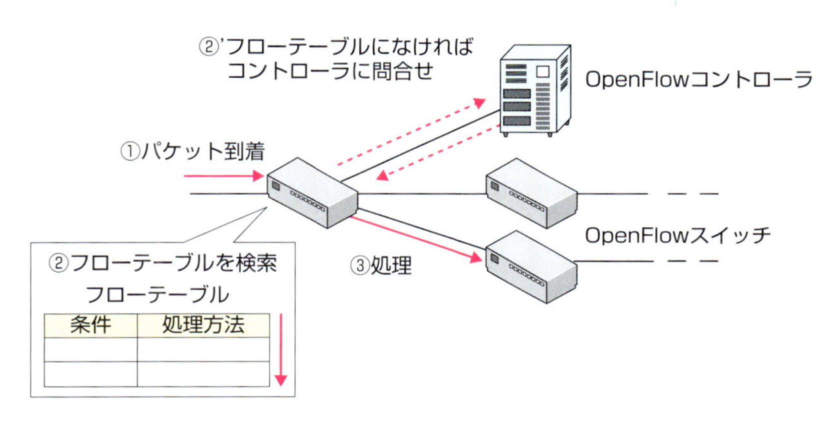

図31　OpenFlow

OpenFlowは，ネットワーク制御機能をもつ**OpenFlowコントローラ**とデータ転送機能をもつ**OpenFlowスイッチ**から構成されます[47]。スイッチにはパケットを受け取ったさいの処理方法(転送／破棄／あて先の書き換え)が登録されています。

パケットを受け取ったスイッチは，まず自身の**フローテーブル**から処理方法を検索します。該当するエントリがフローテーブルになければ，コントローラに問い合わせます。スイッチはコントローラから返された処理方法に基づいてフローテーブルを更新し，パケットを処理します。

重要ポイント
[47] OpenFlowは，データ転送機能とネットワーク制御機能を論理的に分離している

4 VRRP(Virtual Router Redundancy Protocol)

VRRP[48]は**ルータを冗長化してネットワークの信頼性を高める**プロトコルです。複数のルータをグループにまとめ，その中の一つをマスタルータとし，他をバックアップルータとします。マスタルータの障害時には，自動的にバックアップルータに切り替わります。

重要ポイント
[48] VRRPのキーワードは「ルータの冗長化」

7 インターネット技術

学習のポイント

インターネットは性能やセキュリティ上の課題をいくつも乗り越えながら進歩してきました。ここでは，そのような進歩の基盤となったシステムや，インターネット上に構築されるシステムをいくつか見ていきましょう。

1 プロキシサーバ[49]

プロキシ（proxy：代理）**サーバ**とは，「クライアントからの要求を受け，クライアントの代理として他のサーバにアクセスする」サーバであり，WWWにおいて多く用いられます（図31）。これには，以下のような利点があります。

- キャッシュサーバとしての利用

図32で，クライアントから要求されたリソースがプロキシサーバ内にキャッシュされていれば，インターネットにはアクセスせずキャッシュされたリソースを返します。これにより，**応答性能を向上**させたり**トラフィック（通信量）を削減する**ことができます。

- セキュリティの向上

インターネットからは「プロキシサーバのみがアクセスしている」ように見えるため，**ネットワーク内部の構成を隠す**ことができます。

‼ 重要用語

[49] プロキシ
インターネットへのアクセスを中継し，Webコンテンツをキャッシュする仕組み

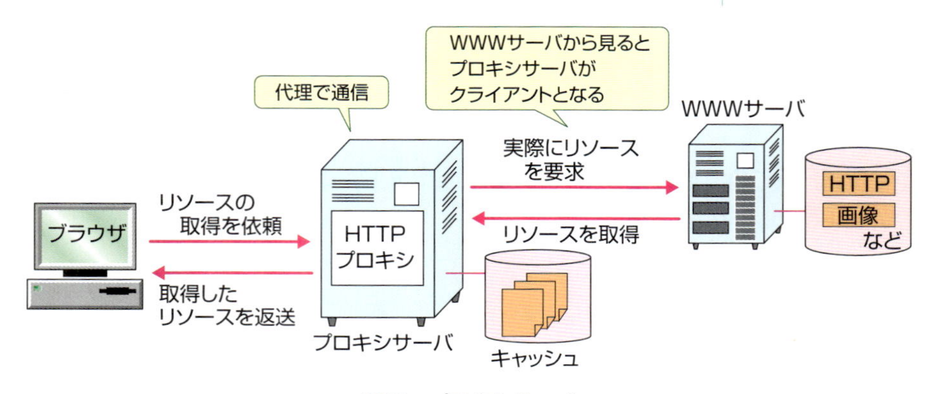

図32　プロキシサーバ

2 NAPT

IPv4形式のIPアドレスはすでに枯渇しています。そのため，組織内のホストには利用に制限のない**プライベートIPアドレス**を割り当て，インターネットにアクセスするときのみ**グローバルIPアドレス**に変換する，というアドレス変換技術が使われます[50]。グローバルIPアドレスはインターネットとの接点に割り当てればよいので，グローバルIPアドレスを節約することができます。また，内部のIPアドレスが接点のアドレスで隠されるため，**外部からの不正アクセスを困難にする**効果も期待できます。

アドレス変換技術は，次の２種類の方法があります。

表８　NAT／NAPT

NAT	グローバルIPアドレスとプライベートIPアドレスを**１対１で対応づける。** 同時にインターネットと通信できるホストの数は，接点にプールしたグローバルIPアドレス数が上限となる
NAPT[51]	対応づけの情報にポート番号を加えることで，**一つのグローバルIPアドレスに複数のプライベートIPアドレスを対応づける**ことができる。 接点に一つのグローバルIPアドレスを用意しておけば，同時に複数のホストがインターネットと通信できる

3 IP電話

符号化した音声データをIPネットワークで伝送する技術を**VoIP**（**Voice over IP**）といいます。VoIPを用いて音声を送受信するシステムが**IP電話**です。

IP電話では，IP電話機や通話用ソフト（ソフトフォン）を搭載したパソコンを音声端末として利用します。IP網上のIP電話機がPSTN（公衆電話網）上の電話機と相互に通話する（外線発着信を行う）ためには，シグナリング機能やPSTNとIP網のプロトコル変換機能をもつ装置が必要です。そのような機器を，**VoIPゲートウェイ**といいます。

また，ある程度の規模になると，電話番号とIPアドレスの情報を保持して呼制御を行うサーバ（**SIPサーバ**や**ゲートキーパ**）が必要になります。特に，企業の内線網にIP電話を利用する場合，内線通話や保留転送といった従来のPBX（構内交換機）の機能をもつIP-

重要ポイント
[50] ルータを経由する際に，送信元のアドレスをルータのアドレスに書き換える

第7章

重要用語
[51] NAPT
プライベートIPアドレスとポート番号の組合せと，グローバルIPアドレスとポート番号の組合せとの変換を行う

重要ポイント
[51] NAPTは送信元のIPアドレスと送信元のポート番号の両方を書き換える

PBXが用いられることが多くなります。**IP-PBX**は，呼制御サーバとVoIPゲートウェイの機能をもちます。IP電話の機器構成例を次に示します。

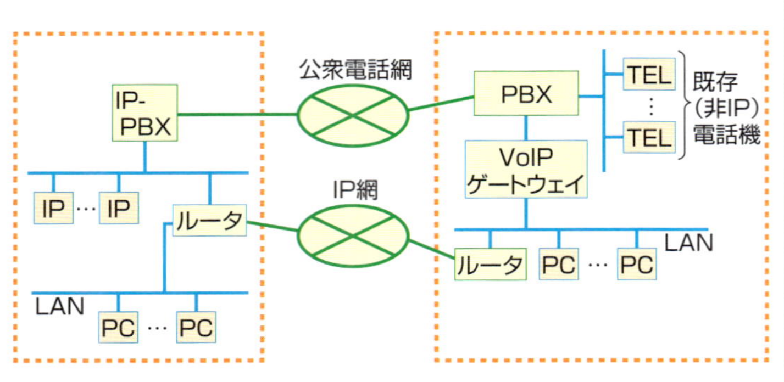

図33　IP電話の構成例[52]

> **重要ポイント**
> [52] 既存の電話機をIPネットワークで使うとき，
> 電話機→PBX→VoIPゲートウェイ→ルータ→インターネット
> の並び順になる

4 WSN(Wireless Sensor Networks)

WSNは，広範囲に張り巡らせた無線機能をもつセンサを利用して，リアルタイムなデータ通信を可能にするネットワークです。**（無線）センサネットワーク**ともよばれます。

もとは軍事技術から出発したものですが，現在では屋内のモニタリングから渋滞情報の収集や気象観測に至るさまざまな場面で利用されています。ユビキタスコンピューティングに欠かせない技術として期待されています。

WSNはTCP/IPとは異なるプロトコルで動作するため，インターネットとの接続はゲートウェイを介して行われます。

8 ネットワークの評価

学習のポイント

本試験ではネットワークの性能に関する計算問題が出題されます。諸元をもとに，ネットワークの性能を計算するという趣旨の問題です。このような計算は，適切なネットワークを選び運用する上で，必要不可欠なスキルとなります。ここでは，計算におけるポイントの代表例をいくつか紹介します。

1 伝送速度と時間

次の伝送速度と時間の関係は必ず押さえておきましょう。

伝送時間 ＝ 伝送データ量 ／ 伝送速度

伝送速度はbps（ビット/秒）という単位で示されます。これに次のような補助単位が加わります。

64kビット/秒 ＝ 64,000ビット/秒

100Mbps ＝ 100,000,000ビット/秒

伝送データ量はバイト単位で表すことが多く，計算に際しては，これをビットに直す（伝送速度の単位に合わせる）ことを忘れないようにしましょう。

【例】 100kバイトのデータを，64kbpsの回線で伝送するための時間は何秒か。

伝送速度：64kビット/秒

データ量：100×8kビット　（単位をkビットに合わせる）

伝送時間 ＝ 100×8÷64 ＝ 12.5（秒）

2 実効的な伝送効率を考える

ネットワークはカタログ上の性能を100％発揮できるわけではありません。制御情報の伝送によるオーバヘッドや複数人での回線利用など，さまざまな理由により実効的な伝送効率は低下します。計算にあたっては，カタログ上の効率ではなく実効的な効率を使います。

試験問題では，実効的な効率は「回線速度の低下」や「伝送情報の増加」などで表されます。

表9　実効的な効率

回線速度の低下	回線を100％利用できない → **実効的な速度の低下** （例） 100Mbpsの回線で利用率が80％ 実効的な回線速度 ＝ 100×0.8 ＝ 80Mbps
伝送情報の増加	制御情報の伝送が必要 → **実効的な伝送データ量の増加** （例） 送信にあたり，ファイルの大きさの30％の制御情報が付加される。 実効的な伝送量 ＝ ファイルサイズ×1.3

【例1】 512kバイトのデータを，64kbpsの回線で伝送するための時間は何秒か。なお，回線利用率（伝送効率）は80%であるものとする。

実効伝送速度：64×0.8kビット/秒
データ量：512×8kビット
伝送時間 ＝ 512×8÷(64×0.8) ＝ 80（秒）

単位をkビットに合わせる

【例2】 100kバイトのデータを，64kbpsの回線で伝送するための時間は何秒か。なお，伝送にあたりデータの30%の制御情報が付加される。

伝送速度：64kビット/秒
実効的なデータ量：100×8×1.3kビット
伝送時間 ＝ 100×8×1.3÷64 ＝ 16.25（秒）

単位をkビットに合わせる

3 ボトルネックを考える

いくつかの回線を経由してデータを伝送するとき，伝送速度は**最も遅い回線のもの**になります。たとえルータとプロバイダ間を100Mbpsの光ファイバで結んでいても，ルータと端末との間が10Mbpsであれば，これがボトルネックとなり回線速度は10Mbpsとなるのです。

【例】 次の構成で端末がサーバから540Mバイトのファイルをダウンロードするために必要な時間は何秒か。なお，端末―ルータ間の伝送効率は80%である。

端末 ― ルータ ― サーバ

端末―ルータ間：100Mbps
ルーター―サーバ間：90Mbps

実効伝送速度（端末―ルータ）：100×0.8Mビット/秒
伝送速度（ルーター―サーバ）：90Mビット/秒
→ 伝送速度は80Mビット/秒で計算する
データ量：540×8Mビット

単位をMビットに合わせる

伝送時間 ＝ 540×8÷80 ＝ 54（秒）

４ 各時間要素の合計を計算する

パケットを連続して伝送する場合，全体の伝送時間はボトルネックの回線速度で計算すればよいことになります（図33 ※A）。ただし「１パケットだけの伝送時間」を精密に求めるのであれば，**各要素の伝送時間を合計**しなければなりません（図33 ※B）。

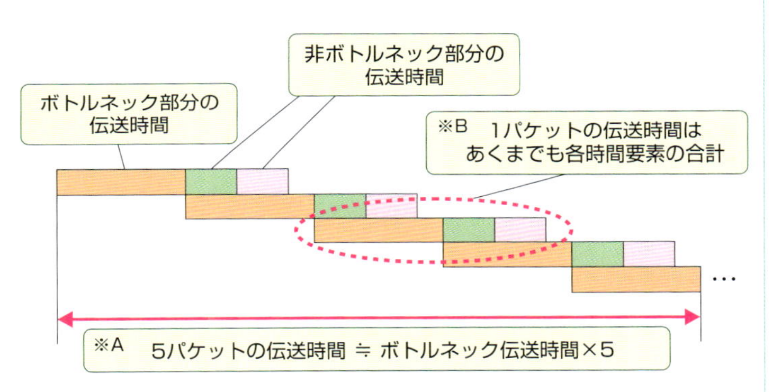

図34　パケットの連続伝送

【例】 次の構成で端末がフレームを送信するとき，フレームの送信を開始してからルータBがフレームの中継を終えるまでに要する時間は何ミリ秒か。

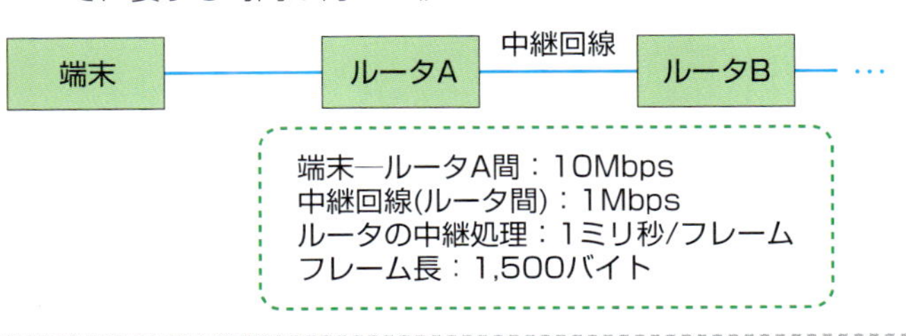

端末―ルータA間：1,500×8÷10,000,000（秒）＝ 1.2（ミリ秒）

ルータAの中継時間：1（ミリ秒）

中継回線：1,500×8÷1,000,000 ＝ 12（ミリ秒）

ルータBの中継時間：1（ミリ秒）

合計：1.2＋1＋12＋1 ＝ 15.2（ミリ秒）

5 回線利用率の計算

伝送データ量と回線速度をもとに，回線利用率を計算する問題も出題されます。なお，ここでいう回線利用率は「回線を使用している割合」のことで「オーバヘッドを考慮した回線の利用効率」とは異なるので，注意しましょう。回線の利用率は，次の式で求められます。

回線利用率 ＝ 伝送データ量 ÷ 回線速度

回線速度は「回線を100％使用した場合の伝送データ量」であり，これに対する「実際の伝送データ量」の割合が回線利用率です。なお，伝送データ量は回線速度と単位を合わせるため「1秒あたりのビット量」で計算する必要があります。

【例】 10Mビット/秒のLAN上で，5kバイトのファイルを毎秒50回伝送する。このときの回線利用率は何%か。

伝送データ量：5×8×50 ＝ 2,000kビット/秒
＝ 2Mビット/秒

回線速度：10Mビット/秒

回線利用率：2 ／ 10 ＝ 0.2 ＝ 20%

6 回線利用率計算時の注意

伝送データ量の算出においては，**「他セグメントの伝送データ」が影響することもある**ので注意しましょう。たとえば，図35の構成および伝送量をもとに，LAN1の利用率を求めてみましょう。

LAN1 100Mbps ― LAN間接続装置 ― LAN2 100Mbps

From ＼ To	LAN1	LAN2
LAN1	5	10
LAN2	15	20

Mビット/秒

図35 構成と伝送量

LAN間接続装置がルータあるいはブリッジ（スイッチングハブ）であれば，LAN2固有のデータはLAN1へは流入しません。よって，LAN1に影響するデータ量は，

　　LAN1固有のデータ量：５Mビット/秒

　　LAN1で発生しLAN2へ流れるデータ量：10Mビット/秒

　　LAN2で発生しLAN1へ流れるデータ量：15Mビット/秒

　　回線利用率：(5＋10＋15)／100 ＝ 0.3 ＝ 30%

となります。ところが，LAN間接続装置がリピータ（リピータハブ）であれば，LAN2固有のデータであってもLAN1に中継されてしまいます。このときの回線利用率は，

　　(5＋10＋15＋20)／100 ＝ 0.5 ＝ 50%

に悪化することになります。

7 回線のビット誤り率を計算する

回線のビット誤り率を計算する問題も出題されます。これは，次の式で計算できます。

　　回線のビット誤り率 ＝ 単位時間あたりの誤りビット数
　　　　　　　　　　　　÷ 単位時間あたりの伝送ビット数

単位時間を合わせることがポイントです。単位時間が秒であれば１秒あたりの誤りビット数と伝送ビット数を求めて計算します。

【例】 伝送速度64kビット／秒の回線を使ってデータを連続送信したとき，平均して100秒に1回の1ビット誤りが発生した。この回線のビット誤り率は幾らか。

単位時間を100秒とする。

　　誤りビット数：1ビット

　　伝送ビット数：$64{,}000 \times 100 = 64 \times 10^5$

　　ビット誤り率 $= 1 \div (64 \times 10^5)$

　　　　　　　　$= 0.015625 \times 10^{-5}$

　　　　　　　　$\fallingdotseq 1.56 \times 10^{-7}$

❖午後対策 重点テーマ解説

▶ルーティング

学習のポイント

ここでは，ルーティングテーブルに基づいてパケットがどのように中継されるかを見てみましょう。このテーマを通して「IPアドレスがきちんと理解できているか」を確かめてください。これが理解できていれば，TCP/IP系のどんな問題が出題されても，ある程度は得点できるようになります。

1 ルーティングの仕組み

TCP/IPネットワークにおいて，IPパケットをあて先まで届けるために，適切な経路を選択することをルーティング（経路制御）といいます。TCP/IPネットワーク上の機器（コンピュータやルータ）は，いずれもルーティングテーブルとよばれる経路情報をもち，経路選択を行います。ルーティングテーブルに記載される内容はベンダによって異なりますが，あて先ネットワークアドレス，データを送出するインタフェース，中継先となるルータ（ゲートウェイともいう）などから構成され，「**目的のネットワークまでデータを届けるためには，どのインタフェースから，どのルータに対して中継を依頼すればよいか**」を判断できるようになっています。

なお，外部ネットワークへの出口が一つしかないネットワークや，中継を依頼すべきルータが一つしかない場合には，デフォルトゲートウェイを設定します。**デフォルトゲートウェイ**は，既定の中継先（ルータ）を意味し，ルーティングテーブルに合致するエントリがない場合はデフォルトゲートウェイに中継を依頼することになります。この経路を**デフォルトルート**といい，多くの場合，あて先ネットワークのアドレスを0.0.0.0で表します。

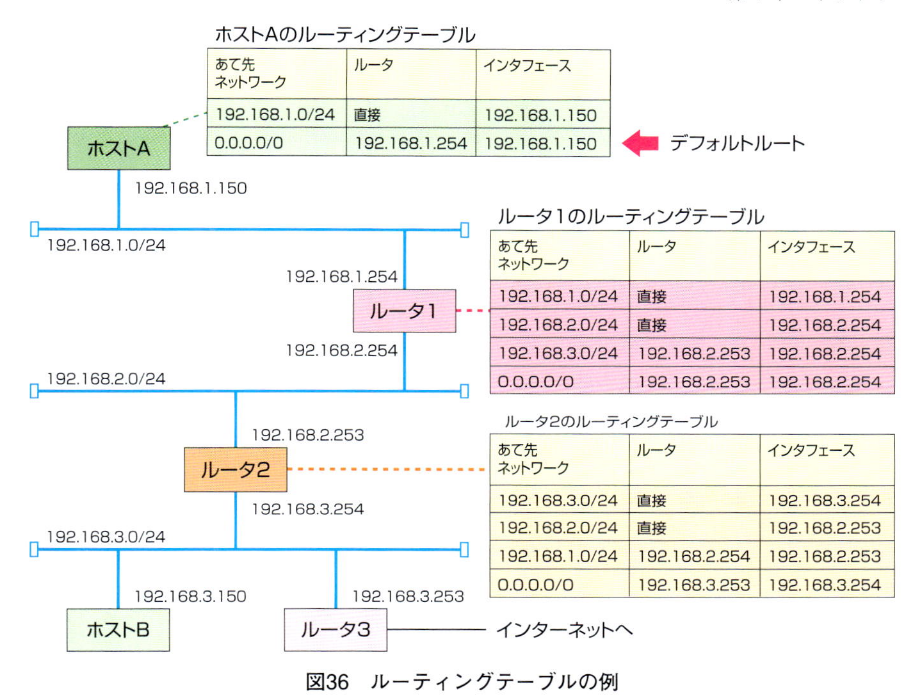

図36　ルーティングテーブルの例

このネットワークにおいて，ホストAからホストBまでパケットを届ける場合は，次のような処理が行われます。

① ホストAは，自身がもつルーティングテーブルとあて先IPアドレス（192.168.3.150）を比較する。ルーティングテーブルに一致するエントリがないので，デフォルトゲートウェイであるルータ１（192.168.1.254）にパケットを送り，中継を依頼する

② ルータ１はホストAからのパケットを受け取ると，ルーティングテーブルとあて先IPアドレス（192.168.3.150）を比較する。ルーティングテーブルの192.168.3.0/24のエントリと一致するので，ルータ２（192.168.2.253）に中継を依頼する

③ ルータ２はルータ１からのパケットを受け取ると，ルーティングテーブルとあて先IPアドレス（192.168.3.150）を比較し，192.168.3.254のインタフェースから直接データを届ける

2 経路情報の集約

複数のネットワークに到達するための中継先ルータが同一であり，ネットワークアドレスが集約可能であれば，CIDRの概念により経路情報を集約することができます。たとえば，図37左（集約前）のネットワークアドレス192.168.0.0/24～192.168.3.0/24は，上位22ビットが共通しているので192.168.0.0/22に集約できます。また，中継先ルータも等しいので，経路情報を１行にまとめることができます（図37右 集約後）。

集約前

あて先ネットワーク	中継先ルータ
192.168.0.0/24	192.168.10.254
192.168.1.0/24	192.168.10.254
192.168.2.0/24	192.168.10.254
192.168.3.0/24	192.168.10.254

集約 →

集約後

あて先ネットワーク	中継先ルータ
192.168.0.0/22	192.168.10.254

図37　経路情報の集約

なお，このような経路情報の集約を行うと，あて先ネットワークアドレスが複数のネットワークアドレスに該当することがあります。この場合，最もプレフィックスが長い経路が選択されることになります。これを**ロンゲストマッチ**といいます。

▶ STP（スパニングツリープロトコル）

学習のポイント

ここでは，スパニングツリーを作成するためのプロトコルであるSTPを説明します。スパニングツリーは，LANにできた物理的なループを論理的なツリーとして扱う技術で，ブロードキャストストームを排除します。

ツリーの構築やトラブル時の再構築にさいし，各スイッチがSTPに則りつつ協調して動作します。このような協調・自律的な構築は，ネットワーク機器に共通して見られる特長です。ぜひ押さえてください。

STPはIEEE802.1Dとして標準化されており，ループを構成するLANを論理的な木構造（スパニングツリーという）と見なしてフレームの循環を防ぐプロトコルです。STPでは，各ブリッジが制御情報（**BPDU**：Bridge Protocol Data Unit）を交換し，

・最も優先度の高いブリッジを木構造の根となる**ルートブリッジ**とする

・各ブリッジのうち，最もルートブリッジに近いポート（距離が同じなら優先度の高いブリッジに接続されたポート）を**ルートポート**とする
・各ブリッジのうち，葉側のブリッジ（ルートブリッジから遠いブリッジ）に向かうポート（各リンクのルートブリッジに近いポートに等しい）を**指定ポート**とする
・それ以外のポートを**ブロックポート**とする

という制御を行います。ブロックポートは制御情報の受信のみを行い，データフレームを送出しない予備ポートとなるため，LANのループを解消できるのです。

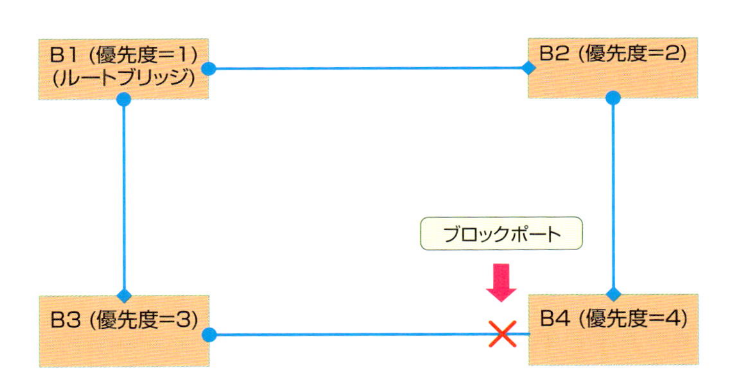

図38　スパニングツリーの例

また，STPでは各ポートが制御情報を定期的に交換します。制御情報が届かなくなったり，今までと異なる制御情報が届いたりした場合は，トポロジが変更されたと判断し，木構造の再構築を行います。このとき，各ポートはデータフレームを中継せずに制御情報を交換するため，トポロジの変更には数十秒程度の時間が必要となります。

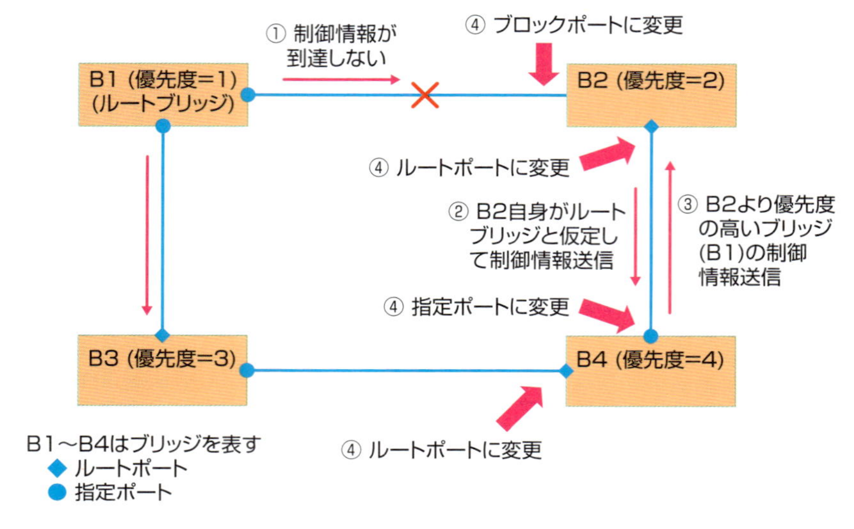

図39　スパニングツリーの再構築

▶ DHCP

学習のポイント

アプリケーション層のプロトコルの代表として，DHCPを取り上げて説明します。

DHCPは，IPアドレスや設定情報をDHCPサーバから受け取るプロトコルですが，このやりとりは「DHCPサーバの選択」「設定情報の受取り」という２段階で行われていることに注意してください。DHCPサーバの選択段階を設けることで，LAN内に複数のDHCPサーバを設置することができるのです。

1 DHCPと設定情報

DHCPは，**ネットワークの利用に必要な設定情報を一元管理し，設定を自動化する**プロトコルです。DHCPを利用することで，ネットワーク管理の負担を軽減することができます。

DHCPでは，DHCPクライアントは起動直後にDHCPサーバに対して設定情報を要求します。その要求を受けたDHCPサーバは，適切な設定情報を返します。

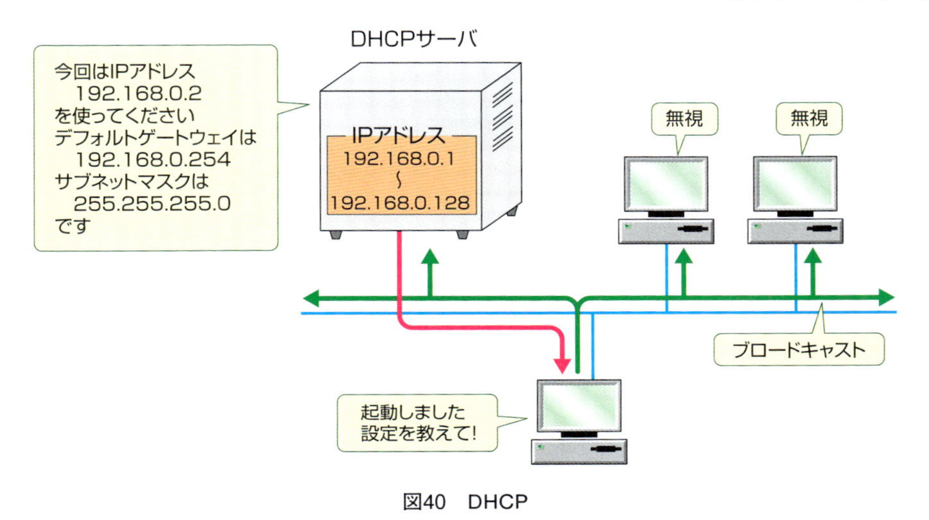

図40　DHCP

2 DHCPの通信シーケンス

DHCPクライアントとDHCPサーバ間で行われるやりとりを，詳しく見てみることにしましょう。

DHCPでは，DHCPクライアントがDHCPサーバに設定情報の割当てを要求すると，ブロードキャストを用いて次のようなメッセージがやりとりされます。

① DHCPクライアントは**DHCPDISCOVERメッセージ**をブロードキャストする

② DHCPDISCOVERメッセージを受け取ったDHCPサーバは，使用可能なIPアドレスを含む**DHCPOFFERメッセージ**で応答する。同一サブネット中に複数のDHCPサーバがあれば，複数のDHCPOFFERメッセージがDHCPクライアントに返送される

③ DHCPクライアントは，返されたDHCPOFFERメッセージの中から一つを選択し，**DHCPREQUESTメッセージ**を送信する

④ DHCPREQUESTメッセージを受け取ったDHCPサーバは，**DHCPACK**を返してそのIPアドレスを使用済みとする

⑤ DHCPACKメッセージを受け取ったDHCPクライアントは，その構成情報を適用する

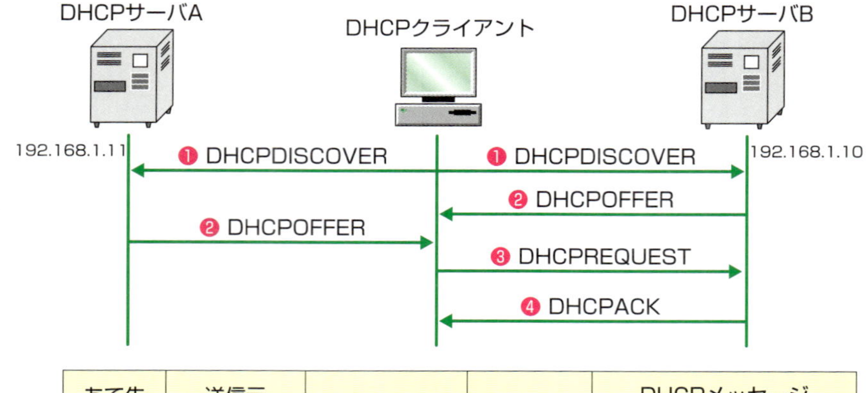

	あて先MACアドレス	送信元MACアドレス	あて先IPアドレス	送信元IPアドレス	DHCPメッセージ	
					サーバIPアドレス	クライアントIPアドレス
❶	すべて1	クライアント	255.255.255.255	0.0.0.0	0.0.0.0	0.0.0.0
❷	すべて1	サーバB	255.255.255.255	192.168.1.10	192.168.1.10	192.168.1.150
❸	すべて1	クライアント	255.255.255.255	0.0.0.0	192.168.1.10	0.0.0.0
❹	すべて1	サーバB	255.255.255.255	192.168.1.10	192.168.1.10	192.168.1.150

※1　あて先MACアドレスが「すべて1」は，ブロードキャストアドレス“FF:FF:FF:FF:FF:FF”を表す
※2　❷におけるサーバAからのOFFERは省略
※3　❷では，要求IPアドレスとして“192.168.1.150”が指定される
※4　❹では，サブネットマスクなどの設定情報も通知される

図41　DHCPの通信シーケンス

3 アドレスプールとリース期限

DHCPサーバが割り当てるIPアドレスには，**リース期限**（貸出期限）が設定されます。また，DHCPサーバには「**割当て可能なIPアドレスの範囲**」が設定されます。これを**アドレスプール**といいます。

DHCPサーバは，アドレスプールの中から割当て可能なアドレスをクライアントに割り当て，リース期限の切れたIPアドレスを回収します。またクライアントは，IPアドレスのリース期限が切れる前に，リース期限の延長をDHCPサーバに要求することもできます。

4 リレーエージェント

DHCPクライアントは，IPアドレスを割り当てられていない状態で通信を行うため，ブロードキャストを使用します。ただし，ブロードキャストはサブネットを越えることができませんので，通常はサブネットごとに１台のDHCPサーバが必要となります。サブネットを越えた位置にDHCPサーバを設置したい場合は，DHCPメッセージを中継する**DHCPリレーエージェント**が必要になります。DHCPリレーエージェントにはDHCPサーバの位置が登録されており，クライアントからの要求をDHCPサーバに転送します。

▶ NAT と NAPT

学習のポイント

プライベートアドレスとグローバルアドレスを変換するNATおよびNAPTを詳説します。特にNAPTは一つのグローバルアドレスを複数のプライベートアドレスに対応させる技術で，グローバルアドレスを劇的に節約することができます。数十年前から枯渇が危ぶまれたIPv4がここまで生き延びたのは，ひとえにNAPTのおかげともいえます。

1 アドレス変換の種別

アドレス変換技術は，NATとNAPT（IPマスカレード）に大別することができます。NATとNAPTは，一つのグローバルIPアドレスに複数のプライベートIPアドレスを対応づけることができるかどうかが異なります。なお，これらをまとめて（広義の）NATとよぶこともあるので注意してください。

2 NAT(Network Address Translation)

NATは，インターネットと内部ネットワーク（社内LANなど）の境界に位置する機器（ルータなど）が，**グローバルIPアドレスとプライベートIPアドレスを相互に変換する**技術です。

ルータは，内部からインターネット側へ中継するIPパケットを受信すると，送信元IPアドレス（プライベートIPアドレス）をグローバルIPアドレスに変換し，インターネットへ中継します。このとき，変換内容をアドレス変換テーブルに記録していきます。

その後，インターネット側から内部に中継する応答パケットを受信すると，あて先IP

アドレス（グローバルIPアドレス）をもとにアドレス変換テーブルを参照し，変換前のプライベートIPアドレスを取得します。そして，あて先IPアドレスを変換前のプライベートIPアドレスに変換して内部に中継するのです。

NATは，グローバルIPアドレスとプライベートIPアドレスを１：１で対応づけるため，同時にインターネットと通信できるホストの数は，用意されているグローバルIPアドレスの数を超えることはできません。

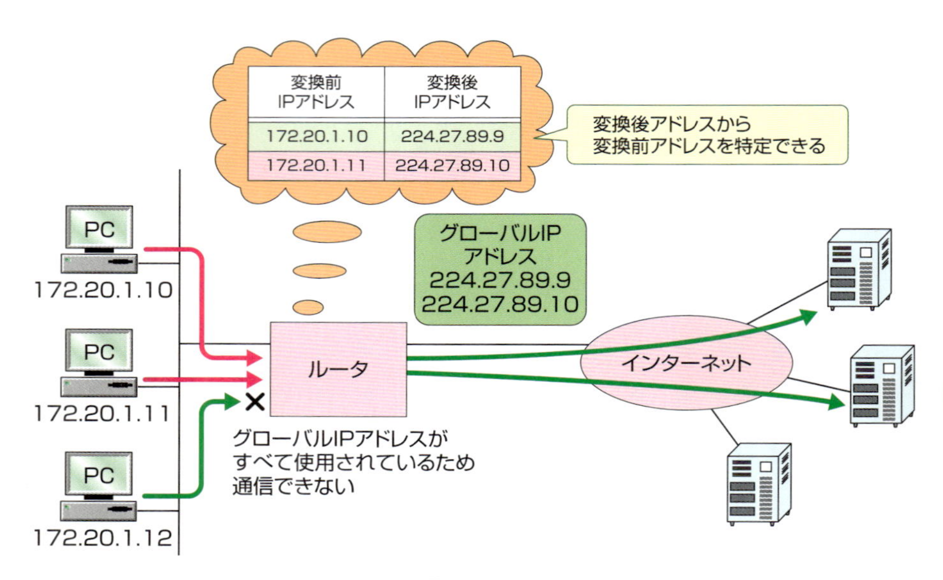

図42　NAT

3 NAPT(Network Address Port Translation)

NAPTは，**IPアドレスとポート番号を組み合わせてアドレス変換を行う**技術であり，**IPマスカレード**ともいいます。

ルータは，内部からインターネット側へ中継するIPパケットを受信すると，「**送信元IPアドレスと送信元ポート番号の組**」に対して，「ルータ内で一意なポート番号」を生成します。そして，送信元IPアドレス（プライベートIPアドレス）をグローバルIPアドレスに，送信元ポート番号（クライアントのポート番号）をルータが生成したポート番号に変換してインターネットへ中継します。このとき，変換内容をアドレス変換テーブルに記録します。

その後，インターネット側から内部に中継する応答パケットを受信すると，あて先ポート番号をもとにアドレス変換テーブルを参照し，変換前の「送信元IPアドレスと送信元ポート番号の組」を取得します。そして，あて先IPアドレス（グローバルIPアドレス）を変換前のプライベートIPアドレスに，あて先ポート番号（ルータが生成したポート番号）を変換前のポート番号に変換して内部に中継します。

NAPTは，グローバルIPアドレスとプライベートIPアドレスを1：多に対応づけるため，**一つのグローバルIPアドレスで同時に複数のホストがインターネットと通信する**ことができます。

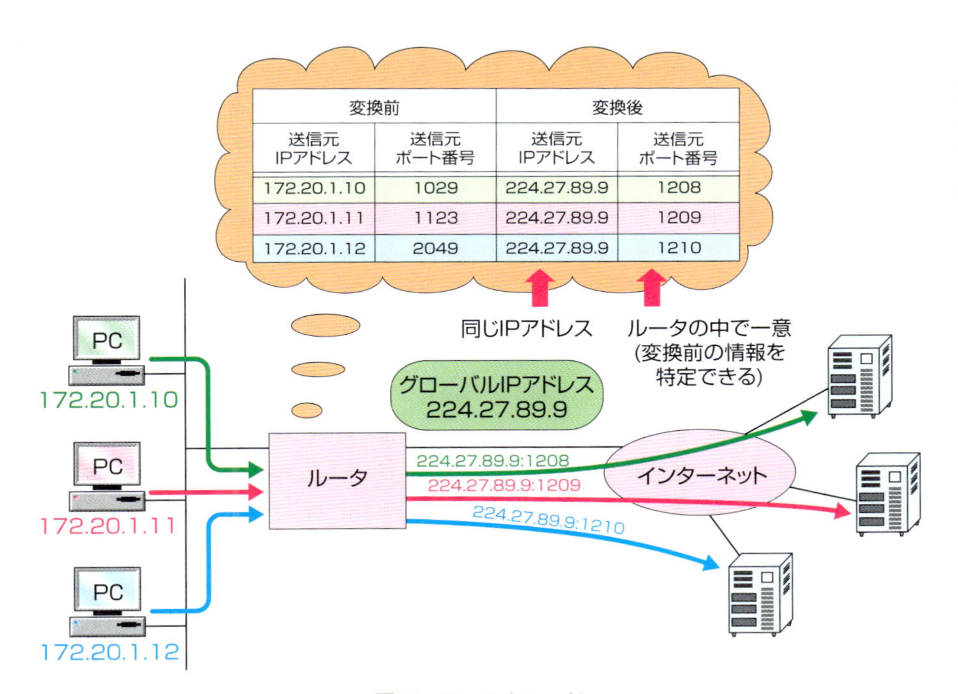

変換前		変換後	
送信元IPアドレス	送信元ポート番号	送信元IPアドレス	送信元ポート番号
172.20.1.10	1029	224.27.89.9	1208
172.20.1.11	1123	224.27.89.9	1209
172.20.1.12	2049	224.27.89.9	1210

図43　IPマスカレード

❖確認問題

※問題出典 H：平成　R：令和，S：春期　F：秋期（基は基本情報技術者試験）

問題 1

図のようなIPネットワークのLAN環境で，ホストAからホストBにパケットを送信する。LAN1において，パケット内のイーサネットフレームの宛先とIPデータグラムの宛先の組合せとして，適切なものはどれか。ここで，図中のMAC*n*/IP*m*はホスト又はルータがもつインタフェースのMACアドレスとIPアドレスを示す。

H31S・問33　H26F・問31

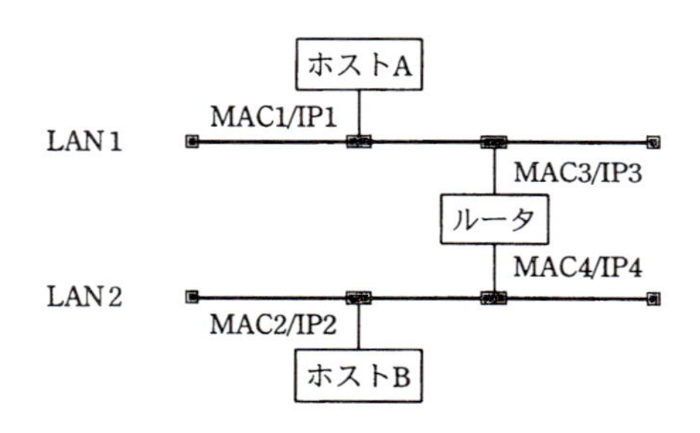

	イーサネットフレームの宛先	IPデータグラムの宛先
ア	MAC2	IP2
イ	MAC2	IP3
ウ	MAC3	IP2
エ	MAC3	IP3

問題 2

イーサネットで用いられるブロードキャストフレームによるデータ伝送の説明として，適切なものはどれか。

R3F・問31　H30F・問33

ア　同一セグメント内の全てのノードに対して，送信元が一度の送信でデータを伝送する。

イ　同一セグメント内の全てのノードに対して，送信元が順番にデータを伝送する。

ウ　同一セグメント内の選択された複数のノードに対して，送信元が一度の送信でデータを伝送する。

エ　同一セグメント内の選択された複数のノードに対して，送信元が順番にデータを伝送する。

問題 3

次のIPアドレスとサブネットマスクをもつPCがある。このPCのネットワークアドレスとして，適切なものはどれか。 H31S・問34 基 H29F・問35

IPアドレス：　　　10.170.70.19
サブネットマスク：255.255.255.240

ア　10.170.70.0　　　イ　10.170.70.16
ウ　10.170.70.31　　　エ　10.170.70.255

問題 4

ネットワーク機器の接続状態を調べるためのコマンドpingが用いるプロトコルはどれか。 H29S・問32

ア　DHCP　　イ　ICMP　　ウ　SMTP　　エ　SNMP

問題 5

TCP/IPネットワークにおけるARPの説明として，適切なものはどれか。

R3F・問32 H28F・問32

ア　IPアドレスからMACアドレスを得るプロトコルである。
イ　IPネットワークにおける誤り制御のためのプロトコルである。
ウ　ゲートウェイ間のホップ数によって経路を制御するプロトコルである。
エ　端末に対して動的にIPアドレスを割り当てるためのプロトコルである。

問題 6

IPv6アドレスの表記として，適切なものはどれか。 R4S・問31 R元F・問34

ア　2001:db8::3ab::ff01　　　イ　2001:db8::3ab:ff01

ウ　2001 : db8. 3ab : ff01　　　エ　2001. db8. 3ab. ff01

問題 7

次のURLに対し，受理するWebサーバのポート番号（8080）を指定できる箇所はどれか。 R4F・問35

https://www.example.com/member/login?id=user

ア　クエリ文字列（id=user）の直後
　　https://www.example.com/member/login?id=user:8080
イ　スキーム（https）の直後
　　https:8080://www.example.com/member/login?id=user
ウ　パス（/member/login）の直後
　　https://www.example.com/member/login:8080?id=user
エ　ホスト名（www.example.com）の直後
　　https://www.example.com:8080/member/login?id=user

問題 8

スイッチングハブ（レイヤ２スイッチ）の機能として，適切なものはどれか。

R2F・問33　H26S・問31

ア　IPアドレスを解析することによって，データを中継するか破棄するかを判断する。
イ　MACアドレスを解析することによって，必要なLANポートにデータを流す。
ウ　OSI基本参照モデルの物理層において，ネットワークを延長する。
エ　互いに直接，通信ができないトランスポート層以上の二つの異なるプロトコルの翻訳作業を行い，通信ができるようにする。

問題 9

OpenFlowを使ったSDN（Software-Defined Networking）に関する記述として，適切なものはどれか。 R4S・問35

ア　インターネットのドメイン名を管理する世界規模の分散データベースを用いてIPアドレスの代わりに名前を指定して通信できるようにする仕組み

イ　携帯電話網において，回線交換方式ではなく，パケット交換方式で音声通話を実現する方式

ウ　ストレージ装置とサーバを接続し，WWN（World Wide Name）によってノードやポートを識別するストレージ用ネットワーク

エ　データ転送機能とネットワーク制御機能を論理的に分離し，ネットワーク制御を集中的に行うことを可能にしたアーキテクチャ

問題 10

TCP，UDPのポート番号を識別し，プライベートIPアドレスとグローバルIPアドレスとの対応関係を管理することによって，プライベートIPアドレスを使用するLAN上の複数の端末が，一つのグローバルIPアドレスを共有してインターネットにアクセスする仕組みはどれか。　R2F・問34　H28F・問34

ア　IPスプーフィング　　イ　IPマルチキャスト

ウ　NAPT　　エ　NTP

解答・解説

問題 1　ウ

IPアドレスはエンドノードを指定し，MACアドレスは中継ノードを指定する。LAN1上のフレームはルータを中継してホストBに送られるので，このフレームのあて先MACアドレスはMAC3（ルータ），パケットのあて先IPアドレスはIP2（ホストB）となる。

問題 2　ア

ブロードキャストは，同一セグメント内の全ノードを宛先とするデータ伝送である。ブロードキャスト一度の伝送で，全ノードにデータを届けることができる。

ブロードキャストに対し，1台のノードを宛先とするデータ伝送をユニキャストとよぶ。“イ”“エ”は，ユニキャストを順番に繰り返していることを述べている。また，“ウ”のようなデータ伝送をマルチキャストとよぶ。

問題 3　イ

IPアドレスとサブネットマスクの論理積が，そのIPアドレスのネットワークアドレスとなる。

	10	170	70	19
	00001010	10101010	01000110	00010011
AND	11111111	11111111	11111111	11110000
	00001010	10101010	01000110	00010000
	10	170	70	16

問題 4 イ

pingはネットワークの到達確認を行うコマンドで，ICMPのエコー要求とエコー応答を利用する。各選択肢のプロトコルは，次の役割を果たす。

DHCP：ネットワーク接続に必要な設定を自動化する

ICMP：エラーメッセージや制御メッセージを転送する

SMTP：電子メールを送信，転送する

SNMP：簡易なネットワーク管理機能を提供する

問題 5 ア

ARPはIPアドレスからMACアドレスを求めるプロトコルである。

イ　TCPに関する記述である。

ウ　RIPに関する記述である。

エ　DHCPに関する記述である。

問題 6 イ

IPv6アドレスは，16ビットのブロックを“：”で区切って表記する（ウエは誤り）。各ブロックは4桁の16進数で表すが，“0000”のブロックが連続する部分は“：：”で省略する。“：：”で省略できる部分が複数ある場合は，長い方を省略する。そのため，IPv6アドレス中に“：：”が二つ以上現れることはない（アは誤り）。

問題 7 エ

URLは以下の順で指定する。

スキーム（プロトコル）　サーバ名　ポート番号　パス

ポート番号8080は，サーバ（ホスト）名であるwww.example.comの直後にコロン(:)をつけて指定する。

問題 8　イ

スイッチングハブは，MACアドレスに従って必要なポートにのみフレームを流すため，不要なトラフィックを発生させない。

ア　ルータ，レイヤ3スイッチに関する記述である。
ウ　リピータ，リピーティングハブに関する記述である。
エ　ゲートウェイに関する記述である。

問題 9　エ

SDNはネットワーク構成をソフトウェアによって実現するもので，OpenFlowはその標準の一つである。

ア　DNSに関する記述である。
イ　VoLTEなどに関する記述である。
ウ　SANに関する記述である。

問題 10　ウ

これをNAPTとよぶ。

IPスプーフィング：IPアドレスを偽装すること
IPマルチキャスト：複数の受信者へ，一度の送信でIPパケットを届ける方法
NTP：ネットワーク上の機器がもつ時計を同期するプロトコル

第8章

セキュリティ

1 暗号技術

学習のポイント

セキュリティの基本はなんといっても暗号技術です。特に公開鍵暗号は，後に説明する認証やPKIの基本技術になるのでしっかり理解してください。

1 共通鍵暗号方式

暗号化と**復号**[1]に同じ鍵（**共通鍵**，**対称鍵**）を用いる暗号方式のことを，**共通鍵暗号方式**[2]といいます。共通鍵は送信者と受信者で共有し，これを用いた演算を**平文**[3]や**暗号文**に施すことで暗号化・復号を行います。

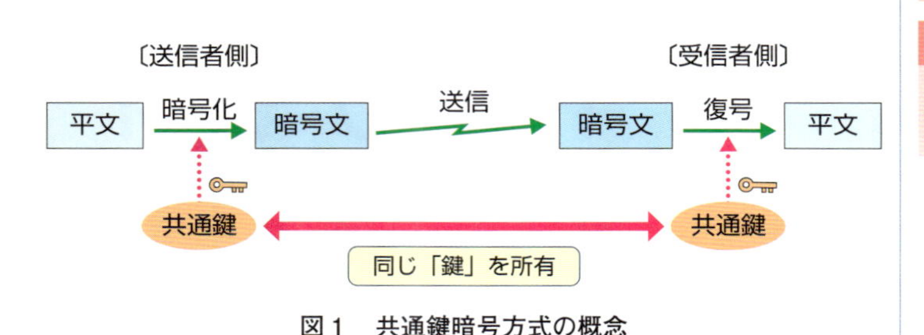

図1　共通鍵暗号方式の概念

■共通鍵方式の特徴

共通鍵暗号方式には次の特徴があります。

- 暗号化や復号に要する処理時間が短い
  → 大量データの暗号化・復号に有利
- 利用者が多くなるほど鍵の種類が増え管理が煩雑になる
  → n人の利用者が相互に通信：n(n－1)／2種類の鍵が必要

■代表的な共通鍵暗号方式

代表的な共通鍵暗号方式には次のものがあります。

基本用語
[1] 復号
暗号文を平文に戻すこと

重要ポイント
[2] 共通鍵暗号方式のポイントは「同じ鍵」

基本用語
[3] 平文（ひらぶん）
暗号化されていないデータ

表１　代表的な共通鍵暗号方式

DES	米国の旧国家暗号規格。56ビットの共通鍵を用いるブロック暗号[4]
AES	DESの後継規格[5]
RC	SSLやWEPなどで広く使われているストリーム暗号[6]
KCipher-2	九州大学とKDDIが共同開発したストリーム暗号

2 公開鍵暗号方式

公開鍵暗号方式は，暗号化と復号に対となる二つの鍵（**鍵ペア**）を利用する方式です。鍵ペアは次の特徴をもちます。

- 一方で暗号化したデータは，対となる鍵でのみ復号できる
- 一方の鍵から，もう一方の鍵を推測できない

利用者は，一方の鍵を**秘密鍵**（Private Key）として他者に知られないよう厳重に管理し，もう一方を**公開鍵**（Public Key）として公開します。

公開鍵方式で暗号化通信を行うためには，平文を**受信者の公開鍵で暗号化**します。これを復号できるのは，受信者のみがもつ受信者の秘密鍵なので，第三者による**盗聴**を防ぐことができるのです[7]。

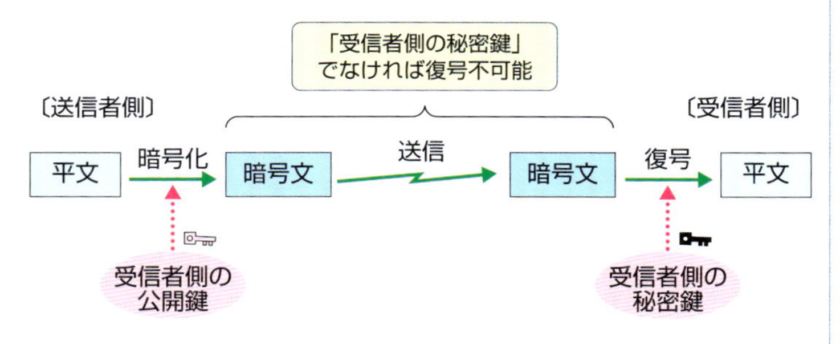

図２　公開鍵暗号方式の概念

■公開鍵暗号方式の特徴

公開鍵暗号方式には次の特徴があります。

- 秘密鍵は本人が保有し，公開鍵のみ配送する
  → 秘密鍵は漏洩しないので安全な鍵配送が実現

基本用語

[4] ブロック暗号
データを固定長のブロック単位で暗号化する方式

重要ポイント

[5] AESは共通鍵の代表例

重要ポイント

[5] 無線LANのセキュリティ方式であるWPA2は，AESを用いて暗号化している

基本用語

[6] ストリーム暗号
データをビット単位あるいはバイト単位に逐次暗号化する方式

第8章

基本ポイント

[7] 公開鍵方式を用いた暗号化通信
暗号化
受信者の公開鍵
復号
受信者の秘密鍵

- 共通鍵暗号方式に比べ，鍵の種類が少ない
  → n人の利用者が相互に通信：2n種類の鍵[8]
  → 不特定多数が同じサイトに送信：２種類の鍵
- 暗号化や復号に要する処理時間が長い

鍵の少なさによる管理の容易さが，公開鍵暗号方式の大きな利点です。相互通信が必要な環境に利用者が一人加わるとき，増える鍵は利用者の鍵ペア（２種類）のみなので，結果として，**n人の相互通信環境で必要になる鍵は2n種類**に収まります。

重要ポイント
[8] n人の利用者が必要な鍵の種類
共通鍵暗号方式
n(n−1) ／2
公開鍵暗号方式
2n

■代表的な公開鍵暗号方式

代表的な公開鍵暗号方式には次のものがあります。

表２　代表的な公開鍵暗号方式[9]

RSA	実用的な公開鍵暗号方式として最初に公開された方式。開発者の三人の頭文字をとってRSAと命名された。大きな数の素因数分解の困難性を利用している
楕円曲線暗号	楕円曲線上の離散対数問題が困難であることを利用した暗号方式
ElGamal暗号	位数が大きな群の離散対数問題が困難であることを利用した暗号方式

重要ポイント
[9] 各方式の安全性の根拠について，
RSA：素因数分解の困難さ
だけ覚えておこう。RSA以外は公開鍵暗号方式であることを知っていれば十分

3 セッション鍵方式（ハイブリッド暗号方式）

公開鍵方式を用いながらも，暗号化と復号に一時的な共通鍵である**セッション鍵**を利用する方式を，**セッション鍵方式**または**ハイブリッド暗号方式**とよびます。公開鍵方式の安全さと共通鍵方式の高速性を組み合わせた方式で，次の流れで処理を行います。

[1] 送信者が使い捨ての共通鍵（セッション鍵）を生成する
[2] セッション鍵を受信者の公開鍵で暗号化して送信する
[3] 受信したセッション鍵を受信者の秘密鍵で復号する
[4] セッション鍵を用いて暗号化通信を行う
[5] 通信が終了したら，双方でセッション鍵を破棄する

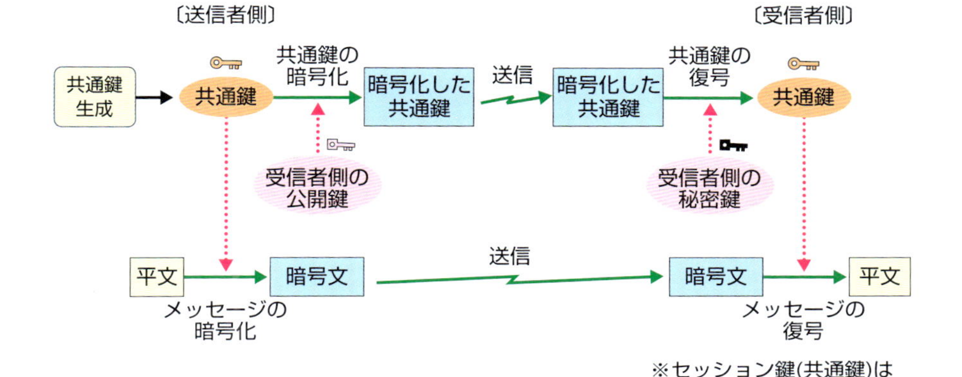

図3　セッション鍵暗号方式

4 暗号アルゴリズムの危殆化（きたいか）

暗号アルゴリズムの安全性は「現実的な時間やコストでは解読が不可能である」ことを根拠にしています。ところが，暗号解析の進歩やコンピュータの計算能力の向上などにより，暗号化アルゴリズムの安全性が低下することがあります。このような状況を，暗号アルゴリズムの**危殆化**とよびます。

2 認証

学習のポイント

ここで説明する認証とは，ユーザや文書の正当性を確認することで，情報化社会には欠かせない技術です。特に文書（データ）の認証で用いるディジタル署名はセキュリティの頻出テーマです。手順や仕組みをしっかり理解してください。

1 ユーザ認証

ユーザ認証は，正当な利用者であることを確かめる技術です。ユーザIDとパスワードを用いる伝統的な方式から，ICカードやUSBキーを用いるもの，指紋や静脈パターン，虹彩（アイリス）[10]を用

重要ポイント

[10] 虹彩は経年劣化が少なく，パターン更新がほとんど不要。また，顔認証より精度が高い

いる**バイオメトリクス認証**まで数多くの方式があります。

■USBキー

USBキーは，USBインタフェースを備えたセキュリティ機器で，これを抜くとパソコンがロックされ，差すと解除されます。長いパスワードを忘れたり，メモに残すなどの危険を防止することができます。

同種の機器で，USB機器側にICチップを内蔵し，セキュリティ処理を実行できるものを**USBトークン**とよびます。

■チャレンジ／レスポンス方式

チャレンジ／レスポンス方式は，パスワードそのものを送るのではなく，**パスワードを所有することを証明する**方式です[11]。たとえば，サーバによるクライアント認証は，次の手順で行います。

[1] クライアントが認証サーバに対して認証を要求する
[2] 認証サーバは乱数をもとにチャレンジ（要求文字列）を生成し，クライアントに送信する
[3] クライアントは**チャレンジとパスワードなどからレスポンス（応答文字列）を生成**[12]し，認証サーバに送信する
[4] 認証サーバは受信したレスポンスと，自身で生成したレスポンスを比較する。両者が一致すれば認証を成功させ，セッションを確立する

重要用語

[11] ゼロ知識証明
パスワードそのものを送るのではなく「パスワードを所有すること」を証明すること

重要ポイント

[12] パスワードを知っている者しかレスポンスを生成できない

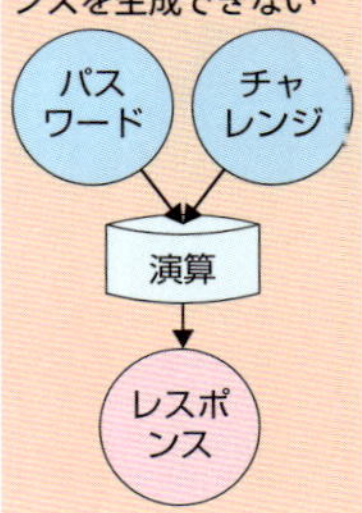

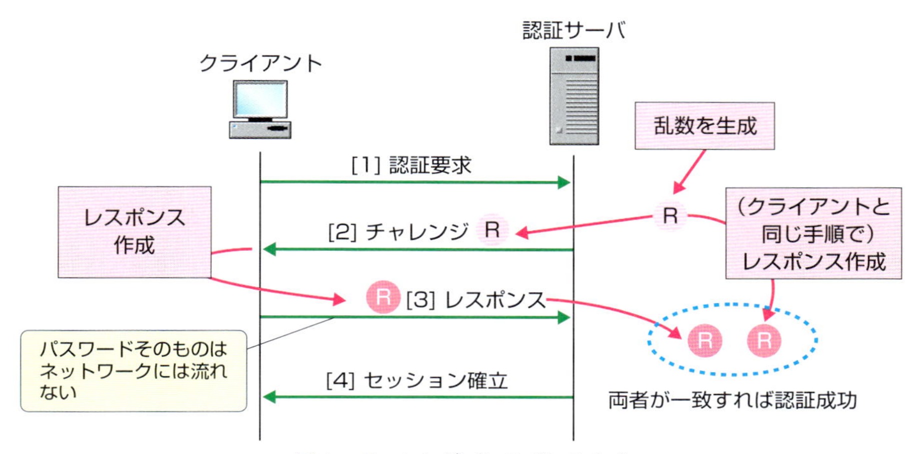

図4　チャレンジ／レスポンス方式

チャレンジ／レスポンス方式を用いた認証方式をCHAPとよびます。図4にも示したとおり，この方式は**パスワードそのものはネットワークに流さない**ため，パスワードの漏洩を防止できます。また チャレンジとレスポンスが毎回異なるので，**リプレイ攻撃**[13]も防止できます[14]。

> **重要用語**
> **[13] リプレイ攻撃**
> 暗号化されたパスワードを盗み出し，そのまま再利用することで他者になりすます攻撃

> **重要ポイント**
> **[14]** チャレンジ／レスポンス方式はパスワードの漏洩やリプレイ攻撃を防止できる

■認証サーバ

ユーザ認証は**アクセスサーバ**で行われます。そのため，複数のアクセスサーバを利用するさいには，アクセスサーバごとにユーザ情報を登録しなければならず，運用が複雑になります。

これを避けるため，アクセスサーバとは別にユーザ認証に関する情報を一括して管理する**認証サーバ**を設け，これにユーザ情報を一元化します。認証サーバを用いた代表的な認証プロトコルにRADIUSがあります。

■リスクベース認証

パスワードを何重にも設定しておけばシステムの安全性は高まります。しかし，アクセスのたびに何度もパスワードを入力するのは，とても不便です。そこで用いられるのが，**リスクベース認証**です。

リスクベース認証では，普段とは異なる環境からのアクセス(リ

スクの高いアクセス)と判断したとき，認証システムは通常の認証に加えて秘密の質問などを用いた**追加認証を実施**することで安全性を高めます[15]。

> **重要ポイント**
> **[15]** リスクベース認証は，一定の利便性を保ちながら安全性を高めている

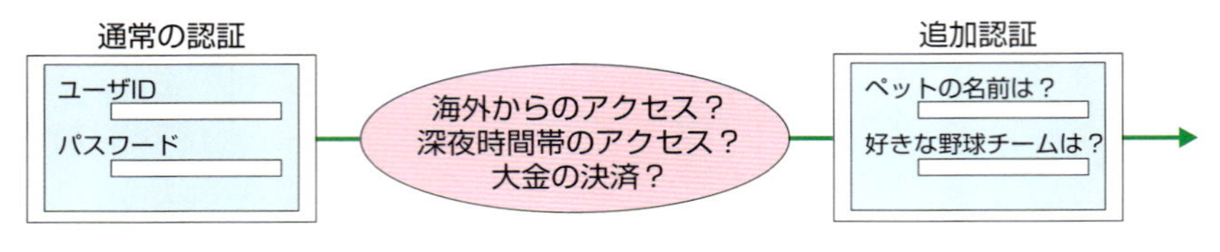

図5　リスクベース認証

■その他

これらの他にも，使い捨てのパスワードを用いる**ワンタイムパスワード方式**，一度の認証で複数のサーバを利用できる**シングルサインオン**（SSO）などの技術もあります。

2 ディジタル署名

ディジタル署名は，データの正当性を保証するために付与される暗号化された情報であり，データの**送信者を証明**し，データが**改ざんされていないことを保証**します。ディジタル署名は現実世界の署名と同様の効力をもつことが，**電子署名法**（電子署名及び認証業務に関する法律）により定められています。

ディジタル署名を用いた認証は，次の流れで行います。

[1] 送信者は，送信データをハッシュ[16]してメッセージダイジェストを生成する（ダイジェスト1とする）
[2] 送信者は，送信者の秘密鍵を用いてダイジェスト1を暗号化してディジタル署名を生成する
[3] 署名をデータに付加して受信者に送る
[4] 受信者は，データに付加されたディジタル署名を送信者の公開鍵を用いて復号し，元のダイジェスト1を得る
[5] 受信者は，受信したデータからメッセージダイジェスト（ダイジェスト2とする）を生成する
[6] ダイジェスト1とダイジェスト2が一致すれば，データを受け取る

> **基本用語**
> **[16] ハッシュ**
> データをハッシュ関数に入力してハッシュ値を得ること。「■ハッシュ関数の性質」参照

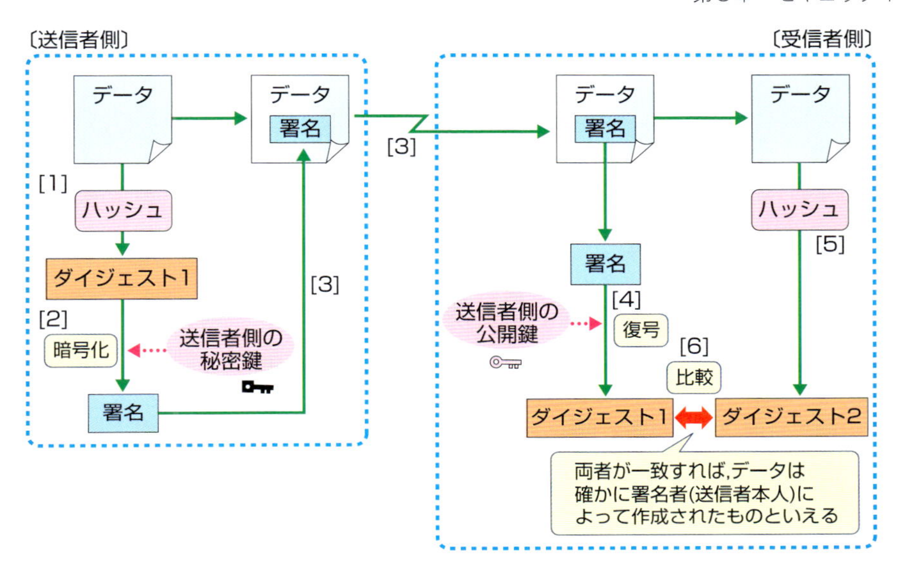

図6　ディジタル署名[17]

重要ポイント

[17] ディジタル署名は，メッセージダイジェストを「送信者の秘密鍵」で暗号化して作成する。受信者はこれを「送信者の公開鍵」で復号し，検証処理を行う

重要ポイント

[18] メッセージダイジェストからメッセージを復元することは困難である

ハッシュ関数の性質

ハッシュ関数は，データから数値を得る関数で，コンピュータのさまざまな分野で用いられます。ディジタル署名で用いるハッシュ関数には，次の性質が求められます。

① ハッシュ値から元データを復元することが困難であること（一方向性）[18]

② 同じハッシュ値をもつ異なるデータを生成することが困難であること（衝突困難性）

①は**署名から元データが漏洩しない**ことを保証し，②は**ハッシュ値が等しい場合は，元データも等しい**（＝改ざんを受けていない）ことを保証するものです。このようなハッシュ関数の性質は，さまざまな場面で応用されます。後述する**ディジタル鑑識（フォレンジックス）**の分野では，**証拠と原本との同一性を証明する**ためにハッシュ値を用います。

ディジタル署名の効果

ディジタル署名が正しい（ダイジェスト1，2が一致した）ことが確認できれば，次の２点が確認できたことになります。

① **データは改ざんを受けていないこと**（改ざん検知）
② **データは送信者本人により作成されたこと**（否認防止）[19]

①はハッシュ関数の性質から導かれることです。

②はディジタル署名が送信者の公開鍵で正しく復号できたことから導かれることです。送信者の公開鍵で復号できたということは，その暗号化には送信者の秘密鍵が用いられたことになります。送信者の秘密鍵は送信者本人のみが保有する鍵で，それを用いることができるのは本人以外あり得ないからです[20]。

重要ポイント
[19] 否認防止は利用者がシステムを利用したという事実を「証明可能にする」こと

重要ポイント
[20] 署名鍵（送信者の秘密鍵）で署名を作成することで，送信者を確認できる

3 時刻認証

時刻認証[21]は，**タイムスタンプ局**（TSA）とよばれる第三者機関が**タイムスタンプ**（**時刻印**）を発行することにより，**その時刻に文書が存在し，改ざんされていないことを証明する**方式です。

ディジタル署名と併用すれば，次のような証明を行うことができます。

- タイムスタンプを発行済みの文書に署名
  → 文書はその時刻以降に署名された
- 署名済みの文書にタイムスタンプを発行
  → 文書はその時刻以前に署名されている

重要用語
[21] 時刻認証
タイムスタンプを用いた文書の認証技術

3 PKI(公開鍵基盤)

学習のポイント

公開鍵暗号方式は「公開鍵が正しく本人のもの」であることを基盤として成立しています。公開鍵と本人を結びつけるためのポリシ（policy）や技術をPKI（Public Key Infrastructure：公開鍵基盤）とよびます[22]。ここではPKIに必要な技術要素を説明します。

1 認証局(CA：Certificate Authority)

公開鍵が正しく本人のものであることは，その結びつきを信頼できる第三者が保証しなければなりません。そのような**信頼できる第三者機関**を**認証局**（CA）とよびます。

認証局は本人情報を確認の上，本人の公開鍵に保証を与えた証明書（**ディジタル証明書**）を発行します[23]。利用者は証明書から「認証局が認めた公開鍵」を取得して利用することになります。

重要用語
[22] PKI
所有者と公開鍵の対応付け。公開鍵の基盤

重要ポイント
[23] 認証局は公開鍵に対する証明書を発行する

2 ディジタル証明書

証明書の規格には，ITU-Tが定めた**X.509**があります。そのフォーマットは次のとおりです。

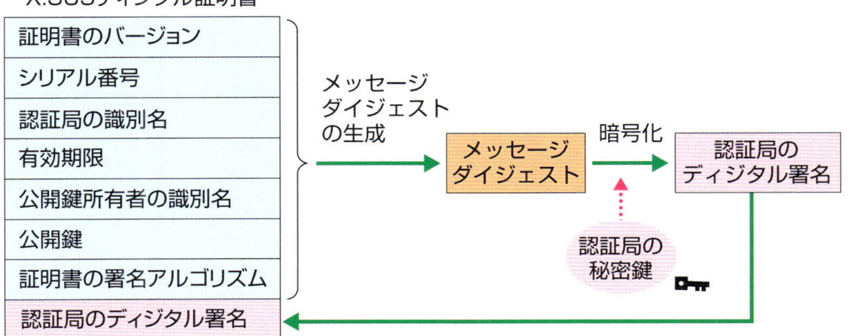

図７　ディジタル証明書の構成

証明書のフィールドには「公開鍵」に加えて「**認証局のディジタ**

ル署名」が含まれています。証明書を取得した利用者は，最初に認証局の署名を確認し，これが確認できれば，公開鍵は「証明書に記載された所有者本人のもの」となります。

■CRL

公開鍵の漏洩や誤発行など，何らかの理由によって有効期限内に証明書が失効することがあります。そのような証明書のシリアル番号は，**失効リスト**（**CRL**：Certificate Revocation List）に加えられ[24]，認証局から定期的に配布されます。

証明書の利用にあたっては，署名や有効期限だけではなく，**証明書がCRLに含まれていないかどうか**も確かめる必要があります。

> **重要ポイント**
> **[24]**
> ・CRLには失効した証明書と失効日時の対応が記載される
> ・失効した証明書は「シリアル番号」で示される

■OCSP(Online Certificate Status Protocol)

OCSPは，ディジタル証明書が有効かどうかを認証局に問い合わせることで判断するプロトコルです[25]。認証局は，問い合わされたディジタル証明書について，有効／失効／不明のいずれかを答えます。失効リストをやり取りするCRL方式に比べ，**失効状態をよりタイムリに確認**できます。

> **重要ポイント**
> **[25]** OCSPは失効状態を「オンライン」で「リアルタイム」に確認する。

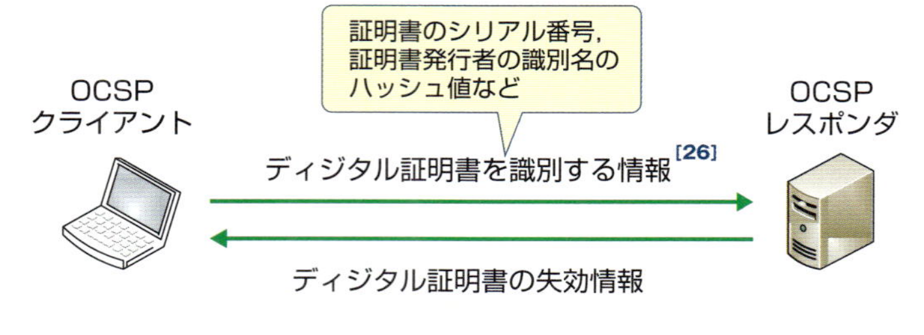

図8　OCSP

> **重要ポイント**
> **[26]** OCSPクライアントは，ディジタル証明書全体ではなく，シリアル番号や発行者のハッシュ値を送信する

3 PKIにおける認証

PKIでは，受け取った証明書を検証し，それが確かにCAによって発行されたものであれば，証明書に含まれる公開鍵を正当なものとして認めます。証明書の発行から証明書の検証までは，次のような流れになります。

〔証明書の発行〕

[1] Xは，自身を証明する情報を添えて，CA（認証局）に対して証明書の発行を申請する

[2] CAはXに対して証明書を発行する。この時点でXは証明書の所有者となる

〔証明書の検証〕

[3] Xと通信を行う利用者Yは，通信に先立ちXの証明書を入手する

[4] Yは以下の手順で証明書を検証する

[4-1] Xの証明書を発行したCA（認証局）について，「そのCAの証明書」を入手する

[4-2] CAの証明書に含まれる「CAの公開鍵」を用いて，Xの証明書の署名を復号し，メッセージダイジェストを得る[27]

[4-3] Xの証明書からメッセージダイジェストを生成し，上で得たメッセージダイジェストと一致するかを検証する。一致すれば，証明書に含まれる公開鍵が所有者Xのものであることが証明できる

[5] Yは，証明書から取得したXの公開鍵を用いて，暗号化通信を行う

重要ポイント

[27] 証明書は認証局(CA)の公開鍵で確認する

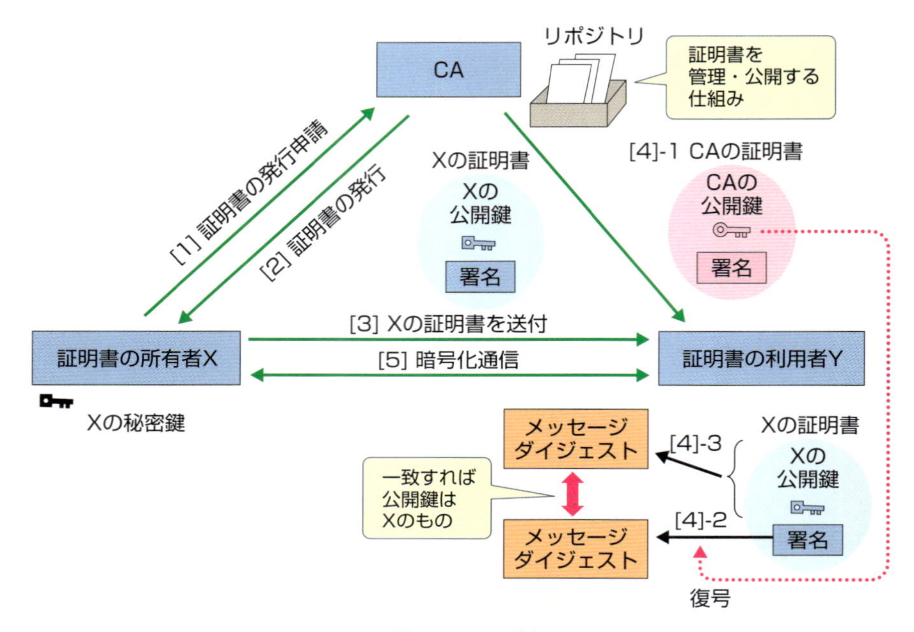

図9　PKIの仕組み

図9で，[3]については，証明書をXから受け取る方法を図示していますが，これ以外にもCAから入手する（リポジトリの検索）などの方法もあります。

4 認証局の階層

認証局（CA）は，上位（大手）のCAが下位のCAを認証するような階層構造をとります。上位のCAに認証された証として，下位の認証局は「**上位のCAが署名したディジタル証明書**」をもっています。

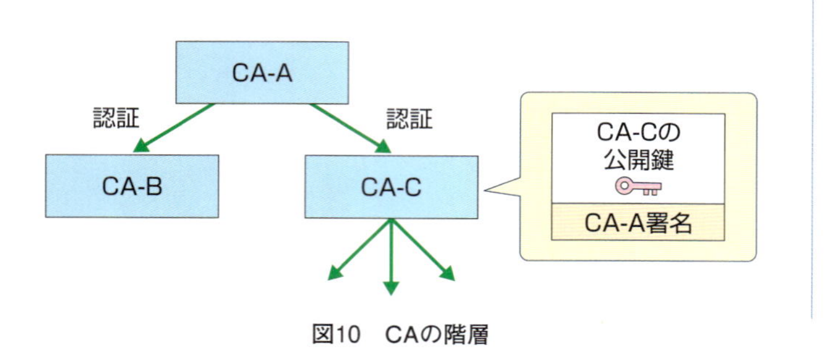

図10　CAの階層

ある利用者の公開鍵を認証するCAを，他のすべての利用者が信頼しているとは限りません。その場合の認証を，利用者XがYに対して署名付きのメッセージを送信した場合を例に考えてみましょう。なお，Xを認証するCAはCA-Rであり，YはCA-Pを信頼しているものとします。

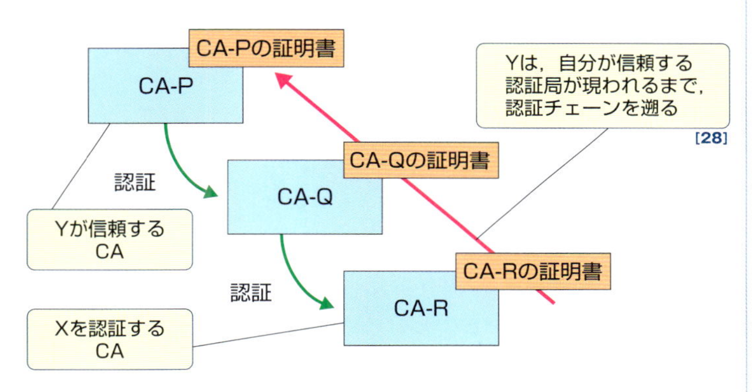

図11　認証チェーン

受信者Yは，送信者Xを認証するCA-Rを信頼してはいません。このときYは，CA-Rから認証局の階層を遡ります。具体的には，CA-Rの証明書からCA-Qの識別名を取得して，CA-Qの証明書を取り寄せます。さらにCA-Qの証明書からCA-Pの識別名を取得する，という処理を繰り返します。その過程で，Yが信頼する認証局（CA-P）が現われた場合は「受信者Xの公開鍵は，自分（Y）が信頼する認証局（CA-P）により間接的に認証されている」と結論づけ，Xを信頼します。

なお，階層構造の根に位置する認証局（図ではCA-P）は，自分自身を証明する**ルート証明書**[29]を発行しています。利用者は**自分が信頼する認証局のルート証明書をあらかじめインストールしておく**ことで，間接認証を可能にしておきます。なお，多くのOSやブラウザには，主要な認証局のルート証明書があらかじめインストールされています。

重要用語

[28] 証明書を発行したCAを信頼していないとき，自分が信頼するCAまで認証チェーンを遡る

重要用語

[29] ルート証明書
認証局が自身の正当性を証明するために，自ら署名したディジタル証明書

4 脅威と対策

学習のポイント

脅威と対策は知識が問われるテーマで，それらの知識を知っているかどうかが勝負を分けます。ここでは，不正アクセスの手口やウィルスに関する基本知識を，出題実績のあるものを中心に，カリキュラム改訂で追加されたものを含めて紹介します。

1 マルウェアの脅威と対策

マルウェア（Malware）とは，悪意をもって作成された不正で有害な動作を行うプログラムの総称です。悪意のある（Malicious）ソフトウエア（Software）を短縮して名付けられました。マルウェアは利用者や管理者の意図に反してコンピュータに入り込み，データの破壊・改ざんや機密情報の流出など不正な行為を行います。

■マルウェアの種類

代表的なマルウェアとして，次のものが知られています。

表３　主なマルウェアの種類

コンピュータウイルス	自己伝染機能，潜伏機能，発病機能をもつ不正プログラム。他のプログラムに寄生して被害を与える
ワーム	寄生することなく，単体での動作が可能な不正プログラム。コンピュータ上で自分自身を複製（自己伝染）し，増殖する機能をもつ OSやアプリケーションの脆弱性を利用して，ネットワークを介して増殖を繰り返すものも多い。USBメモリなどに感染し，外部記憶媒体を接続した時の自動実行機能を悪用してシステム間で感染するUSBワームもある
トロイの木馬	単体での動作が可能であり，ゲームやユーティリティなど有用なプログラムを装って実行されるのを待つ不正プログラム

スパイウェア	利用者の行動履歴や個人情報を収集するプログラム。OSや有用なアプリケーションの一機能に含まれるものもあるが，中には利用者や管理者の意図に反してインストールされ，クレジットカード番号の窃取など不正な目的で利用されるものもある
キーロガー	コンピュータへのキーボード操作を記録し，外部に送信するプログラム。ユーザIDやパスワードの不正入手に用いられることが多い
ボット	外部からコンピュータを不正に操作することを目的としたプログラム ボットに感染したコンピュータは，攻撃者の指示をネットワークを介して受け取り，指示どおりの処理を実行する。この様子がロボットに似ていることからボット（bot）とよばれる。ボットへ司令を出すサーバをC＆C（Command ＆ Control）サーバという。また，ボットとC＆Cサーバの一団をボットネットとよぶ
アドウェア	画面に広告などを強制的に表示するプログラム。 使用許諾に広告の表示を含めているものもあり，一概に不正プログラムとはいえない
バックドア	不正な手順でコンピュータへアクセスすることを可能とする仕掛け 一度侵入に成功したシステムに対し，簡単に再侵入できるよう仕掛けられることがある
ルートキット[30]（rootkit）	感染しているマルウェアの活動状態や，侵入の痕跡などを隠ぺいする機能をもつ不正なプログラムを集めたパッケージ
エクスプロイト[31]キット	OSやアプリケーションの脆弱性を攻撃する不正プログラムを集めたパッケージ

重要ポイント

[30] ルートキットには「バックドア作成」「隠蔽」などの機能がパッケージされている

重要用語

[31] エクスプロイト
OSやアプリケーションの脆弱性を攻撃するプログラムの総称。エクスプロイトコードとも呼ぶ。エクスプロイトを集めたパッケージがエクスプロイトキットである

■対策

ウイルスを含むマルウェア対策として，

- 出所の不明なファイルを不用意に開かない
- 安易にプログラムをダウンロードしない
- 怪しいWebサイトを閲覧しない
- OSやアプリケーションを最新の状態に保つ
- 電子メールに添付されたファイルは慎重に扱う
- **ウイルス対策ソフト（ワクチンソフト）**を利用する

といった対策が効果的です。特に，ウイルス対策ソフトは，ウイルスの特徴的な部分を定義した**パターンファイル（シグネチャファイ**

ル，ウイルス定義ファイル）と検査対象のファイル（またはプログラム）を比較する「パターンマッチング」によってウイルスを検出するものが多く，最新のウイルスに対処するために，

- パターンファイルを常に最新に保つ

ことが非常に重要です。

ウイルス検出手法

ウイルスの検出手法には次のものがあります。

表４　ウイルス検出手法

インテグリティチェック法	ディジタル署名などの認証技術を適用する
コンペア法	安全に保管されている原本と比較する
チェックサム法	ファイルに付加されたチェックサム値を確認する
パターンマッチング法	ウイルスに特徴的な部分をパターンとして記録しておき，検査ファイルと照合する
ビヘイビア法	ウイルスによって引き起こされる動作パターンを監視する[32]

重要ポイント
[32] 検査対象はメモリ上の仮想環境で実行し，挙動を監視する

サンドボックス[33]

コンピュータの中に「攻撃されても影響のない仮想環境」を構築し，その中で疑わしいプログラムを動作させて振る舞いを分析する方法です。疑わしいメールなどは，サンドボックス上で添付ファイルを実行したりURLをクリックします。

重要ポイント
[33] サンドボックスは「実行できる機能やアクセスできるリソースを制限して動作させる」と説明されることもある

2 サイバー攻撃の手口と対策

マルウェアや不正アクセスなど，情報システムに対して行われる攻撃を**サイバー攻撃**とよびます。代表的なサイバー攻撃について，その手口と対策を一覧します。

表５　主な攻撃の手口とその対策

ソーシャルエンジニアリング	**IT技術を使わずに重要な情報を盗み出す手口**。上司を装って電話をかけてパスワードを聞き出す，パスワードの入力をのぞき見する（ショルダーハッキング），ゴミ箱に捨てられた資料の中から情報を探し出す（トラッシング）などが該当する。警察や銀行員を装ってキャッシュカードの暗証番号を聞き出すような詐欺も，ソーシャルエンジニアリングの一種である。【対策例】電話でパスワードを伝えないなどのルールを徹底する／パスワードは他人に見られないように入力する／書類はシュレッダーにかけて廃棄する
標的型攻撃[34]	**特定の企業や組織をターゲット**として，機密情報の窃取やシステム破壊を目的としたサイバー攻撃。知人や取引先を騙ることで，警戒心を抱かせずにコンピュータウイルスに感染させたり，不正な情報送信を依頼する。【対策例】不審な添付ファイルを不用意に開かないようにする／疑わしいメールのURLはクリックしない／不審なメールを受信した場合にすぐさま報告する／ネットワークから切り離されたPCなどを用いて本物かどうかを確認する
フットプリンティング	**攻撃対象の弱点を発見するために，攻撃者が行う事前調査および偵察行為の総称**。利用可能なポート（ネットワークの出入り口）を総当たりで調べるポートスキャンなどが該当する。【対策例】偵察行為そのものを防ぐことは困難なので，不要なポートは閉じておく，偵察されても構わないよう公開を前提にサイト構造を考えるなどの対処を行う
ブルートフォース攻撃[35]	パスワードや暗証番号に対して，**可能性のあるすべての組合せを総当たりで試す**。桁数の少ない単純なパスワードは，ブルートフォース攻撃に耐えられない恐れがある。【対策例】桁数の少ない単純なパスワードを使用しない／ログインの試行回数に制限を設ける
パスワードリスト攻撃	これまでに流出したIDとパスワードをリストで管理し，**リスト上のIDとパスワードを用いて標的システムへの侵入を試みる攻撃**。異なるサービスで同じIDとパスワードを使い回していた場合，パスワードリスト攻撃によってシステムへの侵入を許すことになる。【対策例】異なるシステム，サービスには異なるパスワードを用いる
レインボー攻撃	パスワードとハッシュ値のチェーンを記録したテーブルを用いて，ハッシュ値から元のパスワードを解読する。【対策例】ハッシュ時にソルトを混ぜる／文字や数字，記号を用いた長いパスワードを用いる

重要ポイント
[34] 標的型メールには，業務に関係ありそうな件名や内容が記述される

重要ポイント
[35]「総当たり」「あらゆる組合せ」などがブルートフォース攻撃のキーワード

辞書攻撃	辞書に掲載されているような語，一般的によく知られている単語を用いてパスワードを試す。【対策例】一般的な単語，推測され易い単語は使用しない／ランダムな値でパスワードを設定する
SQLインジェクション	**不正なSQLを含む悪意の入力データ**を与え，データベースに対する不正な問合せを実行させる攻撃。【対策例】あらかじめ用意されたSQL文を利用するバインド機構（静的プレースホルダ）を利用する／サニタイジングを行う
コマンドインジェクション	**不正なOSコマンドを含む悪意の入力データ**を与え，これを実行させる攻撃。【対策例】入力データに含まれるOSコマンドを実行しないようにする／サニタイジングを行う
クロスサイトスクリプティング（XSS）	攻撃者から送り込まれた悪意のスクリプトを，別サイトのアクセス時に実行させる。【対策例】サニタイジングを行う
クロスサイトリクエストフォージェリ（CSRF）	攻撃者が用意したサイトから不正なHTTPリクエストを送信することで，別サイトでアンケートの入力やショッピングなど**利用者が意図しない操作**を行わせる。【対策例】商品の購入を決定する際に改めてパスワードの入力を要求する／正しいページ遷移かを確認する／CAPTCHA[36]を利用する
ディレクトリトラバーサル攻撃	パス付きのファイル名の入力を想定していないプログラムに対し，パスを含むファイル名を直接指定することで，本来は許されていないファイルに不正にアクセスする。【対策例】パス付きのファイル名が入力された場合，パスを削除する
セッションハイジャック	セッションIDの予測や盗聴などを通じて他者のセッションを横取りし，そのセッション上で不正な操作を行う。【対策例】予測困難なセッションIDを用いる／要所でパスワードによる利用者認証を行う
SEOポイズニング	Web検索サイトの順位付けアルゴリズムを悪用し，悪意のWebサイトを上位に表示させてユーザを誘導する。【対策例】検索結果を盲目的に信用しない（利用者側）／不正なサイトを検索結果から外す（サイト側）
Man-in-the-Browser攻撃	マルウェアによってWebブラウザの通信を盗聴し，改ざんする攻撃。盗聴によってインターネットバンキングへのログインを検知し，振込先を不正な口座へ改ざんする。【対策例】マルウェアを入れない／ウイルス対策ソフトで駆除する
スニッフィング	ネットワーク上を流れるパケットを盗聴し，IDやパスワードなどを盗み出す。【対策例】パスワードを平文で送信しない

！重要用語

[36] CAPTCHA
機械では判別しにくい「ゆがんだ文字の画像」。これを入力することで，入力者が人間であることを確認する

ゼロデイ攻撃[37]	脆弱性が明らかになった直後に開始する攻撃のこと。脆弱性の公表とセキュリティパッチの提供とのタイムラグに乗じて，**対策が行われる前に脆弱性を攻撃する**。【対策例】脆弱性と同時に回避策が公開された場合，回避策を設定する／セキュリティパッチはすぐに適用する
DoS／DDoS攻撃	サーバなどを標的に**アクセスを大量に発生**させ，サービスが提供できない状態に追い込む。【対策例】DoS/DDoS攻撃を受けないようにすることは困難である。そのためコンピュータがDoS/DDoS攻撃に荷担しない（踏み台とならない）よう，OSやアプリケーション，ウイルス対策ソフトを最新の状態に保つ
DNSリフレクタ攻撃	標的からの問合せに偽装したパケットを複数のDNSサーバに送信し，その応答を標的に大量に送り付ける。【対策例】DNSサーバの設定や構成を見直す[38]
ドライブバイダウンロード[39]	Webサイトを閲覧中に，ユーザに気づかせないようにマルウェアをPCにダウンロードさせ，PCにマルウェアを感染させる。【対策例】OSやウェブブラウザを最新の状態に保つ／ウイルス対策ソフトを導入し，ウェブサイトが安全であるかどうかを検査する
フィッシング	電子メールなどで不正なURLを送りつけ，**偽のWebサイトに誘導し**，機密情報の窃取や詐欺行為を行う。【対策例】不審なメール内容のURLはクリックしないようにする／メール中のURLではなく，サイトの正しいURLを改めて入力する／送信元に電話で確認するなど，メールの真偽を確かめる
IPスプーフィング	攻撃者のコンピュータのIPアドレスを，別に用意した偽のIPアドレスに付け替えて偽装する。【対策例】外部から入ってきたにもかかわらず送信元が内部ネットワークになっているパケット，外部に出て行くにもかかわらずあて先が内部ネットワークになっているパケットを廃棄する
DNSキャッシュポイズニング	ドメイン情報を管理するDNSサーバに偽の情報を記録させ，これをもとに利用者を悪意のサイトに誘導する。【対策例】DNSサーバの設定や構成を見直す
クリプトジャッキング	マルウェアを用いて，他人のPCを不正に利用する。攻撃を受けたPCは，仮想通貨のマイニングなどに不正利用される。【対策例】マルウェアを入れない／ウイルス対策ソフトで駆除する
サイドチャネル攻撃	対象の処理時間や消費電力，漏洩電磁波などの「サイドチャネル」情報をもとに暗号解読を行う。【対策例】機器を固定し盗まれない（観察できない）ようにする／耐タンパ性が高い機器を使用する

重要ポイント
[37] ゼロデイ攻撃は「パッチ適用前」に攻撃する

重要ポイント
[38] DNSリフレクタは，外部に解放されたDNS（オープンリゾルバ）を悪用した攻撃である。自社DNSが悪用されないよう設定を見直す

重要ポイント
[39] ドライブバイダウンロードが仕掛けられたWebサイトは，閲覧するだけで感染してしまう

■標的型攻撃

標的型攻撃についてもう少し深めてみましょう。標的型攻撃は次のものが知られています。

表6　標的型攻撃のパターン

標的型メール攻撃	取引先や知人を装ったメールを送りつけ，ウイルスに感染させる
水飲み場攻撃	標的がよく閲覧するWebサイトを改ざんしてウイルスに感染させる
APT攻撃	標的に対して行われる持続的でしつこい攻撃

水飲み場攻撃は，ドライブバイダウンロード攻撃の応用例です。標的が普段アクセスしているWebサイトを調べ，そこにウイルスをダウンロードする罠を仕掛けるのです。猟師が獲物の水飲み場に罠を仕掛ける[40]ようなものです。普段アクセスするWebサイトだけに，利用者(標的)は油断しています。感染を知った後で「まさかあのサイトが」となるわけなのですが，狙われたのはサイトではなく利用者なのです。

APT(Advanced Persistent Threat)攻撃[41]は，標的に対して執拗に繰り返される攻撃です。中には数年にわたって攻撃を受けたという例もあります。比較的高度な攻撃手法が用いられることから，Advanced(進んだ)，Persistent(執拗な)，Threat(脅威)とよばれます。

重要ポイント
[40] 水飲み場攻撃は，罠を仕掛けたサイトに誘導するのではなく，標的が頻繁にアクセスするサイトに罠を仕掛ける

重要ポイント
[41] 試験では「防御策に応じて複数の手法を組み合わせ，気付かれないように執拗に攻撃を繰り返す」と説明された

■サイバーキルチェーン

標的型攻撃に対策するためには，攻撃者の行動を理解してそれに応じた対策を考える必要があります。攻撃者の行動を攻撃者の視点から七つの段階に分けたものを，**サイバーキルチェーン**とよびます。

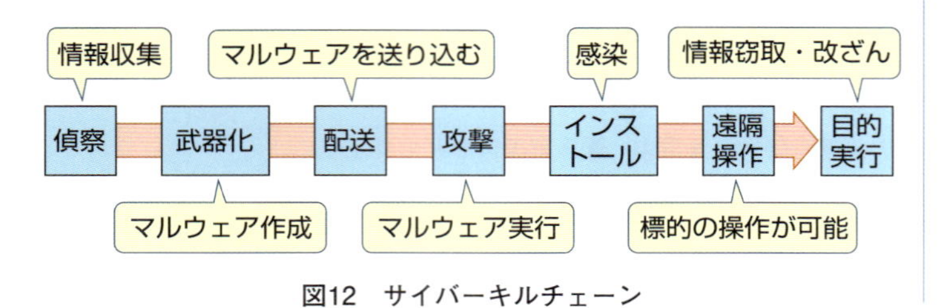

図12　サイバーキルチェーン

■SQLインジェクション

SQLインジェクションは，入力した文字列をそのままSQL文に連結するような脆弱性をもつサイトに対して，SQL文の一部となるようなデータを入力して，任意のSQL文を実行させる攻撃です。

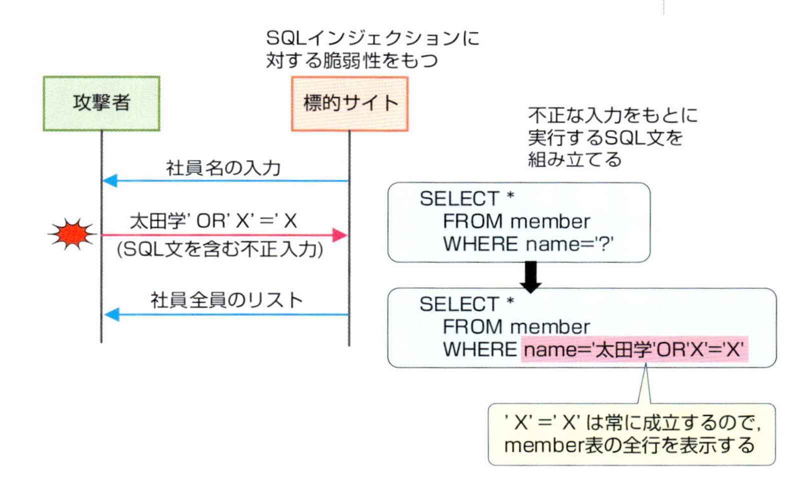

図13　SQLインジェクション

効果的な対策の一つに**静的プレースホルダ**を使用することがあります。これは，データベースにSQL文のひな型とパラメータ値を送り，データベース側でSQL文を組立てる機能です。SQL文を組立てる前にSQL構文が確定するため，SQLインジェクションの脆弱性が生じません。なお，このようにSQL文を組立てるデータベースの機能を**バインド機構**[42]とよびます。

テクニック!!
[42] 対策に「静的プレースホルダ」「バインド機構」が現われたら，SQLインジェクションと答えてよい

■クロスサイトスクリプティング(XSS)

クロスサイトスクリプティングは，利用者のブラウザ上で悪意のあるスクリプトを実行させ，クッキーなどに含まれる情報を盗み出す攻撃です。

利用者であるAさんがB銀行と取引している場合を考えます。AさんとB銀行とのやり取りで用いられる情報は，Aさんのブラウザに記録されています。ただし，この情報はB銀行とのやり取り以外は

アクセスできないため，攻撃者が直接これを盗み出すことはできません。そこで，攻撃者は悪意のスクリプトをB銀行から送り込むように工夫します。

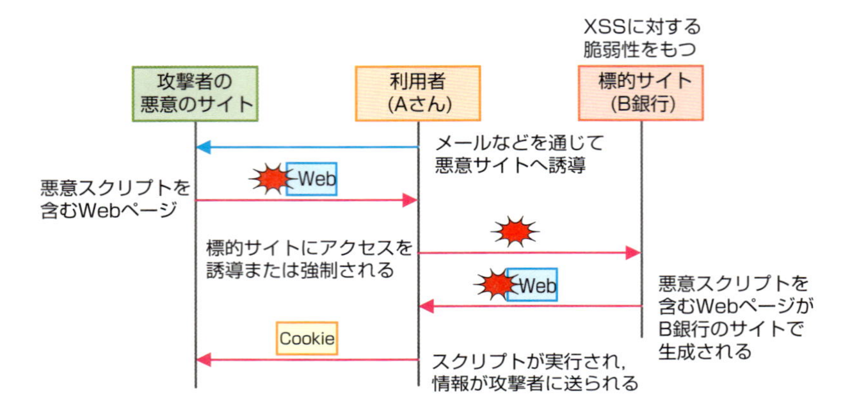

図14　クロスサイトスクリプティング[43]

> **重要ポイント**
> **[43]** 攻撃者は「利用者（ブラウザ）を介して」悪意のスクリプトを標的に送り込んでいる

このように，**複数のサイトにまたがって悪意のスクリプトを実行させる**ことから，クロスサイトスクリプティングという名称が付けられました。

■ディレクトリトラバーサル

ディレクトリトラバーサルは，入力文字列からファイル名を組み立てるサイトに対して，上位ディレクトリ（フォルダ）の指定を含む文字列を入力し，非公開ファイルに不正にアクセスする攻撃です。

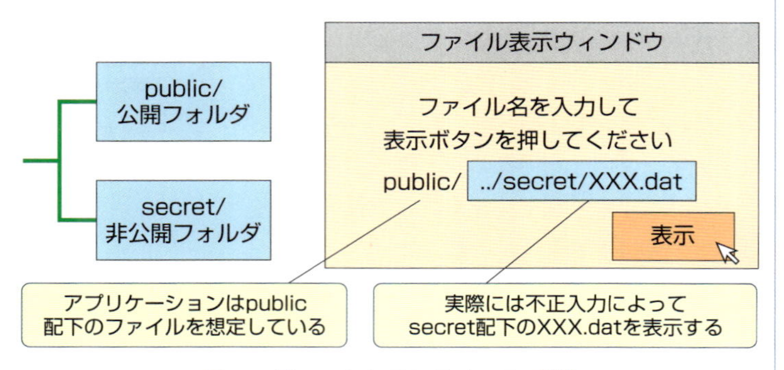

図15　ディレクトリトラバーサル[44]

> **重要ポイント**
> **[44]** 入力文字列からファイル名を組立てるアプリケーションが狙われる

■DNSキャッシュポイズニング

DNSキャッシュポイズニング[45]は，偽のドメイン情報をDNSキャッシュサーバに記録させることで，**利用者を悪意のサイトに誘導する**攻撃です。

攻撃者は標的サイト（標的.jp）へのアクセスを，不正サイト(9.8.7.6）に誘導したいと考えています。これを行うため，DNSキャッシュサーバに「標的サイト：9.8.7.6」という偽のドメイン情報を記録させます。

攻撃者は標的サイトのIPアドレスを，DNSキャッシュサーバへ問い合わせます。DNSキャッシュサーバは問合せに答えられないとき，権威サーバへ問い合わせます（再帰問合せ）。当然，権威サーバは正しいドメイン情報を応答しますが，攻撃者はそれに先だって権威サーバを偽った偽の応答を送ります。こうして，DNSキャッシュサーバは偽のドメイン情報を記録し，キャッシュが破棄されるまでの間，利用者は不正サイトへ誘導され続けるのです。

重要ポイント
[45] DNSキャッシュポイズニングは最も多く出題されている攻撃。しっかり覚えよう

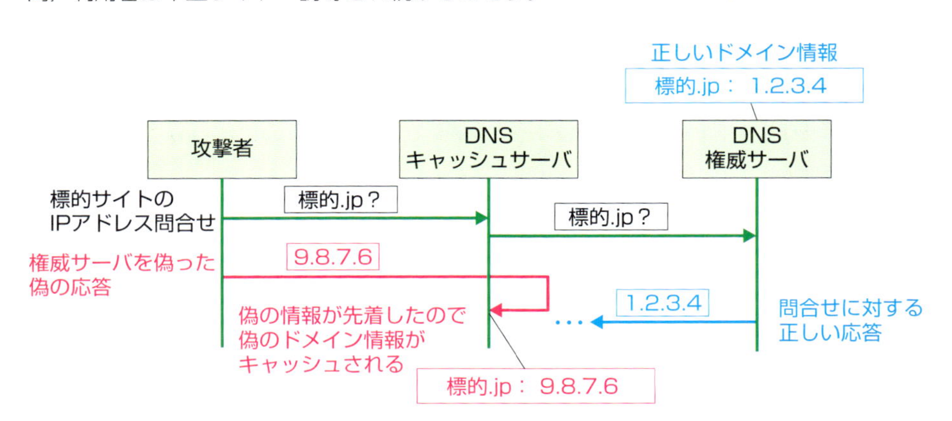

図16　DNSキャッシュポイズニング[46]

重要ポイント
[46] 攻撃者が外部にいた場合，再帰的な問合せに対して内部ネットワークからのものだけに応答するよう設定すると，攻撃を回避できる

3 セキュリティ構築

セキュリティを高めるためには，個々の脅威に対策すると共に，情報システム全般にわたる対策が必要です。ここでは，セキュリティの構築に必要な代表的な技術を説明します。

■ファイアウォール

ファイアウォールは，インターネットと組織ネットワークの境界点で通信内容を検査し，通過か遮断を判断する"防火壁（firewall）"の役割を担う機器やソフトウェアです。

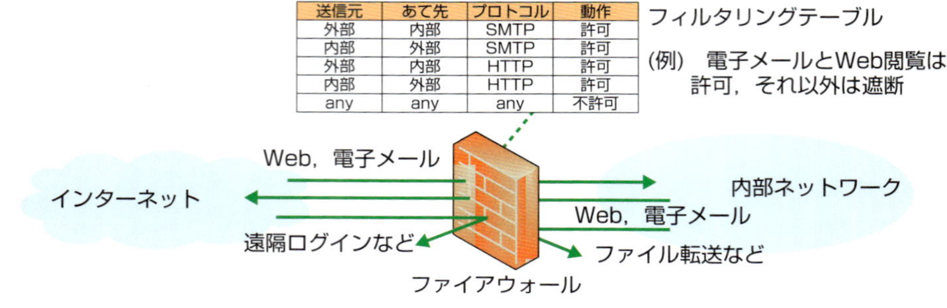

図17　ファイアウォール（機器型）

機器型のファイアウォールは，インターネットと内部ネットワークの接点に設置され，不要な通信を遮断します[47]（**パケットフィルタリング**[48]）。これを実現するために,ファイアウォールに**フィルタリングテーブル**とよばれる表を設定し，どの通信を通過させるのかを定義します。

■WAF(Web Application Firewall)

WAFは，**Webアプリケーションに対するアクセスを監視し，不正な操作を遮断する**機器です[49]。WAFのもつサニタイジング機能は，SQLインジェクションやコマンドインジェクション，クロスサイトスクリプティングなどで入力された不正コマンドを無力化するので, WAFの設置は不正アクセス全般に対してきわめて有効です[50]。

■EDR(Endpoint Detection and Response)

EDRは，端末（エンドポイント）の挙動を観察することで，**感染を検出し，迅速に対応する**仕組みや製品のことです。攻撃の高度化に伴い，脅威の侵入を未然に防ぐことが困難になりつつあることか

重要ポイント
[47] ファイアウォールは外部に公開しないサービスへのアクセスを遮断する

重要用語
[48] パケットフィルタリング
パケットの通過／遮断を制御すること。午後対策重点テーマ参照

重要ポイント
[49] WAFのキーワードは，Webアプリケーションへの「通信を監視」して，「攻撃を阻止」すること

重要ポイント
[50] HTTPSで暗号化された通信は監視できない。そのため，WAFはSSLアクセラレータより内側に設置される

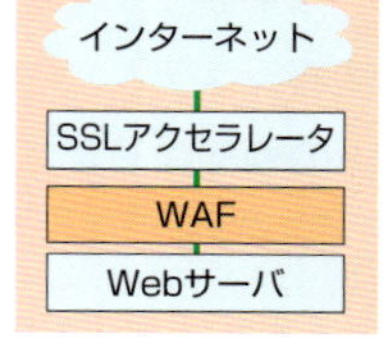

ら，EDR製品に注目が集まっています。

■RASP(Runtime Application Self- Protection)

RASPは，**アプリケーション自身が攻撃を検知**して自身を保護する機能や製品のことです。RASPが組み込まれたアプリケーションは，不正なDLLの組込やアプリケーションに対する改変などを検知し，防御します。

■セキュアブート

セキュアブートは，信頼できるソフトウェアのみを用いてPCを立ち上げる仕組みです。電源投入後にブートソフトウェアやOSの署名が検証され，検証に成功した場合のみPCが起動されます。

■CASB(Cloud Access Security Broker)

CASBは，クラウドサービスと企業ネットワークとの間で，セキュリティ機能を提供する製品です。企業内外からのクラウドサービスの利用について，一括してセキュリティ制御を実施します。

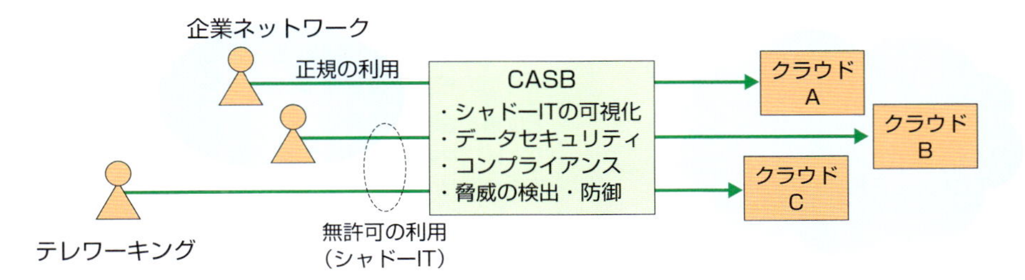

図18　CASB

■無線LANのセキュリティ

コンピュータを無線LANで接続する場合には，接続方式として**WPA2-PSK**を用います。これは，アクセスポイントに設定されたSSIDとパスワード（事前共有鍵）が設定された端末のみにアクセスさせる方式です[51]。WPA2-PSKを選択すると**AES**を用いた強固な暗号化が行われます。

アクセスポイントを表すSSIDを隠す**SSIDステルス機能**を有効に

重要ポイント

[51] WPA2-PSKはSSIDとパスワードが事前に登録された端末にアクセスを許可する

すると，不正利用者に攻撃の手がかりを与えずに済みます。また，アクセスポイントに接続する端末が定まっている場合には，それらのMACアドレスをアクセスポイントに設定してアクセスできる端末を制限する**MACアドレスフィルタリング**が効果的です。

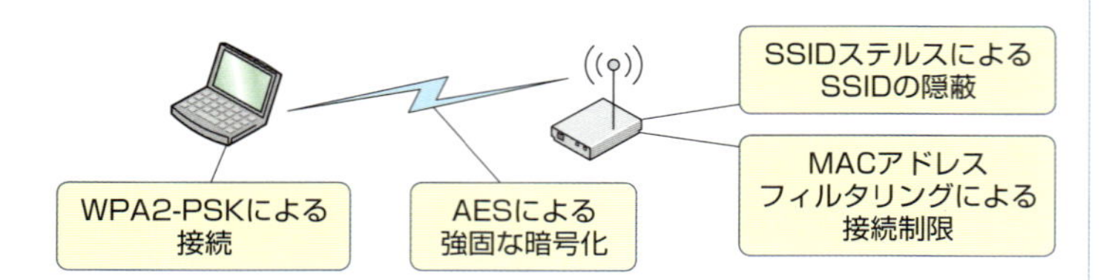

図19　無線LANのセキュリティ

■セキュリティプロトコル

暗号化や認証機能を提供するプロトコルをセキュリティプロトコルと総称し，次のようなものがあります。

表7　セキュリティプロトコル[52]

名称	用途	概要
SSL/TLS	TCP通信全般	TCPを拡張して認証や暗号化の機能を提供する
IPsec	IP通信全般	IPパケットレベルで認証や暗号化の機能を提供する
HTTPS (HTTP over SSL/TLS)	主にHTTP	下位層にSSLを用いることで，HTTP通信に認証や暗号化の機能をもたせたプロトコル
SET (Secure Electronic Transaction)	クレジット決済	クレジット決済を安全に行うためのプロトコル
S/MIME (Secure/Multipurpose Internet Mail Extensions)[53]	電子メール	電子メールの暗号化や電子署名の機能を提供する。公開鍵は認証局が保証する
SMTP-AUTH[54]	電子メール	利用者認証を行い，成功した場合のみ電子メールを受け付ける
SPF (Sender Policy Framework)[55]	電子メール	IPアドレスをもとに，正しい送信者かどうかを判断する

重要ポイント
[52] 全て重要。よく覚えておくこと！

重要用語
[53] **S/MIME**
暗号化とディジタル署名を用いて電子メールの機密性を高めるプロトコル

重要ポイント
[54] SMTP-AUTHはスパムメール対策に有効

重要ポイント
[55] SPFはメール送信のなりすましを検知する
メールの送信元IPアドレスとDNS上のIPアドレスを比較する

名称	用途	概要
SMTPS	電子メール	SSL/TLSを用いてメールを暗号化し，安全に送信する
POPS，IMAPS	電子メール	SSL/TLSを用いてメールを暗号化し，安全に受信する
SSH[56]（Secure SHell）	リモートコンピュータの利用	リモートコンピュータへのログインや操作を安全に行う

重要ポイント
[56]「安全なログイン」「リモートログイン」などがSSHのキーワード

■SSL/TLS

SSLは次の機能を提供するプロトコルで，後継規約である**TLS**と合わせて**SSL/TLS**とよばれることもあります。

- セッション鍵方式による暗号化通信
- 証明書を用いたサーバ認証（クライアント認証も可能）

SSL/TLSは，Webサーバとのやり取り（HTTP通信）を安全に行う目的で利用されます。SSL/TLSを用いたHTTP通信を，特に**HTTPS（HTTP Secure）**とよびます[57]。

重要ポイント
[57] HTTPSは攻撃に使われることもある。内部に仕掛けられたマルウェアがHTTPSを用いて通信すると，通信内容がチェックできないので機密情報の流出につながる

SSL/TLS処理は，サーバに大きな負担をかけます。それを避けるため，SSL/TLS処理を実行する専用の機器である**SSLアクセラレータ**をサーバに組み入れることもあります。

■HSTS(HTTP Strict Transport Security)

HSTSは，HTTPを用いた接続を，安全な**HTTPSに強制的に切り替える**仕組みです。

HSTSが設定されたサイトは，HTTPでアクセスしたブラウザに対して「HTTPSを使用する」よう指示を返します。これを受けたブラウザは，それ以降HTTPSを用いたアクセスを行います。

■IPsec

IPsecもSSL/TLSと並んで代表的なセキュリティプロトコルです。SSL/TLSとの違いは，

SSL/TLS：TCP/IPにおける**TCP層のレベルでセキュリティ処理**

を行う

IPsec：TCP/IPにおける**IP層のレベルでセキュリティ処理を行う**

ことです。インターネット上の通信（TCP/IP通信）はすべてIPの機能を用いるため，IPsecを用いることで，HTTP通信に限らずサイト間のすべての通信を安全に行うことができます。

■VPN(Virtual Private Network)の構築

VPNは，暗号化や認証などのセキュリティ技術を用いて，**インターネット上に仮想的な専用網を構築**する仕組みです。

VPNの構築形態にはいくつかありますが，典型的なのはインターネットの入口と出口にVPN機器（VPN対応ルータなど）を設置することです。VPN機器間を通るパケットは暗号化されるため，第三者が読み出すことはできません。つまり，インターネットを事実上の専用線として利用できるのです。このような形態を，**トンネリング**とよびます。

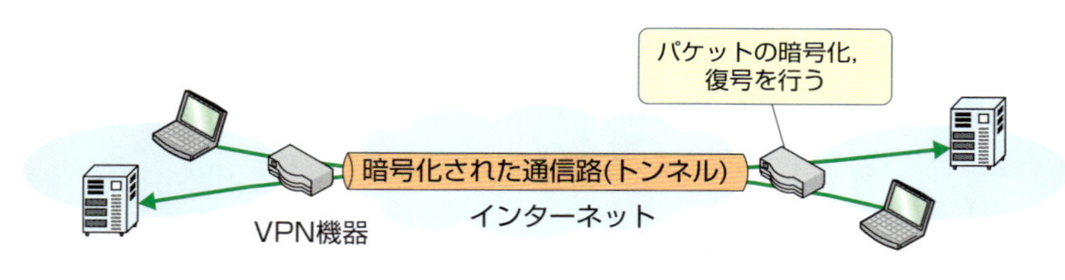

図20　VPNの形態（トンネリング）

トンネリングはIPsecなどのプロトコルを用いて構築・制御します。なお，IPsecを用いるトンネルはIPパケット専用となります。より多くのプロトコルで利用するためには，**L2TP**（Layer 2 Tunneling Protocol）などを用いて，より下位層でトンネルを構築します[58]。ただし，L2TPは暗号化機能を有していないため，暗号化にIPsecの機能を用います。この組合せを，**L2TP/IPsec**とよびます。

重要ポイント

[58] セキュアプロトコルも階層に分かれる

SSL/TLS
IPsec
L2TP

重要用語

[59] 第三者中継
メールサーバが，内部利用者以外のメールも中継すること

■迷惑メールの防止

メールサーバはデフォルトの状態で**第三者中継**[59]が可能な設定

になっていることがあります。しかし，そのままでは悪意の第三者によって，メールサーバが迷惑メールの踏み台にされてしまう恐れがあります。これを避けるため，内部のメールクライアントから外部のメールサーバに対するSMTP通信をブロックします。外部のメールサーバへは，**サブミッションポート（ポート587）**を用いてメールを送信します。サブミッションポートは一般的に**SMTP-AUTH**を利用するため，**メール送信ごとに利用者認証が求められます**[60]。そのため，迷惑メールのようなばらまきができないのです。

重要ポイント
[60] SMTP：送信者の認証を行わない
SMTP-AUTH：送信者の認証を行う

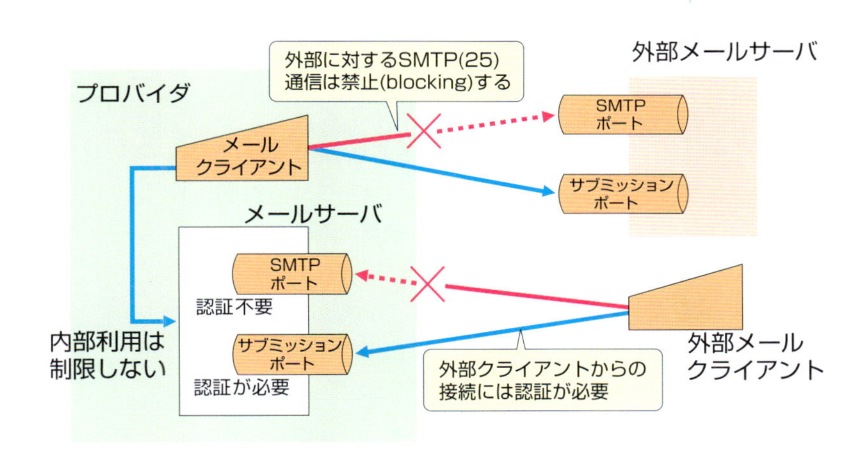

図21　OP25Bとサブミッションポート

このような仕組みを，**OP25B（Outbound Port 25 Blocking）**とよびます[61]。25はSMTP送信に用いるポート番号で，「**内部から外部へは25番ポートの利用を禁止する**」ことから，このような名称が付けられました。

重要ポイント
[61] OP25Bは，内部のメールサーバを経由せずに直接送信される電子メールを遮断する

■その他の対策

セキュリティを高めるためには，さまざまな角度からの対策が必要です。例えば，情報システムに対して定期的に**ペネトレーションテスト（侵入テスト）**を実施することで，侵入に対する脆弱性の有無を確認できます[62]。

重要用語
[62] ペネトレーションテスト
テスト的に侵入を試みることにより，ファイアウォールや公開サーバに対して「侵入できないこと」を確認する

ペネトレーションテストによく似た対策に，**レッドチーム演習**が

あります。これは，セキュリティの専門家からなる攻撃チーム（**レッドチーム**）が，様々な手法を組み合わせて攻撃する演習です。脆弱性の発見だけではなく，インシデントへの対応や非常事態体制の適切さなど，企業のセキュリティ対策を総合的にします。

想定外のデータが与えられたときのプログラムの動作が，情報システムの脆弱性につながることも少なくありません。そこで，予測不可能な入力データを大量に入力して，プログラムの挙動を観察する**ファジング**[63]が有効です。

サーバやネットワーク機器のログを収集分析し，不審なアクセスを検知する**SIEM**(**Security Information and Event Management**)は不正アクセスの発見や防止に有効です[64]。SIEMは元々は監査に対応するための技術でしたが，現在ではサイバー攻撃対策としての側面が強くなっています。

インターネット上の「誰にも割り当てられていないIPアドレス」のことを**ダークネット**とよびます。ダークネットは不正な目的で用いられるため，これを監視することで**サイバー攻撃の兆候を察知する**ことができます。

PCには，**TPM**とよばれるセキュリティチップが組み込まれるようになりました。TPMは暗号化や署名生成などの機能をもち，データの保護やソフトの改ざん防止に役立ちます。

ハードウェアやソフトウェアは，内部構造やデータを解析しにくくする，すなわち**耐タンパ性**を高める工夫が必要です。たとえば，プログラムを暗号化して解析を防ぐ，不正な読出しを検知したときICチップ内のデータを削除する，などが有効です。

システムの開発段階から，セキュリティに配慮した設計を行うことも必要です。システムの企画・設計段階でプライバシー保護の機能を組み込むことを**プライバシーバイデザイン**，さらに範囲を広げ，システムの企画・設計段階からセキュリティを確保する方策のことを，**セキュリティバイデザイン**とよびます。

万一不正アクセスを含むコンピュータ犯罪が発生した場合には，ログを分析して不正アクセスの足跡を追跡し，証拠データを解析して原因を追及します。これらの技術を，**ディジタル鑑識**（**ディジタルフォレンジックス**）[65]と総称します。

重要ポイント

[63] ファジングのポイントは，
- 多様なデータ入力
- 挙動の観察
- 脆弱性の発見

重要ポイント

[64] SIEMは「ログ」を「収集分析」する

重要ポイント

[65]「データの保全，収集，分析」「証拠性の確保」がディジタルフォレンジックスのキーワード

5 情報セキュリティマネジメント

学習のポイント

どんなにセキュリティ製品を揃えても，正しく管理・運用されなければ無駄になります。その意味で，セキュリティの最も大切な要素はマネジメントなのかもしれません。ここでは情報セキュリティマネジメントの概略を紹介します。

1 情報セキュリティとは

JIS Q 27001[66]は情報セキュリティを「**情報の機密性，完全性及び可用性を維持すること**」[67]と定義しています。これらの特性は，その頭文字をとって情報セキュリティのCIAともよびます。

表８　情報セキュリティのC.I.A

機密性（Confidentiality）	認可されていない個人，エンティティまたはプロセスに対して，情報を使用不可または非公開にする特性
完全性（Integrity）	資産の正確さおよび完全さを保護する特性
可用性（Availability）	認可されたエンティティが要求したときに，アクセスおよび使用が可能である特性

これに加え「さらに真正性，責任追跡性，否認防止及び信頼性のような特性を維持することを含めてもよい」と定義を拡張しています。

表９　その他の特性

真正性（Authenticity）	ある主体または資源が，主張どおりであることを確実にする特性
責任追跡性（Accountability）	あるエンティティの動作が，その動作から動作主のエンティティまで一意に追跡できることを確実にする特性
否認防止（Non-Repudiation）	ある活動または事象が起きたことを，後になって否認されないように証明する能力
信頼性（Reliability）	意図した動作および結果に一致する特性

重要用語

[66] JIS Q 27001
情報マネジメントシステムの規格の一つ。「7 情報セキュリティの規格」参照

重要ポイント

[67] 情報セキュリティの特性は，機密性，完全性，可用性

■情報セキュリティインシデント

情報セキュリティインシデントは，コンピュータの誤操作や情報資産の管理ミス，パスワードの漏洩など，**情報セキュリティを脅かす出来事**をいいます。

■脅威

脅威は，システムまたは組織に損害を与える可能性がある**インシデントの潜在的な原因**[68]をいいます。

[68] インシデントは情報資産に害をもたらす「出来事」。脅威はその「原因」

■脆弱性

脆弱性は，一つ以上の脅威がつけこむことができる，資産または資産グループがもつ弱点をいいます。

2 情報セキュリティマネジメント

情報セキュリティを維持し，継続的に改善する一連の管理活動を**情報セキュリティマネジメント**といい，このための仕組みを**情報セキュリティマネジメントシステム**（**ISMS**：Information Security Management System）といいます。JIS Q 27001ではISMSにPDCAモデル[69]を採用しています。

基本知識 **[69] PDCA**
Plan, Do, Check, Actを繰り返す基本サイクル。マネジメント領域で分野を問わず用いられる

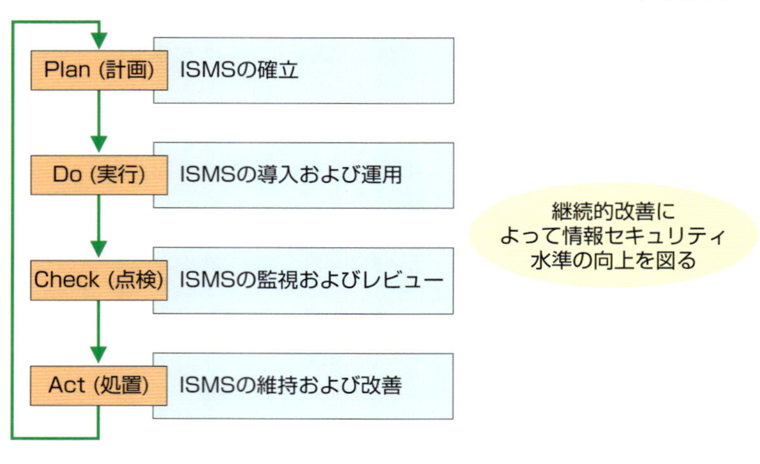

図22　ISMSのプロセス

3 情報セキュリティポリシ

ISMSの確立時に作成される基本方針および対策基準を**情報セキュリティポリシ**とよびます。情報セキュリティポリシは，ISMSのプロセスを実施する上での核となる方針，基準です。

多くの場合，情報セキュリティポリシは階層構造で考えます。階層の構成にはいくつかのモデルがあります。図22は，**2階層ポリシモデル**を示しています。

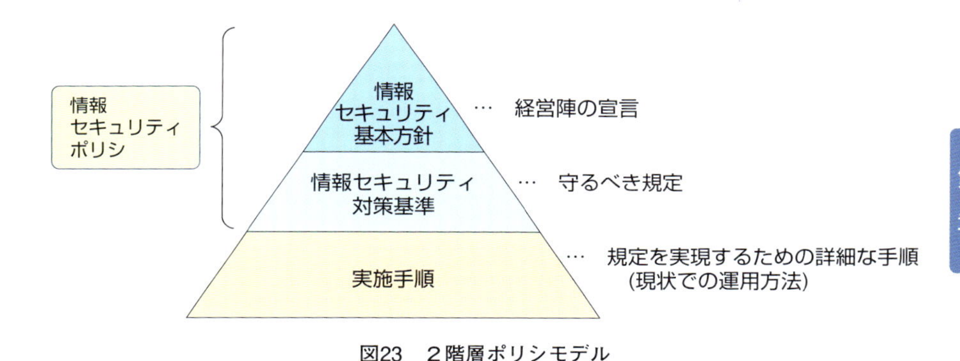

図23　2階層ポリシモデル

■情報セキュリティ基本方針

基本方針には，情報セキュリティの目標および原則を支持する経営陣の意向[70]，リスクマネジメントを含め管理目的・管理策を設定するための枠組み，情報セキュリティマネジメントにおける責任の定義といった，**組織が情報セキュリティに取り組むための基本的な方針**（何をどのような脅威から，なぜ保護するのか）が盛り込まれます。

重要ポイント

[70] 情報セキュリティ基本方針は，経営陣の方向性および支持を規定する

■情報セキュリティ対策基準

対策基準には，基本方針をどのように実現すればよいのかといった観点から，**遵守すべき行為や判断の基準**などが盛り込まれます。

4 リスク分析

ISMSの確立にあたっては，組織に影響を与えるリスクを特定し，その分析および評価を行います。リスク分析の手法には，**定性的リ**

スク分析手法と**定量的リスク分析手法**があります。

表10　リスク分析手法

定量的リスク分析手法[71]	過去の被害件数や被害額をもとに，リスク値を「予想損失額×発生確率」などのように金額ベースで算出する
定性的リスク分析手法	リスク値を点数や段階などで評価する。たとえば「資産価値（1～5）×脅威（1～3）×脆弱性（1～3）」でリスク値を算出するとき，リスク値は1～45で評価される

> **重要ポイント**
> [71] 定量的リスク分析手法は「発生確率」と「被害額」で評価する

■リスクレベル

リスクの大きさは，**結果の重大さと起こりやすさの両面から評価**されなければなりません。JIS27000では，このようなリスクの大きさを**リスクレベル**と定義しています。

5 リスク対応

JIS Q 27001では，リスク対応を「リスクを変更させるための方策を選択及び実施するプロセス」と定義しています。具体的には，次の方策があります。

表11　リスクを変更するための方策[72]

方策	内容	例
リスク低減	適切な管理策（コントロール）を採用することにより，リスクが発生する可能性やリスクが発生した場合の影響度を低減する	セキュリティ技術の導入[73]，入口の施錠，スプリンクラの設置など
リスク回避	リスクと資産価値を比較した結果，コストに見合う利益が得られない場合など，資産ごと回避する	業務の廃止，資産の廃棄など
リスク移転	資産の運用やセキュリティ対策の委託，情報化保険など，リスクを他者に移転する	ハウジングサービスの利用，情報化保険の加入など
リスク受容	識別されており，受容可能なリスクを意識的，客観的に受容する。リスクが顕在化したときは，その損害を受け入れる	会社が損失額を負担するなど

> **重要用語**
> [72] **残留リスク**
> これらのリスク対応を実施した後に残るリスクが残留リスク

> **重要ポイント**
> [73] たとえば，アクセスコントロール機能を導入することで，ファイルやデータ改ざんのリスクを低減できる

6 インシデント対応

インシデントが発生した場合，あらかじめ計画しておいた手順に沿って対策チームが対応します。このような**インシデント対応の専門チーム**をCSIRT（シーサート）とよびます。

各企業のCSIRTを連携させるためのコーディネーションセンタが設置されることもあります。日本では**JPCERT/CC**[74]がその役割を果たしています。

標的型サイバー攻撃の被害拡大防止のため，相談を受けた組織の被害の低減と攻撃の連鎖の遮断を支援する**サイバーレスキュー隊（J-CRAT：ジェイ・クラート）**[75]が発足し，活動しています。

■ハンドリングフロー

JPCERT/CCは，インシデント発生時から解決までの一連の処理（**インシデントハンドリング**）について，次の処理手順を提案しています。

重要ポイント

[74] JPCERT/CCの役割
- インシデント報告の受付
- 対応の支援
- 発生状況の把握
- 手口の分析
- 再発防止策の検討や助言

重要ポイント

[75] J-CRATは攻撃の把握，被害の分析，対策の早期着手を支援する

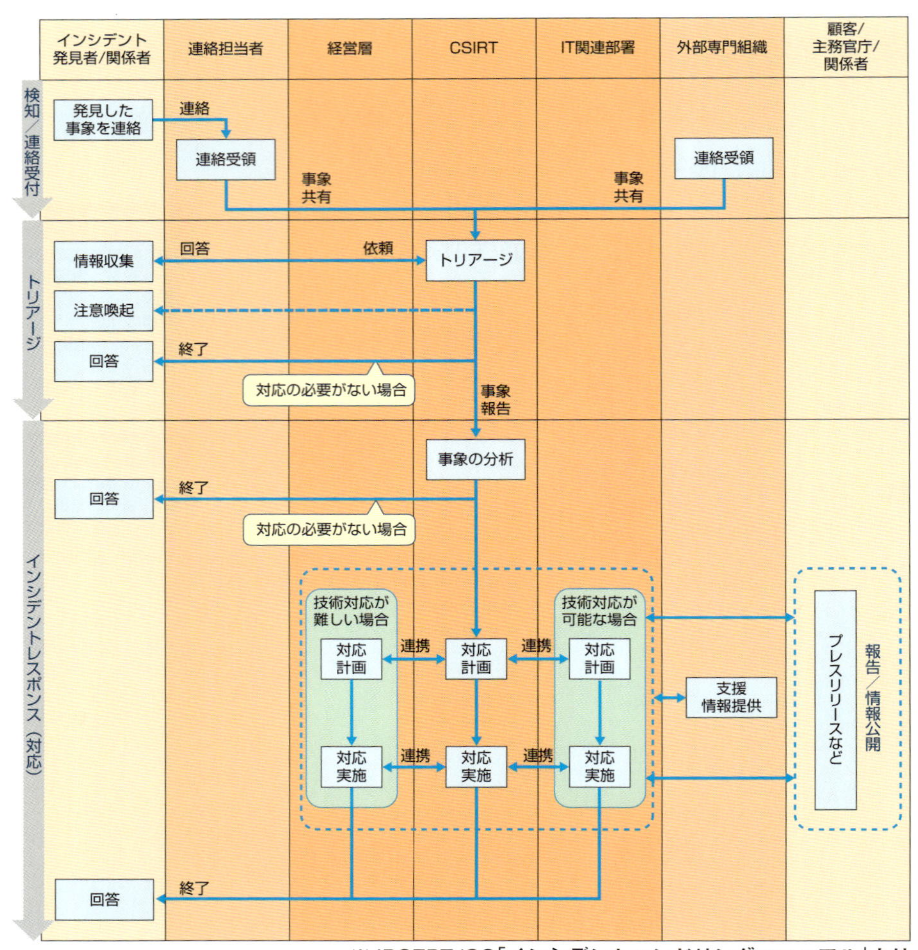

※JPCERT/CC「インシデントハンドリングマニュアル」より

図24　基本的ハンドリングフロー

一連の手順のうち，**トリアージ**は「インシデント対応への優先順位付け」を行います。このステップでは，まず最初に事実関係を確認した後，必要であれば関係者へ注意喚起を行います。確認の結果，CSIRTが対応すべき事象であれば対応に進みますが，そうでなければその旨を報告者に回答して終了します。

■JVN(Japan Vulnerability Notes)

JVNは，JPCERT/CCとIPAが共同で運営する脆弱性対策情報ポータルサイトで，ソフトウェアの脆弱性関連情報とその対策情報を提供し，情報セキュリティ対策に資することを目的としています。JVNには脆弱性が確認された製品や脆弱性の分析結果，対策や回避策などが掲載されます。

7 情報セキュリティの規格

最後に，情報セキュリティ関連の規格やガイドライン認証制度をまとめておきます。

表12　情報セキュリティの規格

JIS Q 27001	情報セキュリティマネジメントシステムの**要求事項**。情報セキュリティマネジメントの導入・実践にあたって要求される事項をまとめた規格
JIS Q 27002	情報セキュリティマネジメントの**実践のための規範**。実践にあたっての手引きとなる規格
ISO/IEC 15408	情報技術を利用した製品やシステムのセキュリティ機能が，評価基準に適合するかを評価するための規格
JCMVP[76]	暗号モジュール試験および認証制度。暗号化や署名機能が正しく実装されており，暗号鍵やパスワードを適切に保護していることを試験，認証する制度
JISEC[77]	ITセキュリティ評価および認証制度。IT関連製品のセキュリティ機能を，ISO/IEC 15408に基づいて評価，認証する制度
サイバーセキュリティ経営ガイドライン	サイバー攻撃から企業を守るため，**経営者が認識すべき3原則**と担当幹部に指示する事項をまとめたガイドライン
CSIRTマテリアル	組織内CSIRT（インシデント対応体制）の構築を支援する目的で，JPCERT/CCが作成した資料

重要用語

[76] JCMVP
暗号モジュール試験および認証制度

重要用語

[77] JISEC
ITセキュリティ評価および認証制度

❖午後対策 重点テーマ解説

▶ファイアウォール

学習のポイント

午後問題では，パケットフィルタリング型のファイアウォールがしばしば出題されます。業務要件をもとに通過させるべきサービスとそうではないサービスを見極め，それに沿ってフィルタリングテーブルを設定するのですが，仕組みを知らないままその場で解答するのは困難です。ここでは，ファイアウォールとパケットフィルタリングの仕組みを説明します。

1 パケットフィルタリング

パケットフィルタリング型のファイアウォールは，パケットフィルタリングの機能を利用しており，パケットに含まれるIPアドレスやポート番号といった情報を**フィルタリングテーブル**と照合し，**パケットの通過（フォワーディング）や遮断（フィルタリング）を制御**します。フィルタリングテーブルのことを**アクセス制御リスト**（ACL：Access Control List）ともいいます。

パケットフィルタリングでは，特定可能な「IPアドレス」と「ポート番号」を用いて，要求パケットと応答パケットの両方が制御されます。たとえば，「内部のWebサーバへのHTTP通信のみを許可」する場合，内部のWebサーバへのHTTP要求と，内部のWebサーバからのHTTP応答のみが許可されます。仮に，WebサーバのIPアドレスが123.45.67.89であれば，パケットに含まれるヘッダの内容は図25のようになります。

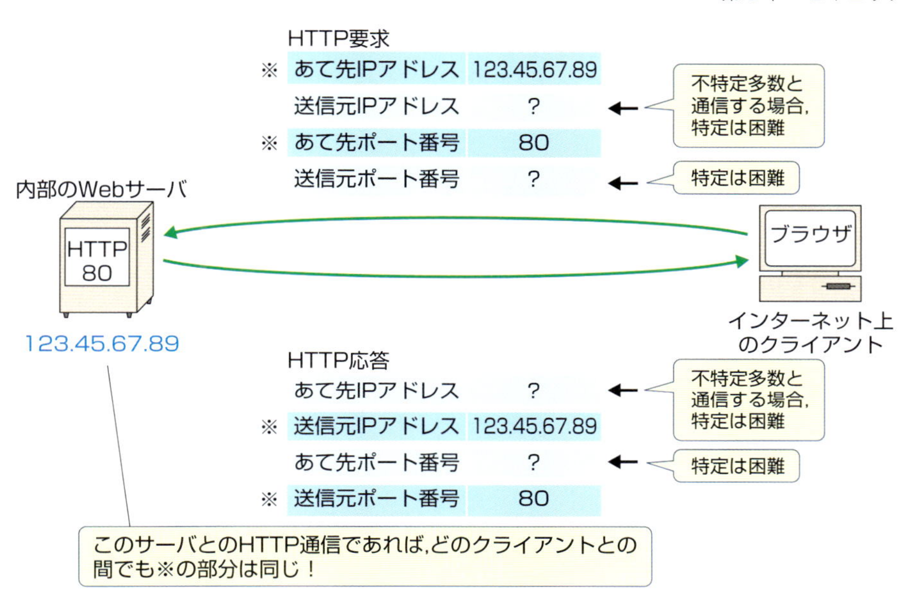

図25　HTTP通信におけるヘッダ情報

したがって，フィルタリングテーブルには図25のようなルールを設定すればよいことになります。図26のルールでは，フィルタリングテーブルは上の行から順に検査し，条件に合致する行が見つかった時点で対応する動作を行います。'＊'は制限を行わないことを表します。

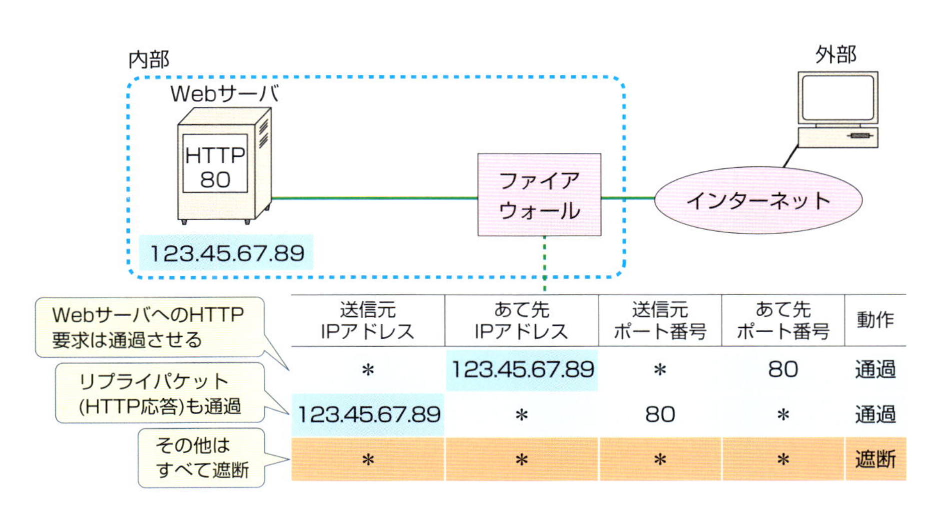

送信元IPアドレス	あて先IPアドレス	送信元ポート番号	あて先ポート番号	動作
＊	123.45.67.89	＊	80	通過
123.45.67.89	＊	80	＊	通過
＊	＊	＊	＊	遮断

図26　フィルタリングテーブルの設定例

多くの場合，リプライパケットについては設定を省略します。また，クライアント側のポート番号として「1024以上（ウェルノウンではないポート番号）」を指定する場合もあります。

2 ACKフラグのフィルタリング

TCPによる通信を行う場合は「スリーウェイハンドシェイク」によってコネクションが確立されます。コネクションを確立する最初のパケット以外は必ずACKフラグが1（ON）になっています。

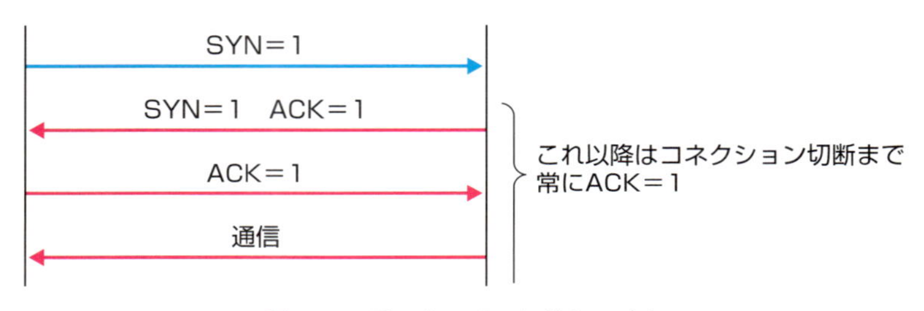

図27　スリーウェイハンドシェイク

これを利用し，応答パケットについては，「ACKフラグが1（ON）のパケットのみ通過させる」という設定を加えれば，**外部からのコネクション確立を防ぐ**ことができます。このように，パケットフィルタリングで使用する情報は，IPアドレスとポート番号のみとは限らず，TCPヘッダに含まれる「フラグ」などの情報を用いる場合もあります。

内側からは自由にアクセス

送信元IPアドレス	あて先IPアドレス	送信元ポート番号	あて先ポート番号	ACK	動作
内部アドレス	*	*	80	*	通過
*	内部アドレス	80	*	ACK＝1	通過
*	*	*	*	*	遮断

外からはコネクションを確立させない

図28　ACKフラグを用いたフィルタリングテーブル

3 動的パケットフィルタリング

動的パケットフィルタリング（**ダイナミックパケットフィルタリング**）は，**通信しているときに限り，応答パケットの通過を認める**方式です。具体的には，応答パケットの通過を認める行を，通信の発生をきっかけとしてフィルタリングテーブルに挿入し，通信の終了と共に削除します。これにより，応答パケットを偽造した攻撃パケットを遮断することができるのです（図29）。

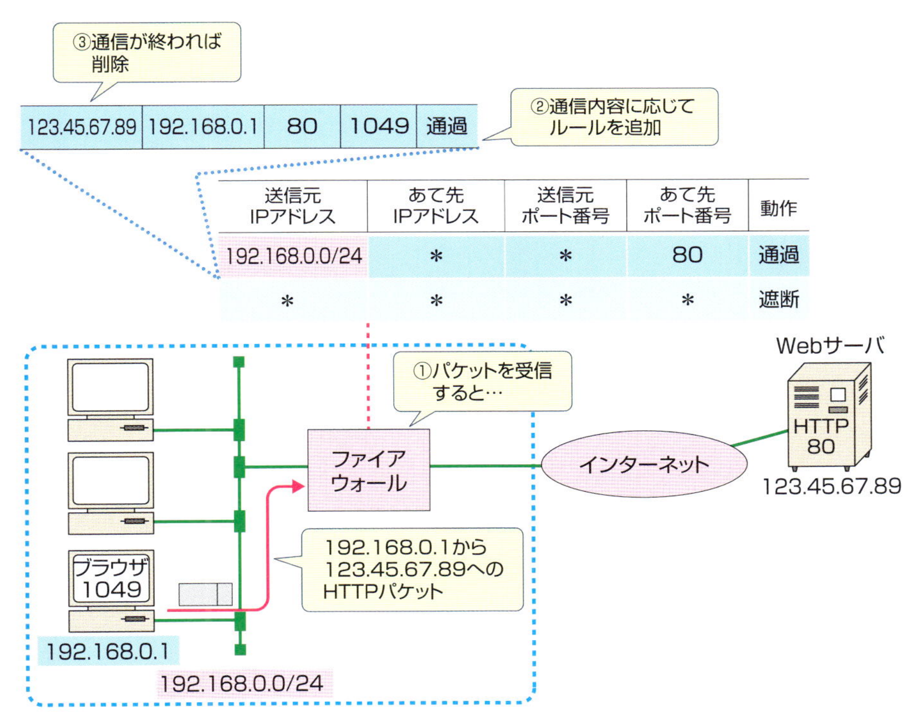

図29　動的パケットフィルタリング

4 ファイアウォールとサーバの配置

ファイアウォールとネットワークの接続構成はさまざまであり，サーバを設置する領域として，内部セグメント，外部セグメント，**DMZ**（**DeMilitarized Zone：非武装地帯**）などがあります。現在では，DMZにサーバを配置する例が増えています。

図29は，DMZに公開サーバを配置した構成です。ここで，“○”は通信の許可（ただし許可されたものに限定）を表し，“×”は通信の拒否を表します。これらは絶対的なも

のでなく，システムの構成，サーバの配置，要件，セキュリティポリシなどによって異なります。

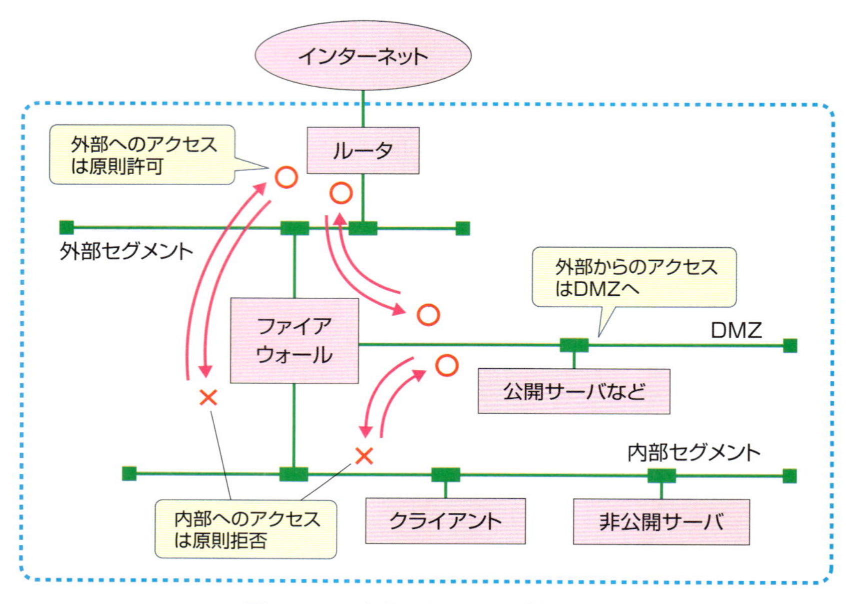

図30　DMZを用いたアクセス制御の例

▶ SSL/TLS

学習のポイント

ネットショッピングなどの例を挙げるまでもなく，WWWは社会的なインフラとして成長しました。それに伴い，WWWのセキュリティも重要視されるようになりました。ここでは，WWWのセキュリティの中でも広く利用されているSSLについて，その仕組みを説明します。

1 SSLの機能

SSL（Secure Sockets Layer）は，TCP/IPモデルにおけるアプリケーション層とトランスポート層の間に位置し，アプリケーションプロトコルに対して次のような機能を提供するセキュリティプロトコルです。

表13　SSLの機能

サーバ認証, クライアント認証	サーバ（またはクライアント）が提示する証明書を検証し，通信相手を認証する。SSLでは，どちらか一方の認証（あるいは両方とも認証しない）も可能であり，WWWにおいては，サーバの認証が行われることが多い
暗号化	アプリケーションプロトコルのデータを暗号化する
メッセージ認証	メッセージ認証符号を用いて，改ざんを検出する

なお，SSLはトランスポート層にTCPを用いるさまざまなアプリケーションプロトコルの下位層として利用することができます。WWWに利用するさいには，上位層にHTTPを利用する**HTTPS**（**HTTP over SSL**）を用いることが一般的です。

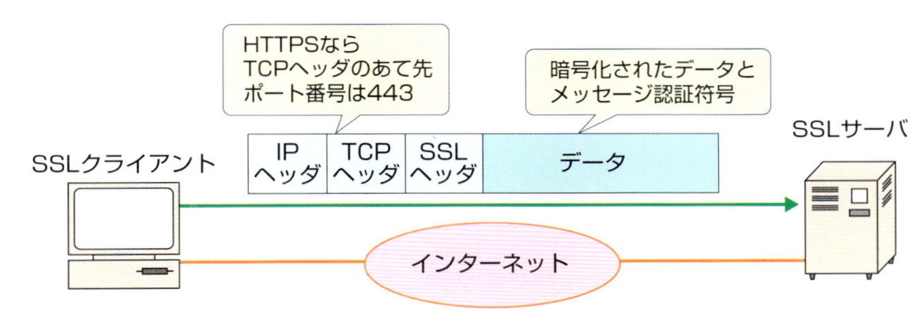

図31　SSLを利用した通信

2 SSLの通信手順

SSLの通信は次の流れで行われます。

[1] 証明書をやりとりすることで相手を認証する（片方／双方認証，どちらでも可）

[2] 乱数からセッション鍵（使い捨ての共通鍵）を生成する

[3] セッション鍵を用いて暗号化通信を行う

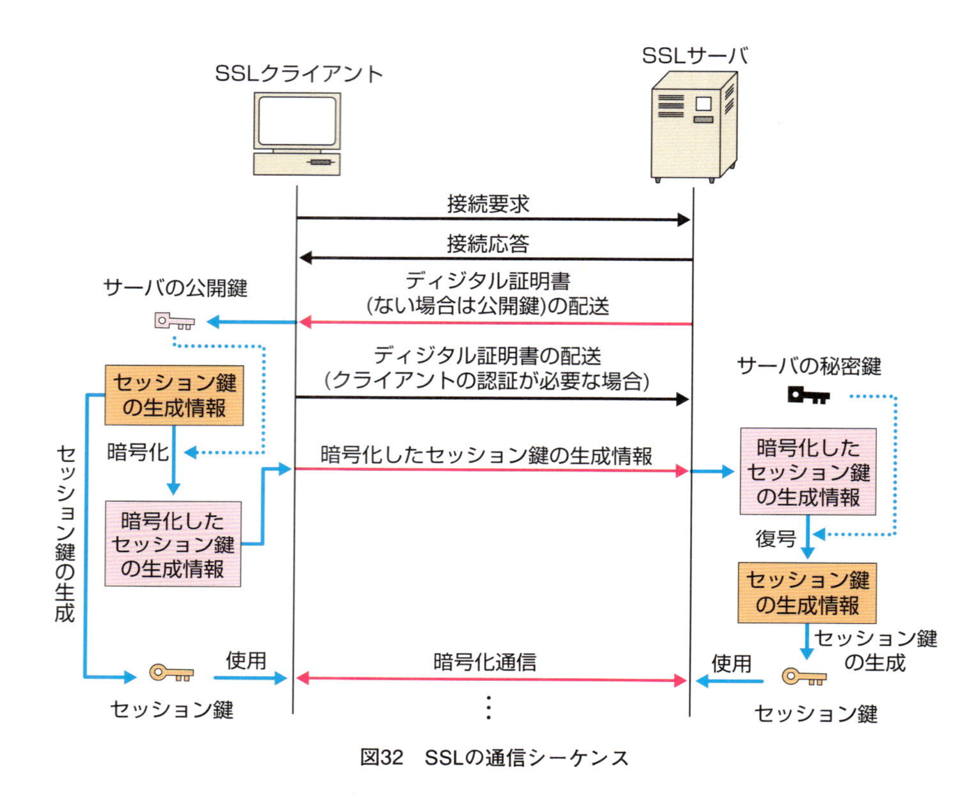

図32　SSLの通信シーケンス

③ SSLを利用する場合の留意点

SSLは現状では十分なセキュリティを確保することができるため，通信内容の保護に関しては大きな問題はないといえます。ただし，以下の点に注意する必要があります。

● SSLの利用によるオーバヘッド

SSLを利用すると，証明書の交換やセッション鍵の生成などの処理が発生し，処理件数によってはサーバには大きな負荷がかかります。負荷によっては，サーバに代わってSSL処理を行うSSLアクセラレータの導入を検討する必要があります。

● プロキシサーバの利用

SSLを利用した通信（HTTPS）では，プロキシサーバを利用していてもエンドツーエンドの通信を暗号化することが可能です。この場合，クライアント側でSSLもプロキシサーバを利用するように設定する必要があります。

● 証明書の信頼性

SSLの実装では，SSL証明書が確認できない場合に，その証明書を信頼するか否かの警告を表示します。ここで，利用者がその意味を知らずに証明書を信頼してしまえば，SSLの安全性自体が覆る恐れがあります。したがって，組織内の利用者教育を行い，信頼すべきでない証明書は不用意に信頼させないような対策が重要となります。

また，SSLを利用したシステムを構築する場合は，信頼できる認証局を利用するなどの対策が必要です。

▶ S/MIME

学習のポイント

電子メールのセキュリティの代表としてS/MIMEを説明します。S/MIMEの要点は暗号化と電子署名であり，これらは午後試験でも繰り返し出題されるテーマです。暗号化，電子署名の復習も兼ねて，S/MIMEの手順を理解してください

1 S/MIMEとは

S/MIME（Secure MIME）は，公開鍵基盤とMIMEの仕組みを利用して電子メールに暗号化とディジタル署名の機能を提供するプロトコルです。S/MIMEでは，暗号化されたメールメッセージや署名などは，MIMEの機能を用いて添付ファイルの形で送受信されることになります。

2 メッセージの暗号化

S/MIMEでは，共通鍵暗号方式を用いてメッセージを暗号化します。この共通鍵は，受信者側の公開鍵で暗号化されるので，受信者側以外はメッセージを復号することができません。

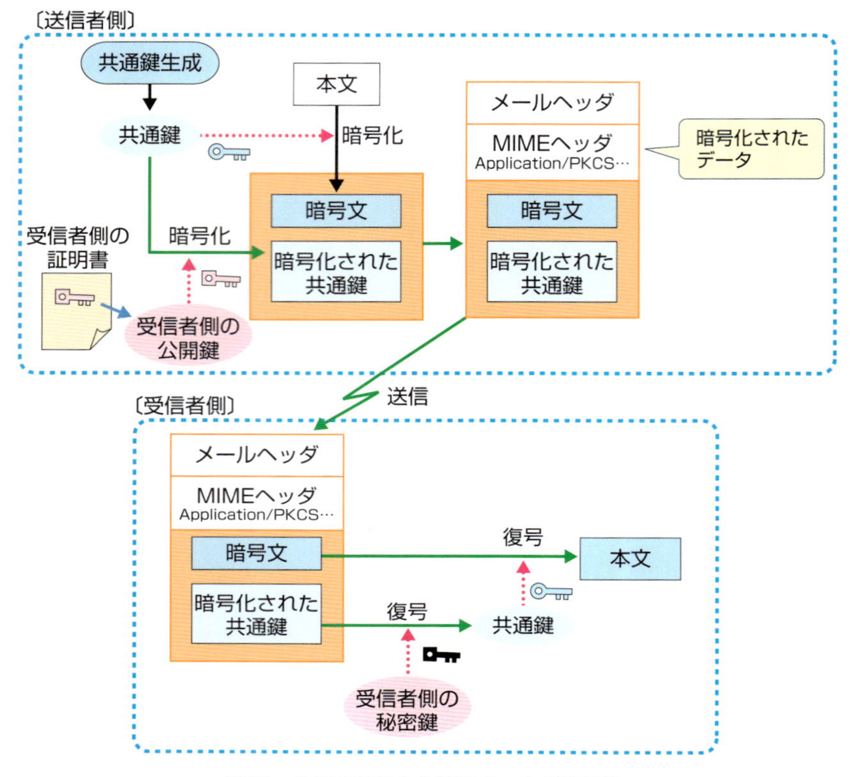

図33　S/MIMEによる電子メールの暗号化

なお，実際には送信者の公開鍵で暗号化された共通鍵も含まれるので，送信者も電子メールを復号できるようになっています。

3 ディジタル署名

S/MIMEではディジタル署名は“添付ファイル”の形で電子メールに付加されます。メッセージの暗号化を行わずに署名だけを行った場合，相手側がS/MIMEに対応していなくても，メール本文は読むことができます。

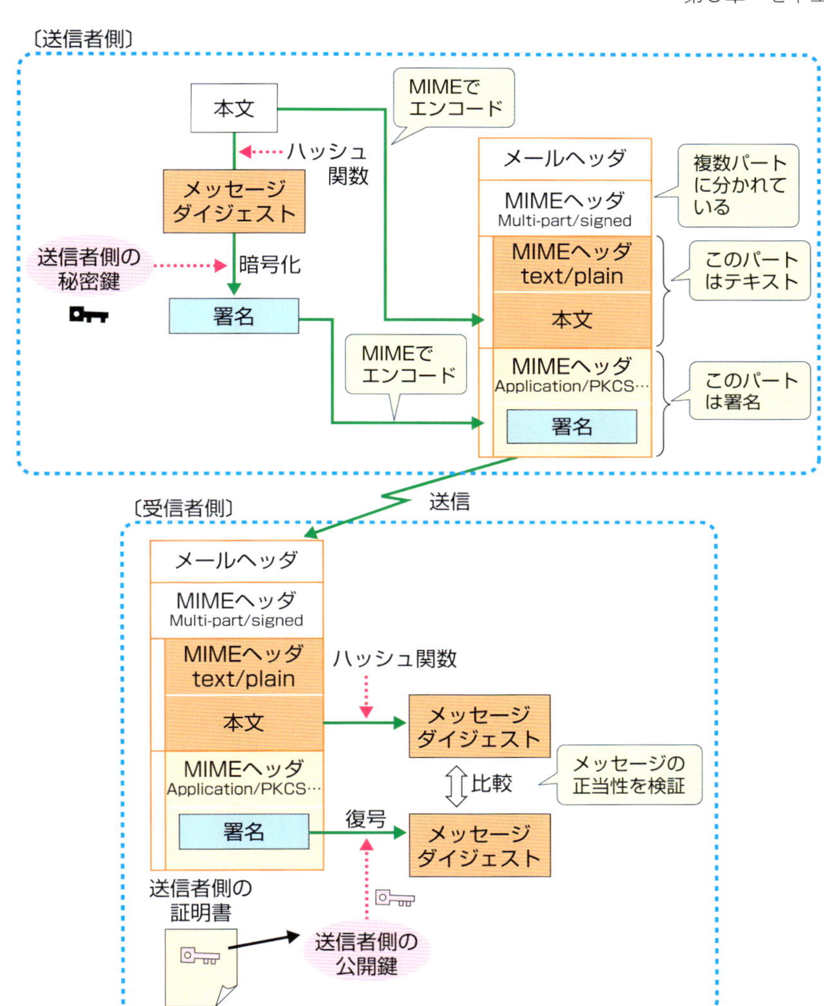

図34　S/MIMEを用いたディジタル署名

❖確認問題

※問題出典 H：平成　R：令和，S：春期　F：秋期（基は基本情報技術者試験）

問題 1

暗号方式のうち，共通鍵暗号方式はどれか。　H28S・問37

ア　AES　　イ　ElGamal暗号　　ウ　RSA　　エ　楕円曲線暗号

問題 2

暗号方式に関する記述のうち，適切なものはどれか。

R2F・問42　H29F・問41

ア　AESは公開鍵暗号方式，RSAは共通鍵暗号方式の一種である。
イ　共通鍵暗号方式では，暗号化及び復号に同一の鍵を使用する。
ウ　公開鍵暗号方式を通信内容の秘匿に使用する場合は，暗号化に使用する鍵を秘密にして，復号に使用する鍵を公開する。
エ　ディジタル署名に公開鍵暗号方式が使用されることはなく，共通鍵暗号方式が使用される。

問題 3

チャレンジレスポンス認証方式の特徴はどれか。

R元F・問38　類H28F・問38　H26S・問38

ア　固定パスワードをTLSによって暗号化し，クライアントからサーバに送信する。
イ　端末のシリアル番号を，クライアント側で秘密鍵を使って暗号化して送信する。
ウ　トークンという装置が自動的に表示する，認証のたびに異なるデータをパスワードとして送信する。
エ　利用者が入力したパスワードと，サーバから受け取ったランダムなデータとをクライアントで演算し，その結果をサーバに送信する。

問題 4

メッセージの送受信における署名鍵の使用に関する記述のうち，適切なものはどれか。

R4S・問39

ア　送信者が送信者の署名鍵を使ってメッセージに対する署名を作成し，メッセージに付加することによって，受信者が送信者による署名であることを確認できるようになる。
イ　送信者が送信者の署名鍵を使ってメッセージを暗号化することによって，受信者が受信者の署名鍵を使って，暗号文を元のメッセージに戻すことができるようになる。
ウ　送信者が送信者の署名鍵を使ってメッセージを暗号化することによって，メッセージの内容が関係者以外に分からないようになる。
エ　送信者がメッセージに固定文字列を付加し，更に送信者の署名鍵を使って暗号化することによって，受信者がメッセージの改ざん部位を特定できるようになる。

問題 5

デジタル証明書が失効しているかどうかをオンラインで確認するためのプロトコルはどれか。 R4F・問38 H26F・問38

ア　CHAP　　イ　LDAP　　ウ　OCSP　　エ　SNMP

問題 6

Webシステムにおいて，セッションの乗っ取りの機会を減らすために，利用者のログアウト時にWebサーバ又はWebブラウザにおいて行うべき処理はどれか。ここで，利用者は自分専用のPCにおいて，Webブラウザを利用しているものとする。

R3S・問44

ア　WebサーバにおいてセッションIDを内蔵ストレージに格納する。
イ　WebサーバにおいてセッションIDを無効にする。
ウ　WebブラウザにおいてキャッシュしているWebページをクリアする。
エ　WebブラウザにおいてセッションIDを内蔵ストレージに格納する。

問題 7

ディレクトリトラバーサル攻撃はどれか。 H30S・問38 H27S・問46

ア　OSコマンドを受け付けるアプリケーションに対して，攻撃者が，ディレクトリを作成するOSコマンドの文字列を入力して実行させる。

イ　SQL文のリテラル部分の生成処理に問題があるアプリケーションに対して，攻撃者が，任意のSQL文を渡して実行する。
ウ　シングルサインオンを提供するディレクトリサービスに対して，攻撃者が，不正に入手した認証情報を用いてログインし，複数のアプリケーションを不正使用する。
エ　入力文字列からアクセスするファイル名を組み立てるアプリケーションに対して，攻撃者が，上位のディレクトリを意味する文字列を入力して，非公開のファイルにアクセスする。

問題 8

WAFの説明はどれか。　H31S・問45　H29F・問45

ア　Webアプリケーションへの攻撃を検知し，阻止する。
イ　Webブラウザの通信内容を改ざんする攻撃をPC内で監視し，検出する。
ウ　サーバのOSへの不正なログインを監視する。
エ　ファイルのマルウェア感染を監視し，検出する。

問題 9

SPF（Sender Policy Framework）の仕組みはどれか。

R4F・問44　基 H30F・問40　基 H30S・問40

ア　電子メールを受信するサーバが，電子メールに付与されているデジタル署名を使って，送信元ドメインの詐称がないことを確認する。
イ　電子メールを受信するサーバが，電子メールの送信元のドメイン情報と，電子メールを送信したサーバのIPアドレスから，送信元ドメインの詐称がないことを確認する。
ウ　電子メールを送信するサーバが，電子メールの宛先のドメインや送信者のメールアドレスを問わず，全ての電子メールをアーカイブする。
エ　電子メールを送信するサーバが，電子メールの送信者の上司からの承認が得られるまで，一時的に電子メールの送信を保留する。

問題 10

JIS Q 27000:2019（情報セキュリティマネジメントシステム－用語）では，情報セキュリティは主に三つの特性を維持することとされている。それらのうちの二つは機密性

と完全性である。残りの一つはどれか。 R元F・問40

ア　可用性　　イ　効率性　　ウ　保守性　　エ　有効性

解答・解説

問題 1　ア

AESはDESを後継する共通鍵暗号方式。他の選択肢は全て公開鍵暗号方式である。

問題 2　イ

ア　RSAは公開鍵暗号方式の一種である。
イ　正しい。
ウ　通信内容を秘匿するためには，暗号化に使用する鍵を公開し，復号に使用する鍵を秘密にする。
エ　ディジタル署名には公開鍵暗号方式が用いられる。

問題 3　エ

チャレンジレスポンスでは，クライアントはサーバから送られた乱数（チャレンジ）を，利用者が入力したパスワードと組み合わせて演算し，その値をレスポンスとしてサーバに送信する。

問題 4　ア

ア　正しい。ディジタル署名は送信者の確認に用いるため，送信者の署名鍵（秘密鍵）を用いて作成される。
イウ　送信者の署名鍵（秘密鍵）を用いて暗号化されたデータは，送信者の公開鍵で復号できる。そのため，署名以外のメッセージを送信者の署名鍵で暗号化することはない。
エ　ディジタル署名は改ざんの有無を検知できるが，その部位までは特定できない。

問題 5　ウ

証明書の失効をオンラインで確認するプロトコルを，OCSPとよぶ。
CHAP：チャレンジレスポンス方式を用いた認証プロトコル。PPP接続に用いられる

LDAP：ディレクトリサービスへのアクセスに用いられるプロトコル
SNMP：ネットワーク管理に用いられるプロトコル

問題 6 イ

セッションはログインからログアウトまでの一連の操作で，セッションIDによって識別される。セッションIDが何らかの方法で盗まれてしまうと，不正な利用者によりセッションが乗っ取られてしまい，不正な処理が実行されてしまう。

セッションの乗っ取りの機会を減らすためにも，ログアウト時には「確実にセッションIDを無効化する」ことが有効である。

問題 7 エ

ア　OSコマンドインジェクションによる攻撃である。
イ　SQLインジェクションによる攻撃である。
ウ　不正な認証情報を用いたなりすましによる攻撃である。

問題 8 ア

WAFはWebアプリケーションに対するアクセスを監視し，不正なアクセスを遮断する。

イ　WAFはWebアプリケーションに対する攻撃を，ネットワーク機器やWebサーバ内で監視して検出する。
ウ　IDSの機能に関する記述である。
エ　ウイルス対策ソフトの機能に関する記述である。

問題 9 イ

SPFは，電子メールを送信したメールサーバのIPアドレスと，送信メールアドレスのドメイン名との対応を検証することで，偽装メールでないことを確認する仕組みである。

ア　SPFはディジタル署名は用いない。
ウ　SPFは電子メールのアーカイブとは関係ない。
エ　電子メールの誤送信防止に関する記述である。

問題 10 ア

情報セキュリティは，機密性（Confidentiality），完全性（Integrity），可用性（Availability）を維持することである。これらの三つの特性は，その頭文字をとって「情報セキュリティのCIA」と呼ばれる。

第9章

システム開発

1 システム開発の概要

学習のポイント

システム開発の各論を見る前に，IPAのシラバスをもとにシステム開発の全体像を俯瞰します。知識をまとめる道しるべにしてください。

1 システム開発の全体像

システム開発は，大きく図1の流れで実施されます[1]。

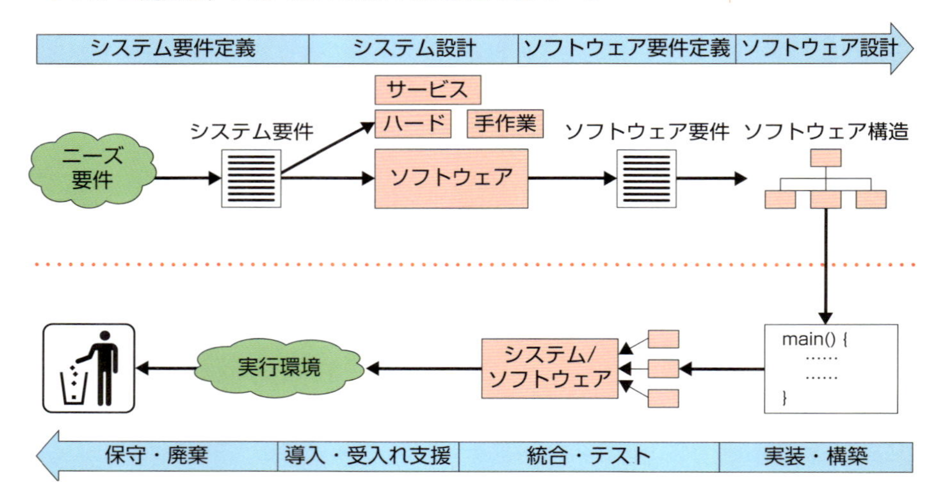

図1　システム開発の順序

[1]
本書のソフトウェアライフサイクルはJIS X 0160：2021に基づいている。JIS以外のライフサイクルとして，共通フレーム2013（SLCP-JCF 2013）が有名である

図1の上段は，大きく「システムの定義・設計」の過程を表します。

システム開発に先立って行われるシステム企画で，利害関係者のニーズや要望が**利害関係者要件（業務要件）**としてとりまとめられます。利害関係者要件は“システム要件定義”でシステムが実現すべき技術的要件である**システム要件**に変換されます。

各システム要件は，“システム設計”においてハードウェア，ソフトウェア，サービス，手作業のどれで行うかが決定されます。このうち，ソフトウェアで実現すべき要件は，“ソフトウェア要件定義”

を経てソフトウェアに必要な機能や能力である**ソフトウェア要件**に変換されます。このソフトウェア要件を基に，“ソフトウェア設計”でソフトウェアの構造が設計されます。

図1の下段は，「システムの統合・導入」の過程を表します。

ソフトウェア設計で識別された各ソフトウェアユニットに対して，“構築・実装”でコーディングが行われ，単体テスト（ユニットテスト）が実施されます。単体テストを終えたソフトウェアユニットは，“統合・テスト”で順次統合され，最終的に統合されたシステムは，受入れテストを経て実行環境に導入されます。実行環境に導入されたシステムは，適宜保守を受けながら，廃棄されるまで運用が続けられるのです。

表1に，各工程で行う作業概要を示します。

表1　個々の作業概要

工程	作業内容
システム要件定義／ソフトウェア要件定義	利害関係者のニーズや要件を，技術的なシステム要件やソフトウェア要件に変換する
システム設計	システムの機能をハードウェア，ソフトウェア，サービス，手作業に分割し，システムの処理方式を決定する
ソフトウェア設計	ソフトウェアの構成要素（ソフトウェアユニットなど）とソフトウェア構造を設計する
実装・構築	ソフトウェアユニットを作成（コーディング）し，ユニットテストを実施する
統合・テスト	ソフトウェアの構成要素を結合（結合）し，統合テスト（結合テスト）を実施する。統合されたソフトウェア，システムに対し検証テストを実施する
導入・受入れ支援	システムを運用環境に導入し，受入れテストを実施する。妥当性確認テストを実施する
保守・廃棄	システムの保守を行う。システムを廃棄する

2 設計と分割

システム設計やソフトウェア設計では，最終的なソフトウェア構造を設計するため，システムやソフトウェアの段階的な分割[2]が行われます。

基本用語

[2] 段階的詳細化
要件定義～設計にかけて小さな単位へ分割する

段階的統合化
テストを通して大きな単位へまとめあげる

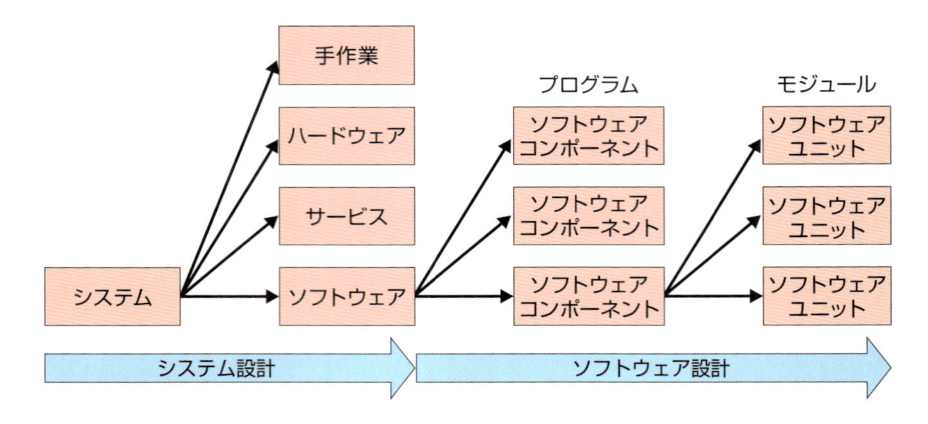

図２　分割

ソフトウェアコンポーネントは，ソフトウェアを構成する要素を表します。ソフトウェアコンポーネントの最小単位がソフトウェアユニット（モジュール）で，これは「独立したテストの対象とすることができるソフトウェアの最小単位」のことです。ソフトウェア設計では，開発対象となるソフトウェアをソフトウェアユニット単位に分割し，その呼出し構造を設計します。

3 テスト

構築・実装からは，各種のテストが行われます。

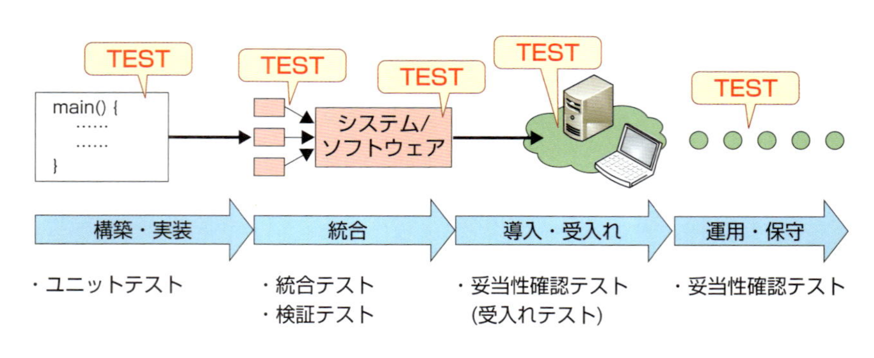

図３　ライフサイクルとテスト

ユニットテストは，ソフトウェアユニットを対象としたテストで，従来の単体テストに相当します。

統合テストは，ソフトウェアの統合時に行われるテストで，統合されたソフトウェアのインタフェース及び機能が正しく動作することを確かめます。

統合されたソフトウェアやシステムを対象に，検証テストが実施されます。**検証テスト**は**対象が仕様通りに作成され，仕様通りに動作することを判断**するテストで，仕様化された要件を満足することを確かめます。

検証されたシステムは，本番環境へ導入されます。ユーザ視点で言い換えれば，システムの受入れです。このとき行われるテストが受入れテストです。**受入れテスト**では，**ユーザが設定した受入基準を満足するかどうかが，ユーザの手によって**確かめられます。

導入されたシステムは，寿命を迎えるまで保守を受けながら運用されます。このような運用を通して行われるテストが，妥当性確認テストです。**妥当性確認テスト**は，システムが**意図された運用環境で意図された用途を達成する（ビジネス目標や利害関係者要件を満たす）ことを確認**するテストで，結果は利害関係者によって承認されます。なお，システム導入時に行われる受入れテストは，受け入れ基準を設定した妥当性確認テストです。

■検証プロセスと妥当性確認プロセス

JIS X 0160（ソフトウェアライフサイクルプロセス）には，**検証プロセス**と**妥当性確認プロセス**が定義されています。このそれぞれのプロセスを実施するテストが，検証テスト及び妥当性確認テストです。

以下にそれぞれの目的と，代表的な適用場面をまとめます。

表２　検証プロセスと妥当性確認プロセス

検証（verification）プロセス
製品が正しく作られたことを判断する →　作成されたソフトウェアが，仕様化された要件を満足する（ソフトウェア検証） →　ソフトウェア製品が要求事項に合致する（ソフトウェア適格性確認） →　システムの納品準備が整っている（システム適格性確認）
妥当性確認（validation）プロセス
正しい製品が作られたことを判断する →　作成されたソフトウェアが，利用のための要件を満足する（ソフトウェア妥当性確認） →　提供されるシステムが，利用に適していることを確認する（受入れテスト）

2 要件定義・設計のアプローチ

学習のポイント

ここでは，要件定義や設計を行うための三つのアプローチを紹介します。いずれの方法も切り口が異なるだけで，段階的詳細化という面では変わりありません。試験ではオブジェクト指向アプローチが重視されます。重点的に学習してください。

1 要件定義・設計のアプローチ

要件定義や設計をどのような考え方に基づいて行うかについて，次の三つのアプローチ法が知られています。

表３　要件定義・設計のアプローチ

プロセス中心アプローチ	システムの機能面に基づくアプローチ。伝統的にこの方法が用いられてきた
データ中心アプローチ	データをシステムの基盤ととらえ，そこからシステムの機能を導くアプローチ
オブジェクト指向アプローチ	手続きとデータを一体化したオブジェクトを単位として分析・設計を進めるアプローチ

2 プロセス中心アプローチ

プロセス中心アプローチでは「システムはある機能を実現するプロセス（処理，手続き）の集まりである」と捉えます。そこで，**まずシステムに必要な機能を定義**し，その実行に必要なデータを導きます。

機能はDFDを用いてデータの流れと共に表します。DFDは段階的にモジュール（ソフトウェアユニット）レベルに詳細化され[3]，最後にモジュールの階層構造（呼出し構造）を導きます。

基本ポイント

[3] DFDのプロセスは，さらに細かなプロセスに詳細化される。

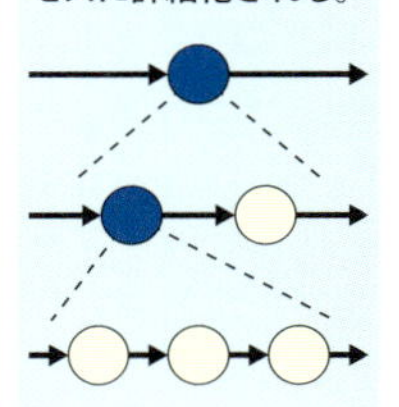

■DFD（データフローダイアグラム）

DFDは四つの記号を用いてシステムやソフトウェアをモデル化します。

記　号	よび方	意　味
⟶	データフロー	データの流れ[4]
○	プロセス	データに対する処理機能
＝	データストア	同じ種類のデータを蓄積した論理ファイル
□	源泉／吸収	データの発生源，吸収先，外部システムなど

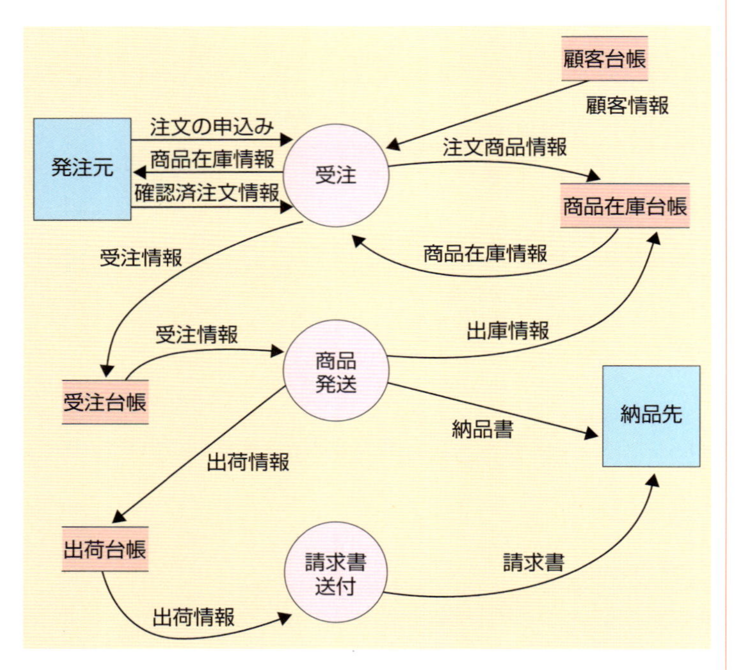

図４　DFD

各プロセスは必ず**入力データフロー**と**出力データフロー**をもちます。また，DFDでは原則的に，**データの受渡しはすべてプロセスを介して行われます**[5]。

DFDはさらに細かなレベルに詳細化されます。たとえば，図４の受注プロセスは，

　受付，受注登録，顧客照会，在庫引当

などのプロセスに詳細化されていくことになります。

テクニック！

[4] 矢印が何を表すかによって図を見分けることができる
- データの流れ→DFD
- 処理の流れ→アクティビティ図など
- 状態の変化→状態遷移図

重要ポイント

[5] プロセス以外の要素同士がデータフローで結ばれることはない。
データストア→データストア…×
源泉→データストア…×
プロセス→プロセス…○

DFDを用いたモデル化

DFDを用いた新システムのモデル化は，次の手順で行います。

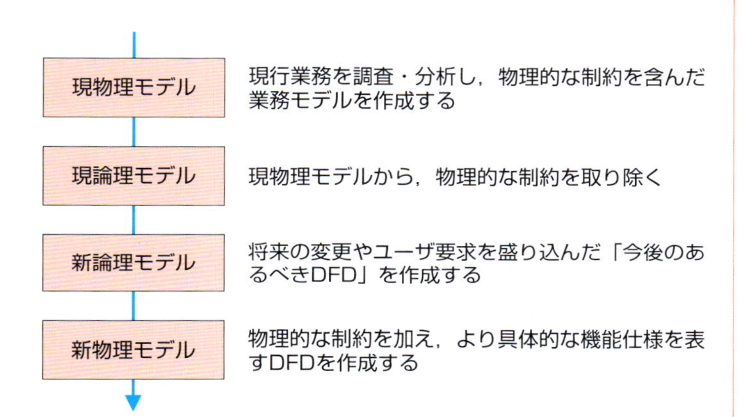

図５　新システムのモデル化[6]

現物理モデルに含まれる**物理的な制約**とは，たとえば受注台帳は書類ベースで管理されるなど，具体的な業務に関わるものです。ここから物理的な制約を取り除くと，業務の本質が見えてきます。そこで，不要部分の削除や機能追加などを行います。これに再び物理的な制約を加えると，新システムの姿が明らかになるのです。

3 データ中心アプローチ

データ中心アプローチは，業務処理の中に現れるデータ構造に着目し，**データのモデル化やデータベースの設計などを先行して行う**方式です[7]。次の手順で実施します。

重要ポイント

[6] 現状の本質（論理モデル）を取り出し，新たな実装（物理モデル）に落とし込む

重要ポイント

[7] データ中心分析，設計では，対象業務領域のモデル化にあたって情報資源のデータ構造に着目する

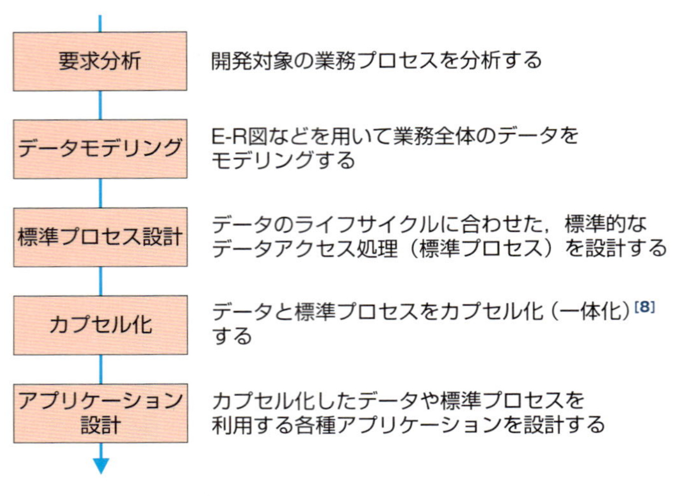

図6　データ中心アプローチの基本的な開発手順

注意 **[8] カプセル化**
データ中心アプローチだけではなく，オブジェクト指向でも使われる用語なので注意する

データ設計を先行する理由は，**データが機能に比べ安定している**（変化が少ない）からです。安定した資源を基盤に設計したシステムは，結果として変化に強いことが期待できるのです。

4 オブジェクト指向アプローチ

オブジェクト指向とは，手続きとデータを**一体化**したオブジェクトを対象として分析・設計を行う手法です。

オブジェクト指向は，対象業務領域に存在するオブジェクトを洗い出し，それらを構造や振舞いを分析する過程を通して，より具体的なものに仕上げます。

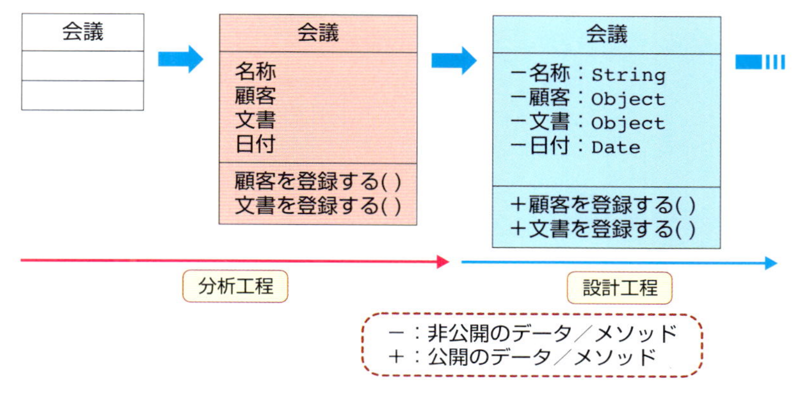

図7　オブジェクト指向の開発工程と具体化

オブジェクトをどのように見いだし，どのような構造にすべきかについては，**デザインパターン**[9]や**MVCモデル**[10]などさまざまな提案がなされています。

なお，オブジェクト指向では独特の用語や概念を用います。以下にそれらを概説します。

■オブジェクト指向の概念

オブジェクトは，データと**メソッド**を**カプセル化**して定義します。オブジェクトはクラスという側面とインスタンスという側面をもちます。**クラス**[11]は**オブジェクトの振舞いをプログラム**したもので，**インスタンス**は**クラスから生成した実体**です。クラスが「社員」だとすると，インスタンスは「山田一郎」さんや「鈴木杏子」さんなどの具体的な社員になります。

■汎化—特化と継承(インヘリタンス)

クラスは階層構造をとることが可能であり，**上位のクラスがもつ属性や手続きは下位のクラスに引き継がれます**。これを**継承**（**インヘリタンス**）とよびます[12]。これにより，下位クラスは上位クラスとの差分のみをプログラムすることになります。

! 重要用語

[9] デザインパターン
対象業務をいくつかの類型に分類し，それぞれに対するクラス構造の雛型を設計パターンとして提示したもの

! 重要用語

[10] MVCモデル
モデル(業務処理)，ビュー（入出力などの画面表示)，コントローラ(オブジェクト間の遷移)の三つの要素の組合せでソフトウェア機能を実現する開発モデル

! 重要ポイント

[11]
・クラスはオブジェクトに共通する性質を定義したもの
・クラスを集めたものがクラスライブラリ

! 重要用語

[12] インヘリタンス
基底クラスで定義したデータ構造と手続きをサブクラスが引き継いで使用する

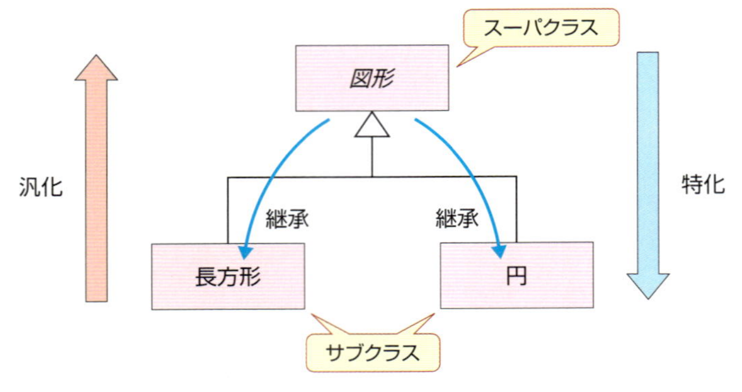

図８　汎化―特化関係[13][14]

上位クラスの中には，インスタンスを作らないものもあります。そのようなクラスを**抽象クラス**とよびます。抽象クラスは，下位クラスへ枠組みを提供したり，共通するデータや手続きを継承するために定義します[15]。

ポリモフィズム（多相性）

同じメソッドを呼び出しても，オブジェクトごとに振舞い（動作）が異なる性質を**多相性**（**ポリモフィズム**）[16]とよびます。たとえば，同じ「描画」というメソッドを呼び出しても，四角形は“□”を，円は“○”を，三角形は“△”を描くことになります。

この性質は**煩雑なメソッドの使い分けを不要にし**，呼出し側のプログラムを単純にします。

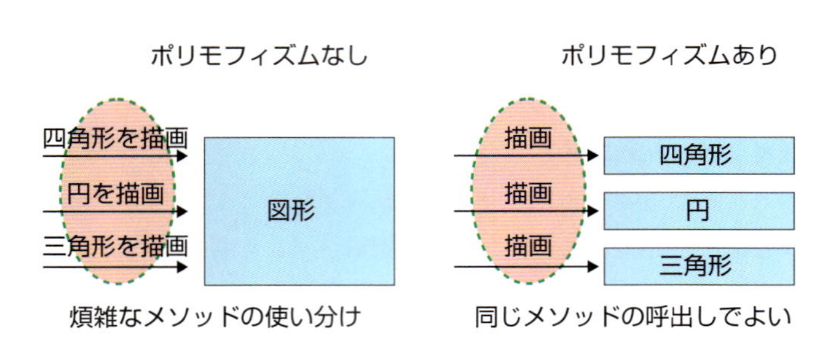

図９　ポリモフィズム

重要ポイント
[13] 汎化は一般化
(例)
人，犬，猫→ほ乳類
机，椅子→家具

基本ポイント
[14] クラスの呼称
上位クラス
スーパクラス，基底クラス
下位クラス
サブクラス

重要ポイント
[15] 抽象クラスの性質
→インスタンスを作らない
→宣言だけのメソッド(抽象メソッド)をもつこともある

重要ポイント
[16] ポリモフィズムは「同じメッセージを送っても，受け取るオブジェクトにより固有の動作を行う」と言い換えることもできる

■動的結合

動的結合はポリモフィズムを実現するメカニズムで，**実行時にメッセージとメソッドを関連づける**ことをいいます[17]。

メソッドの呼出しにあたり，メッセージが送信されます。たとえば，図形を描画するときには「描画メソッドを実行せよ」というメッセージが送られます。

メッセージを受け取るオブジェクトは，プログラムの実行時に確定します。このとき，円オブジェクトが受け取れば，メッセージと円オブジェクトの描画メソッドを結び付け，三角形オブジェクトが受け取れば，メッセージと三角形オブジェクトの描画メソッドを結び付けるのです。

重要ポイント

[17] 動的結合のキーワードは「実行時」にメッセージとメソッドを「関連づける」

5 モジュールの独立性

いずれの分析・設計のアプローチを用いても，システムは最終的にソフトウェアユニット（モジュールなど）に分割されることには変わりありません。その分割が適切であったかどうかは，**モジュールの独立性**[18]が高いかどうかで評価できます。

独立性の評価基準には**強度**と**結合度**があります。**よりよい設計のためには「強度を強め」て「結合度を弱め」ます。**

基本用語

[18] モジュールの独立性
他のモジュールに与える影響の度合い。モジュール内部でまとまり，他との関連が少ない方がよい

■モジュール強度

モジュール強度は，**モジュール内のまとまりのよさ**を評価します。

表４　モジュール強度の分類

強度	種類	定義
強	機能的強度	一つの固有の機能だけを実行するために，モジュールを構成するすべての要素が関連し合っている状態
↑	情報的強度	同一のデータ構造を扱う複数の機能的強度のモジュールを，それぞれに入口点と出口点を設けて，一つにパッケージ化したもの[19] 〔操作対象となるデータに関連する情報を，特定モジュールに限定できるため，独立性が高められる〕
	連絡的強度	（手順的強度＋データを通じての関わり合い）一連の手順に従って逐次的に実行されること，およびデータの受渡しや同一データの参照を行うことで，モジュールを構成する要素が関連し合っている状態
	手順的強度	一連の手順に従って，逐次的に実行することで，モジュールを構成する要素が関連し合っている状態
	時間的強度	ある特定の時期に実行されるという観点で，モジュールを構成する要素が関連し合っている状態
↓	論理的強度	論理的に関連するいくつかの機能で構成され，ある種の機能コードによって，そのうちの一つが選択され実行されるもの
弱	暗合的強度	機能を定義することができない（何を行うモジュールであるかがあいまいである），構成要素間に特定の関係がない（お互い無関係に近い）状態

重要ポイント
[19] つまり，データをモジュールの外から見えなくすること

単一機能で１モジュールが最もまとまりが高いことはいうまでもありません[20]が，常にそうできるとは限りません。次によいのが，**同一データを扱う機能をまとめた情報的強度**です。データ中心アプローチやオブジェクト指向でいう「データと手続きの一体化」は，強度でいえばこれに該当します。

重要ポイント
[20] 単一機能が最も優れており，次に「同一データのカプセル」がよい

■モジュール結合度

モジュール結合度は，**モジュール同士の関連の強さ**を評価します。関連の強さとは，どのような形でデータをやりとりするか，ということです。

表５　モジュール結合度の分類

結合度	モジュール間インタフェース（データの受渡し方）	種類	定義
強	特殊（例外的）	内容結合	あるモジュールが他のモジュールの内容を直接参照する，または他のモジュールに直接分岐する
↑	大域的データ（グローバル）	共通結合	データ構造を大域的データ（共通域）として共用する
		外部結合	構造をもたない大域的データ（外部宣言したデータ）を共用する
	引数（パラメータ）	制御結合	制御情報（機能コード，スイッチなど）を引数として受け渡し，相手のモジュールに影響を与える
↓	ブラックボックス化可能な形態	スタンプ結合	**構造をもつ引数**（構造体など）を受け渡す
弱		データ結合	**構造をもたない引数**[21]（単なるデータ項目：スカラ型データ要素）を受け渡す

独立性を高めるという観点では，**データを引数でやりとりする方法**が優れています。ただし，同じ引数であっても「この部分は番号，この部分は名前」などのように構造を意識しだすと，その分関連が強くなってしまいます。

重要ポイント

[21]「構造をもたない引数（データ項目を列挙した引数）」が最も優れている

3 UML

学習のポイント

オブジェクト指向による分析・設計では，局面に応じた多様な図が用いられます。それらの図式表現はさまざまな流派に分かれていたのですが，20世紀末にUMLに統合されました。ここではUMLで使われる図について，試験で取り上げられるものを中心に説明します。

1 UMLの全体像

UML（Unified Modeling Language）は，オブジェクト指向分析・設計のさいに用いられる**モデリング言語**[22]です。UMLに採用される図式表現は，

- 単純でわかりやすい
- 要求分析～設計～テストの全工程を網羅する

という特徴があります[23]。

UMLで用いられる図には，次のものがあります。

表6　UMLに含まれる図

クラス図	クラスの定義，クラス間の関連を表現する
オブジェクト図	オブジェクト（インスタンス）同士の関連を表現する
コンポジット構造図（複合構造図）	複数の要素（クラスなど）を包含する構造を表現する
パッケージ図	各クラスがどのようにまとめられているかを表現する
コンポーネント図	ソフトウェアコンポーネントの構造を表現する
配置図	実際のシステム環境上でのプログラム配置などを表現する
シーケンス図[24]	オブジェクト間のやりとりを時間軸に沿って表現する
ユースケース図	利用者がどの機能をどのように利用するかを表現する
コミュニケーション図（コラボレーション図）	オブジェクト間のやりとりを表現する
ステートマシン図	オブジェクトの状態が状況によって変化する様子を表現する

基本用語

[22] モデリング言語
システムの記述に用いられる図や文字を含む表現方法

重要ポイント

[23]
- UMLは業務プロセスの可視化にも用いられる
- 同じ業務プロセスを，複数の観点から目的に応じた図法で記述できる

重要ポイント

[24] シーケンス図，相互作用概念図，タイミング図をまとめて相互作用図とよぶこともある

アクティビティ図	処理の流れをフローチャート形式で表現する
相互作用概念図	複数の相互作用表現を流れ図のように組み合わせる
タイミング図	オブジェクトの状態変化を時間軸に沿って表現する

2 ユースケース図(use case diagram)

ユースケース図は，システムがどのように機能するかを表す図で，

ユースケース：システムの機能

アクター：ユースケースの利用者

システム境界：システム内部とシステム外部の境界

からなります。システムの機能を利用者視点で表現できるため，**要求分析や要件定義などの上流工程に用いられます**。

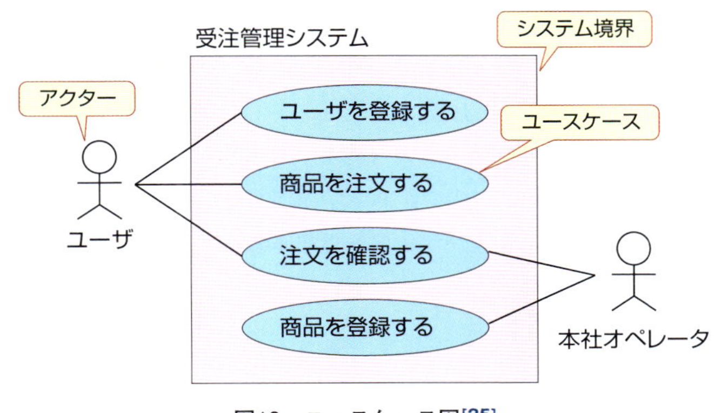

図10　ユースケース図[25]

重要ポイント

[25]

- ユースケースはシステムの「内部」機能，アクターは「外部」の利用者
- ユースケース図は「ユーザがサービスを利用する」という視点でモデル化する
- ユースケース図は機能と利用者の関連を記述する
- システムとアクターの相互作用を表現する
- ユースケース図には「ユーザを含めた業務全体の範囲を明らかにする」という効果もある

3 クラス図

クラス図は対象領域に存在するクラスと，クラス間の関係を表す図です。

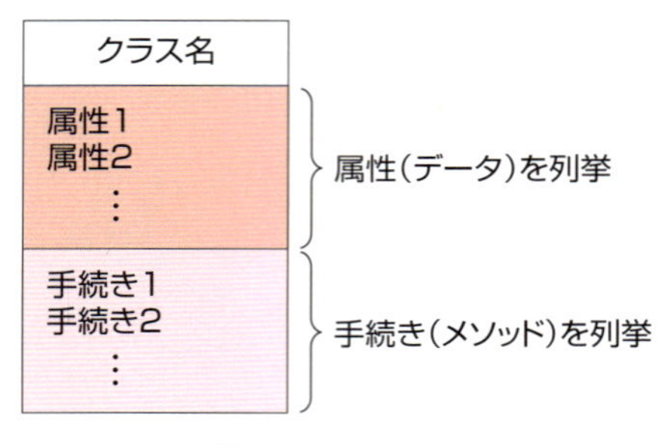

図11　クラス図

オブジェクトはデータ（属性）とメソッド（手続き）を一体化させた単位です。クラス図においても，各クラスはクラス名，属性，手続きを記入するボックスで表されます。分析の初期段階では，属性や手続きを省略することもあります。

クラス間の関連は，**関係するクラスを線で結んで**表します。三角形の付いた線は**汎化（継承）関係**[26]，ひし形の付いた線は**集約関係**[27]を表します[28]。

4 オブジェクト図

オブジェクト図はクラスではなく，インスタンス（実体）の関係を表す図です。インスタンスは現実のモノなので，対応関係がより具体的で記述も容易です。そのため，**まずオブジェクト図を作成してから，その結果をクラス図にまとめる**といった使い方も考えられます。

重要用語

[26] 汎化関係(is a)
汎化―特化関係のこと。下位クラスの一般化が上位クラスとなる

[27] 集約関係(part of)
あるクラスが他のクラスを構成する部品となる関係。受注明細は受注の部品である(受注は受注明細を集約する)

重要ポイント

[28] クラス図は「関連」「汎化」「集約」などのクラス間の関係を表す

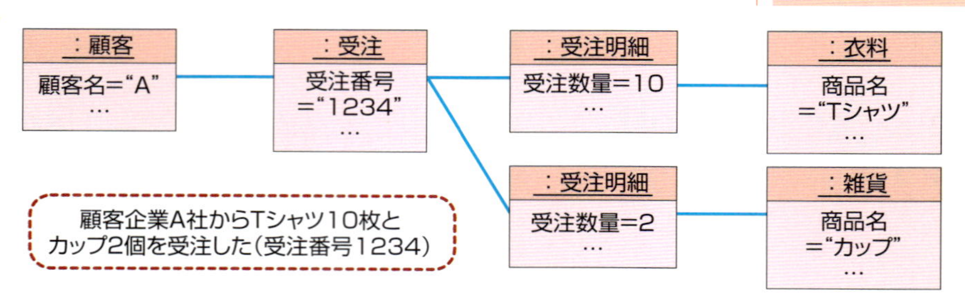

図12　オブジェクト図

5 シーケンス図

シーケンス図は，オブジェクト間で発生する**メッセージのやりとり（メソッドの呼出し）を時系列に記述**します。手続きの実行順序を時系列に整理できるため，**イベントフロー**[29]やシナリオの対比・検証に適しています。

重要用語

[29] イベントフロー
イベントレベルで分析した処理の流れのこと。ユースケース図の作成と共に分析する

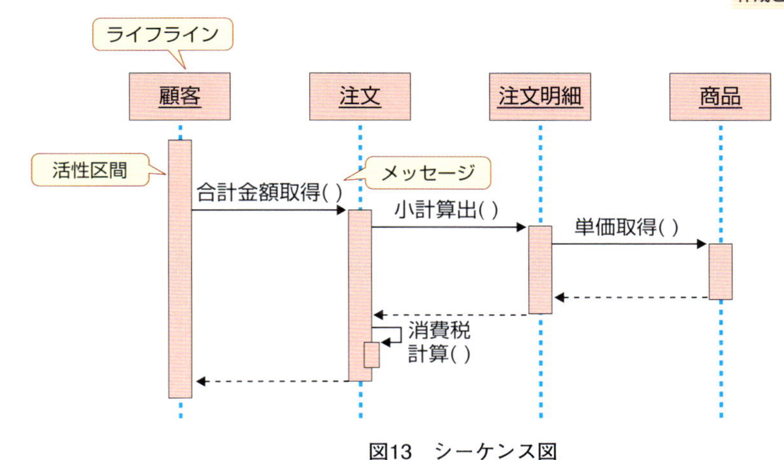

図13　シーケンス図

ライフラインはオブジェクトやクラスで，**活性区間**は簡単にいえば処理を実行している期間です。矢印は**メッセージ**で，図13の最初のメッセージは「顧客が注文オブジェクトの合計金額取得メソッドを呼び出す」ことを表します。破線の矢印はメッセージのリターンを表しますが，省略することもあります。

6 ステートマシン図

ステートマシン図（ステートチャート図）は，オブジェクトの状態が外部からの刺激（**イベント**）に対してどのように変化するかを表します。いわば「**UML版の状態遷移図**」です[30]。

重要ポイント

[30] イベントドリブン（事象応答）による処理の仕様は，状態遷移図やステートマシン図で記述する

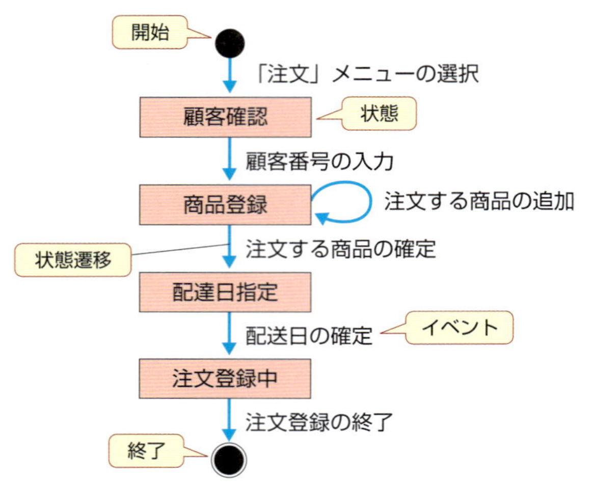

図14　ステートマシン図

ボックスは**状態**を，矢印は**状態の遷移**を表します。矢印にはイベントが付与されます。イベントが発生したとき，状態は矢印方向に変化します。

7 アクティビティ図

アクティビティ図は，処理の手順を表します[31]。いわば「**UMLにおけるフローチャート**」です。ステートマシン図と似ているので，両者を混同しないよう注意してください[32]。

重要ポイント

[31] アクティビティ図は業務フローの記述にも用いられる

重要ポイント

[32] ステートマシン図は「状態」に注目し，アクティビティ図は「処理」に注目する

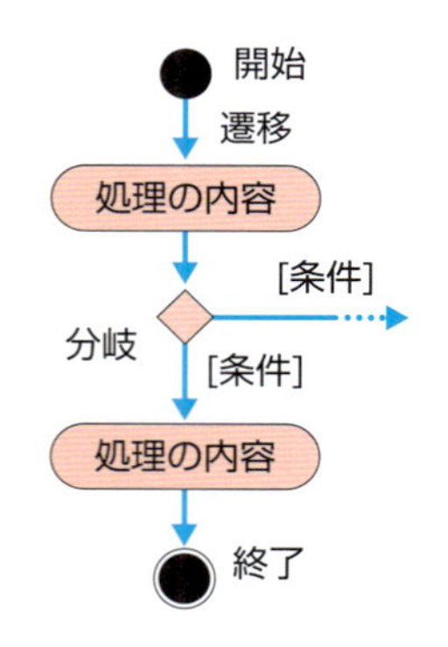

図15　アクティビティ図

4 プログラミング

学習のポイント

設計に引き続く工程がプログラミングです。ここでは，プログラム言語を用いて設計内容をコード化します。なお，共通フレームでは「コード作成およびテスト」をプログラミングとしていますが，ここではコード化とテストを分けて考えます。

1 言語プロセッサ

プログラム言語でコード化されたプログラムは，機械語に変換して実行します。この変換を行うプログラムを言語プロセッサと総称します。言語プロセッサには次の種類があります。

表７　言語プロセッサ

アセンブラ	アセンブラ言語で記述されたプログラムを，機械語に変換する
コンパイラ	高水準言語で表現されたソースプログラムを，中間言語，アセンブラ言語または機械語プログラム（目的プログラム）に翻訳する
ジェネレータ	入出力条件や処理条件をパラメタで指定することによって，処理内容ごとのプログラムを最適化して生成する
インタプリタ	高水準言語で表現されたソースプログラム中の命令文を，１行ずつ解釈して実行する

上記の他にも，特殊な役割をもつ言語プロセッサ（あるいは言語プロセッサの機能）があります。

表８　その他の言語プロセッサの呼称

名称	概要
クロスコンパイラ[33]	あるコンピュータ上で動作し，**別種類のコンピュータ用の目的プログラムを生成**するプロセッサ
プリコンパイラ（プリプロセッサ）	コンパイラ本来の変換処理とは別に，マクロ定義の解釈・展開などの事前処理を行うプロセッサ（機能）
コンパイラコンパイラ	コンパイラを作成するためのコンパイラ。要件や文法ルールなどを記述したパラメタから，コンパイラを生成する

重要ポイント

[33] クロスコンパイラは，異なる命令形式のコンピュータで実行できる目的プログラムを生成する

コンバータ	一般に，ある言語で記述されたソースプログラムを別言語で記述されたソースプログラムに変換するプログラムを指すことが多い

2 プログラミングツール

プログラミングでは，常に最適なハードウェア環境が整えられているとは限りません。また，正しくプログラムを作成できているかどうかも確かめなければなりません。そのため，次のようなツールが用いられます。

表9　プログラミングツール

コードオーディタ	作成したコードが基準や規約に合致しているかどうかを確かめるツール
トレーサ	プログラムが実行した経路を追跡・確認するツール
シミュレータ	仮想的なハードウェア環境を用意し，その環境上で実行するプログラムの動作を確認するツール
エミュレータ	実機の動作を模擬するハードウェア環境。組込みシステムの開発などに用いる
インスペクタ	プログラム実行時のデータ内容を表示するツール。デバッグ時に用いる
アサーションチェッカ[34]	プログラムの正当性を表明（assertion）するツール。変数間の関係式や条件式を，それらが成立しなければならないプログラム部分に埋め込み，成立しているかどうかを確かめる
IDE	テキストエディタやコンパイラ，デバッガなどの開発ツールを統合した統合開発環境

重要ポイント

[34]「正当性」「表明」「条件式の埋込み」がアサーションチェッカのキーワード

5 テスト

学習のポイント

システム開発の中で，最も出題数の多いテーマがテストです。出題テーマ自体はFE試験と大きな差はありませんが，より詳細なレベルで問われます。たとえばホワイトボックステストであれば，網羅条件まで理解するよう心がけてください。

1 テストの流れ

設計工程ではシステムを段階的に詳細化し，ソフトウェアユニットにまで分割しました。統合・テスト工程では，**設計の正しさを検証**しながらソフトウェアユニットをシステムにまで**「段階的に」まとめ上げ**ます。その手順は次のとおりです。

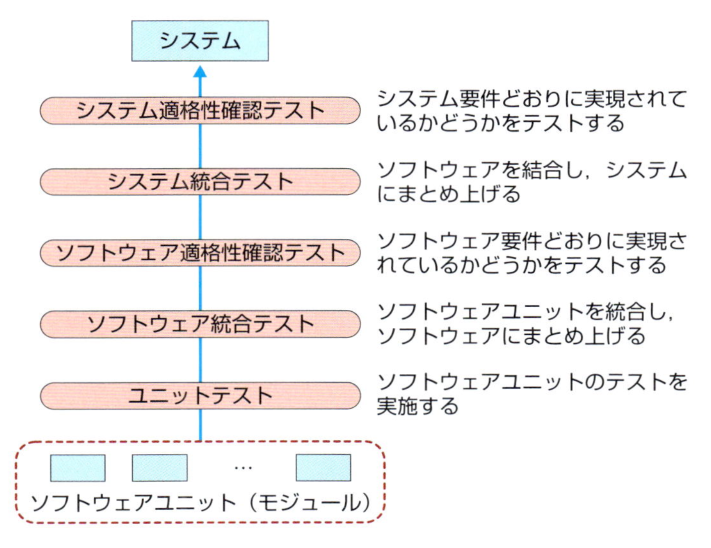

図16　テストの流れ

2 ユニットテスト(単体テスト)

最初に行うテストは，各ソフトウェアユニット（モジュール）が適切にプログラミングされているかを検証する**ユニットテスト**です。このテスト内容は，ソフトウェア詳細設計で作成されたテスト仕様に準じます[35]。

テストでは，テスト対象に入力値を与えて実行し，その結果とあらかじめ予測した値を比較します。両者が一致しなければ，どこかに誤りがあるということなので，誤りを究明して修正します。

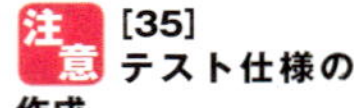
[35] テスト仕様の作成
テスト仕様は，テスト工程で作成するのではなく，設計の段階で作成する

テストケース

テストに用いる入力値（または，入力値と予測した出力値のペア）を**テストケース**とよびます。テストケースの良否は，テストの品質そのものを左右する非常に重要な要素です。

テストケースの設計技法には，プログラムの内部論理に着目したホワイトボックステストとプログラムの外部仕様に着目したブラックボックステストがあります。

3 ホワイトボックステスト

ホワイトボックステストは，**プログラム内部の制御構造（プログラムロジック）に基づいてテストケースを設計する**技法で，制御（論理）網羅法ともよばれます。ホワイトボックステストにおけるテストケースの設計には，次の五つの技法があります。

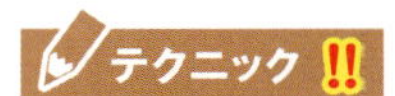
[36] ホワイトボックステストの技法には「網羅」という言葉が付くので，これで見分ければよい

表10　ホワイトボックステスト[36]

命令網羅	「プログラム中のすべての命令を少なくとも1回は実行する」ようテストケースを設計する
判定条件網羅（分岐網羅）	「プログラムの各判定条件について，真と偽を少なくとも1回は判定する」すなわち「プログラムが取り得る経路を少なくとも1回は実行する」ようテストケースを設計する
条件網羅	「判定条件中のすべての条件について，真と偽を少なくとも1回はとる」ようテストケースを設計する
判定条件／条件網羅	判定条件網羅と条件網羅の両方を満たすようテストケースを設計する
複数条件網羅	「条件がとり得るすべての組合せを網羅する」ようテストケースを設計する

■命令網羅と判定条件網羅

命令網羅は**命令の存在する経路を網羅**します。図17の論理に対しては，二つの経路を実行すれば命令を網羅したことになります。これに必要なテストケースは二つです[37]。

判定条件網羅は**命令のない経路も網羅**しなければなりません。図17では命令網羅のテストケースに加えて，命令のない経路を通るようなテストケースを用意すれば判定条件を網羅したことになります。

重要ポイント
[37] テストケースは1経路につき1ケース

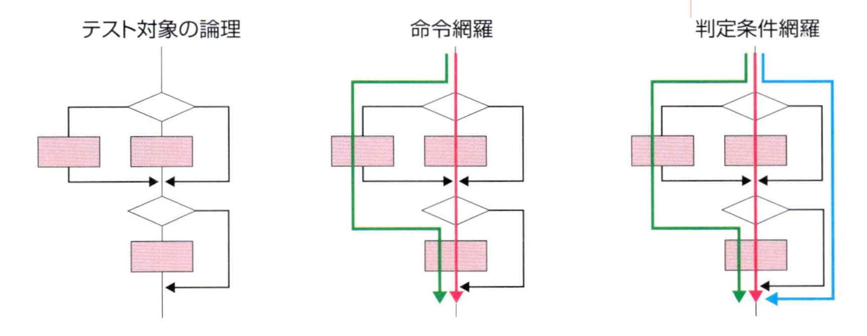

図17　命令網羅と判定条件網羅

■判定条件網羅と条件網羅

条件網羅は，判定条件を構成する個々の条件について，**真偽を網羅**します。図18の判定条件「条件A かつ 条件B」で検討してみます。

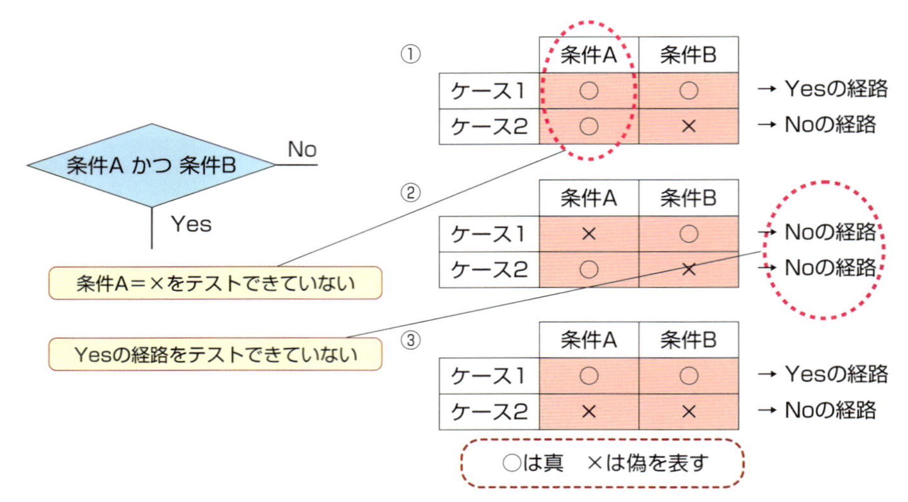

図18　判定条件とテストケース

①はYesの経路とNoの経路を網羅しますが，条件Aに注目するとケース１，２とも真（○）なので偽（×）を網羅していません。このテストケースは判定条件網羅を満たしますが，条件網羅は満たしていません。

②は条件A，Bとも真偽（○×）を網羅しており，条件網羅を満たしています。しかし，経路で見るとNoの経路しかとらないため，判定条件は満たしません。

③は条件網羅も判定条件網羅も満たします。これは，判定条件／条件網羅を満たすテストケースです。

4 ブラックボックステスト

ブラックボックステストでは，テスト対象プログラムの**機能仕様（外部仕様）をもとに，入力と出力に関するテストケースを設計**[38]します。これには，次の二つの考え方があります。

表10　ブラックボックステスト

同値分割[39]	入力条件の仕様をもとに，入力領域を正常処理となる「有効同値クラス」と，異常処理となる「無効同値クラス」に分割し，**各同値クラスの代表値**をテストケースとして用意する[40]
限界値分析	同値分割で設計した**同値クラスの境界付近の値**をテストケースとして採用する

重要ポイント
[38] 試験では「機能仕様をもとに同値クラスや限界値を識別してテストデータを作成する」と表現される

重要ポイント
[39] 同値分割は，各同値クラスから「テストデータを一つずつ」選ぶ

重要ポイント
[40] 入力領域は「プログラムの仕様書」をもとに同値クラスに分割する

たとえば，入力条件が「10≦入力データ≦20」であれば，入力領域は，

有効同値クラス　　10≦入力データ≦20
無効同値クラス１　入力データ＜10
無効同値クラス２　入力データ＞20

に分割できます。入力データを整数値に限るならば，**同値分割**と**限界値分析**によるテストケースは，次のように設計できます。

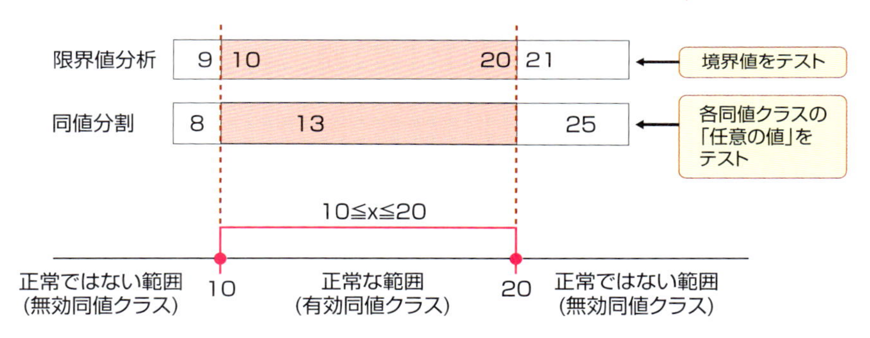

図19　テストケースの設計

5 統合テスト（ソフトウェア統合）

統合テストはモジュールやプログラム，サブシステムなどをソフトウェアやシステムへ統合するテストです。これらを統合することで，**分割の適正さやインタフェース（データの受渡し）の正しさ**などを検証します。

統合テストにはさまざまな方式がありますが，その代表例がトップダウンテスト，ボトムアップテストです。

■トップダウンテスト

トップダウンテストは，**上位モジュールから下位モジュールに向けて結合を進める**結合テストです。上位モジュールから順に結合するため，“**仮の下位モジュール**”である「**スタブ**（stub）」[41]が必要です。

スタブは本来の下位モジュールと同様のインタフェースを備え，上位からの呼出し条件に応じて適当な値を返す結合用のダミーモジュールです。

!!! 重要ポイント

[41] スタブ → 仮の「下位」モジュール
・テスト対象から「呼び出される」
・呼出しの条件に合わせて値を返す
・トップダウンテストで用いる

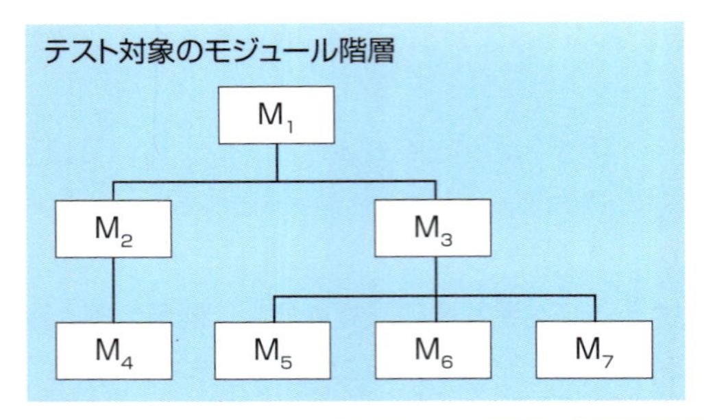

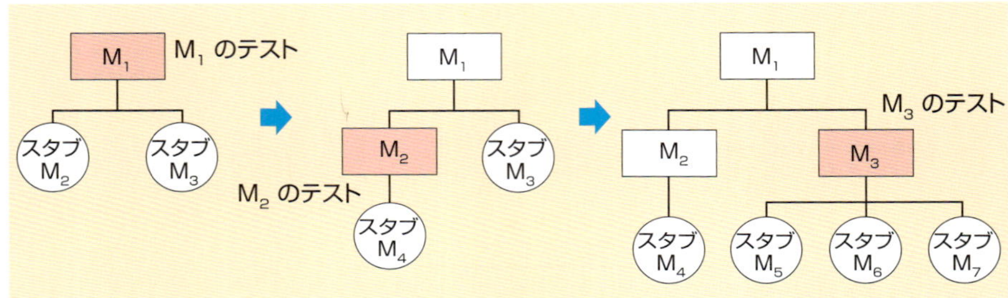

図20　トップダウンテストの例

M_1はM_2，M_3を呼び出すので，これらをスタブに代えてM_1をテストします。次にスタブM_2を本番用のM_2に代え，スタブM_4を結合してテストします。このように，上位から順次スタブを本番モジュールに代えながら結合を進めます。

■ボトムアップテスト

トップダウンテストとは逆に，**最下位モジュールから順に結合を進めていく**テストが**ボトムアップテスト**です。下位モジュールから順に結合するため，"**仮の上位モジュール**"である「**ドライバ**(driver)」[42]が必要です。

重要ポイント

[42] ドライバ → 仮の「上位」モジュール
- テスト対象を「呼び出す」
- テスト対象に引数を渡して呼び出す
- ボトムアップテストで用いる

※テスト対象のモジュール階層は図20の例と同様

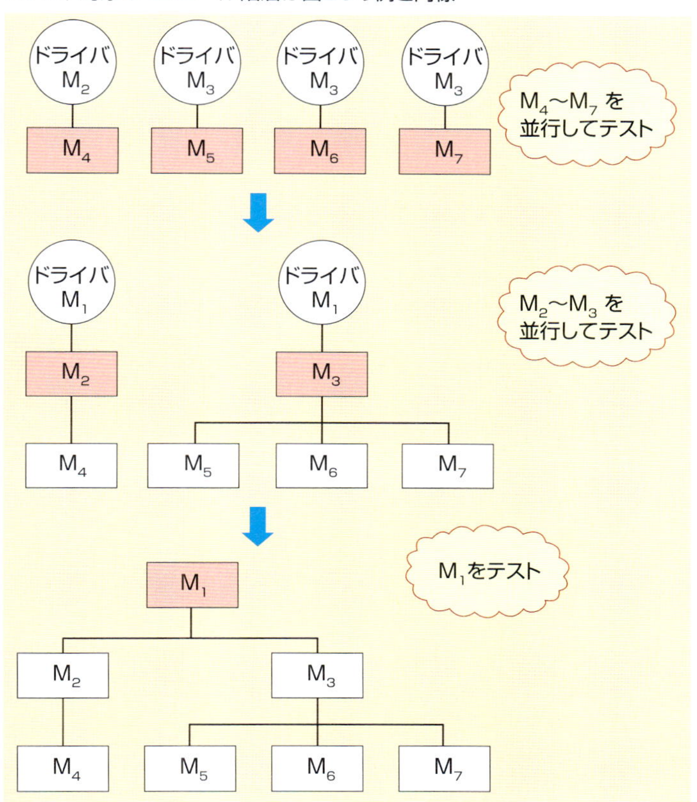

図21　ボトムアップテストの例

6 適格性確認テスト

ソフトウェア適格性確認テストとシステム適格性確認テストは検証プロセスに沿って行なわれるテストで，ともに**要件定義で定められた機能やセキュリティ**などが実現されているかどうかを検証します。

ソフトウェア適格性確認テストとシステム適格性確認テストは，対象がソフトウェアかシステムかが異なるだけで，検証の視点は変わりません。ともに内部構造はあまり問題とせず，要求されている機能が正しく実装されているかどうかに注目します。

システムテスト

システム適格性確認テストは，従来は**システムテスト**や**総合テスト**とよばれた工程に該当します。システムテストでは次のようなテストが実施されます。

表12　システムテスト

機能テスト	システムがユーザの要求する機能を満たしているかどうかを検証する
性能テスト	処理速度，ターンアラウンドタイム，レスポンスタイム（応答時間），スループットなどのシステムの性能を検証する
負荷テスト[43]	システムに量的な負荷をかけ，耐えられるかどうかを検証する
例外テスト	エラー処理などの例外処理を正しく行うかを検証する

重要ポイント
[43] 負荷テストのキーワードは「負荷」やデータの「最大件数」など

7 その他

テストツール

テストを支援するツールには，次のものがあります。

表13　テストツール

静的解析ツール[44]	ソースコードを解析し，コーディング規約違反や潜在バグを検出する
テストデータジェネレータ	テストデータを自動生成する
カバレージ分析ツール[45]	プログラムの実行された部分の割合を測定する

重要ポイント
[44] 静的解析ツールは，静的テスト（プログラムを実行しないテスト）で用いられる

重要ポイント
[45] ホワイトボックステストではカバレージ分析ツールを用いて網羅率を測定する

レグレッション（回帰）テスト

レグレッションテストは，プログラムを修正したことによって，新たなバグの発生や性能低下などの悪影響が出ていないかどうかを確認する[46]テストです。**回帰テスト**や**退行テスト**とよばれることもあります。

重要ポイント
[46] 修正により想定外の影響が出ていないかどうかを確認する

エラー数の予測

プログラムに意図的にエラーを埋込み，その検出状況からプログラムの真のエラー数を次のように推測する方法もあります。

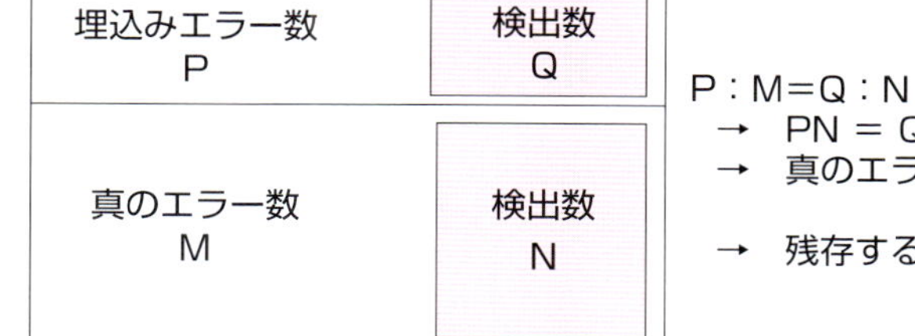

$$P : M = Q : N$$
$$\rightarrow\ PN = QM$$
$$\rightarrow\ 真のエラー数(M) = \frac{PN}{Q}$$
$$\rightarrow\ 残存する真のエラー数(M-N) = \frac{PN}{Q} - N$$

図22　エラー埋込み法[47]

例えば48個（P）のエラーを埋め込んでテストしたところ，テスト期間中に発見された埋込みエラーが36個（Q），真のエラーが42個（N）であるとき，

　プログラムに含まれる真のエラー数（M）＝ 48×42÷36 ＝ 56

　残存する真のエラー数（M－N）＝ 56－42 ＝ 14

と求めることができます。

二つの独立したチームが同じプログラムをテストすることで，エラー数を推測する方法もあります。

重要ポイント
[47] 試験では具体的な値を入れた計算問題として出題される。計算できるようにしておこう

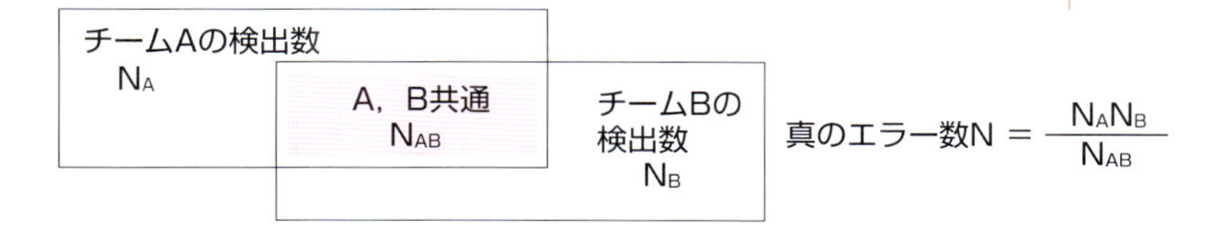

図23　並行テストからの推測[48]

重要ポイント
[48] 真のエラー数を求める式を覚えておくこと

6 レビューと品質

学習のポイント

品質以上に大切なソフトウェアの性質はありません。品質向上のため，各工程でレビューを含む活動を行います。ここではソフトウェアの品質を改めて定義してから，レビューの種類を紹介します。

1 ソフトウェアの品質

障害が起きないことだけがソフトウェアの品質ではありません。使いやすいことやメンテナンスしやすいことなども，広い意味で品質に含まれます。**JIS X 25010：2013**は，**ソフトウェア製品の品質**として次の特性を規定しています。

表14　ソフトウェアの品質

特性	説明（概要）
機能適合性	ニーズを満足させる機能を製品が提供する度合い
性能効率性	使用する資源の量に関係する性能の度合い
互換性	製品を相互に運用できる度合い
使用性[49]	利用者が製品を利用することができる度合い（使いやすさ）
信頼性	製品が明示された機能を実行する度合い
セキュリティ	製品が情報及びデータを保護する度合い
保守性[50]	製品を修正することができる有効性や効率性の度合い
移植性	製品をある環境から他の環境に移すことができる有効性や効率性の度合い

機能適合性は，製品の機能がどれだけユーザニーズにマッチしているかという特性です。いくら高機能でも，ニーズに合わない製品は品質が悪いということです。

性能効率性は，限られた資源でどれだけ軽快に動作できるかという特性です。

互換性は，複数の製品が影響なく共存できたり，データを問題なく相互利用できる特性です。あるソフトウェアを別のソフトウェアに置き換えたとたんに，既存のデータがすべて使えなくなってしまうというようなトラブルは避けなければなりません。

重要ポイント

[49]
- 使用性について「利用者がどれだけストレスを感じずに要求を達成できるか」と説明されることもある
- 使用性について，利用者の満足度をインタビューで評価するとよい
- 「オンラインヘルプ」などを充実させて「短時間で習得」できることも使用性の向上につながる

重要ポイント

[50]
- 保守性は「欠陥の診断」「原因の究明」「修正箇所の識別」などを行いやすいということ
- 保守性は「修正時間の合計÷修正件数」などの指標で評価できる

使用性は使いやすさの特性。**信頼性**は，製品をトラブルなく使用できること，万一トラブルがあっても容易に回復できることを表す特性です。信頼性は副特性として**成熟性**，**可用性**，**障害許容性**（**耐故障性**），**回復性**[51]を持ちます。

セキュリティ，**保守性**，**移植性**は言葉どおりです。

2 レビュー

品質を高めるためには，ソフトウェアに潜む問題を発見し，それを除去しなければなりません。これを目的としたミーティング形式の活動が**レビュー**です[52]。レビューは対象や形式により，いくつかに分類できます。

表15　レビューの種類

デザインレビュー[53]	設計工程で作成した仕様書に対して行うレビュー。**設計の妥当性を確認**し，次工程に移ってよいかどうかを評価する
コードレビュー	ソースコードを対象としたレビュー
ピアレビュー	同僚やチームメンバなどスキルや知識をもつメンバでレビューする
ウォークスルー	コードを対象に，机上でシミュレーションを行うレビュー技法。コード以外の設計仕様書などに対しても行う
インスペクション	ウォークスルーよりも公式なレビュー。**モデレータ[54]が主導**し，公式な記録・分析を行う
ラウンドロビン	参加メンバが持ち回りでレビュー責任者を務めるレビュー技法。参加意識の向上や技量の底上げが期待できる

■レビューの注意点

レビューは次の点に注意して実施します。

- **問題の発見を第一目的として，その場で解決を行わない**
- 大きな問題の発見に専念し，小さな問題（誤字など）は発見対象から除外する
- 短時間（一般的には２時間以内）で終了させる
- 個人を攻撃しない
- 個人の評価に利用しない

これらは，もともとはウォークスルーで提案されたものですが，今ではレビュー一般の注意点として扱われています。

重要用語

[51] 回復性
回復性は「中断時又は故障時に，製品又はシステムが直接的に影響を受けたデータを回復し，システムを希望する状態に復元することができる度合い」と定義されている

重要ポイント

[52] レビューはエラーの検出や妥当性の確認を目的としたミーティングで，ここで何かの方針が決定されたり見直されたりするわけではない

重要ポイント

[53] デザインレビューは，要件定義が満たされていることの確認や問題の早期発見のため，各設計工程で行う

基本用語

[54] モデレータ
レビュー遂行の訓練を受けたレビュー実施責任者。インスペクションを主導する

7 開発手法

学習のポイント

ソフトウェアの規模や特徴によって，さまざまな開発手法が使い分けられます。ここでは，まず伝統的なプロセスモデルを紹介し，次いでRADやアジャイル，XPといった新しい開発手法を紹介します。

1 プロセスモデル

ソフトウェアの**プロセスモデル**とは，ソフトウェア開発工程を標準化してモデル化したもので，さまざまな開発手法のベースとなります。代表的なプロセスモデルには，次のものがあります。

表16　プロセスモデル

ウォータフォールモデル	開発工程を上流から下流工程に向けて一定の順序で進めるプロセスモデル。大規模ソフトウェア開発における標準的なモデルとして採用されることが多い
プロトタイプモデル	試作品（プロトタイプ）を作成して評価することを繰り返すプロセスモデル。変更があることを前提に，試行錯誤を繰り返す
スパイラルモデル	「目的，代替案，制約の決定」「代替案とリスクの評価」「開発と検証」「計画」を繰り返すプロセスモデル。反復ごとにリスク分析を行い，リスクを最小限に抑える

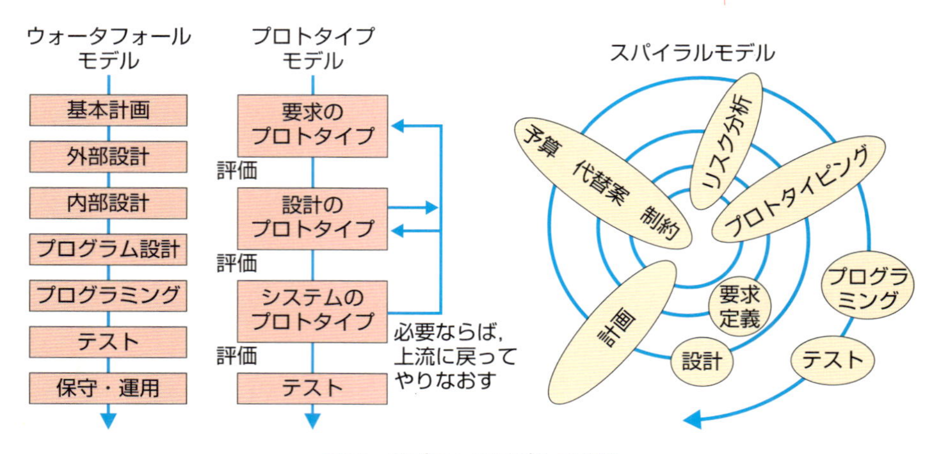

図24　各プロセスモデルの手順

2 RAD(Rapid Application Development)

RADは「迅速なアプリケーション開発」という意味で，開発支援ツールを活用し，従来の開発手法よりも**少人数で早期に開発を行う**手法です。

RADはプロトタイプモデルとスパイラルモデルを合わせたアプローチを取ることが一般的です。ただし，無制限な繰り返しに陥らないよう，**タイムボックス**とよばれる期限を設けることもあります。**タイムボックスを過ぎても固まらない要求は，開発しません**。

3 アジャイル

アジャイルは次の特徴をもつ開発手法の総称です。

- 短期間の開発サイクルの反復を基本とする
- 最終段階までの詳細な計画は立てず，１サイクル分だけの簡単な計画を立てて開始する
- 開発サイクルごとに，その時点での成果物をリリースする

■イテレーション

短期間の開発サイクルを繰り返すことを，**イテレーション**とよびます。

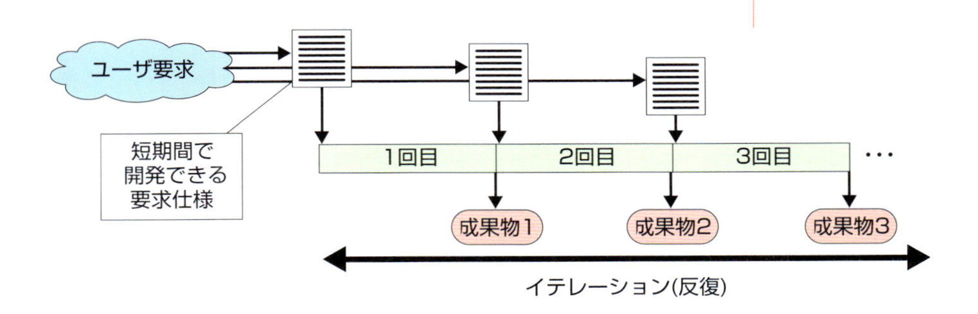

図25　イテレーション

イテレーションは，ユーザ要求の変化などに柔軟に対応する[55]ために行います。RADが迅速性を重視しているのに対し，アジャイルは「**状況に応じた最適な成果を提供する**」ことを重視しているのです。

重要ポイント

[55] イテレーションは顧客との要求の不一致を解消したり，要求の変化に柔軟に対応するために行われる

■ペルソナ

想定したユーザ像が曖昧であることで，要件定義が失敗することもあります。ニーズの最大公約数をとり続けた結果，誰のニーズも満たさないピント外れな製品ができあがってしまうのです。

これを避けるため，アジャイルでは仮想的なユーザ（**ペルソナ**）を設定することがあります。**ペルソナには名前や年齢，経歴，顔写真やイラストなどを与えて具体化**し，その行動に沿って，製品の機能を明確化します。

■バーンダウンチャート

アジャイル開発では，残作業を可視化するため**バーンダウンチャート**を用います。

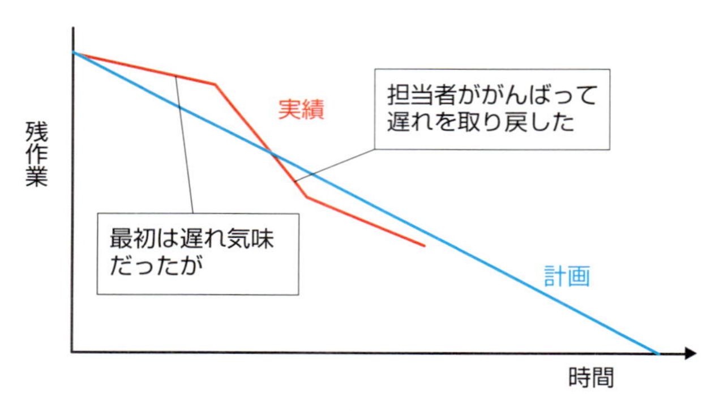

図26　バーンダウンチャート[56]

[56] バーンダウンチャートは「右下がり」のグラフになる

バーンダウンチャートは残作業を縦軸にとったグラフです。実績線が計画線を上回ったときは「遅れている」，その逆は「進んでいる」と，進捗を一目で把握できます。

4 XP(Extreme Programming)

XPはアジャイルの代表的な開発手法で，比較的少人数の開発に適用しやすいとされています。

XPでは**五つの価値と19のプラクティス（実践）**[57]が定められています。そのうち，開発には次の六つを取り入れています。

テクニック！

[57]「価値」「プラクティス」などの言葉が出てきたらXPと考えてよい

表17　開発のプラクティス

テスト駆動開発[58]	先にテストを定め，テストをパスするよう実装を定める
ペアプログラミング[59]	二人一組でプログラミングを行う。一人はコードを作成し，もう一人はコードを検証する。役割は随時入れ替える
リファクタリング[60]	コードの改善を随時行う。外部から見た動作を変えずにプログラムをよりよく作り直す
コードの共同所有	チーム全員が作成者に断りなくコードを修正できる
継続的インテグレーション[61]	完成したコードはすぐに結合し，テストする
YAGNI	“You Aren't Going to Need It”の略。今必要とされる機能に絞って実装する

5 スクラム

スクラムもまた，アジャイル開発の代表例です。スクラムは「チームで開発すること」を主眼に，**チームのコミュニケーションを重視**する手法です。

スクラムチーム

スクラムにおける開発チームを，**スクラムチーム**とよびます。チームには次の役割があります。

表18　スクラムチームの役割

プロダクトオーナ	・作成するプロダクトの責任者 ・スケジュールや予算の管理を行う
スクラムマスタ	・スクラムを円滑に推進させるための責任者 ・スクラムを成功に導くための調整や支援を行う
開発チーム	・実際に開発を行うメンバ ・チームに上下関係はなく，全員が一丸となって開発を進める

スプリント

スクラムにおける開発期間の単位を**スプリント**と呼びます。スプリントは短距離走に由来する言葉で，スクラムでは期間の短いスプリントを繰り返しながら開発が進められます。

重要ポイント
[58] テスト駆動は，プログラムを書く前にテストケースを作成する

重要用語
[59] ペアプログラミング
二人一組で１台のワークステーションを使って，相補的な作業を行う

重要ポイント
[60]
・リファクタリングは外から見た動作を変えない
・リファクタリングを実施した場合は必ず回帰テストを行う

重要ポイント
[61] 単体テストを終えたプログラムはすぐに結合して結合テストを実施する

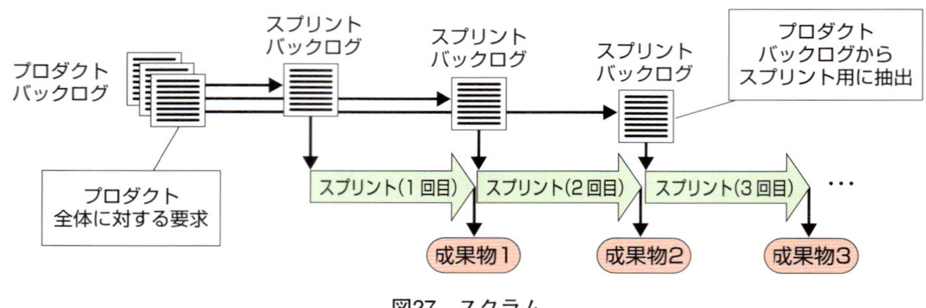

図27　スクラム

プロダクトバックログは，プロダクトへの要望をまとめたリストで，プロダクトオーナが管理します。リストに含まれるタスクは，優先順位に従って定期的に並べかえられます。

プロダクトの作業にはストーリポイントが付与されており，当該作業を消化するたびにチームはポイントを獲得します。1回のスプリントの中でチームが獲得したポイントの合計を，**ベロシティ**とよびます。ベロシティはスクラムチームの生産量を表す尺度として用いられます。

■スプリントの詳細

スプリントで行う作業を，もう少し詳しく見ることにしましょう。

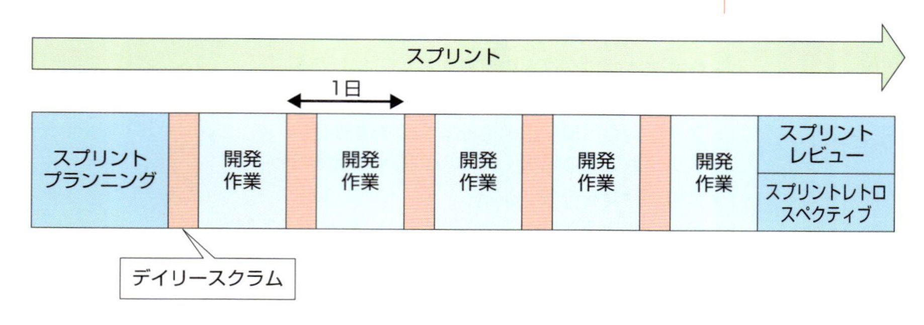

図28　スプリント

表19　スプリントで行う作業

スプリントプランニング	スプリントで実施することを決定し，工数を見積り，作業をメンバに割り当てる
デイリースクラム（朝会）	毎朝，短い時間（5～15分）でチームの状況を共有する
スプリントレビュー	プロダクトオーナが成果物を確認する
スプリントレトロスペクティブ	スプリントの内容を振り返り，問題点や解決策を洗い出す

スプリントレトロスペクティブの進め方に**KPT手法**があります。KPT手法は実施したスプリントについて，

- よかった点（Keep：継続）
- 悪かった点（Problem：課題）
- 次回に試すこと（Try：課題の改善策）

を話し合う方法です。

6 リーンソフトウェア開発

リーンソフトウェア開発は，ムダのない生産を実現するトヨタ生産方式をソフトウェア開発に適用した開発手法です。リーンソフトウェア開発は，次の七つの原則に従います。

表20　七つの原則

ムダをなくす	顧客が使わない機能は作らない
品質を作り込む	不具合を早期に発見して修正する
知識を作り出す	ノウハウやメトリクスなどプロジェクト固有の知識を早期に得る
決定を遅らせる	確実な決定を下すため，先送りできる決定は先送りする
早く提供する	できるだけ早く顧客に製品を提供し，フィードバックを得る
人を尊重する	実際に作業する開発要員に権限を委譲する
全体を最適化する	部分的な最適化ではなく，全体を最適化する

7 リバースエンジニアリング

リバースエンジニアリングは，既存ソフトウェアのファイルやデータベース，ソースプログラム，ドキュメントといった下流工程の情報（成果物）を解析して，設計仕様などの**上流工程の情報を導き**

出す手法です[62]。既存のシステムをもとに，新たなシステムを開発する場合などに用います。

なお，リバースエンジニアリングは元システムの知的財産権を侵害する恐れがあるため注意しなければなりません。また，リバースエンジニアリングを禁止する製品もあります。

重要ポイント
[62]「ソースプログラムの解析」→「プログラム仕様書の作成」は，リバースエンジニアリングの典型例

8 マッシュアップ

マッシュアップ（mash up）[63]とは，「**複数のコンテンツ（サービス）を取り込み，組み合わせて利用する**」手法を総称した言葉です。

マッシュアップは，Webサービスでよく活用されます。検索サイトや地図情報サイトを運営する事業者には，マッシュアップ用のAPIを作成・公開しているところも少なくありません。

重要用語
[63] **マッシュアップ**
既存サービスを組み合わせて，新たなサービスを提供する

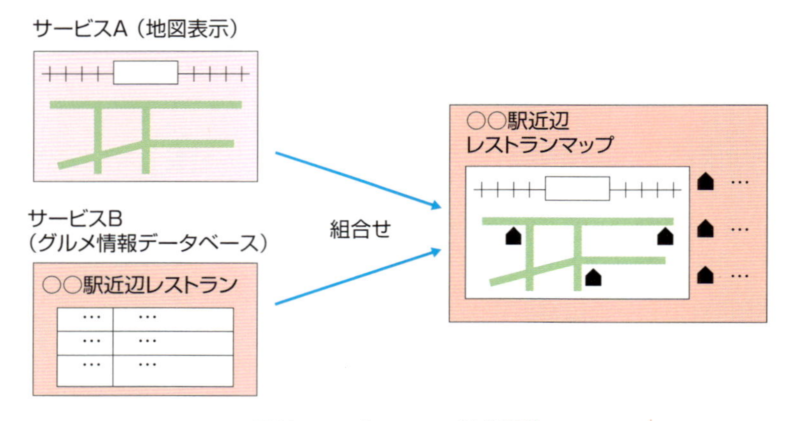

図29　マッシュアップの例[64]

重要ポイント
[64] 店舗案内のページに地図情報を表示するなどは，典型的なマッシュアップ

9 コンカレントエンジニアリング(CE)

コンカレントエンジニアリングは，製品開発に関わる作業を同時並行に実施することで，全体の期間を短縮する手法です。

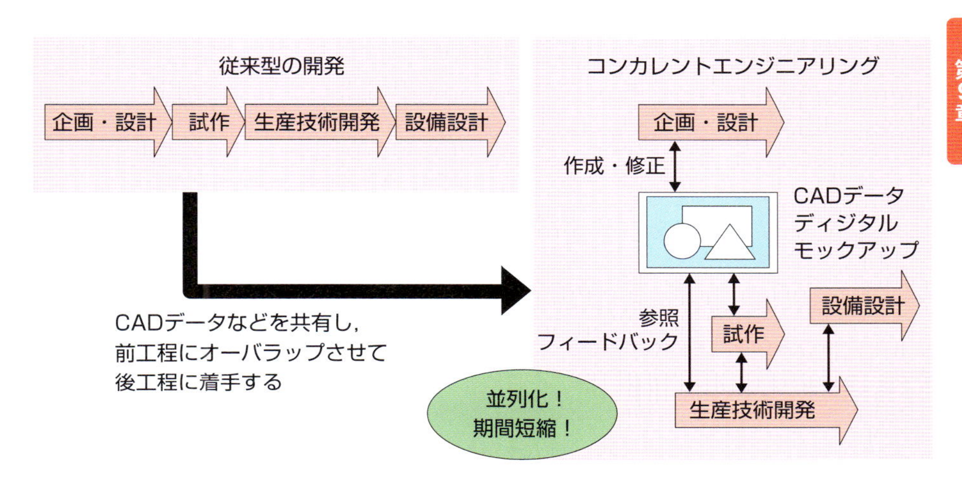

図30　コンカレントエンジニアリング[65]

例えば，通常であれば企画・設計を終えてから試作，生産技術開発と進むところを，ある程度設計内容が固まった時点で生産技術開発に移り，さらに詳細な設計内容をもとに試作に入るなど，**工程をオーバラップさせながら作業を並列に進めます**。

重要ポイント
[65]
・「同時並行」「リードタイム短縮」などがCEのキーワード
・CEは組織全体で取り組む組織的アプローチ

10 CMMI(Capability Maturity Model Integration)

CMMI（能力成熟度モデル統合）は，**組織における開発プロセスの成熟度**を５段階に分けて定義したモデルで，開発部門が自らの開発能力を客観的に評価・改善したい場合に用います[66]。

重要ポイント
[66] CMMIのキーワードは「成熟度」「プロセスの改善」

表21　CMMIにおけるプロセス成熟度評価

レベル１ （初期レベル）	・何も管理されていない。ごく一部の人材に依存している状態 ・プロセスが場当り的である
レベル２ （反復できるレベル）	・類似するソフトウェアの開発を，繰返し実施することができる状態 ・安定したプロセスが存在するが，定義や管理がされていない
レベル３ （定義されたレベル）	・定義され，標準化されたプロセスが組織全体に確立されている状態
レベル４ （管理されたレベル）	・プロセスと成果物を定量的に計測・評価できる状態

レベル５ （最適化されたレベル）	・組織が自発的に継続してプロセスの改善を行える状態 ・定量的なフィードバックをもとに継続的に改善，最適化されている

CMMIはソフトウェアだけではなく，ハードウェアを含む製品やサービスまでに評価対象範囲を広げています。

8 ヒューマンインタフェースとマルチメディア

学習のポイント

ヒューマンインタフェースとは，入力画面やプリンタの出力様式など「人間とコンピュータとの接点」を表す言葉です。ヒューマンインタフェースの出来は，コンピュータの使いやすさに大きく関わります。ここでは，ヒューマンインタフェースの設計に関わる重要事項を取り上げて説明します。

1 フールプルーフ設計

コンピュータを使うのは人間なので，入力ミスや操作ミスは避けられません。そこで，入力データのチェックや正しくない操作を禁止するような仕組みを作ります。このような**「不注意によるミス」を防ぐ**考え方や技術を，**フールプルーフ**と総称します[67]。

フールプルーフ設計においては，たとえば，次の点に留意します。

- オペレータの操作に対して確認メッセージを表示する
- メニュー画面上の不適切な項目は選択できないようにする
- 使用権限のない機能は実行できないようにする[68]
- 正しくないデータが入力された場合には，メッセージを表示し再入力を促す

重要ポイント
[67] 誤操作の原因を究明するため，誤操作した利用者にインタビューすることも有効である

重要ポイント
[68] フールプルーフの要点は「機能の制限」「入力データチェック」「確認メッセージ」など

■入力チェック

フールプルーフのためには，入力データのチェック機能を取り入れます。入力データのチェック方法には，次のものがあります。

表22　入力チェック

ニューメリックチェック	入力データの属性が数字である場合に，入力データのすべてのけたが数字であるかどうか調べる
フォーマットチェック	入力データに形式（フォーマット）がある場合に，その形式どおりに入力されたかどうか調べる
妥当性チェック	入力データの論理的な妥当性，たとえば数量×単価で計算される金額が，計算される結果とは異なる値になっていないかどうか調べる
リミットチェック	入力される値に制限がある場合，入力データが制限範囲内に収まっているかどうか調べる
照合チェック	入力データとファイルの内容とを照合する

2 コード設計

商品コードや社員番号などのコードは，データを一意に識別するだけではなく，データの分類や整列に用いられます。体系だった明瞭なコードも，ヒューマンインタフェースを支えているのです[69]。また，主なコードには次のものがあります。

基本ポイント

[69] コード設計にあたっては，まず最初にコード化対象を選定する

表23　コードの種類[70]

順番コード	単純に連番を割り振る。追加が容易だが，コードを見ただけでは分類がわかりにくい
区分（ブロック）コード	対象をいくつかの区分（ブロック）に分け，各ブロックごとに異なる範囲の数値を割り当てるとともに，ブロック内では連番を割り振る
けた別コード	コードの各けたをいくつかに区切り，それぞれに大・中・小分類などの分類上の特定の意味をもたせる
ニモニックコード[71]	値から対象物が連想できるようなコード

重要ポイント

[70] 各コードの長所
- 順番コードはけた数が少なく，追加も容易
- 区分コードは少ないけたで，多くのグループ分けが可能
- けた別コードは分類が明瞭でわかりやすい

重要用語

[71] ニモニックコード
表意コードともよばれる
（例）
jp → Japan
bk → Black

3 Web設計

Webページには不特定多数の利用者がアクセスします。そのため，ユーザビリティ（使いやすさ）に加えて「**高齢者や障害者を含む誰もが利用できる，または利用しやすい**」ことに留意した設計が求められます。このような誰もが利用できる性質を**アクセシビリティ**とよびます。

■アクセシビリティの留意点[72]

アクセシビリティの向上のため，文字色と背景色のコントラスト

重要ポイント

[72] 利用の状況を理解しながら，「より多くの人のアクセシビリティ」を改善する

を十分に確保します。入力が必要な項目については，

- 仮名入力欄には「ひらがな／カタカナ」の区別を明記する
- 必須入力項目は，色で強調するだけではなく「必須」と明記する[73]

などに留意します。

読上げ機能のついたブラウザにも配慮しなければなりません。

- 正しい読上げ順を意識してHTMLで記述する
- PDFを使う場合には，読上げ順を指定できるタグ付きPDFを使用する
- 画像データには代替テキスト（alt属性）を加える

ナビゲーションの設計

ユーザビリティの向上のため，現在ページの把握やページ移動のための**ナビゲーション**を用意すると効果的です。

表24　代表的なナビゲーションの種類と特徴

グローバルナビゲーション	Web サイト全体の構造を把握するためのナビゲーションであり，主に最上位のカテゴリ（トップページ直下の大項目）を表示し，誘導する
ローカルナビゲーション	特定のカテゴリに含まれる項目を把握し，目的のコンテンツに誘導するためのナビゲーションであり，中項目に該当する。フレームを用いて分割した画面の左側に配置されることが多い
パンくずリスト	“取扱商品＞AV機器＞液晶テレビ＞32インチ以下”のように，コンテンツのツリー構造をトップページから順に現在位置まで表示したもの。ユーザに現在位置を理解させ，任意の上位階層へ誘導する
サイトマップ	Webサイトの中にどのようなページがあるのかを表示し，誘導するためのページ。階層化して整理することが多い
サイト内検索	キーワードを入力し，そのキーワードを含むサイト内のコンテンツへのハイパリンクを提供する機能。わかりやすい同じ位置に配置することが重要となる

4 ユーザビリティの評価

ユーザビリティ[74]は評価され，改善されなければなりません。次の評価方法が代表的です。

重要ポイント

[73] 色分けは有効だが，色の識別にハンディキャップをもつ利用者への配慮を忘れてはならない

重要用語

[74] ユーザビリティ
利用者がストレスを感じずに，目標とする要求が達成できること

表25　ユーザビリティの評価法

アンケート調査	チェック項目を設けたアンケートを配布し，利用者に回答してもらう
インタビュー法	利用者に直接ヒアリングする
ヒューリスティック法[75]	過去の経験則に基づいて，関係者が評価する
思考発話法[76]	利用者が何を考えているかを話してもらいながら操作を行う
認知的ウォークスルー法	利用者像を設定し，専門家が利用者になったつもりで操作を行う
ユーザビリティテスト	被験者に製品を使用してもらい，行動や発言などを観察し，隠れた問題点を洗い出す

重要ポイント
[75] ヒューリスティック評価は，「経験則」で評価する

重要ポイント
[76] 思考発話法は利用者の立場からの評価手法，ヒューリスティック評価法は専門家の立場からの評価手法と分類できる

5 ユーザインタフェース(UI：User Interface)

快適な使い勝手を実現する上で，**ユーザインタフェース**は非常に大切な要素です。アプリケーションやサービスに最適なユーザインタフェースを選び，設計する必要があります。

表26　インタフェースの種類

ノンバーバルインタフェース	音声情報以外の身振り，視線，表情などを用いたインタフェース
マルチモーダルインタフェース	音声を中心に，身振りや表情などを組み合わせたインタフェース
VUI(Voice User Interface)	音声でコンピュータや端末を制御するインタフェース

ノンバーバルインタフェースは「言葉によらない」インタフェースです。例えばチャットソフトなどでは，アバターが様々な表情を作って感情を伝えます。これは，ノンバーバルインタフェースの一例といえます。また，バーチャルYouTuberのキャラクタは，声に加えて様々な仕草を用いて情報を伝えます。これは，**マルチモーダルインタフェース**の一例です。**VUI**については，改めて説明するまでもないでしょう。Apple社のSiriやAmazon社のAlexaなどがそうです。

■UXデザイン

UX（User eXperience）とは，**製品を通じて「ユーザが得る経験」を表す**言葉です。使い心地のよい製品を作り出すためには，ユーザインタフェースを設計するだけではなく，ユーザがどのような

体験をするか，どのような印象を抱くか，などに踏み込んで設計する必要があるのです。

例えば，チャットソフトは「会話のようなやりとり」を目指します。そのため，メッセージを時系列に並べたり，吹き出しで表したり，送信者をアバターで表すなど「気軽な雰囲気」を演出しています。

6 Web開発

WebページやWebページと連携したプログラムを開発することを目的に，様々な開発言語や技術が登場しています。

表27　Web開発で用いられる技術要素

JavaScript	Webブラウザ上で動作するプログラムを記述するスクリプト言語[77]の一つ。動的なWebサイトの構築などに用いられる
Ajax	ブラウザとWebサーバが，JavaScriptで用いられる非同期通信の仕組みを利用してXMLデータをやりとりする仕組み
JavaBeans[78]	再利用可能なソフトウェア部品をJavaで作成するための技術仕様，またはその仕様に沿って作成されたソフトウェア
EJB	JavaBeansと同様のことを，サーバアプリケーションで実現するための仕様
WebSocket[79]	Webアプリケーションにおいて，Webブラウザとサーバ間で双方向通信を行うための仕組み
SOAP[80]	Webアプリケーションにおいて，異なるコンピュータ上にあるデータの取出しやサービスの呼出しを行うためのプロトコル
RSS	Webページの更新をXMLを使って通知するためのフォーマット
SMIL[81]	Web上でマルチメディアコンテンツを表現するためのマークアップ言語。**コンテンツのレイアウトや再生のタイミング**をXMLフォーマットで記述する
SVG	ベクタ形式のグラフィックスをXMLで記述するための言語

基本用語

[77] スクリプト言語
プログラムを比較的簡易に記述できる言語。JavaScriptのほか，PHPやPython，Rubyなどが有名

重要ポイント

[78] JavaBeansに沿って作成されたコンポーネントは容易に再利用できる

重要ポイント

[79]「双方向通信」がWebSocketのキーワード

重要ポイント

[80] SOAPは，簡単に言えばXMLベースで実現したRPC（Remote Procedure Call）。SOAPメッセージはXMLで記述されたヘッダとボディをもつ

重要ポイント

[81] SMILのSMは"Synchronized Multimedia"の頭文字。すなわち，マルチメディアを同期（Synchronized）させて再生する

7 マルチメディア

コンピュータ技術の進歩は，取り扱うデータを音声や画像を含んだいわゆる**マルチメディア**に変化させました。マルチメディアコン

テンツは，Webページにも利用されます。

■コンピュータグラフィックス（CG）の技術

CGの中でも**３次元CG（3DCG）**は，画像の表現にさまざまな手法を用います。以下に主な手法を一覧します。

表28　3DCGの手法

アンチエイリアシング	斜線や曲線の色などを調整し，**ギザギザ（ジャギー）を目立たなくする**手法
モーフィング	二つの画像から，その中間となる画像を自動的に生成する処理を繰り返すことにより，**ある形状から別の形状に滑らかに変化**する様子を表現する手法
シェーディング	画素の色を調整し，陰影を表現する手法
テクスチャマッピング	**オブジェクトに画像を貼り付け**，質感を高める手法
ポリゴン	**多角形（三角形や四角形など）を組み合わせて物体を表現**するさいの構成要素。物体の表面に関するデータを扱うサーフェスモデルの一つ
メタボール	物体を球形と見なして濃度分布を設定し，物体を滑らかに表現する手法
クリッピング	表示領域内に枠を定義し，その**枠に映る部分のみを描画**する手法
ライティング	３次元空間に光源や光線を表現する手法
ラジオシティ	複数のオブジェクトについて光の反射を計算し，**間接光などを表現**する手法
レイトレーシング	その画像を見る利用者の視点から，光線の軌跡をトレース（追跡）し，**光の反射や屈折を表現**する手法
レンダリング	設定した内容から画像を生成する処理
ワイヤーフレーム	３次元の物体を**線のみで表現する**手法
サーフェスモデル[82]	３次元の物体を**表面のみで表す**手法
AR[83]	拡張現実。実際の映像や画像の上にCGを重ねて表示する手法

重要ポイント

[82] サーフェスモデルは，物体をポリゴンや曲面パッチを用いて表す

重要ポイント

[83]
ARの例
- 実際に存在しない衣料品を仮想的に試着
- 実際の画像上に過去の建物を3次元CGで再現

❖午後対策 重点テーマ解説

▶クラス図の作成

学習のポイント

オブジェクト指向は午後出題の定番中の定番で，なかでもクラス図が最もよく使われます。というのも，クラス図は対象領域の全体像を説明するのに都合がよいからです。

ここでは，クラス図に用いられる要素を改めて説明し，出題で取り上げられるポイントを説明します。オブジェクト指向の復習も兼ねて理解してください。

1 クラス図の要素

クラス図の主要要素はクラスと関連です。クラスには，クラス名，属性，メソッドを定義します。属性とメソッドには可視性を付けることもあります。また，属性の後には属性の型，メソッドの後には戻り値の型を指定できます。

図31は，社員クラスがプライベートな属性と公開されたメソッドをもつ例です。“氏名”は文字列で定義された属性で，“氏名を取得”は文字列を返却します。

社員	クラス名
−氏名：文字列 −生年月日：日付 −給与：整数	属性
+氏名を取得( )：文字列 +生年月日を取得( ) ：カレンダー +給与を取得( )：整数	メソッド（操作）

可視性の種類

−：自クラスからのみアクセスできる
#：自クラスおよびそれを継承するクラスからのみアクセスできる
～：自クラスおよび同一パッケージからのみアクセスできる
+：すべてのクラスからアクセスできる

図31　クラス図

関連はクラス間の関係で，

- 一方が他方のメソッドを呼び出す
- 集約や継承関係がある

などの場合，クラス間を線で結びます。細かく見ると，関連には次の種類があります。

表29　クラス間の関連

記号	名称	説明
A ——— B	関連	クラス間には何らかの関連がある
A ◁—— B	汎化（継承）	クラスAはBを汎化している （クラスBはAを継承している）
A ◇—— B	集約	クラスAはBを集約している （クラスBはAの部品である）
A ◆—— B	コンポジション	強い集約関係 （全体側が削除されると部品側も削除）
A ←------ B	依存	クラス間に弱い関連がある （クラスBがAを一時的に利用する）
A ←—— B	誘導可能性	クラスBがAにメッセージを送信する （クラスBがAのメソッドを呼び出す）

関連には多重度や役割（ロール）を付けることもできます。多重度はインスタンス間の数的関係で，相手側の１インスタンスに対して，自インスタンスがいくつ対応するかを記入します。

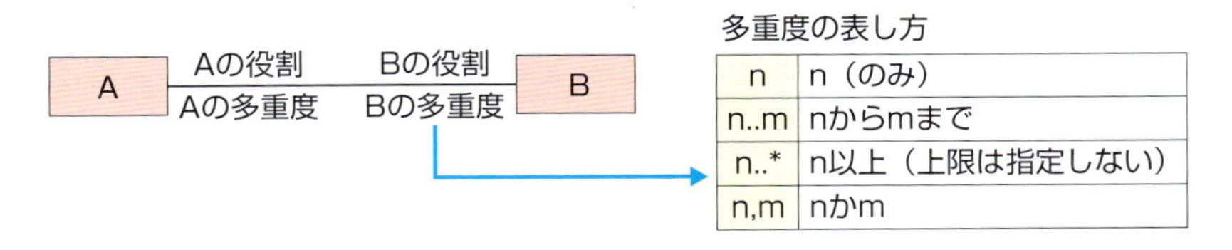

図32　役割と多重度

例えば顧客，注文，注文明細，商品の関係は，次のクラス図で表されます。

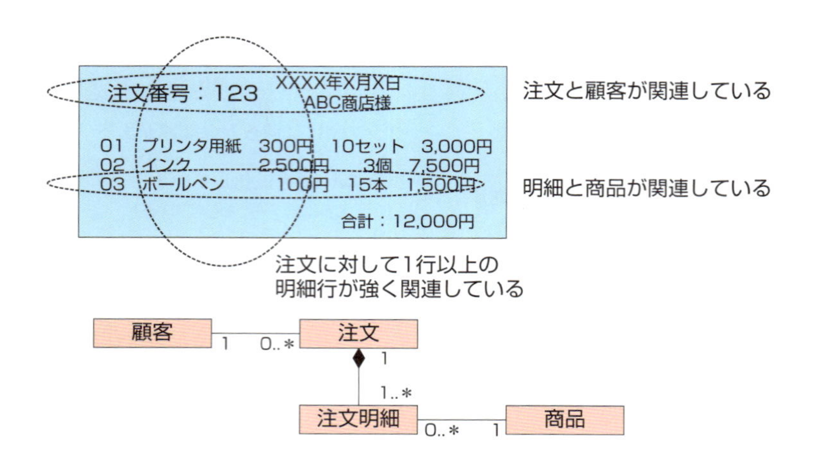

図33　顧客，注文，注文明細，商品の関係

2 抽象クラス

クラス図で抽象クラスを表す場合には，クラス名を斜体にします。抽象メソッドも斜体で表記します。

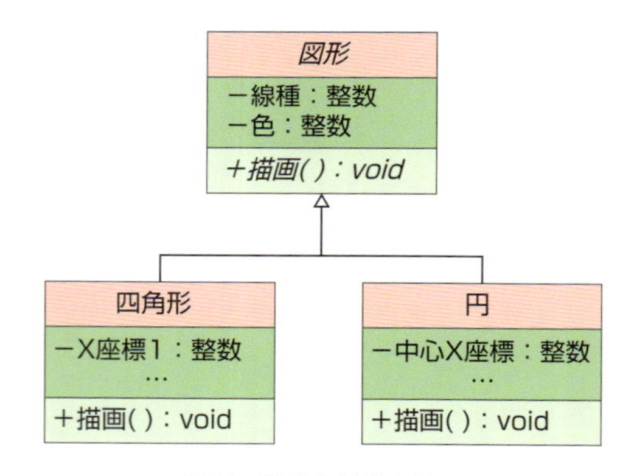

図34　汎化と抽象クラス

抽象クラスは，具象クラスから**共通の属性やメソッドを切り取って定義**します。図34では，線種や色などはすべての図形に共通する性質なので，これを抽象クラス図形に定義します。

抽象クラスを設けておけば，具象クラスのインスタンスを利用するプログラムは，それらを「抽象クラスのインスタンス」として取り扱うことができます。つまり，クラスの差を意識する必要がないのです。

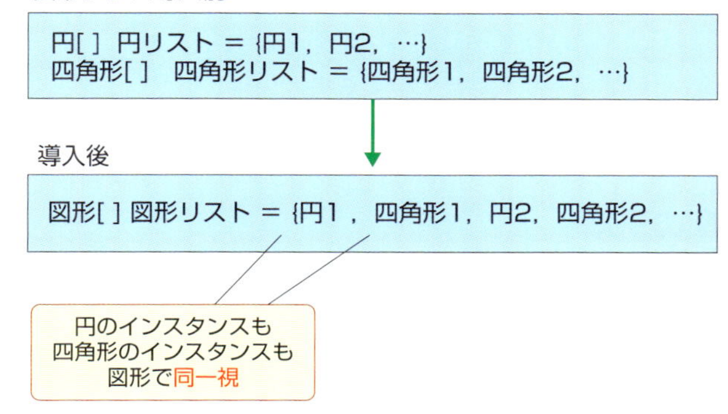

図35　抽象クラスの導入と同一視

■抽象メソッドとポリモフィズム

図34，35に沿って続けます。

興味深いのは描画メソッドです。図形クラスには，宣言だけの抽象メソッド「描画( )」が定義されています。抽象メソッドは処理内容はもたないため，円や四角形には何も継承しません。

このような抽象メソッドは**ポリモフィズムのために定義**します。円や四角形を図形で同一視しておき，描画メソッドを呼び出すことで，円クラスや四角形クラスの描画メソッドを自動的に使い分けるのです。

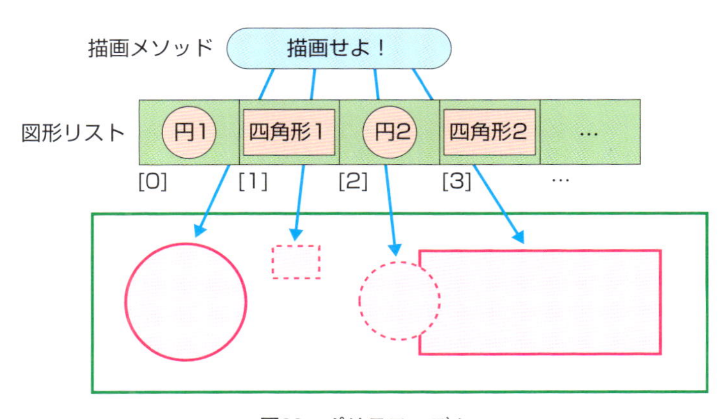

図36　ポリモフィズム

もし図形クラスに描画メソッドがなければどうなるでしょう。ないメソッドを呼び出すことはできません。そのため「描画せよ」というメッセージを送ること自体ができなくなり，当然ポリモフィズムも利用できないのです。

この例のように「**処理内容が異なっていても機能の等しいメソッド**」は抽象メソッドで定義します。それがポリモフィズムの入口になるからです。

3 クラス図の読解

平成21年春にやや詳細なレベルのクラス図が出題されました。読解に挑戦してみましょう。

テーマは，通信販売用Webサイトです。このサイトは通常商品と予約販売商品の2種類を取り扱っています。これらの商品は，在庫取得と配送手続が異なりますが，それ以外の取り扱いは同じです。

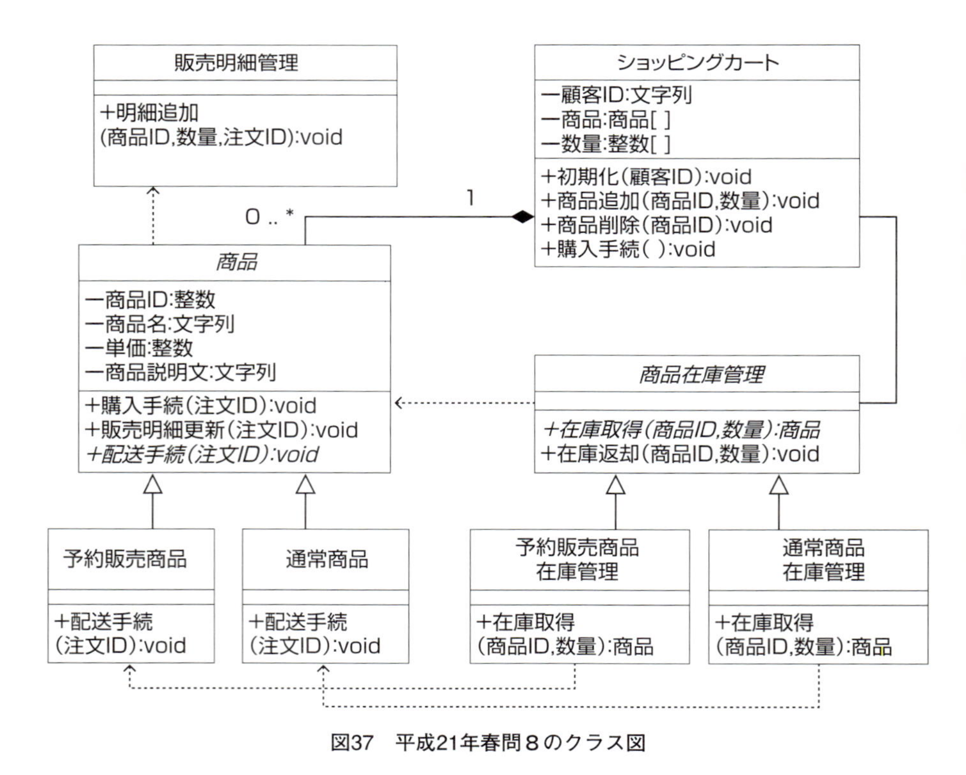

図37　平成21年春問８のクラス図

予約販売商品と通常商品に共通する性質は，抽象クラス商品に定義しています。ただし配送手続は処理が異なるため，それぞれの具象クラスに個別に定義しています。商品には配送手続の抽象メソッドを用意し，ポリモフィズムに備えています。まさに汎化構造のお手本のような設計です。

同じ設計は，商品在庫管理と予約販売商品在庫管理，通常商品在庫管理にも見られます。確認してください。

依存関係に着目しましょう。依存関係はクラス間の弱い関係です。具体的には，

① 一時的な利用関係がある
　ローカル変数や引数，返却値に依存先のクラスのインスタンスを用いる

② 依存先の変更が依存元に影響を与える

といった関係です。

商品在庫管理の在庫取得メソッドは，商品のインスタンスを返却します（①の関係）。つまり，商品在庫管理は商品に依存しているのです。ただし，これらはともに抽象クラスなので，その具象クラスである予約販売商品在庫管理と予約販売商品および通常商品在庫管理と通常商品にも依存関係が生じます。

販売明細管理は，文字どおり販売明細を管理します。その内容の変更は，商品の販売明細更新メソッドに影響を与えます（②の関係）。つまり，商品は販売明細管理に依存しています。

ショッピングカートの中には，購入した商品が格納されます。つまり「ショッピングカート has a 商品」という集約関係が生じます。何らかの理由でショッピングカート自体が破棄されると，中に入っている商品もすべて破棄されなければなりません。両者は通常の集約よりも強いコンポジション関係で結ばれています。

多重度で見れば，ショッピングカートには複数の商品が格納されます。もちろん空の状態もあり得るため，ショッピングカート１に対して，商品は０以上（0..*）が対応します。

▶シーケンス図の読解

学習のポイント

オブジェクト指向系の出題では，全体の静的構造をクラス図で見せた上で，動的な振舞いを分析するというパターンがよく使われます。シーケンス図はオブジェクト同士のメッセージのやりとりを記述する図で，振舞いを表す代表的な図式表現です。

1 シーケンス図の要素

シーケンス図の基本要素はライフラインとメッセージです。ライフラインはクラスやオブジェクト，アクタなど「メッセージをやりとりする主体」を表します。メッセージはライフライン上に矢印で記入します。

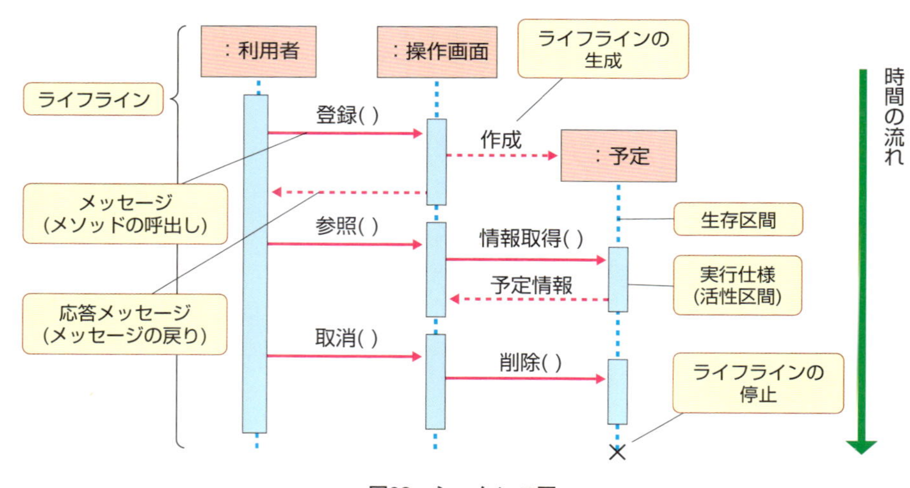

図38　シーケンス図

図38は，予定を管理するプログラムをモデル化したシーケンス図です。利用者は予定を登録し，参照した後に予定を取り消します。

図に登場する「利用者」や「操作画面」，「予定」がライフラインです。設計が進めば，コロン（：）の左に具体的なインスタンス名を記入することもできます。

破線はライフラインの生存区間で，ライフラインの停止（オブジェクトの破棄など）は×で明示します。ライフライン上の長方形は，ライフラインが実行状態であることを表します。

　メッセージは時系列に矢印で表します。破線の矢印は応答メッセージで戻り値を表します。図38では，操作画面から予定オブジェクトの情報取得メソッドが呼び出され，予定オブジェクトが予定情報を返却しています。

2 複合フラグメント

　複合フラグメントはシーケンス図に制御構造を加えるための要素で，UML2.0で導入されました。複合フラグメントには次のようなものがあります。

表30　複合フラグメント

相互作用使用（ref）	別シーケンス図の参照	ブレイク（break）	処理の中断
オルタナティブ（alt）	処理の分岐	クリティカル（critical）	他からの割込みを禁止する
オプション（opt）	条件が成立する場合のみ実行	アサーション（assert）	テストに用いる処理
		否定（neg）	本来は実行されない処理
パラレル（par）	処理の並列実行	無効（ignore）	一時的に除外する処理
ループ（loop）	処理の繰返し	有効（consider）	無効の逆。実行する処理

　アサーション以降は開発途中やテストで利用するもので，試験対策上は重要ではありません。それ以外の要素，とりわけオルタナティブやオプション，ループは一般的にもよく用いる制御構造なので注意が必要です。以下に例を示します。

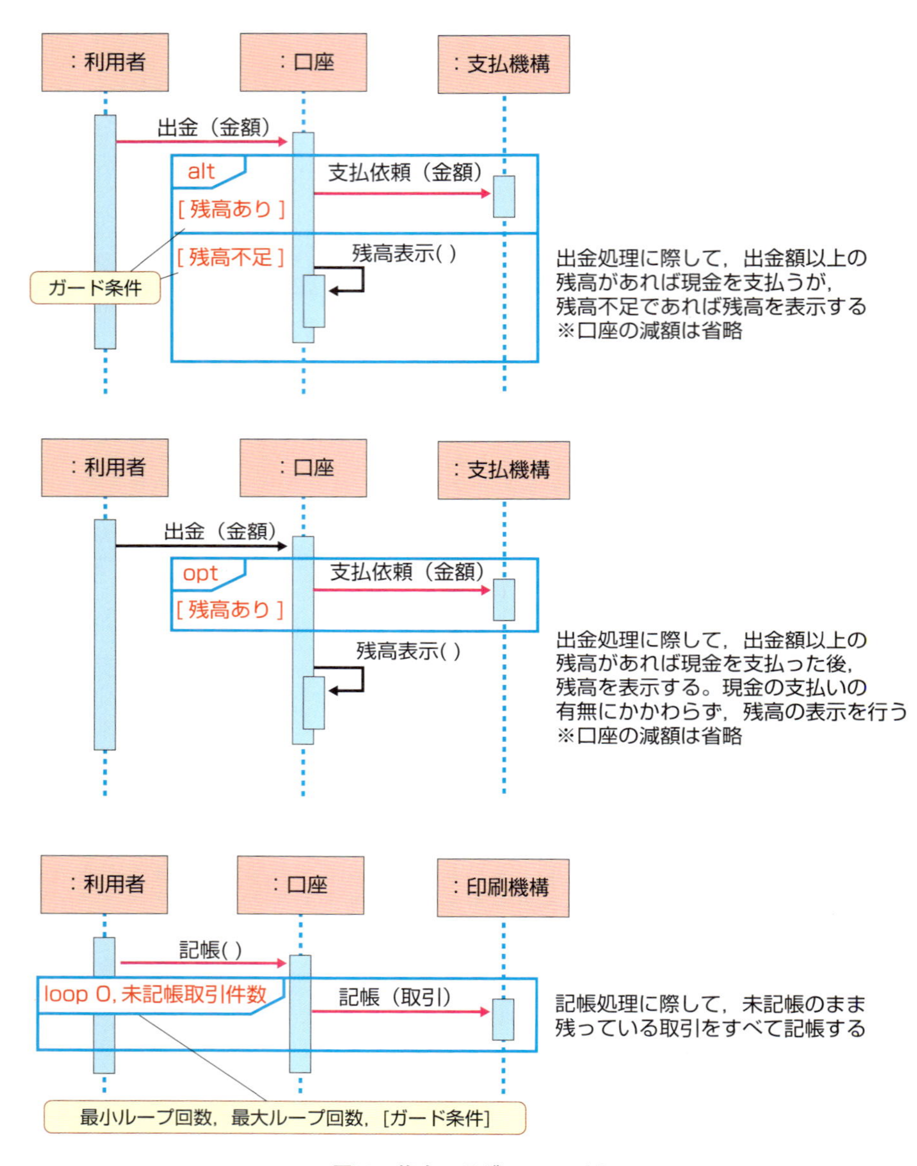

図39　複合フラグメントの例

オルタナティブを用いた場合，支払依頼と残高表示は排他的に行われます。つまり，出金後に残高は表示しません。支払依頼をオプションにすれば，出金後にも残高を表示できます。

ループには繰返しの回数を指定します。最小ループ回数，最大ループ回数，ガード条件はいずれも省略可能です。

3 シーケンス図の読解

平成22年春に（試験問題にしては）長めのシーケンス図が出題されました。読解に挑戦してみましょう。

テーマは切符の自動販売機で，急行券の販売を記述しています。

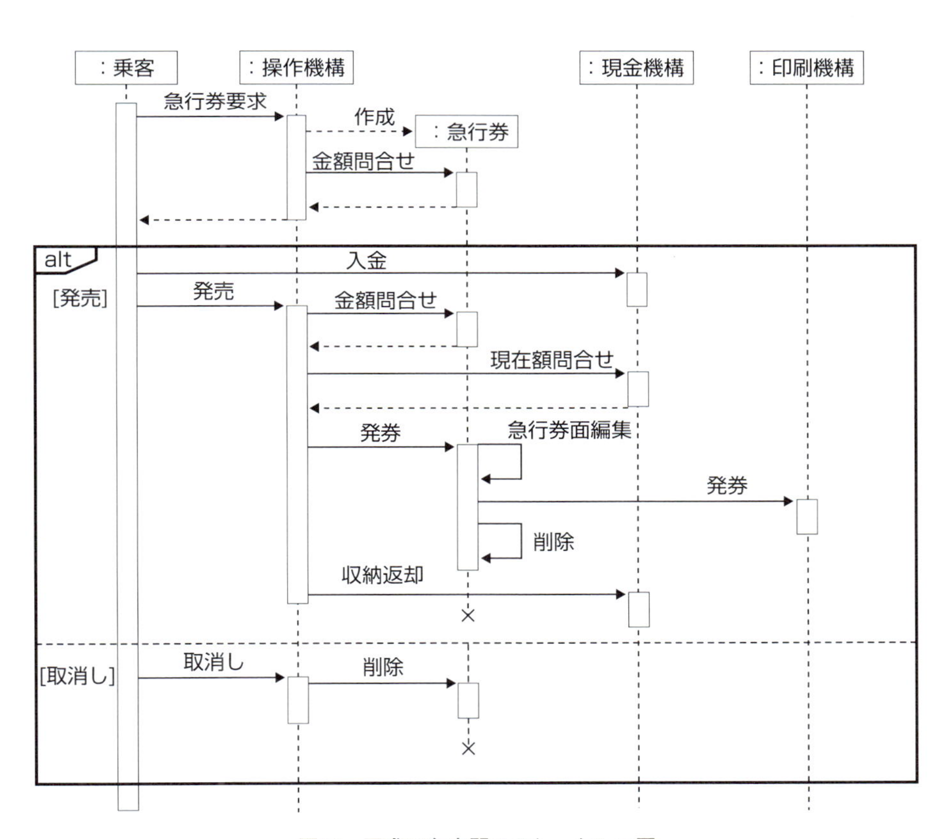

図40　平成22年春問８のシーケンス図

乗客は自動販売機に急行券を要求します。乗車駅や降車駅，乗車する列車は，シーケンス図には現れていませんがここで入力します。

自動販売機の内部で急行券のインスタンスが作成され，金額と併せて操作機構に表示されます。

金額を確かめた乗客は現金機構に入金し，発売ボタンを押します。操作機構は，急行券の金額と入金額を取得して，急行券に発券を指示します。これを受け，急行券は印刷イメージ（急行券面）を作成し，印刷機構に発券を指示します。これで急行券は役割を終えたので，インスタンスを削除します。現金機構に入金された金額を収納し，つり銭があれば返却します。

乗客が急行券の取消しを選んだ場合は，操作機構が急行券を削除します。

▶アクティビティ図の作成

学習のポイント

システム開発の最後にアクティビティ図を読解します。アクティビティ図はオブジェクトが行う処理の流れを記述する図で，振舞いを表す図式表現としてシーケンス図と並んで重要です。

1 アクティビティ図の要素

アクティビティ図の主役は，アクティビティとフローです。アクティビティは一連の振舞いをまとめた単位で，アクティビティ同士をフロー（矢印）で結んで実行順序を表します。先にも述べましたが，まさにUMLのフローチャートです。

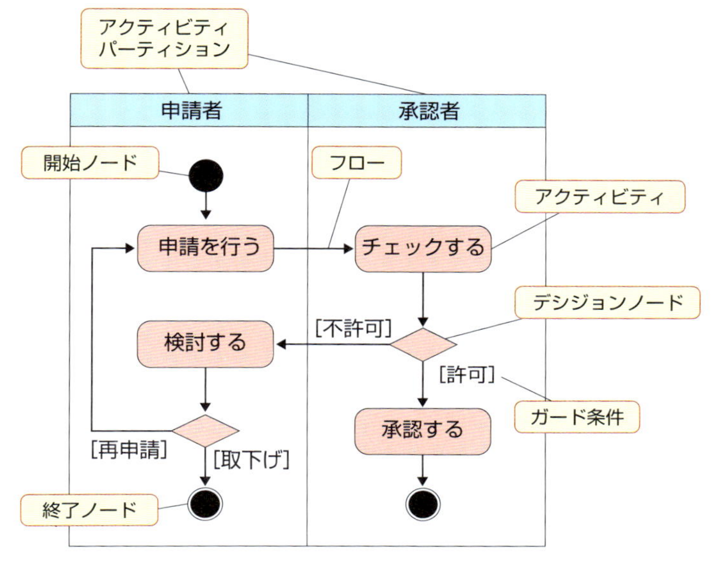

図41　アクティビティ図

アクティビティパーティションは，アクティビティをグループにまとめたものです。オブジェクトを指定するのが一般的です。

矢印がフローです。単なる順序関係を表す場合は**コントロールフロー**，何らかのモノを引き渡す場合は**オブジェクトフロー**とよびます。図41で「申請を行う」と「チェックする」を結ぶフローは，実際には申請書が引き渡されるオブジェクトフローです。

デシジョンノードはフローの分岐点です。ノードには，図41に登場したもののほか，フローの合流を表す**マージノード**，処理の同時並行を開始する**フォークノード**，並行処理を同期させる**ジョインノード**があります。

[2] アクティビティ図の読解

クラス図の読解で参照した平成21年春の試験で，アクティビティ図が出題されました。平成21年春は，クラス図による静的分析とアクティビティ図による動的分析を組み合わせた，まさに典型的な出題でした。

テーマはネットショッピングです。読解に挑戦してみましょう。

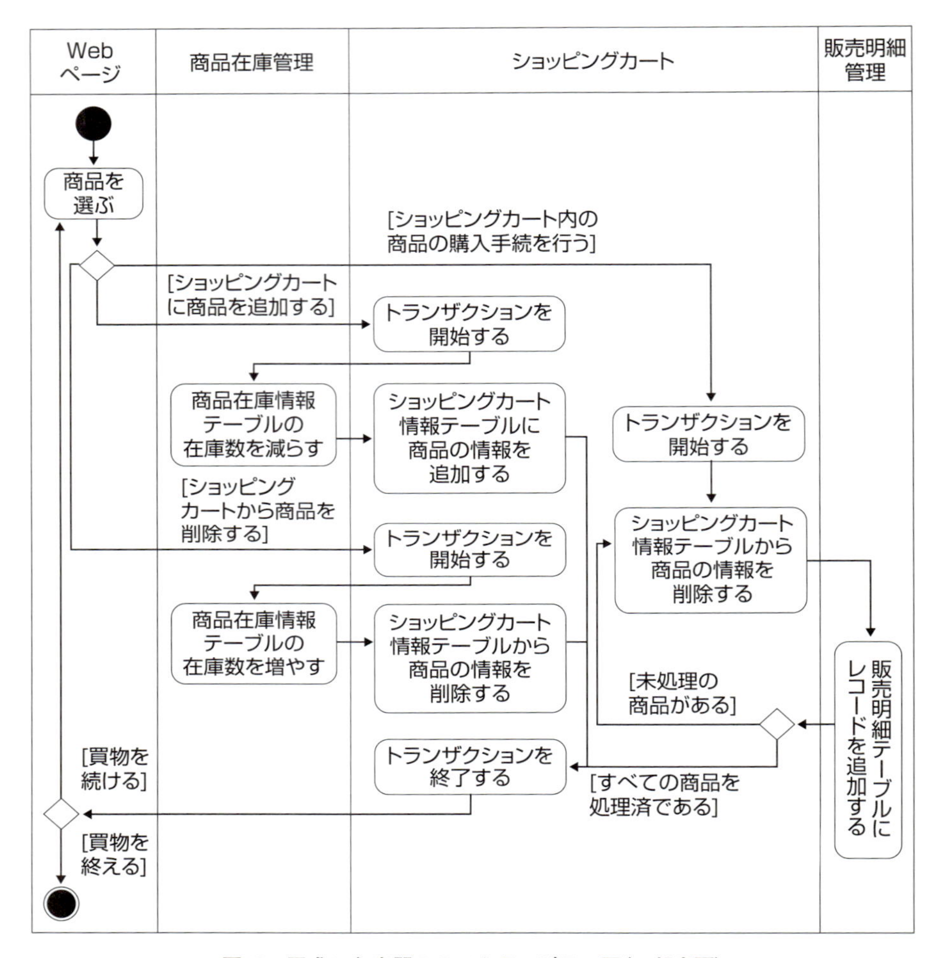

図42　平成21年春問８のアクティビティ図（一部変更）

処理の流れは比較的素直です。「商品を追加する」を選ぶと，在庫数が減らされカートに商品情報を追加します。「商品を削除する」を選ぶと，追加の逆を行います。「購入手続を行う」を選ぶと，カート内のすべての商品について，

- ・カートから商品情報を削除
- ・販売明細テーブルにレコードを追加

を繰り返します。

❖確認問題

※問題出典 H：平成　R：令和，S：春期　F：秋期（基は基本情報技術者試験）

問題 1

顧客に，Ａ～Ｚの英大文字26種類を用いた顧客コードを割り当てたい。現在の顧客総数は8,000人であって，毎年，前年対比で２割ずつ顧客が増えていくものとする。３年後までに全顧客にコードを割り当てられるようにするためには，顧客コードは少なくとも何桁必要か。　R４F・問24　H26F・問23　基 H29S・問23

ア　３　　イ　４　　ウ　５　　エ　６

問題 2

汎化の適切な例はどれか。　H29S・問47

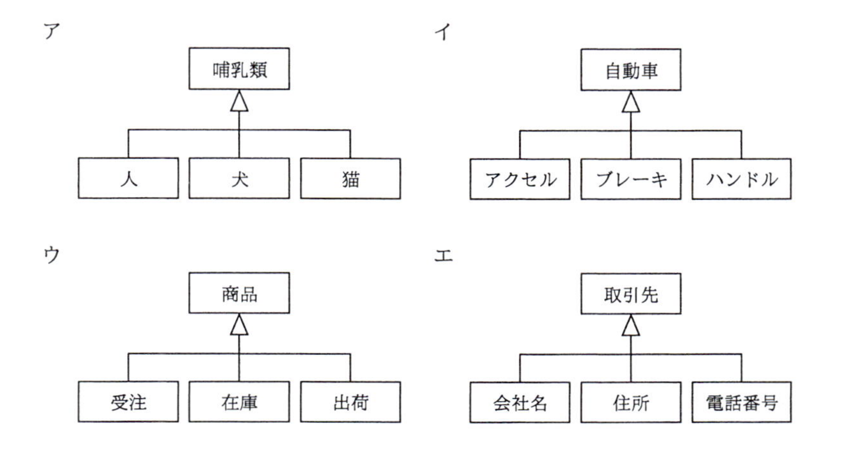

問題 3

モジュールの独立性の尺度であるモジュール結合度は，低いほど独立性が高くなる。次のうち，モジュールの独立性が最も高い結合はどれか。　R４S・問46

ア　外部結合　　イ　共通結合　　ウ　スタンプ結合　　エ　データ結合

問題 4

UMLにおける振る舞い図の説明のうち，アクティビティ図のものはどれか。

R3F・問47 基 H31S・問46

ア　ある振る舞いから次の振る舞いへの制御の流れを表現する。

イ　オブジェクト間の相互作用を時系列で表現する。

ウ　システムが外部に提供する機能と，それを利用する者や外部システムとの関係を表現する。

エ　一つのオブジェクトの状態がイベントの発生や時間の経過とともにどのように変化するかを表現する。

問題 5

流れ図において，分岐網羅を満たし，かつ，条件網羅を満たすテストデータの組みはどれか。

H29S・問48

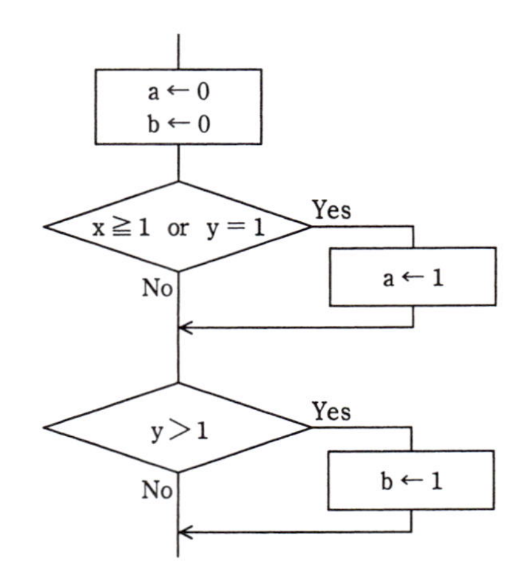

	テストデータ	
	x	y
ア	2	2
	1	2
イ	1	2
	0	0
ウ	1	2
	1	1
	0	1
エ	1	2
	0	1
	0	2

問題 6

ソフトウェアの品質特性のうちの保守性に影響するものはどれか。　H28S・問46

ア　ソフトウェアが，特定の作業に特定の利用条件でどのように利用できるかを利用者が理解しやすいかどうか。
イ　ソフトウェアにある欠陥の診断又は故障原因の追究，及びソフトウェアの修正箇所を識別しやすいかどうか。
ウ　ソフトウェアに潜在する障害の結果として生じる故障が発生しやすいかどうか。
エ　ソフトウェアの機能を実行する際に，資源の量及び資源の種類を適切に使用するかどうか。

問題 7

作業成果物の作成者以外の参加者がモデレータとして主導する役割を受け持つこと，並びに公式な記録及び分析を行うことが特徴のレビュー技法はどれか。

R元F・問48　H28S・問49

ア　インスペクション　　イ　ウォークスルー
ウ　パスアラウンド　　エ　ペアプログラミング

問題 8

アジャイル開発などで導入されている“ペアプログラミング”の説明はどれか。

R3S・問50

ア　開発工程の初期段階に要求仕様を確認するために，プログラマと利用者がペアとなり，試作した画面や帳票を見て，相談しながらプログラムの開発を行う。
イ　効率よく開発するために，２人のプログラマがペアとなり，メインプログラムとサブプログラムを分担して開発を行う。
ウ　短期間で開発するために，２人のプログラマがペアとなり，交互に作業と休憩を繰り返しながら長時間にわたって連続でプログラムの開発を行う。
エ　品質の向上や知識の共有を図るために，２人のプログラマがペアとなり，その場で相談したりレビューしたりしながら，一つのプログラムの開発を行う

問題 9

コードの値からデータの対象物が連想できるものはどれか。

H31S・問24　H29S・問24　H27F・問24

ア　シーケンスコード　　イ　デシマルコード
ウ　ニモニックコード　　エ　ブロックコード

問題 10

ユーザインタフェースのユーザビリティを評価するときの，利用者の立場からの評価手法と専門家の立場からの評価手法の適切な組みはどれか。

R4S・問24　R元F・問24

	利用者の立場からの評価手法	専門家の立場からの評価手法
ア	アンケート	回顧法
イ	回顧法	思考発話法
ウ	思考発話法	ヒューリスティック評価法
エ	認知的ウォークスルー法	ヒューリスティック評価法

解答・解説

問題 1　ア

顧客は毎年1.2倍に増加するため，３年後の顧客数は，

$$8{,}000 \times 1.2 \times 1.2 \times 1.2 = 13{,}824 \text{［人］}$$

となる。一方でn桁の文字コードは26^n人の顧客を識別できる。26^nをいくつか計算してみると，

$$26^2 = 676,\ 26^3 = 17{,}576,\ \cdots$$

となるので，少なくとも３桁以上の顧客コードであれば，13,876人を識別できることがわかる。

問題 2　ア

汎化は，下位クラスに共通する性質を上位クラスに定義することである。人，犬，猫は等しく哺乳類であるため，これを上位に定義した構造が汎化となる。

イ　下位クラスが上位クラスの構成部品となる，集約関係を表す。

ウ　下位が上位クラスの手続を表している。

エ　下位が上位クラスの属性を表している。

問題 3　エ

モジュール結合度はモジュール間の関連の強さを表す。結合度は弱いほどモジュールの独立性は高くなる。選択肢のモジュール結合度を弱い順に並べると，次のようになる。

データ結合：構造をもたない引数でデータを受け渡す

スタンプ結合：構造をもつ引数でデータを受け渡す

外部結合：構造をもたない大域的データを共用する

共通結合：大域的データを共用する

問題 4　ア

アクティビティ図は処理（振舞い）の流れを記述する。

イ　シーケンス図に関する記述である。

ウ　ユースケース図に関する記述である。

エ　ステートマシン図に関する記述である。

問題 5　エ

分岐網羅は，全ての分岐におけるYes/Noを網羅すること，条件網羅は分岐の条件を構成する個々の条件の真偽を網羅することである。問題文の流れ図でこの両方を満たすためには，テストデータが，

（x≧1 or y＝1）の真偽，x≧1の真偽，y＝1の真偽，y＞1の真偽

を網羅する必要がある。選択肢エの組は，下図のように全ての真偽を網羅している。

※ テストデータは(x, y)の並び

	x≧1 or y=1	x≧1	y=1	y>1
真	(1, 2), (0, 1)	(1, 2)	(0, 1)	(1, 2), (0, 2)
偽	(0, 2)	(0, 1), (0, 2)	(1, 2), (0, 2)	(0, 1)

問題 6　イ

ア　ソフトウェアが理解しやすいかどうかは使用性に影響する。

イ　欠陥の診断又は故障原因の追究，修正箇所を識別しやすいかどうかは保守性に影響する。

ウ　故障が発生しやすいかどうかは信頼性に影響する。

エ　実行時の資源の量及び資源の種類が適切かどうかは効率性に影響する。

問題 7　ア

このようなレビュー技法をインスペクションとよぶ。

ウォークスルー：成果物の振舞いを検証し，バグの検出を行う技法

パスアラウンド：成果物を電子メールなどで配布・回覧してレビューを行う技法

ペアプログラミング：二人が１台のコンピュータを使って開発を行う技法

問題 8　エ

ペアプログラミングは，２人のプログラマがペアとなり，プログラムの実装とチェックを分担する手法である。相談やレビューをその場で行うことができるため，品質の高いコードを効率的に作成できる。

問題 9　ウ

値から対象物が連想できるようなコードを，ニモニック（連想）コードと呼ぶ。

シーケンス（順番）コード：連番を割り振るコード

デシマル（10進）コード：対象を0～9に分類することを繰り返すコード

ブロック（区分）コード：対象をいくつかのブロックに分け，ブロック内で連番を割り振るコード

問題 10　ウ

　思考発話法は，利用者が「考えていることを話しながら」操作を行う方法で，利用者の立場からの評価手法である。これに対しヒューリスティック評価法は，経験則に基づいて専門家が評価する方法である。

回顧法：利用者による操作を専門家が観察し，事後に質問を行う

認知的ウォークスルー：専門家が利用者になったつもりで操作を行う

第10章

マネジメント

1 プロジェクトマネジメント

学習のポイント

どんなにすばらしい技術をもつ開発チームであっても，それだけでは情報システムを生み出すことはできません。現実的な予算とスケジュールの中で「よいシステム」を作るためには，プロジェクトを成功に導くためのマネジメントが不可欠なのです。ここではプロジェクトマネジメントに必要な知識を，PMBOKの知識エリアに沿って説明します。

1 プロジェクトとプロジェクトマネジメント

プロジェクトとは，独自性や有期性（開始と終了が定まっている）業務で，通常の業務とは別に発生します[1]。こうしたプロジェクトを有効に機能させ，目的を達成するためには，

- ・資源（人，もの，金）
- ・品質やスコープ（作業量の規模・範囲，成果物の範囲）
- ・時間や工数

といった要求事項を管理し，最適化しなければなりません。そのための活動が，**プロジェクトマネジメント**です。

> **重要ポイント**
> [1] プロジェクトと通常業務の違い
> プロジェクト
> → 期間限定のチーム
> 通常業務
> → 活動を継続的に遂行

■プログラムマネジメント

同時並行的に進められている相互に関連するプロジェクト群を管理することを，プログラムマネジメント[2]とよびます。プログラムマネジメントではプログラムマネージャが置かれ，複数プロジェクトを統括します。プログラムマネージャは，「プロジェクトマネージャ（PM）のマネージャ」といえるかもしれません。

> **重要ポイント**
> [2] プログラムマネジメントはストラテジ分野にも活用できる。企業活動全体をプロジェクトの結合体と捉え，プログラムマネジメントを実施して相乗効果を高める

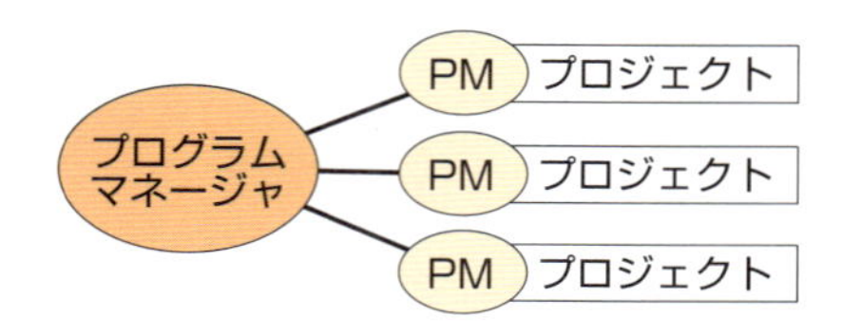

図1　プログラムマネジメント

2 プロジェクトマネジメントの規格

プロジェクトは，標準的な方法論や技法に沿ってマネジメントされなければなりません。それに必要な知識体系を定めた標準が**PMBOK**で，プロジェクトマネジメントにおける事実上の標準と見なされています。また，JISはプロジェクトマネジメントの手引きとして**JIS Q 21500**を定めています。

JIS Q 21500は，プロジェクトで行うべき活動（プロセス）を，プロジェクトのライフサイクルに沿って，次のように分類しています。

表1　ライフサイクルによるプロセス群の分類

立ち上げ	プロジェクトフェーズ又はプロジェクトを開始するために使用し，プロジェクトフェーズ又はプロジェクトの目標を定義し，プロジェクトマネージャがプロジェクト作業を進める許可を得る
計画	計画の詳細を作成する
実行	実行のプロセスは，プロジェクトマネジメントの活動を遂行し，プロジェクトの全体計画に従ってプロジェクトの成果物の提示を支援する
管理	プロジェクトの計画に照らしてプロジェクトパフォーマンスを監視し，測定し，管理する
終結	プロジェクトフェーズ又はプロジェクトが完了したことを正式に確定するために使用し，必要に応じて考慮し，実行するように得た教訓を提供する

さらにJIS Q 21500は，プロジェクトの活動を管理対象によって次のように分類しています。

表2　管理対象によるプロセス群の分類

統合	プロジェクトに関連する活動やプロセスを調整する
ステークホルダ	ステークホルダを特定し管理する
スコープ	作業や成果物を特定し定義する
資源	機器や人員など，適切なプロジェクト資源を特定し取得する
時間	スケジュールを立て，進捗を管理する
コスト	予算を作成し，進捗を監視してコストを管理する
リスク	脅威や機会を特定し管理する
品質	品質の保証及び管理を計画し，確定する
調達	製品やサービスを調達し，供給者との関係を管理する
コミュニケーション	情報の計画，マネジメント，配布を行う

以下に，表2のプロセス群から，頻出分野をピックアップします。

3 プロジェクトのスコープ

プロジェクトが成功するためには，作業の範囲や開発すべき成果物が明確に定まっていなければなりません。もしそれらが不明確であれば，システムはずるずると肥大してしまうからです。**“スコープ”**のプロセス群は，作業範囲（**スコープ**）の定義や管理を行います[3]。

重要ポイント
[3] スコープの拡張や縮小は，変更要求を受けて検討する

■“スコープ”の活動

“スコープ”のプロセス群は，次の活動を行います。

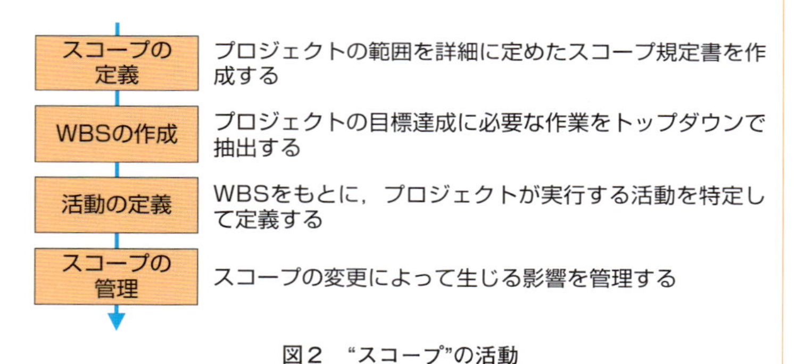

図2 “スコープ”の活動

■WBS(Work Breakdown Structure)作成

WBS[4]は，プロジェクトが実行する作業を，**要素成果物を主体としてトップダウンに分解した構造**[5]です。分解は階層的に行い，レベルが下がるごとに作業は詳細化されます。

重要ポイント
[4]「階層的な分解」「作業の体系的な整理」などがWBSを特徴づけるキーワード

重要ポイント
[5] WBSを作成することで，作業の全体が把握しやすくなる

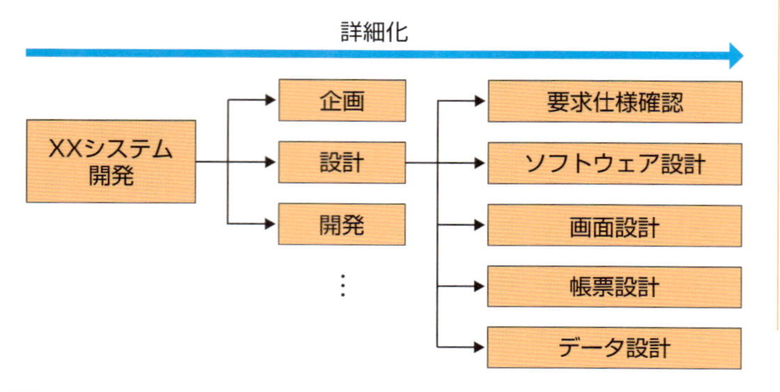

2．システム開発	担当	工数	期間	成果物
2．1　要求仕様確認	B	＊日×＊人	＊月＊日〜＊月＊日	機能仕様書
2．2　ソフトウェア設計	C	＊日×＊人	＊月＊日〜＊月＊日	ソフトウェア設計書
2．3　画面設計	D	＊日×＊人	＊月＊日〜＊月＊日	画面設計書
2．4　帳票設計	D	＊日×＊人	＊月＊日〜＊月＊日	帳票設計書
2．5　データ設計	D	＊日×＊人	＊月＊日〜＊月＊日	データ設計書

図３　WBS

WBSで得られた最下位層の構成要素を**活動**とよびます。

4 プロジェクトの時間

“時間”のプロセス群は，“スコープ”で定義した活動を順序付けし，期間を見積もってスケジュールを作成します。

■“時間”の活動

“時間”のプロセス群は，次の活動を行います。

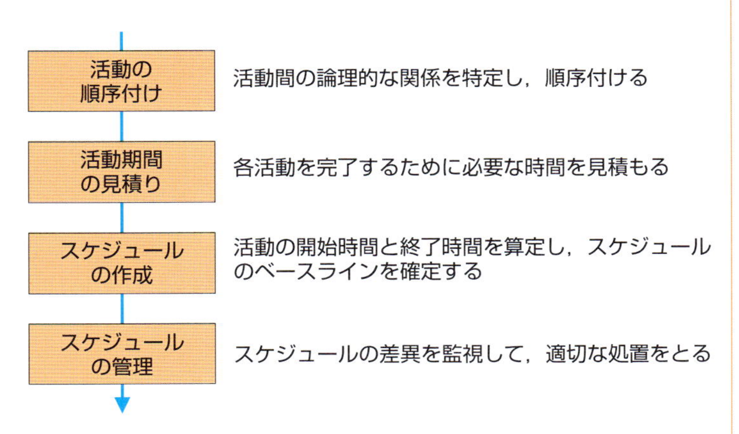

図４　“時間”の活動

ローリングウェーブ計画法[6]

ローリングウェーブ計画法は，近い将来に行うべき作業を詳細に計画する一方で，**遠い将来の作業は概要にとどめておく**計画技法です。これは，機能仕様や基本設計が近い作業から順に明らかになるというプロジェクトの現実に沿った技法です。

重要用語
[6] ローリングウェーブ計画法
明確な作業は詳細に計画し，不明確な作業は明確になるまで待つ

アローダイアグラム

活動の順序関係は，**アローダイアグラム**などに表されます。次の事例をもとに，考えましょう。

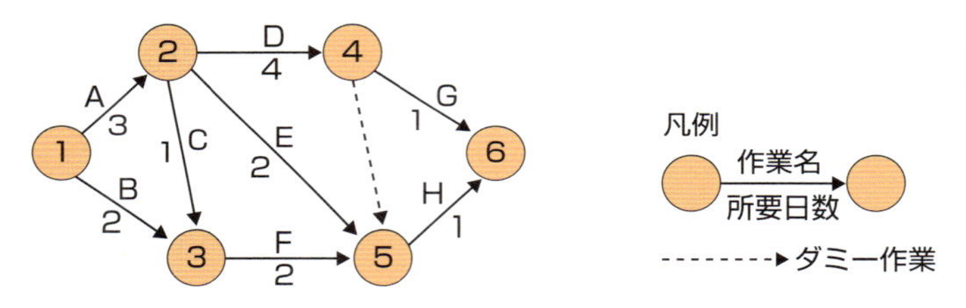

図5　アローダイアグラム

矢印が**作業**を，丸印が**結合点**を表します。結合点に複数の作業が合流する場合は，**それらがすべて終了しない限り次の作業に進めません**。たとえば結合点③は「作業B，Cが共に終了しなければ作業Fに着手できない」という状況を表しています。

破線の矢印は**ダミー作業**を表します。これは，**実体のない作業**で，結合点の前後関係のみを表します[7]。図５では④と⑤がダミー作業で結ばれています。これは作業E，Fに加え，作業Dが終了していなければ，作業Hに着手できないことを表しています。

基本ポイント
[7] ダミー作業は「所要日数が０」の作業と考えてよい

〈最早結合点時刻の算出〉

最早結合点時刻は，各結合点において「**後続作業に最も早く着手できる時刻**」のことです。これは，出発点（①）の最早結合点時刻を０とし，矢印に沿って順次求めます。

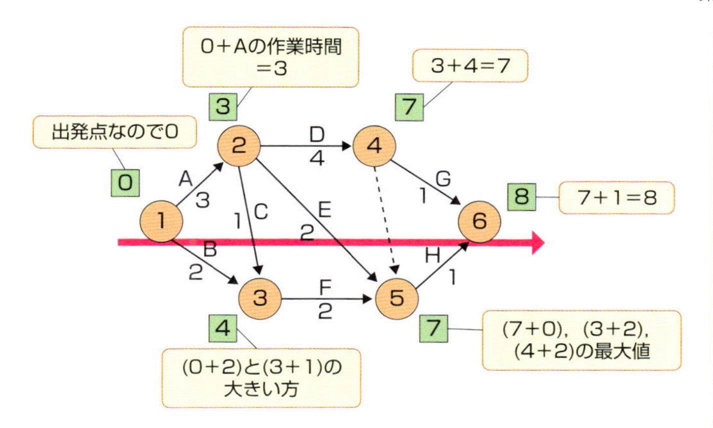

図6　最早結合点時刻の算出

最早結合点時刻は，直前の節の最早結合点時刻に作業時間を加えて求めます。**複数の作業が合流する場合は，大きな方を選択**します。結合点③で見れば，

作業Bが合流する時刻：0＋2 ＝２日目

作業Cが合流する時刻：3＋1 ＝４日目

です。作業Bは２日目に終わりますが，その時点では作業Cが終わっていません。作業Cが終わる４日目になって初めて「③に合流するすべての作業が終了する」という条件を満たし，作業Fに着手できるのです。つまり，③の最早結合点時刻は４日目となります。

このように求めた到達点（⑥）の最早結合点時刻が，全作業を終えるために必要な**最短所要日数**となります[8]。

〈最遅結合点時刻の算出〉

最遅結合点時刻は，各結合点において「期限を守るために，**後続作業に着手しなければならないぎりぎりの時刻**」のことです[9]。ここで期限は，到達点の最早結合点時刻です。

最遅結合点時刻は期限からの逆算なので，到達点から矢印を遡って求めます。

重要ポイント

[8] 全作業の最短所要日数 ＝ 到達点の最早結合点時刻

重要ポイント

[9] 最遅結合点時刻は，本試験では「最遅開始日」や「遅くとも通過しなければならない時刻」などの表現で表されることがある

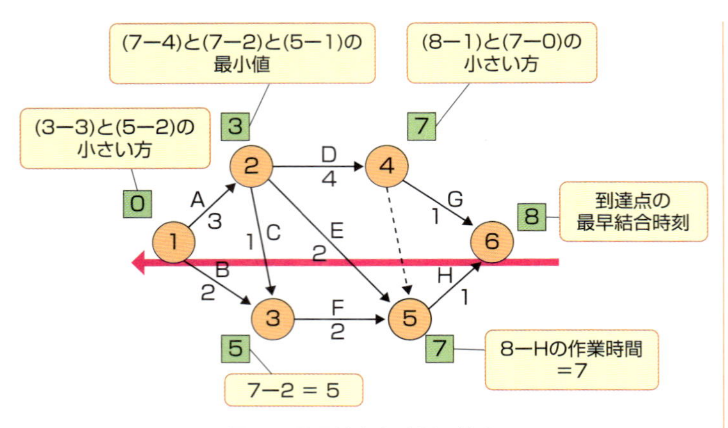

図7　最遅結合点時刻の算出

複数の経路から逆算する場合には時刻の小さい方[10]，すなわち**スケジュールの厳しい側を選びます**。緩い側の時刻を選んでしまうと，厳しい側の作業が期限に間に合わなくなってしまうからです。

重要ポイント

[10] 最早結合点時刻は「最大値」を，最遅結合点時刻は「最小値」を選ぶので注意すること

〈クリティカルパスの選択〉

最早結合点時刻と最遅結合点時刻が等しい結合点は，作業の待ち合わせや後続作業の着手に余裕のない結合点です。それらを結ぶ余裕時間のない作業経路[11]を**クリティカルパス**とよびます。クリティカルパス上の作業の遅れは全体の遅れにつながるため，厳密に管理しなければなりません。

テクニック

[11] 全作業経路の中から「合計作業時間が最も長い経路」がクリティカルパスになり，クリティカルパス上の合計作業時間が最短所要時間となる。クリティカルパスや最短所要時間を求めるだけならば，こちらの方が速い

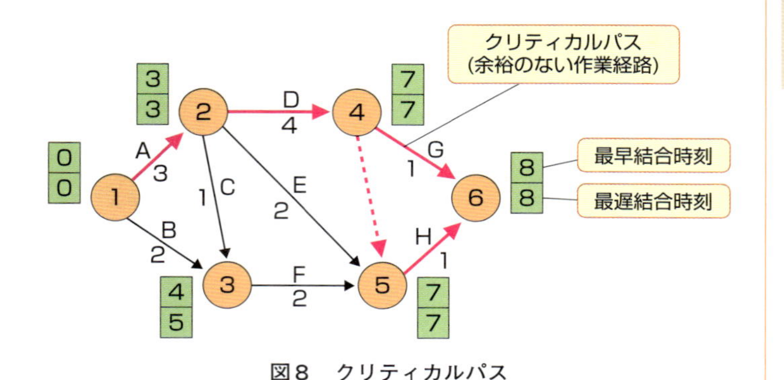

図8　クリティカルパス

作業時間の短縮を図る場合には，**クリティカルパス上の作業を短縮**します[12]。

> **重要ポイント**
> [12] クリティカルパス上の作業を対象に，クラッシングやファストトラッキングを実施する

スケジュールの短縮

スケジュールを短縮する方法には，**クラッシング**や**ファストトラッキング**があります。短縮は，クリティカルパス上の作業に対して実施します。

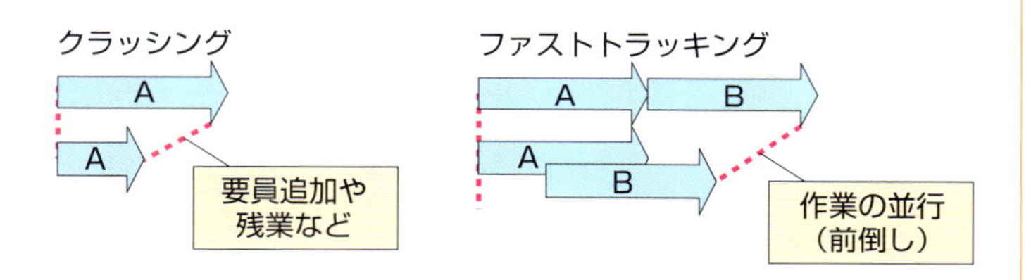

図9　クラッシング，ファストトラッキング[13]

> **重要ポイント**
> [13] ファストトラッキングのキーワードは「並行化」。例えば，全体の設計が完了する前に，仕様が固まっているモジュールの開発を開始する

5 プロジェクトのコスト

プロジェクトには予算という目標値があり，その範囲内でプロジェクトを完成することが求められます。"**コスト**"のプロセス群の目的は，コストの観点からプロジェクトの予算を計画し，実績を管理することです。

"コスト"の活動

"コスト"のプロセス群は，次の活動を行います。

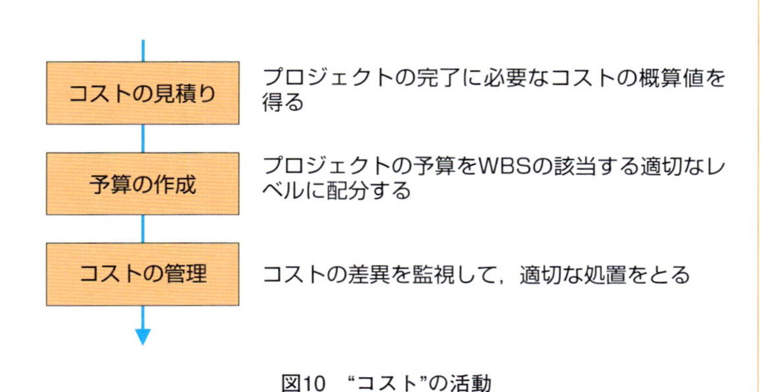

図10　"コスト"の活動

ソフトウェアの規模

ソフトウェアのコストを見積もるため，まずその規模や工数を見積もります。これには，次の方法が用いられます。

表３　規模，工数の見積り技法

ファンクションポイント法	ソフトウェアが実現する機能の量を，帳票数や画面数，ファイル数などをもとに計測し，その値をもとにソフトウェアの規模を見積もる
COCOMO	ソフトウェアの開発工数Pを，ソフトウェアの規模Kから，$P=a \times K^b$という式で求める方法（a，bは統計的に求めた定数）[14]

ファンクションポイント法では，ソフトウェアの機能数を，

外部入力，**外部出力**，**外部照会**，

内部論理ファイル，**外部インタフェースファイル**

に分類して数え上げ，複雑さによる調整を加えて**ファンクションポイント数**を算出します[15]。この方法は「機能が多いソフトウェアは，開発規模が大きい」「複雑な機能ほど規模が大きい」という，明快な考え方に基づいています。

アーンドバリュー法(EVM：Earned Value Management)

アーンドバリュー法は，プロジェクトの進捗を，

PV：計画価値，**EV：アーンドバリュー**，**AC：実コスト**

という三つの金銭価値から評価する方法で，**コストの管理**に用いられます。EVは出来高を表す値です。たとえば見積額が100万円の仕事のうち20%を終了しているならば，EVは20万円です。

重要ポイント

[14] COCOMOの係数は「自社における蓄積されたデータ」から導出する

重要ポイント

[15] 規模と工数の間には「規模の増加に伴い工数は指数的に増加する」という関係がある。COCOMOはこの関係を定式化した技法である。

開発工数

開発規模

重要ポイント

[15]「外部仕様」から導かれる「機能の量」「複雑さ」や「特性」による調整などがファンクションポイント法のキーワード。特に「機能」という言葉が登場したなら，ほぼ間違いなくファンクションポイント法だと思ってよい

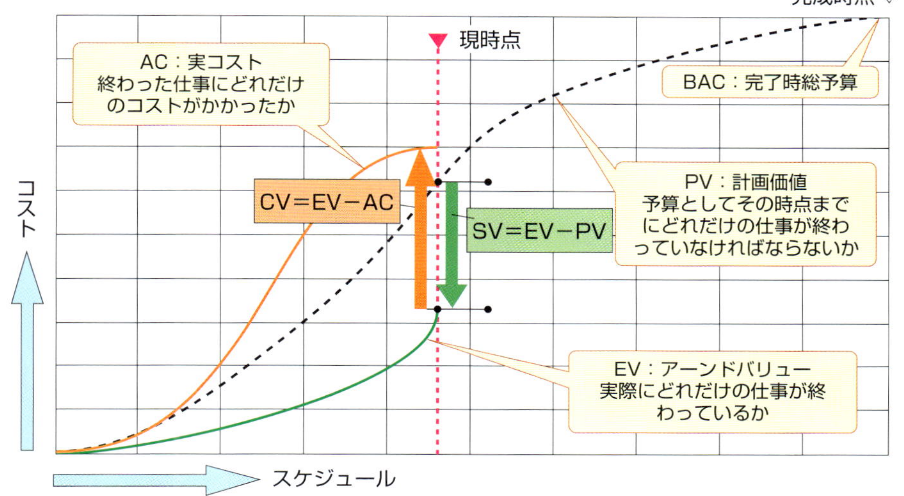

図11　アーンドバリュー法[16]

次の例を，アーンドバリュー法で評価します。

〈例〉全予算が100万円と見積もられた仕事があり，計画では現時点で50万円分が終了しているはずである。ところが，実際には40万円分の分量しか終了しておらず，かつ60万円の実コストが生じている。

このとき，

BAC＝100，PV＝50，EV＝40，AC＝60

です。スケジュール面からは，

スケジュール差異（SV）＝ EV−PV ＝ −10（万円）

より，10万円分の遅れが生じており，コスト面からは，

コスト差異（CV）＝ EV−AC ＝ −20（万円）

より，20万円分のコスト超過と評価できます[17]。

コスト面から効率を求めると，

コスト効率指標（CPI）＝ EV÷AC ＝ 2/3

なので，実コストの67％分の進捗しか得られていないことがわかります。この効率のまま残り60万円分の作業が進んだとすると，完成時における**総コストの見積額**（EAC）は，

重要ポイント

[16] アーンドバリュー法はコスト効率やスケジュール効率を評価する

基本ポイント

[17] PVはスケジュールの評価に，ACはコストの評価に用いる

$$EAC = AC + \frac{BAC - EV}{CPI} = 150 \text{（万円）}$$

となります[18]。

6 プロジェクトの品質

“品質”は，成果物が顧客のニーズを満足するために行うマネジメントです。

■“品質”の活動

“品質”のプロセス群は，次の活動を行います。

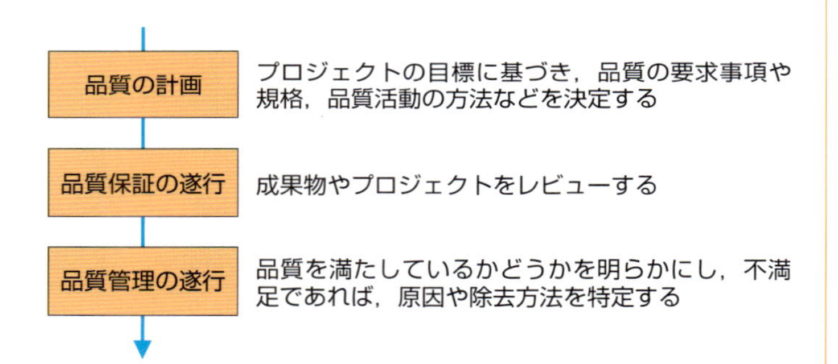

図12　“品質”の活動

品質保証の監査や品質管理は，プロジェクトの外部で別の機関や顧客が遂行してもかまいません。

■品質管理とQC七つ道具

QC七つ道具は，品質管理に用いられる代表的なツールを集めたものです。以下に簡単に説明します[19]。

①　特性要因図

問題や結果につながる要因を体系的にまとめた図で，**要因の整理や対策の検討**に用いります（図13）。

重要ポイント

[18]
- SV＝EV－PV
  負ならばスケジュール遅れ
- CV＝EV－AC
  負ならばコスト超過
- SPI＝EV÷PV
  1未満なら遅れ傾向
- CPI＝EV÷AC
  1未満ならコスト高傾向
- EAC＝AC＋（BAC－EV）÷CPI
  →完成時の総コスト見積り

[19]
QC七つ道具に何を含めるかは業務や現場によって異なる。OR，IEの分野では，フローチャート化，ランチャートの代わりにチェックシート，層別を用いている

②　管理図

管理図はサンプリングしたデータを時間ごとにプロットした図で，**工程に異常があるかどうかを判断する**ために用います。

CLはデータの平均値，**UCL**は管理上限，**LCL**は管理下限を表します。データが管理限界を超えた位置にプロットされた場合や，一定の傾向を見せるような場合に対応措置をとります（図14）。

③　フローチャート化

手順をフローチャートで表すことです。

④　ヒストグラム

ヒストグラムは，横軸にデータ値の区間，縦軸に出現頻度をとる棒グラフです。数字だけでは読み取ることが困難な分布状況を把握することができます。

⑤　パレート図

パレート図は，データを発生頻度順に並べ，累積割合の折れ線グラフを付け加えた図です。**原因の傾向を分析し，対処すべき主要原因を識別する**のに役立ちます（図15）[20]。

重要ポイント

[20] パレート図は「主要原因の識別」「優先取組テーマの選択」などに用いる

⑥　ランチャート

ランチャートはデータを発生順に打点した折れ線グラフで，**プロセスの傾向や変動を把握する**ために用います。

⑦　散布図（相関図）

散布図は，2変数をx軸，y軸に対応させてデータを打点した図で，**変数間の関係（相関）を調べる**ために用います（図16）[21]。

重要ポイント

[21] 散布図は「2変数間の傾向」を分析する
（例）
プログラムの行数が増えるとエラー数も多くなる

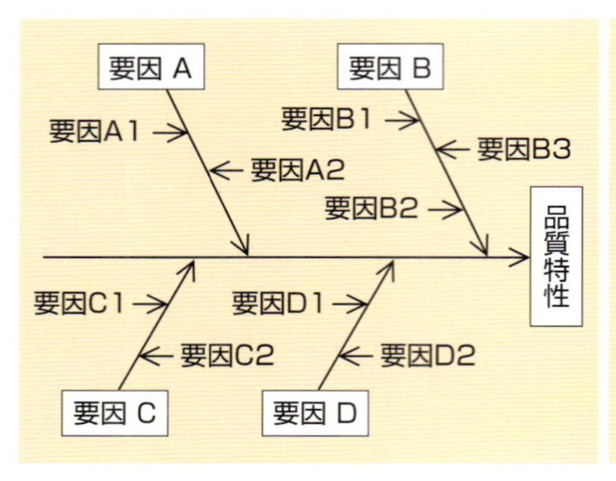

図13　特性要因図

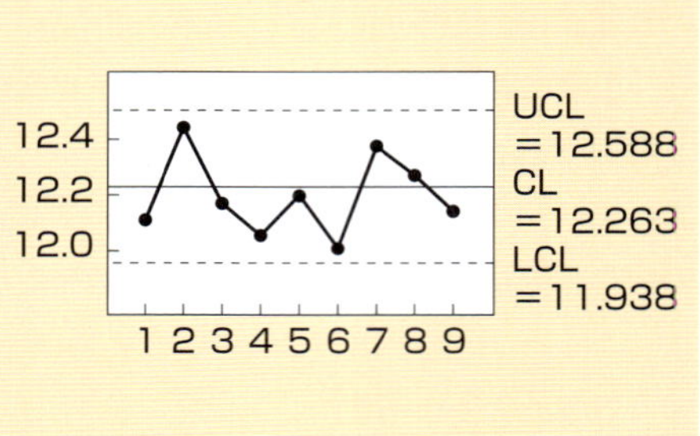

図14　管理図

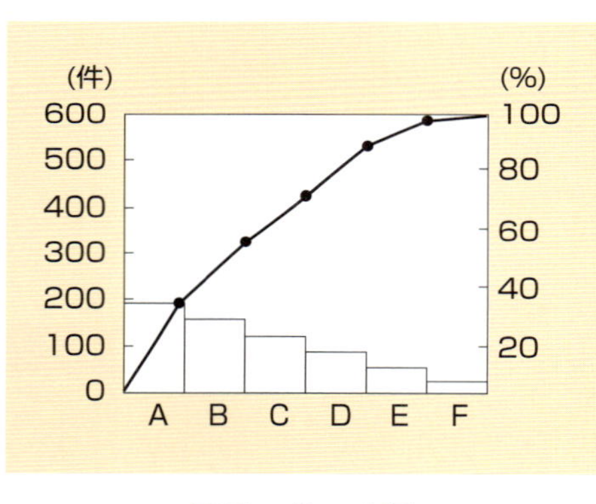

図15　パレート図

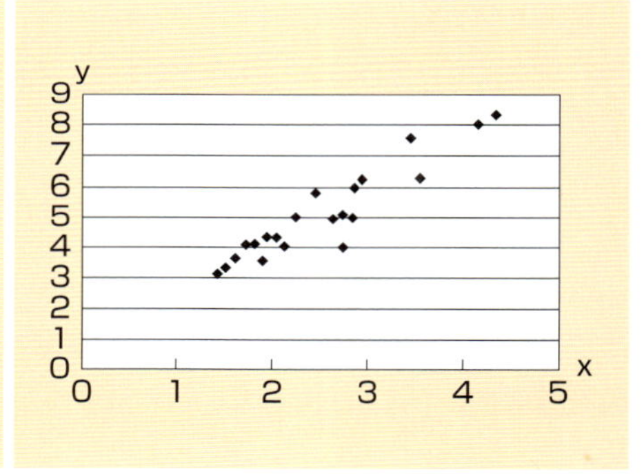

図16　散布図

7 プロジェクトの資源

“資源”は，プロジェクトチームを組織化し，それを円滑に推進するためのプロセスから構成されます。

“資源”の活動

“資源”に属するプロセス群は，次の活動を行います。

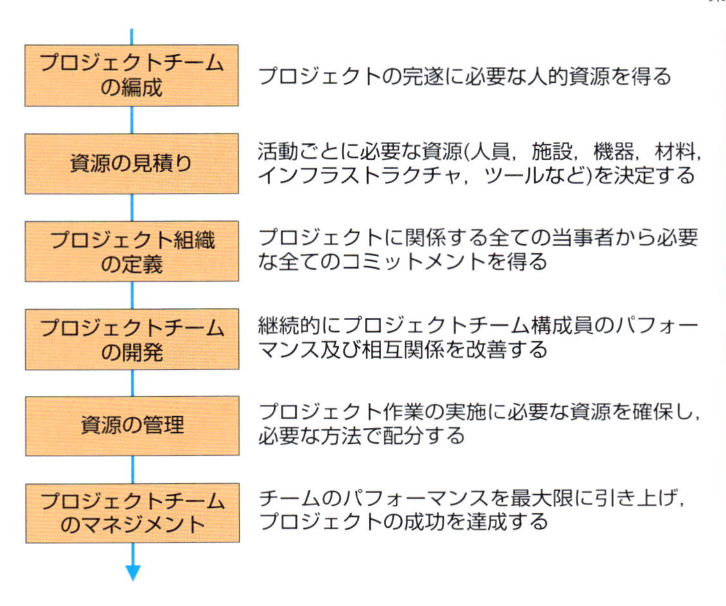

図17　“資源”の活動

第10章

■教育技法

プロジェクトチームを開発する最も大きな柱が教育です。通常よく行われる集合研修の他にも，次の技法を用いた教育を行うことがあります[22]。

表４　教育技法

インバスケット[23]	一定時間に数多くの問題を処理させることで，総合的な判断力を高める技法
ケーススタディ	実際の事例を研究したり，一般的な理論やモデルを応用するなどして，実践的な能力を高める技法
OJT (On the Job Training)	実務の中で先輩や上司が個別に指導することで，実体験から知識を習得させる技法
ロールプレイング	参加者に特定の役割を演じさせることで，役割に求められるスキルを高める技法

重要ポイント
[22] 研修は各個人の技術力に応じた内容で実施すること

重要ポイント
[23] 未決済箱(In-Basket)に入っている大量の書類を処理するイメージから，この名称が付けられた

8 プロジェクトのリスク

リスク（**プロジェクトリスク**）とは，プロジェクトの目標にプラスまたはマイナスの影響を与える事象のことです。“**リスク**”に属するプロセス群は，プラスのリスク（**機会**）を最大化し，マイナスの

リスク（**脅威**）を最小化するための管理です。

■“リスク”の活動

“リスク”は，次の活動を行います。

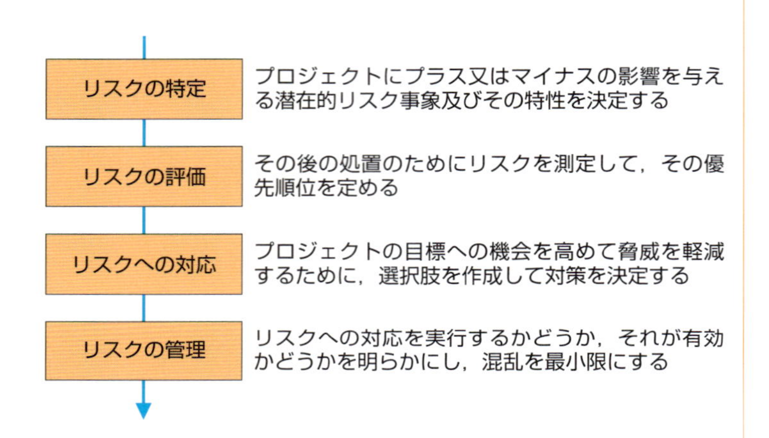

図18　“リスク”の活動

■リスク対応策

リスク対応計画で選択される戦略には，次のものがあります。

表5　リスクと戦略[24]

リスクの種別	戦略	内容
脅威	回避	脅威を取り除く方策 【例】 スケジュールの延長やスコープの縮小など
	転嫁（移転）	リスクの影響を第三者に移転する 【例】 情報化保険など
	軽減	発生確率や影響度を受容可能な程度に引き下げる 【例】 プロトタイピングの採用，より多くのテストを実施
機会	活用	機会が確実に起きるようにする方策 【例】 能力の高い要員を確保する
	共有	機会を第三者と共有する 【例】 ジョイントベンチャーなど
	強化	発生確率や影響度を増加させる
脅威／機会	受容[25]（保有）	リスクを受け入れる 【例】 コンティンジェンシー予備を設ける

!! 重要ポイント
[24] リスク保有
あえて対策を行わない
リスク転嫁
保険への加入など

! 重要ポイント
[25] 受容は，プラスのリスクにもマイナスのリスクにも適用できる

優先順位の低い脅威に関しては，あえて対策を行わない（保有する）こともあります。その場合は，脅威の発生に備えて費用や時間に余裕（**コンティンジェンシー予備**）をもたせます。

9 プロジェクトの統合

各マネジメントが勝手に計画などを修正すると，プロジェクトは収拾がつかなくなってしまいます。**“統合”**に属するプロセス群は，**各マネジメントを統合的に管理し調整**します[26]。

“統合”の大きな柱が，変更の管理です。個々のプロセス群は，変更が必要になったとき，変更要求を“統合”に出します。“統合”は，変更要求を変更登録簿に記録し，その変更による便益，スコープ，資源，時間，コスト，品質及びリスクの観点から評価し，影響を査定し，承認を得ます。変更が承認されると，全ての関係するステークホルダにその決定を通知し，変更を実施します[27]。

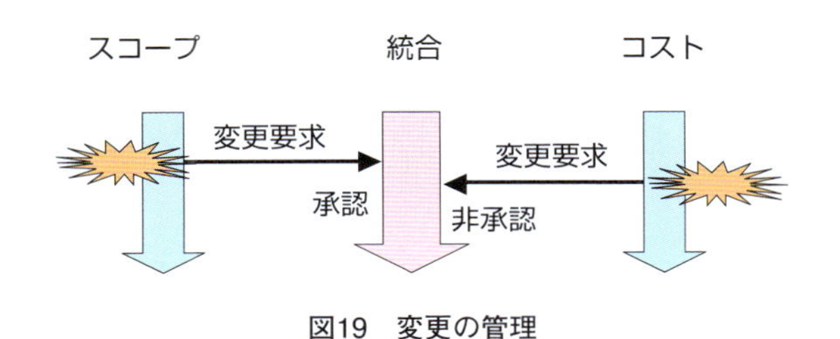

図19　変更の管理

重要ポイント
[26] プロジェクトの構成要素を管理するコンフィギュレーション・マネジメントは，統合マネジメントに含まれる

重要ポイント
[27] “統合”がスコープなどの修正を行うためには，それに関する変更要求が必要

2 サービスマネジメント

学習のポイント

情報システムは「開発して終わり」ではありません。情報システムを継続的に運用して，サービスを提供し続けることもビジネスなのです。サービスマネジメントは，情報システムを通じて「サービスを商品として成立させ，顧客に提供する」ための管理です。

1 サービスマネジメントと目標

サービスマネジメントとは，情報システムの構築や運用を「顧客に対するサービスの提供」という視点で捉え，顧客要件に沿ったサービスを提供するためのマネジメントです。サービスマネジメントは次の目標を達成するために導入します。

- 顧客ニーズに沿ったサービスを提供する
- サービス提供に関わるプロセスやルールを標準化する
- サービス品質を定量的に管理する
- サービスの価値を認識する

2 サービスマネジメントの規格

サービスマネジメントに関する規格には，次のものがあります。

表6　サービスマネジメントの規格

ITIL	1980年代に英国で成立したITサービスマネジメントの手引き
BS15000	ITILをベースに，英国規格協会で作成されたITサービスマネジメントの規格
ISO/IEC 20000	BS15000をベースに，ISOで標準化されたサービスマネジメントの規格
JIS Q 20000	日本国内におけるITサービスマネジメントの規格

ITILはサービスマネジメントにおける事例集（グッドプラクティス集）で，事実上の標準として各国で採用されています。2007年に**ITIL v3**が登場し，五つのライフサイクル段階が取り入れられ，マネジメントプロセスが再編されました。

表7　サービスライフサイクル[28]

サービスストラテジ	競合他社より優れたサービスを提供するために，戦略的な観点から，提供するサービスを定義する
サービスデザイン	サービス提供の具体的なプロセスを設計，開発する 【プロセス例】 サービスレベル管理，キャパシティ管理，可用性管理，ITサービス継続性管理など

[28] サービスライフサイクル
ITILv3で導入された五つのライフサイクル

サービストランジション	新規サービス，変更されたサービスを本番環境へ移行させる 【プロセス例】 変更管理，サービス資産管理および構成管理，リリース管理および展開管理など
サービスオペレーション	サービスを提供し，合意した水準を維持する 【プロセス例】 イベント管理，インシデント管理，問題管理，サービスデスクなど
継続的サービス改善	サービスをより良いものに改善することによって，顧客にとっての価値を創出する

以降では，代表的な**サービスマネジメントプロセス**を取り上げて説明します。

3 サービスレベル管理

顧客の考えるサービス水準と，**サービスプロバイダ**[29]が提供するサービス水準との間に差があれば，顧客の満足は得られません。これを避けるために，両者の間で**サービス水準に関する合意を結び，サービスが合意に基づいて提供されているかどうかを監視します**[30]。**サービスレベル管理プロセス**では，そのようなサービス水準に関する管理が行われます。

■SLA(Service Level Agreement)[31][32]

SLAは，顧客とプロバイダ間で取り決められた**サービスレベルに関する合意書**で，サービスレベル管理における最重要文書です。

サービスレベルは顧客の要望とサービス提供に必要なコストをもとに定めます。SLAには，顧客と合意したサービスの詳細が「顧客の言葉」で記述されます。

4 キャパシティ管理(容量・能力管理)

キャパシティとは，負荷に対応できる能力です。これが不足していれば負荷が大きくなったときにさまざまな不具合が生じ，過多であればコストが高くなってしまいます。

キャパシティ管理プロセスでは，負荷に対応するために「必要な資源」を「適切な時期」に「適切なコスト」で提供する活動が行われます。

基本用語
[29] サービスプロバイダ
サービスの提供を行う業者や部門

重要ポイント
[30] 具体的には，あらかじめ定められた間隔でサービス傾向やパフォーマンスを監視する

重要ポイント
[31] SLAは顧客とサービスプロバイダとの「合意」文書で，サービスレベルの目標や責任範囲が定められる

重要ポイント
[32] サービスレベルは顧客の要望とコストの兼ね合いで定める

■キャパシティ管理の活動

キャパシティ管理では，**各種資源のキャパシティを監視し，適切に最適化する**活動が行われます。

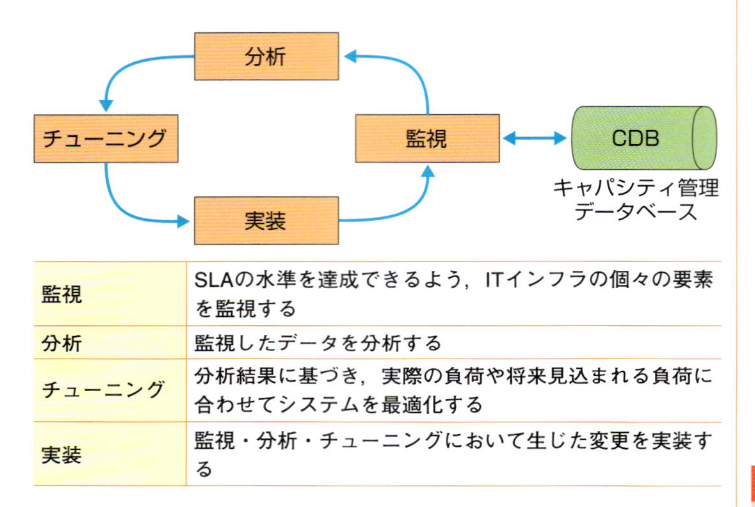

監視	SLAの水準を達成できるよう，ITインフラの個々の要素を監視する
分析	監視したデータを分析する
チューニング	分析結果に基づき，実際の負荷や将来見込まれる負荷に合わせてシステムを最適化する
実装	監視・分析・チューニングにおいて生じた変更を実装する

図20　キャパシティ管理の活動[33]

重要ポイント
[33] 監視活動では，ディスクの使用率などキャパシティに関する項目を監視する

5 サービス可用性管理

可用性とは，利用者がサービスを継続的に利用できる性質で，サービスの可用性，信頼性，保守性からなります。**サービス可用性管理プロセス**では，SLAで合意した可用性を維持するための管理が行われます[34]。

重要ポイント
[34] 可用性の評価には
・サービスの稼働率
・サービスの中断回数
・サービスの中断時間
保守性の評価には
・サービスの回復時間
などを用いればよい

■可用性の計算

可用性はSLAで合意したサービスの提供時間をもとに，

実際のサービス提供時間 ÷ SLAで合意したサービス提供時間

で計算します。たとえば，8：00 ～ 18：00がSLAで合意したサービス提供時間で，17：00 ～ 24：00の間システムがダウンしていた場合，その日のシステムの稼働率は，

9÷10 ＝ 0.9

となります。18：00 ～ 24：00の不稼働は，SLAで合意した時間外なので可用性には含めません[35]。

重要ポイント
[35] サービス提供時間外のシステムダウンは可用性には含めない

6 サービス継続性管理[36]

サービス継続性管理では，災害による停止からITサービスを復旧するための管理が行われます。ここで災害とは，大規模な火災やテロ行為など「サービスやシステムに悪影響を与え，その復旧に多大な工数が必要となる出来事」を表します。

たとえば，**レプリケーション**[37]のような複製技術は，サービス継続性管理に大きく貢献します。

7 変更管理

ITインフラには，日々変更が生じます。変更そのものは仕方のないことなのですが，それが無秩序に行われるとトラブルの原因となります。**変更管理プロセス**は，標準的な方法や手順で変更の実施を管理し，サービス品質の低下を最小限に抑えます。

■変更要求(RFC：Request for Change)

ITインフラを変更する場合には，必ず**RFC**と呼ばれる文書を変更管理に提出します。提出されたRFCはすべて記録され，許可を受けたRFCについて変更が実施されます[38]。

RFCには識別番号のほか，変更対象の要素や変更の理由，変更に必要な資源や期間の見積りなどが記入されます。

■変更管理委員

変更を実施するかどうかは，慎重に見極めなければなりません。そこで，RFCの評価や分類，変更計画の立案を行う以下の変更管理委員が設けられることがあります。

表8　変更管理委員

変更マネージャ	変更に関する責任者で，RFCの受入れから計画立案，関連する組織との調整まで責任をもつ
変更諮問委員会(CAB)	関連する組織の代表者からなる諮問機関。重要な変更に関して，計画立案などを行う

午後頻出テーマ

[36] 詳細は第12章の午後対策で！

重要用語

[37] レプリケーション
ハードウェアやソフトウェアの複製(レプリカ)を用意し，これを本番環境と同一に保つ技術。たとえばデータベースであれば，本番用とレプリカを同時に更新することで，同一性を保つ

重要ポイント

[38] 変更要求をもれなく管理するため，すべてのRFCを記録する

8 資産管理，構成管理

サービスを提供するためには，情報システムの他にも人員や設備，仕様書や手順書などの文書類が必要です。これら「サービス提供に必要な構成要素」を**CI**（Configuration Item：構成品目）とよびます。**資産管理，構成管理**は，CIを一括して管理する[39]プロセスです。

重要ポイント
[39]
・プログラムのバージョンは構成管理の対象項目に含まれる
・CIの情報を正確に把握することで，他プロセスの実施を支援できる

■構成管理システム(CMS)

サービスを提供するためには，すべてのCIを管理しなければなりません。これを支援するシステムが，**構成管理システム**です[40]。

重要ポイント
[40] 構成管理によって構成品目の情報を正確に把握できれば，他のプロセスの支援に役立つ

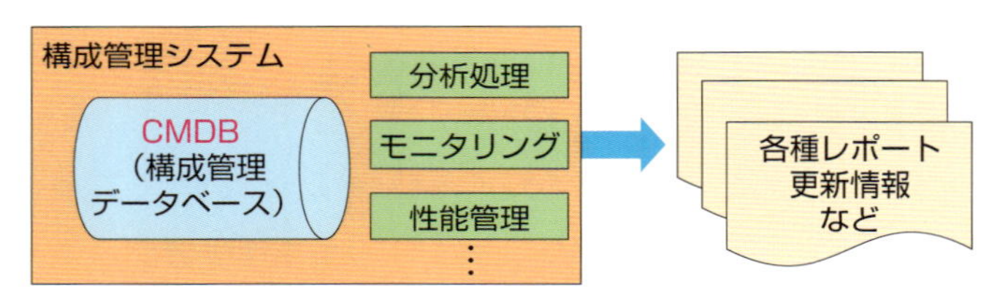

図21　構成管理システム

CMDBは**各構成要素の情報を一元管理するデータベース**で，構成管理システムの中核です。構成管理システムは，CMDBの情報をもとに分析やモニタリングを行い，構成管理に必要な情報を提供します。

9 リリースおよび展開管理

変更管理で承認された変更は，**リリースユニット**や**リリースパッケージ**の形で本番環境に展開（実装）されます。リリースおよび展開管理プロセスは，そのような**リリースの構築と配付を行い，変更を確実に実装**します。

10 イベント管理

イベントとは，「構成アイテムやITサービスの管理上，重要な状態の変化」を表す言葉です。たとえば，ハードウェアの警告ランプが点灯したり，SNMPトラップが発生することなどがイベントに該当します。

イベント管理は，発生したイベントを直接処置するのではなく，イベントの発生を監視し，適切なプロセスに処置を依頼します。いわば，処置の窓口となるプロセスです。

■イベントへの対応

イベントはフィルタリングされた後，重要度が判断されます。また，イベントの内容に応じて次の対応がとられます。

表９　イベントへの対応

記録	ログに記録する。記録はすべてのイベントに対して行う
自動応答	対応が定義されたイベントについては，処置を自動化しておく
アラート	人の介入が必要なイベントについては，警告（アラート）を出す
処置の依頼	イベントの内容に応じて，インシデント管理などのプロセスに送り，処置を依頼する

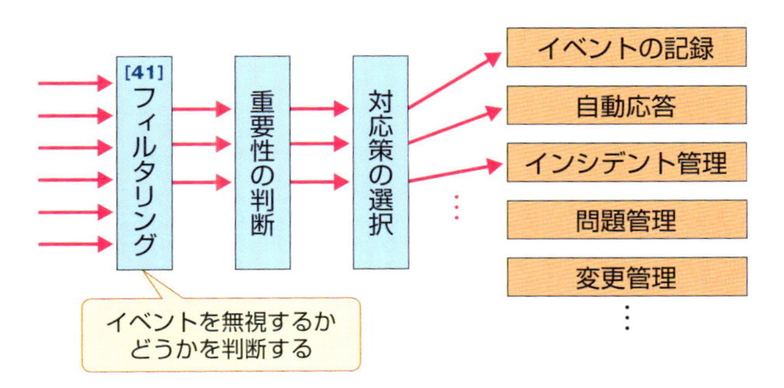

図22　イベント管理の活動

重要ポイント
[41] フィルタリングレベルの設定は，有用性の評価結果に基づいて継続的に見直す

11 インシデント管理

イベントの中でも，“障害”に関係するものを特に**インシデント**とよびます[42]。インシデントはサービスの中断や品質の低下につながるため，すぐさま対処しなければなりません。**インシデント管理**は，そのような「**サービスの早期復旧**」を目的とするプロセスです[43]。

重要ポイント
[42] 待機系に生じた障害など「サービスに影響していない障害」もインシデントに分類する

重要ポイント
[43] インシデント管理に必要なことは「迅速な回復策の実行」

■インシデント管理と他のプロセスの関係

インシデント管理の目的は「サービスの早期復旧」であり，インシデントの根本原因の究明やその修正ではありません。たとえば，何らかのバグによってシステムダウンが生じたものの，再起動を行えばシステムが復旧するような場合，インシデント管理は再起動を実施し，**原因の究明や修正は問題管理（後述）や変更管理に依頼**します[44]。

> **重要用語**
> **[44] ワークアラウンド**
> 再起動などの「インシデントが発生した場合に実施する応急措置」を特にワークアラウンドとよぶ

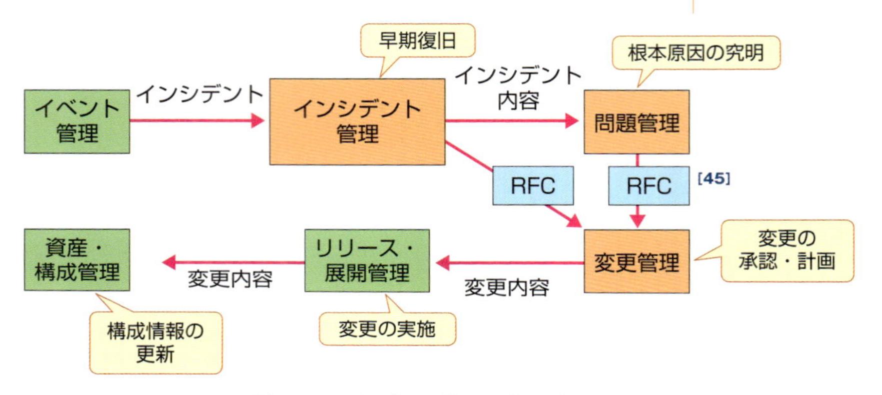

図23　インシデント管理と他のプロセス

12 問題管理

問題とは「インシデントを引き起こす未知の原因」のことです。**問題管理プロセス**は，そのような**未知の原因を究明**し，インシデントの再発を防ぐための管理を行います[46]。

なお，問題管理ではリアクティブ（事後処置的）な活動だけではなく，これまで発生したインシデントを分析し，それらに潜在する問題点を見いだして処置するといった，プロアクティブ（事前処置的）な活動も行われます。

> **重要ポイント**
> **[45]** RFCは変更管理に出す

> **重要ポイント**
> **[46]**「根本原因」の究明，「インシデントの予防」などが問題管理のキーワード

> **重要ポイント**
> **[46]** インシデント管理は「応急措置」を策定し，問題管理は「恒久的な解決策」を策定する

13 サービスマネジメントの構築

サービスマネジメントを構築するとは，これまで述べてきたさまざまなプロセスを組織的に導入することです。これは，次の手順で行います。

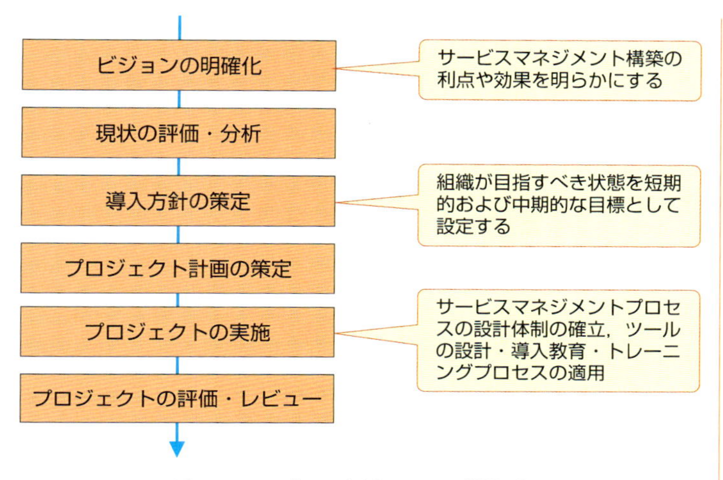

図24　サービスマネジメントの構築手順

現状の評価・分析にあたっては，**ベンチマーキング**や**フィットギャップ分析**を行います。

表10　現状の評価・分析技法

ベンチマーキング	現行業務とベストプラクティスを比較する[47]
フィットギャップ分析	現状は何ができていて（フィット），何ができていないか（ギャップ）を明らかにする

重要ポイント

[47] ベンチマーキングでは，現行の業務のやり方とITILのプロセスや他社の成功事例とを比較する

14 システムの移行

新規システムを導入した場合は，旧システムから新システムへ移行しなければなりません。移行方式には，次のものがあります。

表11　移行手順

一斉移行	システム全体を一斉に移行する
段階的移行	拠点や機能別に段階的に移行する
パイロット移行	移行対象の一部を試験的に先行移行する

一斉移行は，トラブルなく終了すれば，最も短時間かつ低コストで移行が完了します。しかし**トラブルが生じた場合は原因究明が困難**です。

段階的移行はトラブルを局所化できますが，移行がすべて完了するまでに新旧システムを併用しなければならず，**運用管理に大きな負担**が生じます。

パイロット移行は，トラブル発生が予想される場合に用いる方式で，先行移行で明らかになったトラブルは，移行計画書に反映します。

15 データのバックアップ

記憶媒体に障害が発生したときに，速やかにデータを回復できるようにデータのバックアップを取得しておく必要があります。バックアップの取得方式には，次のものがあります。

表12　バックアップ方式

フルバックアップ	すべてのファイルをバックアップする
差分バックアップ	前回のフルバックアップ時から変更されたデータのみをバックアップする[48]
増分バックアップ	前回のバックアップ時から変更されたデータをバックアップする

重要ポイント
[48] 差分バックアップ方式は，フルバックアップで復元した後，差分を加えて復旧する

増分バックアップと**差分バックアップ**の違いがわかりにくいかもしれません。図25は，日曜日に取得したフルバックアップに対して，上は毎日増分バックアップを取得する場合，下は毎日差分バックアップを取得する場合を表しています。水曜日の差分バックアップには，月～水の更新分がまとめてバックアップされます。

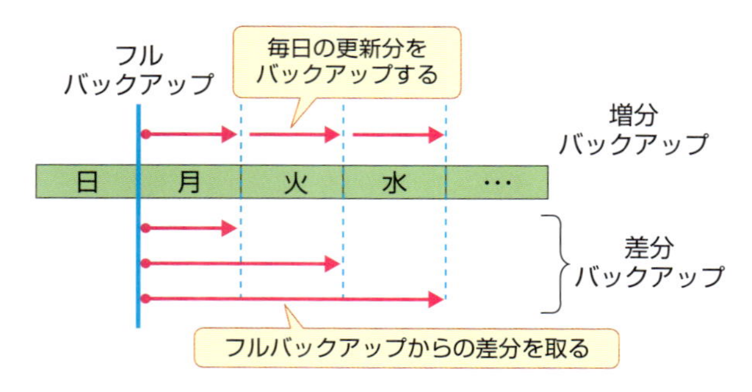

図25　増分／差分バックアップ[49]

重要ポイント
[49] データを指定日の状態に復旧するとき，指定日以前の最も新しいフルバックアップと，指定日の差分バックアップが必要である
フルバックアップの取得間隔を長くすると，回復に要する処理時間も長くなる

3 システム監査

学習のポイント

情報システムは確かに便利なのですが，それだけに業務プロセスをブラックボックス化してしまいがちです。そのため，不適切な利用が発覚しにくく，大きな不祥事につながってしまう危険もあるのです。そんな事態を避けるためにも，厳密なシステム監査が欠かせません。ここでは，システム監査の基本知識について説明します。

1 システム監査とは

情報システムは企業活動に必要不可欠な要素ですが，一片の疑いもなく利用されているとは限りません。たとえば，

- このシステムは本当に正しく処理を行っているのだろうか？
- システムは本当に安全なのか？
- 価格に見合う効率化が実現できたのか？

などの疑問は，システムの利用者であれば誰でも一度は感じたことがあるでしょう。

システム監査基準では，システム監査の活動や目的を次のように定めています。

システム監査[50]とは，専門性と客観性を備えたシステム監査人が，一定の基準に基づいて情報システムを総合的に点検・評価・検証をして，監査報告の利用者に情報システムのガバナンス，マネジメント，コントロールの適切性等に対する保証を与える，又は改善のための助言[51]を行う監査の一類型である。

また，システム監査は，情報システムにまつわるリスク（以下「情報システムリスク」という。）に適切に対処しているかどうかを，独立かつ専門的な立場のシステム監査人が点検・評価・検証することを通じて，組織体の経営活動と業務活動の効果的かつ効率的な遂行，さらにはそれらの変革を支援し，組織体の目標達成に寄与すること，又は利害関係者に対する説明責任を果たすことを目的とする。

重要ポイント

[50]「ガバナンス」「マネジメント」「コントロール」「リスク」などがシステム監査のキーワード

基本用語

[51] 監査による保証
コントロールが適切であることを「保証」する
監査による助言
問題点を指摘し，改善を助言する

2 コントロールと内部統制

システム監査は，情報システムを含む組織の**コントロール**（**統制**）が存在し，機能しているかを評価します。コントロールは，**組織が正常に活動するための仕組み**のことで，法律や行政指導面などの**外部統制**と，組織内部の基準やチェック体制である**内部統制**[52]に分けられます。

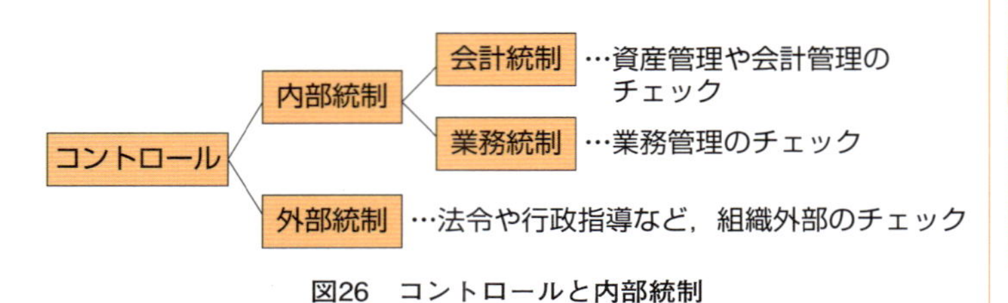

図26　コントロールと内部統制

> **重要ポイント**
> **[52]** 内部統制を選ぶような問題では，「不正やそれにつながる行為を牽制するような仕組みがあるかどうか」で判断する

> **重要用語**
> **[52] 職務分離**
> 内部統制のため，職務を異なる担当者で分担し，互いをけん制すること

内部統制の基本要素

金融庁による"財務報告に係る内部統制の評価及び監査の基準"では，内部統制を構成する基本的要素として，次を挙げています。最初の五つは，**COSOフレームワーク**とよばれるモデルをベースとし，これに金融庁が「ITへの対応」を付け加えました。

表13　内部統制の基本的要素

統制環境	経営者が内部統制の必要性を理解し，企業理念や風土に反映する
リスクの評価と対応	各リスクを識別し，適切な対策の策定と実施を進める
統制活動	各業務プロセスにおいて適切なチェック，承認，記録などを行う
情報と伝達	各種情報を適切な範囲に公開し，入手・利用できるようにする
モニタリング	第三者の視点による監視を行う
ITへの対応	情報システムを活用し，適切な権限制御やログ記録などを行う

「ITへの対応」は，内外のIT環境に適切に対応していること，統制にITを有効に利用していること，ITそのものが適切に管理されていることを含みます[53]。

> **重要ポイント**
> **[53]** ITへの対応は「IT環境への対応」と「ITの利用及び統制」からなる

情報システムのコントロール

情報システムのコントロールとは，システムの信頼性，安全性，効率性に影響を与えるリスクを処理する仕組みのことです。情報システムの監査では，それらの**コントロールが適切に整備され，機能していること**を確かめます。

CSA（統制自己評価）

CSAは，内部統制の状況を**業務をよく知る担当者が評価し，自立的に改善する**手法です。第三者による内部監査を補足する方法として，特に現場におけるリスク管理や危機管理に用いられています。

EDMモデル

EDMモデルは，ITガバナンスを実施する経営者層の役割として定められたもので，

評価（Evaluate）：現在の情報システムと将来のあるべき姿を比較分析する

指示（Direct）：情報システム戦略を実現するために必要な責任と資源を組織へ割り当てる

モニタ（Monitor）：情報システムの効果や資源の利用度合い，リスクの発現状況についての情報を収集する

ことを表します。

3 情報システムの可監査性

情報システムの**可監査性**とは「監査を実施しやすい」ことを意味する性質です。具体的には「**コントロールが存在し，有効に機能していることを証拠で示すことができる**」ことで，次の要件を含みます。

表14　可監査性の要件

コントロールの存在	情報システムに信頼性，安全性，効率性を確保するようなコントロールが含まれていること
監査証跡の存在	情報システムの信頼性，安全性，効率性が確保されていることを，事後的かつ継続的に検証できるようにするための手段が用意されていること

監査証跡[54]

監査証跡とは，情報システムの処理の過程を時系列に保存した記録で，これを用いることで，事象の発生から最終的な結果までを双方向に追跡することができます。**各種システムのログファイル**は，有力な監査証跡です。

監査証拠

監査証拠とは，システム監査人の監査意見（評価や指摘，勧告など）を立証する事実のことです。監査証拠は，監査業務の実施記録である**監査調書**にまとめられます。

4 システム監査人

情報システムの監査は，**システム監査人**が実施します。システム監査人は，監査計画を立案し，監査を実施[55]し，**監査意見を監査依頼者に報告**し，**被監査部門による改善をフォローアップ**します[56]。

システム監査基準では，システム監査人に次の資質および責務を要求しています。

- **システム監査人としての独立性と客観性の保持**
  - 監査対象から独立している
  - 委託元と密接な利害関係を有さない[57]
  - 客観的な立場で公正な判断を行う
  - 高い倫理観をもつ
  - 専門的な知識・技能を保持する
- **慎重な姿勢と倫理の保持**
  - 誤った監査上の判断や誤解に基づく監査上の判断がないよう，十分な注意を払う
  - 職業倫理を遵守する
  - 業務上知り得た事項を正当な理由なく他に開示したり自らの利益のために利用しない

重要ポイント

[54] 監査証跡の例
アクセスログ → 安全性の監査証跡
エラー状況の記録 → 運用業務の監査証跡

重要ポイント

[55] システム監査人は，システム管理者に対して監査の実施に協力するよう要請できる

重要ポイント

[56] システム監査人は監査意見に責任をもつが，自らは問題の改善は行わない（フォローアップのみ）。改善は被監査部門が主導する

重要ポイント

[57] 外部組織による監査であっても，監査人が以前に委託元のシステム開発や保守に従事していた場合は「利害関係を有する」ことになる

5 システム監査の実施

システム監査は次の手順で実施されます。

監査計画	システム監査を効率的に実施するための計画を策定する
予備調査[58]	資料調査やインタビューを行い，監査対象の実態を把握する
本調査	監査結論を裏付ける十分かつ適切な監査証拠を入手する
結論	監査対象や業務が妥当であるか否かを判断する
監査報告	システム監査結果を報告し，フォローアップを行う

図27　監査実施の概要

重要ポイント
[58] 例えば「事前入手した資料の閲覧」や「リスク認識に関するアンケート調査」などは予備調査で実施される

■予備調査

予備調査では，監査対象（情報システムや業務等）の詳細，事務手続やマニュアル等を通じた業務内容，業務分掌の体制などを，関連する文書や資料等の閲覧，監査対象部門や関連部門へのインタビューなど通じて調査します。

■本調査

本調査では，監査結論を裏付ける**監査証拠を入手**します。証拠としての適切性を確保するためには，「可能な限り客観的で確証的な証拠」を入手しなければなりません。そのためには，インタビューなどの口頭証拠だけに頼るのではなく，情報システムそのものやその利用状況を調査したり，システム監査人自らがテストや詳細な分析を実施する必要があります。

■監査技法

本調査では，以下の**監査技法**が用いられます。

表15　基本的な監査技法

チェックリスト法	監査人が作成したチェックリスト（質問書）に対して，特定者から回答を求める方法。 標準の質問書を利用するときは，監査対象に適合するように質問の範囲や内容を調整する
ウォークスルー法	データの生成から入力，処理，出力，活用までのプロセス，及び組み込まれているコントロールを，書面上で，又は実際に追跡する方法
ドキュメント レビュー法	特定の情報を収集するために，関連する資料や文書類を監査人自らレビューする手法。 事前準備として，被監査部門のドキュメント整備状況を把握しておく
突合法・照合法	**関連する記録を突き合わせる方法**（たとえば，記録された最終結果とその起因となった事象を示す原始データまでさかのぼり突合せをする）
現地調査法[59]	**システム監査人が現地に赴き**，そこでの作業状況を自ら調査する方法。 原始データの始点から流れに沿って作業を追跡調査する方法や，一定の作業環境を一定時間ごとに調査する方法などがある
インタビュー法[60]	特定の事項を立証するために，システム監査人が特定の者に直接問合せを行い，回答を得る方法
コンピュータ 支援監査技法	監査対象ファイルの検索，抽出，計算等を簡単な操作で利用できるソフトウェアなどを用いて実施する方法
ペネトレーション テスト法	システム監査人が一般ユーザのアクセス権限又は無権限で，テスト対象システムへの侵入を試みる方法

重要ポイント

[59] 現場の調査では，監査人が見た実態と被監査部門からの説明を総合的に判断する

重要ポイント

[60] インタビュー（ヒアリング）で得た回答に関しては，これを裏付ける文書や記録を入手するよう努める

アジャイル開発の監査

アジャイル手法によるシステム開発では，**精緻な管理ドキュメントの作成を重視しない**ことがあります。このような場合の監査について，システム監査基準は次の考慮点を挙げています。

- 開発プロジェクトに監査ドキュメント作成の追加的な負荷をかけないよう考慮する
- ホワイトボード上のスケッチや付箋紙のメモなども監査証拠にできる[61]
- 情報共有やコミュニケーションの仕組み，ルールが適切に実施されていることを確認する

重要ポイント

[61] つまり「管理用ドキュメントとして体裁が整っていなくても監査証拠として利用できる」ということ

■結論

システム監査人は，監査報告に先立って監査調書の内容を詳細に検討し，合理的な根拠に基づき，論理の飛躍がないように**監査の結論**を導きます。具体的には，情報システムのガバナンス，マネジメント，又はコントロールの不備がある場合，それを指摘事項とすべきかどうかを判断します[62]。

■フォローアップ

被監査部門は，システム監査で明らかになった問題点を改善します[63]。システム監査人は，この改善作業をフォローアップします。フォローアップでは，**改善実施計画や進捗状況の確認や助言**を行います。改善計画の立案や実施は被監査部門の役割であり，監査人はそれらには携わりません[64]。

重要ポイント

[62] 指摘事項は事実に基づくものでなければならないので，監査対象部門との間で事実確認を行う必要がある

重要ポイント

[63] 被監査部門は，経営資源の状況を踏まえて改善を実施する

重要ポイント

[64] 適切なフォローアップ
×改善活動へ参加
×改善実施を指示
×要員追加の要求
○責任者への助言

❖午後対策 重点テーマ解説

▶アーンドバリュー法（EVM）

学習のポイント

プロジェクトコストマネジメントでふれたアーンドバリュー法は，午後試験の重点テーマの一つです。また，その中で用いる計画や実績，出来高，予算などの考え方は，プロジェクトマネジメントに欠かせません。ここではそれらの総復習も兼ねて，アーンドバリュー法について改めて詳しく説明します。

1 出来高（アーンドバリュー：EV）の算出

EVMを用いるにあたって，現在時点の出来高（EV）を計算しなければなりません。EVは，評価対象のプロジェクトを構成する個々の作業の進み具合をもとに計算します。たとえば，報告日時点で予算100万円の作業が完了していれば100万円を出来高に加えます。もちろんその時点で未着手の作業は，出来高には加えません。

問題は，報告日時点で「着手はしているが，完了していない」作業です。これらについては，たとえば次の方法を用いて出来高に計上します。

表16　EVの算出方式

50-50ルール	作業に着手していれば予算の50%を出来高に計上し，残り50%は作業の完了時に計上する
20-80ルール	着手していれば20%，残り80%は完了時
0-100ルール	完了時に100%

図28を例にとって考えます。図中の金額は予算です。

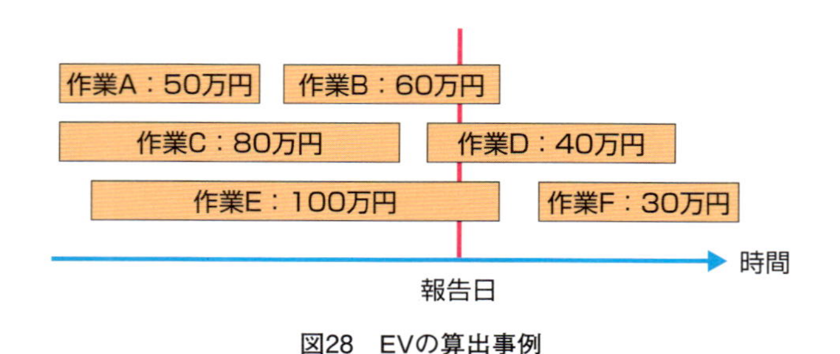

図28　EVの算出事例

〈50-50ルール〉

作業A，Cは予算全額，作業B，D，Eは予算の50％を計上します。

EV ＝ 50＋80＋（60＋40＋100）×0.5 ＝ 230（万円）

〈20-80ルール〉

作業A，Cは予算全額，作業B，D，Eは予算の20％を計上します。

EV ＝ 50＋80＋（60＋40＋100）×0.2 ＝ 170（万円）

〈0-100ルール〉

作業A，Cのみ予算全額を計上します。

EV ＝ 50＋80 ＝ 130（万円）

もちろん，報告時点における作業の進捗率が計算できていれば，それに沿ってEVを計算します。たとえば，報告時点で

作業B：80％　　作業D：10％　　作業E：90％

の進捗率であれば，

EV ＝ 50＋80＋60×0.8＋40×0.1＋100×0.9 ＝ 272（万円）

と計算できます。

2 EVMで用いる指標

EVMでは，EV（出来高），PV（計画価値），AC（実コスト）をもとに，さまざまな指標を計算して進捗やコストを評価します。主な指標を改めて整理します。

表17　EVMで用いる指標

指標	計算式	意味
CV コスト差異	EV－AC	CV≧0 … 予算内に収まっている CV＜0 … 予算超過
SV スケジュール差異	EV－PV	SV≧0 … 予定どおりか予定より早い SV＜0 … 予定より遅れている
CPI コスト効率指数	EV÷AC	実コストに対する出来高の割合 1以上であれば良好
SPI スケジュール効率指数	EV÷PV	計画に対する出来高の割合 1以上であれば良好

3 EVMの事例

平成22年春に，EVMをテーマとした問題が出題されました。その中で，次のようなワークシートが示されました。

表18　プロジェクト開始３か月後の進行状況

タスク		PV（万円）	進捗率（%）		EV（万円）	AC（万円）	CPI	SPI
			当初計画	実績				
t1	要件定義，基本設計	350	100	100	350	400	e	1.00
t2	ソフトウェア設計	540	100	80	432	450	0.96	0.80
t3	ライブラリ機能追加	0	0	0	0	0	−	−
t4	アプリケーション機能追加	0	0	0	0	0	−	−
t5	インフラ導入計画立案	190	100	100	190	190	1.00	1.00
t6	ハードウェア選定，調達	120	50	f	60	60	1.00	0.50
t7	機器設置，環境設定	0	0	0	0	0	−	−
t8	インストール，テスト	0	0	0	0	0	−	−
	プロジェクト全体	1,200			1,032	1,100	0.94	0.86

空欄eはCPIなので，

EV÷AC ＝ 350÷400 ＝ 0.875

です。この値は「実際にかかったコストの87.5％のパフォーマンスしか得られていない」ことを表します。計画よりもコスト高の傾向が見られます。

空欄fは，作業進捗率とPV，EVの関係から導きます。ワークシート作成時点で計画では作業の50％が進捗しているはずであり，その価値（PV）が120万円なので，

t6の予算×0.5 ＝ 120（万円）

となります。一方で，EVベースでは出来高が60万円なので，

t6の予算×x ＝ 60（万円）

が成り立ちます。以上より，t6の予算は240万円で，空欄fは25％（x＝0.25）であることがわかります。

さて，設問では「15％以上遅れたタスクに対して何らかの対処を行う」という条件の下で，プロジェクトの問題点を指摘させています。わかりますか？

答えは「t2とt6のSPIが0.85を下回っている」ことです。

- スケジュール面での指摘なので，SPIで評価する
- 「15％以上遅れている」＝「効率が85％以下」である

ことに気づけば，答えることができるはずです。

▶プロジェクトリスクマネジメントの詳細

学習のポイント

マネジメントの要諦は「リスクを予見し適切に対処すること」です。その意味で，リスクマネジメントこそすべてのマネジメントの根幹といえるかもしれません。ここでは，リスクマネジメントの中から定性的リスク分析と定量的リスク分析の詳細を説明します。

1 定性的リスク分析

定性的リスク分析プロセスでは，リスクを性質の側面から分析（定性的分析）し，リスクに優先順位をつけます。

優先順位は，リスクの発生確率や影響度を考慮して定められます。発生確率と影響度は「非常に低い」や「高い」など定性的な表現を用いて，何段階かに分類します。表19に分類例を示します。

表19　リスク影響度の分類例

分野	0.05 (非常に低い)	0.10 (低い)	0.20 (普通)	0.40 (高い)	0.80 (非常に高い)
コスト	コスト微増	コスト増加率 (～5%未満)	コスト増加率 (5～10%)	コスト増加率 (10～20%)	コスト増加率 (20%～)
スケジュール	スケジュール微遅延	スケジュール遅延度 (～5%未満)	スケジュール遅延度 (5～10%)	スケジュール遅延度 (10～20%)	スケジュール遅延度 (20%～)
スコープ	スコープの微縮小	非主要部分へ影響するスコープ変更	主要部分に影響するスコープ変更	顧客が認めないほどのスコープ縮小	使用できない成果物
品質	品質の微劣化	非常に厳しい用途にのみ影響する品質低下	顧客の承認が必要なほどの品質低下	顧客が認めないほどの品質低下	使用できない成果物

表20　発生確率・影響度マトリクスの例

		影響度				
		0.05	0.10	0.20	0.40	0.80
発生確率	0.9	0.045	0.09	0.18	0.36	0.72
	0.7	0.035	0.07	0.14	0.28	0.56
	0.5	0.025	0.05	0.10	0.20	0.40
	0.3	0.015	0.03	0.06	0.12	0.24
	0.1	0.005	0.01	0.02	0.04	0.08

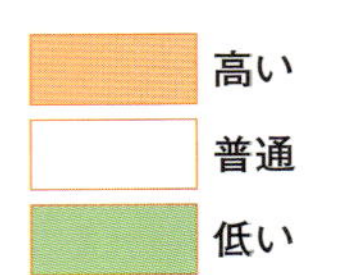

※この例ではリスクスコアを発生確率×影響度としている

発生確率・影響度マトリクスから求めた**リスクスコア**をもとに，優先順位を「高い」「普通」「低い」といった表現や数値で表し，リスク登録簿に掲載します。

表21　優先順位

リスク項目	事象 (影響または特性)	トリガ	発生確率	影響度	リスクスコア	優先順位
意思決定ルール	ステークホルダの合意が得られず，意見の対立やスケジュールに遅れが生じる	契約予定日の遅れ	0.3	0.4	0.12	普通
要件の安定性	要件が確定せず，スケジュールに遅れが生じる	要件定義の完了予定日の遅れ	0.5	0.8	0.40	高い
要件の完全性	要件が変更されやすく，スケジュールに遅れが生じる。品質が低下する	変更要求の修正による，予算・資源・スケジュール増加が5%を超える	0.5	0.8	0.40	高い
チームのスキル	業務経験のあるメンバが集まらない	事前の自己申告の信頼性が低い	0.7	0.4	0.28	高い

2 定量的リスク分析

定量的リスク分析プロセスでは，定性的リスク分析で高い優先順位がつけられたリスクに対して，量的な側面から分析（定量的分析）を行い，数値化します。

リスクが発生した場合に影響を受けるスケジュールや費用を予測するため，リスクによって発生する作業の所要日数を見積もり，影響度を金額で表します。プロジェクト目標に関わるリスクの発生確率や影響度を数値化（定量化）するために，ステークホルダや専門家に対してインタビューも行います。

数値化にあたっては，**三点見積り**がよく用いられます。これは，楽観的な損失，最も起こり得る損失，悲観的な損失をもとに，**予測損失量**を求める方法です。

表22　予測損失量（単位：日数）

リスク項目	事象 （影響または特性）	推定			予測損失量
		楽観値	最頻値	悲観値	
意思決定ルール	ステークホルダの合意が得られず，意見の対立やスケジュールに遅れが生じる	6	21	30	20
要件の安定性	要件が確定せず，スケジュールに遅れが生じる	18	28	50	30
要件の完全性	要件が変更されやすく，スケジュールに遅れが生じる。 品質が低下する	12	19	32	20
チームのスキル	業務経験のあるメンバが集まらない	4	10	16	10

※予測損失量＝（楽観値＋4×最頻値＋悲観値）÷6

リスクの予測損失量と発生確率などをもとに，損失の期待値を計算し，優先順位を決定します。以下の例では，リスクスコアと予測損失量を乗じて**期待損失**を求めています。

表23　リスクの評価と数値化

リスク項目	事象 （影響または特性）	発生確率	影響度	リスクスコア	損失量（日数）	期待損失	優先順位
要件の安定性	要件が確定せず，スケジュールに遅れが生じる	0.5	0.8	0.40	30	12.0	1
要件の完全性	要件が変更されやすく，スケジュールに遅れが生じる。 品質が低下する	0.5	0.8	0.40	20	8.0	2
チームのスキル	業務経験のあるメンバが集まらない	0.7	0.4	0.28	10	2.8	3
意思決定ルール	ステークホルダの合意が得られず，意見の対立やスケジュールに遅れが生じる	0.3	0.4	0.12	20	2.4	4

▶インシデント管理，問題管理，変更管理の活動

学習のポイント

残念ながら，どんな優秀な情報システムであっても障害をゼロにすることはできません。障害に対処し，問題を解決し，システムを変更することは，運用管理の場面で日常的に行われる活動で，それだけに出題されやすいテーマといえます。ここではそれらの復習も兼ねて，インシデント管理，問題管理，変更管理の活動内容を説明します。

1 インシデント管理の活動

インシデント管理では，次の活動が行われます。

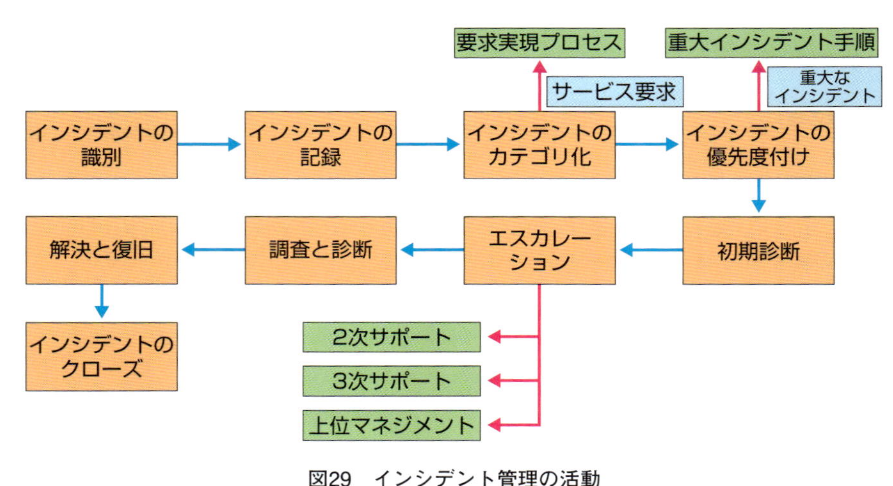

図29　インシデント管理の活動

[インシデントの識別]　インシデントの発生を認識します。インシデントをできるだけ早く識別するためにも，主要な要素は常にモニタします。

[インシデントの記録]　インシデントを記録します。

[インシデントのカテゴリ化]　インシデントをカテゴリに分類します。カテゴリは，ハードウェア／サーバ／メモリ・ボード／カードの障害などのように階層化します。

インシデントの内容が障害ではなくサービス要求であった場合には，要求実現プロセスに処理を引き継ぎます。

［インシデントの優先度付け］　インシデントの緊急度およびインパクトに応じて，インシデントに優先度を付けます。重大なインシデントは，重大インシデント手順に従って処理します。

［初期診断］　１次サポート（サービスデスク）において初期診断を行います。初期診断で解決できたインシデントはクローズします。

［エスカレーション］　１次サポートで解決できなかったインシデントをエスカレーション（上位部署や専門部署に引き継ぐ）します。

［調査と診断］　インシデントを再現させ解決法を探るなど，調査および診断を行います。

［解決と復旧］　解決策が見つかれば，それを適用して復旧を試みます。

［インシデントのクローズ］　ユーザがインシデントの解決に同意したことを確認し，インシデントをクローズします。

2 問題管理の活動

問題管理では，次の活動が行われます。

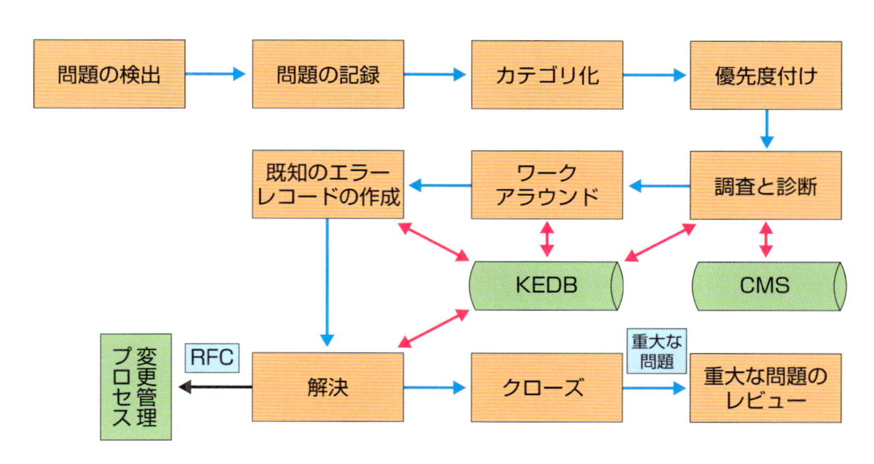

図30　問題管理の活動

［問題の検出］　インシデント管理やサービスデスク，サプライヤなどからの通知などをもとに，問題を検出します。

［問題の記録］　問題に関する詳細情報を記録します。

［カテゴリ化］　インシデント管理と同様の方法で，問題をカテゴリ化します。

［優先度付け］　インシデント管理と同様の方法で，問題に優先度を付けます。

[調査と診断]　問題の根本原因を調査し，診断を行います。問題の発生場所を調査するために，CMS（構成管理システム）を利用します。また，既知のエラー情報を記録したデータベース（**KEDB**）にアクセスして，過去に同様の問題が発生しているかどうかも調査します。

[ワークアラウンド]　問題に対する一時的・暫定的な対処（ワークアラウンド）を見いだします。

[既知のエラーレコードの作成]　問題の診断を完了してワークアラウンドが見つかったら，「既知のエラー」として，その情報をKEDBに格納します。

[解決]　解決策を見いだして問題を解決します。解決に構成アイテムの変更や修正が必要であれば，RFCを変更管理に提出します。

[クローズ]　問題が解決したら，該当の問題レコードをクローズします。

[重大な問題のレビュー]　重要な問題については，対処後にレビューします。

3 変更管理の活動

変更管理では，次の活動が行われます。

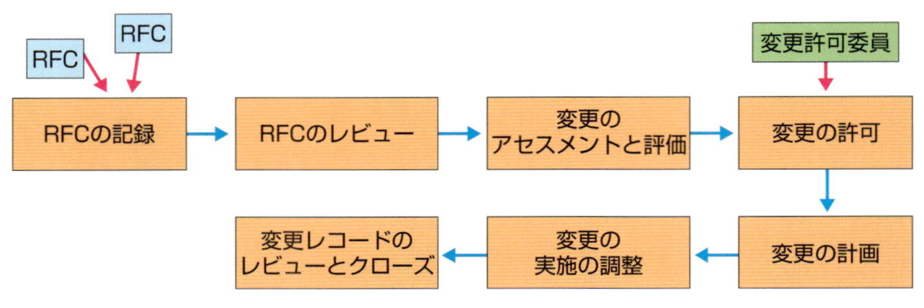

図31　変更管理の活動

[RFCの記録]　提出されたRFCに一意の識別番号を付け，記録します。

[RFCのレビュー]　RFCのレビューを行います。ここで行うレビューは，非現実的なRFCや既出のRFC，記載内容に不備のあるRFCなどを手早く却下する簡単なものです。

[変更のアセスメントと評価]　変更に関するインパクトやリスク，変更の利点を評価し，変更を実施すべきかどうかを検討します。

[変更の許可]　変更許可委員が正式に変更を許可し，関係者に伝達します。

[変更の計画]　変更に必要な計画として，変更スケジュールやサービス停止計画，修

復計画などが定められ，作業指示書に反映されます。

［変更の実施の調整］　許可を受けたRFCを技術専門家などの関係者に回し，変更がスケジュールどおりに実施されるよう調整します。

［変更レコードのレビューとクローズ］　変更が目標を達成できていることを確認するため，実施後のレビュー（PIR）を行います。変更が成功したことが確認できれば，変更をクローズします。

❖確認問題

※問題出典 H：平成　R：令和，S：春期　F：秋期（基は基本情報技術者試験）

問題 1

プロジェクトマネジメントにおけるスコープの管理の活動はどれか。

R4F・問51　H30S・問51

ア　開発ツールの新機能の教育が不十分と分かったので，開発ツールの教育期間を2日間延長した。

イ　要件定義が完了した時点で再見積もりをしたところ，当初見積もった開発コストを超過することが判明したので，追加予算を確保した。

ウ　連携する計画であった外部システムのリリースが延期になったので，この外部システムとの連携に関わる作業は別プロジェクトで実施することにした。

エ　割り当てたテスト担当者が期待した成果を出せなかったので，経験豊富なテスト担当者と交代した。

問題 2

アローダイアグラムで表される作業A ～ Hを見直したところ，作業Dだけが短縮可能であり，その所要日数は6日間に短縮できることが分かった。作業全体の所要日数は何日間短縮できるか。

R元F・問52

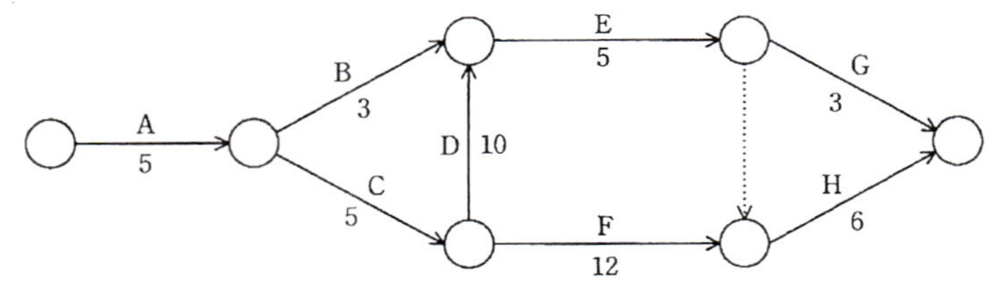

凡例
作業名
所要日数
………＞：ダミー作業

ア　1　　イ　2　　ウ　3　　エ　4

問題 3

過去のプロジェクトの開発実績から構築した作業配分モデルがある。システム要件定義からシステム内部設計までをモデルどおりに進めて228日で完了し，プログラム開発を開始した。現在，200本のプログラムのうち100本のプログラム開発を完了し，残り100本は未着手の状況である。プログラム開発以降もモデルどおりに進捗すると仮定するとき，プロジェクトの完了まで，あと何日掛かるか。ここで，各プログラムの開発に掛かる工数及び期間は，全てのプログラムで同一であるものとする。

H28F・問53

〔作業配分モデル〕

	システム要件定義	システム外部設計	システム内部設計	プログラム開発	システム結合	システムテスト
工数比	0.17	0.21	0.16	0.16	0.11	0.19
期間比	0.25	0.21	0.11	0.11	0.11	0.21

ア　140　　イ　150　　ウ　161　　エ　172

問題 4

ある組織では，プロジェクトのスケジュールとコストの管理にアーンドバリューマネジメントを用いている。期間10日間のプロジェクトの，5日目の終了時点の状況は表のとおりである。この時点でのコスト効率が今後も続くとしたとき，完成時総コスト見積り（EAC）は何万円か。

R4S・問51　H31S・問52

管理項目	金額（万円）
完成時総予算（BAC）	100
プランドバリュー（PV）	50
アーンドバリュー（EV）	40
実コスト（AC）	60

ア　110　　イ　120　　ウ　135　　エ　150

問題 5

ITサービスマネジメントにおけるサービスレベル管理の説明はどれか。

H28S・問56　H29S・問51

ア　あらかじめ定めた間隔で，サービス目標に照らしてサービスの傾向及びパフォーマンスを監視する。

イ　計画が発動された場合の可用性の目標，平常業務の状態に復帰するための取組みなどを含めた計画を作成し，導入し，維持する。

ウ　サービスの品質を阻害する事象に対して，合意したサービス目標及び時間枠内に回復させる。

エ　予算に照らして，費用を監視及び報告し，財務予測をレビューし，費用を管理する。

問題 6

JIS Q 20000-2:2013（サービスマネジメントシステムの適用の手引）によれば，構成管理プロセスの活動として，適切なものはどれか。 H30S・問56

ア　構成品目の総所有費用及び総減価償却費用の計算

イ　構成品目の特定，管理，記録，追跡，報告及び検証，並びにCMDBでのCI情報の管理

ウ　正しい場所及び時間での構成品目の配付

エ　変更管理方針で定義された構成品目に対する変更要求の管理

問題 7

次の処理条件で磁気ディスクに保存されているファイルを磁気テープにバックアップするとき，バックアップの運用に必要な磁気テープは最少で何本か。

R3F・問55　H28F・問57

［処理条件］

(1)　毎月初日（1日）にフルバックアップを取る。フルバックアップは1本の磁気テープに1回分を記録する。

(2)　フルバックアップを取った翌日から次のフルバックアップを取るまでは，毎日，差分バックアップを取る。差分バックアップは，差分バックアップ用としてフルバックアップとは別の磁気テープに追記録し，1本に1か月分を記録する。

(3)　常に6か月前の同一日までのデータについて，指定日の状態にファイルを復元できるようにする。ただし，6か月前の月に同一日が存在しない場合は，当該月の末日までのデータについて，指定日の状態にファイルを復元できるようにする（例：本日が10月31日の場合は，4月30日までのデータについて，指定日の状態にファイルを復元できるようにする。）。

ア　12　　イ　13　　ウ　14　　エ　15

問題 8

システム監査基準の意義はどれか。　R4F・問60

ア　システム監査業務の品質を確保し，有効かつ効率的な監査を実現するためのシステム監査人の行為規範となるもの
イ　システム監査の信頼性を保つために，システム監査人が保持すべき情報システム及びシステム監査に関する専門的知識・技能の水準を定めたもの
ウ　情報システムのガバナンス，マネジメント，コントロールを点検・評価・検証する際の判断の尺度となるもの
エ　どのような組織体においても情報システムの管理において共通して留意すべき基本事項を体系化・一般化したもの

問題 9

システム監査基準（平成30年）における監査手続の実施に際して利用する技法に関する記述のうち，適切なものはどれか。　R元F・問59

ア　インタビュー法とは，システム監査人が，直接，関係者に口頭で問い合わせ，回答を入手する技法をいう。
イ　現地調査法は，システム監査人が監査対象部門に直接赴いて，自ら観察・調査するものなので，当該部門の業務時間外に実施しなければならない。
ウ　コンピュータ支援監査技法は，システム監査上使用頻度の高い機能に特化した，しかも非常に簡単な操作で利用できる専用ソフトウェアによらなければならない。
エ　チェックリスト法とは，監査対象部門がチェックリストを作成及び利用して，監査対象部門の見解を取りまとめた結果をシステム監査人が点検する技法をいう。

問題 10

システム監査のフォローアップにおいて，監査対象部門による改善が計画よりも遅れていてることが判明した際に，システム監査人が採るべき行動はどれか。

R2F・問59　H29F・問41

ア　遅れの原因に応じた具体的な対策の実施を，監査対象部門の責任者に指示する。

イ　遅れの原因を確かめるために，監査対象部門に対策の内容や実施状況を確認する。
ウ　遅れを取り戻すために，監査対象部門の改善活動に参加する。
エ　遅れを取り戻すための監査対象部門への要員の追加を，人事部長に要求する。

解答・解説

問題 1　ウ

スコープコントロールはプロジェクトが生成する成果物や実施する作業を定義し，スコープの拡大や縮小を管理する。選択肢ウは「不要になった作業をスコープから外す」活動であり，スコープコントロールが実施する。
ア　スケジュールコントロールに関する記述である。
イ　コストコントロールに関する記述である。
エ　プロジェクトチームマネジメントに関する記述である。

問題 2　ウ

現状のクリティカルパスは「A→C→D→E→H」であり，所要日数は31日である。ここで作業Dを6日短縮して4日にすると，クリティカルパスは「A→C→F→H」に変化し，所要日数は28日となる。結果として，作業全体の所要日数は3日短縮されたことになる。

問題 3　イ

システム要件定義からシステム内部設計まで，期間比合計0.57の作業を228日で終了しているため，プロジェクト全体の期間は，

$$228 \div 0.57 = 400 \text{（日）}$$

である。残る作業はシステムテスト，システム結合およびプログラム開発の半分であり，それらの期間比合計は0.375である。これを日数に直すと，

$$400 \times 0.375 = 150 \text{（日）}$$

となる。

問題 4　エ

プロジェクトは現在までに，40万円分の作業（EV）を，60万円の実コスト（AC）で実施した。つまり，プロジェクトのコスト効率（CPI）は，

$$\text{CPI} = 40 \div 60 = \frac{2}{3}$$

である。一方，プロジェクトの残作業は，BAC－EV＝60万円である。これを，先に求めたコスト効率で実施するとき，そのコストは，

$$残作業のコスト見積り = 60 \div \left(\frac{2}{3}\right) = 90（万円）$$

である。これに，現在までの実コスト60万円を加えた150万円が，完成時総コスト見積りとなる。

問題5　ア

サービスレベル管理では，顧客との間でサービス水準に関する合意を結び，サービスが合意に基づいて提供されているかどうかを監視する活動が行われる。
イ　ITサービス継続性管理の活動に関する記述である。
ウ　インシデント管理の活動に関する記述である。
エ　財務管理の活動に関する記述である。

問題6　イ

構成管理プロセスは，サービス提供に必要な構成品目（CI）の特定や管理を実施する。CMDB（構成管理データベース）は，構成品目を管理するデータベースである。
ア　ITサービス財務管理の活動に関する記述である。
ウ　リリース管理および展開管理の活動に関する記述である。
エ　変更管理の活動に関する記述である。

問題7　ウ

各月のバックアップは，
　　月初にフルバックアップ → 磁気テープ１本
　　各日に差分バックアップ → 磁気テープ１本に追記
であり，磁気テープが２本必要である。これを，当月を含んで７か月分保管するため，運用に必要な磁気テープの本数は，最少14本（＝2×7）となる。

問題8　ア

システム監査基準は，情報システムのガバナンス，マネジメント又はコントロールを点検・評価・検証する業務の品質を確保し，有効かつ効率的な監査を実現するためのシステム監査人の行為規範である（システム監査基準「前文」より）。

なお，選択肢ウエはシステム管理基準に関する記述である。システム監査人は，システム管理基準を判断尺度に用い，システム監査基準の行為規範に沿ってシステム監査を

実施する。

問題 9 ア

イ　現地調査法は，監査人が実際に業務が行われている現場を観察するため，対象の業務時間中に実施する。

ウ　コンピュータ支援監査技法には，専用の監査ツールを用いる技法以外にも，汎用ツールやテストデータを用いる技法もある。

エ　チェックリストは監査人が作成する。

問題 10 イ

フォローアップにおいて，監査人は改善実施計画や進捗状況の確認や助言を行う。改善計画の立案や実施は被監査部門や改善対象部門の役割であり，監査人はそれらには携わらない。

ア　監査依頼者の役割に関する記述である。

エ　改善プロジェクトのマネージャの役割に関する記述である。

第11章

ストラテジ 1
システム戦略と経営戦略

1 情報システム戦略

学習のポイント

ITは事業戦略に欠かせないものとなっており，IT によって実現される情報システムの巧拙が経営に大きな影響を及ぼすようになっています。そのようなITを構築し，運用するための指針が情報システム戦略です。情報システム戦略を定めるためには，私たちは企業や情報システムの「あるべき姿」を明確に定め，そこへ向かうような計画を立てなければなりません。ここでは，そのような情報システム戦略の立案について概説します。

1 経営戦略と情報戦略

経営戦略は，企業や事業の「**将来あるべき姿**」とそれに至る道筋を示すもので，企業活動の根幹です。この経営戦略を情報面から支えるものが**情報システム戦略**で，情報システム戦略は経営戦略に沿って定められます[1]。

情報システム戦略を実現するための計画が**情報システム化基本計画**で，具体的な情報システムはこれに沿って導入されます。

重要ポイント

[1] 情報システム戦略は中長期の経営戦略と整合性をとらなければならない

2 情報システム戦略の方針及び目標設定

情報システム戦略の策定では，**明確な方針や目標設定**が必要です。システム管理基準では，情報システム戦略の方針及び目標設定にあたり，経営陣に次の事項を求めています。

①情報システム戦略の方針及び目標の決定の手続を明確化していること
②経営戦略の方針に基づいて情報システム戦略の方針・目標設定及び情報システム化基本計画を策定し，適時に見直しを行っていること
③情報システムの企画，開発とともに生ずる組織及び業務の変革の方針を明確にし，方針に則って変革が行われていることを確認していること

業務モデル

業務モデルは，企業の全体業務とそれに使用する情報とその関連をDFDやE-R図，UMLなどを用いてモデル化したものです[2]。現行業務の調査を出発点とした場合であっても，最終的には**業務のあるべき姿**が描かれ，それに基づいて**情報システムのあるべき姿**を明らかにします[3]。

情報システム戦略委員会

情報システム戦略を推進するためには，推進体制を整備しなければなりません。そのため，**システム管理基準**では情報システム戦略委員会の設置を定めています。

情報システム戦略委員会[4]は，情報化に責任と権限をもつ委員会でトップマネジメントが設置します。役割は次のとおりです。

- 情報システムに関する活動全般をモニタリングし，必要に応じて是正措置を講じる
- 情報技術の動向に対応するため，**技術採用指針**を明確にする[5]
- 活動内容を組織体の長に報告する
- 意思決定を支援するための情報を組織体の長に提供する

DX推進指標

既存システムが老朽化することで，事業の拡大や企業の成長が妨げられてしまう事態が近い将来やってくるとされています。そこで，多くの企業ではDX（Digital Transformation：デジタル技術を活用した変革）を進めています。これを後押しするため，経済産業省はDX推進ガイドラインを策定し，その中で**DX推進指標**を定めました。

DX推進指標は，様々な項目について0～5の成熟度（レベル）が設定されており，これを参照することでDX推進に向けた自己診断を行うことができます[6]。

重要ポイント

[2] 複数の視点から目的に応じたモデル図法を使用してモデル化する。
（例）
全体業務の流れ → DFDやアクティビティ図
業務機能 → ユースケース図
情報と関連 → E-R図やクラス図

重要ポイント

[3]「あるべき姿」は経営目標から導く

テクニック

[3] 全体最適化を貫くキーワードが「あるべき姿」。選択肢に迷った場合は「あるべき姿」が含まれるかどうかも考慮する

重要ポイント

[4] 情報システム戦略委員会は経営トップと各部門の責任者などから構成される

重要ポイント

[5] 具体的な技術ではなくその「採用指針」であること。これを定めておけば，全社的に整合性のとれた技術基盤が確立できる

重要ポイント

[6] 例えばITシステムに求められるスピード・アジリティについて，経営者は「環境変化に迅速に対応し，求められるデリバリースピードに対応できる」ことをレベル0～5で診断する

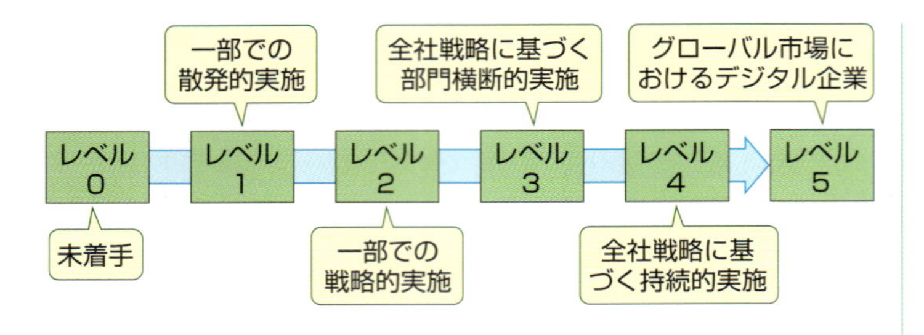

図１　DX推進指標

■IT投資ポートフォリオ（ITポートフォリオ）

IT投資ポートフォリオ[7]は，投資価値や投資リスクなどをもとにIT投資案件をいくつかのカテゴリに分類するものです。ITポートフォリオを作成することで，企業が行うIT投資について**最適な資源配分を計画する**ことができます。

重要ポイント
[7]「カテゴリ」や「最適な資源配分」がIT投資ポートフォリオのキーワード

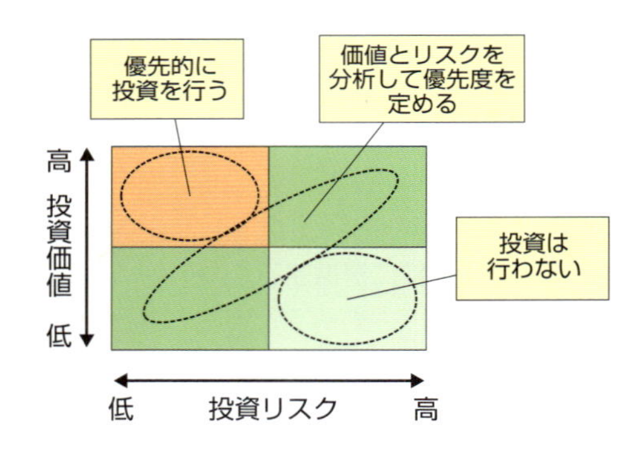

図２　IT投資ポートフォリオ

経済産業省が示したIT投資ポートフォリオのモデルでは，IT投資をその性質をもとに，戦略目標達成型，業務効率化型，インフラ構築型に分類し，さらに実現性と戦略適合性の2軸で評価します。

■IT投資の評価

IT投資は無計画に行うのではなく，投資効果を評価して実施しなければなりません。投資効果の評価方法には，次の方法があります。

表1　投資効果の評価方法

NPV法	割引率を考慮して算出した正味現在価値で評価する方法
IRR法	投資の内部利益率の大小で評価する方法
PBP法	投資の回収期間で評価する方法

NPV（正味現在価値）法は，将来の回収額を現在価値に割り引いたものから投資額を引いて投資効果を算出します。例えば5%の利息がつく環境で1年後に100万円が回収できる場合，回収額の現在価値は1.05で割り引いた95.2（=100÷1.05）万円と算出します[8]。

IRR法は，投資額と回収額の現在価値が等しくなる内部収益率（IRR）を計算し，IRRの大小で投資効果を評価します。

PBP法は，投資が回収できる期間の長短で投資効果を評価します[9]。

3 EA(Enterprise Architecture)

組織全体の業務とシステムを個別に改善しても，混乱が生じるだけで効果は望めません。**業務とシステムは統一的な手法でモデル化し，同時に改善する**ことが望ましいのです[10]。その代表的な方法が**EA**（**エンタープライズアーキテクチャ**）です。

EAでは，企業基盤や活動を次の四つの階層で考え，文書化します。

テクニック!!

[8] 同じ金額でも，遠い未来に入る金額は，近い未来に入る金額よりも多く割り引かれるため，現在価値は小さくなる

重要ポイント

[9]「何年後に回収できるか」や「回収に要する期間」など，期間に関する記述が表れた場合，PBP法と答えてよい

重要ポイント

[10] EAのキーワードは
- 業務とシステムの統一的なモデル化
- 四つの階層

第11章

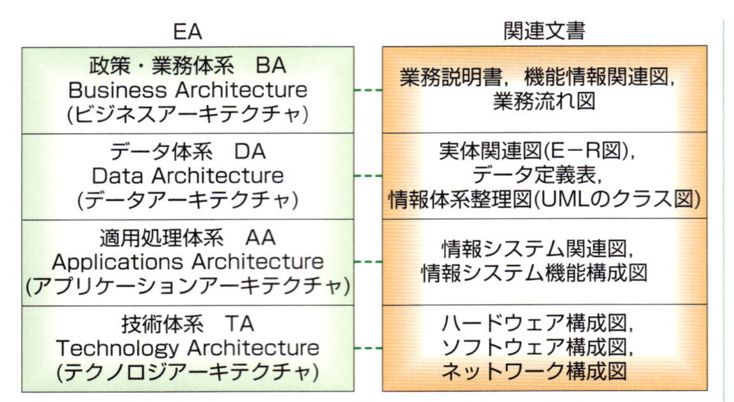

注：情報体系整理図については，BAの成果として作成すべきとする考え方もある

BA	政策・業務体系。ビジネスや業務活動を可視化した層
DA	データ体系。企業・組織が利用する情報を可視化した層
AA	適用処理体系。ビジネス活動で用いる情報システムの構造を可視化した層
TA	技術体系。情報システムを稼働させ，ビジネスに必要なサービスを提供する層

図3　エンタープライズアーキテクチャ[11]

重要ポイント

[11] 各層の見分け方

BA
業務が主役（業務機能，業務の流れなど）

DA
情報が主役（データの内容，データ間の関連など）

AA
システムが主役（サービスのかたまり，システムの機能や構成など）

TA
技術基盤が主役（技術的構成要素など）

EAを進める上では，まず現状のモデル（**AsIs**）を，次に理想としてのモデル（**ToBe**）を明らかにし，その間に次期モデルを設定します。四つの階層で企業の全体像を把握し，ToBeでゴールを意識するからこそ，整合性のとれた計画的な開発を行うことができるのです。

重要ポイント

[12]「AsIs」が現状。「ToBe」が理想（ゴールイメージ）

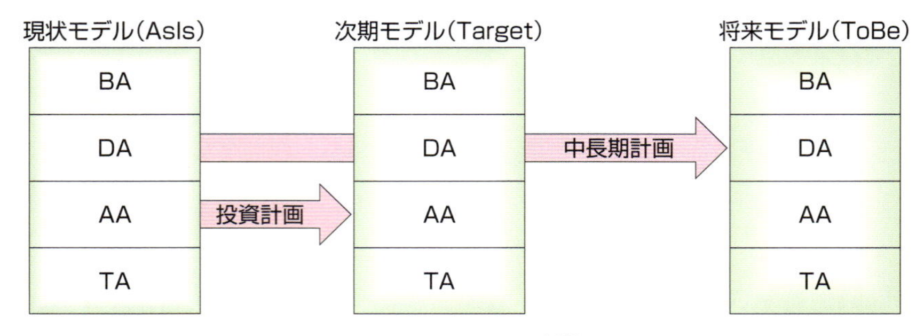

図4　AsIsとToBe[12]

2 ビジネスプロセスの改善

学習のポイント

　ビジネスプロセスとは企業内の活動そのもので，情報システム戦略の目的は，最終的にはビジネスプロセスを改善することにたどり着きます。ここでは，ビジネスプロセスを抜本的に改革するBPRを中心に，関連事項を説明します。

1 BPR(Business Process Re-engineering)

　BPRとは，企業の業務を抜本的に改革することで，提唱者のハマーは「コスト，品質，サービス，スピードのような，重大で現代的なパフォーマンス基準を劇的に改善するために，ビジネスプロセスを根本的に考え直し，抜本的にそれをデザインし直すこと」[13]と定義しています。

重要ポイント

[13] BPRの説明には「根本から見直してやり直す」というニュアンスが表れているはず。
→抜本的な考え直し
→抜本的なデザインし直し
→劇的な改善

■BPRの実施手順

　BPRは大きく分析，改善，実施という手順で行われます。以下にその例を示します。

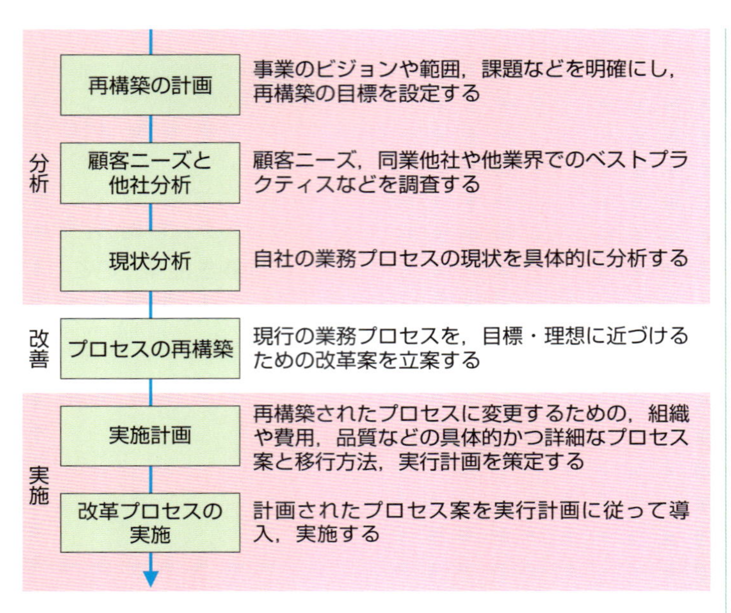

図５　BPRの実施手順

■BPM(Business Process Management)

BPMとは，**ビジネスプロセスを絶えず改善する**ためのマネジメントのことです。単にBPRを行うのではなく，改善を継続して繰り返すことがBPMのポイントです[14]。

基本ポイント

[14] BPMもPDCAサイクルに従う

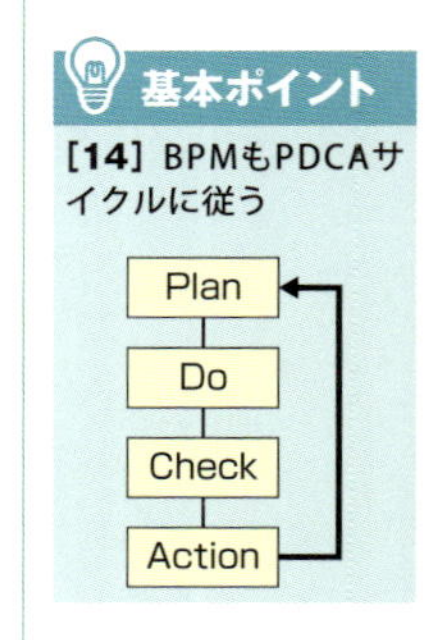

■アウトソーシング

BPRの一環として，**アウトソーシング**が行われます。もともとはシステムの運用部門を独立させ，運用を一括して委託する形態でしたが，現在では後述するBPOの意味合いが強くなっています。

■クラウドソーシング

インターネットを介して**不特定多数の人から受注者を募集**して，業務を委託する方法もあります。このような業務委託を**クラウドソーシング**[15]とよびます。

[15] アウトソーシングとクラウドソーシングは対比させて覚えよう
アウトソーシング
→特定の企業へ委託
クラウドソーシング
→不特定多数へ委託

■BPO(Business Process Outsourcing)

BPOは，**情報システムと関連する業務を一体化して外部に委託す**

ることで，BPRの一環として行われます。コールセンタの外部委託などは，BPOの典型例です。

昨今ではコストを考慮し，インドなどの海外企業へ委託するケースも増えています。これを**オフショア開発**や**オフショア委託**などとよびます[16]。

シェアドサービス

シェアドサービスは，経理や総務，情報システムの運用といった**複数の企業に共通する業務を独立させ，企業間で共有する**経営手法です。いわば，間接部門のアウトソーシングです。

ファブレス(fabless)

外部委託という流れで**ファブレス**[17]という言葉も登場しました。これは**生産を他メーカに依頼**し，自らは企画やマーケティング，販売に徹する新しい事業形態です。

ファウンドリ(foundry)

半導体デバイスを製造する工場を**ファウンドリ**[18]とよびます。ファウンドリという名称は，半導体ファブレス企業から半導体製造を請け負うサービスにも使われることがあります。

EMS(Electronics Manufacturing Service)

ファブレスの広まりは，一方で製品の製造工程を請け負うビジネスを生み出しました。電子機器を対象に，**設計と製造を専門に請け負う事業形態**を特にEMSとよびます[19]。

セル生産方式[20]

製造現場の業務プロセスも，従来型の「大量生産によるコストダウン」から大きく変化しています。その好例が**セル生産**です。これは，基本的に一人の作業員が部品の取付けから組立て，加工，検査までの全工程を担当する方式で，**多種類かつフレキシブルな生産**に適しています。

基本用語

[16] オフショア
コスト削減を目的に，海外の業者へ業務を委託すること

重要ポイント

[17] 半導体ファブレス企業は，企画，設計及び開発は行うが，半導体製造の工場は所有しない

重要ポイント

[18] ファウンドリはLSI製造の委託先として選ばれる

重要ポイント

[19] EMSは「電子機器製造」を複数メーカから受託する

重要ポイント

[20] セル生産方式 → 多種類，少量，フレキシブル
ライン生産方式 → 少種類，大量，効率化

第11章

かんばん方式

製造現場のある工程で「部品を無駄に多く造った」ため，後工程で消費されずに在庫になってしまうことがあります。これを避けるためには，**後工程で使う分だけ製造する**[21]ことが必要です。これを実施したのがトヨタで，工程間で部品情報をやり取りするカードを「かんばん」と称したことから，**かんばん方式**とよばれるようになりました。

重要ポイント
[21] かんばん方式は中間在庫を極力減らすために用いられる。前工程は，後工程から送られるかんばんの指示量に備え，自工程の在庫を最小限に抑えながら生産する

3PL(Third Party Logistics)[22]

アウトソーシングの流れは，**流通・物流を第三者に委託**するという形態を生み出しました。このような物流業務形態を，**3PL（サード・パーティ・ロジスティクス）**とよびます。

重要ポイント
[22] 3PLは物流業務に加えて流通加工や物流企画も行う

3PLを請け負う業者は，物流資産をもつかどうかによって次のように分類できます。

表２　3PLの分類

アセット型	倉庫や配送手段などの物流資産を保有する形態。 企業の物流を一括して請け負う
ノンアセット型	物流資産を保有しない形態。 WMSの導入を行うなど，物流部門の管理，最適化を請け負う

RPA(Robotic Process Automation)

業務プロセスを効率化するため，さまざまなツールが用いられます。**RPA**[23]は定型業務を自動化するソフトウェアロボットで，電子メールの開封やデータのコピーペーストなど，**人手を要する単純作業を肩代わり**します。

重要ポイント
[23] RPAによる自動化では，ルールエンジンや認知技術などが活用される

2 BPRから派生したビジネス

BPRに代表されるビジネスプロセスの見直しは，会社がコンピュータやアプリケーションソフトを保有するという構造にもメスを入れました。その結果，ASPやXaaSなど新たなビジネスが派生しました。

ASP(Application Service Provider)

ASPとは，アプリケーションソフトの機能を，インターネットを介して比較的安い費用で顧客企業にレンタルする事業者のことです。ASPを利用する企業は，**コスト削減，運用管理作業の負担低減，導入の容易化**といったメリットが得られます。

クラウドサービス

ASPから始まったアプリケーションソフトウェアのレンタルは，より細かな機能単位の貸出へと進化しました。このような事業は，現在では**クラウドサービス（クラウドコンピューティング）**とよばれます。

NIST（米国標準技術局）は，クラウド事業者がどのレベルまでサービスを提供するかによって，クラウドサービスを次の三つに分類しています。

第11章

重要ポイント
[24] OSやDBMSの設定は，PaaSでは事業者が，IaaSでは利用者が実施する

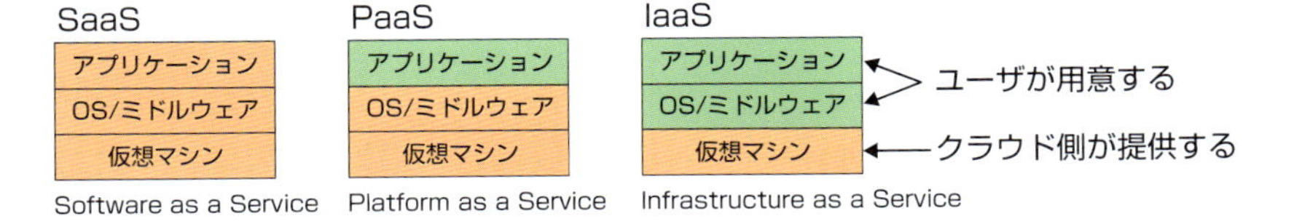

図6　NISTによるクラウドサービスの分類[24]

例えばPaaSでは，ハードウェア（仮想マシン）やOS，DBMSなどの設定はクラウド事業者の責務で，アプリケーションの設定は利用者の責務です。

また，これら以外にも**FaaS**（Function as a Service）と呼ばれるサービスも登場しています。FaaSは**WebAPIを介して細かな機能を提供する**サービスで，Webアプリケーションの開発者向けに提供されています。

SOA(Service Oriented Architecture)

業務プロセスの改善や支援は，システムにも業務処理に対応する構成単位を登場させました。ここではそれをサービスとよびます。**SOA**はコンピュータシステム全体を「サービスの集まり」と定義

し，設計を行う手法です[25]。

各サービスは標準的なインタフェースで呼び出せるように設計され，複数サービスを連携させることも容易です。利用者は**業務に合わせて必要なサービスを組み合わせて実行**できます。

> **重要ポイント**
> [25] SOAは「サービス」指向の「システムアーキテクチャ」

> **重要ポイント**
> [25] SOAは「利用者の視点」で業務システムの機能を分ける

3 システムの企画〜調達

学習のポイント

システムを外部に発注する場合であっても，戦略面での構想や要件定義まで外部に任せるわけにはいきません。また，業者の選定や契約の場面でも，明確な手順や基準が必要です。ここでは，そのようなシステムの企画から要件定義，調達のプロセスについて説明します。

1 システム企画

あらゆる物事は企画を経て誕生します。情報システムも例外ではありません。特に戦略的な意味合いの強いものほど，しっかり企画されなければなりません。

共通フレーム2013では，**企画プロセス**の目的を次のように定めています。

> 経営・事業の目的，目標を達成するために必要なシステムに関係する要件の集合とシステム化の方針，及び，システムを実現するための実施計画を得る[26]。

システム企画は「システム化構想の立案」「システム化計画の立案」というプロセスを含みます。

> **重要ポイント**
> [26]「経営・事業の目的，目標の達成」という戦略色の強い表現が，システム企画の性格を表している

> **基本ポイント**
> [26] 共通フレーム2013ではプロセス，アクティビティ，タスクという順に項目が詳細化される

■システム化構想の立案

システム化計画に先立って，**システム化構想**を立案します。システム化構想は次の手順で進みます。

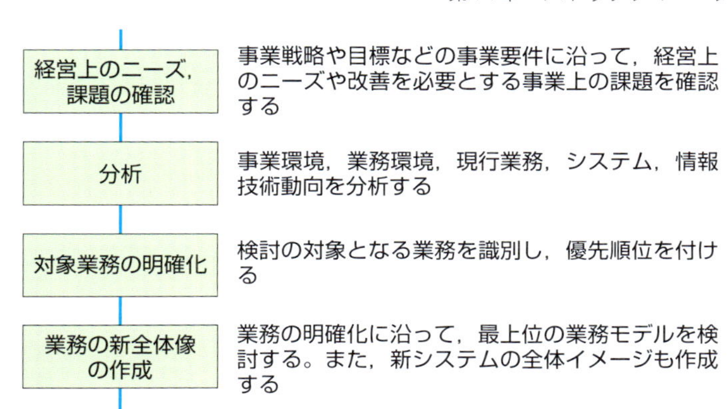

図7　システム化構想の手順[27]

システム化計画の立案

システム化構想の結果に基づき，**システム化計画**を立案します。その結果，対象業務がモデル化され，プロジェクト目標が設定され，全体開発スケジュールが作成されます。

2 要件定義

システム企画に引き続いて，**要件定義**が行われます。ここでは，システム企画で作成したシステム計画書の内容に従って，利害関係者が新システムに望む要件を定義，確認します。

共通フレーム2013では，要件定義プロセスの目的を次のように定めています。

> 定義された環境において，利用者及び他の利害関係者が必要とするサービスを提供できるシステムに対する要件を定義する[28]。

要件定義の手順

要件定義は次の手順で行います。

重要ポイント

[27]
- 市場や競合などの事業環境を分析し，事業目標との関係を明らかにする
- 技術動向は，競争優位や事業機会の観点から分析する

重要ポイント

[28]「利害関係者の識別」や「利害関係者のニーズ抽出」は要件定義で実施する

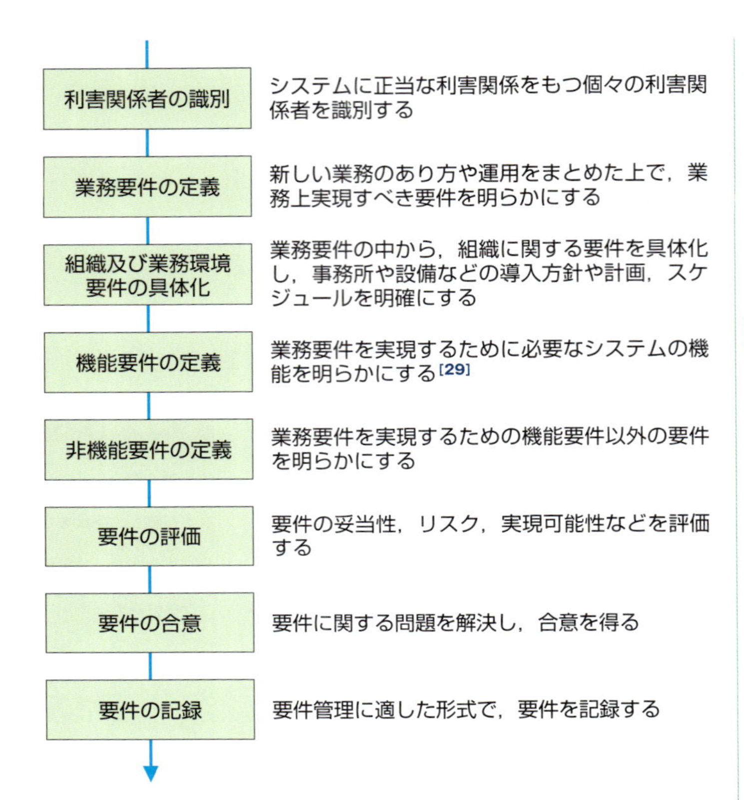

図８　要件定義の手順[30]

■非機能要件

非機能要件[31]は，機能としては明確には定義できない要件で，次のようなものが含まれます。

品質要件：信頼性や性能，拡張性，保守性，セキュリティなど

技術要件：システム構成や開発方式，開発環境など

運用，操作要件：運用手順や形態，サービス提供条件など

移行要件：移行対象や手順，時期など

付帯作業：環境設定やユーザ教育，運用支援など

■BABOK(Business Analysis Body of Knowledge)[32]

BABOK（バボック）は，ビジネス分析や評価に関するベストプラクティスを体系化したガイドです。システム開発における要件定

重要ポイント

[29] 機能や非機能について「現行と同じ」で済ませるのは好ましくない。現行システムの使われ方を十分調査した上で，要件定義を実施すべきである

重要ポイント

[30]
- 業務要件の定義に先立ち，経営上のニーズや業務上の課題などを確認する
- 各種の要件は，「業務上必要とすべき要件」である業務要件から導かれる

重要ポイント

[31]
- 「可用性」「性能」「セキュリティ」などは，代表的な品質要件
- 「半日以内に復旧できる」など，復旧時間に関する要件も非機能要件に含まれる

重要用語

[32] BABOK
ビジネス分析知識体系ガイド

義のための知識体系として用いられることも少なくありません[33]。

3 調達

要件定義の終了後，システムそのものあるいはシステム開発に向けて各種資源を**調達**します。資源はベンダなどを通して外部から調達することもあります。

調達は大きく**調達計画**，**調達実施**の順で実施します。

■調達計画

調達にあたり，調達の要求事項を定義します。具体的には，**調達の対象を明らかにして，調達の条件を設定**します。要求事項を定義するさいには，幅広く情報を収集する必要があります。このために，ベンダなどに対して**RFI**（**情報提供要請**）を発行することもあります。

■RFI(Request For Information)

調達の対象に詳しくない場合，調達の要求事項を適切に定められない恐れがあります。そのような場合は，**調達対象に詳しいベンダに，情報提供を依頼**します。RFIはそのために発行する文書です[34]。

RFIに回答したベンダが案件を受注する保証はありません。しかし，RFIに誠実に対応することは，ベンダにも依頼者にも利益をもたらします。

■調達実施

調達計画で定義した調達案件に基づいて，RFP（提案依頼書，提案要請）を作成し，調達を実施します。その手順は次のとおりです。

重要ポイント

[33]「ビジネスアナリシス」「7つの知識エリア」がBABOKのキーワード

重要ポイント

[34] RFIのIはInformation，つまり「情報」の提供を依頼する

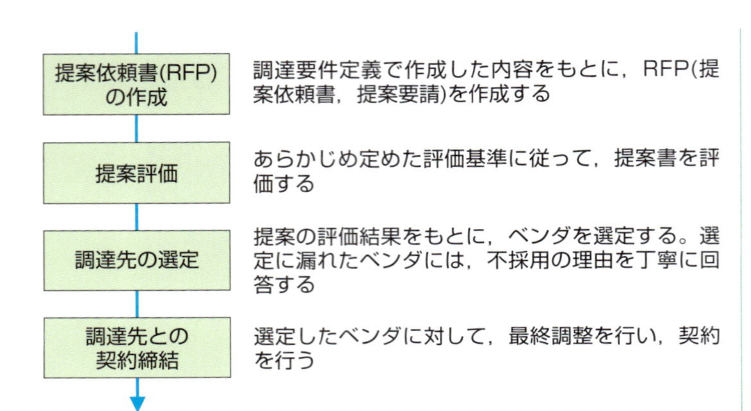

図９　調達実施の手順[35]

> **重要ポイント**
> [35] 23年秋にこの手順が出題された。手順と概要はよく理解しておこう

RFP(Request For Proposal)

RFPは**ベンダに提案を依頼する文書**です。RFPにはシステムの概要から提案依頼事項，開発に関する条件など，ベンダが提案を作成するのに必要な情報が余さず記載されます[36]。

> **重要ポイント**
> [36]
> ・要件定義は機能要件，非機能要件にまとめて提示する
> ・複数の要求事項がある場合は，あらかじめ重要度を設定しておく

ベンダはRFPに沿う形で提案書を作成して提出します。提案書と一緒に見積書を提出することもあります。

契約形態

調達先として選定したベンダとは，契約を結びます。この契約形態には**請負契約**と**準委任契約**があります。

表３　契約形態[37]

請負契約	仕事の完成を約束する契約。報酬は仕事の完成に対して支払われる ・**受注者には完成責任，瑕疵担保責任が課せられる** ・発注者に指揮命令権はない
準委任契約	作業や事務の遂行を約束する契約。報酬は作業量や期間に対して支払われる ・**受注者には善管注意義務が課せられる** ・発注者に指揮命令権はない

> **重要ポイント**
> [37] 機能や成果物が明確になっていない場合は準委任契約が望ましい。逆に，具体的に定まっている場合は請負契約で構わない

請負契約は，仕事（成果物）を完成させる契約なので，受注者には成果物を完成させる義務（**完成責任**）と不具合（瑕疵）があれば修復する義務（**瑕疵担保責任**）が課せられます。一方準委任契約

は，仕事を手伝う契約なのでそれらの義務は課せられません。ただし，注意を払って誠実に仕事に取り組む義務（**善管注意義務**）が課せられます[38]。

請負契約と準委任契約は，開発フェーズに応じて使い分けるべきです。一般に，システム内部設計フェーズからシステム結合フェーズまでは請負契約，それ以外のフェーズは準委任契約が望ましいとされています[39]。また，フェーズごとに個別契約を締結する**多段階契約**[40]が締結されることもあります。

システム化計画	要件定義	システム外部設計	システム内部設計	ソフトウェア設計 プログラミング ソフトウェアテスト	システム結合	システムテスト	導入・受入支援
準委任契約			請負契約			準委任契約	

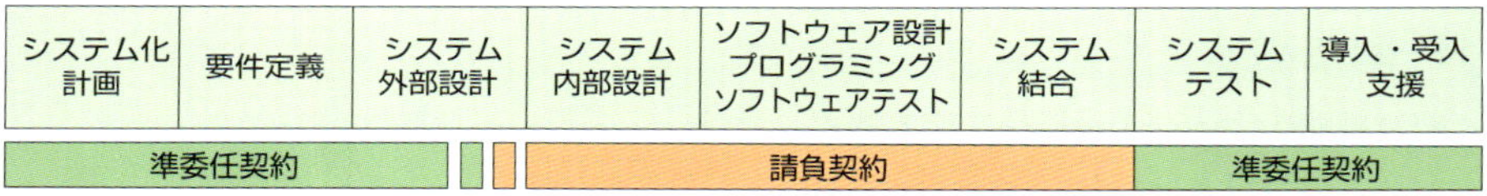

図10　請負契約と準委任契約の使い分け

！重要用語

[38] 善管注意義務
発注者の求めに応じて作業報告を行うなど「善良な管理者の注意」をもって業務を処理する義務

！重要ポイント

[39] 利用者が主導するフェーズは準委任契約，ベンダに任せるフェーズは請負契約

！重要用語

[40] 多段階契約
工程ごとに契約を結ぶ形態。各工程で見積りをやり直すため，変更などの影響を契約に反映しやすい

4 経営戦略

学習のポイント

企業が存続し，利益をあげるためには，市場での競争に勝ち抜かなければなりません。そのために，企業は自身の強みや弱み，あるいは自身を取り巻く環境を分析し，適切な戦略を立案します。ここでは，そのような企業の戦略面について説明します。

1 競争戦略

経営戦略の目的は市場競争を勝ち抜くことで，そのために企業は利益を上げなければなりません。利益を上げるためには，他社との競争の中で，**競争優位**（他社にない強みなどによって，平均的な状況よりも多くの利益率を得ている状態）を確保することが大切です。そのための経営戦略が，競争戦略です。以下に，競争戦略に関わる知識を説明します。

三つの基本戦略

競争戦略の第一人者であるM.E.ポーターは，著書の中で次の三つの基本戦略を提案しました。

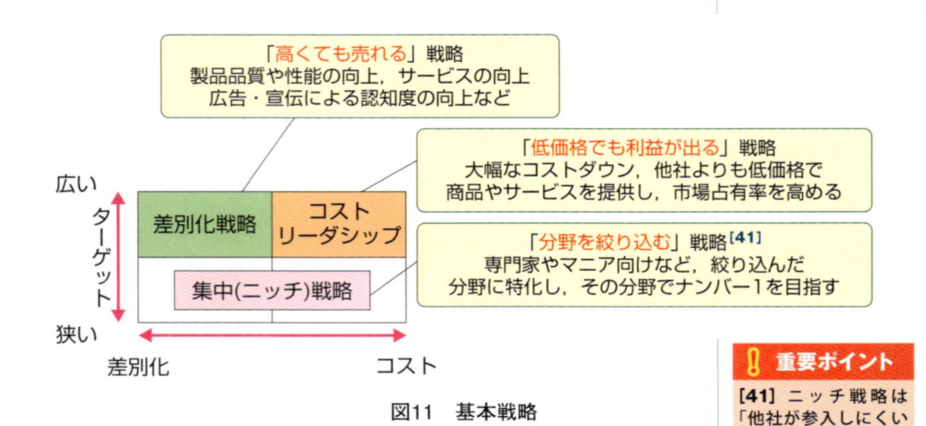

図11　基本戦略

重要ポイント

[41] ニッチ戦略は「他社が参入しにくい市場」「経営資源の集中」「限られた市場で圧倒的な地位」など

■業界地位と戦略

企業がとるべき戦略は，その企業の立ち位置にも大きく関わってきます。ナンバー2企業にはナンバー1企業を出し抜くための戦略が，ナンバー1企業には隙を見せない戦略が必要なのです。

以下に，企業の地位と戦略をまとめます。

表4　業界地位と戦略

地位	説明	戦略
リーダ	ナンバー1企業	オーソドックスな品揃え フルライン戦略[42]
チャレンジャ	リーダを追いかける2番手	リーダとの差別化[43] 思い切った低価格も有効
フォロワ	リーダの模倣企業	迅速な模倣，低価格化
ニッチャ	ニッチ分野の ナンバー1企業	市場，製品の絞り込み 徹底したニッチ製品

■コアコンピタンス

競争のためには，**他社にはマネのできない強み**が必要です。このような強みを**コアコンピタンス**とよびます。

コアコンピタンスは，単に技術的なものだけとは限りません。社員のスキルやノウハウなど，他社と差別化できるすべての資源が含まれます[44]。

■M&A（合併と買収）

企業の成長を，内部の経営資源（人・モノ・金・情報）だけで行うには限界があります。さらなる成長を遂げるためには，**外部資源**を利用することも視野に入れなければなりません。

外部資源を活用する最も典型的な例が**M&A**[45]，いわゆる買収です。M&Aは**シナジー（相乗）効果**[46]を生むこともあり，成功すれば企業を一気に成長させることも可能です。ただし，M&Aには大きな投資が必要であるため，相手企業の価値やリスクを詳細に調査しなければなりません。この調査を**デューデリジェンス**とよびます。

M&Aは次に分類できます。

基本用語
[42] フルライン戦略
品種や価格を幅広く揃える戦略

重要ポイント
[43] チャレンジャはあらゆる面でリーダとの差別化をはかる。リーダの模倣はチャレンジャではなくフォロワの戦略

重要用語
[44] コアコンピタンス
差別化の源泉となる経営資源。例えば，他社よりも効率性の高い生産システム

重要用語
[45] M&A
新規事業への進出や事業の拡大，再編などのために，他社の経営資源を獲得して活用する

基本用語
[46] シナジー効果
二つ以上の要素を組み合わせることで，それを上回る効果を得ること。M&Aや提携だけではなく，自社事業の組合せなどでも得ることができる

第11章

表5　M＆Aの分類

地位	説明
垂直統合	サプライチェーンに沿って企業を買収する 例：自動車メーカが部品メーカを買収する
水平統合	競合会社を買収して規模を拡大する 例：自動車メーカが他の自動車メーカを買収する

■ブルーオーシャン戦略[47]

競争とは逆の方向を目指す戦略もあります。具体的には**「競争のない未開拓市場」に着目**し，競争相手のいない市場を切り開きます。これを**ブルーオーシャン戦略**とよびます。

ブルーオーシャンに対し，血で血を洗う激烈な競争市場を**レッドオーシャン**とよぶこともあります。

！重要用語

[47] ブルーオーシャン戦略
「競争のない未開拓市場」を切り開く

■成長マトリクス

企業が成長するためには，成長パターンに応じた戦略が必要です。**アンゾフ**は，どのような製品をどのような市場へ投入するかによって，成長の方向性を次の類型にまとめました。

市場＼製品	既存	新規
既存	市場浸透	製品開発
新規	市場開拓	多角化

図12　アンゾフの成長マトリクス

市場浸透は，既存顧客に対して既存製品を「より多く買ってもらう」戦略です。例えばドリンク剤を，疲れた時だけではなく気分を変えたいときに飲むと宣伝することで，消費の機会を多くできます。

製品開発は，既存顧客に新製品を販売する戦略です。スナック菓子で季節ごとに新しい味が登場することがありますが，これは顧客に飽きさせずに製品を購入してもらう戦略といえます。

市場開拓は既存製品を新市場に投入する戦略です。海外進出などが該当します。

多角化は，新製品を新市場に投入する戦略です。リスクの高い戦略ですが，他社との提携やM&Aでリスクを下げつつ，高い効果を得ることも可能です。

2 分析手法

経営戦略を立案・決定するためには，自社や自社を取り巻く環境が分析できていなければなりません。ここでは，主な分析技法を説明します。

■SWOT分析

SWOT分析は，企業の**内部環境と外部環境**の両方の側面から，**好影響と悪影響**の要因を分析する手法です。具体的には，次の観点から要因を洗い出します。

	好影響	悪影響
内部	強み（Strength） ・高い技術力をもつ ・強力なブランドをもつ	弱み（Weakness） ・販売拠点が少ない ・営業力がない
外部	機会（Opportunity） ・円高で仕入価格が低下 ・新興国の好景気が続く	脅威（Threat） ・海外企業が参入した ・国内市場の成長率が低い

図13　SWOT分析[48]

重要ポイント
[48] SWOT分析のキーワードは「強みと弱み」「機会と脅威」

このような分析を行うことで，自社のとるべき戦略が自ずと明らかになります。たとえば「新興国の好景気が続く」ことに着目すれば，現地企業と提携して自社商品を販売するという選択肢が生まれます。

■PPM（プロダクトポートフォリオマネジメント）

PPMは，事業や製品の位置づけを，市場成長率と相対的市場占有率の２軸を用いて分析する手法です。事業や製品は次の四つのマトリクスに位置づけられ，とるべき戦略が明らかになります。

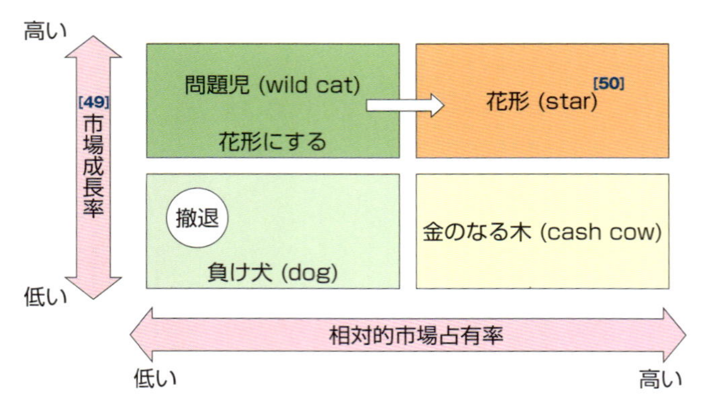

図14　PPMのマトリクス

問題児は**花形**に，花形は**金のなる木**に成長させるのが原則です。金のなる木は，成熟市場で高い占有率を築いた製品で，追加投資を行うことなく利益を得ることができます。これに対し，問題児は自身では利益を上げることができません。そこで，**金のなる木から回収した資金を問題児に投入**します。ただし，問題児は撤退も視野に入れておかなければなりません。**負け犬**は整理・撤退します[51]。

■バリューチェーン分析

商品の付加価値は企業活動が生み出します。**企業活動のどこで付加価値が付けられるかを分析**することは，基本戦略を選択する上で非常に重要なファクターです。ポーターは，企業活動を大きく次の五つの主要活動に分類し，そこで生み出された付加価値が，最終的な商品価値となると提唱しました。このような価値の連鎖を**バリューチェーン**または**サプライチェーン**とよびます[52]。

注意 [49]
市場成長率について，
高い：将来有望な市場
低い：成熟市場
と考えよう。低いを悪い意味で捉えると，金のなる木の解釈を誤ってしまう

重要ポイント
[50] 花形は利益も上がるが投資も必要なので，資金創出効果が大きいとは限らない

重要ポイント
[51] PPMによる分析結果は，資源配分の優先度を設定するベースとなる

重要ポイント
[52] バリューチェーン分析のキーワードは「主活動」「支援活動」「価値の創出」

※主要活動のほかに支援活動があるが，ここでは省略する

購買	製品を製造するために必要な資材を入手する
製造	完成品である製品を製造する
出荷物流	製品を顧客に届ける
販売・マーケティング	広告や実際の販売など
サービス	設置や修理など，いわゆるアフターサービス

図15　バリューチェーン[53]

> **重要ポイント**
> [53] バリューチェーンの流れは覚えてしまおう

第11章

価値は，顧客の視点から分析します。たとえば，顧客がアフターサービスに付加価値を見いだしているならば，これを強化し差別化するような戦略を立案します。

PEST分析

PEST分析[54]は，企業の現状や将来に影響を与える外部環境を，次の四つに分類して分析する手法です。

> **重要用語**
> **[54] PEST分析**
> 法規制，景気動向，流行の推移や新技術の状況を把握し，自社の製品改善方針を決定する，という表現で高度試験で出題されたことがある

政治的（Political）	法規制 税制 制度，判例など	経済的（Economic）	景気 物価 成長率 金利，為替など
社会的（Social）	人口推移 世論，流行など	技術的（Technological）	新技術の動向 特許など

図16　PEST分析

分析は内部環境に偏ることが多く，外部環境の要因を見落としてしまいがちです。分析をPESTに沿って実施すれば，**外部要因の漏れや見落としを防ぐ**ことができます。

デルファイ法

将来を見通した経営戦略を立案するためには，現在の動向をもとに未来を予測することも必要です。**デルファイ法**は，複数の専門家へのアンケート調査を繰り返すことで，未来予測を行います。

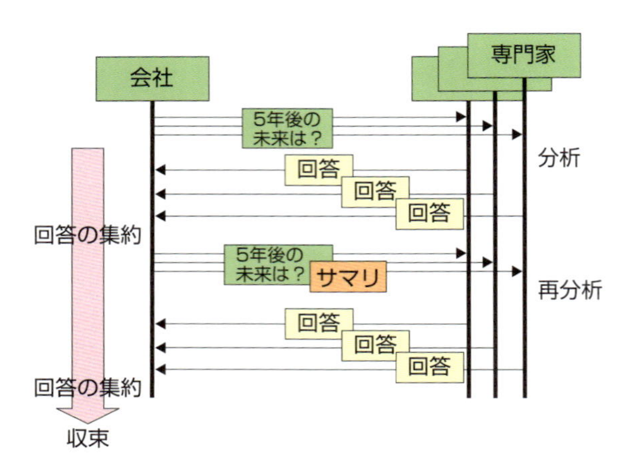

図17　デルファイ法[55]

重要ポイント
[55]「アンケートの繰返し」「回答の集約」「フィードバック」などがデルファイ法のキーワード

デルファイ法の要点は，**アンケートの回答を集約して専門家にフィードバックする**ことです。専門家はサマリをもとに再分析を行い，改めて回答します。このプロセスを繰り返すと，やがて専門家の意見は収束するので，それを予測の結果とします。

なおデルファイ法は，未来予測のほかにも様々な場面で利用されます。

3 マーケティング

マーケティングとは「売れる仕組み」を作ることで，その基本戦略として次の**4P**，**4C**が有名です。

4P：売り手の視点	4C：顧客の視点
Product：製品	Customer value：顧客価値
Price：価格	Customer cost：顧客コスト
Place：流通	Convenience：利便性
Promotion：プロモーション	Communication：コミュニケーション

図18　4Pと4C

4Pは「どんな製品を」「どんな価格で」「どんな販売チャネルで」「どんな宣伝をして」販売するか，という売り手の視点をまとめたものです。これに対して**4C**は「製品がどのような価値を顧客にもたらすか」「顧客はどのようなコストを支払うか」などという顧客視点をまとめたものです。図に示したとおり，**4Pと4Cは対応**しています[56]。

> **重要ポイント**
> [56] 4Pと4Cは対応している。PromotionはCommunicationと対応する

> **重要ポイント**
> [56] 4Cは4Pを顧客視点で言い換えたもの。対応関係は覚えておこう

製品戦略

製品戦略の基本は，魅力のある製品を投入することです。代表的な製品戦略には次のものがあります。

表6　製品戦略

製品多様化	製品のバリエーションを増やすことによって，顧客に幅広い魅力を提供する
製品差別化	競合製品がもっていない機能や魅力を備える
市場細分化	市場を細かいカテゴリに分割し，各カテゴリに合わせた製品を投入する
計画的陳腐化	意図的に陳腐化するよう計画し，新製品への需要を喚起する

価格戦略

価格設定においては，価格の変動が売上にどのような影響を与えるかを分析することも必要です。その指標の一つに，**価格弾力性**があります。

価格弾力性 ＝ 需要の変化率 ÷ 価格の変化率

需要の変化率は，簡単には売上の変化率と考えればよいでしょう。

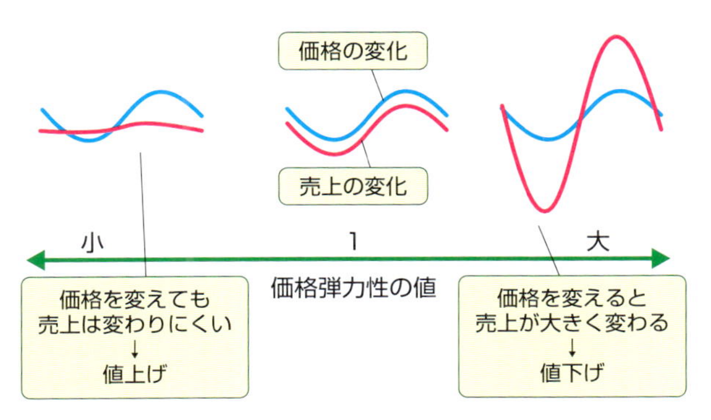

図19　価格弾力性

価格弾力性は１を境にして，小さければ価格は需要に影響を与え

にくく，大きければ価格は需要に影響を与えます。前者であれば**値上げで利益率を高める**ことが，後者であれば**値下げでシェアを拡大する**ことが基本的な戦略となります。

価格設定に関する具体的な戦略には，次のものがあります。

表7　価格設定

実勢価格設定	競合の価格を十分に考慮した上で価格を決定する
差別価格設定	顧客層，時間帯，場所など市場セグメントごとに異なる価格を決定する
ターゲットリターン価格設定[57]	目標とする投資収益率を実現するよう価格を決定する
知覚価値価格設定	リサーチなどによる消費者の値頃感に基づいて価格を決定する

重要ポイント
[57] 投資収益率やROIなどが用いられたらターゲットリターン価格設定と考えてよい

流通戦略

流通戦略では，実店舗，カタログ販売，ネット販売などの販売チャネルを検討します。同じ製品を複数の販売チャネルを用いて販売するような**オムニチャネル**[58]も効果的な流通戦略です。

重要用語
[58] **オムニチャネル**
売手の視点では「実店舗やネットなど多様な接点で顧客に接触する」こと，顧客の視点では「多様な接点から同質の利便性で商品を購入できる」こと

プロモーション戦略

プロモーション戦略では，販売促進や広告の方策を検討します。例えば，「なかなか買ってもらえないが，一度でも試してもらえば固定客になってもらえる」ような製品であれば，無料サンプルの配付やお試し価格などによる販売促進が有効です。

以下の広告手法は，Webやスマートフォンなどで実際によく見かけるものです。

表8　広告手法

検索連動型広告	利用者が入力した検索キーワードに関連する商品の広告を表示する
コンテンツ連動型広告	利用者が訪れたWebサイトのコンテンツに関連する商品の広告を表示する
地域ターゲティング	近隣の店舗情報など，利用者の現在位置に合わせた広告を表示する
行動ターゲティング[59]	利用者のアクセス履歴や購入履歴を分析して，利用者の関心が高い商品の広告を表示する

重要ポイント
[59] 行動ターゲティングは利用者の行動の履歴から興味や関心を分析する

■バイラルマーケティング

バイラルマーケティングは，**製品やサービスに関する評判を人から人に伝える**ことで顧客を獲得するマーケティング手法です。低コストで製品やサービスを認知させることが可能ですが，広がり具合を制御することが難しく，宣伝効果の予測が困難です。なお，バイラルとは，「ウイルス性の」「感染性の」という意味です。

■顧客との関係

一般に「20％の優良顧客が企業収益の80％に貢献する」ともいわれています。**顧客とのよい関係を構築・維持する**ことは，売上を向上させ利益を確保するために不可欠なことです。

なお，顧客が企業に抱く好意を**顧客ロイヤルティ**とよびます。ロイヤルティの高い顧客は，企業の製品を繰り返し購入するので，LTV[60]が高く，企業に大きく貢献します。

[60] LTV（Life Time Value）
1人の顧客が生涯にわたって企業にもたらす価値

■RFM分析

RFM分析は，優良顧客を次の三つの視点から分析します。

R（Recency）：**最新購買日**：新しいほど高ランク
F（Frequency）：**購買頻度**：多いほど高ランク
M（Monetary）：**購買金額**：高いほど高ランク

R／F／Mのすべてにおいて高ランクな顧客は，優良顧客です。個人的なおもてなしを重視し，季節の挨拶などを行います。逆に，R／F／Mすべてが低ランクであれば，コストをかけるべきではありません。

R／F／Mの中でも特にRが重要です。FやMが低くても**Rが高ランクであれば優良顧客になる**チャンスがあるからです。Rの高い顧客には，特典の提示やお礼状を送るなどフォローします。逆にFやMが高ランクでも，**Rが低ランクであれば離反している**恐れがあります[61]。調査が必要かもしれません。

重要ポイント
[61] Rが高ければチャンス！
Rが低ければ離反

4 ビジネス目標と評価

経営戦略では，まず戦略目標を定め，次にそれを具体的に実現する手段を考えます。その後，各手段が制約内で実現可能かの検証を行い，さらに手段が遂行されているかどうかを測定する指標を定めて評価します。以下に，目標の設定や評価に関わる事項について説明します。

KGI(Key Goal Indicator)

KGI（**重要目標達成指標**）とは，**目標（ゴール）を達成したかどうか**を定量的に測る指標です。たとえば，売上高や利益率，成約件数などがKGIとして用いられます。このときの達成目標は，「売上高××％増」「利益率××％向上」「成約件数××達成」など，KGIを用いて具体的に示されます。

CSF(Critical Success Factors)

CSF（**重要成功要因**）とは，**事業を成功させるために決定的な影響を与える要因**のことです[62]。企業が他社と競争するためには，適切なCSFを定めて戦略に組み込むことが必要です。そのためには，顧客の購入プロセスを観察し，顧客が何を重視して製品やサービスを購入しているかを見いだすことが重要です。また，成功している他社の強みを分析する**ベストプラクティス分析**も有効です。

KPI(Key Performance Indicator)

KGIが目標（ゴール）に達したかどうかを測るのに対し，**KPI**（**重要業績評価指標**）は**プロセスの実施状況（実行の度合い）を測る**ために用います[63]。たとえば，成約件数をKGIに用いた場合には，成約率や解約件数などがKPIになります[64]。

KPIは月次，週次といった一定期間ごとに計測され，業務プロセスの適切さや進捗状況が評価されます。

バランススコアカード(BSC：Balanced ScoreCard)

バランススコアカードは，**財務**，**顧客**，**業務プロセス**（**内部ビジネスプロセス**），**学習と成長**という**四つの視点から業務を評価する**ツールです[65]。ともすれば売上や利益といった財務視点に偏りがちな評価を修正したものともいえます。

基本ポイント

[62] CSFは，KSF（Key Success Factor）やKFS（Key Factor for Success）とよばれこともある

重要ポイント

[63] KGI，CSF，KPIは次の順序で設定する

KGI設定
↓ 物流コスト10%減
CSF洗出し
↓ 在庫の削減
KPIへ展開
在庫日数2日短縮

重要ポイント

[64] KPIはKGIに影響を与える指標であること。例えばKGIが「新規顧客」の売上高であれば，KPIは「新規顧客」への訪問件数など

重要ポイント

[65] バランススコアカードは「四つの視点」から「目標や施策」を管理する。四つの視点も覚えておくこと

表9　バランススコアカードの四つの視点

財務の視点	売上の拡大やコストの低減といった財務的な視点
顧客の視点	顧客満足度やクレームなど顧客の視点
業務プロセスの視点	目標達成に必要なプロセス，改善が必要なプロセスなどの視点
学習と成長の視点	従業員のスキルアップなどに関する視点

バランススコアカードの枠組みでは，戦略目標やCSF，KPIを四つの視点に基づいてバランスよく設定します[66]。結果として，顧客満足度や従業員のやる気など，**目に見えない経営資産の価値を適切に評価する**ことができます。

以下に，バランススコアカードにおける戦略目標，CSF，KPIの一例を示します。

表10　戦略目標とCSF，KPI[67]

	戦略目標	CSF	KPI
財務	収益性の向上	プレミアム商品の販売	通常の商品とプレミアム商品の販売比率
	生産性の向上	コストリーダシップの確立	他社とのコスト差
顧客	顧客満足度の向上	期日内に納品する信頼性の向上	期日内納品率 クレーム件数
業務プロセス	生産技術の向上 社会の一員となる	設備稼働率の向上 環境，安全性の向上	歩留率 環境関連事故数 安全関連事故数
学習と成長	技術の向上	適切な資格，スキルを保有する	資格取得者数 年間研修時間

重要ポイント
[66] バランススコアカードは視点ごとに業績評価の指標を設定する

重要ポイント
[67] たとえば，不良率，納期遵守率など業務処理の信頼性やサービス品質に関する指標は，内部ビジネスプロセスの指標

5 技術戦略

学習のポイント

液晶パネルがテレビ画面の主役になったように，技術には製品の勢力図をあっという間に塗り替える力があります。そのような技術革新を起こすためには，技術動向に常に注意を払い，新技術を積極的に取り入れることが必要です。ここでは，そのような技術戦略に関わる事項を説明します。

1 技術のライフサイクル

技術開発を戦略的に行うためには，既存の技術や製品動向を観察して，

- 技術が向かう方向と速度
- 技術が社会に与える影響

などを把握することが必要です。特に技術には次のS字カーブで知られるライフサイクルがあるので，対象技術がどの段階にあるかを把握すれば，今後の技術動向を知ることができます。

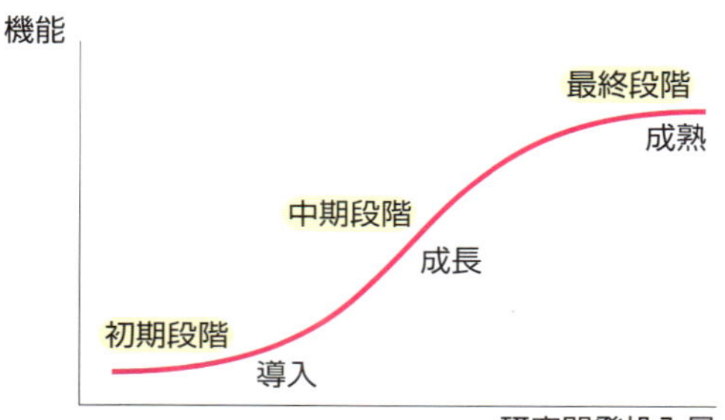

初期段階	技術の成果が明確ではない段階
中期段階	技術が急激に発展する段階
最終段階	技術が成熟し，発展が緩やかになる段階[68]

図20　技術のライフサイクル[69]

■キャズム

製品は広く普及するまでに，購入層が次のように変化するとされています。**キャズム**とは，製品の購入層が**アーリーアダプタ**から**アーリマジョリティ**に切り替わるさいに乗り越えなければならない断絶のことで，キャズムを越えられなかった製品は，**一般に普及することなく市場から退場**します。

重要ポイント

[68] 技術が成熟すれば「価格以外の差別化が困難」になる。これをコモディティ化とよぶこともある

重要ポイント

[69] 技術のS字カーブは，
導入期：緩やかに進歩
成長期：急激に進歩
成熟期：停滞
の過程をとる。
情報処理試験ではこれに，
衰退期：他の技術に主流を譲る
を加えることもある

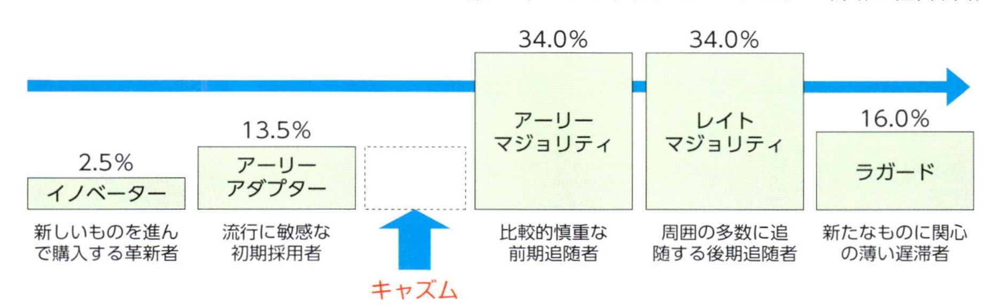

図21　キャズム

このような断絶は，キャズム以外にも次のものが知られています。

表11　断絶

魔の川	研究と製品化との間に存在する断絶。魔の川を越えられなかった製品は，研究だけで終わってしまう
死の谷	製品化と事業化との間に存在する断絶。死の谷を越えられなかった製品は，販売されることなく終わってしまう
ダーウィンの海	事業化と産業化との間に存在する断絶。ダーウィンの海を越えられなかった製品は，販売されるものの，他製品との競争に敗れて退場する

2 イノベーション[70]

技術開発戦略の大きな目標は，イノベーションを起こすことです。**イノベーション**は，新しい技術や価値の創出によって，爆発的なヒットなど**社会的に大きな効果をもたらす“革新”**で，対象や性質によって，次のように分類できます。

表12　イノベーション

プロダクトイノベーション	製品や技術そのものの革新
プロセスイノベーション	開発手法や管理工程などの“手続き”の革新
ラディカルイノベーション[71]	**従来と全く異なる価値をもたらす大きな革新**。経営構造の全面的変革を必要とする
インクリメンタルイノベーション	従来に対して改良を施すことで得られる，比較的小さな革新
オープンイノベーション	他社や大学との共同研究など「外部との交流」を通じて引き起こされる革新

基本用語

[70] イノベーション＝革新。革新的な技術や価値の創出

重要ポイント

[71] 経営構造の全面的な変革に至る技術革新は，ラディカル（画期的な）イノベーション

製品（技術）の革新は**プロダクトイノベーション**に，研究開発過程や製造過程，物流過程などの革新は**プロセスイノベーション**に分類されます[72]。ラディカル／インクリメンタルはこれらとは別の「革新の度合い」による分類です。少し古い例ですが，紙おむつの登場はベビー用品業界を根本的に変えたラディカルイノベーションの例として知られています。

重要ポイント
[72] プロダクトイノベーション
→高性能化，低消費電力化など
プロセスイノベーション
→革新的な製造工程

イノベーションのジレンマ

イノベーションのジレンマとは，大企業ほど革新性を失ってしまったり，技術革新が成功しないという考え方です。

優れた既存技術で成長した大企業は，既存技術の改良や顧客サービスの充実を優先し，革新的な技術を嫌います。というのも，革新的な技術は登場当初は性能が低く，顧客ニーズを満たさないからです。そのため，イノベーションに立ち後れてしまい，かつてフィルム式のカメラがディジタルカメラに敗れ，携帯電話がスマートフォンに敗れたような失敗につながってしまうのです。

メイカームーブメント

3Dプリンタやレーザカッターの登場は，専用設備をもたない個人が製品開発に参加することを可能にしました。このような**個人的なもの作り**がインターネットを通じて連携し，ひいては社会を変えるようなオープンイノベーションにつながることを，**メイカームーブメント**と総称します。ちなみに，このような個人的な製造者を表すとき，makerをメーカではなく「メイカー」とよんで区別します。

リーンスタートアップ

リーンスタートアップとは，製品やサービスの「**無駄のない立上げ**」を表す言葉です。最低限の機能を持った製品やサービスを短期間で作り上げ，アーリアダプタをターゲットに販売して反応を観察します。観察結果をもとに，製品やサービスを改良するのか，撤退するのかを決定します。

APIエコノミー

APIエコノミーとは，

- 各社がインターネットサービスのAPIを公開する（**オープンAPI**）
- オープンAPIを組み合わせて，新たなサービスを安価に構築する

ことを表す言葉です。例えばGoogle MapのAPIやUberの配車用APIは，様々なサービスに取り入れられています。APIエコノミーはオープンイノベーションの基盤としても期待されています。

3 産学官連携

大学や国の研究機関が保有する研究成果や人材を企業に提供し，技術の積極的な普及を図ることを**産学官連携**とよびます。

産学官連携を象徴する組織が**TLO**（Technology Licensing Organization：**技術移転機関**）です。TLOは産学官連携の仲介役となる組織で，**研究機関が保有する研究成果を特許化**し，それを企業に供与することで収入を得ます。収入は研究機関に還元されます。

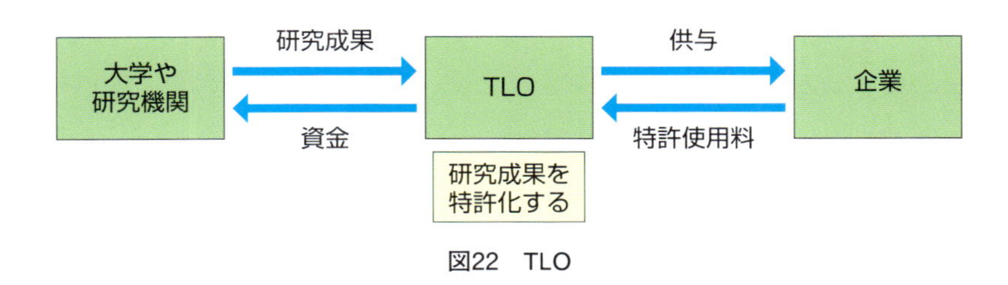

図22　TLO

TLO法（大学等技術移転促進法）

TLO法は，1998年に施行された，TLOの設立を支援する法律です。この法律でTLOは"**技術移転事業を行う事業者**"と定義され，特許料の減免や資金調達面での優遇を受けることができます[73]。

重要ポイント

[73] TLOの役割は，研究成果の「特許化」や企業への「技術移転」

4 技術動向

最後に，近年注目されている技術の中から，出題実績のあるものやカリキュラム改訂で特に言及されたものを取り上げて説明します。

■RFID（Radio Frequency IDentification）

RFIDは，ICタグにつけられたID番号を**近距離の無線通信でやりとりする技術**の総称です。工場や倉庫における製品の分類，車のイモビライザー（盗難防止システム）など応用範囲は広く，**非接触型ICカード**にも用いられています。

ICタグは，読取り装置から発せられる電波を受けて動作する**パッシブ型**[74]と，自ら電源をもって動作する**アクティブ型**に分けられますが，単にRFIDといった場合は前者を指します。

■スマートグリッド[75]

スマートグリッドは，通信・制御機能を付加した次世代の電力網で，網内の需給バランスを自律的に調整することで，停電などの事故を抑制します。供給が不安定な**再生可能エネルギーを電力網に取り入れる技術**として注目されています。

■スマートメーター

スマートグリッド化の手始めとして，スマートメーターの導入が進んでいます。**スマートメーター**は，企業や家庭の電力使用量をリアルタイムに収集できる検針器です。消費電力の「見える化」による**電力需要の平準化**，**電力需要制御**，**検針作業の省力化**が期待できます[76]。

■テザリング[77]

テザリングは携帯電話端末などをアクセスポイントとして利用することで，PCやゲーム機のネット接続を可能にする技術です。スマートフォンへの搭載により，注目を集めました。

!! 重要ポイント

[74] パッシブ型はアンテナから電力が供給される

! 重要用語

[75] スマートグリッド
「通信・制御」機能をもつ「次世代電力網」

! 重要ポイント

[76] スマートメーターの誤った機能として「停電時の電力供給」という選択肢が出題されたことがある。このような機能はスマートメーターにはない

! 重要用語

[77] テザリング
携帯電話やスマートフォンが「アクセスポイント」として利用できる。通信業者や機種によっては，テザリングを使えないこともある

ディジタルサイネージ

ディジタルサイネージは，平面ディスプレイやプロジェクタなどで広告を表示する，いわゆる電子看板[78]です。

> **重要ポイント**
> [78] サイネージはSignage（標識）のこと。ディジタルサイネージ＝電子看板と覚えておこう

キャッシュレス決済

ICカードやスマートフォンを用いた**キャッシュレス決済**も普及が進んでいます。主なキャッシュレス決済には次のものがあります。

表13　キャッシュレス決済

キャリア決済	「ドコモ払い」「auかんたん決済」など，商品代金を通信料金とまとめて支払う形態
非接触IC決済	カードやスマートフォンなどが内蔵する非接触ICを用いた決済形態
QRコード決済	QRコードを読み取ることで決済を行う形態。店舗が提示するQRコードを客のスマートフォンで読み取る**ユーザスキャン方式**，客が提示するQRコードを店舗のレジが読み取る**ストアスキャン方式**がある

暗号資産（仮想通貨）

ビットコインに代表される**暗号資産**も注目を集めています。暗号資産はブロックチェーンなどのデータ保存の仕組みや公開鍵暗号などの技術を用いることで，偽造を困難にしたデータ資産です。安全であることがうたわれる一方で，ハッキングによる不正流出事件が話題になることもあります。

6 ビジネスインダストリ

学習のポイント

今やコンピュータシステムはビジネスに欠かせないものとなり，さまざまな分野で，さまざまなシステムが使われています。ここでは，代表的なシステムを分野ごとに分けて説明します。

1 経営管理システム

企業はさまざまな情報システムを活用して業務を行います。ここでは，それらの情報システムの中で，企業経営に関わる代表的なシステムを取り上げて説明します。

■CRM(Customer Relationship Management)

売上を拡大する上で，顧客との関係が重要であることはすでに述べました。**CRM**はまさにその「顧客との関係」を管理し，きめ細かなニーズに応えることで売上を拡大する手法です（図22)。

CRMを実現するため，さまざまな情報システムや業務機能が連携します。

CRMでは，顧客の一人ひとりの購買履歴や嗜好，家族構成などの情報は顧客データベースに一元管理されます。この情報をもとに**顧客に応じたワンツーワンマーケティング**を行います[79]。顧客の日々の購入は全社的なデータウェアハウスに格納され，さまざまな角度から分析され，新たな顧客情報が導き出されます。

重要ポイント

[79] CRMのキーワードは「顧客との関係」や「顧客ロイヤルティの最大化」

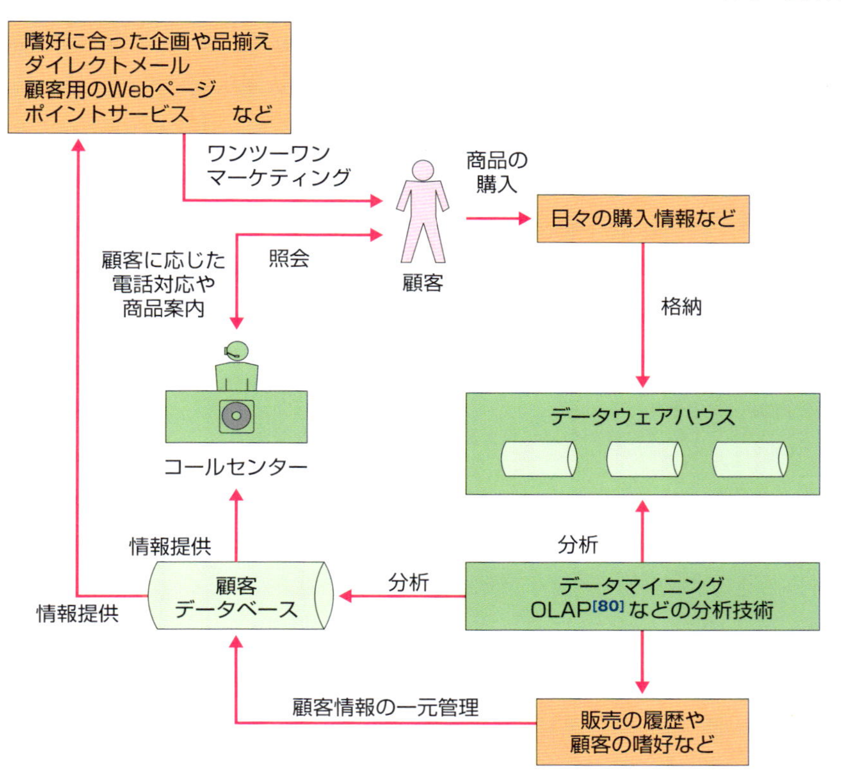

図23　CRM

SFA(Sales Force Automation)

SFAはITを活用して営業活動の効率化と品質を高める手法や概念です[81]。SFAを実装する**営業支援システム**には，顧客情報管理機能や見積書作成機能，スケジュール・タスク管理機能などが含まれます。

SCM(Supply Chain Management)

SCM（**サプライチェーンマネジメント**）は，資材調達から製品販売までの全体の流れ（**サプライチェーン**）を企業や組織を越えて管理し，情報を共有化して，商品供給全体の効率化と最適化を図る手法です[82]。SCMには次の機能が求められます。

基本用語

[80] OLAP(On-Line Analytical Processing)
オンライン分析処理。販売につながる仮説を，大量データをもとにさまざまな角度から分析して検証する手法

重要ポイント

[81] SFAの目的は売上・利益の大幅な増加や顧客満足度の向上など

重要ポイント

[82] 情報処理試験でサプライチェーンは「購買，生産，販売及び物流を結ぶ一連の業務」と表される

表14　SCMの代表的な機能[83]

販売予測	・販売予測を立てる ・予測の方法には，POSデータなどの過去の販売実績データから予測する，長期の天気予報や他社の商品動向など売上に関係する要因から予測する，販売キャンペーンの実施結果など調査データから予測する，などがある
販売予測の上流工程への展開	販売予測データをもとに，販売店の販売計画，生産計画，資材・部品の供給，物流の計画などサプライチェーンの各プロセスの計画に展開をする
工程の計画	生産計画に基づき，各プロセスでの工程計画を立てる
物流の計画	・プロセスの生産計画と販売計画に基づき，物流の計画を立てる ・輸送の時期や経路など最も経済的な方法を計画する

重要ポイント
[83] 不良在庫の減少率などは，SCMの重要な改善指標となる

販売予測が製造や部品調達に反映されるため，**無駄のない計画を立てる**ことができます。結果として在庫削減，業務費用削減，欠品の削減，納期短縮などの効果が期待できます[84]。

重要ポイント
[84]「リードタイムの短縮」「在庫コストや流通コストの削減」などがSCMの効果

■ERP(Enterprise Resource Planning)

ERP（**企業資源計画**）は，本来は経営資源を高度に最適配分しようという考え方で，それを実現するためのソフトウェアパッケージが**ERPパッケージ**です。

ERPパッケージには，標準的な業務モデルが組み込まれています。標準を現行業務に合わせてカスタマイズするか，逆に標準に合わせるかは，業務改善のレベルに応じて選びます。たとえば，抜本的な業務の改革（BPR）を実施する場合には，**パッケージが前提とする業務モデルに合わせて，全社の業務プロセスを再設計**します[85]。

重要ポイント
[85] BPRでは，ERPパッケージの標準業務モデルに合わせる

2 流通・物流システム

物流とは，商品を倉庫から取り出し，現地へ搬送することを指します。これを効率化するためには，倉庫の管理や配送の管理が欠かせません。これを実現するシステムには次のものがあります。

■WMS(Warehouse Management System)

WMS（**倉庫管理システム**）は，入荷から出荷に至る各種作業を一元的に管理するシステムです。当初は単なる在庫管理システムと

して出発したのですが，次第に入出庫管理やロケーション管理，倉庫内の機器の管理，場合によっては作業者の労務管理まで対象範囲を広げ，現在では**倉庫管理業務の総合的な管理**を行うまでに成長しています。

■TMS(Transportation Management System)

TMS（**輸配送管理システム**）は，配送業務において**最適な配送ルートの計画や車両の位置管理**を行うシステムです。車両の位置はGPSによりリアルタイムに管理されます。

TMSの登場により，輸配送を厳密に管理することが可能になりました。今日，宅配便などで細かな時間指定ができるようになったのも，TMSの効果といえます。

3 エンジニアリングシステム

エンジニアリングシステムは，製造工場などに導入される情報システムの総称です。これには，次のものがあります。

表15　エンジニアリングシステムの概要[86]

CAE	Computer Aided Engineering：コンピュータ支援エンジニアリング コンピュータ上で，各種の実験をシミュレートする
MRP	Material Requirements Planning：資材所要量計画 製品に必要な資材の調達計画などを決定する
CAD	Computer Aided Design：コンピュータ支援設計 コンピュータ上で設計を行う
CAPP	Computer Aided Process Planning：コンピュータ支援工程設計 最適な工作手順や自動化設備の適用方法などを決定する
CAP	Computer Aided Planning：コンピュータ支援プランニング 製造における日程計画の策定や作業指示を行う
CAM	Computer Aided Manufacturing：コンピュータ支援製造 数値制御できる工作機械（NC工作機械）などを制御して，製品を自動製造する

テクニック！

[86] Computer Aidedまでは同じなので，後続文字で見分けるように覚えておこう。
E…エンジニアリング
D…デザイン(設計)
PP…プロセスプランニング
P…プランニング
M…マニュファクチャ(製造)

7 e-ビジネス

学習のポイント

インターネットの普及は，ビジネスに大きな変化を与えました。インターネットで商品を注文し，決済するネットショッピングは，その典型例です。また，既存の業務処理に対してもインターネット技術は深く浸透しています。ここでは，そのようなe-ビジネスについて説明します。

1 EC(Electronic Commerce)

EC（電子商取引）とは，ネットワークを介し電子情報を用いて行う商取引形態を指します。

ECの形態は，何と何の間で取引を行うかによっていくつかに分類できます。分類には"X to X"という表記を用います。BはBusiness（企業），CはConsumer（消費者），GはGovernment（行政機関）をそれぞれ表します。主な分類には次のようなものがあります。

表16　ECの形態

B to B[87]	企業間の商取引。受発注など
B to C	企業と消費者間の商取引。ネットショップ（モール）など
C to C	消費者間の商取引。ネットオークションなど
G to B	行政機関と企業間の商取引。許可申請や入札など
G to C	行政機関と住民間の取引。住民票の申請など

テクニック!!
[87]「Bは企業，Cは個人，Gは行政」を確実に覚えておく。後は単なる組合せ

2 e-ビジネスの進め方

e-ビジネスを推進するにあたっては，既存のビジネスとは異なる観点から事業化やマーケティングを行わなければなりません。以下に，それに必要な考え方や技術をいくつか取り上げて説明します。

■ロングテール[88]

商品を売上の多い順に並べると，次のような「尻尾が長く伸びる」ような形状になります。これを**ロングテール**とよびます。

! 重要用語
[88] ロングテール
売上の少ない商品を大量に揃え，全体としての売上を大きくする

!! 重要ポイント
[88] いわゆる多品種少量販売のこと。売上の少ない商品であっても多品種取り揃えることで，全体の売上を大きくできる

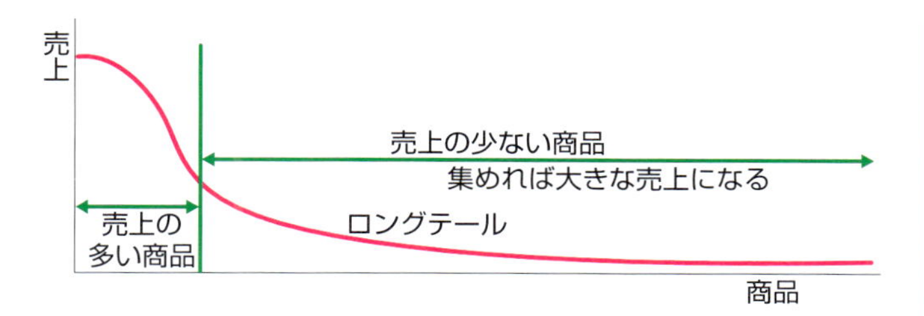

図24　ロングテール

テール部分の商品は，一つひとつの売上は少ないものの，集めれば大きな売上になります[89]。e-ビジネスでは店舗の制約がないので，**テール部分の商品を幅広く取り揃え**，継続的に販売することができます。

> **重要ポイント**
> [89] 本試験では「あまり売れない商品も集めれば無視できない」と表現されていた

レコメンデーションシステム

レコメンデーションシステムは，ネットショッピングで用いられる商品推薦の仕組みです[90]。顧客の購入や参照履歴をもとに，その嗜好や興味の傾向に合わせた商品を選び，Webページに表示します。

> **基本用語**
> [90] **レコメンデーションシステム**
> ネット上の「おすすめ商品」

SEO(検索エンジン最適化)[91]

SEOは，検索サイトなどで自身のWebページが検索結果の上位に掲載されるようにすることです。これを請け負う業者も登場しています。

> **重要用語**
> [91] **SEO**
> 検索結果のランクを上げるよう，様々な試みを行うこと

エスクローサービス

エスクローサービスは，ネットオークションでのトラブルを避けるため，**エスクロー事業者を仲介者として商品や代金を授受する**仕組みです[92]。エスクローサービスは次の手順で取引を進めます。

> **重要ポイント**
> [92] エスクローサービスは「決済の仲介」

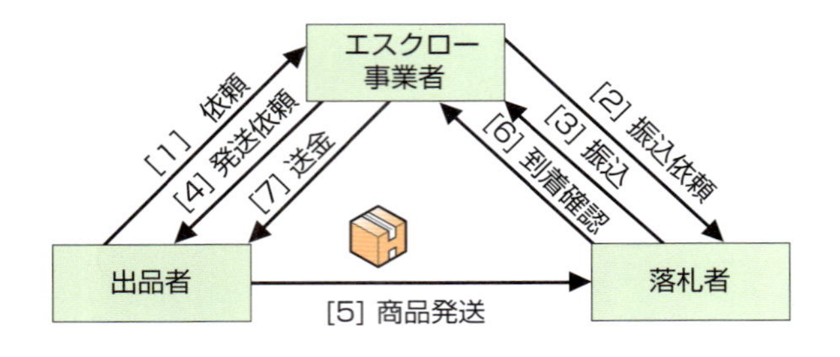

[1] エスクロー業者に仲介を依頼する
[2] 落札者に代金の振り込みを依頼する
[3] 代金を振り込む
[4] 振込を確認後，出品者に商品の発送を依頼する
[5] 商品を発送する
[6] 商品が無事到着したことを知らせる
[7] 落札者から振り込まれた代金を送金する

図25　エスクローサービス

■クラウドソーシング

クラウドソーシングとは，インターネットを介して不特定多数の人に業務を委託することです。Web制作やシステム開発，デザイン，ライティングなど，幅広い分野に適用することができます。この場合の「クラウド」は不特定多数を表すcrowd（群衆）で，クラウドコンピューティングのcloud（雲）とは異なります。

3 EDI(Electronic Data Interchange)

EDI（**電子データ交換**）とは，コンピュータネットワークを介して受発注，輸送，決済などの**ビジネス文書のデータを交換する**ことです。

EDIを実現するためには，通信手順（プロトコル）やメッセージの表現形式などをあらかじめ取り決めて標準化しておく必要があります。この標準を**EDI規約**とよびます[93]。

EDI規約は次の四つの階層で構成されます。

表17　EDI規約

	規約名（意味）	備考
第4レベル	取引基本規約 （EDI 取引に関する基本的な規約）	EDI 取引基本契約書
第3レベル	業務運用規約 （業務システムの運用規約）	運用ガイドライン
第2レベル	情報表現規約[94] （メッセージフォーマット等の規約）	EDIFACT，CII， STEP　など
第1レベル	情報伝達規約 （通信プロトコル）	TCP/IP，全銀協手順， JCA手順　など

重要ポイント

[94] 情報表現規約ではメッセージの形式を規定する

最近では，Web（インターネット）を介してデータ交換を行う**Web-EDI**も盛んに行われています。Web-EDIでは，データ構造記述言語としてXMLが用いられることが多く，**XML-EDI**や**ebXML**（e-business using XML）などとよばれることもあります。

4 電子決済システム

ネットショッピングに代表されるBtoCでは，決済の電子化が欠かせません。電子決済の代表はクレジットカード決済ですが，これにまつわるさまざまな事故やトラブルが絶えません。SETなどの仕組みを用いて，安全な電子決済システムを構築する必要があります。

■SET（Secure Electronic Transactions）

SETは，クレジットカードを用いたオンラインショッピングを安全に行うための決済システムです。図25に示すように，SETではカード情報はカード会社の鍵で暗号化され，店舗ではこれを復号できません。そのため，**カード番号などが店舗から流出するような事故を防ぐ**ことができます。

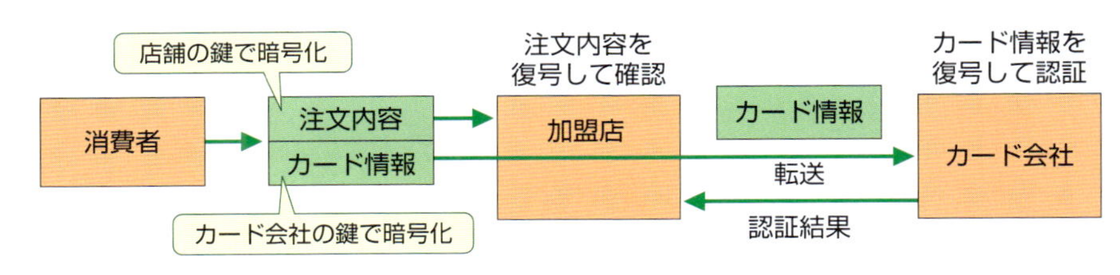

図26　SET

■アカウントアグリゲーション

アカウントアグリゲーションは，利用者のもつ複数の口座情報を同一の画面に集約して表示するサービスです。利用に先立って，**各口座の利用者ID，パスワードをあらかじめ登録する**必要があります。

5 ソーシャルメディア

ソーシャルメディアは，利用者の情報発信やコミュニケーションなどを行う情報メディアです。電子掲示板（BBS）やブログなどから始まり，Facebookやモバイルゲームなどの**SNS**[95]に発展しています。

基本用語

[95] SNS
Social Networking Service。コミュニケーションを行うネットワークをインターネット上に構築するサービス

■ライフログ

ライフログは，もともとは人間の生活を長期にわたって記録した情報のことですが，現在では日記などの記録もライフログとよばれるようになりました。ライフログにはブログやSNSが用いられます。

■シェアリングエコノミー

自動車や宿泊場所，果ては自分のスキルや時間などを共有する仕組みを，**シェアリングエコノミー**とよびます。ソーシャルメディアを活用して，貸し借りを仲介するさまざまなサービスも登場しています。

❖午後対策 重点テーマ解説

▶分析と戦略の事例

学習のポイント

企業戦略に関する午後問題では，問題文中で企業の分析結果を示した上で，戦略面を考えさせるという出題が目立ちます。そこで，分析ツールの復習も兼ねて，分析と戦略の事例をいくつか見ていくことにします。分析ツールの表面をなぞるだけではなく，分析結果が意味することを考える，そのきっかけにしてください。

1 PPMの事例

PPMの復習も兼ねて，X社における事業の分析結果を見てみることにします（図26)。図中の円は事業を，円の大きさは売上を表します。

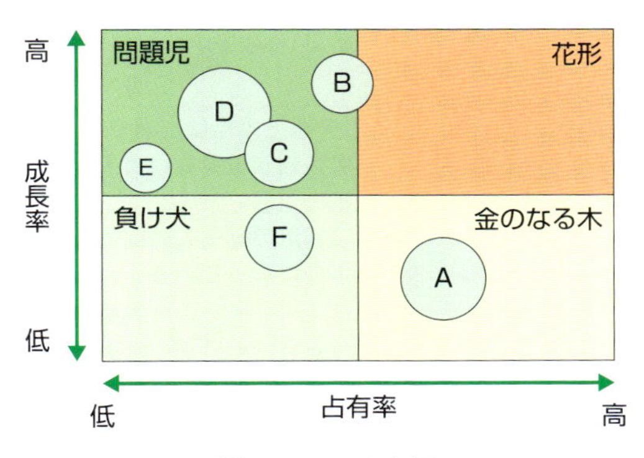

図27　PPMの事例

「金のなる木」は現在の収益源で，「花形」は次代における期待の星，「問題児」は花形の候補です。よって，「問題児」は「花形」に，「花形」は「金のなる木」に成長させることが基本的な戦略となります。

さて，X社の事業には次代の収益源たる花形が存在しません。そのため，問題児に位置する事業B～Eを花形に成長させることが急務です。ただし，問題児には自身で利益を上げる力はありませんから，これを成長させるためには金のなる木で得た資金を投資しなければなりません。ところが，金のなる木が事業Aのみであるのに対し，問題児には四つの事業が集中しています。事業B～Eの中から重点的に投資する事業を選ぶ必要があるでしょう。

一方で事業Fは負け犬に位置しています。撤退も含めた戦略の見直しが必要です。

以上より，PPMから見たX社の戦略は，

- 事業B～Eの中から重点的に育成する事業を選び，事業Aから得た資金を投入する
- 事業Fは撤退を視野に入れる

となります。

2 SWOT分析の事例

平成21年春の午後試験に，SWOT分析の事例が出題されました。分析の対象となった会社（J社）は，ガラスに貼り付ける断熱／装飾フィルムを製造・販売する会社で，自動車と住宅が主な販売先です。経営理念は品質第一で，品質面では高い評価を受けています。最近は主力製品の売上が減少気味です。また，配送面でも納期を遵守できないことが問題視されています。

では，J社のSWOT分析表を見てみることにします。

表18　J社のSWOT分析表（作成途中，一部変更）

強み（S）	弱み（W）
●高機能・高品質な製品の開発力がある。 ●施工業者との連携が強く，柔軟な施工体制をもつ。	●J社の販売価格は市場平均よりも2割ほど高い。 ●顧客情報が営業員に属人化しており，営業力，販路開拓力が弱い。 ●物流部門の配送先確認・配送計画立案に時間がかかるようになっている。
機会（O）	**脅威（T）**
●住宅リフォーム市場は拡大傾向にある。 ●一般家庭向けセキュリティ（防犯）市場が拡大傾向にある。	●建設業界において工事需要が落ち込み，競争が激化している。 ●自動車分野で，強度が高く優れた断熱性をもつ高機能性ガラスが普及しつつある。

本試験では，この分析表をもとに新製品戦略，営業戦略，物流戦略を立案しています。わかりますか？

新製品戦略では，安易な廉価品の開発を「企業理念に外れ，信頼を失墜させる恐れがある」と否定し，それよりも「高機能性ガラスよりも優れた新製品の企画・開発」を行うとしています。企業理念やビジョンは企業の存在意義に関わるもので，経営戦略はこれに沿って立案されなければならないからです。

次に営業戦略を考えましょう。顧客情報が営業員に属人化している点を改善しなけれ

ばなりません。そこで，顧客データベースを整備し，顧客情報を一元管理します。また，営業員に対して顧客情報の入力・登録を促すため，これを評価・奨励する制度を整備することも必要です。

最後に物流戦略について。物流はJ社の強みではなく，これに経営資源を割いている現状は好ましくありません。そこで，物流そのものを3PL事業者にアウトソースし，新製品の企画や開発に経営資源を集中することにしました。いわば「選択と集中」を行ったのです。

3 バランススコアカードの事例

経営戦略は，財務，顧客，内部業務プロセス，学習と成長の各視点から，バランスよく策定しなければなりません。これに用いるツールがバランススコアカードで，本試験では平成22年春にその事例が出題されました。

事例は中堅の保険会社（L社）の経営戦略に関するものです。L社は外務員の戸別訪問で業績を伸ばしてきましたが，近年は保険金の不払い問題による信頼低下から解約率が上昇し，保有契約高，利益率とも減少傾向にあります。L社の場合は，支払事由が発生したにも関わらず，その確認を怠り不払いにつながるケースが目立っています。また，業績の悪化に伴い，外務員の流出も増えています。

では，L社の経営戦略に基づくバランススコアカードを見てみましょう。

表19　L社のバランススコアカード

視点	戦略目標 (KGI)	重要成功要因 (CSF)	業績評価指標 (KPI)	アクションプラン
財務	・利益率向上	・既存顧客の契約高の維持及び向上	・当期純利益率 ・保有契約高	・効率の良い営業活動
顧客	・顧客満足度の向上	・[a]	・解約率	・契約締結後のアフターサービス強化
内部業務プロセス	・不払の解消	・分かりやすい商品説明 ・不払防止体制の強化	・問合せ件数 ・不払件数	・説明レベルの向上 ・[b]の有無確認の強化
学習と成長	・外務員の顧客対応力向上	・モチベーションの向上	・[c] ・従業員満足度	・人事・報酬制度の整備

戦略の策定においては，単に戦略目標（KGI）を定めるだけではなく，その達成に欠くことのできない要因（CSF）や，具体的なアクションプランを定めます。

空欄aには，顧客満足度を高めるために不可欠な要因が入り，その達成は解約率の低下に結びつきます。不払い問題による信頼低下が解約率を上昇させていることを考えれば，「顧客からの信頼回復（a)」が必要であることは明らかです。

空欄bは不払いを解消するための具体的なアクションが入ります。L社では「支払事由（b)」の確認を怠っていたことが不払いにつながっていたので，その確認を強化することが必要です。

学習と成長の視点からは，人事・報酬制度を整備することでモチベーションの向上を図り，結果として外務員の顧客対応力の向上につなげるという戦略が示されています。その達成は「外務員の定着率（c)」などで測ることができるでしょう。

ここで見たように，KGI／CSF／KPI／アクションプランは密接に関連し合っています。空欄のみを考えるのではなく，全体から解答を導くよう心がけてください。

❖確認問題

※ 問題出典 H：平成　R：令和，S：春期　F：秋期（基は基本情報技術者試験）

問題 1

エンタープライズアーキテクチャにおいて，業務と情報システムの理想を表すモデルはどれか。 H29F・問61 H27F・問61 H26S・問61

ア　EA参照モデル　　イ　To-Beモデル
ウ　ザックマンモデル　　エ　データモデル

問題 2

半導体産業において，ファブレス企業と比較したファウンドリ企業のビジネスモデルの特徴として，適切なものはどれか。 R4S・問70

ア　工場での生産をアウトソーシングして，生産設備への投資を抑える。
イ　自社製品の設計，マーケティングに注力し，新市場を開拓する。
ウ　自社製品の販売に注力し，売上げを拡大する。
エ　複数の企業から生産だけを専門に請け負い，多くの製品を低コストで生産する。

問題 3

SOAの説明はどれか。 R4S・問62 R2F・問63 H28F・問61 H27S・問63

ア　会計，人事，製造，購買，在庫管理，販売などの企業の業務プロセスを一元管理することによって，業務の効率化や経営資源の全体最適を図る手法
イ　企業の業務プロセス，システム化要求などのニーズと，ソフトウェアパッケージの機能性がどれだけ適合し，どれだけかい離しているかを分析する手法
ウ　業務プロセスの問題点を洗い出して，目標設定，実行，チェック，修正行動のマネジメントサイクルを適用し，継続的な改善を図る手法
エ　利用者の視点から業務システムの機能を幾つかの独立した部品に分けることによって，業務プロセスとの対応付けや他ソフトウェアとの連携を容易にする手法

第11章 確認問題

問題 4

情報システムの調達の際に作成されるRFIの説明はどれか。

R3S・問64 H30S・問66 H27F・問65

ア 調達者から供給者候補に対して，システム化の目的や業務内容などを示し，必要な情報の提供を依頼すること

イ 調達者から供給者候補に対して，対象システムや調達条件などを示し，提案書の提出を依頼すること

ウ 調達者から供給者に対して，契約内容で取り決めた内容に関して，変更を要請すること

エ 調達者から供給者に対して，双方の役割分担などを確認し，契約の締結を要請すること

問題 5

プロダクトポートフォリオマネジメント（PPM）における"花形"を説明したものはどれか。

R元F・問67

ア 市場成長率，市場占有率ともに高い製品である。成長に伴う投資も必要とするので，資金創出効果は大きいとは限らない。

イ 市場成長率，市場占有率ともに低い製品である。資金創出効果は小さく，資金流出量も少ない。

ウ 市場成長率は高いが，市場占有率が低い製品である。長期的な将来性を見込むことはできるが，資金創出効果の大きさは分からない。

エ 市場成長率は低いが，市場占有率は高い製品である。資金創出効果が大きく，企業の支柱となる資金源である。

問題 6

バリューチェーンの説明はどれか。

R3F・問67

ア 企業活動を，五つの主活動と四つの支援活動に区分し，企業の競争優位の源泉を分析するフレームワーク

イ 企業の内部環境と外部環境を分析し，自社の強みと弱み，自社を取り巻く機会と脅威を整理し明確にする手法

ウ 財務，顧客，内部ビジネスプロセス，学習と成長の四つの支店から企業を分析

し，戦略マップを策定するフレームワーク

エ　商品やサービスを，誰に，何を，どのように提供するかを分析し，事業領域を明確にする手法

問題 7

IT投資に対する評価指標の設定に際し，バランススコアカードの手法を用いてKPIを設定する場合に，内部ビジネスプロセスの視点に立ったKPIの例はどれか。

H30F・問64　H29S・問63

ア　売上高営業利益率を前年比5％アップとする。

イ　顧客クレーム件数を1か月当たり20件以内とする。

ウ　新システムの利用者研修会の受講率を100％とする。

エ　注文受付から製品出荷までの日数を3日短縮とする。

問題 8

技術は，理想とする技術を目指す過程において，導入期，成長期，成熟期，衰退期，そして次の技術フェーズに移行するという進化の過程をたどる。この技術進化過程を表すものとして，適切なものはどれか。　H28S・問70　基 H30F・問70

ア　技術のSカーブ　　イ　需要曲線

ウ　バスタブ曲線　　エ　ラーニングカーブ

問題 9

RFIDのパッシブ方式RFタグの説明として，適切なものはどれか。

R3F・問20　H28F・問20

ア　アンテナから電力が供給される。

イ　可視光でデータ通信する。

ウ　静電容量の変化を捉えて位置を検出する。

エ　赤外線でデータ通信する。

問題 10

フィンテックのサービスの一つであるアカウントアグリゲーションの特徴はどれか。

R元F・問72

ア　各金融機関のサービスに用いる，利用者のID・パスワードなどの情報をあらかじめ登録し，複数の金融機関の口座取引情報を一括表示できる。
イ　資金移動業者として登録された企業は，少額の取引に限り，国内・海外送金サービスを提供できる。
ウ　電子手形の受取り側が早期に債権回収することが容易になり，また，必要な分だけ債権の一部を分割して譲渡できる。
エ　ネットショップで商品を購入した者に与信チェックを行い，問題がなければ商品代金の立替払いをすることによって，購入者は早く商品を入手できる。

解答・解説

問題 1　イ

このような理想を表すモデルをTo-Beモデルとよぶ。

EA参照モデル：経済産業省が提供するEAのひな型

ザックマンモデル：組織を５種類の異なる視点から，５Ｗ１Ｈで分析するモデル

データモデル：組織内外のデータを統一的に記述したモデル

問題 2　エ

ファウンドリ企業は，半導体製品の製造を専門に請け負う企業である。複数の企業から製造を受注することで生産の規模が拡大し，低コストで製造することができる。

工場に特化したファウンドリに対し，工場を保有せずに設計やマーケティングに注力する企業をファブレス企業とよぶ。

問題 3　エ

SOAはコンピュータシステム全体を「サービスの集まり」と定義し，設計を行う手法である。利用者は業務に合わせて必要なサービスを組み合わせて実行する。

ア　ERPに関する記述である。
イ　フィットギャップ分析に関する記述である。
ウ　PDCAサイクルに関する記述である。

問題 4　ア

RFIは，調達の要求事項を定めるに際して情報が必要な場合に，ベンダに情報提供を依頼する文書である。

イ　RFPに関する記述である。

ウ・エ　これらに伴う文書は特に定められていない。

問題 5　ア

花形は，場成長率，市場占有率ともに高い製品や事業である。花形に投資を怠ると，市場の成長に追随できずに占有率が低下してしまうため，継続的な投資が必要である。

イ　負け犬に関する記述である。

ウ　問題児に関する記述である。

エ　金のなる木に関する記述である。

問題 6　ア

バリューチェーン分析は，企業活動を五つの主活動と四つの支援活動に分類し，製品やサービスの付加価値がどの活動で生み出されているかを分析する。

イ　SWOT分析に関する記述である。

ウ　バランススコアカード（BSC）に関する記述である。

エ　事業ドメインの分析に関する記述である。

問題 7　エ

内部ビジネスプロセスの視点からは，業務プロセスの改善に焦点を当ててKPI（重要評価指標）を設定する。

ア　財務視点のKPIである。

イ　顧客視点のKPIである。

ウ　学習と成長視点のKPIである。

問題 8　ア

これを技術のSカーブとよぶ。

需要曲線：販売価格と需要の関係を表す曲線

バスタブ曲線：時間の経過に伴う故障率の変化を表す曲線

ラーニングカーブ：経験の蓄積に伴う成長度合いの変化を表す曲線

問題 9 ア

パッシブ方式のRFタグ（ICタグ）はリーダからの電波を電力源とするため，電池を内蔵せずに動作できる。

イ　RFIDの通信は電磁界や電波で行う。

ウ　静電容量方式のタッチパネルに関する記述である。

エ　IrDAに関する記述である。

問題 10 ア

フィンテック（FinTech）は，金融（Finance）と技術（Technology）を合わせた造語で，ITを用いて金融サービスを提供することを指す。

ア　正しい。

イ　送金サービスに関する記述である。

ウ　電子債権サービスに関する記述である。

エ　後払い決済サービスに関する記述である。

第12章

ストラテジ２
企業活動と法務

1 経営と組織

学習のポイント

企業が活動するためには，それに適した組織が必要です。そして，組織は常に統治されなければなりません。ここでは，企業のとる組織形態や，企業統治について説明します。

1 企業組織

企業は共通の目的に向かって活動する集団で，そこには必ず組織があります。ここでは，組織化における原則や，企業が採用してきた主な組織をいくつか取り上げて説明します。

組織原則

組織には次の**五つの原則**が求められます。組織はこの組織原則に従って設計しなければなりません。

表1　組織原則

専門化の原則	専門分野ごとに組織を分割して分業する
権限・責任一致の原則	権限の大きさに応じた責任が与えられること
統制範囲の原則[1]（スパンオブコントロール）	1人の管理者が直接管理できる部下の数には限界があるので，これを超えないようにすること
命令統一性の原則	組織の構成員が常に特定の1人の命令だけを受けること
例外の原則[2]	経営者は日常反復的な業務権限を下位レベルに委譲し，より重要な業務や例外的業務に専念すること

重要ポイント
[1] 統制範囲の原則により，組織は階層化する。これをスカラー（階層性）の原則とよぶこともある

重要ポイント
[2] 例外の原則は「権限委譲の原則」ともよばれる

主な企業組織

主な企業組織には次のものがあります。

表2　主な企業組織

職能別組織	営業部門や製造部門など，機能ごとに編成された組織
事業部制組織	独自に利益責任（業績責任）を負う事業部を設けた組織

カンパニ制組織	事業部の自主性，独立性をさらに強めた組織
プロジェクト組織	プロジェクト単位で部門を編成する組織
マトリクス型組織	異なる組織構造を組み合わせた組織

IT分野では**マトリクス型組織**が比較的多く見られます。図１は，**事業部制**をベースに，案件ごとに事業部を横断してプロジェクトを編成するマトリクス型組織を表します。

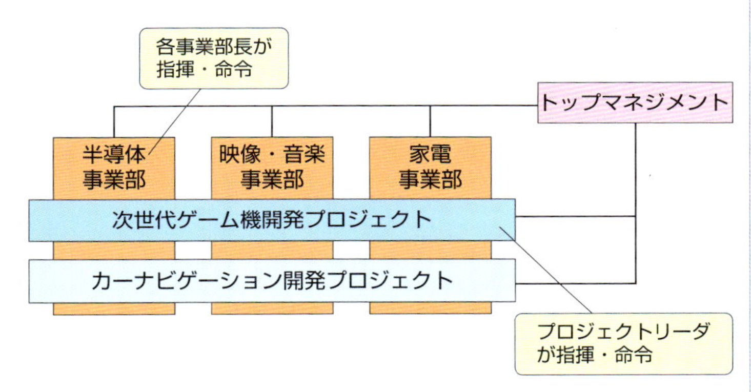

図１　マトリクス型組織の構造[3]

> **重要ポイント**
> [3] マトリクス型組織は命令権限や指揮系統が二重化する欠点がある

第12章

■リーダシップの研究

組織の中で人を効率よく活動させるためには，的確なリーダシップが不可欠です。リーダシップに関する理論として，PM理論とSL理論が有名です。

PM理論は，リーダシップは，

P機能（Performance function）：目標達成能力

M機能（Maintenance function）：集団維持能力

という二つの機能で構成されると考え，その強弱でリーダシップを４つに類型化します。なお，強い機能は大文字で，弱ければ小文字で表します。

SL（Situational Leadership）**理論**は，部下の成熟度によってリーダシップがどのように変化するかを説明するもので，リーダシップをタスク（仕事）志向，人間関係志向の２軸に分けて４つに類型化します。

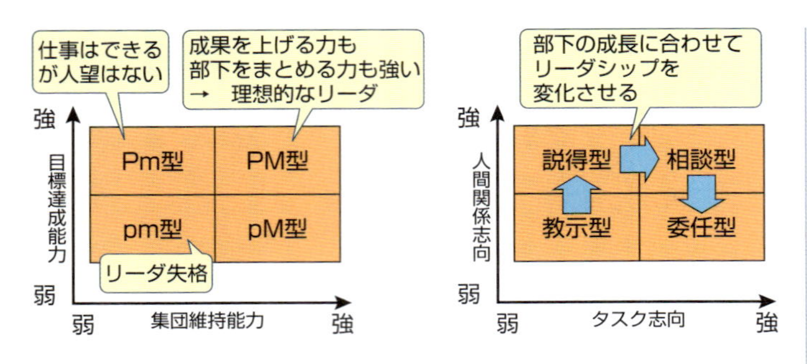

図２　PM理論とSL理論

2 企業統治

企業は正しく経営され，社会の一員として正しく行動し，社会に貢献しなければなりません。ここでは，そのような企業の統治や社会の関わりについて，いくつかの事項を説明します。

■コーポレートガバナンス

コーポレートガバナンス（**企業統治**）は，経営管理が適切に行われているかどうかを監視し，**ステークホルダ**[4]に対して**企業活動の正当性を維持する仕組み**です[5]。

コーポレートガバナンスの要点は次のとおりです。

- 経営の透明性，健全性，遵法性の確保
- ステークホルダに対する説明責任の重視・徹底
- 迅速かつ適切な情報開示
- 経営責任の明確化

■コンプライアンス[6]

コンプライアンスは，企業が**法律や規則などのルールに従って活動する**ことで，コーポレートガバナンスに含まれる概念です。なお，コンプライアンスを実現する仕組みを**コンプライアンスプログラム**，遵守のための管理を**コンプライアンスマネジメント**とよびます。

 **基本用語**

[4] ステークホルダ
利害関係者のこと。単に経営者や社員だけではなく，株主や顧客，取引先企業，広い意味では社会全体を含む

重要ポイント

[4] 企業が雇用を創出することで，地域住民も利益を得る
→ 地域住民や社会もステークホルダに含まれる

重要ポイント

[5] コーポレートガバナンスは「経営の監視」「正当性の維持」「透明性の確保」「自浄能力」などのキーワードで説明されることが多い

重要ポイント

[6] コンプライアンスは「法令遵守」「不法行為の抑制」

CSR(Corporate Social Responsibility)

CSRは企業の社会的責任を意味する言葉で，コーポレートガバナンスやコンプライアンスに関わる事項を含みます。それだけではなく，より広い意味で「**社会の一員として，社会をよりよくするための活動を自主的に行うこと**」[7]ととらえる方が適切でしょう。このような社会的責任をもとに行う投資を**SRI**[8] (Socially responsible investment) とよぶこともあります。

ディスクロージャ

ディスクロージャは，企業の経営状況や活動成果などの情報を，**出資者や投資家などの利害関係者に開示する**ことです[9]。利害関係者の保護を目的として，会社法や会社商品取引法により義務づけられています。

なお，投資家などに企業の活動を広くPRすることを**IR**（**Investor Relations**）とよぶこともあります。

3 事業の継続

企業を経営するためには，災害やテロなど「事業の継続が困難となるリスク」も考慮しなければなりません。そのようなリスクは，次の手順で管理します。

[1] リスクを想定する
[2] 想定したリスクについて，影響を分析する
[3] 継続させる重要業務を選定する
[4] [3] を継続させるための計画（BCP）を立案する
[5] 計画を実施するための体制を整備する
[6] 継続して改善するために指針となる計画を策定する

BCP(Business Continuity Plan)[10]

万一企業が被災した場合であっても，重要な業務は継続しなければなりません。そのための計画が**BCP**（**事業継続計画**）です。BCPは経営計画に含まれ，定期的に見直されます。

重要ポイント
[7] CSRは企業が「社会の一員」として「社会や環境に及ぼす影響に責任をもつ」こと

重要用語
[8] SRI
財務評価だけではなく社会的責任への取り組みも評価して行われる投資

基本用語
[9] ディスクロージャ
企業の経営状況や活動成果を「開示する」こと

重要ポイント
[10]「災害や事故」「重要業務の継続」「行動計画」などがBCPのキーワード

■事業の復旧

災害や事故が発生したさい，事業は次のフェーズで回復します。

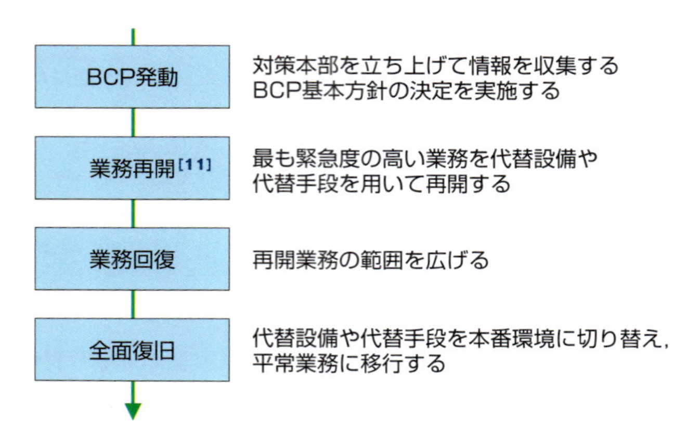

図３　事業の回復手順

重要ポイント
[11] 業務再開は全面的な復旧ではないので注意する。手作業での再開であっても業務再開になる

2 OR，IE

学習のポイント

企業経営は，合理的に行われなければなりません。それに必要な理論や成果は，OR（オペレーションズリサーチ）やIE（生産工学）という分野にまとめられています。ここでは，その一端を紹介します。

1 線形計画法

線形計画法は，一次式で表される制約条件のもとで，利益が最大になる条件や最大利益などを求める手法です[12]。次の事例をもとに，その手順を説明します。

重要ポイント
[12]「一次式」「制約条件」「利益の最大化」が線形計画法のキーワード

次の条件のもとで，１日の販売利益を最大化する製品A，Bの製造量を計算する。

・製品Aを１個製造するには，原料P，Qをそれぞれ３kg，２kgが必要である。また，製品Bを１個製造するには，原料P，Qがそれぞれ２kg，４kg必要である。
・製品Aを販売すると，１個あたり２万円の利益を得ることができる。製品Bでは，１個あたり３万円の利益が得られる。
・原料P，Qの１日の最大使用可能量は，ともに240kgである。

	原料P	原料Q	利益
製品A	３kg/個	２kg/個	２万円/個
製品B	２kg/個	４kg/個	３万円/個
最大使用可能量	240kg/日	240kg/日	

■制約条件の定式化

製造に関わる制限事項を定式化します。事例では原料P，Qの使用量に制限があります。この制限は製品A，Bの１日あたりの製造個数をそれぞれx，y個として，次のように定式化できます。

原料Pの使用量：$3x+2y \leqq 240$

原料Qの使用量：$2x+4y \leqq 240 \rightarrow x+2y \leqq 120$

もちろん，x，yはそれぞれ０以上であるため，これらも制約条件に加えます。

（制約条件）

$3x+2y \leqq 240$

$x+2y \leqq 120$

$x \geqq 0,\ y \geqq 0$

制約条件を満たすx，yの範囲を**実行可能領域**とよびます。これをグラフで表すと，次のようになります。

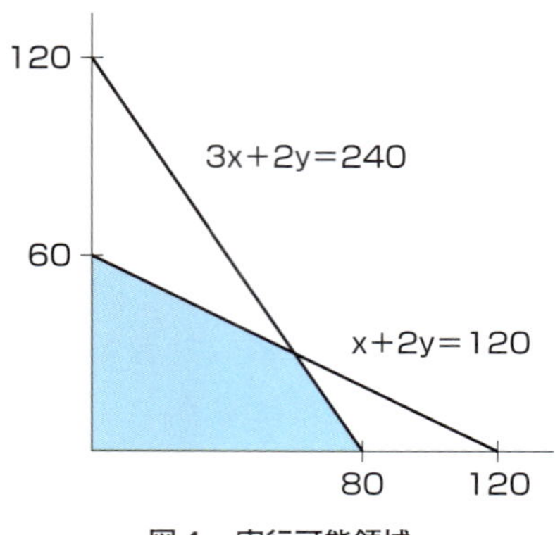

図4　実行可能領域

■目的関数の定式化

製品A，Bをx，y個製造するときの１日あたりの販売利益は2x＋3yで，これを最大化することが目的です。これを，次のように表します。

（**目的関数**）

2x＋3y → 最大化

■解法

実行可能領域が凸図形であり，目的関数が１次関数であるとき，最適解は「**実行可能領域の頂点のいずれか**」となります。よって，実行可能領域の頂点を目的関数に代入し，その値が最大となるx，yの値を求めます[13]。

テクニック！
[13] 制約条件をグラフ化して実行可能領域の頂点座標を計算しておけば，あとは目的関数に代入するだけ！

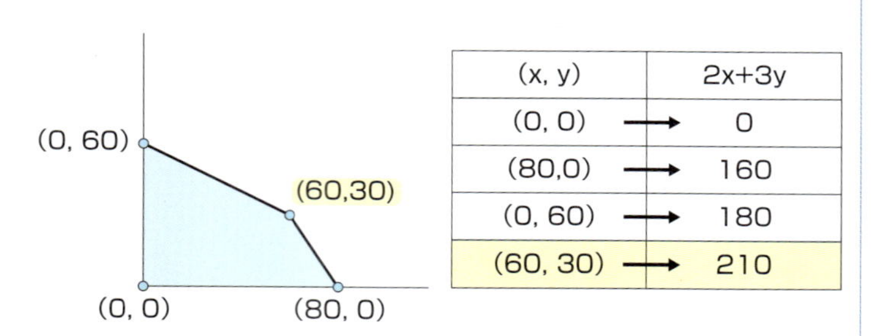

(x, y)	2x+3y
(0, 0) →	0
(80,0) →	160
(0, 60) →	180
(60, 30) →	210

図5　頂点座標における目的関数の値

図４より，事例の条件下では「製品Aを60個，製品Bを30個」製造すれば，利益を最大化（210万円）できることが明らかになりました。

2 在庫問題

製造や販売の現場では，在庫は常に頭を悩ます問題です。在庫が過剰であれば不良在庫となり，逆に過小であれば在庫切れを起こして販売機会を逸するからです。在庫は最適な方式で最適な量を発注しなければなりません。

■発注方式

在庫の発注方式には，次の二つがあります。

表３　在庫の発注方式

定期発注方式	一定期間ごとに発注する。発注量は需要予測によってその都度求める[14]
定量発注方式	在庫量が発注点[15]を下回ったとき，一定量を発注する

定期発注方式は正確な需要予測が必要で，在庫管理コストが高くなりがちなため，在庫の中でも重要な品目に適用します。これに対して，**定量発注方式**は簡便で自動化も可能です。

第12章

重要ポイント

[14] 定期発注方式は発注時に需要予測が必要である

基本用語

[15] 発注点
あらかじめ定めておいた在庫水準で，在庫がこれを切ったときに発注する

■発注量の算出事例

次のような条件下で発注量を計算する問題が出題されたことがあります。事例は単純ですが，週末ごとに需要予測を行う定期発注方式です。

① 週末ごとに在庫補充量を算出し，発注を行う。在庫は翌週の月曜日に補充される。
② 在庫補充量は，翌週の販売予測量から現在の在庫量を引き，安全在庫量を加えて算出する。
③ 翌週の販売予測量は，先週の販売量と今週の販売量の平均値とする。
④ 安全在庫量は，翌週の販売予測量の10%とする。

※平成25年春応用情報技術者試験　午前問75より

ここで，今週末の在庫量をB[n]，先週および今週の販売量をC[n−1]，C[n]として，今週末の発注量を求めましょう。

③より，

翌週の販売予測量＝(C[n−1]＋C[n])／2

今週末の発注量は，翌週の販売予測量に安全在庫量の10％分を加え，さらに今週末の在庫量を減じて求めます。したがって，

今週末の発注量＝(C[n−1]＋C[n])／2×1.1−B[n]

と計算できます[16]。

なお，需要予測の方法には次のものがあります。この事例では，需要量を過去2週の**移動平均法**で予測しています。

表4　需要予測の方法

移動平均法	**過去何期かの実績を平均**して予測量を求める
指数平滑法	近い過去の実績が強く反映されるよう，**過去の実績に重みをつけて計算**する

> **重要ポイント**
> **[16]** 特定事例における計算なので，計算式自体を覚える必要はない。条件どおりに計算式を導けることだけを確認しておこう

経済発注量

定量発注方式における発注量は，**在庫の保管コストと発注費用の合計を最小化する**よう定められます。そのように定めた発注量を**経済発注量**とよび，図5の点Q_0で表すことができます。

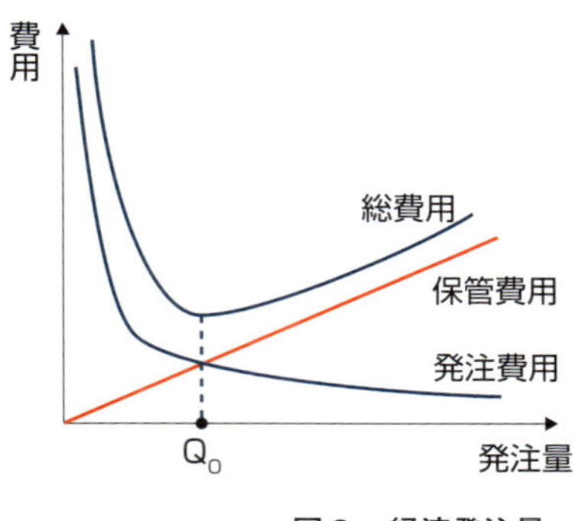

$$Q_0=\sqrt{\frac{2\times(1\text{回の発注費用})\times(\text{需要量})}{\text{在庫保管費用}}}$$

図6　経済発注量

3 ゲーム理論

ゲーム理論は，企業の活動をゲーム（定められたルールに従う競争）に見立て，戦略の決定に役立てる理論です[17]。ゲームの相手

> **重要ポイント**
> **[17]** ゲーム理論は「戦略の決定」に役立てる

は市場や競合企業です。

戦略は，

[1] 複数の戦略案を決定する
[2] 各戦略案ごとに得られる利益を予測する
[3] 意思決定原理を適用してとるべき戦略を決定する

という順序で決定します。**意思決定原理**には次のものがあります。

表５　意思決定原理

期待値原理	各状況の生起確率とそれぞれの確率変数から期待値を算出し，これを最大にする戦略を選択する
マクシミン原理（ミニマックス原理）[18]	各戦略ごとの「最悪の結果」に着目し，それらの中で最良（最大）の結果を与える戦略を選択する
マクシマックス原理[18]	各戦略ごとの「最良の結果」に着目し，それらの中で最良（最大）の結果を与える戦略を選択する

マクシミンとマクシマックスの違いが少しわかりにくいかもしれません。**マクシミン原理**は「最悪の結果」を引き上げるような案を選ぶ**防衛的な原理**で，図６の例では戦略案A4を選びます。**マクシマックス原理**は「最良の結果」を大きくする案を選ぶ**攻撃的な原理**で，戦略案A3を選びます。

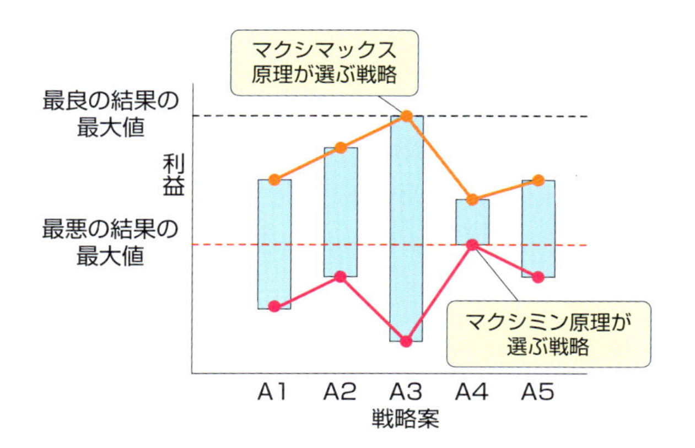

図７　マクシミンとマクシマックス

重要ポイント

[18] マクシミンはmin（最小値）をmax（最大化）。
マクシマックスはmax（最大値）をmax（最大化）。
詳細は午後テーマで！

第12章

4 検査手法

製造業において，できあがった製品をすべて検査するのは効率的とはいえません。実際には，そこからいくつかのサンプルを抜き取って検査することになります。以下に，それら検査に関わる事項について説明します。

OC曲線（検査特性曲線）

ロットからn個のサンプルを抜き出し，不良品がC個以下であれば合格と判定するとき，nとCの値によってロットの合格率と不良率の関係が定まります。これをグラフ化したものが**OC曲線**です。図7左は（n，C）=（10，1）の場合におけるOC曲線です[19]。

!!! 重要用語
[19] OC曲線
ロットの「不良率」と「合格率」を表す曲線

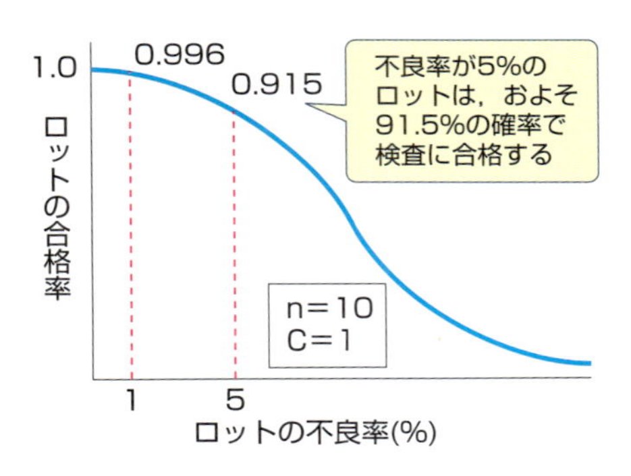

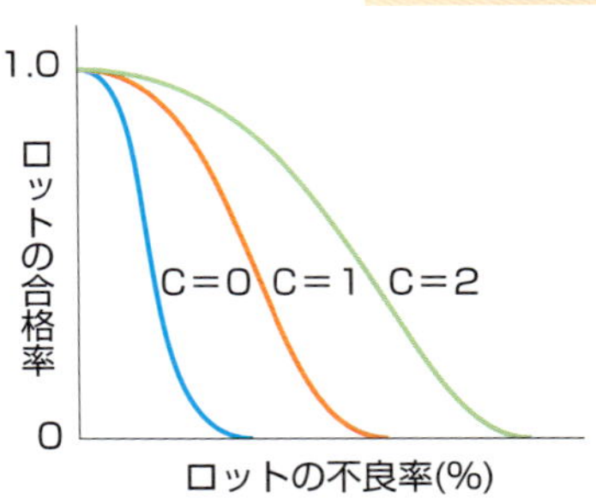

図8　OC曲線

OC曲線は，**一般にCが小さくnが大きい（基準が厳しく抜取り数が多い）ほど不良率が低くなり，OC曲線の傾斜が急になります。** 図7右は，同じ抜取り数でCを変えたときのグラフの変化を表しています[20]。

! 重要ポイント
[20] Cが小さくなるほどOC曲線の傾斜は急になる

生産者危険と消費者危険

抜取り検査では，次の合否基準，

AQL（合格品質水準）：生産者から見たときの，ロットを合格させたい不良率の上限

LTPD（許容不良率）：消費者から見たときの，ロットを不合格にしたい不良率の下限

を定めて検査を行います。しかし，実際には合格基準を満たしたロットが不合格と判定されたり，逆に合格基準を満たさないロットが合格したりすること（危険）があります。このとき，前者を**生産者危険**，後者を**消費者危険**とよびます。検査が抜取りである限り，生産者危険や消費者危険は避けられないといえます。

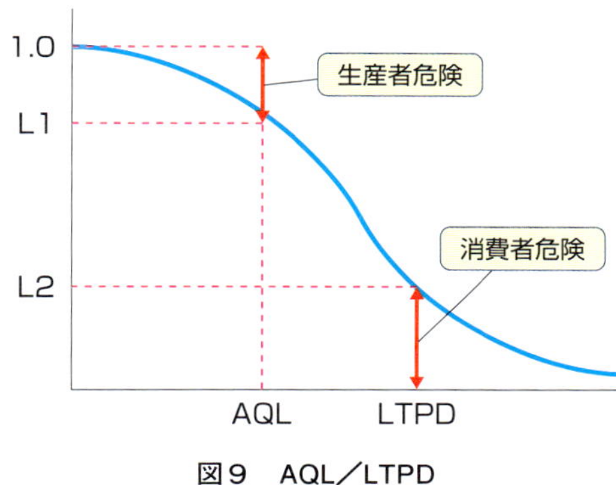

図9　AQL／LTPD

5 品質管理（QC：Quality Control）

QCは，製品やサービスの品質を保つための活動です。QCにはさまざまなツールが活用されます。それらのツールは，よく使うものをまとめて，QC七つ道具や新QC七つ道具などとよばれています。

■QC七つ道具

QC七つ道具は以下のツールをまとめた呼び名で，主に**定量的な分析**に用います。

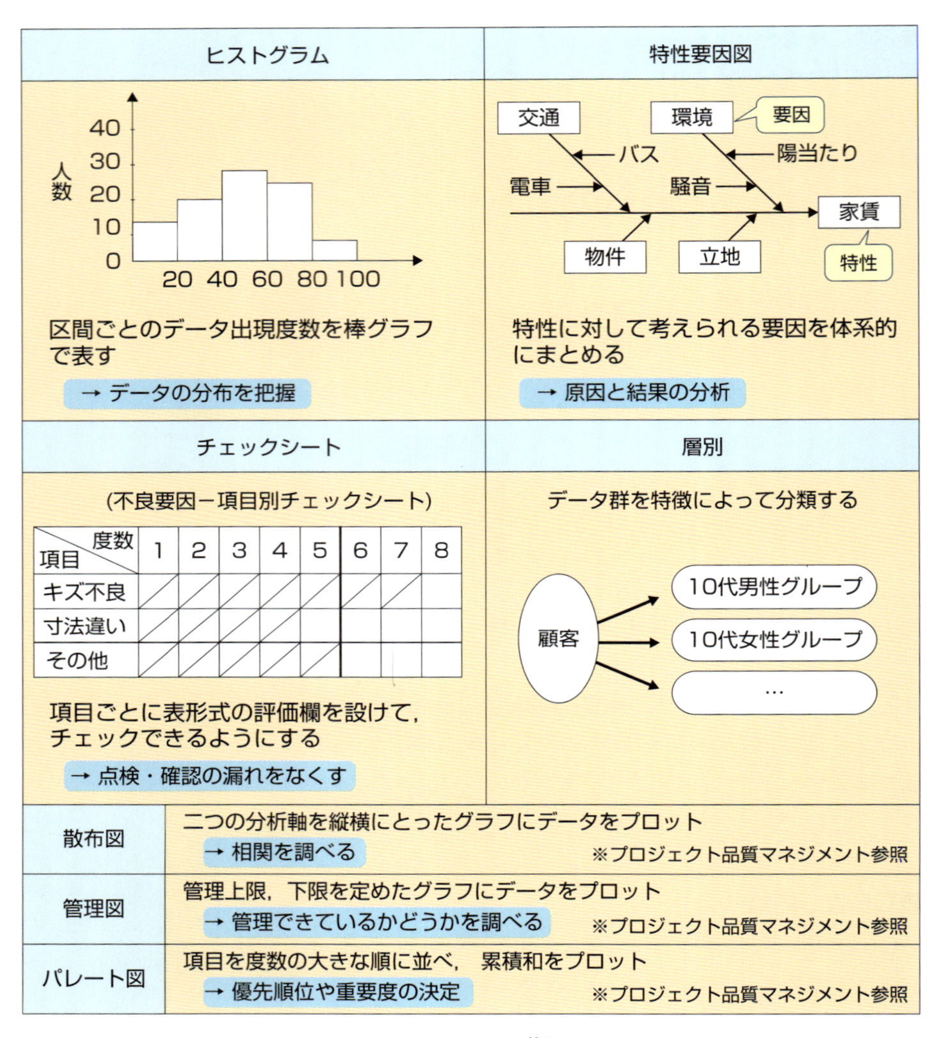

図10　QC七つ道具

■新QC七つ道具

新QC七つ道具は以下のツールをまとめた呼び名で，主に**定性的な分析**に用います[21]。

重要ポイント

[21] QC七つ道具は「定量」分析，新QC七つ道具は「定性」分析

●親和図法

複雑で混沌とした事象を整理し，
解決策などを明確にする
(考え方はKJ法と同一)

ユーザの不満事項

製品本体
・操作性が悪い
・処理速度が遅い
・機能が少ない

製品マニュアル
・ページ数が多い
・索引がない
・冊数が多い
・用語説明が少ない

アフターサービス
・電話がつながらない
・メール返信が遅い
・修理期間が長い

●系統図法

目的達成のための手段・方策を
順次展開し，最適な手段を追求する

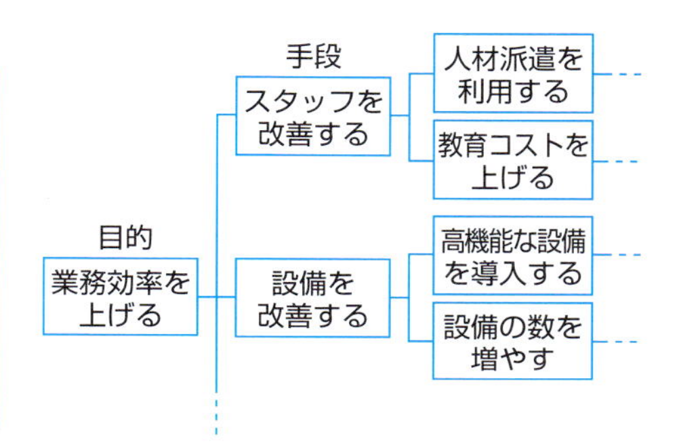

●連関図法

複雑な要因の絡みあう事象について，その事象や要因の間の**因果関係**を明らかにする

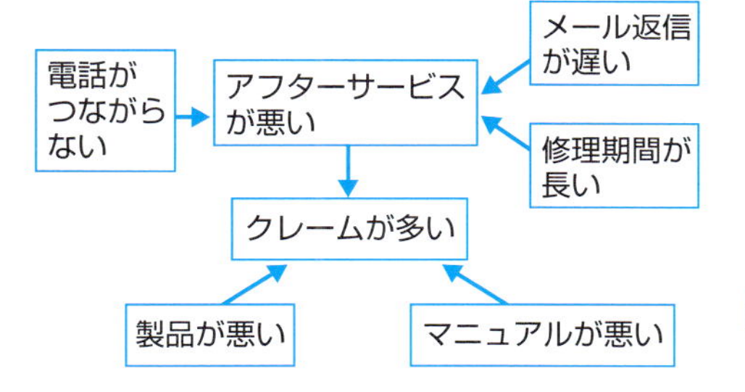

●アローダイアグラム

作業の前後関係を明らかにし，
日程計画を立てる

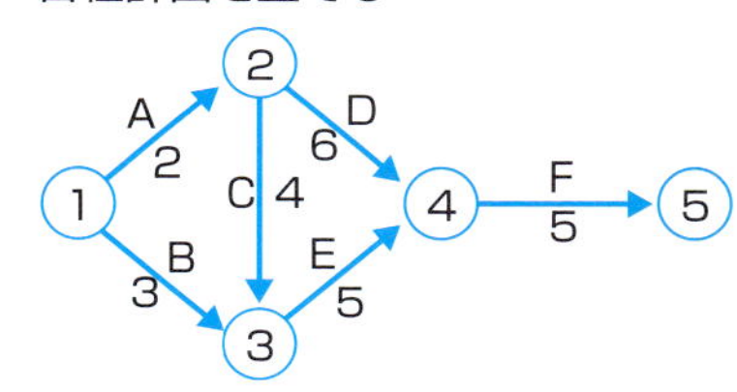

●マトリクス図法

2次元の表を用いて
各要素の関連を表す技法

	性能	操作性	デザイン	価格
製品A	◎	○	◎	△
製品B	△	○	◎	○
製品C	○	◎	△	○

●PDPC法

ある状態から結果に至るまでのさまざまな過程を整理し，最適な過程を探す

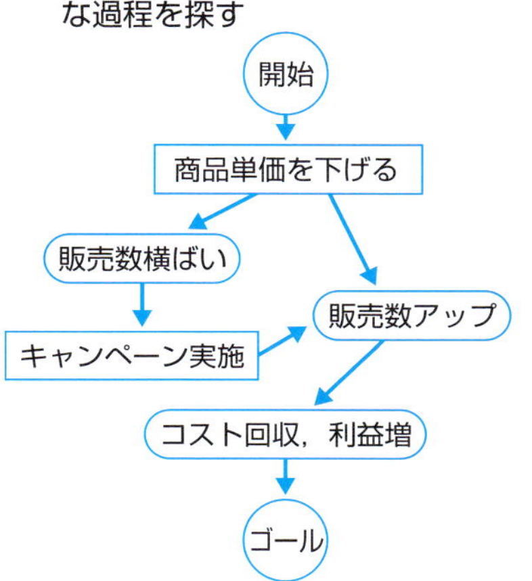

●マトリクスデータ解析法

マトリクス図法のデータを解析する

図11　新QC七つ道具

3 企業会計

学習のポイント

企業活動を資金の面から理解するためには，会計や財務の知識が不可欠です。ここでは，それら会計・財務に関わる知識の一部を取り上げて説明します。

1 会計の流れ

会計の大きな目的は，企業の財政状況や経営成績を，株主や取引先などの利害関係者に報告することです。そのために，企業は日々行われる取引を仕訳帳に記録し，**決算期には財務諸表を作成**します。以下に会計の流れと，各帳票の概要を示します。

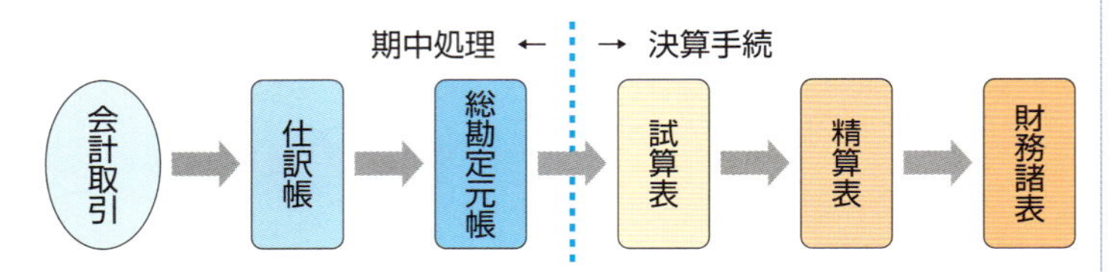

図12　会計の流れ

表6　各帳票の概要

<table>
<tr><td rowspan="2">仕訳帳</td><td colspan="4">取引ごとにその内容を記録する帳簿。借方（左側）と貸方（右側）に資産や負債の増減を記録する</td></tr>
<tr><td>
<table>
<tr><th>借 方</th><th>貸 方</th></tr>
<tr><td>資産の増加</td><td>資産の減少</td></tr>
<tr><td>負債の減少</td><td>負債の増加</td></tr>
<tr><td>資本の減少</td><td>資本の増加</td></tr>
<tr><td>費用の発生</td><td>利益の発生</td></tr>
</table>
</td><td colspan="3">例）2,000万円の土地を
現金で購入した

土地　20,000,000（資産の増加）｜現金　20,000,000（資産の減少）</td></tr>
<tr><td>総勘定元帳</td><td colspan="4">仕訳の内容を，勘定科目ごとに整理した帳簿</td></tr>
<tr><td>試算表</td><td colspan="4">総勘定元帳の内容から，各勘定科目の残高を求めて整理した帳票</td></tr>
<tr><td>精算表</td><td colspan="4">残高試算表の修正や，財務諸表の作成に用いる帳票</td></tr>
<tr><td>財務諸表</td><td colspan="4">企業の財務内容を表す帳票。特に貸借対照表と損益計算書が重要
財務諸表
├ 貸借対照表 … 決算期における企業の財政状態をまとめる
└ 損益計算書 … 会計期間における経営成績をまとめる</td></tr>
</table>

2 貸借対照表(B/S)

貸借対照表は，企業の決算日や期末などの一時点の財務状態を示す計算書で，資産と負債，純資産（資本）の内訳を記載します。なお，資産は表の左側（借方）に，負債と純資産は右側（貸方）に記載します[22]。これらの間には，

資産 ＝ 負債 ＋ 純資産

という関係が成立します。以下に貸借対照表の様式と項目の概要を示します。

貸借対照表
平成×年×月×日

借方		貸方	
資産の部		負債の部	
Ⅰ　流動資産		Ⅰ　流動負債	
現金及び預金	×××	買掛金	×××
受取手形	×××	支払手形	×××
売掛金	×××	：	：
有価証券	×××	流動負債合計	×××
商品	×××	Ⅱ　固定負債	
：		社債	×××
流動資産合計	×××	長期借入金	×××
Ⅱ　固定資産		：	：
建物	×××	固定負債合計	×××
機械	×××	負債合計	×××
：			
固定資産合計	×××	純資産の部	
Ⅲ　繰延資産		Ⅰ　株主資本	
開発費	×××	資本金	×××
：		資本準備金	×××
繰延資産合計	×××	：	：
資産合計	×××	純資産合計	×××
		負債純資産合計	×××

図13　貸借対照表

テクニック！

[22] 借方と貸方
やや乱暴ではあるが，
貸方（右側）
　お金の調達先
借方（左側）
　現預金を含めたお金の使い途
と覚えてもよい。
（例）ローン（負債：右）で家（資産：左）を買った

表7　貸借対照表の項目

流動資産	現金と，営業取引によって発生する資産及び1年以内に現金となる資産のこと
固定資産	長期にわたり企業活動に活用される資産のこと
繰延資産	支出の効果が複数の会計年度にわたる場合に，その費用についても効果の対象となる複数の会計年度に負担させるために繰り延べられた資産
流動負債	営業取引によって発生する債務及び1年以内に返済しなければならない債務のこと
固定負債	返済期日が1年以上先に到来する債務のこと
資本金	株式の発行価額のうち，資本金として組み入れた額のこと

3 損益計算書(P/L)

損益計算書は，会計年度の経営成績を示す計算書で，

収益 ＝ 費用 ＋ 利益[23]

という**損益計算書等式**を基本に，いくら費用を使い，いくら収益をあげたかを計算します。以下に損益計算書の様式と項目の概要を示します。

損　益　計　算　書

年　　月　　日から　　年　　月　　日まで

経常損益

営業損益		
Ⅰ　営業収益		
売上高		317
Ⅱ　営業費用の部		
売上原価	284	
販売費・一般管理費	25	309
営業利益		8
営業外損益		
Ⅲ　営業外収益		9
Ⅳ　営業外費用		6
営業外利益		3
経常利益		11
特別損益		
Ⅴ　特別利益		5
Ⅵ　特別損失		4

図14　損益計算書

[23]
収益，費用，利益の関係はよく覚えておくこと。特に収益と利益は言葉の上ではよく似ているが，意味は異なるので注意！

表8　損益計算書の項目

項目	内容
営業収益	商品の売上高や工事収益
営業費用	営業収益を得るために使った費用のこと
売上原価	（期首棚卸高＋当期受入高）－期末棚卸高
販売費	販売手数料，販売員給与，発送費，貸倒引当金繰入，貸倒損失，保管料など
一般管理費	給与，光熱費などの一般事務経費
営業外収益	本業以外で発生した利益（受取利息，有価証券利息，受取配当金，仕入割引，有価証券売却益，雑益など）
営業外費用	本業以外で発生した費用（支払利息，割引料，社債利息，売上割引，雑損など）
特別利益	会社経営において例外的に発生した利益（固定資産売却益や引当金の戻入益など）
特別損失	会社経営において例外的に発生した損失（固定資産売却損や除却損，資産の減損評価時の評価損など）

損益計算書の記載項目を用いて，次の損益を計算することができます。

- 粗利益（売上総利益）：販売そのものによる利益

　　粗利益 ＝ 売上高 － 売上原価

- 営業利益／損失：本業による損益[24]

　　営業損益 ＝ 粗利益 － 販売費及び一般管理費
　　＝ 売上高 － 売上原価 － 販売費及び一般管理費

- 経常利益／損失：本業以外の活動も考慮した総合的な損益

　　経常損益 ＝ 営業損益 ＋ 営業外収益 － 営業外費用

- 当期純利益／損失（税引前）：（法人税等を引く前の）当期の最終的な損益

　　当期純損益（税引前）＝ 経常損益 ＋ 特別利益 － 特別損失

重要ポイント
[24] 営業利益の算出式は覚えておこう。営業外損益や特別損益は本業以外の利益／損失なので，営業利益には関係しないことに注意！

4 減価償却

減価償却とは，土地以外の固定資産の取得原価を，その資産を利用する期間に適正に費用配分することです。

減価償却の方法には，**定額法**と**定率法**があります。

表９　定額法と定率法

定額法	償却期間の間，毎期同じ額を費用として計上する **減価償却費 ＝ 取得価格 ÷ 耐用年数**
定率法	未償却残高に対して，同じ割合で費用として計上する **減価償却費 ＝ 未償却残高 × 定率法の償却率**

■定額法の計算例

100万円を５年間にわたり定額法により償却する例を考えます。減価償却費は100÷5＝20万円ですが，**最後の年度のみ残存価額が１円になるよう調整**します[25]。

表10　定額法による計算

年度	減価償却費	残存価額
１年目	20万円	80万円
２年目	20万円	60万円
３年目	20万円	40万円
４年目	20万円	20万円
５年目	199,999円	1円

重要ポイント

[25] 資産を償却期間内に売却した場合は，売却額と残存価額の差を特別損益の固定資産売却損益に計上する

[25]

残存価額の1円は帳簿上の備忘価額。廃棄や売却を行う場合は0円まで減価償却する

■定率法の計算例

今度は定率法での計算例を考えます。取得金額は100万円で償却期間は5年間です。

償却率は「200％定率法」を用います。200％定率法とは，償却率に「**定額法における償却率の2倍**」を用いる方法です。5年間の定額法における償却率は0.2なので，定率法ではその2倍にあたる0.4を償却率とします。

表11　定率法の計算例

償却費 ＝ 100万円×0.4

年度	減価償却費	残存価額
１年目	40万円	60万円
２年目	24万円	36万円
３年目	14.4万円	21.6万円
４年目	108,000円	108,000円
５年目	107,999円	1円

定率法による償却費 ＝ 216,000×0.4 ＝ 86,400円
定額法による償却率 ＝ 216,000÷残り年数 ＝ 108,000円
86,400＜108,000なので，定額法に切り替える。

200%定率法では，**償却額が「残存価額／残りの償却年数」を下回った時点で，定額法に切替えます**。表11の例でも，4，5年目の償却額が定額法による計算に切り替わっています。

5 損益分岐点

損益分岐点とは「利益も損失も出ない」売上高のことで，売上高がこれを超えると利益が生まれ，逆に下回れば損失が発生します。このような損益分岐点の把握は，売上目標の立案などに欠かすことはできません。以下に，損益分岐点の計算に必要な事項を説明します。

■固定費と変動費

損益分岐点を求めるためには，まず費用の性質を把握しておかなければなりません。費用は，**固定費**と**変動費**に分類することができます[26]。

表12　費用の分類

変動費	原材料費など，売上高に比例して増加する費用
固定費	減価償却費や人件費など，売上高に関わらない費用

変動費は，一定の変動費率を用いて，

　売上高×変動費率

で計算することができます。費用はこれに固定費を加えて，

　費用 ＝ 売上高×変動費率＋固定費

と求めます。

■損益分岐点

費用をy，売上高をx，変動費率をa，固定費をbとすると，

　$y = ax + b$

となります。これに売上を表す

　$y = x$

を重ねると，次のグラフを描くことができます。

重要ポイント
[26] 損益分岐点での売上高は固定費と変動費の和に等しい

第12章

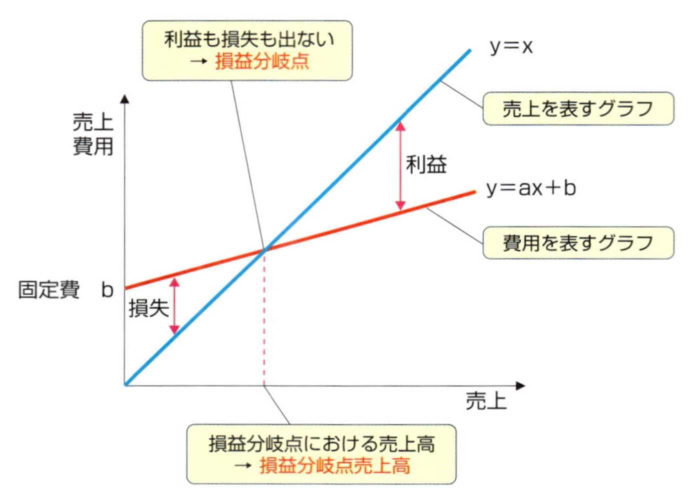

図15　費用と売上のグラフ

グラフより,

利益 = x−(ax+b) = (1−a)x−b

を得ます。これが0になるxが損益分岐点売上高なので,

(1−a)x−b = 0

としてxを求めると,

x = b／(1−a)

すなわち,

$$\text{損益分岐点売上高} = \frac{\text{固定費}}{(1-\text{変動費率})}$$ [27]

となります。

> **重要ポイント**
> [27] 損益分岐点売上高の式は覚えておく。
> $$\text{損益分岐点売上高} = \frac{\text{固定費}}{1-\frac{\text{変動費}}{\text{売上高}}}$$
> と覚えてもよい

売上目標の設定

変動費率をa，固定費をb，売上高をxとしたとき,

利益 = (1−a)x−b[28]

となります。この式をもとに「目標利益を達成するために必要な売上高」を計算することができます。

> **重要ポイント**
> [28] 利益の計算式は必ず覚えておく！

具体例で見てみることにしましょう。

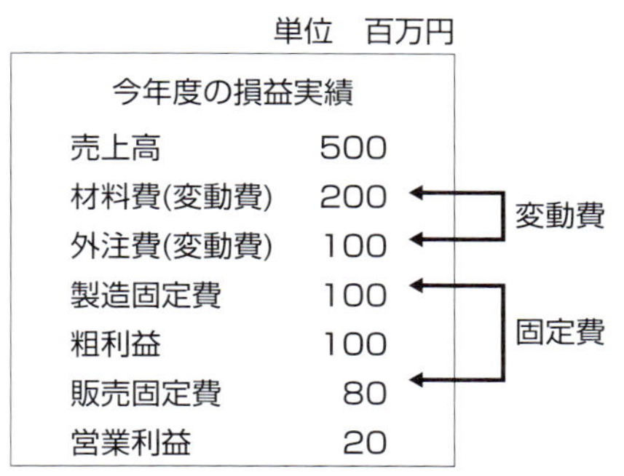

単位　百万円

今年度の損益実績	
売上高	500
材料費(変動費)	200
外注費(変動費)	100
製造固定費	100
粗利益	100
販売固定費	80
営業利益	20

※平成23年春　応用情報問76

図16　損益実績の資料

この資料をもとに「翌年度の営業利益を30百万円とする」ために必要な売上高を求めます。資料に記したとおり，売上高500百万円に占める変動費の合計は300百万円なので，

　変動費率 ＝ 300 ／ 500 ＝ 0.6

です。一方，固定費の合計は180百万円です。ここで，30百万円の利益を得るための売上高をxとすると，

　$30 = (1-0.6)x-180$

を得ます。これを解けば，

　$x = 525$（百万円）

と求めることができます。

6 経営・財務分析

利益や資本などの値をもとに，企業の収益性や安定性を分析することができます。ここでは，経営・財務分析に用いる主な指標や，経営分析の関連事項を説明します。

■収益性の指標

企業の**収益性を評価する**ためには，資本や資産がどれだけの割合で収益につながっているかを調べます。これには，次の指標があります。いずれの指標も，大きいほど収益性が高いと評価できます。

表13　収益性の指標

指標	算出式	内容
ROI[29][30] Return On Investment	$\frac{\text{当期純利益}}{\text{投下資本}} \times 100$	投下資本利益率 投下資本 ＝ 借入金＋社債発行額＋自己資本
ROE[30] Return On Equity	$\frac{\text{当期純利益}}{\text{自己資本}} \times 100$	株主資本利益率または自己資本利益率
ROA[30] Return On Asset	$\frac{\text{当期純利益}}{\text{総資産}} \times 100$	総資産利益率 総資産 ＝ 流動資産＋固定資産＋繰延資産

■安全性の指標

安全性とは，近い将来返却する負債の支払能力を示します。**安全性の指標**には，次のものがあります。

表14　安全性の指標

指標	算出式	内容
流動比率	$\frac{\text{流動資産}}{\text{流動負債}} \times 100$	大きいほど短期的な負債への支払能力が高い
当座比率	$\frac{\text{当座資産}}{\text{流動負債}} \times 100$	大きいほど短期的な負債への支払能力が高い
固定比率	$\frac{\text{固定資産}}{\text{自己資本}} \times 100$	小さいほど借入れへの依存度が低い
固定長期適合率	$\frac{\text{固定資産}}{\text{自己資本＋固定負債}} \times 100$	小さいほど短期借入れへの依存度が低い
自己資本比率	$\frac{\text{自己資本}}{\text{総資本}} \times 100$	大きいほど負債への依存度が低い
負債比率	$\frac{\text{負債}}{\text{自己資本}} \times 100$	小さいほど負債への依存度が低い

重要ポイント

[29] ROIは情報戦略の「投資対効果（投資価値）」の評価に用いられる

重要ポイント

[30]
- ROIは「投資の総額」に対する利益
- ROEは「持主の投資」に対する利益
- ROAは「企業が所有する資産」に対する利益

■キャッシュフロー

キャッシュフローとは，会計上での現金利益や資金の流れのことで，**正のキャッシュフローは現金が入ってきたこと，負のキャッシュフローは現金が出ていったこと**を表します。

キャッシュフローは次の三つに分類することができます。

表15　キャッシュフローの分類

営業キャッシュフロー	商品の仕入れ[31]や販売など，本業に伴うキャッシュフロー
投資キャッシュフロー	固定資産や株，債券などの売買に伴うキャッシュフロー
財務キャッシュフロー	資金の借入れや返済，株式や社債の発行などに伴うキャッシュフロー

重要ポイント
[31] 商品の仕入れによる支出では，負の営業キャッシュフローが生じる

キャッシュフローは「**現金の出入り**」であって，正のキャッシュフローが利益を表すわけではありません。たとえば，銀行から資金を借り入れた場合には，現金の流入すなわち正の財務キャッシュフローが生じることになります。

■XBRL(eXtensible Business Reporting Language)[32]

重要ポイント
[32] XBRLは「財務報告用」の情報を作成・流通・利用を可能とする「標準規約」

XBRLは，**各種財務報告用の情報を作成・流通・利用できるように標準化**されたXMLベースの言語です。XBRLで記述された報告書は，各数値に意味内容が含まれており，それをもとに集計することで分析を効率的に行うことができます。

■IFRS(International Financial Reporting Standards)

IFRS（国際会計基準）は，国際的な標準として取り決められた会計基準などの総称です。資本市場の国際化に伴い，財務情報を海外投資家へ説明したり，海外の子会社の業績を評価するなどの機会が増えています。IFRSを採用すれば，このような場合にも**会計情報の比較可能性や均質性を確保する**ことができます。

4 法務

学習のポイント

企業は法律を遵守して活動しなければなりません。ところが，企業で実際に働く私たちは，法律を熟知しているわけではありません。知らないうちに法律に違反していることもあり得るのです。ここでは，特にシステム開発の分野で必要となる法律を取り上げ，そのポイントを説明します。

1 著作権法

著作物ならびに著作者の権利およびこれに隣接する権利を**著作権**といい，これらを保護する法律が**著作権法**です。

コンピュータ関連では**プログラム，データベース，ホームページが著作権の保護対象**となりますが，アイデア，ノウハウ，アルゴリズム（解法），プログラム言語，規約などは保護の対象となりません[33]。

■著作権の帰属

著作権が誰に帰属するかは非常に大切な問題です。以下に，プログラムの作成における例を紹介します。

- 個人が（趣味などで）作成したプログラム
  → 著作権は個人に帰属する
- 法人の発意に基づき，従業員が職務上作成したプログラム[34]
  → 原則として，著作権は法人に帰属する。ただし，契約や勤務規則に定めがあれば，それに従う
- 請負契約によって発注されたプログラム[35]
  → 原則として，著作権は発注先に帰属する。ただし，請負契約時に別途定めがあればそれに従う
- 派遣契約によって作成されたプログラム[35]
  → 著作権は発注元（派遣先）に帰属する
- 共同で開発したプログラム
  → 原則として共同開発者双方に帰属する。共同著作物となる

!!! 重要ポイント

[33]「情報の選択又は体系的な構成によって創作性を有するもの」も著作物と見なされる。データベースやリンク集などは著作権法の保護対象である

テクニック !!

[34] 職務で作成したプログラムの著作権は「実際にプログラムを作成した会社」にある。

! 重要ポイント

[35] 著作権の帰属
請負 → 発注先
派遣 → 派遣先

著作権の侵害

海賊版のプログラムを，そうであることを知りながら使用すると著作権の侵害となります。ただし，プログラムを取得する時点でその不法性を知らなかった場合は，著作権侵害とはなりません。

ホームページについては，**他者が公開するホームページの内容を，自分のホームページに掲載する**ことは著作権侵害になります。ただし，官報や白書などで公表されたものは，自由に複製してホームページに掲載することができます。

プログラムの複製・改変

プログラム著作物の複製や改変については，その特性から一般の著作物とは異なる規定があります。

- プログラムの複製
  → バックアップ目的など必要と認められる限度において，利用者によるプログラムの複製が認められる
- プログラムの改変
  → 当該コンピュータで利用できるように改変したり，バグの修正をするなど，**効果的に利用するために必要な改変**は認められる[36]

2 特許法

特許法は「発明の保護及び利用を図る」ことによって，発明を奨励し，産業の発達に寄与することを目的とした法律です。平成９年からソフトウェアを記録した記録媒体も保護対象に加えられました。

特許権は**特許出願**および**審査請求**を行い，審査を経て登録されたときに権利が発生します。これを**先願主義**とよびます。これが行き過ぎると，特許を取得した後発事業によって，特許を取得していない先行事業が排除されることにもなりかねません。そのような事態を避けるため，**先行する事業には特許に関わりなくその技術を使用できる「先使用権」が与えられます**[37]。

なお，特許を取得するためには技術を公開しなければなりませ

重要ポイント
[36]「効果的に利用する」ためであれば，購入したプログラムの改変は著作権法に違反しない

重要ポイント
[37] 特許の出願前に同種の技術を用いていた製品には「先使用権」が与えられる

第12章

ん。技術を非公開にするため，あえて特許を取得しないこともあります[38]。

■サブライセンス

特許の実施権の許諾を受けた者が，更に第三者に対して特許の実施を許諾することを，**サブライセンス**とよびます。また，サブライセンスを可能にする権利を，**サブライセンス権**とよびます。

■産業財産権

特許権に加えて**実用新案権**，**意匠権**，**商標権**の四つを産業財産権と総称します。産業財産権は，産業の発展に寄与する権利です。著作権は産業よりも文化的な側面が強いため，産業財産権には含まれません。

3 不正競争防止法

不正競争防止法は，他人のノウハウを盗むなどの不正競争行為を防止する法律です。不正競争行為の具体例として，**トレードシークレット（営業秘密）の不正取得**，ドメイン名の不正取得，他者の商品をデッドコピー（模倣品）しての取引，コピー防止技術の不正解除（プロテクト外し）などが挙げられます。

■営業秘密の３条件[39]

情報が**営業秘密**であるためには，次の３条件を満たさなければなりません。これを満たさない情報は，たとえ他社に利用されても損害賠償を請求することはできません。

- 秘密として管理されている
- 事業活動に有用な情報である
- 公然と知られていない

4 不正アクセス禁止法

不正アクセス禁止法は，ネットワークを経由した不正アクセス行為を禁止する法律です。不正アクセス禁止法は，**不正アクセス行為**

重要ポイント

[38] セキュリティ関係のソフトウェアでアルゴリズムを公開したくない場合，特許を取得しないこともある

重要ポイント

[39]「営業秘密」は不正競争防止法で保護される。営業秘密の３条件はよく出題されるので覚えておく！

だけではなくそれを助長する行為も禁止しています[40]。

表16　禁止・処罰行為

不正アクセス行為	・ネットワーク経由で他人の認証符号を入力し，コンピュータを不正に利用可能にする行為（なりすまし） ・セキュリティホールを攻撃し，コンピュータを不正に利用可能にする行為
不正アクセスを助長する行為	・他人の識別符号を無断で第三者に提供する行為（教える方法は問わない。たとえば匿名掲示板に書き込む行為も禁止）

重要ポイント

[40]
・不正アクセス禁止法は「不正アクセス行為」「不正アクセスを助長する行為」を禁止する
・他人のIDやパスワードを無断で第三者に教えることは，不正アクセスを助長する行為に該当する

なお，厳重な防御措置が施されていないコンピュータは，不正アクセス禁止法の対象とは認められない可能性があります。極端な例ですが，だれでもアクセス可能なコンピュータに対する破壊行為は，不正アクセス禁止法の処罰対象にはなりません。

5 サイバーセキュリティ基本法

サイバーセキュリティ基本法は，サイバーセキュリティに関する理念を定めた法律です[41]。

重要ポイント

[41] サイバーセキュリティの対象は「電磁的な情報」に限られる。書類は対象外

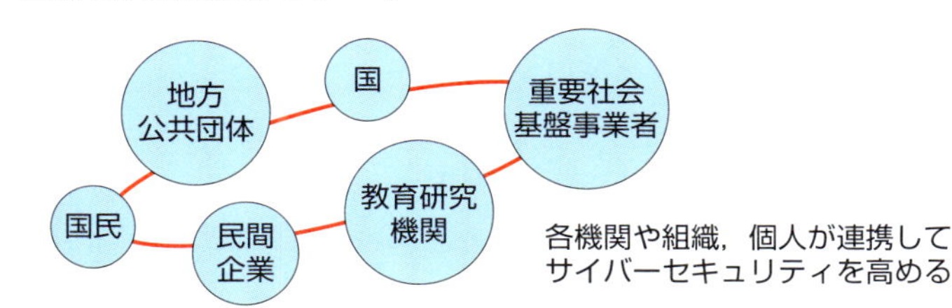

図17　サイバーセキュリティ基本法の理念

関係者には次の責務が課せられます。

国：サイバーセキュリティに関する総合的な施策を策定，実施

地方公共団体：国と役割分担し，自主的な施策を策定，実施

重要社会基盤事業者：サイバーセキュリティの重要性を理解し，自主的にサイバーセキュリティの確保に努める

大学，教育機関：人材育成，研究，サイバーセキュリティの施策に協力

国民：サイバーセキュリティへの理解を深め，その確保に必要な注意を払う

6 個人情報保護法

個人情報保護法は，個人情報を取り扱う事業者に対し，個人情報の保護を義務づける法律です[42]。具体的には，次に示す内容が個人情報取扱い事業者の義務規定になります。

1. 利用目的をできる限り特定しなければならない
2. 利用目的の達成に必要な範囲を超えてはならない[43]
3. 偽りその他不正の手段により取得してはならない
4. 取得したときは利用目的を本人に通知または公表しなければならない
5. 保有個人データを正確かつ最新の内容に保つよう努めなければならない
6. 安全管理のために必要な措置を講じなければならない
7. 従業者や委託先に対し必要な監督を行わなければならない
8. 本人の同意を得ずに第三者に提供してはならない
9. 利用目的等を本人の知り得る状態に置かなければならない
10. 本人の求めに応じて保有個人データを開示しなければならない
11. 本人の求めに応じて訂正等を行わなければならない
12. 本人の求めに応じて利用停止等を行わなければならない
13. 苦情の適切かつ迅速な処理に努めなければならない

重要ポイント

[42] ただし，保護されるのは「生存している個人」の情報

重要ポイント

[43] たとえば，Webページで入力した個人情報をもとにダイレクトメールを発送するためには，そのための許可欄にチェックしてもらうなどの手続きが必要である

■要配慮個人情報

要配慮個人情報は，人種や信条，社会的身分，病歴など，**不当な差別や偏見につながりかねない個人情報**で，取り扱いに特に配慮が必要なものです。要配慮個人情報は，**オプトアウト**[44]による第三者提供が禁じられています。

重要用語

[44] オプトアウト
第三者提供について通知などを行うことで，本人の同意を得たと判断すること

■匿名加工情報[45]

匿名加工情報とは，**本人とは識別ができないように加工され，かつ元の個人情報に復元することができない個人情報**です。匿名加工情報は，本人の同意を得ることなく活用することができるため，ビッグデータの利活用が促進されます。

[45]

匿名加工情報と似て非なる個人情報に，仮名加工情報がある。「他の情報と照合しない限り特定の個人を識別できないように加工された個人情報」と定義されている

7 労働者派遣法

労働者派遣法は，労働者派遣事業の適正な運営と派遣労働者の保護を目的とした法律です。平成24年10月の改正により，待遇に関する説明の義務化や正社員との待遇均衡を目指すなど，派遣労働者保護の側面がより強まりました[46]。

■派遣契約，雇用，指揮命令の関係

派遣元と**派遣先**で**労働者派遣契約**を締結します。派遣労働者は，派遣元に雇用され，**派遣先の指揮命令を受けて**作業を行います。この関係を，請負契約と対比させると次のようになります。

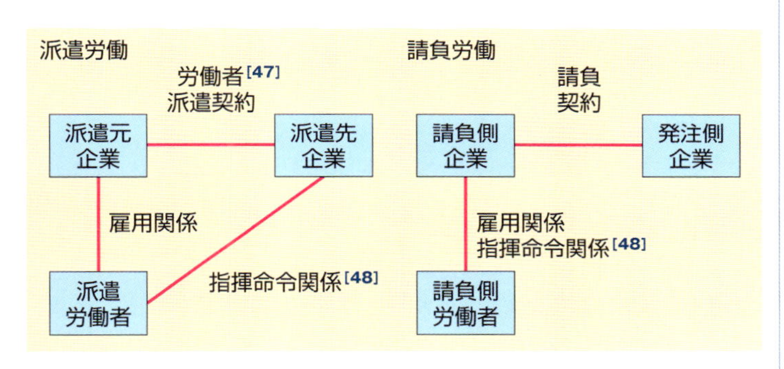

図18　派遣契約と請負契約

■派遣期間

派遣業務の派遣契約期間は，原則として最大３年です。また，派遣期間が30日以内のいわゆる「日雇い派遣」も原則禁止されています。

■偽装請負

偽装請負とは，請負契約でありながら，実態が労働者派遣などの別形態になっていることを指します。たとえば，**請負契約の労働者が，発注側の指揮命令を受けて作業する**ことなどが偽装請負にあたります[49]。

この偽装請負は後を絶たないのが現状です。IT業界においても個人事業主との契約という形で残業代を支払わないなどのケースが報

重要ポイント
[46] 派遣元企業は，派遣労働者の賃金を決定するさいに，同種の業務に従事する派遣先社員の賃金水準に配慮しなければならない

重要ポイント
[47] 労働者派遣契約は派遣元と派遣先の「事業主間」で結ばれる

重要ポイント
[48] 指揮命令権は派遣契約は派遣先に，請負契約は請負側にある

重要ポイント
[49] B社の従業員が，A社を作業場所として，A社の指揮命令に従って作業する。これを請負契約の下で行うと偽装請負になる

告されています。

8 PL法

PL法（製造物責任法）は，企業が製品の欠陥などによって消費者に損害を与えた場合の賠償責任に関する法律です[50]。

PL法は有形物の責任を問う法律で，プログラムやデータなどのソフトウェアの欠陥自体に対して直接責任を問われることはありません。ただし，**制御ソフトウェアの欠陥が原因でハードウェアが誤動作した**ような場合には，当該ハードウェアについて責任を問われることもあります[51]。

重要ポイント
[50] 製造当時の水準では発見できない欠陥であれば，賠償責任は問われない

重要ポイント
[51] 組込み機器におけるソフトウェアは「部品の一部」として見なされるため，ソフトウェアの欠陥がPL法の対象となる

9 その他

これまで述べたもの以外にも，情報処理試験で出題されやすい法律をまとめます。

表17　その他の法律

特定電子メール法	広告や宣伝目的の電子メールを一方的に送信することを規制する
電子署名法	電子署名に必要な事項を定める[52]
マイナンバー法	マイナンバー制度の導入に必要な事項を定める[53]
労働基準法	労働条件に関する最低基準を定める[54]
リサイクル法	資源のリサイクルに関する事項を定める[55]
下請法	いわゆる「下請けいじめ」を禁止する法律。正当な理由のない受領拒否，返品，支払遅延，減額などが禁止される
刑法	犯罪に関する刑罰を定める。IT分野ではサイバー犯罪を規定する 不正指令電磁的記録作成等…いわゆるウイルス作成罪 電子計算機使用詐欺罪…オンライン端末を不正に操作するなど 電子計算機損壊等業務妨害罪…Web改ざんなどによる業務妨害

重要ポイント
[52] 電子署名には民事訴訟法における押印と同様の効力が認められている

重要ポイント
[53] マイナンバーが漏えいし不正に用いられる恐れがあるとき，本人の申請又は市区町村長の職権によってマイナンバーは変更できる

重要ポイント
[54] 労働基準法第36条に，法定労働時間を超える労働や休日労働を行わせる場合は労使協定を締結して届け出る（36協定）ことが定められている

重要ポイント
[55] リサイクルマーク付きのPCは，メーカや輸入販売業者の責任で回収・再資源化する

5 標準化

学習のポイント

インターネット時代においては，データ形式や文書の標準はきわめて大きな意味を持ちます。標準に沿わない文書は，取引先との交換に支障が生じる恐れがあるからです。ここでは，文書やマルチメディアデータの標準から，主要なものを説明します。

1 標準化組織

標準化組織には，ISOのような国際的な組織と，ANSIやJISCなどその国固有の組織があり，互いに協調しています。ANSIが定めた米国標準がISO化され，それが日本語に翻訳されてJIS規格となるようなことも少なくありません。

以下に，主な標準化組織を挙げておきます。

表18　標準化組織

ISO/IEC	ISOは工業分野における規格の統一や標準化を行い，IECは電気・電子分野における国際規格を制定する
ITU	「電気通信網とそのサービスを確立し，運営を促進する」ための，国連内専門機関
IEEE	米国に本部を置く，電気・電子工学研究の促進を目的とした技術者組織
IETF	TCP/IPのプロトコル体系など，インターネットで用いる技術の標準化を推進する組織。RFC勧告[56]を公表する
ANSI	米国規格協会。米国標準の作成に関する調整および承認を行う標準化機関
JISC	日本工業標準調査会。日本国内における工業規格の標準化を行う機関で，JIS規格を制定する

基本用語

[56] RFC(Request For Comments)
各種プロトコルやオペレーション手順の仕様をまとめた標準勧告書

2 データの標準

コンピュータはさまざまな形式の文書や，音声，動画などのマルチメディアデータを扱います。

■文書データの標準

文書データに関する標準には，以下のものがあります。

表19　文書データ

SGML (Standard Generalized Markup Language)	文書の構造を記述するためのマークアップ言語 ISO 8879として国際規格化されている 公式文書用標準として利用される（例：米国防省）
HTML (HyperText Markup Language)	W3C（WWWコンソーシアム）によって制定されたホームページなど，ハイパーテキストを記述するためのマークアップ言語 文書の見栄えの定義や他のリソース（他の文書，画像，音声，動画など）へのリンクの設定などが可能
XML (eXtensible Markup Language)	インターネット上でのデータ交換に適したマークアップ言語 SGMLのサブセットで，独自のタグを定義することが可能
PDF[57] (Portable Document Format)	Adobe Systems社によって開発されたPostScriptをベースにした文書ファイルフォーマット 図表などがレイアウトされた複雑な文書を，比較的小容量で表現できる
TeX	文書組版システム用のフォーマット 数式表現などに優れており，学術機関で多く用いられる

XMLは，**DTD**（Document Type Definition；文書型定義）を用いて，ユーザが独自にタグを規定することができます[58]。

XML文書は，別の文書形式をもつXML文書やHTML文書などに変換することもできます。これを行う変換言語（XML変換言語）には，さまざまなものがありますが，なかでも**XSLT**が普及しています[59]。

重要ポイント
[57] PDFは使用するフォントを文書に埋め込むため，どんな環境でも作成時と同じ表示が行える

重要ポイント
[58] DTDに適合したXML文書を「妥当(valid)な」XML文書とよぶ

重要ポイント
[59] XSLTは「XML形式」の文書を「変換」する

■マルチメディアデータの標準

マルチメディアデータに関しては，主に以下のようなフォーマットが用いられています。

表20　マルチメディアデータ

名称	説明
JPEG (Joint Photographic Experts Group)	静止画像圧縮用の国際規格 フルカラー（24ビット）の画像を圧縮して格納できる（基本的に不可逆圧縮[60]）ため，**写真などの画像を圧縮**するのに適している
GIF (Graphic Interchange Format)	静止画像用圧縮フォーマット 256色（8ビット）の画像を圧縮でき，色数が少ないため，**イラストなどの圧縮**に適している
PNG (Portable Network Graphics)	W3Cによって推奨されている静止画像用圧縮フォーマット **フルカラー画像を劣化させずに圧縮**できる
SVG (Scalable Vector Graphics)	図形オブジェクトをXML形式で記述できる画像フォーマット。多くのブラウザが対応するため，Webページにも用いられる
TIFF (Tagged Image File Format)	静止画像用ファイルフォーマット タグを用い，複数の画像情報を一つのファイルに入れ込むことが可能
BMP (BitMaP)	Windowsで標準的に採用されている静止画像のファイル形式 画像データをドット単位で管理し，非圧縮で保存する
H.264/AVC	**ビデオカメラやワンセグの動画圧縮規格**。H.264とMPEG-4の先進動画符号化（AVC）は同一の規格であるため，H.264/AVCと併記される
MPEG[61] (Moving Picture Experts Group)	**動画圧縮用の国際規格** ビデオCDなどに用いられるMPEG1，DVD-Videoなどに用いられるMPEG2，インターネット配信やワンセグなどに用いられるMPEG4[62]があり，それぞれ画質や必要となるビットレート（データ転送速度）などが異なる
MIDI (Musical Instruments Digital Interface)	音楽演奏データのフォーマット 音声をサンプリングするのではなく，使用楽器や演奏手順などを楽譜のように指定する
MP3 (MPEG1 Audio Layer-3)	MPEG1のもつ音声データ用圧縮フォーマットの一つであり，音声データの圧縮などに用いられる。ある程度の音質を保ちつつ，データのサイズを1／10程度にまで圧縮することができるため，インターネット上で広く用いられる

基本用語

[60] 不可逆圧縮
圧縮された情報を伸張しても，完全にはもとの情報を復元できない方式。
JPEGは不可逆圧縮の代表例

重要ポイント

[61] MPEGの各規格は，
MPEG1→CD
MPEG2→DVD
MPEG4→ネット
と覚えておく

[62]
MPEG4はH.264/AVCとよばれることもある

3 データ交換の標準

最後にデータ交換の標準をまとめておきます。

表21　データ交換の標準

EDIFACT	EDI（電子データ交換）に用いるプロトコルの標準
CII標準	CIIの定めた日本におけるEDIの標準仕様
STEP	CADデータをはじめとする製品データを交換するための国際標準規格
XML	データの構造を記述するためのマークアップ（マーク付け）言語

XMLはインターネット上でのデータ交換を意識したマークアップ言語で，企業間取引（EDI）にも用いられています[63]。

重要ポイント

[63]「企業間取引」に用いられる「マーク付け言語」が問われたら，XMLと答えてよい

❖午後対策 重点テーマ解説

▶サービス継続性管理

学習のポイント

予期せぬ災害は，事業に深刻なダメージを与えます。それでも，顧客や取引先がいる限り事業は継続しなければなりません。そのような事業継続計画（BCP）は，今後も大きな注目を集めるでしょう。

ここではそのような事業継続計画の中でも，ITサービスの復旧に注目して説明します。

1 サービス継続性管理の活動

事業の継続にあたっては，ITサービスを継続する必要があります。そのために行う管理を，サービス継続性管理とよびます。サービス継続性管理は次の活動を行います。

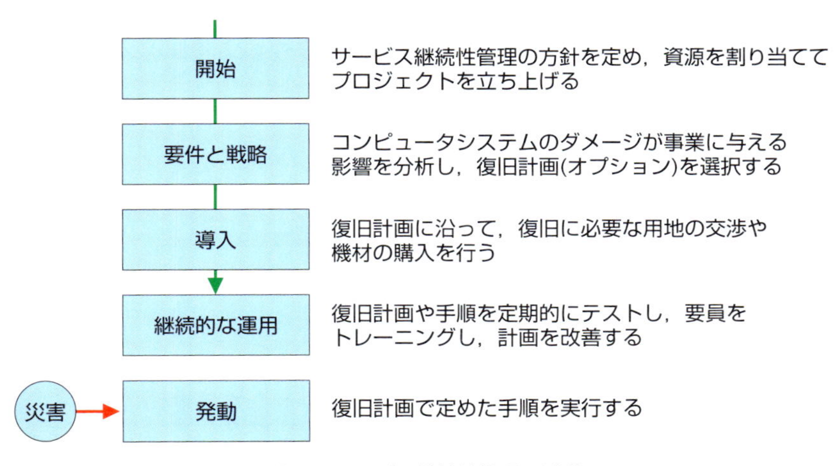

図19　サービス継続性管理の活動

2 ビジネスインパクト分析

サービス継続性管理の活動における「要件と戦略」では，ITサービスの中断が事業に与える影響を定量的に分析します。これを**ビジネスインパクト分析**（**BIA**：Business Impact Analysis）とよびます。

BIAでは，次の事項に関する分析を行います。

- 損害や損失が発生する形態（収入の損失，復旧コスト，信用の喪失など）
- 中断時間が長引くことで，影響がどのように増大するか
- 必須ビジネスプロセスを最小限のレベルで継続させるために必要な事項
- 復旧させるべき時間（最小限のレベル）
- 復旧させるべき時間（完全復旧）
- サービスの復旧優先度

たとえば，サービスの中断時間と影響の度合が明らかになれば，これをもとに，

- 短時間の中断で影響が増大するサービス
  → 予防的な対策を重視する
- 影響の度合が小さい（増大が緩やかな）サービス
  → 継続性や復旧対策を重視する

といった方針を立てることが可能になります。

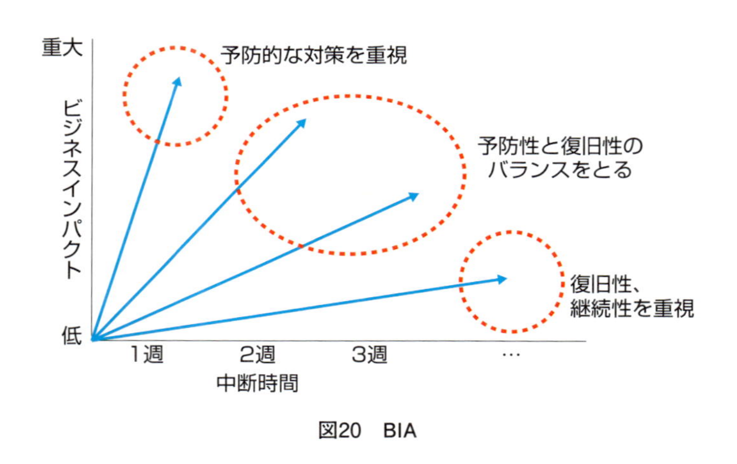

図20　BIA

3 復旧オプション

サービス復旧には，次のような方法を選択することができます。復旧計画は，事業の重要度に応じて復旧オプションを組み合わせて立案します。

表22　復旧オプション

復旧オプション	説明
手作業での復旧	紙ベースによる手作業に戻す。段階的な復旧の初期段階として，手作業を導入することもある
相互協定	他の企業や組織との間で，ITサービスを相互に利用する協定を結ぶ
コールドスタンバイ	外部に物理的な場所を確保し，災害時にその場所にコンピュータを搬入し，システムを構築する
ウォームスタンバイ	ハードウェア，ソフトウェアを用意した場所を外部に確保し，災害時にシステムを構築する
ホットスタンバイ	本番環境と同一の環境を確保し，災害時にバックアップデータインストールして復旧する
ミラーリング	完全なサービスが提供できる環境を確保して，予備系として稼働させておき，災害時に即座に切り替える

コールドスタンバイは，サービスがある程度（目安は72時間以上）停止しても許される場合に適用し，**ホットスタンバイ**は早期（目安は24時間以内）に復旧しなければならない場合に適用します。**ウォームスタンバイ**はホットスタンバイとコールドスタンバイの中間です。

4 バックアップとリストア

事業およびサービスに使用するデータは，適切に保護しなければなりません。そのためには，普段からデータのバックアップを行い，リストア（復旧）の計画を立てておく必要があります。具体的には，次のような点について検討します。

- バックアップ対象のデータはどれか
- バックアップの間隔と頻度
- バックアップの種類（フル／増分／差分など）
- バックアップを何世代保管するか
- どの場所に保管するか
- 保管場所への移送手段は
- バックアップやリストアの手順・確認事項
- 目標復旧時点（RPO）
- 目標復旧時間（RTO）
- 実施すべきテストの内容

検討項目のうち，**RPO**（**目標復旧時点**）はITサービスを復旧させる時点を表します。たとえば「障害が発生する１日前」をRPOに選んだ場合は，障害発生の１日前の状態にデータを復旧します。障害発生直前の１日分のデータは失われても仕方がないという判断です。

RTO（目標復旧時間）は，復旧作業に許される時間です。これが24時間であれば，24時間以内に復旧を完了させなければなりません。

5 出題事例

平成23年春の本試験で，事業継続計画に関する問題が出題されました。問題文では，復旧に至る次のスケジュールが示され，システム再立上げ作業を何分以内で終えなければならないかが問われました。そのさいの条件としてRTOが100分，RPOが120分が提示されました。

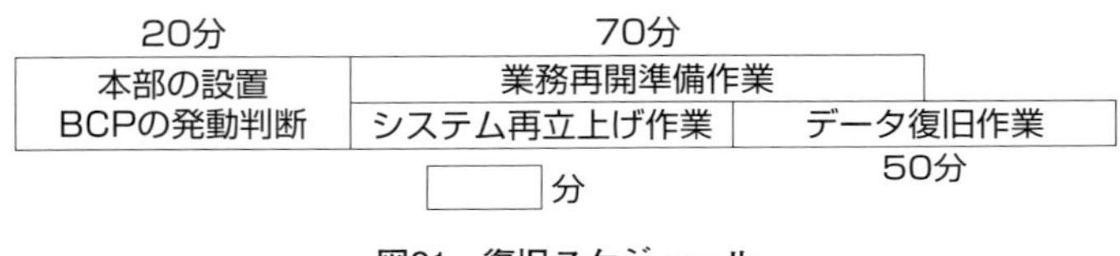

図21　復旧スケジュール

RTOとRPOが区別できていれば，簡単に計算できます。復旧時間はRTOなので，システムの再立上げ作業は，100－20－50＝30分以内に終了させなければなりません。

このほかにも，BIAの結果に基づいてリスクにどのように対処するかが問われました。具体的には，

- ・全面的な停止に追い込まれる災害
  → システム対策を強化してリスクを「低減」する
- ・影響が限定されるような災害
  → 特別な対策を行わずにあえてリスクを「保有」する

ことを答える内容でした。もちろん，どの程度のリスクであれば保有するかはケースバイケースです。

いずれの設問も，ここで説明した事項を理解できていれば，十分正解できるレベルでした。

▶ゲーム理論

学習のポイント

ゲーム理論は，OR・IEだけではなく経営戦略としての側面ももつため，比較的出題されやすいテーマです。ここではゲーム理論について，改めて詳細に解説します。企業がとるべき「次の一手」がどのような原理で導かれるか，その本質を学んでください。

1 ゲーム木

ゲームは自分と相手が交互に手を打つことで進行します。自分が最良の一手を打つためには，自分の手に対して相手がどのような手を打つかを分析しなければなりません。これを模式的に表すものがゲーム木です。

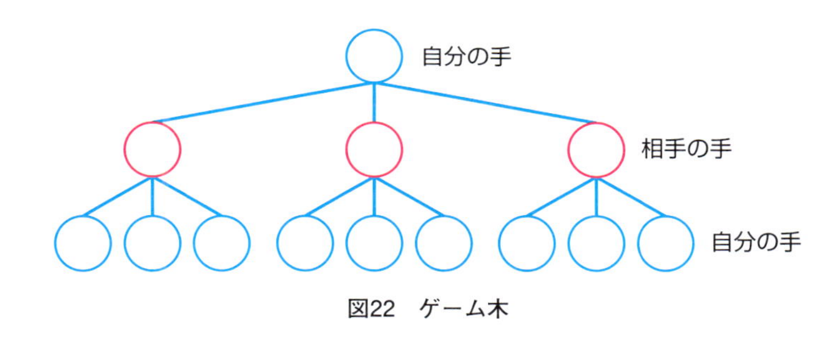

図22　ゲーム木

当然のことですが，読みが深くなればなるほど，分析しなければならない状況は増大します。

2 デシジョンツリー（決定木）

ゲーム木を意思決定の場面に応用したものがデシジョンツリーです。デシジョンツリーは，意思決定を行う決定ポイント（□で表現される）と結果のポイント（○で表現される）から構成されます。

次のような事例を考えましょう。

A社は現在100億円の売上があり，売上の10%を広告に投下すると，売上が増加することが分かっている。その場合の売上の伸び率は，10%，15%，20%が期待でき，その確率はそれぞれ0.25，0.5，0.25である。広告した場合の期待できる売上高はいくらになるだろうか。

単純な期待値の問題ですが，デシジョンツリーでは次のように表されます。

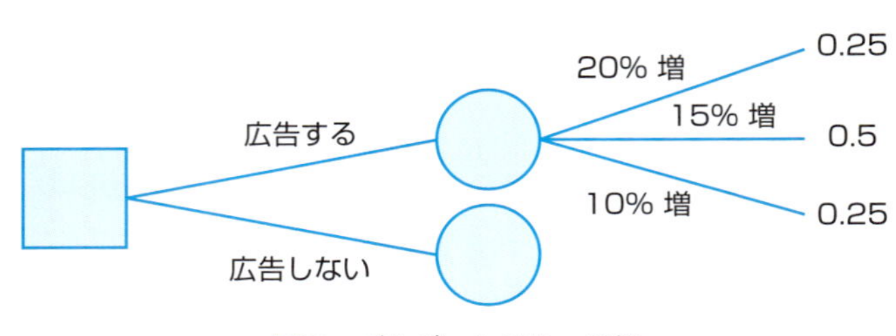

図23　デシジョンツリーの例

広告した場合の期待できる売上高は，

$$120\times0.25+115\times0.5+110\times0.25$$
$$=30+57.5+27.5=115\ (\text{億円})$$

となります。

3 利得表による意思決定支援

意思決定支援について，改めて説明します。

意思決定原理には，すでに述べた期待値原理，マクシミン原理，マクシマックス原理を含めて，次のようなものが知られています。

表23　意思決定原理

ラプラス原理	各状況のどれが起こるのかがまったく予想できないとき，各状況の生起確率を等しいと仮定して期待値を算出し，これを最大にする案を選択する
期待値原理	各状況の生起確率とそれぞれの確率変数から期待値を算出し，これを最大にする案を選択する
マクシミン原理（ミニマックス原理）	各代替案ごとの「最悪の結果」に着目し，それらの中で最良（最大）の結果を与える案を選択する（マクシミン原理に基づく最適意思決定は，防衛的投資といえる）
マクシマックス原理	各代替案ごとの「最良の結果」に着目し，それらの中で最良（最大）の結果を与える案を選択する（マクシマックス原理に基づく最適意思決定は，攻撃・積極的投資といえる）

ハーヴィッツ原理	マクシミン原理とマクシマックス原理の中間的な原理であり，楽観度を表すパラメータα（0＜α＜1）を用いて， 最大の結果×α＋最小の結果×（1－α） を計算し，これが最大になる案を選択する
ミニマックスリグレット原理	ある状況で最良の結果を選択しなかった場合の後悔の度合を計算し，それが最小となる案を選択する
期待値・分散原理（安定性原理）	期待値の大小だけでなく，分散（バラツキ）も考慮して最適な案を選択する
最尤（さいゆう）未来原理	最も起こる確率が高い状況に着目し，その状況での利益が最大となる案を選択する
要求水準原理	一定の要求水準を設定し，それをクリアできる確率が最も高い案を選択する
ベイジアン理論（ベイズ理論）	過去に起きた事象の頻度データや条件付き確率の考え方を用いて未来を予測する

4 利得表の事例

利得表を用いた，意思決定を考えてみることにします。

利得表とは，ある戦略をとったときに得られる利益を表す表です。表24は，案（A1～A5）に対する利得表です。ただし，将来の経済状況（B1～B3）によって利益は変化します。たとえば，A1を選択した場合には，経済状況が好転すれば650万円の利益が得られ，悪化した場合には350万円に減少します。

表24　利得表　（単位：万円）

代替案＼経済状況	B1（好転）	B2（現状維持）	B3（悪化）
A1（前年同期並みの生産）	650	500	350
A2（前年同期より10%の増産）	800	400	200
A3（前年同期より20%の増産）	900	300	50
A4（前年同期より10%の減産）	400	450	600
A5（前年同期より20%の減産）	300	400	450

B1～B3をとる確率が予測されているなら，期待値原理が適用できます。たとえば，

(B1，B2，B3) = (0.2，0.3，0.5)

であれば，

A1の期待利益 = 0.2×650+0.3×500+0.5×350 = 455万円

と求めることができます。同じように計算すると，それぞれの期待利益は，

(A1，A2，A3，A4，A5) = (455，380，295，515，405)

となるので，期待利益の最も大きな代替案A4を選びます。

マクシミン原理を用いた意思決定をしてみましょう。マクシミンは，最悪の結果に着

目します。各案の最悪の結果を選ぶと，

(A1，A2，A3，A4，A5) = (350，200，50，400，300)

となります。この中の最大値は400（=A4）なので，代替案A4を選択することになります。

では，マクシマックス原理ではどうなるでしょうか。マクシマックスは，最良の結果，

(A1，A2，A3，A4，A5) = (650，800，900，600，450)

に着目します。この中の最大値は900（=A3）なので，これを選択することになります。

事例からも明らかなとおり，マクシミンは「最悪でも××が得られる」という防衛的な原理で，マクシマックスは「うまくいけば××が得られる」という攻撃的な原理といえるでしょう。

5 複数参加者によるゲーム理論

競合企業が存在する場合をゲーム理論で扱うと，プレイヤー（ゲームの参加者）が複数になります。この場合の利得表（利得行列）は，自分の戦略と相手の戦略の組合せで表します。

たとえば，X社，Y社という競合２社があり，X社は戦略１・２，Y社は戦略３・４というように，それぞれ２種類の戦略を選択できる場合を考えます。その場合の利得表は，表25のようになります。なお各マスとも，カンマの左の数値がX社の利益，右の数値がY社の利益を表します。

表25　利得表(1)（単位：百万円）

X社＼Y社	戦略３	戦略４
戦略１	60，40	65，35
戦略２	50，50	55，45

競合相手がある戦略をとるとき，それに対応する最も利得の大きな戦略を**最適応答**といいます。たとえば上の例で，Y社が戦略３を選択したとき，それに対するX社の最適応答は戦略１となります。戦略１を選択したときの利得（60）が，戦略２を選択したときの利得（50）より大きいからです。

同様に考えていけば，

「Y社＝戦略４」に対する最適応答「X社＝戦略１」

「X社＝戦略１」に対する最適応答「Y社＝戦略３」

「X社＝戦略２」に対する最適応答「Y社＝戦略３」

となります。これを整理すると，

　　Y社がどの戦略をとっても，X社の最適応答は戦略１

　　X社がどの戦略をとっても，Y社の最適応答は戦略３

ということになります。このように，**相手がどの戦略をとるかにかかわらず，最適応答が一意に定まる**場合，その一手を**支配戦略**とよびます。この例では，X社の支配戦略は戦略１で，Y社の支配戦略は戦略３です。

　X社が戦略１を選び，Y社が戦略３を選んだ場合は，

　「**各参加者の選んだ戦略が，すべて競合の選んだ戦略に対する最適応答となっている**」

という条件を満たします。このような状態を**ナッシュ均衡**とよびます。

　また，この「X社＝戦略１，B社＝戦略３」という選択パターンは，

　「**どちらの利益も減らさず，両者の利益をさらに増やすような選択パターンは他に存在しない**」

という状態にあります（一方の利益を増やすように選択パターンを変えた場合，必ずもう一方の利益が減少します）。このような状態のことを**パレート効率的（パレート最適）**とよびます。

　条件設定によっては，ナッシュ均衡が必ずしもパレート効率的とはならない場合もあります。たとえば，次の場合を考えてみましょう。

表26　利得表(2)

X社＼Y社	戦略３	戦略４
戦略１	70，50	30，80
戦略２	80，30	60，40

　利得表(1)と同様に考えると，

　　X社の支配戦略… 戦略２

　　Y社の支配戦略… 戦略４

となり，それに従うと利得が（60，40）となります。各戦略は相手の戦略に対する最適応答なので，この状態はナッシュ均衡です。

　ところが，ここで仮にX社が戦略１，Y社が戦略３を選択すると，利得は（70，50）となります。これは（60，40）と比べ，どちらの利益も増加しています。つまり，最初の「X社＝戦略２，Y社＝戦略４」は，パレート効率的ではなく，「もっと皆が儲かる組合せが他にあった」ことになるのです。

　このように，ナッシュ均衡がパレート効率的とならない（もっと儲かる組合せがある）状況のことを，**囚人のジレンマ**とよびます。

▶キャッシュフロー分析

学習のポイント

「手元の現金を数える」ことがキャッシュフロー分析の原則です。ただし，キャッシュインがよいことばかりとは限りません。たとえば，財務活動によるキャッシュインは，銀行からの短期の借入れかもしれないからです。キャッシュフロー分析にあたっては，どのようなキャッシュインが生じたかを冷静に見きわめて評価しなければなりません。

キャッシュフローとは，会計上での現金利益や資金の流れのことで，**営業キャッシュフロー**，**投資キャッシュフロー**，**財務キャッシュフロー**に分類できます。それらのキャッシュフローについて，さらに詳細に見ていくことにします。

1 営業活動によるキャッシュフロー（営業CF）

営業活動によるキャッシュフローの算出にあたっては，次の項目ごとにキャッシュの増減を求めます。

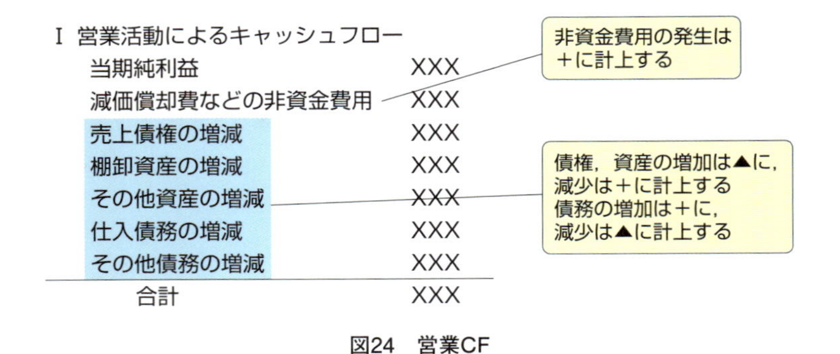

図24　営業CF

第1のポイントは，**非資金費用はキャッシュフローをプラスにする**ということです。**非資金費用**は「現金支出を伴なわない数字上の費用」を表します。帳簿上は現金の支出が発生していますが，実際には現金は動いていないので，帳簿上支出した現金を戻さなければならないのです。

第2のポイントは，

- **債券や資産の増加はキャッシュフローをマイナスにし，減少はキャッシュフローをプラスにする**

・**債務の増加はキャッシュフローをプラスにし，減少はキャッシュフローをマイナスにする**

ということです。

たとえば商品（棚卸資産）であれば，商品の増加は手持ち資金の減少に，商品の減少は手持ち資金の増加につながります。売掛金や約束手形などの債権にも同じことがいえます。

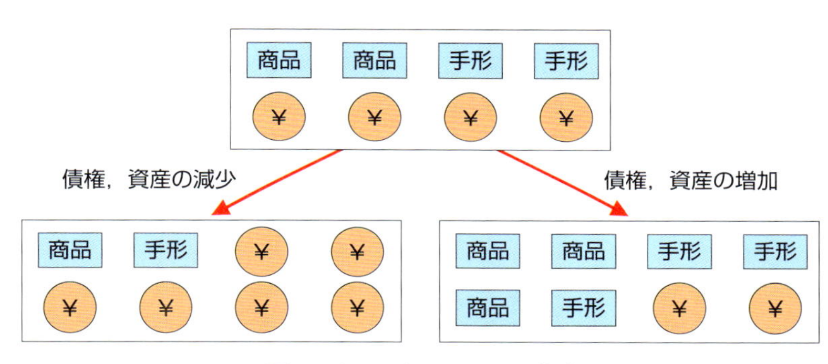

図25　キャッシュフローの増減

債務は債権とは逆の関係にあるので，債務の増加は現金の増加に，債務の減少は現金の減少に計上します。

2 投資活動によるキャッシュフロー(投資CF)

投資活動とは，たとえば建物や車両，機械装置，備品などの売買を表します。これらの資産の増加（購入）は現金の減少につながり，減少（売却）は現金の増加につながります。

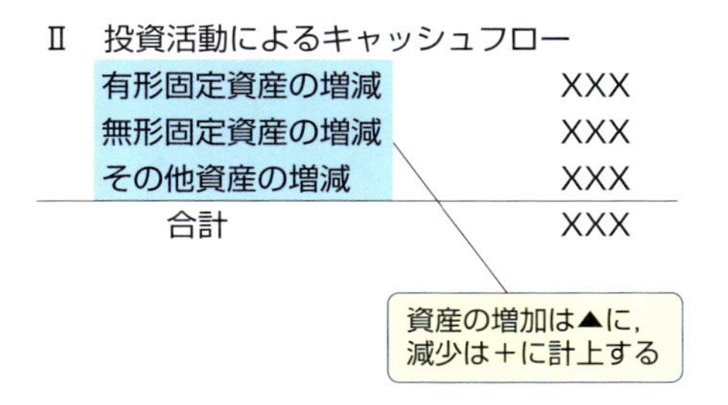

図26　投資CF

3 財務活動によるキャッシュフロー（財務CF）

財務活動とは，銀行からの借入れや社債の発行などの資金調達を表します。資金調達を行えば現金が増加し，逆に借入金を返済すれば現金が減少します。

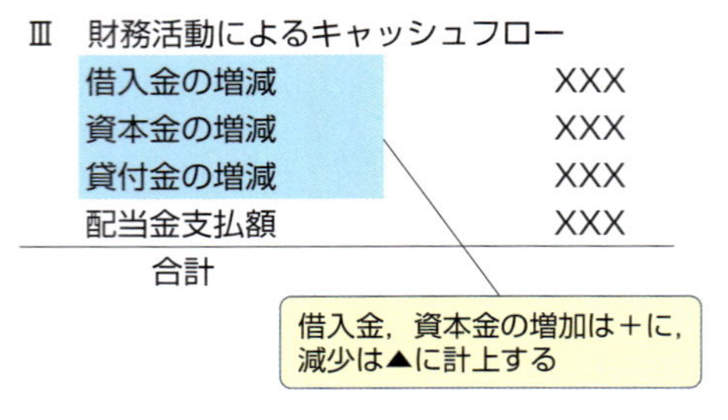

図27　財務CF

4 フリーキャッシュフロー

フリーキャッシュフローは，営業活動で得た現金から事業活動に必要な現金を差し引いたもので，会社が自由に使える現金を表します。計算上は，

フリーキャッシュフロー ＝ 営業CF＋投資CF

で求めます。たとえば，本業で200万円，設備投資で▲100万円のキャッシュフローがあったとき，フリーキャッシュフローは，200＋▲100＝100万円となります。

フリーキャッシュフローは，企業の価値を定量的に評価する指標として用いられます。

5 キャッシュフロー計算書の評価

キャッシュフロー計算書の内容から，企業を評価することができます。以下に，営業CF，投資CF，財務CFの正負の組合せとその評価を示します。

	①	②	③	④	⑤	⑥	⑦	⑧
営業CF	＋	＋	＋	＋	▲	▲	▲	▲
投資CF	＋	▲	＋	▲	＋	▲	＋	▲
財務CF	＋	▲	▲	＋	＋	＋	▲	▲

図28　CFの組合せ

①は営業活動で利益を上げながらも，資産を売却し，借入れを行っています。現実には考えにくいパターンです。

②は営業活動で上げた利益を，設備投資と借入金の返済に充てています。非常に健全だと評価できます。

③は営業活動で利益を上げながらも資産を売却し，それらを借入金の返済に充てています。過大な有利子負債を圧縮するような場合によく見られます。

④は営業活動と財務活動で得た現金を，設備投資に投入しています。成長期の企業によく見られるパターンです。

⑤は営業活動のマイナスを，資産の売却や借入れで補っています。非常に苦しい状況といえるでしょう。

⑥は営業活動がマイナスであるにもかかわらず，借入れを行い設備投資を行っています。実際には考えにくいパターンです。

⑦は資産を売却して営業活動のマイナスを補い，借入金を返済しています。非常に不健全です。

⑧はすべての活動がマイナスです。こうなると，倒産も視野に入る状況です。

6 キャッシュフローの事例

平成22年春に，キャッシュフロー計算書の事例が出題されました。空欄も含めて転載します。なお，「Ⅳ 現金及び現金同等物の増減」はⅠ～Ⅲの総合計で，これに「Ⅴ 現金及び現金同等物の期首残高」を加えると「Ⅵ 現金及び現金同等物の期末残高」となります。

表27　キャッシュフロー計算書の事例

単位　百万円

	2008年度	2009年度
Ⅰ　営業活動によるキャッシュフロー		
税引前当期利益	29	120
減価償却費	41	46
売上債権の増減	▲15	▲4
棚卸資産の増減	3	▲6
その他資産の増減	▲2	▲2
仕入債務の増減	10	40
その他負債の増減	38	10
法人税等の支払額	▲9	▲65
合計	95	139
Ⅱ　［ f ］によるキャッシュフロー		
有形固定資産の増減	▲130	▲136
無形固定資産の増減	▲1	▲13
その他資産の増減	▲44	▲20
合計	▲175	▲169
Ⅲ　［ g ］によるキャッシュフロー		
借入金の増減	89	60
資本金の増減	0	0
配当金支払額	▲1	░░░
合計	88	［ h ］
Ⅳ　現金及び現金同等物の増減	8	22
Ⅴ　現金及び現金同等物の期首残高	77	85
Ⅵ　現金及び現金同等物の期末残高	85	107

注　░░░には，特定の数値が入る。

単位　百万円

年度	金額
2007	14
2008	▲80
2009	▲30

空欄fは「投資活動」で，空欄gは「財務活動」です。

空欄hは「Ⅰ＋Ⅱ＋Ⅲ＝Ⅳ」より，

139＋▲169＋h ＝ 22

h ＝ 22－139＋169 ＝ 52

と求めることができます。

さて，本試験での設問は「これらの表から問題点を二つ指摘せよ」というものでした。わかりますか？

一つ目の問題点は，フリーキャッシュフローが２期連続でマイナスであったことです。一時的なマイナスであれば問題ないのですが，２期連続となるとやや問題です。余剰資金が尽きた状況なので，新規投資は見合わせるなどの処置が必要かもしれません。

二つ目は，投資活動のマイナス（設備投資）が，営業活動の利益では補いきれず，借入金などの財務活動に頼っているという点です。普通にあり得るパターンなのですが，このような構造では借入金の性格にも留意する必要があります。もし，短期の借入金のみ増加している状況であれば，対処が必要でしょう。

❖確認問題

※問題出典 H：平成　R：令和，S：春期　F：秋期（基は基本情報技術者試験）

問題 1

BCPの説明はどれか。 R元F・問61 H30S・問62

ア　企業の戦略を実現するために，財務，顧客，内部ビジネスプロセス，学習と成長という四つの視点から戦略を検討したもの
イ　企業の目標を達成するために業務内容や業務の流れを可視化し，一定のサイクルをもって継続的に業務プロセスを改善するもの
ウ　業務効率の向上，業務コストの削減を目的に，業務プロセスを対象としてアウトソースを実施するもの
エ　事業の中断・阻害に対応し，事業を復旧し，再開し，あらかじめ定められたレベルに回復するように組織を導く手順を文書化したもの

問題 2

定量発注方式の特徴はどれか。 H29S・問75

ア　在庫量の把握は発注時期だけでよい。
イ　需要変動が大きい重点管理品目などに適用する。
ウ　発注時に需要予測が必要である。
エ　発注量には経済的発注量を用いると効果的である。

問題 3

複雑な要因の絡む問題について、その因果関係を明らかにすることによって、問題の原因を究明する手法はどれか。 R2F・問76

ア　PDPC法　　イ　クラスタ分析法　　ウ　系統図法　　エ　連関図法

問題 4

いずれも時価100円の株式A～Dのうち、一つの株式に投資したい。経済の成長を高，中，低の三つに区分したときのそれぞれの株式の予想値上がり幅は，表のとおりである。マクシミン原理に従うとき、どの株式に投資することになるか。

R３F・問75　H29S・問76

単位　円

株式＼経済の成長	高	中	低
A	20	10	15
B	25	5	20
C	30	20	5
D	40	10	-10

ア　A　　イ　B　　ウ　C　　エ　D

問題 5

横軸にロットの不良率，縦軸にロットの合格率をとり，抜取検査でのロットの品質とその合格率との関係を表したものはどれか。 H30F・問75　H27S・問75

ア　OC曲線　　イ　バスタブ曲線
ウ　ポアソン分布　　エ　ワイブル分布

問題 6

取得原価30万円のPCを２年間使用した後，廃棄処分し，廃棄費用２万円を現金で支払った。このときの固定資産の除却損は廃棄費用も含めて何万円か。ここで，耐用年数は４年，減価償却は定額法，定額法の償却率は0.250，残存価額は０円とする。

H30S・問76　H27S・問78

ア　9.5　　イ　13.0　　ウ　15.0　　エ　17.0

問題 7

今年度のA社の販売実績と費用（固定費，変動費）を表に示す。来年度，固定費が５％上昇し，販売単価が５％低下すると予測されるとき，今年度と同じ営業利益を確保するためには，最低何台を販売する必要があるか。 H28F・問76　H27S・問77　H25F・問76

販売台数	2,500台
販売単価	200千円
固定費	150,000千円
変動費	100千円／台

ア　2,575　　イ　2,750　　ウ　2,778　　エ　2,862

問題 8

情報戦略の投資対効果を評価するとき，利益額を分子に，投資額を分母にして算出するものはどれか。
R2F・問61　H29S・問61　H27S・問61

ア　EVA　　イ　IRR　　ウ　NPV　　エ　ROI

問題 9

A社は，B社と著作物の権利に関する特段の取決めをせず，A社の要求仕様に基づいて，販売管理システムのプログラム作成をB社に委託した。この場合のプログラム著作権の原始的帰属に関する記述のうち，適切なものはどれか。
R4S・問77　H24S・問79　H22F・問78

ア　A社とB社が話し合って帰属先を決定する。
イ　A社とB社の共有帰属となる。
ウ　A社に帰属する。
エ　B社に帰属する。

問題 10

ソフトウェアやデータに瑕疵（かし）がある場合に，製造物責任法の対象となるものはどれか。
R4F・問80　H29F・問80　H28S・問80　H26S・問80

ア　ROM化したソフトウェアを内蔵した組込み機器
イ　アプリケーションのソフトウェアパッケージ
ウ　利用者がPCにインストールしたOS
エ　利用者によってネットワークからダウンロードされたデータ

解答・解説

問題 1 エ

BCP（事業継続計画）は，災害などの事態が発生した場合でも，事業を継続あるいは復旧するための計画である。

ア　バランススコアカードに関する記述である。

イ　BPM（Business Process Management）に関する記述である。

ウ　BPO（Business Process Outsourcing）に関する記述である。

問題 2 エ

定量発注方式は，在庫量が発注点を下回ったさいに一定量を発注する簡便な方式である。発注する量は，在庫の保管コストと発注費用を最小化する経済的発注量を用いると効果的である。

正解以外の選択肢は，すべて定期発注方式に関する記述である。

問題 3 エ

連関図法は，要因間の因果関係を明らかにすることにより，問題の原因を究明する手法である。

PDPC法：さまざまな過程を整理し，最適な過程を探す手法

クラスタ分析法：データをいくつかのグループ(クラスタ)に分割して分析する手法

系統図法：目的達成のための手段・方策を順次展開し，最適な手段を追求する手法

問題 4 ア

マクシミン原理は，「悪くてもこれだけ儲かる戦略」を選択する原理で，各戦略案の最悪の結果に着目し，それが最も高い戦略案を選択する。

各株式の最悪の値上がり幅は，

$$A=10 \quad B=5 \quad C=5 \quad D=-10$$

であるため，この値が最も高い株式Aに投資する。

問題 5 ア

OC曲線は，縦軸にロットが合格する確率，横軸にロットの不良率をとって，抜取り検査でのロットの品質とその合格率の関係を表す曲線である。

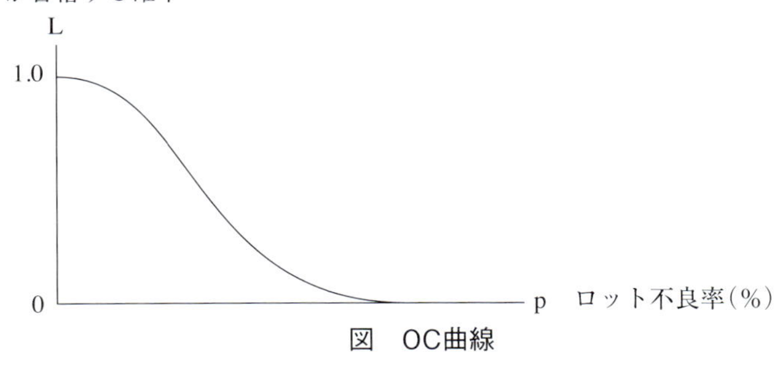

図　OC曲線

バスタブ曲線：機器の故障率と使用経過期間の関係を示す曲線
ポアソン分布：ランダムに発生する事象を表すときに用いられる確率分布の一つ
ワイブル分布：物体強度の変化を示すのに用いられる確率分布の一つ

問題6　エ

固定資産を廃棄したとき，固定資産の帳簿価額を固定資産除却損として計上する。

30万円のPCを償却率0.250で２年間使用したので，

減価償却累計額 ＝ 30×0.25×2 ＝ 15万円

である。よって，廃棄時のPCの帳簿価額は30－15＝15万円となり，これに廃棄費用2万円を含めた17万円が固定資産除却損となる。

問題7　エ

今年度の営業利益を計算すると，

今年度の営業利益 ＝ 200×2,500－100×2,500－150,000 ＝ 100,000

来年度の販売台数をnとすると，

来年度の営業利益 ＝ 200×0.95×n－100×n－150,000×1.05
＝ 90n－157,500

この値が今年度の利益と等しくなるので，

90n－157,500 ＝ 100,000　→　n ＝ 2861.111…
→　最低販売台数 ＝ 2862台

問題8　エ

このような指標をROI（投資利益率）とよぶ。

EVA（経済的付加価値）：税引後利益－資本コスト×投資資本

IRR：正味現在価値（NPV）をゼロにする割引率
NPV：投資価値を現在価値で計算した値

問題 9　エ

プログラムの委託開発では，特段の取り決めがない限りプログラムの著作権は受託側（プログラムを実際に作成した側）に帰属する。そのため，問題文のプログラムはその作成を受託したB社に帰属する。

問題 10　ア

ソフトウェアやデータのような無形物は，原則として製造物責任法（PL法）の対象とはならない。ただし，「ソフトウェアを内蔵した組込み機器」など，製品と一体化している場合は製造物責任法の対象となる。

令和４年度 春期
応用情報技術者
試験問題

<table>
<tr><th>午前問題</th><th>午後問題</th></tr>
<tr><td>試験時間</td><td>試験時間</td></tr>
<tr><td>２時間30分</td><td>２時間30分</td></tr>
<tr><td>問題番号</td><td>問題番号</td></tr>
<tr><td>問１～問80</td><td>問１～問11</td></tr>
<tr><td>選択方法</td><td>選択方法</td></tr>
<tr><td rowspan="2">全問必須</td><td>問１：必須</td></tr>
<tr><td>問２～問11：４問選択</td></tr>
</table>

午前問題

問 1 浮動小数点数を，仮数部が7ビットである表示形式のコンピュータで計算した場合，情報落ちが<u>発生しないもの</u>はどれか。ここで，仮数部が7ビットの表示形式とは次のフォーマットであり，(　)$_2$ 内は2進数，Yは指数である。また，｛　｝内を先に計算するものとする。

$$(1.X_1X_2X_3X_4X_5X_6X_7)_2 \times 2^Y$$

ア　$\{(1.1)_2 \times 2^{-3} + (1.0)_2 \times 2^{-4}\} + (1.0)_2 \times 2^5$
イ　$\{(1.1)_2 \times 2^{-3} - (1.0)_2 \times 2^{-4}\} + (1.0)_2 \times 2^5$
ウ　$\{(1.0)_2 \times 2^5 + (1.1)_2 \times 2^{-3}\} + (1.0)_2 \times 2^{-4}$
エ　$\{(1.0)_2 \times 2^5 - (1.0)_2 \times 2^{-4}\} + (1.1)_2 \times 2^{-3}$

問 2 全体集合S内に異なる部分集合AとBがあるとき，$\overline{A} \cap \overline{B}$に等しいものはどれか。ここで，A∪BはAとBの和集合，A∩BはAとBの積集合，$\overline{A}$はSにおけるAの補集合，A－BはAからBを除いた差集合を表す。

ア　$\overline{A} - B$
イ　$(\overline{A} \cup \overline{B}) - (A \cap B)$
ウ　$(S - A) \cup (S - B)$
エ　$S - (A \cap B)$

問 3 M/M/1の待ち行列モデルにおいて，窓口の利用率が25%から40%に増えると，平均待ち時間は何倍になるか。

ア　1.25　　イ　1.60　　ウ　2.00　　エ　3.00

問 4 ハミング符号とは，データに冗長ビットを付加して，1ビットの誤りを訂正できるようにしたものである。ここでは，X_1，X_2，X_3，X_4の4ビットから成るデータに，3ビットの冗長ビットP_3，P_2，P_1を付加したハミング符号$X_1X_2X_3P_3X_4P_2P_1$を考える。付加したビットP_1，P_2，P_3は，それぞれ

$X_1 \oplus X_3 \oplus X_4 \oplus P_1 = 0$
$X_1 \oplus X_2 \oplus X_4 \oplus P_2 = 0$
$X_1 \oplus X_2 \oplus X_3 \oplus P_3 = 0$

となるように決める。ここで，⊕ は排他的論理和を表す。

ハミング符号1110011には1ビットの誤りが存在する。誤りビットを訂正したハミング符号はどれか。

ア　0110011　　イ　1010011　　ウ　1100011　　エ　1110111

問 5　リストには，配列で実現する場合とポインタで実現する場合とがある。リストを配列で実現した場合の特徴として，適切なものはどれか。ここで，配列を用いたリストは配列に要素を連続して格納することによってリストを構成し，ポインタを用いたリストは要素と次の要素へのポインタを用いることによってリストを構成するものとする。

ア　リストにある実際の要素数にかかわらず，リストに入れられる要素の最大個数に対応した領域を確保し，実際には使用されない領域が発生する可能性がある。

イ　リストの中間要素を参照するには，リストの先頭から順番に要素をたどっていくことから，要素数に比例した時間が必要となる。

ウ　リストの要素を格納する領域の他に，次の要素を指し示すための領域が別途必要となる。

エ　リストへの挿入位置が分かる場合には，リストにある実際の要素数にかかわらず，要素の挿入を一定時間で行うことができる。

問 6　再入可能プログラムの特徴はどれか。

ア　主記憶上のどのアドレスから配置しても，実行することができる。

イ　手続の内部から自分自身を呼び出すことができる。

ウ　必要な部分を補助記憶装置から読み込みながら動作する。主記憶領域の大きさに制限があるときに，有効な手法である。

エ　複数のタスクからの呼出しに対して，並行して実行されても，それぞれのタスクに正しい結果を返す。

問 7　プログラム言語のうち，ブロックの範囲を指定する方法として特定の記号や予約語を用いず，等しい文字数の字下げを用いるという特徴をもつものはどれか。

ア　C　　イ　Java　　ウ　PHP　　エ　Python

問 8　プロセッサの高速化技法の一つとして，同時に実行可能な複数の動作を，コンパイルの段階でまとめて一つの複合命令とし，高速化を図る方式はどれか。

ア　CISC　　イ　MIMD　　ウ　RISC　　エ　VLIW

問 9　キャッシュメモリのアクセス時間が主記憶のアクセス時間の1/30で，ヒット率が95％のとき，実効メモリアクセス時間は，主記憶のアクセス時間の約何倍になるか。

ア　0.03　　イ　0.08　　ウ　0.37　　エ　0.95

問 10　キャッシュメモリのフルアソシエイティブ方式に関する記述として，適切なものはどれか。

ア　キャッシュメモリの各ブロックに主記憶のセットが固定されている。
イ　キャッシュメモリの各ブロックに主記憶のブロックが固定されている。
ウ　主記憶の特定の１ブロックに専用のキャッシュメモリが割り当てられる。
エ　任意のキャッシュメモリのブロックを主記憶のどの部分にも割り当てられる。

問 11　8Tバイトの磁気ディスク装置６台を，予備ディスク（ホットスペアディスク）１台込みのRAID5構成にした場合，実効データ容量は何Tバイトになるか。

ア　24　　イ　32　　ウ　40　　エ　48

問 12　プロセッサ数と，計算処理におけるプロセスの並列化が可能な部分の割合とが，性能向上へ及ぼす影響に関する記述のうち，アムダールの法則に基づいたものはどれか。

ア　全ての計算処理が並列化できる場合，速度向上比は，プロセッサ数を増やしてもある水準に漸近的に近づく。
イ　並列化できない計算処理がある場合，速度向上比は，プロセッサ数に比例して増加する。

ウ　並列化できない計算処理がある場合，速度向上比は，プロセッサ数を増やしてもある水準に漸近的に近づく。

エ　並列化できる計算処理の割合が増えると，速度向上比は，プロセッサ数に反比例して減少する。

問13　ホットスタンバイシステムにおいて，現用系に障害が発生して待機系に切り替わる契機として，最も適切な例はどれか。

ア　現用系から待機系へ定期的に送信され，現用系が動作中であることを示すメッセージが途切れたとき

イ　現用系の障害をオペレータが認識し，コンソール操作を行ったとき

ウ　待機系が現用系にたまった処理の残量を定期的に監視していて，残量が一定量を上回ったとき

エ　待機系から現用系に定期的にロードされ実行される診断プログラムが，現用系の障害を検出したとき

問14　MTBFを長くするよりも，MTTRを短くするのに役立つものはどれか。

ア　エラーログ取得機能　　　イ　記憶装置のビット誤り訂正機能

ウ　命令再試行機能　　　　　エ　予防保全

問15　２台のプリンタがあり，それぞれの稼働率が0.7と0.6である。この２台のいずれか一方が稼働していて，他方が故障している確率は幾らか。ここで，２台のプリンタの稼働状態は独立であり，プリンタ以外の要因は考慮しないものとする。

ア　0.18　　イ　0.28　　ウ　0.42　　エ　0.46

問16　ジョブ群と実行の条件が次のとおりであるとき，一時ファイルを作成する磁気ディスクに必要な容量は最低何Mバイトか。

〔ジョブ群〕

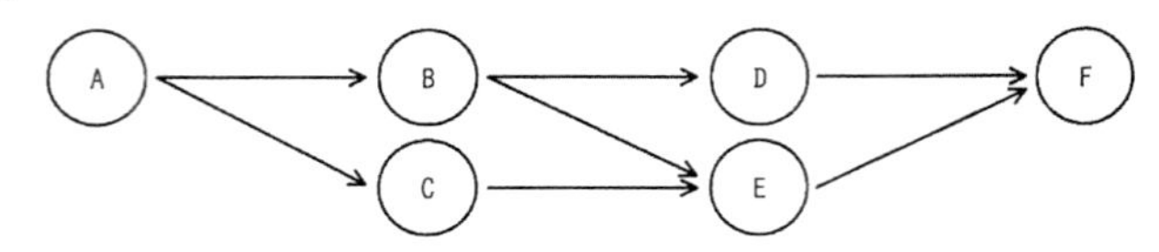

〔実行の条件〕

(1) ジョブの実行多重度を２とする。

(2) 各ジョブの処理時間は同一であり，他のジョブの影響は受けない。

(3) 各ジョブは開始時に50Mバイトの一時ファイルを新たに作成する。

(4) (X)→(Y) の関係があれば，ジョブXの開始時に作成した一時ファイルは，直後のジョブYで参照し，ジョブYの終了時にその一時ファイルを削除する。直後のジョブが複数個ある場合には，最初に生起されるジョブだけが先行ジョブの一時ファイルを参照する。

(5) (X)→(Y)，(X)→(Z) はジョブXの終了時に，ジョブY，Zのようにジョブ X と矢印で結ばれる全てのジョブが，上から記述された順に優先して生起されることを示す。

(6) (X)→(Z)，(Y)→(Z) は先行するジョブX，Y両方が終了したときにジョブZが生起されることを示す。

(7) ジョブの生起とは実行待ち行列への追加を意味し，各ジョブは待ち行列の順に実行される。

(8) OSのオーバヘッドは考慮しない。

ア 100　　イ 150　　ウ 200　　エ 250

問17 一つのI^2Cバスに接続された二つのセンサがある。それぞれのセンサ値を読み込む二つのタスクで排他的に制御したい。利用するリアルタイムOSの機能として，適切なものはどれか。

ア キュー　　イ セマフォ
ウ マルチスレッド　　エ ラウンドロビン

問18 フラグメンテーションに関する記述のうち，適切なものはどれか。

ア　可変長ブロックのメモリプール管理方式では，様々な大きさのメモリ領域の獲得や返却を行ってもフラグメンテーションは発生しない。

イ　固定長ブロックのメモリプール管理方式では，可変長ブロックのメモリプール管理方式よりもメモリ領域の獲得と返却を速く行えるが，フラグメンテーションが発生しやすい。

ウ　フラグメンテーションの発生によって，合計としては十分な空きメモリ領域があるにもかかわらず，必要とするメモリ領域を獲得できなくなることがある。

エ　メモリ領域の獲得と返却の頻度が高いシステムでは，フラグメンテーションの発生を防止するため，メモリ領域が返却されるたびにガーベジコレクションを行う必要がある。

問19　複数のクライアントから接続されるサーバがある。このサーバのタスクの多重度が２以下の場合，タスク処理時間は常に４秒である。このサーバに１秒間隔で４件の処理要求が到着した場合，全ての処理が終わるまでの時間はタスクの多重度が１のときと２のときとで，何秒の差があるか。

ア　6　　イ　7　　ウ　8　　エ　9

問20　FPGAの説明として，適切なものはどれか。

ア　電気的に記憶内容の書換えを行うことができる不揮発性メモリ

イ　特定の分野及びアプリケーション用に限定した特定用途向け汎用集積回路

ウ　浮動小数点数の演算を高速に実行する演算ユニット

エ　論理回路を基板上に実装した後で再プログラムできる集積回路

問21　次の方式で画素にメモリを割り当てる640×480のグラフィックLCDモジュールがある。始点（5，4）から終点（9，8）まで直線を描画するとき，直線上のx＝7の画素に割り当てられたメモリのアドレスの先頭は何番地か。ここで，画素の座標は（x，y）で表すものとする。

〔方式〕

・メモリは０番地から昇順に使用する。

・１画素は16ビットとする。
・座標（0，0）から座標（639，479）までメモリを連続して割り当てる。
・各画素は，x＝0からx軸の方向にメモリを割り当てていく。
・x＝639の次はx＝0とし，yを１増やす。

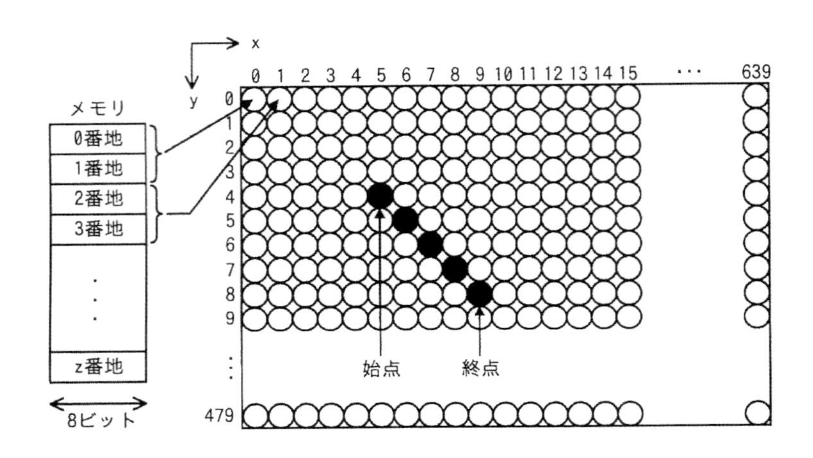

ア　3847　　イ　7680　　ウ　7694　　エ　8978

問22　アクチュエータの説明として，適切なものはどれか。

ア　与えられた目標量と，センサから得られた制御量を比較し，制御量を目標量に一致させるように操作量を出力する。
イ　位置，角度，速度，加速度，力，温度などを検出し，電気的な情報に変換する。
ウ　エネルギー源からのパワーを，回転，直進などの動きに変換する。
エ　マイクロフォン，センサなどが出力する微小な電気信号を増幅する。

問23　マイクロプロセッサの耐タンパ性を向上させる手法として，適切なものはどれか。

ア　ESD（Electrostatic Discharge）に対する耐性を強化する。
イ　チップ検査終了後に検査用パッドを残しておく。
ウ　チップ内部を物理的に解析しようとすると，内部回路が破壊されるようにする。

エ　内部メモリの物理アドレスを整然と配置する。

問24 ユーザインタフェースのユーザビリティを評価するときの，利用者が参加する手法と専門家だけで実施する手法との適切な組みはどれか。

	利用者が参加する手法	専門家だけで実施する手法
ア	アンケート	回顧法
イ	回顧法	思考発話法
ウ	思考発話法	ヒューリスティック評価法
エ	認知的ウォークスルー法	ヒューリスティック評価法

問25 レイトレーシング法の説明として，適切なものはどれか。

ア　スクリーンの全ての画素について，視線と描画の対象となる物体との交点を反射属性や透明属性なども含めて計算し，その中から視点に最も近い交点を選択する。
イ　スクリーンの走査線ごとに視点とその走査線を結ぶ走査面を作成し，各走査面と描画の対象となる物体との交差を調べて交差線分を求め，奥行き判定を行うことによって描画する。
ウ　描画の対象となる二つの物体のうち，一方が近くに，もう一方が遠くにあるときに，まず遠くの物体を描いてから近くの物体を重ね書きする。
エ　描画の対象となる物体の各面をピクセルに分割し，ピクセルごとに視点までの距離を計算し，その最小値を作業領域に保持することによって，視点までの距離が最小となる面を求める。

問26 CAP定理におけるAとPの特性をもつ分散システムの説明として，適切なものはどれか。

ア　可用性と整合性と分断耐性の全てを満たすことができる。
イ　可用性と整合性を満たすが分断耐性を満たさない。
ウ　可用性と分断耐性を満たすが整合性を満たさない。
エ　整合性と分断耐性を満たすが可用性を満たさない。

問27 ANSI/SPARC 3層 スキーマモデルにおける内部スキーマの設計に含まれる

ものはどれか。

ア　SQL問合せ応答時間の向上を目的としたインデックスの定義
イ　エンティティ間の“１対多”，“多対多”などの関連を明示するE-Rモデルの作成
ウ　エンティティ内やエンティティ間の整合性を保つための一意性制約や参照制約の設定
エ　データの冗長性を排除し，更新の一貫性と効率性を保持するための正規化

問28　第１，第２，第３正規形とリレーションの特徴a，b，cの組合せのうち，適切なものはどれか。

a：どの非キー属性も，主キーの真部分集合に対して関数従属しない。
b：どの非キー属性も，主キーに推移的に関数従属しない。
c：繰返し属性が存在しない。

	第１正規形	第２正規形	第３正規形
ア	a	b	c
イ	a	c	b
ウ	c	a	b
エ	c	b	a

問29　undo/redo方式を用いた障害回復におけるログ情報の要否として，適切な組合せはどれか。

	更新前情報	更新後情報
ア	必要	必要
イ	必要	不要
ウ	不要	必要
エ	不要	不要

問30　ビッグデータの利用におけるデータマイニングを説明したものはどれか。

ア　蓄積されたデータを分析し，単なる検索だけでは分からない隠れた規則や相関関係を見つけ出すこと
イ　データウェアハウスに格納されたデータの一部を，特定の用途や部門用に切り出して，データベースに格納すること
ウ　データ処理の対象となる情報を基に規定した，データの構造，意味及び操作の枠組みのこと
エ　データを複数のサーバに複製し，性能と可用性を向上させること

問31　IPv6アドレスの表記として，適切なものはどれか。

ア　2001:db8::3ab::ff01　　イ　2001:db8::3ab:ff01
ウ　2001:db8.3ab:ff01　　エ　2001.db8.3ab.ff01

問32　シリアル回線で使用するものと同じデータリンクのコネクション確立やデータ転送を，LAN上で実現するプロトコルはどれか。

ア　MPLS　　イ　PPP　　ウ　PPPoE　　エ　PPTP

問33　UDPを使用しているものはどれか。

ア　FTP　　イ　NTP　　ウ　POP3　　エ　TELNET

問34　IPv4で192.168.30.32/28のネットワークに接続可能なホストの最大数はどれか。

ア　14　　イ　16　　ウ　28　　エ　30

問35　OpenFlowを使ったSDN（Software-Defined Networking）に関する記述として，適切なものはどれか。

ア　インターネットのドメイン名を管理する世界規模の分散データベースを用いて，IPアドレスの代わりに名前を指定して通信できるようにする仕組み
イ　携帯電話網において，回線交換方式ではなく，パケット交換方式で音声通話を実現する方式

ウ　ストレージ装置とサーバを接続し，WWN（World Wide Name）によってノードやポートを識別するストレージ用ネットワーク

エ　データ転送機能とネットワーク制御機能を論理的に分離し，ネットワーク制御を集中的に行うことを可能にしたアーキテクチャ

問36　複数のシステムやサービスの間で利用されるSAML（Security Assertion Markup Language）はどれか。

ア　システムの負荷や動作状況に関する情報を送信するための仕様

イ　脆(ぜい)弱性に関する情報や脅威情報を交換するための仕様

ウ　通信を暗号化し，VPNを実装するための仕様

エ　認証や認可に関する情報を交換するための仕様

問37　サイバーキルチェーンの偵察段階に関する記述として，適切なものはどれか。

ア　攻撃対象企業の公開Webサイトの脆(ぜい)弱性を悪用してネットワークに侵入を試みる。

イ　攻撃対象企業の社員に標的型攻撃メールを送ってPCをマルウェアに感染させ，PC内の個人情報を入手する。

ウ　攻撃対象企業の社員のSNS上の経歴，肩書などを足がかりに，関連する組織や人物の情報を洗い出す。

エ　サイバーキルチェーンの２番目の段階をいい，攻撃対象に特化したPDFやドキュメントファイルにマルウェアを仕込む。

問38　チャレンジレスポンス認証方式に該当するものはどれか。

ア　固定パスワードを，TLSによる暗号通信を使い，クライアントからサーバに送信して，サーバで検証する。

イ　端末のシリアル番号を，クライアントで秘密鍵を使って暗号化し，サーバに送信して，サーバで検証する。

ウ　トークンという機器が自動的に表示する，認証のたびに異なる数字列をパスワードとしてサーバに送信して，サーバで検証する。

エ　利用者が入力したパスワードと，サーバから受け取ったランダムなデータとをクライアントで演算し，その結果をサーバに送信して，サーバで検証する。

問39 メッセージの送受信における署名鍵の使用に関する記述のうち，適切なものはどれか。

ア　送信者が送信者の署名鍵を使ってメッセージに対する署名を作成し，メッセージに付加することによって，受信者が送信者による署名であることを確認できるようになる。
イ　送信者が送信者の署名鍵を使ってメッセージを暗号化することによって，受信者が受信者の署名鍵を使って，暗号文を元のメッセージに戻すことができるようになる。
ウ　送信者が送信者の署名鍵を使ってメッセージを暗号化することによって，メッセージの内容が関係者以外に分からないようになる。
エ　送信者がメッセージに固定文字列を付加し，更に送信者の署名鍵を使って暗号化することによって，受信者がメッセージの改ざん部位を特定できるようになる。

問40 Webブラウザのcookieに関する設定と，それによって期待される効果の記述のうち，最も適切なものはどれか。

ア　サードパーティ cookieをブロックする設定によって，当該Webブラウザが閲覧したWebサイトのコンテンツのキャッシュが保持されなくなり，閲覧したコンテンツが当該Webブラウザのほかの利用者に知られないようになる。
イ　サードパーティ cookieをブロックする設定によって，当該Webブラウザが複数のWebサイトを閲覧したときにトラッキングされないようになる。
ウ　ファーストパーティ cookieを承諾する設定によって，当該Webブラウザがwebサイトの改ざんをcookieのハッシュ値を用いて検知できるようになる。
エ　ファーストパーティ cookieを承諾する設定によって，当該Webブラウザがデジタル証明書の失効情報を入手でき，閲覧中のWebサイトのデジタル証明書の有効性を確認できるようになる。

問41 クライアント証明書で利用者を認証するリバースプロキシサーバを用いて，複数のWebサーバにシングルサインオンを行うシステムがある。このシステムに関する記述のうち，適切なものはどれか。

ア　クライアント証明書を利用者のPCに送信するのは，Webサーバではなく，リバースプロキシサーバである。

イ　クライアント証明書を利用者のPCに送信するのは，リバースプロキシサーバではなく，Webサーバである。

ウ　利用者IDなどの情報をWebサーバに送信するのは，リバースプロキシサーバではなく，利用者のPCである。

エ　利用者IDなどの情報をWebサーバに送信するのは，利用者のPCではなく，リバースプロキシサーバである。

問42　パスワードクラック手法の一種である，レインボー攻撃に該当するものはどれか。

ア　何らかの方法で事前に利用者IDと平文のパスワードのリストを入手しておき，複数のシステム間で使い回されている利用者IDとパスワードの組みを狙って，ログインを試行する。

イ　パスワードに成り得る文字列の全てを用いて，総当たりでログインを試行する。

ウ　平文のパスワードとハッシュ値をチェーンによって管理するテーブルを準備しておき，それを用いて，不正に入手したハッシュ値からパスワードを解読する。

エ　利用者の誕生日や電話番号などの個人情報を言葉巧みに聞き出して，パスワードを類推する。

問43　JIS Q 27000:2019（情報セキュリティマネジメントシステム－用語）における“リスクレベル”の定義はどれか。

ア　脅威によって付け込まれる可能性のある，資産又は管理策の弱点

イ　結果とその起こりやすさの組合せとして表現される，リスクの大きさ

ウ　対応すべきリスクに付与する優先順位

エ　リスクの重大性を評価するために目安とする条件

問44　内部ネットワークのPCからインターネット上のWebサイトを参照するときに，DMZに設置したVDI（Virtual Desktop Infrastructure）サーバ上のWebブラウザを利用すると，未知のマルウェアがPCにダウンロードされるのを防ぐと

いうセキュリティ上の効果が期待できる。この効果を生み出すVDIサーバの動作の特徴はどれか。

ア　Webサイトからの受信データを受信処理した後，IPsecでカプセル化し，PCに送信する。
イ　Webサイトからの受信データを受信処理した後，実行ファイルを削除し，その他のデータをPCに送信する。
ウ　Webサイトからの受信データを受信処理した後，生成したデスクトップ画面の画像データだけをPCに送信する。
エ　Webサイトからの受信データを受信処理した後，不正なコード列が検知されない場合だけPCに送信する。

問45　ファジングに該当するものはどれか。

ア　サーバにFINパケットを送信し，サーバからの応答を観測して，稼働しているサービスを見つけ出す。
イ　サーバのOSやアプリケーションソフトウェアが生成したログやコマンド履歴などを解析して，ファイルサーバに保存されているファイルの改ざんを検知する。
ウ　ソフトウェアに，問題を引き起こしそうな多様なデータを入力し，挙動を監視して，脆(ぜい)弱性を見つけ出す。
エ　ネットワーク上を流れるパケットを収集し，そのプロトコルヘッダやペイロードを解析して，あらかじめ登録された攻撃パターンと一致するものを検出する。

問46　モジュールの独立性の尺度であるモジュール結合度は，低いほど独立性が高くなる。次のうち，モジュールの独立性が最も高い結合はどれか。

ア　外部結合　　　イ　共通結合
ウ　スタンプ結合　エ　データ結合

問47　次の流れ図において，判定条件網羅（分岐網羅）を満たす最少のテストケースの組みはどれか。

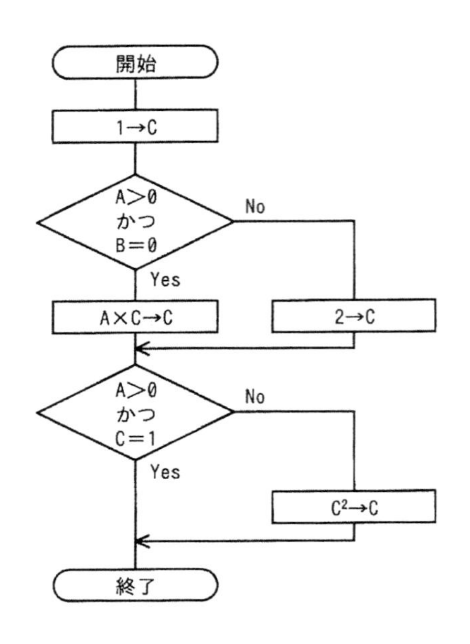

ア　(1)　A＝0，B＝0　　(2)　A＝1，B＝1

イ　(1)　A＝1，B＝0　　(2)　A＝1，B＝1

ウ　(1)　A＝0，B＝0　　(2)　A＝1，B＝1　　(3)　A＝1，B＝0

エ　(1)　A＝0，B＝0　　(2)　A＝0，B＝1　　(3)　A＝1，B＝0

問48　問題は発生していないが，プログラムの仕様書と現状のソースコードとの不整合を解消するために，リバースエンジニアリングの手法を使って仕様書を作成し直す。これはソフトウェア保守のどの分類に該当するか。

ア　完全化保守　　イ　是正保守　　ウ　適応保守　　エ　予防保守

問49　アジャイル開発の手法の一つであるスクラムにおいて，決められた期間におけるスクラムチームの生産量を相対的に表現するとき，尺度として用いるものはどれか。

ア　スプリント　　イ　スプリントレトロスペクティブ

ウ　バックログ　　エ　ベロシティ

問50 ソフトウェア開発に使われるIDEの説明として，適切なものはどれか。

ア　エディタ，コンパイラ，リンカ，デバッガなどが一体となったツール
イ　専用のハードウェアインタフェースでCPUの情報を取得する装置
ウ　ターゲットCPUを搭載した評価ボードなどの実行環境
エ　タスクスケジューリングの仕組みなどを提供するソフトウェア

問51 ある組織では，プロジェクトのスケジュールとコストの管理にアーンドバリューマネジメントを用いている。期間10日間のプロジェクトの，5日目の終了時点の状況は表のとおりである。この時点でのコスト効率が今後も続くとしたとき，完成時総コスト見積り（EAC）は何万円か。

管理項目	金額（万円）
完成時総予算（BAC）	100
プランドバリュー（PV）	50
アーンドバリュー（EV）	40
実コスト（AC）	60

ア　110　　イ　120　　ウ　135　　エ　150

問52 プロジェクトのスケジュールを短縮するために，アクティビティに割り当てる資源を増やして，アクティビティの所要期間を短縮する技法はどれか。

ア　クラッシング　　イ　クリティカルチェーン法
ウ　ファストトラッキング　　エ　モンテカルロ法

問53 ソフトウェア開発プロジェクトにおいて，表の全ての作業を完了させるために必要な期間は最短で何日間か。

作業	作業の開始条件	所要日数（日）
要件定義	なし	30
設計	要件定義の完了	20
製造	設計の完了	25
テスト	製造の完了	15
利用者マニュアル作成	設計の完了	20
利用者教育	テストの完了及び 利用者マニュアル作成の完了	10

ア　80　　イ　95　　ウ　100　　エ　120

問54 プロジェクトのコンティンジェンシ計画において決定することとして，適切なものはどれか。

ア　あらかじめ定義された，ある条件のときにだけ実行する対応策
イ　活動リストの活動ごとに必要な資源
ウ　プロジェクトに適用する品質の要求事項及び規格
エ　プロジェクトのステークホルダの情報及びコミュニケーションのニーズ

問55 あるシステムにおけるデータ復旧の要件が次のとおりであるとき，データのバックアップは最長で何時間ごとに取得する必要があるか。

〔データ復旧の要件〕
・RTO（目標復旧時間）：３時間
・RPO（目標復旧時点）：12時間前

ア　3　　イ　9　　ウ　12　　エ　15

問56 ITIL 2011 editionでは，可用性管理における重要業績評価指標（KPI）の例として，"保守性を表す指標値"の短縮を挙げている。保守性を表す指標に該当するものはどれか。

ア　一定期間内での中断の数
イ　平均故障間隔
ウ　平均サービス・インシデント間隔
エ　平均サービス回復時間

問57　基幹業務システムの構築及び運用において，データ管理者（DA）とデータベース管理者（DBA）を別々に任命した場合のDAの役割として，適切なものはどれか。

ア　業務データ量の増加傾向を把握し，ディスク装置の増設などを計画して実施する。
イ　システム開発の設計工程では，主に論理データベース設計を行い，データ項目を管理して標準化する。
ウ　システム開発のテスト工程では，主にパフォーマンスチューニングを担当する。
エ　システム障害が発生した場合には，データの復旧や整合性のチェックなどを行う。

問58　事業継続計画（BCP）について監査を実施した結果，適切な状況と判断されるものはどれか。

ア　従業員の緊急連絡先リストを作成し，最新版に更新している。
イ　重要書類は複製せずに，１か所で集中保管している。
ウ　全ての業務について，優先順位なしに同一水準のBCPを策定している。
エ　平時にはBCPを従業員に非公開としている。

問59　監査調書に関する記述のうち，適切なものはどれか。

ア　監査調書には，監査対象部門以外においても役立つ情報があるので，全て企業内で公開すべきである。
イ　監査調書の役割として，監査実施内容の客観性を確保し，監査の結論を支える合理的な根拠とすることなどが挙げられる。
ウ　監査調書は，通常，電子媒体で保管されるが，機密保持を徹底するためバックアップは作成すべきではない。

エ　監査調書は監査の過程で入手した客観的な事実の記録なので，監査担当者の所見は記述しない。

問60 監査証拠の入手と評価に関する記述のうち，システム監査基準（平成30年）に照らして，適切でないものはどれか。

ア　アジャイル手法を用いたシステム開発プロジェクトにおいては，管理用ドキュメントとしての体裁が整っているものだけが監査証拠として利用できる。

イ　外部委託業務実施拠点に対する監査において，システム監査人が委託先から入手した第三者の保証報告書に依拠できると判断すれば，現地調査を省略できる。

ウ　十分かつ適切な監査証拠を入手するための本調査の前に，監査対象の実態を把握するための予備調査を実施する。

エ　一つの監査目的に対して，通常は，複数の監査手続を組み合わせて監査を実施する。

問61 システム管理基準（平成30年）によれば，ITシステムの運用・利用におけるログ管理に関する記述のうち，適切なものはどれか。

ア　取得したログは，不正なアクセスから保護し，内容が改ざんされないように保管する。

イ　通常の運用範囲を超えたアクセスや違反行為に関するログを除外し，運用の作業ログ，利用部門の活動ログを記録し，保管する。

ウ　特権的アクセスのログは，あまり重要ではないので，分析対象から除外する。

エ　保管したログは，情報セキュリティインシデントが発生した場合にだけ分析し，分析結果に応じて必要な対策を講じる。

問62 SOAの説明はどれか。

ア　会計，人事，製造，購買，在庫管理，販売などの企業の業務プロセスを一元管理することによって，業務の効率化や経営資源の全体最適を図る手法

イ　企業の業務プロセス，システム化要求などのニーズと，ソフトウェアパ

ッケージの機能性がどれだけ適合し，どれだけかい離しているかを分析する手法

ウ　業務プロセスの問題点を洗い出して，目標設定，実行，チェック，修正行動のマネジメントサイクルを適用し，継続的な改善を図る手法

エ　利用者の視点から業務システムの機能を幾つかの独立した部品に分けることによって，業務プロセスとの対応付けや他ソフトウェアとの連携を容易にする手法

問63　BPOの説明はどれか。

ア　災害や事故で被害を受けても，重要事業を中断させない，又は可能な限り中断期間を短くする仕組みを構築すること

イ　社内業務のうちコアビジネスでない事業に関わる業務の一部又は全部を，外部の専門的な企業に委託すること

ウ　製品の基準生産計画，部品表及び在庫情報を基に，資材の所要量と必要な時期を求め，これを基準に資材の手配，納入の管理を支援する生産管理手法のこと

エ　プロジェクトを，戦略との適合性や費用対効果，リスクといった観点から評価を行い，情報化投資のバランスを管理し，最適化を図ること

問64　IT投資効果の評価方法において，キャッシュフローベースで初年度の投資によるキャッシュアウトを何年後に回収できるかという指標はどれか。

ア　IRR（Internal Rate of Return）　　イ　NPV（Net Present Value）

ウ　PBP（Pay Back Period）　　エ　ROI（Return On Investment）

問65　非機能要件の使用性に該当するものはどれか。

ア　4時間以内のトレーニングを受けることで，新しい画面を操作できるようになること

イ　業務量がピークの日であっても，8時間以内で夜間バッチ処理を完了できること

ウ　現行のシステムから新システムに72時間以内で移行できること

エ　地震などの大規模災害時であっても，144時間以内にシステムを復旧できること

問66 UMLの図のうち，業務要件定義において，業務フローを記述する際に使用する，処理の分岐や並行処理，処理の同期などを表現できる図はどれか。

ア　アクティビティ図　　イ　クラス図
ウ　状態マシン図　　エ　ユースケース図

問67 PPMにおいて，投資用の資金源として位置付けられる事業はどれか。

ア　市場成長率が高く，相対的市場占有率が高い事業
イ　市場成長率が高く，相対的市場占有率が低い事業
ウ　市場成長率が低く，相対的市場占有率が高い事業
エ　市場成長率が低く，相対的市場占有率が低い事業

問68 アンゾフの成長マトリクスを説明したものはどれか。

ア　外部環境と内部環境の観点から，強み，弱み，機会，脅威という四つの要因について情報を整理し，企業を取り巻く環境を分析する手法である。
イ　企業のビジョンと戦略を実現するために，財務，顧客，内部ビジネスプロセス，学習と成長という四つの視点から事業活動を検討し，アクションプランまで具体化していくマネジメント手法である。
ウ　事業戦略を，市場浸透，市場拡大，製品開発，多角化という四つのタイプに分類し，事業の方向性を検討する際に用いる手法である。
エ　製品ライフサイクルを，導入期，成長期，成熟期，衰退期という四つの段階に分類し，企業にとって最適な戦略を立案する手法である。

問69 バイラルマーケティングの説明はどれか。

ア　顧客の好みや欲求の多様化に対応するために，画一的なマーケティングを行うのではなく，顧客一人ひとりの興味関心に合わせてマーケティングを行う手法
イ　市場全体をセグメント化せずに一つとして捉え，一つの製品を全ての購買者に対し，画一的なマーケティングを行う手法
ウ　実店舗での商品販売，ECサイトなどのバーチャル店舗販売など複数のチャネルを連携させ，顧客がチャネルを意識せず購入できる利便性を実現する手法

エ　人から人へ，プラスの評価が口コミで爆発的に広まりやすいインターネットの特長を生かす手法

問70　半導体産業において，ファブレス企業と比較したファウンドリ企業のビジネスモデルの特徴として，適切なものはどれか。

ア　工場での生産をアウトソーシングして，生産設備への投資を抑える。
イ　自社製品の設計，マーケティングに注力し，新市場を開拓する。
ウ　自社製品の販売に注力し，売上げを拡大する。
エ　複数の企業から生産だけを専門に請け負い，多くの製品を低コストで生産する。

問71　XBRLで主要な取扱いの対象とされている情報はどれか。

ア　医療機関のカルテ情報　　イ　企業の顧客情報
ウ　企業の財務情報　　エ　自治体の住民情報

問72　“かんばん方式”を説明したものはどれか。

ア　各作業の効率を向上させるために，仕様が統一された部品，半製品を調達する。
イ　効率よく部品調達を行うために，関連会社から部品を調達する。
ウ　中間在庫を極力減らすために，生産ラインにおいて，後工程が必要とする部品を自工程で生産できるように，必要な部品だけを前工程から調達する。
エ　より品質が高い部品を調達するために，部品の納入指定業者を複数定め，競争入札で部品を調達する。

問73　製造業のA社では，NC工作機械を用いて，四つの仕事ａ～ｄを行っている。各仕事間の段取り時間は表のとおりである。合計の段取り時間が最小になるように仕事を行った場合の合計段取り時間は何時間か。ここで，仕事はどの順序で行ってもよく，ａ～ｄを一度ずつ行うものとし，FROMからTOへの段取り時間で検討する。

単位 時間

FROM＼TO	仕事 a	仕事 b	仕事 c	仕事 d
仕事 a		2	1	2
仕事 b	1		1	2
仕事 c	3	2		2
仕事 d	4	3	2	

ア　4　　イ　5　　ウ　6　　エ　7

問74 会議におけるファシリテータの役割として，適切なものはどれか。

ア　技術面や法律面など，自らが専門とする特定の領域の議論に対してだけ，助言を行う。
イ　議長となり，経営層の意向に合致した結論を導き出すように議論をコントロールする。
ウ　中立公平な立場から，会議の参加者に発言を促したり，議論の流れを整理したりする。
エ　日程調整，資料準備，議事録作成など，会議運営の事務的作業に特化した支援を行う。

問75 リーダシップ論のうち，PM理論の特徴はどれか。

ア　優れたリーダシップを発揮する，リーダ個人がもつ性格，知性，外観などの個人的資質の分析に焦点を当てている。
イ　リーダシップのスタイルについて，目標達成能力と集団維持能力の二つの次元に焦点を当てている。
ウ　リーダシップの有効性は，部下の成熟（自律性）の度合いという状況要因に依存するとしている。
エ　リーダシップの有効性は，リーダがもつパーソナリティと，リーダがどれだけ統制力や影響力を行使できるかという状況要因に依存するとしている。

問76 新製品の設定価格とその価格での予測需要との関係を表にした。最大利益が見込める新製品の設定価格はどれか。ここで，いずれの場合にも，次の費用が発生するものとする。

固定費：1,000,000円

変動費：600円／個

新製品の設定価格（円）	新製品の予測需要（個）
1,000	80,000
1,200	70,000
1,400	60,000
1,600	50,000

ア　1,000　　イ　1,200　　ウ　1,400　　エ　1,600

問77 A社は，B社と著作物の権利に関する特段の取決めをせず，A社の要求仕様に基づいて，販売管理システムのプログラム作成をB社に委託した。この場合のプログラム著作権の原始的帰属に関する記述のうち，適切なものはどれか。

ア　A社とB社が話し合って帰属先を決定する。
イ　A社とB社の共有帰属となる。
ウ　A社に帰属する。
エ　B社に帰属する。

問78 不正アクセス禁止法で規定されている，“不正アクセス行為を助長する行為の禁止”規定によって規制される行為はどれか。

ア　業務その他正当な理由なく，他人の利用者IDとパスワードを正規の利用者及びシステム管理者以外の者に提供する。
イ　他人の利用者IDとパスワードを不正に入手する目的で，フィッシングサイトを開設する。
ウ　不正アクセスの目的で，他人の利用者IDとパスワードを不正に入手する。
エ　不正アクセスの目的で，不正に入手した他人の利用者IDとパスワードをPCに保管する。

問79 A社はB社に対して業務システムの設計，開発を委託し，A社とB社は請負契約を結んでいる。作業の実態から，偽装請負とされる事象はどれか。

ア　A社の従業員が，B社を作業場所として，A社の責任者の指揮命令に従ってシステムの検証を行っている。
イ　A社の従業員が，B社を作業場所として，B社の責任者の指揮命令に従ってシステムの検証を行っている。
ウ　B社の従業員が，A社を作業場所として，A社の責任者の指揮命令に従って設計書を作成している。
エ　B社の従業員が，A社を作業場所として，B社の責任者の指揮命令に従って設計書を作成している。

問80 欧州へ電子部品を輸出するには，RoHS指令への対応が必要である。このRoHS指令の目的として，適切なものはどれか。

ア　家電製品から有用な部分や材料をリサイクルし，廃棄物を減量するとともに，資源の有効利用を推進する。
イ　機器が発生する電磁妨害が，無線通信機器及びその他の機器が意図する動作を妨げるレベルを超えないようにする。
ウ　大量破壊兵器の開発及び拡散，通常兵器の過剰備蓄に関わるおそれがある場合など，国際社会の平和と安全を脅かす輸出行為を防止する。
エ　電気電子製品の生産から処分までの全ての段階で，有害物質が環境及び人の健康に及ぼす危険を最小化する。

午後問題

次の問１は必須問題です。必ず解答してください。

問 1 通信販売サイトのセキュリティインシデント対応に関する次の記述を読んで，設問１～４に答えよ。

R社は，文房具やオフィス家具を製造し，店舗及び通信販売サイトで販売している。通信販売サイトでの購入には会員登録が必要である。通信販売サイトはECサイト用CMS（Content Management System）を利用して構築している。通信販売サイトの管理及び運用は，R社システム部門の運用担当者が実施していて，通信販売サイトに関する会員からの問合せは，システム部門のサポート担当者が対応している。

〔通信販売サイトの不正アクセス対策〕

通信販売サイトはR社のデータセンタに設置されたルータ，レイヤ２スイッチ，ファイアウォール（以下，FWという），IPS（Intrusion Prevention System）などのネットワーク機器とCMSサーバ，データベースサーバ，NTPサーバ，ログサーバなどのサーバ機器と各種ソフトウェアとで構成されている。通信販売サイトは，会員情報などの個人情報を扱うので，様々なセキュリティ対策を実施している。R社が通信販売サイトで実施している不正アクセス対策（抜粋）を表１に示す。

表１　通信販売サイトの不正アクセス対策（抜粋）

項番	項目	対策
1	ネットワーク	IPSによる，ネットワーク機器及びサーバ機器への不正侵入の防御
2		ルータ及びFWでの不要な通信の遮断
3	ログサーバ	各ネットワーク機器，サーバ機器及び各種ソフトウェアのログを収集
4	CMSサーバ データベースサーバ	不要なアカウントの削除，不要な［ a ］の停止
5		OS，ミドルウェア及びCMSについて修正プログラムを毎日確認し，最新版の修正プログラムを適用
6		CMSサーバ上のWebアプリケーションへの攻撃を，［ b ］を利用して検知し防御

IPSは不正パターンをシグネチャに登録するシグネチャ型であり，シグネチャは毎日自動的に更新される。

項番４の対策をCMSサーバ及びデータベースサーバ上で行うことで不正アクセスを受けにくくしている。R社では，<u>①項番５の対策を実施するために，OS，ミドルウェ</u>

ア及びCMSで利用している製品について必要な管理を実施して，脆弱性情報及び修正プログラムの有無を確認している。また，項番6の対策で利用している［ b ］は，ソフトウェア型を導入していて，シグネチャはR社の運用担当者が，システムへの影響がないことを確認した上で更新している。

〔セキュリティインシデントの発生〕

ある日，通信販売サイトが改ざんされ，会員が不適切なサイトに誘導されるというセキュリティインシデントが発生した。通信販売サイトを閉鎖し，ログサーバが収集したログを解析して原因を調査したところ，特定のリクエストを送信すると，コンテンツの改ざんが可能となるCMSの脆弱性を利用した不正アクセスであることが判明した。

R社の公式ホームページでセキュリティインシデントを公表し，通信販売サイトの復旧とCMSの脆弱性に対する暫定対策を実施した上で，通信販売サイトを再開した。

今回の事態を重く見たシステム部門のS部長は，セキュリティ担当のT主任に今回のセキュリティインシデント対応で確認した事象と課題の整理を指示した。

〔セキュリティインシデント対応で確認した事象と課題〕

T主任は関係者から，今回のセキュリティインシデント対応について聞き取り調査を行い，確認した事象と課題を表2にまとめて，S部長に報告した。

表2　セキュリティインシデント対応で確認した事象と課題（抜粋）

項番	確認した事象	課題
1	CMS の脆弱性を利用して不正アクセスされた。	CMS への修正プログラム適用は手順どおり実施されていたが，今回の不正アクセスに有効な対策がとられていなかった。
2	［ b ］のシグネチャが更新されていなかった。	［ b ］は稼働していたが，運用担当者がシグネチャを更新していなかった。
3	通信販売サイトが改ざんされてからサイト閉鎖まで時間を要した。	サイト閉鎖を判断し指示するルールが明確になっていなかった。
4		改ざんが行われたことを短時間で検知できなかった。
5	原因調査に時間が掛かり，R社の公式ホームページなどでの公表が遅れた。	ログサーバ上の各機器やソフトウェアのログを用いた相関分析に時間が掛かった。

S部長はT主任からの報告を受け，セキュリティインシデントを専門に扱い，インシデント発生時の情報収集と各担当へのインシデント対応の指示を行うインシデント対応チームを設置するとともに，今回確認した課題に対する再発防止策の立案をT主任に指示した。

〔再発防止策〕

T主任は，再発防止のために，表2の各項目への対策を実施することにした。

項番1については，CMSサーバを構成するOS，ミドルウェア及びCMSの脆弱性情報の収集や修正プログラムの適用は実施していたが，②今回の不正アクセスのきっかけとなった脆弱性に対応する修正プログラムはまだリリースされていなかった。このような場合，OS，ミドルウェア及びCMSに対する③暫定対策が実施可能であるときは，暫定対策を実施することにした。

項番2については，［ b ］の運用において，新しいシグネチャに更新した際に，デフォルト設定のセキュリティレベルが厳し過ぎて正常な通信まで遮断してしまう［ c ］を起こすことがあり運用担当者はしばらくシグネチャを更新していなかったことが判明した。運用担当者のスキルを考慮して，運用担当者によるシグネチャ更新が不要なクラウド型［ b ］サービスを利用することにした。

項番3については，［ d ］がセキュリティインシデントの影響度を判断し，サイト閉鎖を指示するルールを作成して，サイト閉鎖までの時間を短縮するようにした。

項番4については，サイトの改ざんが行われたことを検知する対策として，様々な検知方式の中から未知の改ざんパターンによるサイト改ざんも検知可能であること，誤って検知することが少ないことから，ハッシュリスト比較型を利用することにした。

項番5については，④各ネットワーク機器，サーバ機器及び各種ソフトウェアからログを収集し時系列などで相関分析を行い，セキュリティインシデントの予兆や痕跡を検出して管理者へ通知するシステムの導入を検討することにした。

T主任は対策を取りまとめてS部長に報告し，了承された。

設問1 表1中の［ a ］に入れる適切な字句を5字以内で答えよ。

設問2 本文及び表1，2中の［ b ］に入れる適切な字句をアルファベット3字で答えよ。

設問3 本文中の下線①で管理するべき内容を解答群の中から全て選び，記号で答えよ。

解答群

ア　販売価格　　イ　バージョン　　ウ　名称　　エ　ライセンス

設問4 〔再発防止策〕について，(1)～(5) に答えよ。

(1)　本文中の下線②の状況を利用した攻撃の名称を８字以内で答えよ。

(2)　本文中の下線③について，暫定対策を実施可能と判断するために必要な対応を解答群の中から選び，記号で答えよ。

解答群

ア　過去の修正プログラムの内容を確認

イ　修正プログラムの提供予定日を確認

ウ　脆弱性の回避策を調査

エ　同様の脆弱性が存在するソフトウェアを確認

(3)　本文中の［　c　］に入れる適切な字句を解答群の中から選び，記号で答えよ。

解答群

ア　過検知　　イ　機器故障　　ウ　未検知　　エ　予兆検知

(4)　本文中の［　d　］に入れる適切な組織名称を本文中の字句を用いて15字以内で答えよ。

(5)　本文中の下線④のシステム名称をアルファベット４字で答えよ。

次の問２～問11については４問を選択し，答案用紙の選択欄の問題番号を○印で囲んで解答してください。
なお，５問以上○印で囲んだ場合は，はじめの４問について採点します。

問２ 化粧品製造販売会社でのゲーム理論を用いた事業戦略の検討に関する次の記述を読んで，設問１～３に答えよ。

Ａ社は，国内大手の化粧品製造販売会社である。国内に八つの工場をもち，自社で企画した商品の製造を行っている。販売チャネルとして，全国の都市に約30の販売子会社と約200の直営店をもち，更に加盟店契約を結んだ約２万の化粧品販売店（以下，加盟店という）がある。卸売会社を通さずに販売子会社から加盟店への流通チャネルを一本化して，販売価格を維持してきた。加盟店から加盟店料を徴収する見返りに，販売棚などの什器（じゅう）の無償貸出やＡ社の美容販売員の加盟店への派遣などのＡ社独自の手厚い支援を通じて，共存共栄の関係を築いてきた。化粧品販売では実際に商品を試してから購入したいという顧客ニーズが強く，Ａ社の事業は加盟店の販売網による店舗販売が支えていた。また，各工場に隣接された物流倉庫から各店舗への配送は，外部の運送会社に従量課金制の契約で業務委託している。

Ａ社の主な顧客層は，20～60代の女性だが，近年は10代の若者層が増えている。取扱商品は，スキンケアを中心にヘアケア，フレグランスなど，幅広く揃えており，粗利益率の高い中高価格帯の商品が売上全体の70％以上を占めている。

〔Ａ社の事業の状況と課題〕

Ａ社の昨年度の売上高は7,600億円，営業利益は800億円であった。Ａ社は，戦略的な観点から高品質なイメージとブランド力の維持に努め，工場及び直営店を自社で保有し，積極的に広告宣伝及び研究開発を行ってきた。Ａ社では，売上高にかかわらず，これらの設備に係る費用，広告宣伝費及び研究開発費に毎年多額の費用を投入してきたので，総費用に占める固定費の割合が高い状態であった。

Ａ社の過去３年の売上高及び営業利益は微増だったが，今年度は，売上高は横ばい，営業利益は微減の見通しである。Ａ社は，これまで規模の経済を生かして市場シェアを拡大し，売上高を増やすことによって営業利益を増やすという事業戦略を採ってきたが，景気の見通しが不透明であることから，景気が悪化しても安定した営業利益を確保することを今後の経営の事業方針とした。<u>①これまでの事業戦略は今後の経営の事業方針に適合しない</u>ので，主に固定費と変動費の割合の観点から費用構造を見直し，これに従った事業戦略の策定に着手した。

〔ゲーム理論を用いた事業戦略の検討〕

事業戦略の検討を指示された経営企画部は，まず固定費の中で金額が大きい自社の工場への設備投資に着目し，今後の設備投資に関して次の三つの案を挙げた。

(1)　積極案：全８工場の生産能力を拡大し，更に新工場を建設する。

(2)　現状維持案：全８工場の生産能力を現状維持する。

(3)　消極案：主要６工場の生産能力を現状維持し，それ以外の２工場を閉鎖する。

表１は，景気の見通しにおける設備投資案ごとの営業利益の予測である。それぞれの営業利益の予測は，過去の知見から信頼性の高いデータに基づいている。

表１　景気の見通しにおける設備投資案ごとの営業利益の予測

単位　億円

営業利益の予測		景気の見通し		
		悪化	横ばい	好転
設備投資案	積極案	640	880	1,200
	現状維持案	720	800	960
	消極案	740	780	800

景気の見通しは不透明で，その予測は難しい。ここで，②設備投資案から一つの案を選択する場合の意思決定の判断材料の一つとしてゲーム理論を用いることが有効だった。この結果，Ａ社の事業方針に従い［　a　］に基づくと消極案が最適になることが分かった。

次に，これから最も強力な競合相手となるプレイヤーを加えたゲーム理論を用いた検討を行った。トイレタリー事業最大手Ｂ社が，３年前に化粧品事業に本格的に参入してきた。強力な既存の流通ルートを生かし，現在は低価格帯の商品に絞ってドラッグストアやコンビニエンスストアで販売して，化粧品の全価格帯を合わせた市場シェア（以下，全体市場シェアという）を伸ばしている。現在の全体市場シェアはＡ社が38%，Ｂ社が24%である。今後，中高価格帯の商品の市場規模は現状維持で，低価格帯の商品の市場規模が拡大すると予測しているので，両社の全体市場シェアの差は更に縮まると懸念している。

経営企画部は，これを受けて今後Ａ社が注力すべき商品の価格帯について，次の二つの案を挙げた。ここから一つの案を選択する。

(1)　A1案（中高価格帯に注力）：粗利益率が高い中高価格帯の割合を更に増やす。

(2)　A2案（低価格帯に注力）：売上高の増加が見込める低価格帯の割合を増やす。

これに対して，Ｂ社もB1案（中高価格帯に注力）又はB2案（低価格帯に注力）から一つを選択するものとする。両社の強みをもつ市場が異なるので，中高価格帯市場で競合した場合は，A社がより有利に中高価格帯の市場シェアを獲得できる。逆に，低価格帯市場で競合した場合は，B社に優位性がある。表2は，A社とB社がそれぞれの案の下で獲得できる全体市場シェアを予測したものである。

表2　注力すべき商品の価格帯の案ごとの全体市場シェアの予測

単位　%

全体市場シェアの予測		B社	
		B1案（中高価格帯に注力）	B2案（低価格帯に注力）
A社	A1案（中高価格帯に注力）	41，22	37，28
	A2案（低価格帯に注力）	36，24	35，30

注記　各欄の左側の数値はA社の全体市場シェア，右側の数値はB社の全体市場シェアの予測を表す。

A社とB社のそれぞれが，相手が選択する案に関係なく自社がより大きな全体市場シェアを獲得できる案を選ぶとすると，両社が選択する案の組合せは“A社はA1案を選択し，B社はB2案を選択する”ことになる。両社ともここから選択する案を変更すると全体市場シェアは減ってしまうので，あえて案を変更する理由がない。これをゲーム理論では［　b　］の状態と呼び，A社はA1案を選択すべきであるという結果になった。“A1案とB2案”の組合せでのA社の全体市場シェアは37％で，現状よりも減少すると予測されたものの，③A社の全体の営業利益は増加する可能性が高いと考えた。

後日，経営企画部は，設備投資及び注力すべき商品の価格帯の検討結果を事業戦略案としてまとめ，経営会議で報告し，その内容についておおむね賛同を得た。一方，設備投資に関して［　a　］に基づくと消極案が最適となったことに対し，“景気好転のケースを想定して，顧客チャネルを拡充したらどうか。”という意見が出た。また，注力すべき商品の価格帯に関して中高価格帯を選択することに対し，“更に中高価格帯に注力することには同意するが，低価格帯市場はB社の独壇場になり，将来的に中高価格帯市場までも脅かされるのではないか。”という意見が出た。

〔事業戦略案の策定〕

経営企画部は，前回の経営会議での意見に従って事業戦略案を策定し，再び経営会議で報告した。

(1)　売上高重視から収益性重視への転換
- ・低価格帯中心の商品であるヘアケア分野から撤退する。
- ・主要6工場の生産能力は現状維持とし，主にヘアケア商品を生産している2工場を閉鎖する。
- ・不採算の直営店を閉鎖し，直営店数を現在の約200から半減させる。

(2)　新たな商品ラインの開発

・若者層向けのエントリモデルとして低価格帯の商品を拡充する。中高価格帯の商品とは異なるブランドを作り，販売チャネルも変える。具体的には，自社製造ではなく④OEMメーカに製造を委託して需要の変動に応じて生産する。また，直営店や加盟店では販売せずに⑤ドラッグストアやコンビニエンスストアで販売し，A社の美容販売員の派遣を行わない。

(3)　デジタル技術を活用した新たな事業モデルの開発

・インターネットを介した中高価格帯の商品販売などのサービス（以下，ECサービスという）を開始する。2年後のECサービスによる売上高の割合を30%台にすることを目標にする。

・店舗サービスとECサービスとを連動させて，顧客との接点を増やす顧客統合システムを開発する。

新たな事業モデルにおけるECサービスでは，例えば，顧客がECサービスを利用して気になる商品があったら，顧客の同意を得てWeb上で希望する加盟店を紹介する。顧客がその加盟店に訪れるのが初めての場合でも，美容販売員は，顧客がECサービスを利用した際に登録した顧客情報を参照して的確なカウンセリングやアドバイスを行うことができるので，効果的な商品販売が期待できる。⑥この事業モデルであれば店舗サービスとECサービスとが両立できることを加盟店に理解してもらう。

経営企画部の事業戦略案は承認され，実行計画の策定に着手することになった。

設問1　〔A社の事業の状況と課題〕について，(1)，(2)に答えよ。

(1)　A社として固定費に分類される費用を解答群の中から選び，記号で答えよ。

解答群

ア　化粧品の原材料費　　　　　　　イ　正社員の人件費
ウ　製造ラインで作業する外注費　　エ　配送を委託する外注費

(2)　本文中の下線①のこれまでの事業戦略が今後の経営の事業方針に適合しないのは，総費用に占める固定費の割合が高い状態が営業利益にどのような影響をもたらすからか。30字以内で述べよ。

設問2　〔ゲーム理論を用いた事業戦略の検討〕について，(1)～(3)に答えよ。

(1)　本文中の下線②について，設備投資案の選択にゲーム理論を用いることが有効だったが，それは表1中の景気の見通し及び営業利益の予測がそれぞれどのような状態で与えられていたからか。30字以内で述べよ。

(2)　本文中の［ a ］，［ b ］に入れる適切な字句を解答群の中から選び，記号で答えよ。

解答群

ア　混合戦略　　　　イ　ナッシュ均衡

ウ　パレート最適　　エ　マクシマックス原理

オ　マクシミン原理

(3)　本文中の下線③について，このように考えた理由を，25字以内で述べよ。

設問3〔事業戦略案の策定〕について，(1)，(2) に答えよ。

(1)　本文中の下線④及び下線⑤の施策について，固定費と変動費の割合の観点から費用構造の変化に関する共通点を，15字以内で答えよ。

(2)　本文中の下線⑥について，A社の経営企画部が新たな事業モデルにおいて店舗サービスとECサービスとが両立できると判断した化粧品販売の特性を，本文中の字句を使って25字以内で述べよ。

問 3 パズルの解答を求めるプログラムに関する次の記述を読んで，設問１～３に答えよ。

太線で３×３の枠に区切られた９×９のマスから成る正方形の盤面に，１～９の数字を入れるパズルの解答を求めるプログラムを考える。このパズルは，図１に示すように幾つかのマスに数字が入れられている状態から，数字の入っていない各マスに，１～９のうちのどれか一つの数字を入れていく。このとき，盤面の横１行，縦１列，及び太線で囲まれた３×３の枠内の全てにおいて，１～９の数字が一つずつ入ることが，このパズルのルールである。パズルの問題例を図１に，図１の解答を図２に示す。

2		1		9		7		
	4		2			3		
5					8		2	9
	9		6	7		2		
6			3		5			4
		7		4	9		1	
7	6		9					3
		9			6		4	
		4		1		6		

図１　問題例

2	8	1	4	9	3	7	6	5
9	4	6	2	5	7	3	8	1
5	7	3	1	6	8	4	2	9
4	9	5	6	7	1	2	3	8
6	1	8	3	2	5	9	7	4
3	2	7	8	4	9	5	1	6
7	6	2	9	8	4	1	5	3
1	5	9	7	3	6	8	4	2
8	3	4	5	1	2	6	9	7

図２　図１の解答

このパズルを解くための方針を次に示す。

方針：数字が入っていない空白のマスに，１～９の数字を入れて，パズルのルールにのっとって全部のマスを埋めることができる解答を探索する。

この方針に沿ってパズルを解く手順を考える。

〔パズルを解く手順〕

(1)　盤面の左上端から探索を開始する。マスは左端から順に右方向に探索し，右端に達したら一行下がり，左端から順に探索する。

(2)　空白のマスを見つける。

(3)　(2)で見つけた空白のマスに，１～９の数字を順番に入れる。

(4)　数字を入れたときに，その状態がパズルのルールにのっとっているかどうかをチェックする。

(4-1)　ルールにのっとっている場合は，(2)に進んで次の空白のマスを見つける。

(4-2)　ルールにのっとっていない場合は，(3)に戻って次の数字を入れる。このとき，入れる数字がない場合には，マスを空白に戻して一つ前に数字を入れたマスに戻り，(3)から再開する。

(5)　最後のマスまで数字が入り，空白のマスがなくなったら，それが解答となる。

〔盤面の表現〕

この手順をプログラムに実装するために，9×9の盤面を次のデータ構造で表現することにした。

・9×9の盤面を81個の要素をもつ1次元配列boardで表現する。添字は0から始まる。各要素にはマスに入れられた数字が格納され，空白の場合は0を格納する。

配列boardによる盤面の表現を図3に示す。ここで括弧内の数字は配列boardの添字を表す。

[0]	[1]	[2]	[3]	[4]	[5]	[6]	[7]	[8]
[9]	[10]	[11]	[12]	[13]	[14]	[15]	[16]	[17]
[18]	[19]	[20]	[21]	[22]	[23]	[24]	[25]	[26]
[27]	[28]	[29]	[30]	[31]	[32]	[33]	[34]	[35]
[72]	[73]	[74]	[75]	[76]	[77]	[78]	[79]	[80]

図3　配列boardによる盤面の表現

〔ルールのチェック方法〕

パズルのルールにのっとっているかどうかのチェックでは，数字を入れたマスが含まれる横1行の左端のマス，縦1列の上端のマス，3×3の枠内の左上端のマスを特定し，行，列，枠内のマスに既に格納されている数字と，入れた数字がそれぞれ重複していないことを確認する。このチェックを“重複チェック”という。

〔解法のプログラム〕

プログラムで使用する配列，関数，変数及び定数の一部を表1に示す。なお，表1の配列及び変数は大域変数とする。

表1　プログラムで使用する配列，関数，変数及び定数の一部

名称	種類	内容
board[ ]	配列	盤面の情報を格納する配列。 初期化時には問題に合わせて要素に数字が設定される。
solve(x)	関数	パズルを解くための手順を実行する関数。 盤面を表す board[ ]の添字 x を引数とする。
row_ok(n, x)	関数	横 1 行の重複チェックを行う関数。チェック対象の数字 n，チェック対象のマスを示す添字 x を引数とする。 数字の重複がない場合は true，重複がある場合は false を返す。
column_ok(n, x)	関数	縦 1 列の重複チェックを行う関数。チェック対象の数字 n，チェック対象のマスを示す添字 x を引数とする。 数字の重複がない場合は true，重複がある場合は false を返す。
frame_ok(n, x)	関数	3×3 の枠内の重複チェックを行う関数。チェック対象の数字 n，チェック対象のマスを示す添字 x を引数とする。 数字の重複がない場合は true，重複がある場合は false を返す。
check_ok(n, x)	関数	row_ok，column_ok，frame_ok を呼び出し，全ての重複チェックを実行する関数。チェック対象の数字 n，チェック対象のマスを示す添字 x を引数とする。 全てのチェックで数字の重複がない場合は true，一つ以上のチェックで数字の重複がある場合は false を返す。
div(n, m)	関数	整数 n を整数 m で割った商を求める関数。
mod(n, m)	関数	整数 n を整数 m で割った剰余を求める関数。
print_board( )	関数	board[ ]の内容を 9×9 の形に出力する関数。
row_top	変数	数字を入れようとするマスが含まれる横 1 行の左端のマスを示す添字を格納する変数。
column_top	変数	数字を入れようとするマスが含まれる縦 1 列の上端のマスを示す添字を格納する変数。
frame_top	変数	数字を入れようとするマスが含まれる 3×3 の枠内の左上端のマスを示す添字を格納する変数。
MAX_BOARD	定数	盤面に含まれるマスの数を表す定数で 81。

解法のプログラムのメインプログラムを図4に，関数solveのプログラムを図5に，重複チェックを行うプログラムの一部を図6に示す。

```
function main()
  board[]を初期化する       //問題を盤面に設定する
  solve(0)                  //盤面の左上端のマスを示す添字を引数として関数 solve を呼び出す
endfunction
```

図4　メインプログラム

```
function solve(x)
  if (x が MAX_BOARD−1 より大きい)
    print_board()                          //解答を出力する
    exit()                                 //メインプログラムの処理を終了する
  else
    if (     ア     )                      //対象のマスが空白でない場合
      solve (   イ   )                     //次の探索
    else
      for (n を 1 から 9 まで 1 ずつ増やす)    //1〜9 の数字を順にマスに入れる
        if (     ウ     )
          board[x] ← n
          solve (   イ   )                 //次の探索
          board[x] ← [   エ   ]              //再帰から戻った場合のマスの初期化
        endif
      endfor
    endif
  endif
endfunction
```

図5　関数 solve のプログラム

```
function row_ok(n, x)                      //横 1 行の重複チェック
  row_top ← [    オ    ]                    //行の左端のマスを示す添字を求める
  for (i を 0 から 8 まで 1 ずつ増やす)
    if (          カ          )
      return false
    endif
  endfor
  return true
endfunction

function column_ok(n, x)                   //縦 1 列の重複チェック
  column_top ← [    キ    ]                 //列の上端のマスを示す添字を求める
  for (i を 0 から 8 まで 1 ずつ増やす)
    if (          ク          )
      return false
    endif
  endfor
  return true
endfunction

function frame_ok(n, x)                    //3×3 の枠内の重複チェック
  frame_top ← x − [   ケ   ] − mod(x, 3)    //枠内の左上端のマスを示す添字を求める
  for (i を 0 から 2 まで 1 ずつ増やす)
    for (j を 0 から 2 まで 1 ずつ増やす)
      if (board[frame_top + 9 * i + j]が n と等しい)
        return false
      endif
    endfor
  endfor
  return true
endfunction
```

図6　重複チェックを行うプログラムの一部

〔プログラムの改善〕

解法のプログラムは深さ優先探索であり，探索の範囲が広くなるほど，再帰呼出しの回数が指数関数的に増加し，重複チェックの実行回数も増加する。

そこで，重複チェックの実行回数を少なくするために，各マスに入れることができる数字を保持するためのデータ構造Zを考える。データ構造Zは盤面のマスの数×9の要素をもち，添字xは0から，添字nは1から始まる2次元配列とする。Z[x][n]は，ゲームのルールにのっとってboard[x]に数字nを入れることができる場合は要素に1を，できない場合は要素に0を格納する。データ構造Zの初期化処理と更新処理を表2のように定義した。

なお，データ構造Zは大域変数として導入する。

表2　データ構造Zの初期化処理と更新処理

処理の名称	処理の内容
初期化処理	初期化時の盤面に対し，個々の空白のマスについて 1～9 の数字を入れた場合の重複チェックを行う。 重複チェックの結果によって，初期化時の盤面の状態で個々の空白のマスに入れることができない数字は，データ構造Zの該当する数字の要素に0を設定する。それ以外の要素には1を設定する。
更新処理	空白のマスに数字を入れたとき，そのマスが含まれる横1行，縦1列，3×3の枠内の全てのマスを対象に，データ構造Zの該当する数字の要素を0に更新する。

〔パズルを解く手順〕の(1)の前にデータ構造Zの初期化処理を追加し，〔パズルを解く手順〕の(2)～(5)を次の(2)～(4)のように変更した。

(2)　空白のマスを見つける。

(3)　データ構造Zを参照し，(2)で見つけた空白のマスに入れることができる数字のリストを取得し，リストの数字を順番に入れる。

　(3-1) 入れる数字がある場合，①処理Aを行った後，マスに数字を入れる。その後，データ構造Zの更新処理を行い，(2)に進んで次の空白のマスを見つける。

　(3-2) 入れる数字がない場合，マスを空白に戻し，②処理Bを行った後，一つ前に数字を入れたマスに戻り，戻ったマスで取得したリストの次の数字から再開する。

(4)　最後のマスまで数字が入り，空白のマスがなくなったら，それが解答となる。

設問1　図5中の[ア]～[エ]に入れる適切な字句を答えよ。

設問2　図6中の[オ]～[ケ]に入れる適切な字句を答えよ。

設問3 〔プログラムの改善〕について，下線①の処理A及び下線②の処理Bの内容を，“データ構造Z”という字句を含めて，それぞれ20字以内で述べよ。

問 4 クラウドサービスの活用に関する次の記述を読んで，設問１～４に答えよ。

J社は，自社のデータセンタからインターネットを介して名刺管理サービスを提供している。このたび，運用コストの削減を目的として，クラウドサービスの活用を検討することにした。

〔非機能要件の確認〕

クラウドサービス活用後も従来のサービスレベルを満たすことを基本方針として，その非機能要件のうち性能・拡張性の要件について表１のとおり整理した。

表１　性能・拡張性の要件（抜粋）

中項目	小項目	メトリクス（指標）
業務処理量	通常時の業務量	オンライン処理 ・名刺登録処理 1,000 件／時間， データ送受信量 5M バイト／トランザクション ・名刺参照処理 4,000 件／時間， データ送受信量 2M バイト／トランザクション
		バッチ処理 ・BI ツール連携処理 1 件／日
	業務量増大度	オンライン処理数増大率 ・1 年の増大率 2.0 倍
性能目標値	オンラインレスポンス	・名刺登録処理 10 秒以内，遵守率 90% ・名刺参照処理 3 秒以内，遵守率 95%
	バッチレスポンス	・BI ツール連携処理 30 分以内

注記　BI：Business Intelligence

〔クラウドサービスの概要〕

クラウドサービスの一覧を表２に示す。

表2　クラウドサービスの一覧

サービス	特徴	料金及び制約
FW	インターネットからの不正アクセスを防ぐことを目的として，インターネットと内部ネットワークとの間に設置する。	・料金 1台当たり 50円／時間
ストレージ	HTML，CSS，スクリプトファイルなどの静的コンテンツ，アプリケーションプログラム（以下，アプリケーションという）で利用するファイルなどを保存，送受信する。	・料金（次の合計額） 1Gバイトの保存 10円／月 1Gバイトのデータ送信 10円／月 1Gバイトのデータ受信 10円／月
IaaS	OS，ミドルウェア，プログラム言語，開発フレームワークなどを自由に選択できる。設定も自由に変更できるので，実行時間の長いバッチ処理なども可能である。ただし，OSやミドルウェアのメンテナンスをサービス利用者側が実施する必要がある。	・料金 1台当たり 200円／時間
PaaS	OS，ミドルウェア，プログラム言語，開発フレームワークはクラウドサービス側が提供する。サービス利用者は開発したアプリケーションをその実行環境に配置して利用する。配置されたアプリケーションは常時稼働し，リクエストを待ち受ける。事前の設定が必要だが，トランザクションの急激な増加に応じて，[a]できる。	・料金 1台当たり 200円／時間 ・制約 1トランザクションの最大実行時間は10分
FaaS	PaaS同様，アプリケーション実行環境をサービスとして提供する。PaaSでは，受信したリクエストを解析してから処理を実行し，結果をレスポンスとして出力するところまで開発する必要があるのに対して，FaaSでは，実行したい処理の部分だけをプログラム中で[b]として実装すればよい。また，[a]は事前の設定が不要である。	・料金（次の合計額） 1時間当たり 10万リクエストまで0円，次の10万リクエストごとに20円 CPU使用時間1ミリ秒ごとに0.02円 ・制約 1トランザクションの最大実行時間は10分。20分間一度も実行されない場合，応答が10秒以上掛かる場合がある。
CDN	ストレージ，IaaS，PaaS又はFaaSからのコンテンツをインターネットに配信する。ストレージからの静的コンテンツは，一度読み込むと，更新されるまで[c]して再利用される。	・料金（次の合計額） 1万リクエストまで0円，次の1万リクエストごとに10円 1Gバイトのデータ送信 20円／月

注記　FW：ファイアウォール
　　　CDN：Content Delivery Network

〔システム構成の検討〕

現在運用中のサービスは，OSやミドルウェアがPaaSやFaaSの実行環境のものよりも1世代古いバージョンである。アプリケーションに改修を加えずに，そのままのOSやミドルウェアを利用する場合，利用するクラウドサービスはIaaSとなる。

しかし，①運用コストを抑えるためにオンライン処理はPaaS又はFaaSを利用することを検討する。PaaS又はFaaSでのアプリケーションは，WebAPIとして実装する。そのWebAPIは，ストレージに保存されたスクリプトファイルが[d]とFWを介してWebブラウザへ配信され，実行されて呼び出される。

バッチ処理については，登録データ量が増加した場合，②PaaSやFaaSを利用することには問題があることから，IaaSを利用することにした。

検討したシステム構成案を図1に示す。

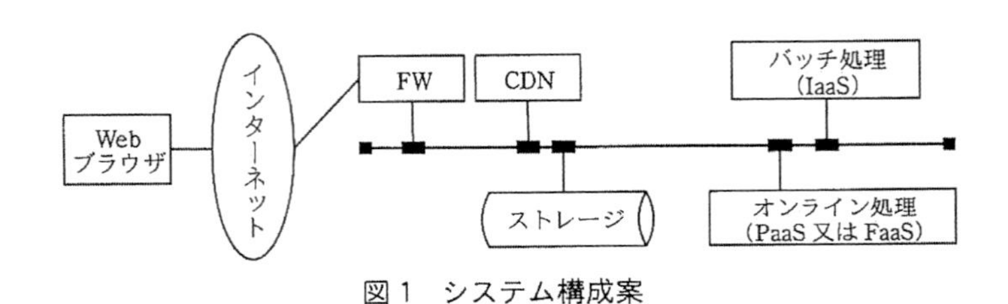

図1　システム構成案

〔PaaSとFaaSとのクラウドサービス利用料金の比較〕

アプリケーションの実行環境として，PaaS又はFaaSのどちらのサービスを採用した方が利用料金が低いか，通常時の業務量の場合に掛かる料金を算出して比較する。クラウドサービス利用料金の試算に必要な情報を表3に整理した。

表3　クラウドサービス利用料金の試算に必要な情報

項目	情報
PaaS 1台当たりの処理能力	性能目標値を満たす1時間当たりの処理件数 ・名刺登録処理 200件／台 ・名刺参照処理 500件／台
FaaS でオンライン処理を実行する場合のCPU使用時間	・名刺登録処理 50ミリ秒／件 ・名刺参照処理 10ミリ秒／件

PaaSの場合，通常時の業務量から，オンライン処理で必要な最小必要台数を求めると，名刺登録処理では5台，名刺参照処理では[e]台となる。したがって，1時間当たりの費用は[f]円と試算できる。

FaaSの場合，通常時の業務量から1時間当たりのリクエスト数とCPU使用時間を求め，1時間当たりの費用を試算すると，その費用は[g]となる。

試算結果を比較した結果，FaaSを採用した。

〔オンラインレスポンスの課題と対策〕

クラウドサービスを活用したシステムの運用が始まるとすぐに，早朝や深夜にシステムを利用した際，はじめの画面は表示されるが名刺登録や名刺参照を実行すると，データが表示されるまでに10秒以上の時間を要することがある，との課題が報告された。クラウドサービスで提供されている各サービスのログを確認したところ，［ h ］の制約が原因であることが判明した。そこで，採用したクラウドサービスを別のものには変更せずに，③ある回避策を施したことで，課題を解消することができた。

設問1 表2中の［ a ］～［ c ］に入れる適切な字句を答えよ。

設問2 〔システム構成の検討〕について，(1)～(3)に答えよ。

(1) 本文中の下線①について，IaaSと比較して運用コストを抑えられるのはなぜか。40字以内で述べよ。

(2) 本文中の［ d ］に入れる適切な字句を，表2中のサービスの中から答えよ。

(3) 本文中の下線②にある問題とは何か。30字以内で述べよ。

設問3 本文中の［ e ］～［ g ］に入れる適切な数値を答えよ。

設問4 〔オンラインレスポンスの課題と対策〕について，(1)，(2)に答えよ。

(1) 本文中の［ h ］に入れる適切な字句を，表2中のサービスの中から答えよ。

(2) 本文中の下線③の回避策とは何か。40字以内で述べよ。

問5 ネットワークの構成変更に関する次の記述を読んで，設問1～3に答えよ。

P社は，本社と営業所をもつ中堅商社である。P社では，本社と営業所の間を，IPsecルータを利用してインターネットVPNで接続している。本社では，情報共有のためのサーバ（以下，ISサーバという）を運用している。電子メールの送受信には，SaaS事業者のQ社が提供する電子メールサービス（以下，Mサービスという）を利用している。ノートPC（以下，NPCという）からISサーバ及びMサービスへのアクセスは，HTTP Over TLS（以下，HTTPSという）で行っている。P社のネットワーク構成（抜粋）を図1に示す。

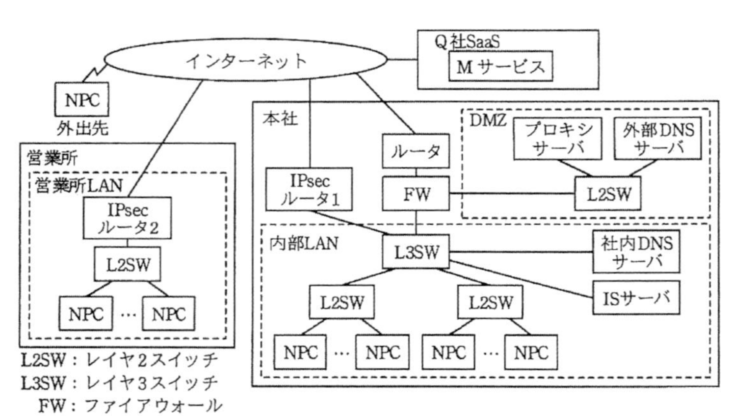

注記1　Q社SaaS内のサーバの接続構成は省略している。
注記2　本社の内部LANのNPC，内部LANのサーバ，IPsecルータ1，FW及びDMZは，それぞれ異なるサブネットに設置されている。

図1　P社のネットワーク構成（抜粋）

〔P社のネットワーク機器の設定内容と動作〕

P社のネットワークのサーバ及びNPCの設定内容と動作を次に示す。

- 本社及び営業所（以下，社内という）のNPCは，社内DNSサーバで名前解決を行う。
- 社内DNSサーバは，内部LANのサーバのIPアドレスを管理し，管理外のサーバの名前解決要求は，外部DNSサーバに転送する。
- 外部DNSサーバは，DMZのサーバのグローバルIPアドレスを管理するとともに，DNSキャッシュサーバ機能をもつ。
- プロキシサーバでは，利用者認証，URLフィルタリングを行うとともに，通信ログを取得する。
- 外出先及び社内のNPCのWebブラウザには，HTTP及びHTTPS通信がプロキシサーバを経由するように，プロキシ設定にプロキシサーバのFQDNを登録する。ただし，社内のNPCからISサーバへのアクセスは，プロキシサーバを経由せずに直接行う。

・ISサーバには，社内のNPCだけからアクセスしている。
・外出先及び社内のNPCからMサービス及びインターネットへのアクセスは，プロキシサーバ経由で行う。

NPCによる各種通信時に経由する社内の機器又はサーバを図2に示す。ここで，L2SWの記述は省略している。

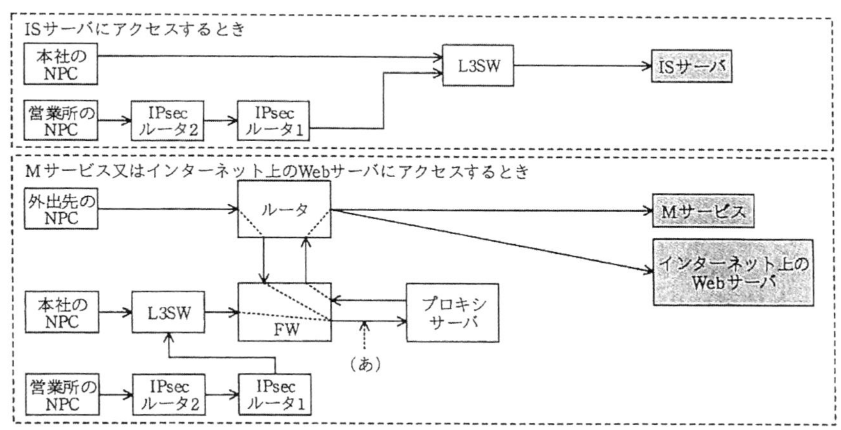

図2　NPCによる各種通信時に経由する社内の機器又はサーバ

FWに設定されている通信を許可するルール（抜粋）を表1に示す。

表1　FWに設定されている通信を許可するルール（抜粋）

項番	アクセス経路	送信元	宛先	プロトコル／宛先ポート番号
1	インターネット→DMZ	any	a	TCP／53，UDP／53
2		any	プロキシサーバ	TCP／8080[1)]
3	DMZ→インターネット	外部 DNS サーバ	any	TCP／53，UDP／53
4		b	any	TCP／80，TCP／443
5	内部 LAN→DMZ	c	外部 DNS サーバ	TCP／53，UDP／53
6		社内の NPC	プロキシサーバ	TCP／8080[1)]

注記　FW は，応答パケットを自動的に通過させる，ステートフルパケットインスペクション機能をもつ。
注 [1)]　TCP／8080 は，プロキシサーバでの代替 HTTP の待受けポートである。

このたび，P社では，サーバの運用負荷の軽減と外出先からの社内情報へのアクセスを目的に，ISサーバを廃止し，Q社が提供するグループウェアサービス（以下，Gサービスという）を利用することにした。Gサービスへの通信は，Mサービスと同様にHTTPSによって安全性が確保されている。Gサービスを利用するためのネットワーク（以下，新ネットワークという）の設計を，情報システム部のR主任が担当することになった。

〔新ネットワーク構成と利用形態〕

R主任が設計した，新ネットワーク構成（抜粋）を図3に示す。

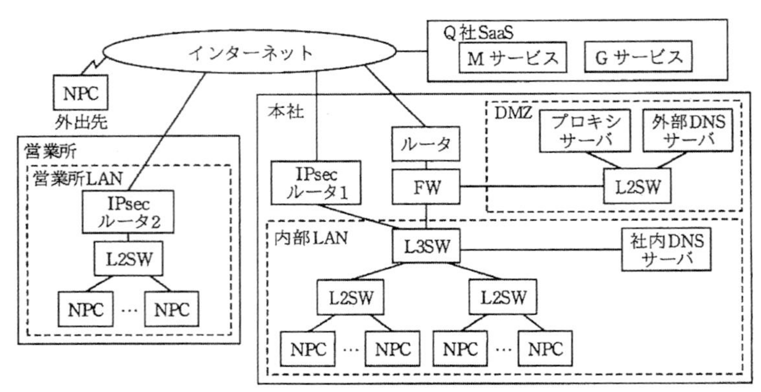

注記　Q社SaaS内のサーバの接続構成は省略している。

図3　新ネットワーク構成（抜粋）

新ネットワークでは，サービスとインターネットの利用状況を管理するために，外出先及び社内のNPCからMサービス，Gサービス及びインターネットへのアクセスを，プロキシサーバ経由で行うことにした。

R主任は，ISサーバの廃止に伴って不要になる，次の設定情報を削除した。

・<u>①NPCのWebブラウザの，プロキシ例外設定に登録されているFQDN</u>
・社内DNSサーバのリソースレコード中の，ISサーバのAレコード

〔Gサービス利用開始後に発生した問題と対策〕

Gサービス利用開始後，インターネットを経由する通信の応答速度が，時間帯によって低下するという問題が発生した。FWのログの調査によって，FWが管理するセッション情報が大量になったことによる，FWの負荷増大が原因であることが判明した。そこで，FWを通過する通信量を削減するために，Mサービス及びGサービス（以下，二

つのサービスを合わせてq-SaaSという）には，プロキシサーバを経由せず，外出先のNPCはHTTPSでアクセスし，本社のNPCはIPsecルータ1から，営業所のNPCはIPsecルータ2から，インターネットVPNを経由せずHTTPSでアクセスすることにした。この変更によって，q-SaaSの利用状況は，プロキシサーバの通信ログに記録されなくなるので，Q社から提供されるアクセスログによって把握することにした。

外出先及び社内のNPCからq-SaaSアクセス時に経由する社内の機器を図４に示す。ここで，L2SWの記述は省略している。

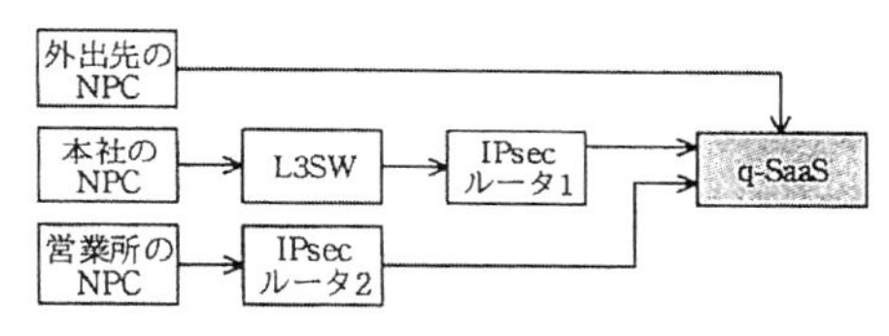

注記　網掛けは，アクセス先のサービスを示す。

図４　外出先及び社内のNPCからq-SaaSアクセス時に経由する社内の機器

図４に示した経路に変更するために，Ｒ主任は，②L3SWの経路表に新たな経路の追加，及びIPsecルータ1とIPsecルータ2の設定変更を行うとともに，NPCのWebブラウザでは，q-SaaS利用時にプロキシサーバを経由させないよう，プロキシ例外設定に，Ｍサービス及びＧサービスのFQDNを登録した。

設定変更後のIPsecルータ1の処理内容（抜粋）を表２に示す。IPsecルータ1は，受信したパケットと表２中の照合する情報とを比較し，パケット転送時に一致した項番の処理を行う。

表２　設定変更後のIPsecルータ１の処理内容（抜粋）

項番	照合する情報			処理
	送信元	宛先	プロトコル	
1	内部LAN	d	HTTPS	NAPT後にインターネットに転送
2	内部LAN	e	any	インターネットVPNに転送

IPsecルータ2もIPsecルータ1と同様の設定変更を行う。これらの追加設定と設定変更によってFWの負荷が軽減し，インターネット利用時の応答速度の低下がなくなり，Ｒ主任は，ネットワークの構成変更を完了させた。

設問1〔P社のネットワーク機器の設定内容と動作〕について，(1)～(3)に答えよ。

(1) 営業所のNPCがMサービスを利用するときに，図２中の（あ）を通過するパケットのIPヘッダ中の宛先IPアドレス及び送信元IPアドレスが示す，NPC，機器又はサーバ名を，図２中の名称でそれぞれ答えよ。

(2) 外出先のNPCからインターネット上のWebサーバにアクセスするとき，L2SW以外で経由する社内の機器又はサーバ名を，図２中の名称で全て答えよ。

(3) 表１中の［ a ］～［ c ］に入れる適切な機器又はサーバ名を，図１中の名称で答えよ。

設問2 本文中の下線①について，削除するFQDNをもつ機器又はサーバ名を，図１中の名称で答えよ。

設問3〔Gサービス利用開始後に発生した問題と対策〕について，(1)，(2)に答えよ。

(1) 本文中の下線②について，新たに追加する経路を，“q-SaaS”という字句を用いて，40字以内で答えよ。

(2) 表２中の［ d ］，［ e ］に入れる適切なネットワークセグメント，サーバ又はサービス名を，本文中の名称で答えよ。

問6 クーポン発行サービスに関する次の記述を読んで，設問1～4に答えよ。

K社は，インターネットでホテル，旅館及びレストラン（以下，施設という）の予約を取り扱う施設予約サービスを運営している。各施設は幾つかの利用プランを提供していて，利用者はその中から好みのプランを選んで予約する。会員向けサービスの拡充施策として，現在稼働している施設予約サービスに加え，クーポン発行サービスを開始することにした。

発行するクーポンには割引金額が設定されていて，施設予約の際に料金の割引に利用することができる。K社は，施設，又は都道府県，若しくは市区町村を提携スポンサとして，提携スポンサと合意した割引金額，枚数のクーポンを発行する。

クーポン発行に関しては，提携スポンサによって各種制限が設けられているので，クーポンの獲得，及びクーポンを利用した予約の際に，制限が満たされていることをチェックする仕組みを用意する。

提携スポンサによって任意に設定可能なチェック仕様の一部を表1に，クーポン発行サービスの概要を表2に示す。

表1　提携スポンサによって任意に設定可能なチェック仕様（一部）

提携スポンサ	クーポンの獲得制限	クーポンを利用した予約制限
施設	・同一会員による同一クーポンの獲得可能枚数を，1枚に制限する（以下，“同一会員1枚限りの獲得制限”という）。	・設定した施設だけを予約可能にする。 ・利用金額が設定金額以上の予約だけを可能にする。
都道府県，市区町村	・設定地区に居住する会員だけが獲得可能にする。	・設定地区にある施設だけを予約可能にする。

表2　クーポン発行サービスの概要

利用局面	概要
クーポンの照会	・発行予定及び発行中クーポンの情報は，会員向けのメール配信によって会員に周知され，施設予約サービスにおいて検索，照会ができる。
クーポンの獲得	・発行中のクーポンを利用するためには，会員がクーポン獲得を行う必要がある。 ・クーポン獲得を行える期間は定められている。 ・クーポンの発行枚数が上限に達すると，以降の獲得はできない。
クーポンの利用	・獲得したクーポンは，施設予約サービスにおいて料金の割引に利用できる。 ・1枚のクーポンは一つの予約だけに利用できる。 ・クーポンを利用した予約をキャンセルすると，そのクーポンを別の予約に利用できる。 ・クーポンの利用期間は定められていて，期限を過ぎたクーポンは無効となる。

〔クーポン発行サービスと施設予約サービスのE-R図〕

クーポン発行サービスと施設予約サービスで使用するデータベース（以下，予約サイトデータベースという）のE-R図（抜粋）を図1に示す。予約サイトデータベースでは，E-R図のエンティティ名をテーブル名に，属性名を列名にして，適切なデータ型で表定義した関係データベースによってデータを管理する。

クーポン管理テーブルの列名の先頭に“獲得制限”又は“予約制限”が付く列は，クーポンの獲得制限，又はクーポンを利用した予約制限のチェック処理で使用し，チェックが必要ない場合にはNULLを設定する。“獲得制限_1枚限り”には，“同一会員1枚限りの獲得制限”のチェックが必要なときは‘Y’を，不要なときはNULLを設定する。

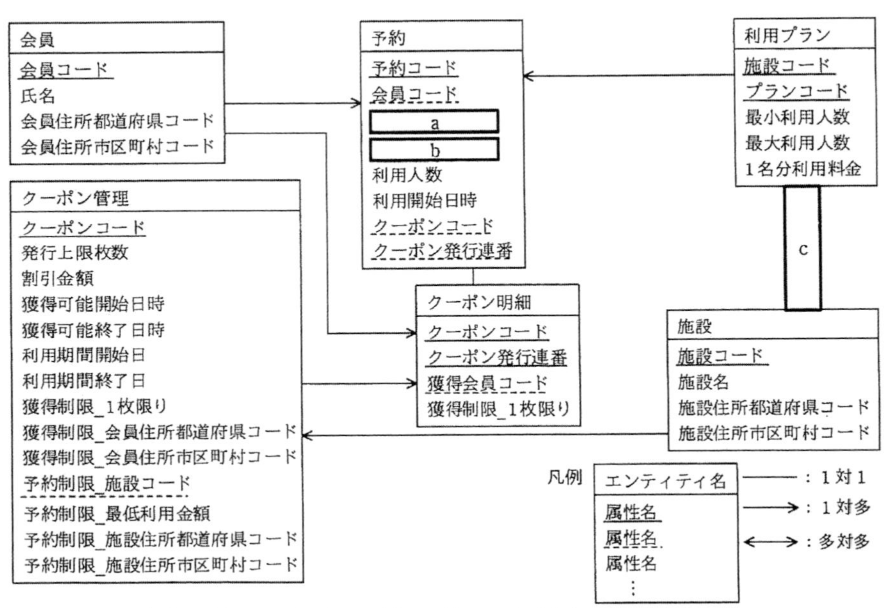

図1　予約サイトデータベースのE-R図（抜粋）

データベース設計者であるL主任は，“同一会員1枚限りの獲得制限”を制約として実装するために，図2のSQL文によってクーポン明細テーブルに対して，UNIQUE制約を付けた。なお，予約サイトデータベースにおいては，UNIQUE制約を構成する複数の列で一つの列でもNULLの場合は，UNIQUE制約違反とならない。

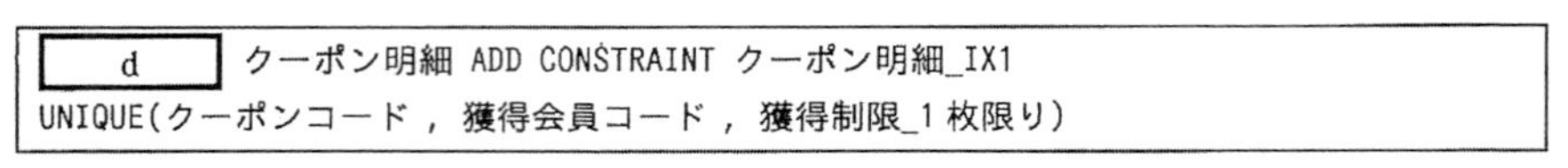

```
[  d  ] クーポン明細 ADD CONSTRAINT クーポン明細_IX1
UNIQUE(クーポンコード , 獲得会員コード , 獲得制限_1枚限り)
```

図2　“同一会員1枚限りの獲得制限”を制約とするためのSQL文

L主任は，①予約テーブルの“クーポンコード”，“クーポン発行連番”に対しても，UNIQUE制約を付けた。

予約サイトデータベースでは，更新目的の参照処理と更新処理においてレコード単位にロックを掛け，多重処理を行う設定としている。ロックが掛かるとトランザクションが終了するまでの間，他のトランザクションによる同一レコードに対する処理はロック解放待ちとなる。

〔クーポン獲得処理の連番管理方式〕

クーポン発行サービスと施設予約サービスのCRUD図（抜粋）を図3に示す。

クーポン新規登録処理では，1種類のクーポンにつき1レコードをクーポン管理テーブルに追加する。クーポン獲得チェック処理では，獲得可能期間，会員住所による獲得制限，発行上限枚数に関するチェックを行う。チェックの結果，エラーがない場合に表示される同意ボタンを押すことによって，クーポン獲得処理を行う。

処理名		テーブル名			
		会員	予約	クーポン管理	クーポン明細
クーポン発行サービス	クーポン新規登録	−	−	C	−
	クーポン獲得チェック	R	−	R	R
	クーポン獲得	R	−	②R	③CR
施設予約サービス	施設予約前チェック	R	R	R	R
	施設予約実行	R	C	−	R
	施設予約キャンセル	R	RD	−	−

注記　C：追加，R：参照，U：更新，D：削除

図3　クーポン発行サービスと施設予約サービスのCRUD図（抜粋）

クーポン発行サービスでは，上限の定められた発行枚数分のクーポンを抜けや重複なく連番管理する方式が必要になる。特に，提携スポンサが都道府県，市区町村であるクーポンは割引金額が大きく，クーポンの発行直後にトラフィックが集中することが予想される。発行上限枚数到達後にクーポン獲得処理が動作する場合の考慮も必要である。L主任は，トラフィック集中時のリソース競合によるレスポンス悪化を懸念して，ロック解放待ちを発生させない連番管理方式（以下，ロックなし方式という）のSQL文（図4）を考案した。このSQL文では，ロックを掛けずに参照し，主キー制約によってクーポン発行連番の重複レコード作成を防止する。

ここで，関数COALESCE（A，B）は，AがNULLでないときはAを，AがNULLのときはBを返す。また，“：クーポンコード”，“：会員コード”は，該当の値を格納する埋込み変数である。

```
INSERT INTO クーポン明細 (クーポンコード, クーポン発行連番, 獲得会員コード, 獲得制限_1 枚限り)
WITH 発行済枚数取得 AS (SELECT COALESCE(MAX(     e     ), 0) AS 発行済枚数
  FROM クーポン明細 WHERE クーポンコード = :クーポンコード)
SELECT :クーポンコード,
       (SELECT 発行済枚数 + 1 FROM 発行済枚数取得 WHERE
         (SELECT 発行済枚数 FROM 発行済枚数取得) < 発行上限枚数),
       :会員コード, 獲得制限_1 枚限り
  FROM クーポン管理 WHERE クーポンコード = :クーポンコード
```

図４　ロックなし方式の SQL 文

〔クーポン獲得処理の連番管理方式の見直し〕

ロックなし方式をレビューしたM課長は，トラフィック集中時に主キー制約違反が発生することによって，会員による再オペレーションが頻発するデメリットを指摘し，ロック解放待ちを発生させることによって更新が順次行われる連番管理方式（以下，ロックあり方式という）の検討と方式の比較，高負荷試験の実施を指示した。

Ｌ主任は，クーポン管理テーブルに対して初期値が０の"発行済枚数"という列を追加し，このデータ項目のカウントアップによって連番管理をするロックあり方式のSQL文（図５）を考案した。

```
UPDATE クーポン管理 [          f          ]
  WHERE クーポンコード = :クーポンコード AND 発行済枚数 < [    g    ] ;
INSERT INTO クーポン明細 (クーポンコード, クーポン発行連番, 獲得会員コード, 獲得制限_1 枚限り)
SELECT  :クーポンコード, 発行済枚数, :会員コード, 獲得制限_1 枚限り
  FROM クーポン管理 WHERE クーポンコード = :クーポンコード;
```

図５　ロックあり方式の SQL 文

<u>④ロックあり方式では，図３のCRUD図の一部に変更が発生する。</u>

Ｌ主任は，ロックなし方式とロックあり方式の比較を表３にまとめ，高負荷試験を実施した。

表３　ロックなし方式とロックあり方式の比較

方式	ロック解放待ち	主キー制約違反による再オペレーション	発行上限枚数に到達後の動作
ロックなし	発生しない	発生する	副問合せで取得する発行済枚数＋1 の値が NULL になり，クーポン明細テーブルのクーポン発行連番が NULL のレコードを追加しようとして，主キー制約違反となる。
ロックあり	発生する	発生しない	更新が行われず，クーポン明細テーブルのクーポン発行連番が [g] のレコードを追加しようとして，主キー制約違反となる。

注記　表３中の [g] には，図５中の [g] と同じ字句が入る。

高負荷試験実施の結果，どちらの方式でも最大トラフィック発生時のレスポンス，スループットが規定値以内に収まることが確認できた。そこで，会員による再オペレーションの発生しないロック あり方式を採用することにした。

設問1 〔クーポン発行サービスと施設予約サービスのE-R図〕について，(1)～(3)に答えよ。

(1) 図1中の [a] ～ [c] に入れる適切なエンティティ間の関連及び属性名を答え，E-R図を完成させよ。

なお，エンティティ間の関連及び属性名の表記は，図1の凡例及び注記に倣うこと。

(2) 図2中の [d] に入れる適切な字句を答えよ。

(3) 本文中の下線①は，どのような業務要件を実現するために行ったものか。30字以内で述べよ。

設問2 図4中の [e] に入れる適切な字句を答えよ。

設問3 図5中の [f]，[g] に入れる適切な字句を答えよ。

設問4 本文中の下線④について，図3中の下線②，下線③の変更後のレコード操作内容を，注記に従いそれぞれ答えよ。

問 7 ワイヤレス防犯カメラの設計に関する次の記述を読んで，設問１～４に答えよ。

Ｉ社は，有線の防犯カメラを製造している。有線の防犯カメラの設置には通信ケーブルの配線，電源の電気工事などが必要である。そこで，充電可能な電池を内蔵して，太陽電池と接続することで，外部からの電力の供給が不要なワイヤレス防犯カメラ（以下，ワイヤレスカメラという）を設計することになった。

ワイヤレスカメラは，人などの動体を検知したときだけ，一定時間動画を撮影する。撮影の開始時にスマートフォン（以下，スマホという）に通知する。また，スマホから要求することで，現在の状況をスマホで視聴することができる。

〔ワイヤレスカメラのシステム構成〕

ワイヤレスカメラのシステム構成を図１に示す。ワイヤレスカメラはWi-Fiルータを介してインターネットと接続し，サーバ及びスマホと通信を行う。

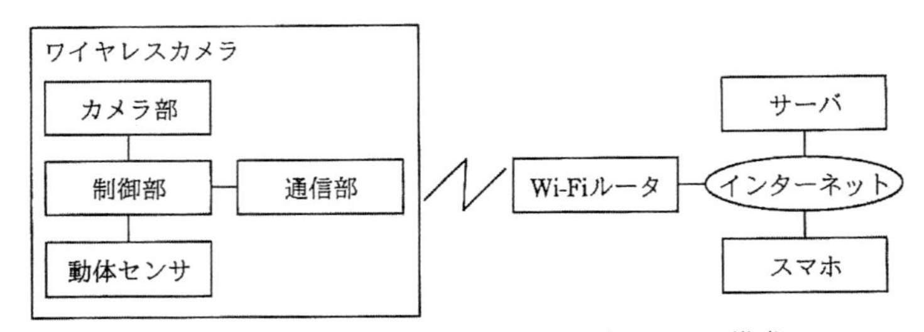

図１　ワイヤレスカメラのシステム構成

- カメラ部はカメラ及びマイクから構成される。動画用のエンコーダを内蔵しており，音声付きの動画データを生成する。
- 動体センサは人体などが発する赤外線を計測して，赤外線の量の変化で人などの動体を検知する。
- 通信部はWi-FiでWi-Fiルータを介してサーバ及びスマホと通信する。
- 制御部は，カメラ部，動体センサ及び通信部を制御する。

〔ワイヤレスカメラの機能〕

ワイヤレスカメラには，自動撮影及び遠隔撮影の機能がある。

(1)　自動撮影

- 動体を検知すると撮影を開始する。撮影を開始したとき，スマホに撮影を開始したことを通知する。

・撮影を開始してからTa秒間撮影する。ここで，Taはパラメタである。

・撮影した動画データは，一時的に制御部のバッファに書き込まれる。このとき，動画データはバッファの先頭から書き込まれる。Ta秒間の撮影が終わるとバッファの動画データはサーバに送信される。

・撮影中に新たに動体を検知すると，バッファにあるその時点までの動画データをサーバに送信し始めると同時に，更にTa秒間撮影を行う。このとき，動画データはバッファの先頭から書き込まれる。

(2) 遠隔撮影

・スマホから遠隔撮影開始が要求されると撮影を開始する。

・撮影した動画データはスマホに送信され，そのままスマホで視聴することができる。

・スマホから遠隔撮影終了が要求される，又は撮影を開始してから60秒経過すると撮影を終了する。

・撮影中に再度，遠隔撮影開始が要求されると，その時点から60秒間又は遠隔撮影終了が要求されるまで，撮影を続ける。

・ワイヤレスカメラとスマホが通信するときに通信障害が発生すると，データの再送は行わず，障害発生中の送受信データは消滅するが，撮影は続ける。

〔ワイヤレスカメラの状態遷移〕

(1) 状態

ワイヤレスカメラの状態を表1に示す。

表1 ワイヤレスカメラの状態

状態名	説明
待機状態	カメラ部には電力が供給されておらず，撮影していない状態
自動撮影状態	自動撮影だけを行っている状態
遠隔撮影状態	遠隔撮影だけを行っている状態
マルチ撮影状態	自動撮影と遠隔撮影を同時に行っている状態

(2) イベント

状態遷移のトリガとなるイベントを表2に示す。

表2　状態遷移のトリガとなるイベント

イベント名	説明
遠隔撮影開始イベント	スマホから遠隔撮影開始が要求されたときに通知されるイベント
遠隔撮影終了イベント	スマホから遠隔撮影終了が要求されたときに通知されるイベント
動体検知通知イベント	動体センサで動体を検知したときに通知されるイベント
動画データ通知イベント	カメラ部からのエンコードされた動画データが生成されたときに通知されるイベント
自動撮影タイマ通知イベント	自動撮影で使用するタイマでTa秒後に通知されるイベント
遠隔撮影タイマ通知イベント	遠隔撮影で使用するタイマで60秒後に通知されるイベント

(3)　処理

状態遷移したときに行う処理を表3に示す。それぞれのタイマは新たに設定されると，直前のタイマ要求は取り消される。

表3　状態遷移したときに行う処理

項番	処理名	処理内容
①	カメラ初期化	撮影を開始するとき，カメラ部に電力を供給して初期化する。
②	撮影終了	カメラ部の電力の供給を停止して撮影を終了する。
③	撮影開始	バッファを初期化して，スマホに撮影を開始したことを通知する。
④	バッファに書込み	動画データをバッファに書き込む。
⑤	サーバに動画データ送信	バッファの動画データをサーバに送信する。
⑥	スマホに動画データ送信	動画データをスマホに送信する。
⑦	自動撮影タイマ設定	自動撮影時のTa秒のタイマを設定する。
⑧	遠隔撮影タイマ設定	遠隔撮影時の60秒のタイマを設定する。

ワイヤレスカメラの状態遷移図を図2に示す。

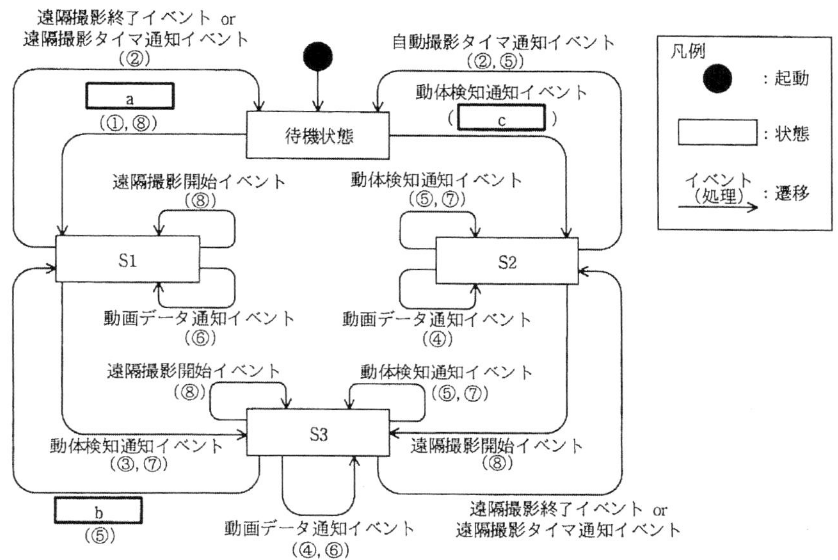

注記　(処理) 内の数字は，表 3 の項番の処理を行うことを示す。ただし，該当する処理がないときは，(処理) は記述しない。

図2　ワイヤレスカメラの状態遷移図

〔サーバに送られた動画データの不具合〕

自動撮影のテストを行ったとき，サーバに異常な動画データが送られてくる不具合が発生した。通信及びハードウェアには問題がなかった。

この不具合は，自動撮影中に動体を検知したときに発生しており，バッファの使い方に問題があることが判明した。

そこで，撮影中に新たに動体を検知した時点で，書き込まれているバッファの続きから動画データを書き込み，バッファの[d]まで書き込んだ場合は，バッファの[e]に戻る方式の[f]に変更した。

設問1　時刻t_1に動体を検知して自動撮影を開始した。時刻t_1から時刻t_2まで途切れることなく自動撮影を続けており，時刻t_2に最後の動体を検知した。このときの自動撮影は何秒間行われたか。時間を表す式を答えよ。ここで，処理の遅延及び通信の遅延は無視できるものとする。

設問2　スマホから要求を行い動画の視聴を開始した。その10秒後に送受信の通信障害が20秒間発生した。通信障害が発生してから5秒後にスマホから遠隔撮影開始を要求した。スマホでの視聴が終了するのは視聴を開始してから何秒後か。

整数で答えよ。ここで，処理の遅延及び通信の遅延は無視できるものとする。

設問3　〔ワイヤレスカメラの状態遷移〕について，(1)～(3)に答えよ。

(1)　図２の状態遷移図の状態S1，S2に入れる適切な状態名を，表１中の状態名で答えよ。

(2)　図２中の［ a ］，［ b ］に入れる適切なイベント名を，表２中のイベント名で答えよ。

(3)　図２中の［ c ］に入れる適切な処理を，表３中の項番で全て答えよ。

設問4　〔サーバに送られた動画データの不具合〕について，(1)～(3)に答えよ。

(1)　不具合が発生した理由を40字以内で述べよ。

(2)　本文中の［ d ］，［ e ］に入れる適切な字句を答えよ。

(3)　本文中の［ f ］に入れるバッファの名称を答えよ。

問 8 システム間のデータ連携方式に関する次の記述を読んで，設問1～5に答えよ。

バスターミナルを運営するC社は，再開発に伴い，これまで散在していた小規模なバスターミナルを統合した，新たなバスターミナル（以下，新バスターミナルという）を運営することになった。

C社が運営する新バスターミナルには，複数のバス運行事業者（以下，運行事業者という）の高速バス，観光バス，路線バスが発着する。このうち高速バスと観光バスは指定席制又は定員制であり，空席がない場合は乗車できない。乗車券の販売は，各運行事業者が用意する販売端末やホームページで行う。

新バスターミナルでは，新バスターミナルシステムとして，バスの発着を管理する運行管理システム，及びバスの発車時刻，発車番線，空席の有無などを利用者に案内する案内表示システムを導入することになり，C社の情報システム部に所属するD君が，運行事業者から空席の情報を取得するデータ連携方式の設計を行うことになった。

〔新バスターミナルシステムの概要〕

新バスターミナルシステムの概要を図1に示す。

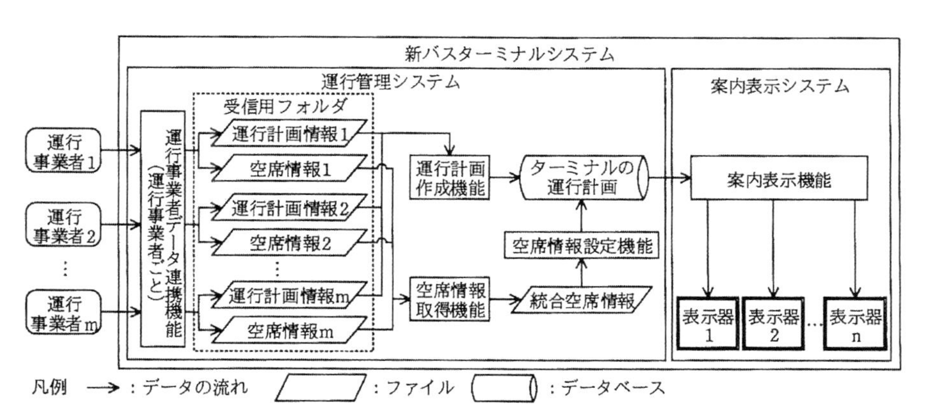

注記 運行管理システムには上記以外の機能もあるが，本問では省略している。

図1 新バスターミナルシステムの概要

運行管理システムがもつ案内表示に関連する機能を表1に，案内表示システムがもつ機能を表2に，表示器の表示項目の例を表3に示す。

表1　運行管理システムがもつ案内表示に関連する機能

機能	概要
運行事業者データ連携機能	各運行事業者から月に１回提供される運行計画情報，及び各運行事業者との連携によって一定の間隔で得られる空席情報を運行管理システムに取り込む。取り込んだ情報を収めたファイルは，受信用フォルダに格納する。その際，運行事業者ごとに決められたファイル名を使用し，同名のファイルがある場合は，最新のファイルで上書きする。
運行計画作成機能	受信用フォルダに格納された各運行事業者の運行計画情報を基に，新バスターミナルを発着するバスの運行予定を表すターミナルの運行計画を月に１回作成する。このとき，ターミナルの運行計画の空席数には初期値としてnullを設定する。運休などの変更発生時は，運行事業者からＣ社に変更情報が送付され，ターミナルの運行計画を変更する。作成したターミナルの運行計画は，案内表示システムからも参照が可能である。
空席情報取得機能	受信用フォルダに格納された高速バスや観光バスを運行する運行事業者の空席情報ファイルを取得し，情報を併合して，高速バス，観光バスの発車日，便ごとの識別情報と空席数を保持する統合空席情報ファイルを作成する。一部の運行事業者の空席情報ファイルが取得できない場合は，取得できた分だけで統合空席情報ファイルを作成する。
空席情報設定機能	統合空席情報ファイルに格納された発車日，便ごとの空席数を基に，ターミナルの運行計画に空席数を設定する。情報は上書きする。統合空席情報ファイルに空席数の情報がない便は，何もしない。

表2　案内表示システムがもつ機能

機能	概要
案内表示機能	ターミナルの運行計画を基に，表３の例のように表示器に出発便の案内表示を行う。表示器は複数の場所に設置されていて，総合案内所や乗り場などの設置場所によって表示の仕方を変える。ターミナルの運行計画に空席数が設定されている便については，空席数に対応する空席記号（○，△，×）を表示する。表示する空席記号は別途定義するしきい値によって決定する。ターミナルの運行計画の空席数がnullの場合は，“—”を表示する。

表3　表示器の表示項目の例

発車時刻	種別	路線・行先	運行事業者	発車番線	空席記号
12:00	高速バス	路線Ａ ○○行	Ｆ社	1	○
12:30	路線バス	路線Ｂ □□行	Ｅ社	4	—
12:45	観光バス	■■周遊コース	Ｈ社	2	×
⋮	⋮	⋮	⋮	⋮	⋮

〔運行事業者の概要と連携機能の有無〕

運行事業者データ連携機能の空席情報を取得する処理について，運行事業者が空席情報を含むデータの連携機能をもつ場合には，それを活用する方針とした。そこで，Ｄ君は，高速バス，観光バスの運行事業者であるＥ社，Ｆ社，Ｇ社，Ｈ社について，運行している全てのバスの種別と連携機能の有無を調査した。調査結果を表４に示す。

なお，高速バス，観光バスの運行事業者は上記の４社だけであるが，路線バスだけを運行する運行事業者であるＳ社，Ｔ社が存在する。

表4　E社，F社，G社，H社の調査結果

運行事業者	種別	空席情報に関する連携機能の有無
E社	高速バス 路線バス	高速バスについて，空席情報を含むファイルを作成し，ファイル転送を行う機能がある。 ファイル形式は固定長，ファイルの文字コードはシフトJISコードである。
F社	高速バス	要求を受け付け，便ごとの空席数を回答するAPIを提供している。 回答の形式はXML，文字コードはUTF-8である。
G社	高速バス 観光バス	高速バス，観光バスについて，空席情報を含むファイルを作成する機能がある。 ファイル形式はCSV，ファイルの文字コードはUTF-8である。
H社	観光バス	空席情報に関するファイル作成やAPIの機能はない。 ただし，H社Webページに便ごとの空席情報を掲載している。

E社，F社，G社の空席情報の連携機能が提供しているデータ項目の書式と例を表5に示す。

表5　空席情報の連携機能が提供しているデータ項目の書式と例（抜粋）

運行事業者	書式／例	発車日	発車時刻	路線コード	便コード	空席数	座席数
E社	書式	YYYYMMDD	hhmm	3桁	3桁	4桁	4桁
	例	20220510	1200	101	200	0020	0040
F社	書式	YYMMDD	hhmm	5桁[1]		可変長	可変長
	例	220510	1300	90001		10	30
G社	書式	YYYY-MM-DD	hh:mm	3桁	2桁	可変長	可変長
	例	2022-05-10	18:00	301	10	8	40

注記　複数の種別のバスを運行する運行事業者は，路線コードと便コードを共通の書式で管理している。
注[1]　F社は一つのコードで路線と便を管理している。

〔データ項目の検討〕

D君は，表5の情報を基に，運行管理システムが運行事業者から取得する空席情報ファイルのレコード構成，データ項目を検討した。

・空席情報ファイルは，ヘッダレコード1件と必要な数のデータレコードから成り，ヘッダレコードには，作成日，作成時刻に加え，データレコード件数を含めることにした。
・路線コード，便コードが運行事業者間で重複しないよう，二つのコードを結合し，運行事業者ごとのコードを付加した一つのコード（以下，統合便コードという）として取り扱うことにした。この統合便コードは，新バスターミナルシステム全体で使用する。この検討において，<u>①表5の運行事業者以外の情報も調査し，問題がないことを確認した</u>。
・<u>②ファイル形式はCSV形式</u>，文字コードはUTF-8とし，各項目の書式を揃えた。

空席情報ファイルのデータレコードの内容を表6に示す。

表6　空席情報ファイルのデータレコードの内容

発車日	発車時刻	統合便コード	空席数	座席数
YYYYMMDD	hhmm	路線コードと便コードとを結合した文字列の先頭に，運行事業者ごとのコード一文字（運行事業者コード：E，F，G，H，…）を付加して，8 桁のコードにする。桁数が 8 桁に満たない場合は，運行事業者コードの後にゼロパディングを行う。	可変長	可変長

〔連携方法の検討〕

D君は，連携方法について，それぞれの運行事業者と調整を行った。H社については運行する便数が少ないこともあり，開発費用が比較的安価である③Webページから情報を抽出する方法を用いることにした。連携方法に関する調整結果を表7に示す。

表7　連携方法に関する調整結果

運行事業者	概要
E 社	E 社サーバが E 社の空席情報を含むファイルを C 社向けに変換し，E 社サーバ内に格納する。 E 社サーバが 5 分ごとに FTP で E 社サーバ内の空席情報ファイルを C 社サーバ内の受信用フォルダに送信する。
F 社	C 社サーバが 5 分ごとに F 社 API で空席情報を要求し，API の回答から F 社の空席情報ファイルを作成して C 社サーバ内の受信用フォルダに格納する。
G 社	G 社サーバが G 社の空席情報を含むファイルを C 社向けに変換し，G 社サーバ内に格納する。 C 社サーバが 5 分ごとに FTP で G 社サーバ内の空席情報ファイルを取得し，C 社サーバ内の受信用フォルダに格納する。
H 社	C 社サーバが 5 分ごとに H 社 Web ページから空席情報を取得し，H 社の空席情報ファイルを作成して C 社サーバ内の受信用フォルダに格納する。

〔空席情報取得機能と空席情報設定機能の処理について〕

D君が検討した空席情報取得機能と空席情報設定機能を用いた空席情報ファイルの取得から設定の処理について，図2に示す。

(1)　受信用フォルダの空席情報ファイルを基に，空席情報を発車日，発車時刻順に格納した統合空席情報ファイルを作成する。
(2)　(1)で使用した運行事業者ごとの空席情報ファイルを，退避用のフォルダに移動し，受信用フォルダから削除する。
(3)　(1)で作成した統合空席情報ファイルを読み込み，ターミナルの運行計画と照合する。発車日，統合便コードが一致するターミナルの運行計画に空席数を設定する。

図2　空席情報ファイルの取得から設定の処理の検討内容

表7及び図2で検討した処理について，情報システム部内でレビューを実施したところ，次のような指摘があった。

(i)　運行事業者とのデータ連携においてFTPによるファイル転送を用いる場合は，ファイル全体が正しく転送されたことを確認する必要がある。

(ii)　特定の運行事業者から空席情報が取得できなかった場合，その運行事業者のバスについて表示器に古い空席記号が表示され続けてしまう。

D君は，（ i ）の指摘に対して運行事業者データ連携機能に空席情報ファイルの［ a ］と［ b ］が一致することを確認する処理を追加する対策案，及び（ ii ）の指摘に対して④図2の処理(3)の最初に新たな処理を追加する対策案の検討を行い，再度レビューを実施した。

D君は対策案が承認された後，後続の開発作業に着手した。

設問1 〔データ項目の検討〕について，(1)，(2)に答えよ。

(1) 本文中の下線①について，表5以外に調査した運行事業者を全て答えよ。

(2) 表5のG社の例について，発車日，発車時刻，統合便コード，空席数を表6に合わせて変換した場合の変換後の値を答えよ。

設問2 本文中の下線②について，CSVファイルの特徴として適切なものを解答群の中から全て選び，記号で答えよ。

解答群

ア XMLファイルと比較して，1レコード当たりのデータサイズが小さい。
イ XMLファイルと比較して，処理速度が遅い。
ウ 固定長ファイルと比較して，項目の桁数や文字数に関する自由度が低い。
エ 固定長ファイルと比較して，処理速度が遅い。

設問3 本文中の下線③の名称として適切な字句を解答群の中から選び，記号で答えよ。

解答群

ア WAI　　イ WebAPI
ウ Webコンテンツ　　エ Webスクレイピング

設問4 本文中の［ a ］，［ b ］に入れる適切な字句を，20字以内で答えよ。

設問5 本文中の下線④で追加した処理の内容を35字以内で述べよ。

問 9 販売システムの再構築プロジェクトにおける調達とリスクに関する次の記述を読んで，設問１～３に答えよ。

Ｄ社は，若者向け衣料品の製造・インターネット販売業を営む企業である。売上の拡大を目的に，販売システムを再構築することになった。再構築では，営業部門が販売促進の観点で要望した，購買傾向を分析した商品の絞込み機能，及びお薦め商品の紹介機能を追加する。あわせて，販売システムとデータ接続している現行の在庫管理システム，生産管理システムなどのシステム群（以下，業務系システムという）を新しいデータ接続仕様に従って改修する。また，スマートフォン向けの画面デザインや操作性を向上させる。これらを実現するために，販売システムの再構築及び業務系システムの改修を行うプロジェクト（以下，再構築プロジェクトという）を立ち上げた。

再構築プロジェクトのプロジェクトマネージャにはシステム部のＥ課長が任命された。Ｄ社の要員はＥ課長と開発担当のＦ君の２名である。業務系システムの改修は，このシステムの保守を担当しているＹ社に依頼する。販売システムの再構築の要員は，Ｙ社以外の外部委託先から調達する。

〔販売システムの要件定義〕

販売システムの要件定義を３月に開始した。実現する機能を整理するため，営業部門にヒアリングした上で要求事項を確定する。この作業を実施するために，Ｅ課長から外部委託先の選定を指示されたＦ君は，衣料品販売業のシステム開発実績はないが他業種での販売システムの開発実績が豊富であるＺ社から派遣契約で要員を調達することにした。派遣労働者の指揮命令者に任命されたＦ君は，次の条件をＺ社に提示したいとＥ課長に報告した。

(a)　作業場所はＤ社内であること

(b)　Ｆ君が派遣労働者への作業指示を直接行うこと

(c)　派遣労働者に衣料品販売業務に関するＤ社の社内研修をＤ社の費用負担で受講してもらうこと

(d)　Ｆ君が事前に候補者と面接して評価し，派遣労働者を選定すること

これに対してＥ課長から，①これらの条件のうち労働者派遣法に抵触する条件があると指摘されたので，これを是正した上でＺ社に依頼し，要員を調達した。

Ｅ課長は，要件定義作業を始めてから，営業部門が新機能を盛り込んだ業務フローのイメージを十分につかめていないことに気がついた。営業部門に紙ベースの画面デザインだけを用いて説明していることが原因であった。そこで，②システムが提供する機能と利用者との関係を利用者の視点でシステムの動作や利用例を使って表現した，UMLで記述する際に使用される図法で作成した図を使って説明し，営業部門と合意して要件

定義作業は3月末に終了した。

〔開発スケジュールの作成〕

要件定義作業を終えたF君は，次の項目を考慮して図1に示す再構築プロジェクトの開発スケジュールを作成した。

・外部設計で，画面レイアウト，画面遷移と操作方法，ユーザインタフェースなどを定義した画面設計書を作成する。また，販売システムと業務系システムとのデータ接続仕様を決定する。
・外部設計完了後，ソフトウェア設計〜ソフトウェア統合テスト（以下，ソフトウェア製造という）を，販売システム，業務系システムでそれぞれ実施する。
・販売システム及び業務系システムのソフトウェア製造完了後，両システムを統合して要件を満たしていることを検証するシステム統合テスト，更にシステム全体が要件どおりに実現されていることを検証するシステム検証テストを実施する。
・システム検証テストと営業部門によるユーザ受入れテスト（UAT：User Acceptance Test）の結果を総合的に評価して，稼働可否を判断する。稼働が承認された場合，営業部門が要求している8月下旬に新しい販売システムを稼働してサービスを開始する。

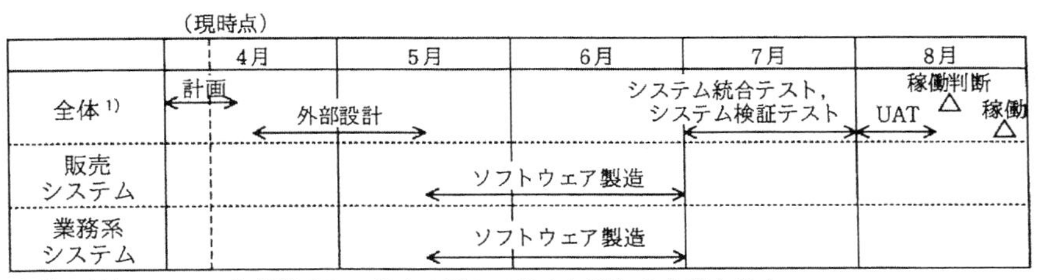

注 1)　販売システムと業務系システムの両システムに関わる作業を表す。

図1　再構築プロジェクトの開発スケジュール

〔外部委託先との開発委託契約〕

販売システムの再構築作業は，要件定義作業で派遣労働者を調達したZ社に開発委託することにした。F君は，③Z社との開発委託契約を，次のとおり作業ごとに締結しようと考え，E課長から承認された。

・外部設計は，作業量に応じて報酬を支払う履行割合型の準委任契約を結ぶ。
・ソフトウェア製造は，請負契約を結ぶ。Z社に図1のソフトウェア製造の詳細なスケジュールを作成してもらい，週次の進捗確認会議で進捗状況を報告してもらう。
・ソフトウェア製造作業を終了したZ社からの納品物（設計書，プログラム，テスト報告書など）に対して，D社は6月最終週に［　a　］し，その後，支払手続に入る。

・ソフトウェア製造でZ社が開発した販売システムのソフトウェアをD社が他のプロジェクトで再利用できるように，開発委託契約の条文中に“ソフトウェアの［　b　］はD社に帰属する”という条項を加える。

・システム統合テスト及びシステム検証テストは，履行割合型の準委任契約を結ぶ。

一方，業務系システムの改修作業は，Z社と同様の開発委託契約にすることをY社と合意しており，現在の業務系システムの保守に支障を来さないことも確認済みである。

〔開発リスクの特定と対応策〕

E課長は，F君が作成した開発スケジュールをチェックして，販売システムの再構築に関するリスクを三つ特定し，それらを回避又は軽減する対応策を検討した。

一つ目に，外部設計で作成した画面設計書を提示された営業部門が，画面操作のイメージをつかむのにかなりの時間を要し，後続のソフトウェア製造の期間になってから仕様変更要求が相次いで，外部設計に手戻りが発生するリスクを挙げた。この対応策として，外部設計でプロトタイピング手法を活用して開発することにした。D社が調査したところ，Z社にはプロトタイピング手法による開発実績が多数あり，Z社の開発標準は今回の販売システムの開発でも適用できることが分かった。プロトタイピング手法による開発は，営業部門が理解しやすく，意見の吸収に有効である。しかし，営業部門の意見に際限なく耳を傾けると外部設計の完了が遅れるという新たなリスクが生じる。E課長はF君に，追加・変更の要求事項の［　c　］，提出件数の上限，及び対応工数の上限を定め，提出された追加・変更の要求事項の優先度を考慮した上でスコープを決定するルールを事前に営業部門と合意しておくように指示した。

二つ目に，Z社の製造したプログラムの品質が悪いというリスクを挙げた。外部設計書に正しく記載されているにもかかわらず，Z社での業界慣習の理解不足でプログラムが適切に製造されず，後続の工程で多数の品質不良が発覚すると，不良の改修が8月下旬のサービス開始に間に合わなくなる。これに対し，E課長はF君に，Z社に対して業界慣習に関する教育を行うように指示した。さらに，<u>④ソフトウェア製造は請負契約であるが，D社として実行可能な品質管理のタスクを追加し，このタスクを実施することを契約条項に記載するように指示した</u>。

三つ目に，スマートフォン向けの特定のWebブラウザ（以下，ブラウザという）では正しく表示されるが，他のブラウザでは文字ずれなどの問題が生じるリスクを挙げた。E課長は，利用が想定される全てのブラウザで動作確認することで問題発生のリスクを軽減することにした。しかし，利用が想定されるブラウザは5種類以上あるが，開発スケジュール内では最大2種類のブラウザの動作確認しかできないことが分かった。現状のスマートフォン向けのブラウザの国内利用シェアを調べると，上位2種類のブラウザで約95%を占めることが分かった。E課長は，営業部門と８月下旬のサービス開始前に⑤ある情報を公表することを前提に，上位２種類のブラウザに絞って動作確認することで合意した。

設問1 〔販売システムの要件定義〕について，(1)，(2)に答えよ。

(1) 本文中の下線①について，E課長が指摘した条件を，本文中の(a)～(d)の中から選び，記号で答えよ。
(2) 本文中の下線②の図を一般的に何と呼ぶか。10字以内で答えよ。

設問2 〔外部委託先との開発委託契約〕について，(1)，(2)に答えよ。

(1) 本文中の下線③について，D社が本文のとおりにZ社と契約を締結した場合，D社の立場として正しいものを解答群の中から選び，記号で答えよ。

解答群

ア 外部設計に携わったZ社要員を，引き続きソフトウェア製造に従事させることができる。
イ 合意した外部設計に基づいたソフトウェア製造は，Z社に完成責任を問える。
ウ システム統合テスト時にはZ社が製造したプログラムの不良を知り速やかに通知しても，Z社に契約不適合責任を問えない。
エ ソフトウェア製造時にZ社が携わった外部設計の不良が発覚した場合，Z社に契約不適合責任を問える。

(2) 本文中の［ａ］，［ｂ］に入れる適切な字句を５字以内で答えよ。

設問3 〔開発リスクの特定と対応策〕について，(1)～(3)に答えよ。

(1) 本文中の［ｃ］に入れる適切な字句を５字以内で答えよ。
(2) 本文中の下線④について，追加すべき品質管理のタスクを，20字以内で述べよ。
(3) 本文中の下線⑤について，８月下旬のサービス開始前に公表する情報とは何か。35字以内で述べよ。

問10 サービスマネジメントにおけるインシデント管理と問題管理に関する次の記述を読んで，設問1～3に答えよ。

団体Xは，職員約200名から成る公益法人で，県内の企業に対して，新規事業の創出や販路開拓の支援を行っている。団体Xの情報システム部は，団体Xの業務部部員の業務遂行に必要な業務日報機能や情報共用機能をもつ業務システム（以下，Wシステムという）を開発・保守・運用し，業務部部員（以下，利用者という）に対して，Wサービスとして提供している。

団体Xの情報システム部には，H部長の下，システムの開発・保守及び技術サポートを担当する技術課と，システムの運用を担当する運用課がある。運用課は，管理者のJ課長，運用業務のとりまとめを行うK主任及び数名のシステムの運用担当者で構成され，Wシステムの運用を行っている。また，運用課は，監視システムを使ってWシステムの稼働状況を監視している。監視システムは，Wサービスの提供に影響を与える変化を検知し，監視メッセージとして運用担当者に通知する。

情報システム部は，インシデント管理，問題管理，変更管理などのサービスマネジメント活動を行い，サービスマネジメントのそれぞれの活動に，対応手順を定めている。運用課は，インシデント管理を担当している。また，技術課は，主に，問題管理及び変更管理を担当している。

〔インシデント管理の概要〕

運用担当者は，監視メッセージの通知や利用者からの問合せ内容から，インシデントの発生を認識し，K主任に報告する。K主任は，運用担当者の中から解決担当者を割り当てる。解決担当者は，情報システム部で定めたインシデントの対応手順に従って，インシデントを解決し，サービスを回復する。インシデントの対応手順を表1に示す。

表1　インシデントの対応手順

手順	概要
記録・分類	(1) インシデントの内容をインシデント管理ファイルに記録する。 (2) インシデントを，あらかじめ決められたカテゴリ（ストレージの障害など）に分類する。
優先度の割当て	(1) インシデントの及ぼす影響と緊急度を考慮して，インシデントに優先度を割り当てる。優先度は，情報システム部で規定する基準に基づいて“高”，“中”，“低”のいずれかが付けられる。 (2) 優先度には，優先度に対応した解決目標時間が定められている。（優先度“高”：30分，優先度“中”：2時間，優先度“低”：6時間）
エスカレーション	(1) 優先度が“高”又は“中“の場合は，技術課に機能的エスカレーションを行う。優先度が“低”の場合は，解決担当者だけでインシデントの解決を試み，解決できなければ技術課に機能的エスカレーションを行う。 (2) 解決担当者は，優先度にかかわらず解決目標時間内にインシデントを解決できない可能性があると判断した場合は，運用課課長に階層的エスカレーションを行う。
解決	(1) 技術課に機能的エスカレーションを行った場合は，技術課から提示される回避策を適用しインシデントを解決する。 (2) 技術課に機能的エスカレーションを行わなかった場合は，解決担当者が既知の誤り[1)]を調査して回避策を探し，見つけることができたときは回避策を適用してインシデントを解決する。回避策を見つけることができなかったときは，技術課に機能的エスカレーションを行う。
終了	(1) 利用者に影響のあったインシデントの場合は，インシデントが解決したことを利用者に連絡し，サービスが問題なく利用できることを確認する。 (2) インシデント管理ファイルの記録を更新し終了する。

注記　インシデントの記録は，対応した処置とともに随時更新する。
注[1)]　既知の誤りとは，“根本原因が特定されているか，又は回避策によってサービスへの影響を低減若しくは除去する方法がある問題”のことで，問題管理ファイルに記録されている。既知の誤りは，問題管理の活動として，技術課によって記録される。

表1で，機能的エスカレーションを受け付けた技術課は，インシデントの内容を確認し，インシデントを解決するための回避策が問題管理ファイルにある場合は，その回避策を運用課に提示する。まだ回避策がない場合は，新たな回避策を策定し，運用課に提示する。また，表1で，階層的エスカレーションを受け付けた運用課課長は，必要な要員を割り当てるなど，インシデントの解決に向けた対策をとる。

〔問題管理の概要〕

インシデントの原因となる問題については，問題管理の手順を実施する。問題管理を担当する技術課は，問題をインシデントとひも付けて問題管理ファイルに記録する。

問題管理の対応手順は，記録から終了までの手順で構成されている。これらの手順のうち，手順“解決”の活動内容を表2に示す。

表２　問題管理の手順“解決”の活動内容

活動	内容
調査と診断	(1)　問題を調査し，診断する。 (2)　問題にひも付けられたインシデントの回避策が必要な場合は，回避策を策定する。 (3)　根本原因を特定し，問題の解決策の特定に取り組む。
既知の誤りの記録	(1)　“根本原因が特定されているか，又は回避策によってサービスへの影響を低減若しくは除去する方法がある問題”を既知の誤りとして問題管理ファイルに記録する。
問題の解決	(1)　特定された解決策を適用する。ここで，解決策が構成品目の変更を必要とする場合は，［　a　］を提出し，変更管理[1)]の対応手順を使って，解決する。

注記　問題管理の活動では，対応した内容に基づいて，随時，問題管理ファイルを更新する。
注[1)]　変更管理では，変更の内容に応じた変更の開発やテストが必要であり，変更の実施に時間が掛かる場合がある。

〔Ｗサービスにおけるインシデントの発生とインシデントの対応手順の改善〕

ある日，Ｗシステムの業務日報機能の日締処理が，異常停止した。日締処理は業務部の勤務時間外に行われるが，このとき業務部ではまだＷサービスを利用していたので，利用者に影響のあるインシデントとなった。解決担当者に割り当てられたＬ君は，次の対応を行った。

(1)　インシデントの内容をインシデント管理ファイルに記録し，インシデントをあらかじめ決められたカテゴリに分類した。
(2)　規定の基準に基づき優先度を“中”と判定し，解決目標時間は２時間となった。
(3)　機能的エスカレーションを行い，技術課のＭ君が対応することになった。
(4)　インシデント発生から１時間経過してもＭ君からＬ君への回答がないので，Ｌ君は，Ｍ君に対応状況を確認した。Ｍ君はエスカレーションされた当該インシデントの内容を調査している途中に，他の技術課員から要請のあった技術課内の緊急性の高い業務の対応を行っていて，当該インシデントの対応にしばらく時間が掛かるとのことであった。その後，Ｍ君は，インシデントの内容を確認し，今回のインシデントは過去の同じ問題で発生した再発インシデントであることを突き止め，その回避策をＬ君に回答した。Ｌ君が回答を受領した時点で，インシデント発生から１時間40分が経過していた。
(5)　Ｌ君は，技術課から提示された回避策の適用には少なくとも30分掛かり，解決目標時間を超過してしまうと考えたが，早くインシデントを解決することが重要と判断し，直ちに回避策を適用してインシデントを解決した。結局，インシデント発生から解決までに２時間30分掛かり，解決目標時間を超過した。
(6)　Ｌ君は，インシデントの対応手順の手順“終了”を行い，その後，状況をＪ課長に報告した。

インシデント対応について報告を受けたJ課長は，①L君の対応に，インシデントの対応手順に即していない問題点があることを指摘した。また，J課長は，インシデントの対応手順を修正することで，今回のインシデントは解決目標時間内に解決できた可能性があると考えた。そこでJ課長は，②表1の手順"エスカレーション"に，優先度が"高"又は"中"の場合，技術課に機能的エスカレーションを行う前に運用課で実施する手順を追加する対策案を検討することとした。

また，J課長は，以前から，優先度"低"の場合において，運用課だけで解決できたインシデントが少なく，早期解決を難しくしているという課題を認識していた。そこで，運用課では，この課題を解決するために，"運用課だけで解決できるインシデントを増やしたいので対策をとってほしい"という技術課への要望をまとめ，H部長に提示するとともに技術課と協議を行うこととした。

今回のインシデント対応において，M君が技術課内の業務を優先させた点について，運用課と技術課で対策を検討した。その結果，機能的エスカレーションを行う場合は，運用課は解決目標時間を技術課に通知し，技術課は解決目標時間を念頭に，適宜運用課と情報を共有し，連携してインシデント対応を行うとの結論が得られ，運用課と技術課で［　b　］を取り交わした。

〔問題管理の課題と改善策〕

技術課は，今回のインシデント対応の不備と運用課との協議を踏まえ，改善活動に取り組むこととした。

まず，技術課は，問題管理ファイルの内容を調査して，問題管理の活動実態を分析することにした。その結果，回避策が策定されていたにもかかわらず，問題管理ファイルに回避策が記録されるまでタイムラグが発生しているという問題点が存在することが明らかとなった。技術課は，回避策が策定されている問題については，早急に問題管理ファイルに記録していくこととした。

次に，今回のインシデントが再発インシデントであったことを踏まえ，再発インシデントの発生状況を調査した。調査した結果，表2の活動"問題の解決"を行っていれば防ぐことのできた再発インシデントが過半数を占めていることが分かった。そこで，技術課は，再発インシデントが多数発生している状況を解消するために，③問題管理ファイルから早期に解決できる問題を抽出し，解決に必要なリソースを見積もった。

技術課は，情報システム部のH部長から，運用課からの要望に応えるため，技術課として改善目標を設定するように指示を受けて，改善目標を設定することとした。そして，現在の機能的エスカレーションの数や運用課が解決に要している時間などを分析して，改善目標を"回避策を策定した日に問題管理ファイルに漏れなく記録する"，"現在未解決の問題の数を1年後30％削減する"と設定した。技術課は，H部長から，"これらの改善目標を達成することによって，[c]割合を増やすことができ，技術課の負担も軽減することができる”とのアドバイスを受け，改善目標を実現するための取組に着手した。

さらに，技術課は，問題管理として今まで実施していなかった④プロアクティブな活動を継続的に行っていくべきだと考え，改善活動を進めていくことにした。

設問1 表2中の[a]及び本文中の[b]に入れる最も適切な字句を解答群の中から選び，記号で答えよ。

解答群

ア　RFC　　イ　RFI　　ウ　傾向分析
エ　契約書　　オ　合意文書　　カ　予防処置

設問2 〔Wサービスにおけるインシデントの発生とインシデントの対応手順の改善〕について，(1)，(2)に答えよ。

(1)　本文中の下線①の“インシデントの対応手順に即していない問題点”について，30字以内で述べよ。
(2)　本文中の下線②について，表1の手順“エスカレーション”に追加する手順の内容を，25字以内で述べよ。

設問3 〔問題管理の課題と改善策〕について，(1)～(3)に答えよ。

(1)　本文中の下線③について，問題管理ファイルから抽出すべき問題の抽出条件を，表2中の字句を使って，30字以内で答えよ。
(2)　本文中の[c]に入れる適切な字句を，25字以内で述べよ。
(3)　本文中の下線④の活動として正しいものを解答群の中から選び，記号で答えよ。

解答群

ア　発生したインシデントの解決を図るために，機能的エスカレーションされたインシデントの回避策を策定する。
イ　発生したインシデントの傾向を分析して，将来のインシデントを予防する方策を立案する。
ウ　問題解決策の有効性を評価するために，解決策を実施した後にレビューを行う。
エ　優先度“低”のインシデントが発生した場合においても，直ちに運用課から技術課に連絡する。

問11 販売物流システムの監査に関する次の記述を読んで，設問1～4に答えよ。

食品製造販売会社であるU社は，全国に10か所の製品出荷用の倉庫があり，複数の物流会社に倉庫業務を委託している。U社では，健康食品などの個人顧客向けの通信販売が拡大していることから，倉庫業務におけるデータの信頼性の確保が求められている。

そこで，U社の内部監査室では，主として販売物流システムに係るコントロールの運用状況についてシステム監査を実施することにした。

〔予備調査の概要〕

U社の販売物流システムについて，予備調査で入手した情報は次のとおりである。

(1) 販売物流システムの概要

① 販売物流システムは，顧客からの受注情報の管理，倉庫への出荷指図，売上・請求管理，在庫管理，及び顧客属性などの顧客情報管理の機能を有している。

② 物流会社は，会社ごとに独自の倉庫システム（以下，外部倉庫システムという）を導入し，倉庫業務を行っている。外部倉庫システムは，物流会社や倉庫の規模などによって，システムや通信の品質・性能・機能などに大きな違いがある。したがって，販売物流システムと外部倉庫システムとの送受信の頻度などは必要最小限としている。

③ 販売物流システムのバッチ処理は，ジョブ運用管理システムで自動実行され，実行結果はログとして保存される。

④ 販売物流システムでは，責任者の承認を受けたID申請書に基づいて登録された利用者IDごとに入力・照会などのアクセス権が付与されている。また，利用者IDのパスワードは，セキュリティ規程に準拠して設定されている。

⑤ 倉庫残高データは，日次の出荷作業後に外部倉庫システムから販売物流システムに送信されている。倉庫残高データは，倉庫ごとの当日作業終了後の品目別の在庫残高数量を表したものである。当初はこの倉庫残高データを利用して受注データの出荷可否の判定を行っていた。しかし，2年前から販売物流システムの在庫データに基づいて出荷判定が可能となったので，現状の倉庫残高データは製品の実地棚卸などで利用されているだけである。

(2) 販売物流システムの処理プロセスの概要

販売物流システムの処理プロセスの概要は，図1のとおりである。

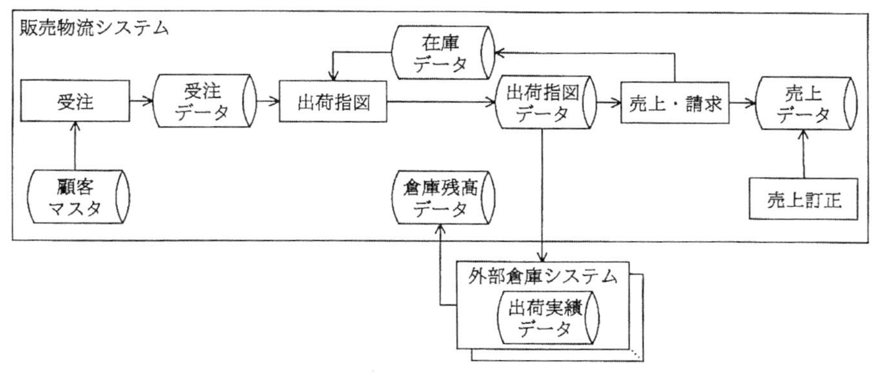

図1 販売物流システムの処理プロセスの概要

① 顧客からの受注データは，自動で在庫データと照合される。その結果，出荷可能と判定されると受注分の在庫データが引当てされ，出荷指図データが生成される。出荷指図データには，出荷・納品に必要な顧客名，住所，納品情報などが含まれている。

② 出荷指図データは，販売物流システムから外部倉庫システムに送信される。送信処理が完了した販売物流システムの出荷指図データには，送信完了フラグが設定される。

③ データの送受信を必要最小限とするために販売物流システムは出荷実績データを受信せず，出荷指図データに基づいて，日次バッチ処理で売上データの生成及び在庫データの更新を行っている。

④ 出荷間違い，単価変更などの売上の訂正・追加・削除は，売上訂正処理として行われる。この売上訂正処理では，売上データを生成するための元データがなくても入力が可能である。現状では，売上訂正処理権限は，営業担当者に付与されている。

〔監査手続の検討〕

システム監査担当者は，予備調査に基づき，表1のとおり監査手続を策定した。

表１　監査手続

項番	監査要点	監査手続
1	利用者IDに設定されている権限とパスワードが適切に管理されているか。	①　利用者 ID に設定されている権限が申請どおりであるか確かめる。 ②　利用者 ID のパスワード設定がセキュリティ規程と一致しているか確かめる。
2	顧客情報が適切に保護されているか。	①　販売物流システムの顧客情報の参照・コピーなどについて，利用者及び利用権限が適切に制限されているか確かめる。
3	出荷指図に基づき倉庫で適切に出荷されているか。	①　１か月分の出荷指図データと売上データが一致しているか確かめる。
4	倉庫の出荷作業結果に基づき売上データが適切に生成されているか。	①　売上データ生成の日次バッチ処理がジョブ運用管理システムに正確に登録され，適切に実行されているか確かめる。

内部監査室長は，表１をレビューし，次のとおりシステム監査担当者に指摘した。

(1)　項番１の①について，権限の妥当性についても確かめるべきである。特に売上訂正処理は，日次バッチ処理による売上データ生成とは異なり，[　a　]がなくても可能なので，不正のリスクが高い。このリスクに対して<u>①現状の運用では対応できない可能性がある</u>ので，運用の妥当性について本調査で確認する必要がある。

(2)　項番２の監査要点を確かめるためには，販売物流システムだけを監査対象とすることでは不十分である。[　b　]についても監査対象とするかどうかを検討すべきである。

(3)　項番３の①の監査手続では，出荷指図データどおりに出荷されていることを確かめることにならない。また，この監査手続は，倉庫の出荷作業手続が適切でなくても[　c　]と[　d　]が一致する場合があるので，コントロールの運用状況を評価する追加の監査手続を策定すべきである。

(4)　項番４の①の監査手続は[　e　]と[　f　]が一致していることを前提とした監査手続となっている。したがって，項番４の監査要点を確かめるためには，項番４の①の監査手続に加えて，販売物流システム内のデータのうち，[　g　]と[　h　]を照合するコントロールが整備され，有効に運用されているか，本調査で確認すべきである。

設問１　〔監査手続の検討〕の[　a　]，[　b　]に入れる適切な字句をそれぞれ10字以内で答えよ。

設問２　〔監査手続の検討〕の(1)において，内部監査室長が下線①と指摘した理由を25字以内で述べよ。

設問3 〔監査手続の検討〕の[c]，[d]に入れる適切な字句をそれぞれ10字以内で答えよ。

設問4 〔監査手続の検討〕の[e]～[h]に入れる最も適切な字句を解答群の中から選び，記号で答えよ。

解答群

ア　ID申請書　　イ　売上訂正処理　　ウ　売上データ
エ　在庫データ　　オ　受注データ　　カ　出荷指図データ
キ　出荷実績データ　　ク　倉庫残高データ　　ケ　利用者IDの権限

令和４年度　春期　応用情報技術者試験　解答解説

午前問題

問 1　ア

情報落ちは，絶対値の大小差が激しい数を加減算するとき，小さい方の内容が反映されなくなる現象である。選択肢アは｛　｝内の“$(1.1)_2 \times 2^{-3} + (1.0)_2 \times 2^{-4}$”の結果が$(1.0)_2 \times 2^{-2}$となり，その後に加算する$(1.0)_2 \times 2^5$との間で大小差が緩和されて情報落ちとならずに計算が行える。

問 2　ア

$\overline{A} \cap \overline{B}$は「Ａの補集合」と「Ｂの補集合」の論理積（重なった部分）なので，「ＡにもＢにも含まれない」集合である。一方，選択肢アの$\overline{A} - B$は「Ａの補集合」からＢを除いた差集合であり，Ｂを除くということは「Ｂに含まれない部分に限る」ということなので，これも「ＡにもＢにも含まれない」集合となる。

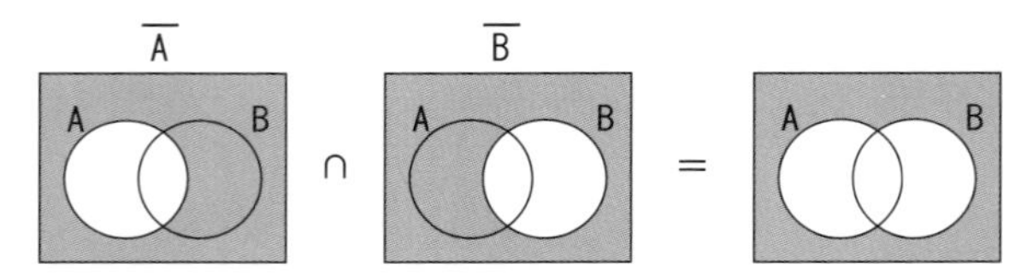

問 3　ウ

M/M/1待ち行列モデルの平均待ち時間は，窓口利用率ρ，平均サービス時間Tsを用いて　$\rho / (1-\rho) \times$ Tsで求められる。ρが25%のときと40%のときを比較すると次のようになり，２倍となることがわかる。

25%のとき：$0.25 / (1-0.25) \times Ts = 0.25 / 0.75 \times Ts = 1 / 3 \times Ts$

40%のとき：$0.4 / (1-0.4) \times Ts = 0.4 / 0.6 \times Ts = 2 / 3 \times Ts$

問 4　ア

“1110011”を使い各演算を行うと次のようになる。（“⊕”は排他的論理和）

$$X_1 \oplus X_3 \oplus X_4 \oplus P_1 = 1 \oplus 1 \oplus 0 \oplus 1 = 1$$

$$X_1 \oplus X_2 \oplus X_4 \oplus P_2 = 1 \oplus 1 \oplus 0 \oplus 1 = 1$$

$$X_1 \oplus X_2 \oplus X_3 \oplus P_3 = 1 \oplus 1 \oplus 1 \oplus 0 = 1$$

結果は三つとも０になるはずが，全て１となっている。よって，全ての式に共通して含まれているX_1が誤っていると判断でき，そこを反転させた0110011が答えとなる。

問 5　ア

リストをポインタで実現する場合は要素数に応じた領域の使用が可能であるが，配列を用いた場合は，あらかじめリストの最大長に応じた要素を確保しておかなければならない。そのため，値が格納されない余分な要素が発生する可能性がある。

問6　エ

再入可能（リエントラント）は「複数のタスクから同時並行的に使用されても，それぞれに正しい結果を返すことができる」性質である。

ア　動的再配置可能（リロケータブル）なプログラムの特徴に関する記述である。

イ　再帰的（リカーシブ）なプログラムの特徴に関する記述である。

ウ　仮想記憶管理に関する記述である。

問7　エ

Pythonは次のような特徴をもつスクリプト言語であり，ディープラーニングなどの機械学習や人工知能（AI），IoTなどの分野に多く使用されている。

・オブジェクト指向プログラミングが可能である

・インデントを用いた字下げ（オフサイドルール）で構造を表し，可読性が高い

・豊富なライブラリが提供されている

問8　エ

VLIW（Very Long Instruction Word）は，独立に実行可能な複数の命令を一つの命令語にまとめ，それぞれ演算ユニットを割り当てて実行する高速化技法である。

CISC：複雑な命令群を多数持たせた命令セットアーキテクチャ

MIMD：複数の命令で異なるデータ処理を行う方式

RISC：単純な命令群に制限した命令セットアーキテクチャ

問9　イ

主記憶のアクセス時間を1とすると，実効メモリアクセス時間は，

$$1 / 30 \times 0.95 + 1 \times 0.05 = 0.0816$$

となる。すなわち，主記憶のアクセス時間の約0.08倍になる。

問10　エ

主記憶上のブロックをキャッシュメモリ上に割り付ける方法は，以下のように大別できる。アがセットアソシエイティブ，イがダイレクトマップ，エがフルアソシエイティブに該当する。

ダイレクトマップ方式：ブロックとキャッシュ上の割付け位置が1対1で固定される

フルアソシエイティブ方式：ブロックをキャッシュ上の任意の位置に配置する

セットアソシエイティブ方式：キャッシュ上に複数の領域を用意してブロックを対応付ける（上記2方式の中間的な性格）

問11 イ

n台1組のRAID5では1台分をパリティ格納に用いるので，実効データ容量は（n−1）台分となる。本問では1台を予備ディスクに用いる設定なので，6台のうち1台を除外した5台1組という構成になり，実効データ容量は，8×4＝32Tバイトとなる。

問12 ウ

アムダールの法則は，プロセッサ数をn，並列処理で高速化できる割合をaとすると，

$$速度向上比 = \frac{1}{(1-a)+\frac{a}{n}}$$

が成立するというものである。この式においてnの値がどんなに大きくなろうとも，速度向上比は1／(1−a)に漸近的に近づくだけで，それ以上大きくすることができない(処理速度を向上させるには限界がある)。

問13 ア

ホットスタンバイシステムにおける障害監視方法に，現用系から待機系に「動作中である」ことを示すメッセージ（死活情報）を定期送信するというものがある。定められた時間を経過しても死活情報が待機系に届かなかった場合，待機系では現用系に障害が発生したと判定し，自動切替操作を実行する。

イ　現用系の障害監視はオペレータではなく，待機系の自動監視機能が行う。

ウ　スケーラビリティを実現する冗長構成システムにおける負荷分散の契機である。

エ　現用系で実行する診断プログラムでは，現用系の全体がダウンした際などに通知や切替えを行えない。

問14 ア

MTTRは修理に要する平均時間であり，短いほど望ましい。エラーが発生した際にログ（履歴）を取得しておくことで，原因究明などの修復作業の効率化が図れ，MTTRが短くなることが期待できる。他選択肢はシステムの停止を予防・抑制してMTBFを伸ばすのには役立つが，MTTRの短縮とは直接の関係はない。

問15 エ

1台目の稼働率が0.7，2台目の稼働率が0.6とすると，「いずれか一方が稼働していて，他方が故障している」確率は次のように計算できる。

（1台目が稼働，2台目が故障の確率）+（1台目が故障，2台目が稼働の確率）

＝0.7×(1−0.6)＋(1−0.7)×0.6 ＝ 0.28＋0.18 ＝ 0.46

問16 ウ

例えば「Aが生起 → Aが終了してB，Cの順で生起 → Bが終了してDが生起 → Cが終了してEが生起 → D，Eが終了してFが生起」という流れを想定してみると，「B，C，が終了してD，Eの両方を実行しており，50×4＝200Mバイトが必要になる」という状況が最大である。BとC，DとEの終わる順番は変わる可能性があるが，いずれにしても合計容量が200Mバイトより大きくなることはない。

問17 イ

セマフォは，タスクの同期や排他制御に用いられる機構である。セマフォ変数の値を「利用可能な共有資源の数」とし，「資源要求時には変数を減じる」「資源解放時には変数を増加させて値を戻す」という仕組みにより，相互排他制御を実現できる。
キュー：先入先出のデータ構造。到着順方式のスケジューリングなどに用いられる
マルチスレッド：一つのタスク内で複数の処理の流れ（スレッド）を並列実行する手法
ラウンドロビン：複数タスクを一定時間ごと巡回的に実行するスケジューリング方式

問18 ウ

フラグメンテーションは，記憶領域上に細かな空きが散在する現象である。これにより，合計サイズは十分であっても，まとまった大きさの空き領域を確保できないという状況が発生し得る。
ア　可変長領域の獲得・返却を繰り返すことでフラグメンテーションが進行する。
イ　固定長ブロック方式のほうがフラグメンテーションは発生しにくい。
エ　ガーベジコレクションを領域返却のたびに行う必要はない。

問19 イ

多重度が１のときは，１タスクの実行が完了してから次のタスクを開始するので，所要時間は４秒×４件＝16秒となる。一方，多重度が２のときは次のようになり，全処理が終わるまで９秒で済む。その差は16－9＝７秒である。

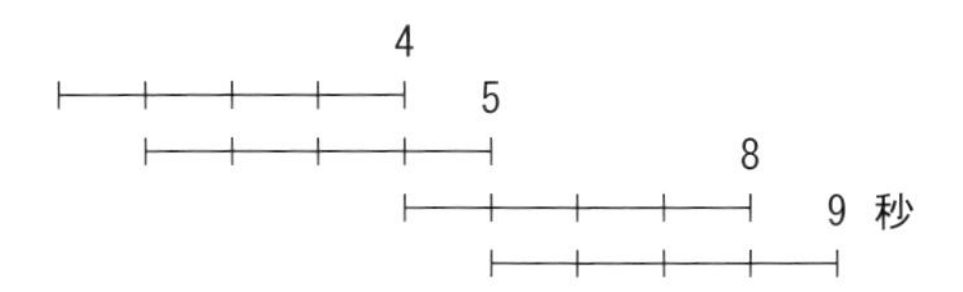

問20 エ

FPGAはユーザが構成をカスタマイズできる集積回路である。基板上に実装した後も，機能を記述し直す（再プログラムする）ことで回路構成を変更できる。
ア　フラッシュメモリに関する記述である。

イ　ASICに関する記述である。

ウ　FPUに関する記述である。

問21　ウ

直線上のx = 7の画素は（7，6）なので，その前の画素数は次のようになる。

（y＝0～5の6行分についての全画素）＋（y＝6の行で左にある7画素）

＝ 640×6＋7 ＝ 3,847画素

これらについて3,847×2＝7,694番地分の割当てが0番地～7,693番地に行われ，その直後の7,694番地が，（7，6）に割り当てられるアドレスの先頭となる。

問22　ウ

アクチュエータは，入力された電気信号を物理的な動作に変換する仕組みや部品の総称である。電動モータなどはアクチュエータの利用例に該当する。

ア　フィードバック制御に関する記述である。

イ　加速度センサやジャイロセンサなどに関する記述である。

エ　増幅器（アンプ）に関する記述である。

問23　ウ

耐タンパ性は，「内部に対する不正な手段での解析への耐性」を表す言葉である。物理的に解析しようとすると回路が破壊されるようにしておくことで，内部構造の解析を困難にし，耐タンパ性を向上させる。

ア　ESD（静電気放電）に対する耐性は，耐タンパ性と直接の関係はない。

イ　検査用パッドを残すと悪用される恐れがあり，耐タンパ性は低下する。

エ　物理アドレスを整然と配置すると解析が容易になり，耐タンパ性は低下する。

問24　ウ

選択肢に登場している各手法の概要は次のようになる。各立場と手法を適切に組み合わせているのはウである。

アンケート：利用者などにアンケート用紙に解答してもらい，回収・集計する

回顧法：利用者などに対し，使用後にヒアリングする

思考発話法：利用者などに対し，感想をそのつど口にしながら使用してもらう

ヒューリスティック評価法：専門家が自身の経験則に基づいて評価する

認知的ウォークスルー法：担当者がユーザの思考や行動を想定し，ユーザを代理する立場で評価する

問25　ア

レイトレーシングは，光源からの光線の経路を計算する（視線追跡を行う）ことによ

って，光の反射や透過などを表現し，物体の形状を描画する技法である。基準となる視点と各画素を結ぶ視線を設定し，その視線が最初に交差する物体があれば，その交差する部分の色が画素の色となる。

問26 ウ

分散データベースシステムにおいては以下の三つの性質を同時に満たすことはできないという考え方が存在し，頭文字をとってCAP定理と呼ばれる。

整合性（Consistency，一貫性）… データの整合性が保たれる

可用性（Availability）… いつでも利用できる状態である

分断耐性（Partition-tolerance）… ネットワークが分断しても正常利用できる

問27 ア

３層スキーマモデルにおける各スキーマの概要は次のとおりである。インデックス（索引）の定義はファイル編成の設計に関連するので，内部スキーマ設計に含まれると言える。他選択肢は概念スキーマ設計に該当する。

概念スキーマ：論理データモデル自体を表す。関係データベースでは実表に相当する

外部スキーマ：個々のアプリケーションに必要な部分を抜き出したもの

内部スキーマ：ファイル編成などデータの物理的な格納方式を定義したもの

問28 ウ

各正規形の条件は，次のように整理できる。

第１正規形：全ての属性が単純である（繰返し項目などを含まない）

第２正規形：全ての非キー属性が主キーに完全関数従属する
（主キーの一部だけに関数従属する非キーが存在しない）

第３正規形：全ての非キー属性が主キーに対して推移的関数従属しない
（主キーＡに対しＡ → Ｂ → Ｃとなるような非キーＢ，Ｃが存在しない）

問29 ア

undo/redo方式の障害回復では，ロールバックに該当する“undo”処理でログの更新前情報を用いて更新を取り消し，ロールフォワードに該当する“redo”処理でログの更新後情報を用いて更新を確定（反映）させる。よって，更新前情報と更新後情報の両方が必要となる。

問30 ア

データマイニングは，大量のデータを解析し，「Ａを買う客は，一緒にＢを買うことが多い」のような隠れた規則及び相関関係を導き出す手法である。

イ　スライシングなどの分析手法に関する記述である。

ウ　スキーマやメタデータの考え方に関する記述である。
エ　レプリケーションに関する記述である。

問31　イ

IPv6アドレスの表記法は，128ビットを16ビットのセクションに分け，各セクションをコロン“：”で区切って16進数４文字ずつで表す方式が基本である。また，０であるセクションが連続している場合は，その部分を“::”で表す簡略記法も使用できる。“::”は表記中に１箇所のみ使用できるので，２箇所に用いているアは誤りとなる。

問32　ウ

PPPoE（PPP over Ethernet）は，PPPがもつ機能をEthernetで利用するためのプロトコルである。シリアル公衆回線を介した接続時に，LAN上のPCからもユーザ認証やIPアドレスの割当てなどが可能になる。
MPLS：IP-VPNで用いられる，IPパケットを高速処理するスイッチング技術
PPP：シリアル回線上で通信機器同士を相互接続するプロトコル
PPTP：データリンク層（レイヤ２）でトンネリングを実現するための技術

問33　イ

TCPがコネクションを用いた信頼性の高い通信を提供するのに対し，UDPはコネクションレス型の通信でスループットの高い通信を提供する。NTPはネットワークに接続された機器の時刻情報を同期させるためのプロトコルであり，高いリアルタイム性が要求されるため，UDPによる高速な通信を用いる。

問34　ア

末尾に付けられた“/28”は，IPアドレスの上位28ビットがネットワークアドレス部であり，残り４ビットをホストアドレス部として利用することを表す。４ビットを用いれば$2^4=16$種類のアドレスを表現できるが，このうち，“0000”と“1111”はホストに割り当てることができない（ネットワークアドレス，ブロードキャストアドレスとして利用する）ので，接続可能なホストの最大数は$16-2=14$個となる。

問35　エ

OpenFlowはSDN（物理的構成にとらわれないネットワーク構成管理）を実現する技術仕様であり，ネットワーク機器を，実際のデータ転送を担当する“スイッチ”と，スイッチを制御管理する“コントローラ”に分けて取り扱う。コントローラの部分はソフトウェアによって実現される。
ア　DNSに関する記述である。
イ　VoIPなどの音声パケット変換技術に関する記述である。

ウ　SANに関する記述である。

問36 エ

SAMLは，異なるドメイン間で認証情報などを伝達するためのプロトコルである。複数サイト間でユーザ認証に必要な情報を送受信する機能があり，両方のサイトに対して権限をもつ利用者であればシングルサインオンを実現できる。

ア　SNMPに関する記述である。

イ　STIXなどの脅威情報を記述するフォーマットに関する記述である。

ウ　TLSなどのセキュリティプロトコルに関する記述である。

問37 ウ

サイバーキルチェーンは，サイバー攻撃の手順を攻撃者の視点で“偵察→武器化→配送(デリバリー)→攻撃(エクスプロイト)→侵入(インストール)→指令＆制御→目的の実行”という複数ステップで定義したモデルである。選択肢ウは攻撃対象となる組織や人物の情報を調査しているので，“偵察”段階に該当する。

ア　配送以降の段階に関する記述である。

イ　配送以降の段階に関する記述である。

エ　武器化段階に関する記述である。

問38 エ

チャレンジレスポンス方式は，認証主体が作成するチャレンジをもとに被認証主体がレスポンスを生成する方式である。パスワードをそのまま通信することがなく，チャレンジは毎回変化するので，窃取やリプレイアタックの脅威に対抗できる。

問39 ア

デジタル署名において，送信者はメッセージやダイジェストに対し署名鍵（通常は送信者の秘密鍵）を用いた暗号化を行い，送信者本人しか作成できないデータ（署名）を作成する。受信者は，署名鍵に対応した復号鍵（通常は送信者の公開鍵）を使ってそれを復号し照合する。正しく照合できたのであれば，送信者になりすましがなく，メッセージに改ざんがないことを確認できる。

問40 イ

cookieのうち，Webサイトのドメインから直接発行されているものをファーストパーティ cookie，それ以外のドメインから発行されているものをサードパーティ cookieと言う。ブラウザがサードパーティ cookieを受け入れる設定になっていると，ある広告主が複数のWebサイトに同じサードパーティ cookieを組み込み，それらを閲覧する利用者の情報を複数サイトにわたって横断的に取得・分析する“トラッキング”が可能になる。これはプライバシーの面などから問題も多いため，防止のためにブラウザでサードパーティ cookieをブロックする設定にすることも多い。

問41 エ

リバースプロキシサーバ（以下，RPサーバ）を用いてシングルサインオンを実現する場合，RPサーバは利用者のPCがアクセスする認証サーバとして働き，受け取った証明書などを用いて利用者を認証する。認証成功の場合，RPサーバは最終的な接続先となるサーバに対して，利用者IDなどの情報を送信し，以降の通信を行えるようにする。

問42 ウ

レインボー攻撃は，ハッシュ値に変換して保存されたパスワードを解読する攻撃である。パスワードになりそうな文字列をあらかじめハッシュ値に変換して対応表（レインボーテーブル）に登録しておき，この表と入手したハッシュ値を比較して，元のパスワードを見つけ出す。
ア　パスワードリスト攻撃に関する記述である。
イ　ブルートフォース（総当たり）攻撃に関する記述である。
エ　ソーシャルエンジニアリングに関する記述である。

問43 イ

JIS Q 27000において，リスクレベルは“結果とその起こりやすさの組合せとして表現される，リスクの大きさ”と定義される。
ア　“ぜい弱性”の定義に該当する。
ウ　リスク対応の優先度に関する一般的な記述である。
エ　“リスク基準”の定義に該当する。

問44 ウ

VDIは，「画面転送型」の仮想的なデスクトップ環境を提供する仕組みである。サーバ上で仮想的な環境を構築し，処理結果（画面）の情報をクライアント側に転送する。クライアント側ではその結果を表示するだけなので，アプリケーションやデータはダウンロードされず，問題文で示されているようなセキュリティ効果が期待できる。

問45 ウ

ファジングとは，検査対象のソフトウェアに対して問題を引き起こしそうな入力データを与え，応答や挙動を観察して脆弱性を見つける検査手法である。問題を引き起こしそうな入力データのことをファズと呼ぶ。
ア　FINポートスキャンとよばれる，ポートスキャン手法の一つに関する記述である。
イ　一般的なログ解析による改ざん検出手法に関する記述である。

エ　IDSの侵入検知機能に関する記述である。

問46 エ

データ結合は「構造をもたない引数により，モジュール間のデータの受渡しが行われる」結合であり，結合度が最も低い。結合度の低いモジュールほど，モジュール間の関連が希薄で，独立性が高い。
外部結合：構造をもたない外部データを共用する結合
共通結合：構造をもつ外部データを共用する結合
スタンプ結合：構造をもつ引数によりデータの受渡しが行われる結合

問47 イ

判定条件網羅は，全ての分岐を少なくとも1回は実行するようにテストケースを設計する。選択肢イのテストケースでは次のようになり，網羅が実現できる。
(1)の“A＝1，B＝0”で，最初の分岐はYes，次の分岐もYes
(2)の“A＝1，B＝1”で，最初の分岐はNo，次の分岐もNo
(途中で命令“2→C”が実行され，“C＝1”がNoとなる)

問48 ア

解答群で表される保守分類の概要を次に示す。リバースエンジニアリングで仕様書を作成し直すことは，保守性を高めるための方策なので“完全化”に該当する。
完全化：性能や保守性を高めるために改良する
是正：顕在化した（発見された）問題を修正する
適応：外部環境の変化（税率の変更やOSのバージョンアップなど）に対応する
予防：潜在的な障害を顕在化する前に修正する

問49 エ

ベロシティは「実計測に基づいた，一定の時間内における作業（成果物）の量」を指す言葉である。具体的には，1回のスプリント（イテレーション）で完了させたユーザストーリーの作業量（ストーリーポイント）の合計値などが用いられる。
スプリント：スクラムにおける開発期間
スプリントレトロスペクティブ：スプリントの終わりに活動を振り返ること
バックログ：実現すべき要求や実施すべき作業を表す言葉

問50 ア

IDE（Integrated Development Environment）は，プログラム開発を行うために必要なエディタやコンパイラ，デバッガなどの機能が統合された統合開発環境である。有名なものにEclipseなどがある。

イ　モニタツールに関する記述である。

ウ　チップ性能の評価ボード（リファレンスボード）に関する記述である。

エ　OSの機能に関する記述である。

問51　エ

現在のコスト効率（CPI）はEV ／ AC＝40 ／ 60＝2 ／ 3，つまり獲得価値と実コストの比率が2：3なので，このコスト効率が今後も続くと仮定した場合，「ある出来高を得るのにその1.5倍のコストがかかる」とわかる。完成時の総予算（BAC）は100万円なので，その出来高を得るために100×1.5＝150万円を要する。

問52　ア

予定よりも多い資源を投入して所要期間の短縮を図る技法を，クラッシングという。クラッシングはクリティカルパス上のアクティビティを対象として行うのがよい。

クリティカルチェーン法：作業の依存関係に加え資源の競合も考慮する日程計画技法

ファストトラッキング：複数工程を並行実施することで期間の短縮を図る技法

モンテカルロ法：乱数によるシミュレーションを繰り返して近似解を求める計算手法

問53　ウ

各作業の開始条件（前後関係）に注意しながら作業のタイムチャートを作成してみると次のようになり，最短で100日が必要であることがわかる。

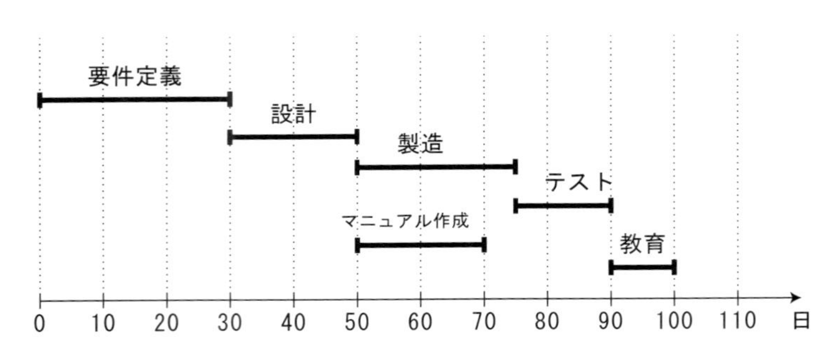

問54　ア

コンティンジェンシ計画では，アセスメントで判明していたリスクに対し，それらが発生した際の対応策を記述する。選択肢アの“あらかじめ定義された，ある条件のとき”という記述は，判明していたリスクが顕在化したときを述べていると判断できる。

問55　ウ

RPOが12時間前ということは，最低でも障害時点から12時間前よりも前のデータは復元できなければならない。このためにはバックアップを12時間以下の間隔で取得すべきである。12時間よりも長い間隔だと，次の図のように直近のバックアップから12時間以上が経過した時点で障害が発生した場合に要件が守れなくなる。

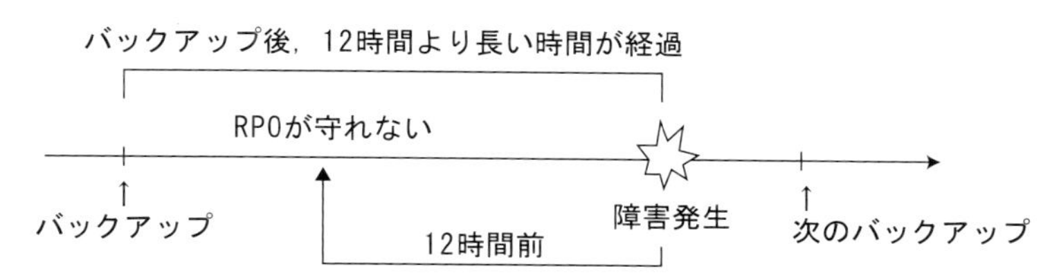

問56 エ

保守性は，故障の場合に復旧できる能力を指す概念である。平均サービス回復時間はサービスが停止してから復旧するまでの平均時間であり，これを短縮することは，保守性を高めることにつながる。他選択肢は，“信頼性”に関する指標と判断できる。

問57 イ

DAはデータのスキーマ（枠組み）や論理構造について管理責任をもち，DBAはデータベース運用管理に責任をもつ。設計工程においては，DAが論理データベース設計や標準化を行い，DBAがそれを受けて実装を意識した物理（内部）設計を行う。他の選択肢は，DBAの役割に関する記述である。

問58 ア

事業継続計画は，天災などが発生しても事業を継続するための計画である。緊急時の連絡先リストの管理は重要事項であり，適宜最新の状態に更新しておかないと緊急時に適切な情報伝達が行えなくなる。

イ　重要書類は複製して原本とは別の場所に分散して管理しておくべきである。
ウ　業務ごとに優先順位を付け，順位に応じたBCPを策定するのが望ましい。
エ　緊急時に迅速に実施できるよう，平時から公開しておくべきである。

問59 イ

監査調書は，監査人が作成・入手した監査証拠などを，結論に至る過程が分かるように整理・記録したものである。選択肢イの“結論を支える合理的な根拠”は監査証拠のことと判断でき，適切な記述と言える。

ア　機密性の高い情報も含むので，原則，関係のない部門には非公開とする。
ウ　電子媒体で保管する場合，バックアップを作成すべきである。
エ　事実とともに担当者の所見も記述しておくと，適切な意見を導く助けとなる。

問60 ア

システム監査基準では，アジャイル手法を用いたシステム開発の場合，“必ずしも管理用ドキュメントとしての体裁が整っていなくとも監査証拠として利用できる場合があることに留意する”と述べられている。例えばホワイトボードに記載されたスケッチの画像データや開発現場で作成された付箋紙などが挙げられる。

問61 ア

システム管理基準では，運用管理者がログを取得し定期的に分析することが記されており，「ログは認可されないアクセスからは保護し，改ざんされないように保管する」などの着眼点が挙げられている。

イ　例外的なアクセスや違反行為も含めてログを記録・保管すべきである。

ウ　特権的アクセスのログは重要なので，特別に厳格な管理をすべきである。

エ　ログ分析はインシデント発生前にも行って予防に活用すべきである。

問62 エ

SOA（Service Oriented Architecture）は，業務プロセスや情報システムを「サービスを実現するソフトウェア部品」の集合体としてとらえる構築手法である。

ア　ERPに関する記述である。

イ　フィット＆ギャップ分析の説明である。

ウ　PDCAサイクルによる継続的改善の説明である。

問63 イ

BPO（Business Process Outsourcing）とは，ビジネスプロセスの一部または全部を外部の企業に委託することを意味する言葉である。

ア　BCM（事業継続管理）の説明である。

ウ　MRP（資材所要量計画）の説明である。

エ　プロジェクトポートフォリオの説明である。

問64 ウ

PBPとは，投資を回収できるまでに要する期間のことである。PBPの短い投資案件ほど投資効率が良いと評価できる。

IRR：正味現在価値が０になるような割引率の値のこと。内部利益率ともいう

NPV：正味現在価値。投資で得られる価値を現在価値に置き換えて評価したもの

ROI：投資がどの程度の利益を生み出しているかを利益額／投資額で示したもの

問65 ア

使用性（ユーザビリティ）は「有効性や効率性の目標を達成するように，製品やシス

テムを利用できる度合い」を表す言葉であり，使いやすさや習得のしやすさが含まれる。選択肢アは習得のしやすさを指しており，使用性に該当する。

イ　性能・拡張性に該当する。

ウ　移行性に該当する。

エ　可用性に該当する。

問66　ア

アクティビティ図は分岐や同期などの振舞いを流れ図形式で表現する。

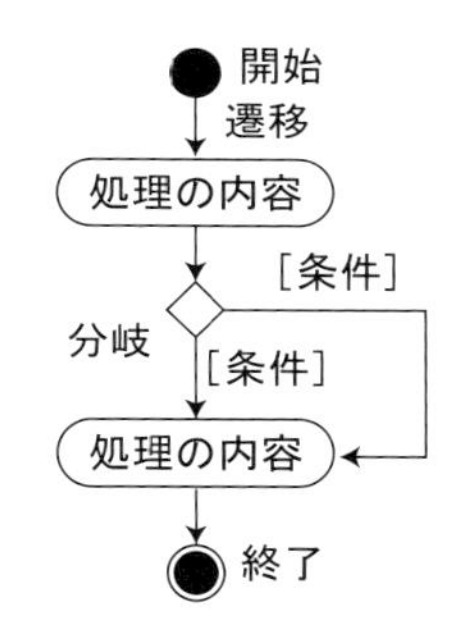

クラス図：クラスの構造及び各クラス間の関係を表現する図

状態マシン図：時間経過などによる状態の変化を表す図

ユースケース図：外部からシステムの機能をどう利用するかを記述する図

問67　ウ

PPM（プロダクトポートフォリオマネジメント）では，自社の事業や製品を

花形：成長率も占有率も高　　問題児：成長率は高，占有率は低

金のなる木：成長率は低，占有率は高　　負け犬：成長率も占有率も低

の四つに分類する。投資用の資金源となるのは，金のなる木に該当する「市場成長率が低く，相対的市場占有率が高い事業」である。

問68　ウ

アンゾフの成長マトリクスは，“市場”と“製品”の２軸をそれぞれ“新規”と“既存”に分けて考えることで，成長戦略を次の四つに分類するものである。

	既存製品	新製品
新市場	市場拡大 海外進出など，既存製品を新市場(顧客層)に販売	多角化 製品・市場ともに，新分野に進出する
既存市場	市場浸透 既存市場(顧客層)に対する既存製品の販売を伸ばす	製品開発 新製品を開発し，既存市場(顧客層)へ販売

ア　SWOT分析を説明したものである。

イ　バランススコアカードを説明したものである。

エ　プロダクトライフサイクルマネジメントを説明したものである。

問69　エ

バイラルマーケティングとは，口コミなどの消費者間のコミュニケーションによって評判が伝わることを積極的に利用する手法である。SNSの活用などが該当する。

ア　ワントゥワンマーケティングに関する記述である。

イ　マスマーケティングに関する記述である。

ウ　オムニチャネルに関する記述である。

問70　エ

自社では企画や設計は行わず，他者から委託を受ける形で半導体製品の製造を専門的に行う企業のことをファウンドリと呼ぶ。一方，ファブレス企業とは，自社では工場などの生産設備を持たず，他のメーカに生産委託する事業形態である。

問71　ウ

XBRL（eXtensible Business Reporting Language）は，XMLをベースとした，企業の財務情報を記述するための言語である。ソフトウェアやプラットフォームに依存せず財務情報を流通・利用できる。

問72　ウ

かんばん方式とは，後工程が前工程に対して，引き取る品物名や数量を記した帳票（かんばん）を用いて指示する生産方式である。中間在庫の滞留を減少させ，生産コストを低減させる効果が期待できる。

ア　部品の規格化の効果に関する記述である。

イ，エ　関連会社からの部品調達や指定業者による入札に関する記述である。

問73　ア

どの仕事からどの仕事へ移行すると短い段取り時間で済むかに留意しながら組合せを

試行すると，「b → a → c → d」という流れのときに段取り時間の合計が１＋１＋２＝４時間となり，最適解であることがわかる。

問74 ウ

会議が円滑に進むよう中立的な立場から会議の進行を支援することをファシリテーションといい，それを行う者をファシリテータという。ファシリテータは会議の状況を観察しながら参加者に発言を促したり，議論の流れを整理したりする。

問75 イ

PM理論は，リーダの力を「目標を達成する力＝P（Performance）機能」と「集団をまとめ上げる力＝M（Maintenance）機能」の２軸から捉える考え方である。例えばP機能が大きくM機能が小さい場合，「目標達成意欲や自身の能力は高いが，多数のメンバをまとめあげることが苦手」ということになる。

ア　コンピテンシモデルや特性論アプローチと呼ばれる手法である。

ウ　タスク（仕事）志向と人間関係志向を２軸としたSL理論の特徴である。

エ　SL理論の前身となったリーダシップ論（コンティンジェンシー理論）である。

問76 エ

利益は「売上高－（固定費＋変動費）」で求まる。売上高は設定価格×予測需要，変動費は１個当たりの変動費×予測需要で求まるので，例えば設定価格が1,600円の場合であれば次のように計算できる。

1,600×50,000－(1,000,000＋600×50,000) ＝ 49,000,000 [円]

他の設定についても同様に求め比較すると，1,600円のときが一番利益が大きい。

問77 エ

プログラムの著作権は，作成者に帰属するのが原則である。ソフトウェア開発を請負契約で発注した場合は，契約で特段の取決めを行わない限り，そのソフトウェアの著作権は受託者（本問の場合はB社）に帰属する。

問78 ア

他人のユーザIDやパスワードを正当な利用者（本人やアクセス管理者）以外に無断で提供する行為は，“不正アクセス行為を助長する行為”に該当する。他選択肢は，不正アクセスの準備に該当する行為である。

問79 ウ

偽装請負とは，請負契約でありながら，実態が労働者派遣（労働者供給）になっている作業形態である。選択肢ウの記述では，業務システムの開発を受託したB社の社員がA社に赴き，発注元であるA社の責任者の指揮命令に従っている。これは労働者派遣として扱うべき形態なので，偽装請負とみなされる。

問80 エ

RoHS指令とは，人や自然環境が有害物質の悪影響を受けるのを防ぐために制定されたEU内の規制である。基準値を超える鉛や水銀などを電気・電子機器に使うことを禁止するもので，この規制に反するものはEU内では販売できない。

ア　家電リサイクル法などに関する記述である。

イ　CISPR規格VCCIなどのEMC（電磁環境両立性）規制に関する記述である。

ウ　安全保障貿易管理の考え方に基づくリスト規制などに関する記述である。

午後問題

問 1

【解答】

設問		解答例		備考
設問1		a	サービス	
設問2		b	WAF	
設問3		イ，ウ		
設問4	(1)	ゼロデイ攻撃		
	(2)	ウ		
	(3)	c	ア	
	(4)	d	インシデント対応チーム	
	(5)	SIEM		

◆IPA IT人材育成センター公表

【解説】

設問1

aについて

サーバ上で稼働中のサービスが多いほど外部からの不正アクセスを受ける可能性は高くなる。よって，不正アクセスを受ける可能性を低くするためには，提供する必要のない不要な「サービス」を停止し，必要最小限のサービスのみを稼働させればよい。

設問2

bについて

Webサーバとの通信内容などを検査し，Webアプリケーションへの攻撃を検知・遮断する機器をWAF（Web Application Firewall）という。

設問3

項番５では“修正プログラムを毎日確認し，最新版の修正プログラムを適用”とある。ソフトウェアごとの修正プログラムの有無を確認するためにはソフトウェアの名称が必要である。また，最新版かを判断するには，バージョン情報も必要になる。

設問4

(1)

下線②では“脆弱性に対応する修正プログラムはまだリリースされていなかった”とある。このような，脆弱性に対する修正（パッチ）がリリースされる前にその脆弱性を悪用する手法を，ゼロデイ攻撃という。

(2)

修正プログラムがリリースされていない場合，一時的な回避策（ワークアラウンド）があれば暫定対策として適用するのが望ましい。どのような対策が有効かは脆弱性によって異なるので，ポータルサイトなどで公開された情報を調査し，回避策が存在するか，実現可能かなどを判断する必要がある。

(3)

cについて

正常なものを不正・攻撃と判断するような誤検知を，過検知（フォールスポジティブ，偽陽性）という。一方，異常な通信を正常な通信と判断して通過させてしまうような現象は未検知（フォールスネガティブ，偽陰性）という。

(4)

dについて

"影響度を判断"や"ルールを作成"という記述から，インシデント対応を行う組織名が入ると判断できる。問題文では，セキュリティインシデントを専門に扱い，指示を行うインシデント対応チームを設置するとあるので，これを答えればよい。

(5)

複数の機器が記録したログを一元管理し，横断的な分析を行うことによって脅威やインシデントの可視化や迅速な通知を実現する仕組みを，SIEM（Security Information and Event Management）という。

問2

【解答】

設問		解答例			備考
設問1	(1)	イ			
	(2)	売上高の増減に対して営業利益の増減幅が大きくなる。			
設問2	(1)	景気の見通しの予測は難しいが営業利益は予測できる。			
	(2)	a	オ	b イ	
	(3)	中高価格帯の商品は粗利益率が高いから			
設問3	(1)	固定費の割合の減少			
	(2)	顧客は実際に商品を試してから購入したい。			

◆IPA IT人材育成センター公表

【解説】

設問1

(1)

固定費は，売上高や製造販売数に依らず固定的に発生する費用である。A社が広告宣伝や研究開発に注力していることを考慮すると，正社員の人件費は売上の多寡とは連動しない部分が大きく，人件費全体で考えれば固定費とするのが妥当と判断できる。

ア　原材料費は製造量に応じて発生する変動費である。

ウ　一般的に外注費は変動費として扱われることが多い。特に製造ラインの外注費は製造量が増えるほど多くなるので変動費と考えるのが自然である。

エ　運送会社に従量課金制の契約で業務委託しているので，配送の外注費は製造量に依存する変動費と判断できる。

(2)

これまでの「売上高を増やすことで営業利益を増やす」戦略が，今後の「景気が悪化しても安定した営業利益を確保」という事業方針にそぐわない点を，固定費の割合に注目して考える。

総費用に占める固定費の割合が高い（変動費の割合が低い）ほど，売上高の増減に対して費用の増減する幅は小さくなる。これは，「売上が増える場合は利益も大きな増加が期待できるが，逆に売上が減るときには費用をあまり減らせず，利益が小さくなる」ことを意味する。このことを解答すればよい。

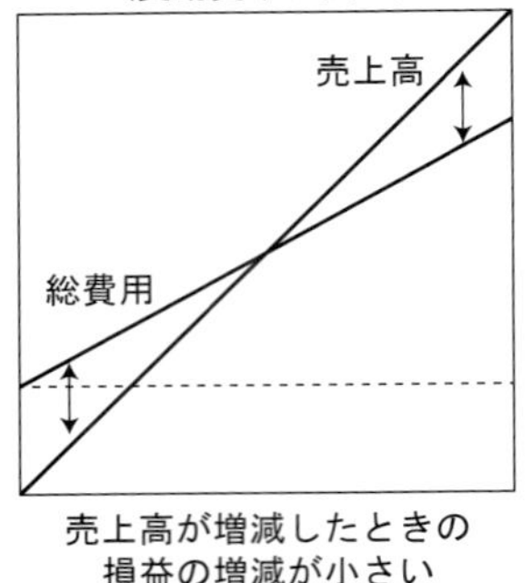

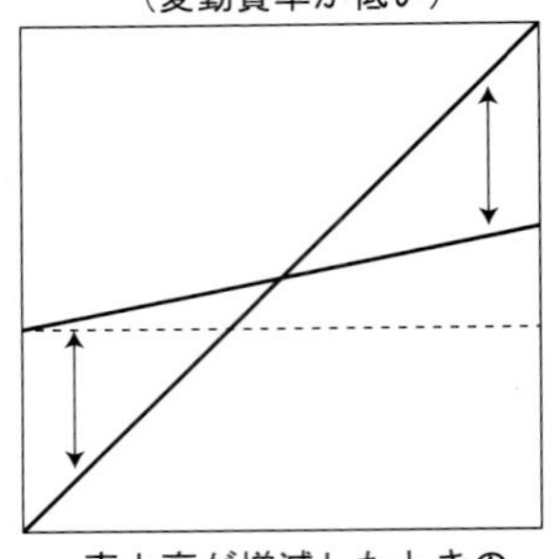

設問２

(1)

景気の見通しについては，表１の後で“不透明であり，その予測は難しい”と述べられている。一方，営業利益の予測については，表１の前で“過去の知見から信頼性の高いデータに基づいている”と述べられている。

ゲーム理論ではルール（判断基準）に従って選択的な意思決定を行う。将来の景気が不透明でも，選択した戦略に対する利得がある程度正確に把握できていれば，それを用いた信頼性の高い判断が行えるので，ゲーム理論を用いることが有効と判断できる。

(2)

aについて

今後の事業方針は「景気が悪化しても安定した営業利益を確保する」なので，各案を最悪（最小）の場合を想定して比較し，その際の利益が最大となるようなものを選べばよい。このような選定基準をマクシミン原理という。実際に表１の値で考えると，各案の最悪の場合は積極案：640，現状維持案：720，消極案：740なので消極案を採用することになり，“消極案が最適になる”という記述と一致する。

bについて

空欄bの前で述べられているような「両者ともに，選択した戦略を変更すると利得が減ってしまう」戦略の組合せを，ナッシュ均衡という。

(3)

表２の前で“粗利益率が高い中高価格帯の割合を更に増やす”と述べられていることに注目する。粗利益率が高いということは売上原価の割合が低く，低価格帯の商品に比べて，同じ売上高であっても多くの利益を得られることになる。

設問 3

(1)

下線④と⑤に共通するのは，製造や販売を他社に委託するという点である。製造委託では委託先に製造量に応じた費用を支払い，販売委託では売上金額に対して一定の割合で販売手数料を支払うと判断できるので，どちらも発生する費用が変動費として計上されることになる。これにより，費用構造が固定費の割合を減らす方向に変化し，「固定費の割合が高い」という問題点の解消が期待できる。

(2)

問題文の冒頭付近に“化粧品販売では実際に商品を試してから購入したいという顧客ニーズが強く”と述べられている。実際に商品を試すためには店舗に足を運ぶ必要があるので，これが店舗サービスとECサービスが両立できる理由と判断できる。

問 3

【解答】

設問		解答例			備考
設問1	ア	board[x] が 0 でない			
	イ	x + 1			
	ウ	check_ok(n, x) が true と等しい	エ	0	
設問2	オ	div(x, 9) * 9			
	カ	board[row_top + i] が n と等しい			
	キ	mod(x, 9)			
	ク	board[column_top + 9 * i] が n と等しい			
	ケ	mod(div(x, 9) * 9, 27)			
設問3	処理A	データ構造Zを退避する			
	処理B	退避したデータ構造Zを取り出す			

◆IPA IT人材育成センター公表

【解説】

設問 1

アについて

注釈にもあるように“対象のマスが空白でない”ことを表す条件を入れればよい。対象マスはboard[x]で参照でき，空白の場合は“0を格納する”と述べられているので，「board[x]≠0」を意味する式が解答となる。

イについて

手順では“左端から順に右方向に探索し，右端に達したら一行下がり，左端から順に探索”とある。これは図3における盤面の添字の順番と同じなので，次のマスを探索するにはxを1だけ増やせばよい。solveは引数で与えられたマスのみを処理し，それ以降のマスは再帰呼出しで処理する流れとなる。

ウについて

ループ内は手順(4)の「数字を入れた時にルールに則っているかをチェックして分岐する」部分に該当すると判断できる。ルールに則っていない場合は何もせず戻るので，空欄ウは「ルールに則っている」ことを表すと考えられる。

チェック用の関数にはrow_ok，column_ok，frame_okがあり，さらにこれら3つをまとめて行うcheck_okが用意されている。空欄ウではこのcheck_okを“check_ok (n, x)”として呼び出し，返却値がtrueである（重複がない）かを判定すればよい。

エについて

次の探索のために再帰呼出ししたsolveが終了して制御が戻ってきたあとは，“マスを空白に戻して一つ前に数字を入れたマスに戻り，(3)から再開する”必要がある。このためにはboard[x]に0を入れてマスを空白に戻したうえで，forループの先頭に戻って次の

nから再開すればよい。

設問2

オについて

行の左端のマスを示す添字を求める部分である。左端のマスの添字は0，9，18，27…といずれも9の倍数になっているので，最上行を0行目として，そのマスが上から何行目にあるか（以下，行位置という）を求め，それに9を乗じればよい。

各行の添字の範囲は0行目なら[0]～[8]，1行目なら[9]～[17]，…となっているので，div（x, 9）によってxを9で割った商を求めればそれが行位置となる。あとはこれに9を乗じればよい。なお，同様の結果は“x － mod（x, 9）”でも得ることができる。

カについて

行位置がrow_topに求まったならば，その行の中で左から何列目にあるか（以下，列位置という）を決めることで，マスが特定される。forループではiを0～8で変化させているので，“row_top＋i”を添字に用いれば，1行目（row_topが9）のときならば9，10，11，…というように当該行のマスを左から順に走査できる。あとは，各マスにnと重複する数字が格納されているかを，nとの比較で判定すればよい。

キ，クについて

xが示すマスの列位置（上端マスの添字）を求め，それを基準として9の倍数を足していけば，同じ列の各マスの添字となる。列位置は“mod（x, 9）”でxを9で割った剰余を計算すれば求まる。あとはiを変化させながら“＋9＊i”のように9倍して足していけばよい。最後は空欄カと同様に，各マスの内容をnと比較する。

ケについて

xで示すマスを含む3×3の枠における，左上端マスの添字を求める部分である。まず，空欄ケの後にある“－mod（x, 3）”によって，xが0～2なら0，12～14なら12といったように，「当該枠における左端列へ寄せる」効果が得られる。あとは「上端行に寄せる」ように，上の行なら0，中央の行なら9，下の行なら18を引けばよい。

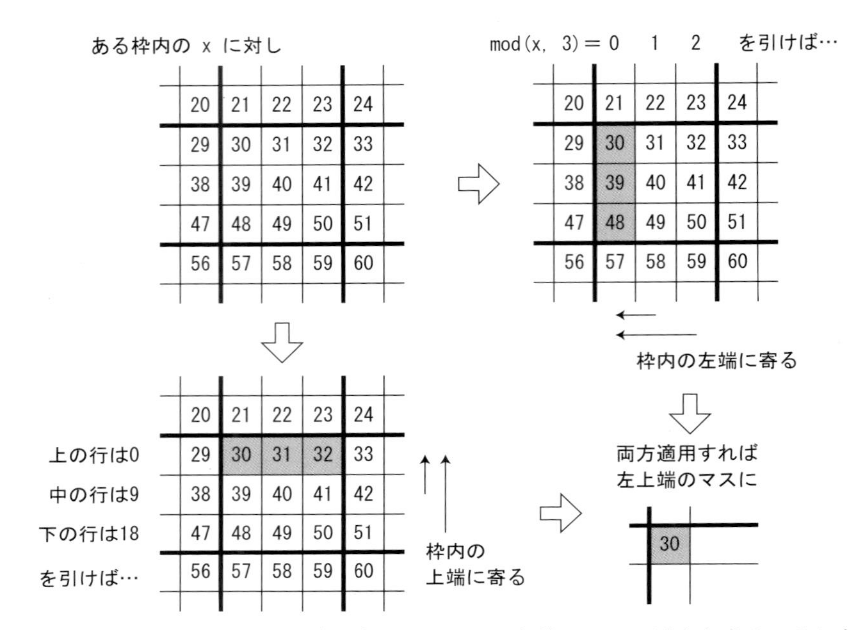

例えば，空欄オと同様にdiv（x, 9）＊9によって左端のマスの添字を求め，それを27で割った余りを求めると，ちょうど引くべき値が得られる。他にも，“mod（div（x, 9）, 3）＊ 9”や“div（mod（x, 27）, 9）＊ 9”でも同じ結果を得ることができる。

設問3

改善後の手順では，例えばあるマスに入れられる数字が{2, 5}の２種類あった場合に，まず(3-1)で「２を入れてみる」場合の処理を行う。その際にデータ構造Ｚ内のいくつかのマスが「２を置けない」ように内容更新されるので，(3-2)で一つ前のマスに戻る際，単純に当該マスを空白にするだけでは，データ構造Ｚが更新されたまま（3-1）以前の状態に戻らない。これでは次に「５を入れてみる」場合の処理を行う時に問題が出るので，当該マスだけでなくデータ構造Ｚも(3-1)以前に戻す必要がある。

このためには，(3-1)冒頭の処理Ａの段階でスタックなどを用いてデータ構造Ｚを退避（保存）しておき，(3-2)の処理Ｂでは，その退避しておいたデータ構造Ｚを取り出す（復元する）ような仕組みが必要である。

問 4

【解答】

設問		解答例						備考
設問1		a	スケールアウト	b	関数	c	キャッシュ	
設問2	(1)	PaaSやFaaSでは，OSやミドルウェアのメンテナンスが不要だから						
	(2)	d	CDN					
	(3)	バッチ実行時間が上限の10分を超えてしまう問題						
設問3		e	8	f	2,600	g	1,800	
設問4	(1)	h	FaaS					
	(2)	20分未満の間隔でFaaS上のアプリケーションを定期的に呼び出す。						

◆IPA IT人材育成センター公表

【解説】

設問1

aについて

多数のトランザクションを処理する際は，使用するサーバの台数を増やし，並行処理によって性能を向上させるスケールアウトが有効である。

bについて

FaaS（Function as a Service）は，実行したい処理の部分だけを関数（機能）として実装するモデルである。PaaSではアプリケーション一式を実装するのに対し，FaaSでは実行すべき処理のみをプログラム中で関数として実装すればよい。

cについて

一度読み込んだ後に“再利用”するためには，高速な記憶装置にコンテンツを一時的にキャッシュ（蓄積）しておき，必要に応じて読み出せばよい。

設問2

(1)

表2から，IaaSが“OSやミドルウェアのメンテナンスをサービス利用者側が実施する必要がある”ことがわかる。一方，PaaSやFaaSではそれらをクラウドサービス側が提供するので，メンテナンスコストが不要になると判断できる。

(2)

ストレージからのコンテンツ配信については，表2の“CDN”の欄でインターネットに配信することが説明されている。スクリプトファイルの配信もこれに該当する。

(3)

表2を見ると，PaaSやFaaSでは1トランザクションの最大実行時間が10分となっている。表1ではバッチ処理の性能目標値（バッチレスポンス）が30分以内となっているので，データ量が多いときは実行時間が10分を超えて20～30分程度になると判断でき

るが，PaaSやFaaSではそれらが上限設定を超えてしまい実行できない。

設問3

eについて

表１より名刺参照の通常時業務量は4,000件／時間，表３よりPaaSの１台当たりの処理能力は１時間当たり500件／台なので，必要台数は次のように求まる。

4,000（件／時間）／ 500（件／時間）＝ 8（台）

fについて

表２よりPaaSの利用料金は１台当たり200円／時間である。名刺登録で５台，名刺参照で８台の合計13台が必要なので，１時間当たりの費用は次のようになる。

200（円／時間／台）× 13（台）＝ 2,600（円／時間）

gについて

表１より名刺登録の通常時業務量は1,000件／時間，表３よりCPU使用時間は50ミリ秒／件なので，１時間当たりのCPU使用時間を求めると次のようになる。

1,000（件／時間）× 50（ミリ秒／件）＝ 50,000（ミリ秒／時間）

これに表２から得られるFaaSの“CPU使用時間１ミリ秒ごとに0.02円”という要件を適用すると，名刺登録処理の１時間当たりの費用は，

50,000（ミリ秒／時間）× 0.02（円／ミリ秒）＝ 1,000（円／時間）

となる。名刺参照処理も同様に

4,000（件／時間）×10（ミリ秒／件）＝ 40,000（ミリ秒／時間）

40,000（ミリ秒／時間）×0.02（円／ミリ秒）＝ 800（円／時間）

と計算でき，FaaS全体ではこれらを合計した1,800円が費用となる。

設問4

(1)

表２でFaaSの料金及び制約について“20分間一度も実行されない場合，応答が10秒以上掛かる場合がある”とある。今回はこの制約が関連し，早朝など利用者の少ない時間帯に「トランザクションが20分間実行されていない」ことで発生したと判断できる。

(2)

制約を回避するには，20分間一度も実行されない状態を避ければよい。例えば20分未満の間隔でFaaS上のアプリケーションを定期的に呼び出すなどが考えられる。

問 5

【解答】

設問		解答例						備考
設問1	(1)	宛先IPアドレスが示す，NPC，機器又はサーバ名		プロキシサーバ				
		送信元IPアドレスが示す，NPC，機器又はサーバ名		営業所のNPC				
	(2)	ルータ，FW，プロキシサーバ						
	(3)	a	外部DNSサーバ	b	プロキシサーバ	c	社内DNSサーバ	
設問2		ISサーバ						
設問3	(1)	q-SaaS宛ての通信のネクストホップがIPsecルータ1となる経路						
	(2)	d	q-SaaS		e	営業所LAN		

◆IPA IT人材育成センター公表

【解説】

設問 1

(1)

問題文には“外出先及び社内のNPCからMサービス及びインターネットへのアクセスは，プロキシサーバ経由で行う”とあるので，①営業所のNPCがプロキシサーバに対して代替HTTPでアクセスし，②それを受けたプロキシサーバがクライアントとなってMサービスにアクセスすると判断できる。図2の（あ）は①の途中に該当するので，宛先IPアドレスがプロキシサーバ，送信元IPアドレスが営業所のNPCとなる。

(2)

前述のとおり，外出先のPCもプロキシサーバを経由してインターネットにアクセスしなければならない。図2からアクセスする経路を整理すると，「外出先のNPC→ルータ→FW→プロキシサーバ→ルータ→インターネット上のWebサーバ」となる。

(3)

aについて

アクセス経路が“インターネット→DMZ”でポート番号が53（DNSのウェルノウンポート）なので，インターネット上のクライアントがP社のドメイン名を解決するためのルールと判断できる。インターネットからの問合せには，DMZのサーバのグローバルIPアドレスを管理する外部DNSサーバが応答するはずである。

bについて

アクセス経路が“DMZ→インターネット”でポート番号が80（HTTP），443（HTTPS）なので，インターネット上のWebサーバへのアクセスに関するルールと判断できる。このアクセスは必ずプロキシサーバを経由しなければならず，代替HTTPでアクセス依頼を受けたDMZ上のプロキシサーバがWebサーバにHTTPやHTTPSでアクセスする。よってここでの送信元はプロキシサーバとなる。

cについて

アクセス経路が"内部LAN→DMZ"で，宛先が外部DNSサーバ，ポート番号は53（DNS）である。これに当てはまる動作の記述としては"社内DNSサーバは，（中略）管理外のサーバの名前解決は，外部DNSサーバに転送する"というものがあるので，送信元として社内DNSサーバを解答すればよい。

設問2

今までは"ISサーバへのアクセスは，プロキシサーバを経由せずに直接行う"仕組みだったため，プロキシ例外設定にISサーバのFQDNが登録されていたと判断できる。今後はISサーバ自体が廃止されるので，この情報が削除対象となる。

設問3

(1)

問題文及び図4では，q-SaaSに対する次の三つのアクセスの発生が示されている。

・外出中のNPCはHTTPSでアクセス
・本社のNPCはL3SWを経てIPsecルータ1からHTTPSでアクセス
・営業所のNPCはIPsecルータ2からVPNを経由せずHTTPSでアクセス

この中で経路表に変更が生じるL3SWを経由するのは本社NPCからのアクセスのみであり，L3SWはIPsecルータ1に中継を依頼している。よって，「q-SaaS宛てで，次の中継点がIPsecルータ1となる」といった内容を答えればよい。

(2)

dについて

内部LANからインターネットへのHTTPSアクセスのうち，q-SaaSだけは，プロキシサーバを経由せずにIPsecルータ1から直接アクセス（NAPT後にインターネットに転送）すべきである。

eについて

内部LANからIPsecルータ1とインターネットVPNを経由する通信の宛先は，営業所しかない。

問 6

【解答】

設問		解答例						備考
設問1	(1)	a	施設コード	b	プランコード	c	↑	a, b は順不同
	(2)	d	ALTER TABLE					
	(3)	1枚のクーポンは一つの予約だけに利用できる。						
設問2		e	クーポン発行連番					
設問3		f	SET 発行済枚数 = 発行済枚数 + 1			g	発行上限枚数	
設問4		下線②	RU	下線③	C			

◆IPA IT人材育成センター公表

【解説】

設問1

(1)

a, bについて

1対多の関連においては，“多”側が“1”側の主キーを外部キーとして保持する。利用プランと予約の間には1対多の関連があるので，“1”側である利用プランの主キー{施設コード，プランコード}を，“多”側の予約に外部キーとしてもたせる。

cについて

本文中に“各施設は幾つかの利用プランを提供していて”とあるので，一つの施設に複数の利用プランが対応することがわかる。すなわち施設：利用プラン＝1：多なので，“↑”を入れればよい。

(2)

dについて

テーブルに制約を追加するには，既存のテーブル定義を変更させるALTER TABLE文が使用される。ALTER TABLE文では列の追加（ADD COLUMN）や削除（DROP COLUMN），制約の追加（ADD CONSTRAINT）などが行える。

(3)

下線①のUNIQUE制約（一意性制約）によって，予約テーブルには{クーポンコード，クーポン発行連番}の組合せ（個々のクーポンを特定する情報）が同じ行は複数登録できなくなる。これは「複数の予約に同じクーポンを使用することができない」ことを意味する。これに関連して表2に“1枚のクーポンは一つの予約だけに利用できる”と記載されているので，その記載内容をそのまま解答すればよい。

設問2

eについて

SELECT文ではクーポン管理テーブルを指定したクーポンコードで探索した上で，クーポン発行連番や会員コードも抽出対象に加えている。クーポン発行連番はWITH句で生成した発行済枚数取得テーブルから得た発行済枚数の値に1を加えることで，現在の発行済枚数が4ならば次は4+1=5，次回の実行時は5+1=6，…となるよう設計されている。

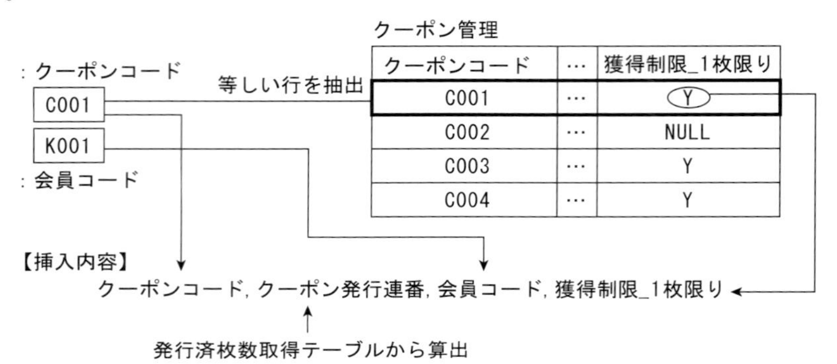

例えばあるクーポンが4枚発行済みならば，クーポン明細テーブル内の該当する4行で1，2，3，4と連番が付与されているはずなので，WITH句の“発行済枚数”はMAX関数を用いて「現在のクーポン発行連番」のうち最大値を取得すればよい。

クーポン明細

クーポンコード	クーポン発行連番	…
C001	1	…
C001	2	…
C001	3	…
C001	④ 最大値	…

WITHで生成
↓
発行済枚数取得

発行済枚数
④

次は4+1=5

設問3

ロックあり方式では，クーポン管理テーブルに“発行済枚数”列を追加することが述べられている。これと図5のUPDATE文やINSERT文の順序を考えあわせると，「クーポンを発行する前に発行済枚数をカウントアップし，カウントアップ後の値をクーポン発行連番とした行を挿入する」処理を行えばよいと判断できる。

fについて

発行済枚数をカウントアップする（値を1増やす）ため，次のように書けばよい。

SET 発行済枚数 = 発行済枚数 + 1

gについて

カウントアップできるのは，発行済枚数が発行上限枚数に達していない場合のみである。よって，“発行上限枚数”を入れて以下のような条件とすればよい。

発行済枚数 < 発行上限枚数

設問 4

クーポン管理テーブルはUPDATE文による更新とINSERT文中のSELECT句による参照が行われるので，"RU"となる。クーポン明細テーブルはINSERT文によりレコードが追加されるので"C"となる。

問 7

【解答】

<table>
<tr><td>設問</td><td></td><td colspan="4">解答例</td><td>備考</td></tr>
<tr><td>設問1</td><td></td><td colspan="4">$(t_2 - t_1) + T_a$</td><td></td></tr>
<tr><td>設問2</td><td></td><td colspan="4">60 秒</td><td></td></tr>
<tr><td rowspan="3">設問3</td><td>(1)</td><td>S1</td><td>遠隔撮影状態</td><td>S2</td><td>自動撮影状態</td><td></td></tr>
<tr><td>(2)</td><td>a</td><td>遠隔撮影開始イベント</td><td>b</td><td>自動撮影タイマ通知イベント</td><td></td></tr>
<tr><td>(3)</td><td>c</td><td colspan="3">①，③，⑦</td><td></td></tr>
<tr><td rowspan="3">設問4</td><td>(1)</td><td colspan="4">書込みと読込みが同時に行われ，バッファの先頭のデータが上書きされた。</td><td></td></tr>
<tr><td>(2)</td><td>d</td><td>終端</td><td>e</td><td>始端</td><td></td></tr>
<tr><td>(3)</td><td>f</td><td colspan="3">リングバッファ</td><td></td></tr>
</table>

◆IPA IT人材育成センター公表

【解説】

設問 1

t_1に撮影を開始し，t_1からt_2まで途切れることなく自動撮影を続けたので，その間は動体検知の有無には関係なく（$t_2 - t_1$）秒間の自動撮影が行われていたことになる。そして，t_2に最後の動体を検知したので，更にTa秒間の撮影が行われる。

設問 2

遠隔撮影の機能に注意しながら設問の状況を整理すると次の通りとなる。

・スマホから遠隔撮影開始の要求を行い動画の視聴を開始する。
・視聴開始の10秒後から，20秒間にわたり通信障害が発生する。
・通信障害が発生して５秒後にスマホから遠隔撮影開始を要求する。
　しかし，障害発生中の送受信データは消滅し，再送もされないので，
　遠隔撮影開始の要求はワイヤレスカメラには届かない。
・視聴開始の60秒後に撮影を終了する。

設問 3

(1)

まず，待機状態から動体検知通知イベントが単独で発生した場合はS2に遷移している。動体検知によって開始するのは自動撮影なので，S2は自動撮影状態と判断できる。残るS1とS3が遠隔撮影状態，マルチ撮影状態のいずれかに該当するが，S2からさらに遠隔撮影開始イベントが発生した場合はS3へ遷移しているので，S3のほうがマルチ撮影状態であり，残るS1が遠隔撮影状態であると判断できる。

(2)

aについて

待機状態からS1（遠隔撮影状態）に遷移するのは，スマホからの遠隔撮影開始が要求されて遠隔撮影開始イベントが発生した場合である。

bについて

S3（マルチ撮影状態）からS1（遠隔撮影状態）への遷移は，自動撮影の終了を意味する。自動撮影は開始してからTa秒が経過すれば自動的に終了し，遠隔撮影状態に遷移するはずである。これに該当するのは自動撮影タイマ通知イベントである。

(3)

動体検知通知イベントが発生し待機状態から自動撮影状態に遷移する際には，撮影開始のためカメラを初期化し（①），スマホに撮影開始を通知する（③）必要がある。また，開始からTa秒が経過したら終了できるよう，Ta秒のタイマを設定する（⑦）。開始時点では動画データが生成されていないので，④～⑥の処理は不要である。

設問4

(1)

自動撮影で撮影した動画データは一時的に制御部のバッファに書き込まれるが，このバッファについては

・動画データはバッファの先頭から書き込まれる

・新たに動体を検知した際はバッファにあるその時点までの動画データ
　をサーバに送信し始めると同時に，更にTa秒間撮影を行う
　（このとき動画データはバッファの先頭から書き込まれる）

旨が述べられている。つまり，自動撮影中に動体を検知すると，バッファ中の動画データをサーバに送信する処理と，バッファの先頭から動画データを書き込む処理が同時に行われる。この結果，バッファ中の動画データが新たに撮影した動画データで上書きされ，サーバに異常な動画データとして送信されると考えられる。

(2)

バッファの続きから書込みを行っていくと，バッファの終端まで書き込んだ場合は，それ以上は動画データの書込みができなくなる。この場合，最も古いデータがあるバッファの始端に戻ることにより，書込みを続けることができる。このようなバッファをリングバッファという。

問 8

【解答】

<table>
<tr><th>設問</th><th></th><th colspan="4">解答例</th><th>備考</th></tr>
<tr><td rowspan="3">設問 1</td><td>(1)</td><td colspan="4">H社，S社，T社</td><td></td></tr>
<tr><td rowspan="2">(2)</td><td>発車日</td><td>20220510</td><td>発車時刻</td><td>1800</td><td></td></tr>
<tr><td>統合便コード</td><td>G0030110</td><td>空席数</td><td>8</td><td></td></tr>
<tr><td>設問 2</td><td></td><td colspan="4">ア，エ</td><td></td></tr>
<tr><td>設問 3</td><td></td><td colspan="4">エ</td><td></td></tr>
<tr><td rowspan="2">設問 4</td><td rowspan="2"></td><td>a</td><td colspan="3">ヘッダレコードのデータレコード件数</td><td rowspan="2">a，b は順不同</td></tr>
<tr><td>b</td><td colspan="3">処理したデータレコードの件数</td></tr>
<tr><td>設問 5</td><td></td><td colspan="4">ターミナルの運行計画に設定された空席数をnullにする。</td><td></td></tr>
</table>

◆IPA IT人材育成センター公表

【解説】

設問 1

(1)

表５に記されたＥ社・Ｆ社・Ｇ社のほかに，新バスターミナルシステムを使う運行事業者がないかを探す。まず，高速バス，観光バスの運行事業者としては“Ｅ社，Ｆ社，Ｇ社，Ｈ社”があげられているので，Ｈ社は調査対象となる。加えて，路線バスだけの運行事業として“Ｓ社，Ｔ社”の存在が述べられているので，この２社も加える必要がある。

(2)

各項目はそれぞれ次のようになる。

発車日：表６のYYYYMMDD形式へ，ハイフン（-）を除去し20220510
発車時刻：表６のhhmm形式へ，コロン（:）を除去し1800
統合便コード：路線コード（301）と便コード（10）を結合して30110
⇒ Ｇ社のコードGを付けてG30110
⇒ ８桁にするためGの後ろをゼロで埋めてG0030110
空席数：表５，表６共に可変長なので，変換後の値も８のまま

設問 2

ア　CSVは区切りが１文字（,）で済むので，タグを定義するXMLに比べサイズは小さくなる。

イ　CSVはXMLよりデータサイズが小さくなり，読書きの所要時間は短くなる。

ウ　固定長では桁数が変わればプログラムも変更する必要が出るが，CSVではカンマ（,）を検出すればよいので桁数が変わっても問題なく処理が行え，自由度は高い。

エ　CSVはカンマを探しながらデータを読み込み，カンマを付加しながらデータを書き

込む必要がある。このため，固定長と比較すると処理速度は遅くなる。

設問3

データを収集して特定のデータを抽出・加工する技術を総称してスクレイピングといい，特にWebサイト上のWebページを対象としたものをWebスクレイピングという。

WAI（Web Accessibility Initiative）：Webのアクセス性向上を目指す組織
Web API：Web（インターネット）を経由したAPIインターフェース
Webコンテンツ：Webサイトから提供される情報やWebページそのもの

設問4

FTPによるファイル転送が用いられるのは空席情報ファイルの取得時（表7より）なので，空席情報ファイルについて確認すると，

・ヘッダレコード1件と必要な数のデータレコードから成る
・ヘッダレコードにはデータレコード件数が含まれる

ことが述べられている。ファイル全体が正しく転送されたならば1件のヘッダレコードと全てのデータレコードが受信できているはずなので，「ヘッダレコードのデータレコード件数」と「処理したデータレコードの件数」が一致しているかを調べればよい。

設問5

特定の運行事業者から空席情報が取得できなかった場合は統合空席情報ファイルに空席数の情報が存在しないが，表1の空席情報設定機能の概要では"統合空席情報ファイルに空席数の情報がない便は，何もしない"とあるので，その運行事業者について古い空席情報が残り続け，表示器にも古い空席記号が表示され続けてしまう。

ここで，表2の案内表示機能に"運行計画の空席数がnullの場合は，"－"を表示する"とある点に注目する。これを利用し，ターミナルの運行計画の空席数にnullを設定して"－"を表示させるのが適切と判断できる。

問 9

【解答】

<table>
<tr><td>設問</td><td></td><td colspan="4">解答例</td><td>備考</td></tr>
<tr><td rowspan="2">設問1</td><td>(1)</td><td colspan="4">(d)</td><td></td></tr>
<tr><td>(2)</td><td colspan="4">ユースケース図</td><td></td></tr>
<tr><td rowspan="2">設問2</td><td>(1)</td><td colspan="4">イ</td><td></td></tr>
<tr><td>(2)</td><td>a</td><td>検収</td><td>b</td><td>著作権</td><td></td></tr>
<tr><td rowspan="3">設問3</td><td>(1)</td><td>c</td><td colspan="3">提出期限</td><td></td></tr>
<tr><td>(2)</td><td colspan="4">作業の途中で品質レビューを行う。</td><td></td></tr>
<tr><td>(3)</td><td colspan="4">上位2種類以外のブラウザでは問題が生じる場合があること</td><td></td></tr>
</table>

◆IPA IT人材育成センター公表

【解説】

設問 1

(1)

各条件が労働者派遣法に抵触しないかを評価すると次のようになる。

(a)　作業場所を指定することには問題なく，D社内でも問題ない。

(b)　派遣先であるD社が派遣労働者に作業指示を直接行ってもよい。

(c)　研修を派遣先の費用負担により実施することには問題はない。

(d)　事前面接で派遣先が派遣労働者を選定することは禁止されている。

(2)

UMLの図法のうち，“システムが提供する機能と利用者との関係を利用者の視点でシステムの動作や利用者を使って表現”するのはユースケース図である。

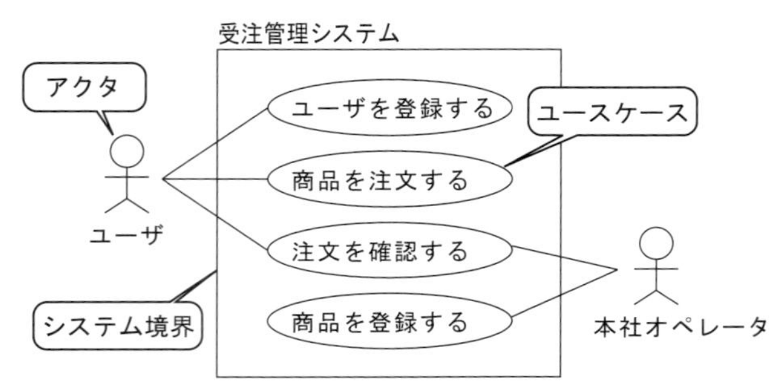

設問 2

(1)

問題文ではソフトウェア製造のみが請負契約で，残りは準委任契約であることが述べられている。準委任契約が「事務を行うこと」の委託であり完成責任を負うことはないのに対し，請負契約は「仕事の完成」を約束した契約であり，受託者は完成責任や契約不適合責任を負う。また，どちらも委託側が作業者を指定したり，派遣のように作業指示したりはできない。これらを踏まえ，各選択肢を評価すると次のようになる。

ア　ソフトウェア製造は請負であり，作業者をＤ社が指定することはできない。

イ　ソフトウェア製造は請負であり，Ｚ社は完成責任及び契約不適合責任を負う。合意した外部設計に基づいている以上，Ｚ社に完成責任を問うことができる。

ウ　ソフトウェア製造は請負であり，統合テスト時にＺ社が製造したプログラムの不良を通知されたのであれば，Ｚ社に契約不適合責任を問うことが可能である。

エ　外部設計は準委任であり，Ｚ社は契約不適合責任を負わない。

(2)

aについて

成果物が引き渡された場合，委託者はそれを確認する“検収”作業を行う。

bについて

Ｚ社が開発したソフトウェアをＤ社が他のプロジェクトで再利用するためには，当該ソフトウェアの著作権が問題となる。取決めがない場合は請負契約によって製造されたソフトウェアは受託者のＺ社に帰属するので，このような場合は“ソフトウェアの著作権はＤ社に帰属する”という条項を契約書に加え，著作権を譲渡する必要がある。

設問3

(1)

cについて

本問のプロトタイピング手法では「プロトタイプを営業部門に提供 → 営業部門から追加・変更の要求事項を提出 → 優先度を考慮し，スコープを決定」という流れになる。要求事項の作業が終わらないと後続作業にも影響が出て外部設計の完了が遅れてしまうので，提出期限を事前に定めておくことが望ましい。

(2)

下線④にもあるようにソフトウェア製造は請負契約なので，製造にＤ社が直接関与することはできない。しかし，製造の成果物を途中で確認することは，契約に盛り込んでおけば可能である。作業の途中で品質レビューを行えば，仮にＺ社が業界慣習の理解不足で不良を作り込んでいても，早期に発見・対応できる。

(3)

シェアが上位２種類のブラウザで95％を占めるので，この二つに対して動作確認を行えば，殆どの利用者については問題ない。しかし，少数ではあるが動作確認されていないブラウザを利用した場合の不具合や問合せなどが発生することも予想される。その対策として，あらかじめ「上位２種類以外のブラウザでは問題が生じる場合があること」

ことを公表しておけば，問合せを減らせると推測できる。

問10

【解答】

設問		解答例			備考
設問1		a ア		b オ	
設問2	(1)	L君が階層的エスカレーションを行わなかった。			
	(2)	・既知の誤りを調査し，回避策を見つける。 ・解決担当者だけでインシデントの解決を試みる。			
設問3	(1)	根本原因と解決策が特定されている未解決な問題			
	(2)	c 運用課だけでインシデントを解決する			
	(3)	イ			

◆IPA IT人材育成センター公表

【解説】

設問1

aについて

変更管理において，システムに対する変更を要請する文書をRFC（Request for Change）という。受け付けられたRFCは，事業への影響や実現可能性などを評価したうえで変更の可否を判断するほか，変更のスケジュールや体制などが検討される。

bについて

“運用課と技術課で”“取り交わした”とあるので，空欄bには運用課と技術課での約束事に関連する言葉が入ると推測できる。運用課と技術課が同一社内の組織であることを考慮すると，“契約書”は適切とはいえない。検討した事項について得られた結論について取り交わす文書であるから，“合意文書”が該当する。

設問2

(1)

L君が行った対応の(5)で，解決目標時間を超過してしまうと考えたが，早期解決が重要と判断し，直ちに解決したことが述べられている。これに対して表1ではエスカレーションの(2)において「解決目標時間内に解決できない可能性ありと判断した場合は，階層的エスカレーションを行う」ことが述べられている。この階層的エスカレーションを行わなかったことが対応手順に即していないと判断できる。

(2)

技術課への機能的エスカレーションについては，表1において

・優先度が“高”または“中”の場合は無条件でエスカレーション
・優先度が“低”のときはまず解決担当者が解決を試み（既知の誤りを調査して回避策を探す），解決できなければエスカレーション

というルールが述べられている。既知の誤りを調査する際には表1に注記されている問

題管理ファイルを参照することになるが，優先度が“高”や“中”のときでもエスカレーション前に同様の調査を行えば，そこで回避策を発見できる可能性も十分にある。

設問 3

(1)

表２を見ると，問題管理ファイルには“根本原因が特定されているか，又は回避策によって（中略）除去する方法がある問題”が既知の誤りとして記録されることがわかる。つまりファイル中には，「根本原因は特定されたが，まだ解決策は特定されてない」問題や，「根本原因も解決策もともに特定済み」の問題などが混在している。問題の解決とは「特定された解決策を適用する」ことなので，早期に解決できるものだけを抽出するには「根本原因と解決策が特定されており，未解決」を条件とすればよい。

(2)

cについて

“回避策を漏れなく記録する”や“未解決の問題数を削減する”といった改善目標の達成によって，インシデントの発生や，既知の誤りが十分に調査できず機能的エスカレーションが増える事態を抑制できる。結果として運用課だけでインシデントを解決する割合が増え，技術課の負担が減ることが期待できる。これは本文中の“運用課だけで解決できるインシデントを増やしたい”という要望とも合致している。

(3)

問題管理におけるプロアクティブな活動とは，問題が顕在化する前に対策を行い，インシデント発生を抑制する事前予防的な対応である。解答群のうち事前予防に該当するのはイの“発生したインシデントの傾向を分析して，将来のインシデントを予防する方策を立案する。”である。ア，ウ，エは，いずれも解決の手順や対応に関する記述であり，リアクティブな活動（事後対処）に該当する。

問11

【解答】

設問	解答例								備考
設問1	a	出荷指図データ			b	外部倉庫システム			
設問2	営業担当者に売上訂正処理権限があるから								
設問3	c	出荷指図データ			d	売上データ			c，dは順不同
設問4	e	カ	f	キ	g	ク	h	エ	e，fは順不同 g，hは順不同

◆IPA IT人材育成センター公表

【解説】

設問1

aについて

〔予備調査の概要〕(2)④で"売上訂正処理では，売上データを生成するための元データがなくても入力が可能である"と説明されているので，この元データが何かを考えればよい。すると，(2)③から，売上データが"出荷指図データに基づいて"生成されることが読み取れる。

bについて

項番2は顧客情報の保護に関するものである。〔予備調査の概要〕(2)①～②からは，顧客名や住所が含まれる出荷指図データが販売物流システムにより生成された後，外部倉庫システムに送信されることがわかる。結果として外部倉庫システムも顧客情報を保有することになるので，監査対象に含めるかを検討すべきである。

設問2

売上訂正処理では元データがなくても入力が可能であり，その処理権限は営業担当者に付与されている。この権限を悪用して営業担当者が不正なデータを入力した場合，現状の運用ではそれを監視するコントロールが存在しないためにリスクが大きくなっている。このことを指摘理由として述べればよい。

設問3

c，dについて

項番3は出荷指図と実際の倉庫出荷との整合性に関するものである。〔予備調査の概要〕(2)③で「販売物流システムは出荷実績データを受信しない」や「出荷指示データに基づいて売上データの生成を行っている」という説明がある。このため，本来ならば監査手続として出荷指図データと出荷実績データを照合すべきだが，出荷実績データを受信していないので代替として売上データと比較していることがわかる。

このとき，もしも倉庫の出荷作業に間違いがあると，

・実際の出荷内容は出荷指図データと一致しない

・売上データは出荷指図データに基づいて生成されるので，監査手続きにおいて出荷指図データと売上データは一致する

という状況が生じてしまう。

設問 4

e，fについて

項番4は出荷作業結果と売上データの整合性に関するもので，監査手続①は売上データ生成の日次バッチ処理について確認するものとなっている。しかし，設問3で述べたように，売上データは出荷実績データではなく出荷指示データに基づいて生成されるので，たとえバッチ処理の登録や実行が適切でも，出荷作業に誤りがあって「出荷指図データと出荷実績データは一致するはず」という前提が崩れた場合，売上データも適切に生成されていないことになってしまう。

g，hについて

これまで述べたように「実際には出荷指図データと出荷実績データが一致しない場合もある」ので，両者が本当に一致しているかを確かめる必要がある。ただし，出荷実績データは販売物流システム内には存在しない（受信していない）ので，代替となる照合方法が必要である。

ここで，販売物流システムは外部倉庫システムから倉庫残高データを受信することに注目する。このデータは“倉庫ごとの当日作業終了後の品目別の在庫残高数量”を表しており，出荷実績を反映した内容となっているので，出荷指図を反映した在庫データと照合すれば，結果として「出荷指図と出荷実績が一致していたか」が確認できる。

INDEX

F

G

H

I

J

K

L

M

N

O

P

Q

R

S

T

U

V

W

X

Y

あ

い

う

え

お

か

き

く

け

こ

さ

し

す

せ

そ

た

ち

て

ふ

へ

ほ

ま

み

む

め

も

ゆ

よ

ら

り

る

れ

ろ

わ

— MEMO —

— MEMO —

— MEMO —

2023年度版　ニュースペックテキスト 応用情報技術者

（平成25・26年版　2013年８月５日　初版　第１刷発行）

2022年12月18日　初　版　第１刷発行

編著者　ＴＡＣ株式会社（情報処理講座）

発行者　多田敏男

発行所　TAC株式会社　出版事業部（TAC出版）

〒101-8383 東京都千代田区神田三崎町3-2-18
電話 03(5276)9492（営業）
FAX 03(5276)9674
https://shuppan.tac-school.co.jp

組版　朝日メディアインターナショナル株式会社

印刷　株式会社　光邦

製本　株式会社　常川製本

　Printed in Japan　ISBN 978-4-300-10442-2
N.D.C. 007

情報処理講座

選べる 5つの学習メディア

豊富な5つの学習メディアから、あなたのご都合に合わせてお選びいただけます。
一人ひとりが学習しやすい、充実した学習環境をご用意しております。

通信【自宅で学ぶ学習メディア】

Web通信講座 [eラーニングで時間・場所を選ばず 学習効果抜群!]

DLフォロー付き

インターネットを使って講義動画を視聴する学習メディア。
いつでも、どこでも何度でも学習ができます。
また、スマートフォンやタブレット端末があれば、移動時間も映像による学習が可能です。

おすすめポイント
- ◆動画・音声配信により、教室講義を自宅で再現できる
- ◆講義録（板書）がダウンロードできるので、ノートに写す手間が省ける
- ◆専用アプリで講義動画のダウンロードが可能
- ◆インターネット学習サポートシステム「i-support」を利用できる

DVD通信講座 [教室講義をいつでも自宅で再現!]

Webフォロー付き

デジタルによるハイクオリティなDVD映像を視聴しながらご自宅で学習するスタイルです。
スリムでコンパクトなため、収納スペースも取りません。
高画質・高音質の講義を受講できるので学習効果もバツグンです。

おすすめポイント
- ◆場所を取らずにスリムに収納・保管ができる
- ◆デジタル収録だから何度見てもクリアな画像
- ◆大画面テレビにも対応する高画質・高音質で受講できるから、迫力満点

資料通信講座 [TACのノウハウ満載のオリジナル教材と 丁寧な添削指導で合格を目指す!]

配付教材はTACのノウハウ満載のオリジナル教材。
テキスト、問題集に加え、添削課題、公開模試まで用意。
合格者に定評のある「丁寧な添削指導」で記述式対策も万全です。

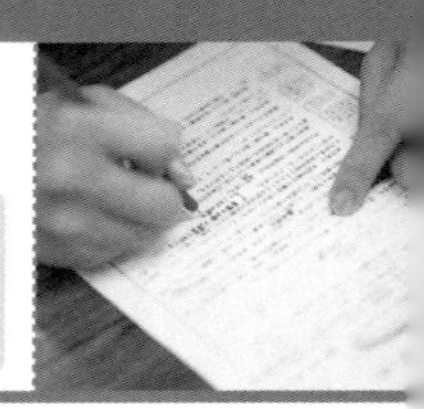

おすすめポイント
- ◆TACオリジナル教材を配付
- ◆添削指導のプロがあなたの答案を丁寧に指導するので記述式対策も万全
- ◆質問メールで24時間いつでも質問対応

通学【TAC校舎で学ぶ学習メディア】

ビデオブース講座 [受講日程は自由自在!忙しい方でも 自分のペースに合わせて学習ができる!]

Webフォロー付き

都合の良い日を事前に予約して、TACのビデオブースで受講する学習スタイルです。教室講座の講義を収録した映像を視聴しながら学習するので、教室講座と同じ進度で、日程はご自身の都合に合わせて快適に学習できます。

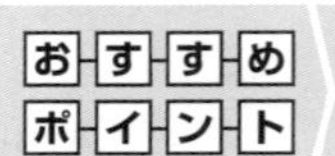

おすすめポイント
- ◆自分のスケジュールに合わせて学習できる
- ◆早送り・早戻しなど教室講座にはない融通性がある
- ◆講義録（板書）付きでノートを取る手間がいらずに講義に集中できる
- ◆校舎間で自由に振り替えて受講できる

教室講座 [講師による迫力ある生講義で、あなたのやる気をアップ!]

Webフォロー付き

講義日程に沿って、TACの教室で受講するスタイルです。受験指導のプロである講師から、直に講義を受けることができ、疑問点もすぐに質問できます。
自宅で一人では勉強がはかどらないという方におすすめです。

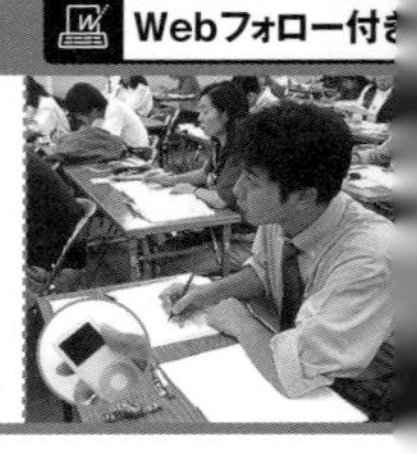

おすすめポイント
- ◆講師に直接質問できるから、疑問点をすぐに解決できる
- ◆スケジュールが決まっているから、学習ペースがつかみやすい
- ◆同じ立場の受講生が身近にいて、モチベーションもアップ!

TAC出版 書籍のご案内

TAC出版では、資格の学校TAC各講座の定評ある執筆陣による資格試験の参考書をはじめ
資格取得者の開業法や仕事術、実務書、ビジネス書、一般書などを発行しています！

TAC出版の書籍

＊一部書籍は、早稲田経営出版のブランドにて刊行しております。

資格・検定試験の受験対策書籍

- 日商簿記検定
- 建設業経理士
- 全経簿記上級
- 税　理　士
- 公認会計士
- 社会保険労務士
- 中小企業診断士
- 証券アナリスト
- ファイナンシャルプランナー(FP)
- 証券外務員
- 貸金業務取扱主任者
- 不動産鑑定士
- 宅地建物取引士
- 賃貸不動産経営管理士
- マンション管理士
- 管理業務主任者
- 司法書士
- 行政書士
- 司法試験
- 弁理士
- 公務員試験(大卒程度・高卒者
- 情報処理試験
- 介護福祉士
- ケアマネジャー
- 社会福祉士　ほか

実務書・ビジネス書

- 会計実務、税法、税務、経理
- 総務、労務、人事
- ビジネススキル、マナー、就職、自己啓発
- 資格取得者の開業法、仕事術、営業術
- 翻訳ビジネス書

一般書・エンタメ書

- ファッション
- エッセイ、レシピ
- スポーツ
- 旅行ガイド（おとな旅プレミアム/ハルカ
- 翻訳小説

書籍の正誤に関するご確認とお問合せについて

書籍の記載内容に誤りではないかと思われる箇所がございましたら、以下の手順にてご確認とお問合せをしてくださいますよう、お願い申し上げます。
なお、正誤のお問合せ以外の**書籍内容に関する解説および受験指導などは、一切行っておりません。**
そのようなお問合せにつきましては、お答えいたしかねますので、あらかじめご了承ください。

1 「Cyber Book Store」にて正誤表を確認する

TAC出版書籍販売サイト「Cyber Book Store」の
トップページ内「正誤表」コーナーにて、正誤表をご確認ください。

CYBER BOOK STORE TAC出版書籍販売サイト

URL:https://bookstore.tac-school.co.jp/

2 1の正誤表がない、あるいは正誤表に該当箇所の記載がない ⇒ 下記①、②のどちらかの方法で文書にて問合せをする

★ご注意ください★

お電話でのお問合せは、お受けいたしません。
①、②のどちらの方法でも、お問合せの際には、「お名前」とともに、
「対象の書籍名(○級・第○回対策も含む)およびその版数(第○版・○○年度版など)」
「お問合せ該当箇所の頁数と行数」
「誤りと思われる記載」
「正しいとお考えになる記載とその根拠」
を明記してください。
なお、回答までに1週間前後を要する場合もございます。あらかじめご了承ください。

① ウェブページ「Cyber Book Store」内の「お問合せフォーム」より問合せをする

【お問合せフォームアドレス】

https://bookstore.tac-school.co.jp/inquiry/

② メールにより問合せをする

【メール宛先 TAC出版】

syuppan-h@tac-school.co.jp

※土日祝日はお問合せ対応をおこなっておりません。
※正誤のお問合せ対応は、該当書籍の改訂版刊行月末日までといたします。

乱丁・落丁による交換は、該当書籍の改訂版刊行月末日までといたします。なお、書籍の在庫状況等により、お受けできない場合もございます。
また、各種本試験の実施の延期、中止を理由とした本書の返品はお受けいたしません。返金もいたしかねますので、あらかじめご了承くださいますようお願い申し上げます。

(2022年7月現在)